# PHYSIOLOGIE

## TRAVAUX DU LABORATOIRE

DE

M. CHARLES RICHET

PROFESSEUR A LA FACULTÉ DE MÉDECINE DE PARIS

TOME TROISIÈME

CHLORALOSE — SÉROTHÉRAPIE — TUBERCULOSE
DÉFENSES DE L'ORGANISME

Avec 25 figures dans le texte

PARIS

ANCIENNE LIBRAIRIE GERMER BAILLIÈRE ET Cie

FÉLIX ALCAN, ÉDITEUR

108, BOULEVARD SAINT-GERMAIN, 108

1895

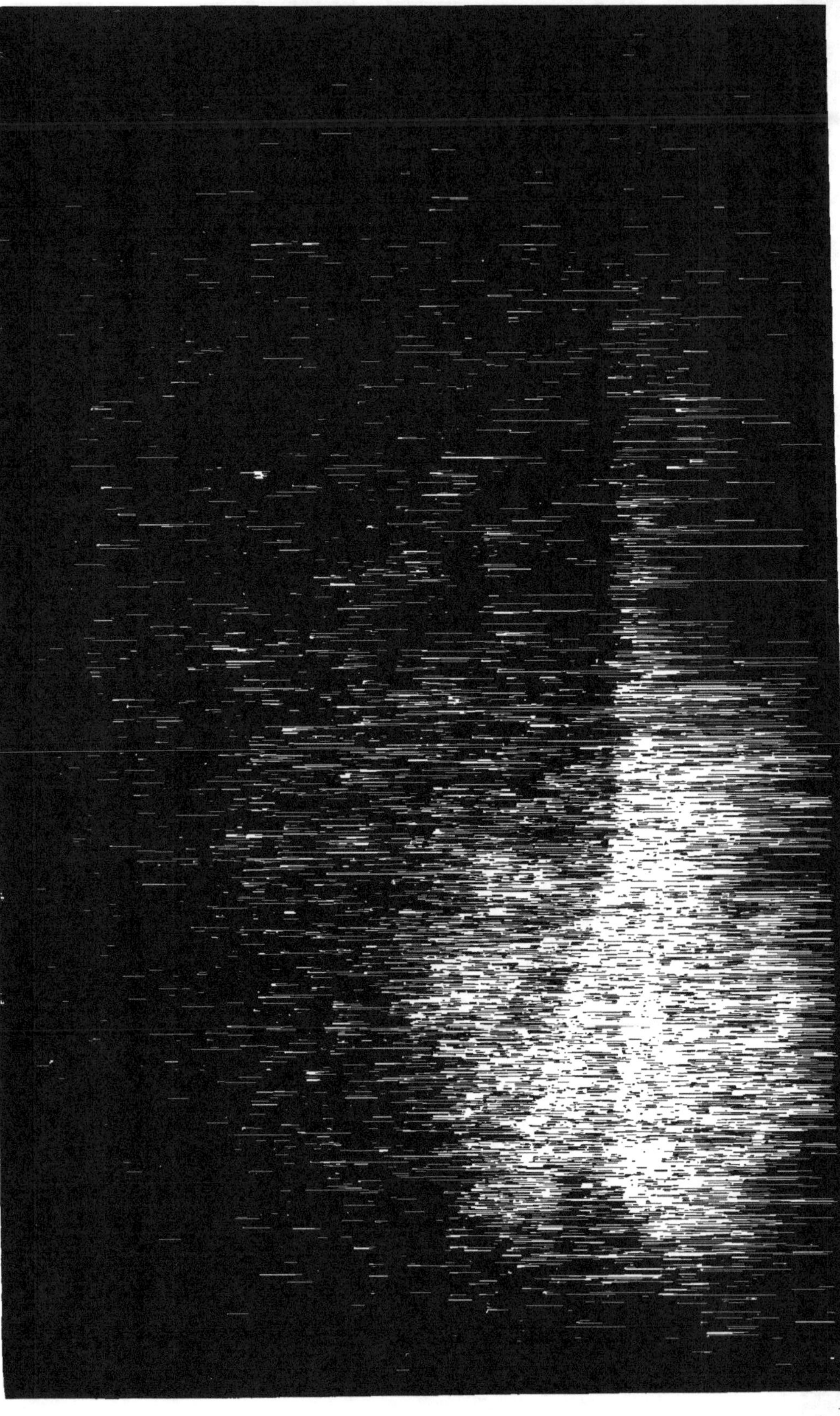

# PHYSIOLOGIE

---

TOME TROISIÈME

## DU MÊME AUTEUR

---

**Physiologie. Travaux du laboratoire de M. Charles Richet.** — TOME PREMIER : *Système nerveux.* — *Chaleur animale.* 1 vol. in-8° avec 96 figures dans le texte. 1892. . . . . . . . . . . 12 fr. »

— TOME DEUXIÈME : *Chimie physiologique.* — *Toxicologie.* 1 vol. in-8° avec 35 figures dans le texte. 1893 . . . . . . . . . . 12 fr. »

**Recherches expérimentales et cliniques sur la Sensibilité,** 1877. (Masson.) 1 vol. in-8°. . . . . . . . . . . . . . . . 4 fr. »

**Du Suc gastrique chez l'homme et les animaux,** 1878. (Germer Baillière et Cie.) 1 vol. in-8° . . . . . . . . . . . . . . 4 fr. 50

**Des Circonvolutions cérébrales,** 1878. (Germer Baillière et Cie.) 1 vol. in-8°. . . . . . . . . . . . . . . . . . . . . . 5 fr. »

**La Circulation du sang** (*Traduction française de Harvey*), 1880. (Masson.) 1 vol. in-8°. . . . . . . . . . . . . . . . . . . 5 fr. »

**Physiologie des Muscles et des Nerfs,** 1881. (Germer Baillière et Cie.) 1 vol. gr. in-8° . . . . . . . . . . . . . . . . . . . 15 fr. »

**L'Homme et l'Intelligence.** (Félix Alcan.) 2e édition. 1 vol. gr. in-8° de la *Bibliothèque de philosophie contemporaine* . . . . . . 10 fr. »

**Essai de Psychologie générale.** (Félix Alcan.) 2e édition. 1 vol. in-12 de la *Bibliothèque de philosophie contemporaine*. . . . . . 2 fr. 50

**La Chaleur animale,** 1890. 1 vol. in-8° de la *Bibliothèque scientifique internationale.* (Félix Alcan.) Cartonné à l'anglaise . . . . 6 fr. »

**Cours de Physiologie,** Programme sommaire, 1891. (Bureaux des Revues). 1 vol. in-12. . . . . . . . . . . . . . . . . 4 fr. »

### *EN COURS DE PUBLICATION*

**Dictionnaire de Physiologie.** (Félix Alcan.) Prix du fascicule in-4° de 350 pages . . . . . . . . . . . . . . . . . . . . . . 8 fr. 50

# PHYSIOLOGIE

## TRAVAUX DU LABORATOIRE

DE

M. CHARLES RICHET

PROFESSEUR A LA FACULTÉ DE MÉDECINE DE PARIS

TOME TROISIÈME

**CHLORALOSE — SÉROTHÉRAPIE — TUBERCULOSE**
**DÉFENSES DE L'ORGANISME**

Avec 25 figures dans le texte.

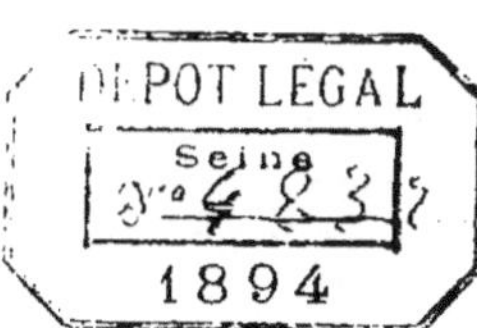


PARIS

ANCIENNE LIBRAIRIE GERMER BAILLIÈRE ET C^IE

FÉLIX ALCAN, ÉDITEUR

108, BOULEVARD SAINT-GERMAIN, 108

1895

# XXXIX

# LE FRISSON

## COMME APPAREIL DE RÉGULATION THERMIQUE

**Par M. Charles Richet.**

---

Tout le monde sait que la principale source de chaleur animale, c'est l'ensemble des muscles de l'organisme. Quand les muscles se contractent, la température s'élève; inversement, quand les muscles se relâchent, la température s'abaisse.

Le frisson est essentiellement constitué par une contraction rapide, clonique, simultanée, de l'ensemble des muscles du corps. Cette convulsion généralisée doit avoir pour effet une élévation de température : on peut l'admettre *a priori*. Néanmoins il m'a paru intéressant de faire cette démonstration directement, et en même temps de rechercher les conditions spéciales de ce phénomène qui a été jusqu'ici à peu près négligé par les physiologistes[1].

1. Je noterai cependant un passage intéressant du beau mémoire de L. Fredericq, sur la régulation de la température (*Arch. de biol.*, 1882, t. III, p. 759). « Lorsque le corps, dit-il, est exposé au froid, on ressent un certain degré de raideur dans tous les muscles du corps; j'ai pu constater qu'elle se

## § I. — *Des diverses variétés de frisson.*

Suivant leur cause, nous classerons les diverses variétés du frisson en trois groupes.

Dans un premier cas, le frisson survient sans que la température extérieure se soit modifiée, et sans que la température du corps se soit élevée ou abaissée d'une manière notable. Ainsi, par exemple, quand on fait, ainsi que le rappelait M. Chauveau à la Société de Biologie, l'injection intraveineuse d'un liquide septique, l'animal est pris d'un violent frisson, sans que sa température propre ait changé. Quant au frisson de la fièvre intermittente, il survient alors que la chaleur est déjà très forte, et l'on ne peut incriminer l'hyperthermie, puisque dans nombre d'hyperthermies il n'y a pas de frisson. Le frisson doit alors être considéré comme d'origine *toxique*. A la vérité, il nous est difficile de trouver dans les alcaloïdes végétaux des corps capables de produire le frisson. Mais peu importe, puisque les poisons minéraux ou végétaux peuvent rarement amener l'ensemble des phénomènes qui constituent la symptomatologie de la fièvre.

Le mécanisme de ce frisson toxique nous est encore inconnu. Par analogie, nous pouvons supposer qu'il s'agit d'une excitation bulbaire forte mettant en jeu les appareils musculaires. Suivant l'intensité, et peut-être même suivant la nature de l'excitation, il y aura frisson ou convulsion épileptiforme; car le frisson est, en quelque sorte, une petite crise épileptoïde, rythmée et peu intense, mais portant sur un grand nombre de muscles, avec une préférence marquée pour les muscles masticateurs.

Ainsi le frisson produit par une substance toxique peut être regardé comme une convulsion d'une nature tout à fait spéciale.

liait intimement au tremblement involontaire qui survient par voie réflexe lorsque l'action du froid est poussée plus loin. La tension augmente, et finit par se transformer en un tremblement intermittent. »

Nous n'avons pas fait de recherches sur le frisson toxique; nous le laisserons donc de côté, après l'avoir nettement séparé des autres sortes de frisson.

Le second groupe des frissons, ce sont les frissons *psychiques*. C'est un fait d'observation vulgaire que la peur fait trembler. Trembler ou frissonner, c'est à peu près la même chose. Bien souvent il nous arrive, quand nous prenons de malheureux chiens pour faire sur eux quelque expérience, de les voir frissonner de frayeur. Surtout s'ils ont déjà subi une opération, ils nous sont amenés la queue entre les jambes, l'œil hagard, presque incapables de se mouvoir, et animés d'un tremblement général que nous devons vraiment appeler du frisson.

Sur nous-mêmes, en nous observant bien, nous pouvons aussi constater ce frisson de cause psychique. Par exemple tel récit émouvant détermine un sentiment de frisson qui, comme on dit parfois, court le long du dos, et en même temps nous secoue d'une petite secousse convulsive générale et passagère. Le plus souvent ce frisson est accompagné d'une sorte d'érection des muscles de la peau ou d'horripilation.

C'est là le deuxième groupe des frissons, frissons *psychiques*.

Je laisse intentionnellement de côté la contraction soudaine des muscles peaussiers, qu'on observe chez les grands ruminants par exemple, quand une excitation cutanée vient déterminer la contraction réflexe des muscles sous-jacents. En effet, ce n'est pas là un frisson véritable, puisque la secousse est localisée. C'est, si l'on veut, un frisson réflexe, localisé et partiel; ce n'est pas du frisson.

Le troisième groupe des frissons, le seul que je me propose d'étudier ici, c'est le frisson *thermique*. Ce qui le caractérise, c'est qu'il est déterminé par un changement de température, soit de l'organisme lui-même, soit du milieu ambiant.

Enfin je ne saurais appeler frisson les trémulations fibrillaires qu'on observe parfois dans tel ou tel muscle isolé. Les frémissements et palpitations, quoique M. R. Dubois penche à les regarder comme des frissons, me paraissent devoir en être absolument distingués : car c'est plutôt une trémulation musculaire, propre à la fibre musculaire elle-même, et incapable à elle seule de faire mouvoir un membre, ou de produire de la chaleur.

## § II. — *Du frisson thermique réflexe.*

Selon que la température de l'animal ou celle du milieu extérieur se modifient, le frisson sera de cause réflexe ou de cause centrale. A cet égard la ressemblance est saisissante entre le frisson et la polypnée.

L'un et l'autre phénomène en effet règlent la température, et la maintiennent à un niveau régulier; le frisson, c'est la lutte contre le froid; la polypnée, c'est la lutte contre la chaleur; mais le frisson et la polypnée fonctionnent dans des conditions très analogues.

En effet, ainsi que je l'ai prouvé il y a quelques années, la polypnée est le procédé que la nature met en jeu pour abaisser la température d'un animal qui ne peut pas transpirer. S'il s'échauffe, c'est la polypnée de cause centrale; s'il reste à la même température alors que le milieu extérieur s'élève, c'est la polypnée de cause réflexe.

Afin de prendre un exemple simple et facile à comprendre, supposons un chien mis au soleil (en été) et attaché. Sa température ne s'élèvera pas; car, par un réflexe immédiat dont les nerfs cutanés sont le point de départ, il va être aussitôt pris de polypnée, et il se refroidira par voie réflexe. Mais, s'il est échauffé sans que la température extérieure se soit modifiée, par exemple après l'électrisation générale de tous les muscles, alors il sera pris de polypnée, dès que son sang aura atteint 42° environ. C'est une polypnée de cause centrale, puisque nulle modification ne s'est produite dans le milieu ambiant.

Il existe de même un frisson thermique *réflexe* et un frisson thermique *central;* et il nous sera facile de donner des exemples de l'un et de l'autre.

D'abord, sur nous-mêmes, nous avons tous eu certainement l'occasion d'observer ce frisson réflexe. Quand on sort d'un bain trop froid, on frissonne pendant quelques instants. Souvent même le refroidissement déterminé par l'évaporation de l'eau qui nous mouille suffit pour amener ce frisson. En sortant d'une chambre chauffée pour entrer dans une chambre froide, ou pour aller au grand air en hiver, on frissonne, et même, si la température est basse, on reste ainsi longtemps à frissonner, sans qu'aucun effort de volonté puisse intervenir d'une manière durable.

Il ne paraît pas que dans ces cas il y ait abaissement réel de la température organique; ou du moins cet abaissement est trop faible pour être considéré comme la cause déterminante de ce frisson. D'autant plus que presque toujours le frisson survient immédiatement, sans que l'organisme ait eu le temps de se refroidir. La réponse est soudaine, brutale; elle remédie au mal, alors que le mal n'est pas produit. C'est une indication donnée par les sens, et qui détermine soudain un réflexe protecteur.

Ce frisson réflexe se retrouve chez les animaux, et en particulier sur les chiens. A la vérité, sur les grands chiens couverts d'une épaisse fourrure, on ne le voit que rarement; mais, sur les petits chiens ou sur les chiens à poil ras, on l'observe pour ainsi dire constamment. Que si l'on regarde un de ces petits chiens à poil ras qui ne pèsent que 2 ou 3 kilogrammes, on le verra en hiver, et même parfois en été, trembler et frissonner sans cesse, mais surtout si on l'attache de manière à l'empêcher de courir et de remuer. La température de l'animal n'est cependant pas, ainsi que je m'en suis souvent assuré, inférieure à la température normale; mais c'est le moyen qu'il emploie pour se réchauffer, et c'est précisément parce qu'il frissonne qu'il a une température normale.

Le contraste est saisissant entre la manière d'être des gros chiens à longs poils et des petits chiens à poil ras. Les gros chiens, dès qu'ils font quelques mouvements musculaires, deviennent haletants et polypnéiques, tandis que les petits chiens sont toujours tremblants. C'est que les uns perdent peu de chaleur et ont toujours besoin de se refroidir, alors que les petits chiens perdent beaucoup de chaleur et ont toujours besoin de se réchauffer.

Il faut remarquer aussi que le frisson réflexe peut se produire pendant le sommeil. En effet, les petits et jeunes chiens, si disposés au frisson, étant endormis, continuent à frissonner. C'est un fait d'observation vulgaire, et facile à vérifier; on sait d'ailleurs que le sommeil n'abolit pas les réflexes, et qu'alors ils sont même parfois exagérés.

L'observation du frisson réflexe dans des conditions expérimentales déterminées est assez délicate et sujette à bien des irrégularités. Ainsi, le plus souvent, un chien attaché, au lieu de frissonner, se débattra, s'agitera, et ces mouvements vont le réchauffer, si bien que presque toujours la température d'un chien attaché s'élève, au lieu de diminuer, par le fait seul de sa lutte contre les liens qui l'enserrent.

Comme, d'ailleurs, il est probable que, si les causes du frisson réflexe et du frisson central sont différentes, les effets sont les mêmes, et les conséquences physiologiques identiques, j'ai préféré porter mon attention surtout sur le frisson central que l'on peut plus facilement étudier.

## III. — *Du frisson thermique central.*

Si l'on attache un chien sur la table d'expérience, et plutôt un petit chien, on le voit presque aussitôt trembler et frissonner; mais ce frisson peut être dû soit à la frayeur, soit à la température extérieure, et il est impossible de savoir si l'on a affaire à un frisson central, réflexe ou psychique. Pour ôter toute incertitude, il faut procéder autrement, endormir l'animal en le chloralisant, et supprimer ainsi l'activité psychique et la sensibilité au froid extérieur. Alors, si l'animal est profondément chloralisé, comme ses muscles sont

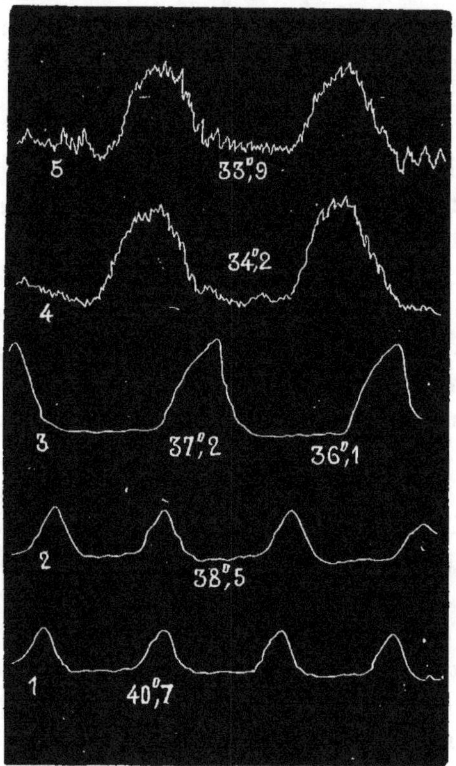


FIG. 130. — Influence de la température sur le frisson.

Chien refroidi par un courant d'eau froide, et dont on enregistre la respiration et le frisson tous les quarts d'heure. Vitesse minimum du cylindre. Chien de 11 kilogrammes ayant reçu 2 grammes de chloral dans le péritoine, soit 0gr,18 par kilogramme. — On voit en bas les premières inscriptions graphiques. T. 40°,7. La respiration est assez fréquente. Pas de frisson. — Aux lignes 2 et 3, la respiration se ralentit quelque peu. Pas de frisson. La température tombe successivement de 40°,2 à 38°,5 et 36°,1. Pas de frisson. — A la ligne 4, la température s'abaisse à 34°,2 et le frisson apparaît. — Le chien est bien plus refroidi encore à la ligne 5, et le frisson est définitivement établi.

relâchés, et qu'il ne peut par conséquent presque plus faire de chaleur, il se refroidit, et se refroidit très vite, s'il est de petite taille et à peau pourvue d'une fourrure maigre.

On voit alors sa température s'abaisser, tomber à 34°, 33°, et parfois descendre jusqu'à 30°. Mais, pour arriver à ce degré d'abaissement de température, un certain intervalle de temps a été nécessaire, et déjà le chloral commence à s'éliminer. Toutefois les réflexes n'ont pas reparu encore, et l'on constate qu'il n'y a alors ni spontanéité, ni réflexes.

Mais peu à peu un nouveau phénomène apparaît, c'est le frisson.

D'abord ce frisson n'est pas un tremblement total, général, qui prend tous les muscles de l'organisme pour les secouer par de violentes contractions; c'est une légère modification du rythme respiratoire.

Chaque inspiration s'accompagne d'une sorte de contraction des muscles du corps, muscles du cou, du tronc, des membres antérieurs, des membres postérieurs, qui ne servent ni les uns ni les autres à la ventilation pulmonaire. Chaque fois que l'animal inspire, il contracte les muscles de son corps, et la même stimulation des centres nerveux qui a pour effet une inspiration, va déterminer une contraction d'ensemble, une sorte de convulsion passagère, dans les muscles non respiratoires.

Par le fait de ce commencement de frisson, la température, qui baissait, cesse de baisser, elle reste à peu près stationnaire, et en même temps les inspirations qui accompagnent le frisson deviennent de plus en plus fortes, puis, même sans que l'animal se réveille, elles se prolongent de plus en plus, finissant par empiéter sur toute la période qui sépare deux inspirations, quoiqu'elles gardent toujours une intensité plus grande au moment de l'effort inspiratoire.

Enfin, à une période un peu plus avancée, c'est un véritable frisson, et alors la température remonte, et l'animal, encore très engourdi, se réveille peu à peu. Mais jusque-là il dormait; et sa température était déjà remontée, alors que nul phénomène d'activité musculaire, en dehors de ce frisson, ne s'était encore produit.

On voit d'abord par là que le frisson suffit pour relever la température; car on ne peut invoquer aucune autre cause pour expliquer que la température non seulement cesse de baisser, mais encore se relève.

D'autre part, à quoi doit-on attribuer ce frisson? La seule

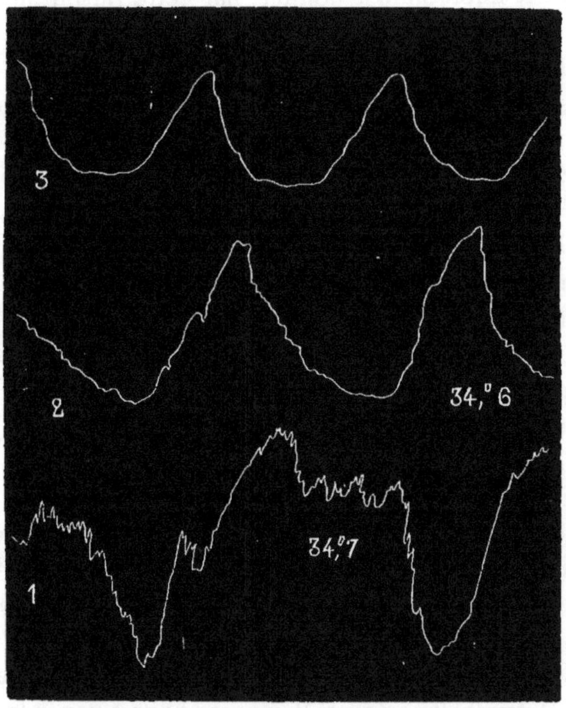


Fig. 131. — Influence du chloral sur le frisson.

Chien de 13kg,5. Vitesse minimum. — A la ligne 1, ce chien, ayant reçu précédemment 1gr,5 de choral, a une température de 34°,7 et frissonne. — Entre la ligne 1 et la ligne 2, on lui donne (par injection intra-péritonéale) 2 grammes de chloral. Quoique la température continue à baisser, le frisson diminue énormément, puis (à la ligne 3) il cesse complètement. — A la ligne 3, la température est de 34°,5. La respiration devient un peu plus fréquente et moins ample.

hypothèse rationnelle, et d'ailleurs simple et vraisemblable, c'est qu'il s'agit d'une action portant sur les centres nerveux; c'est, selon toute apparence, le refroidissement des centres nerveux qui est la cause de ce frissonnement général. De même que l'échauffement des centres nerveux détermine la polypnée, de même le refroidissement des centres nerveux détermine le frisson.

Il eût été très intéressant de pouvoir préciser la température à laquelle commence ce frisson central; mais le chiffre absolu est impossible à donner, par cette raison bien simple qu'il n'y a pas de chiffre absolu. En effet, à mesure que la dose du chloral est plus forte, on recule la limite à laquelle apparaît le frisson réflexe. Si cette dose est très forte, par exemple de $0^{gr},45$ par kilogramme, le frisson ne se produit pas, et il ne peut se manifester que deux heures, par exemple, après l'injection chloralique, alors que la température est déjà très basse.

Au contraire, avec une dose de $0^{gr},3$, le frisson apparaît dès que la température rectale est voisine de 34°.

Il est évident, d'ailleurs, que ces chiffres sont essentiellement approximatifs, et ne peuvent rien donner que l'indication générale du phénomène.

On comprendra bien la nature du frisson réflexe dans la chloralisation, si l'on admet que les centres nerveux, impressionnables par le froid, et réagissant au froid par un ordre de frisson donné aux muscles, sont susceptibles d'être intoxiqués par le chloral; et que, suivant qu'ils sont plus ou moins empoisonnés, ils réagissent à des abaissements de température plus ou moins notables. Plus la dose de chloral est forte, plus la température devra être basse pour amener la réaction du frisson, et finalement, quand la dose de chloral sera très forte, aucun frisson, central ou réflexe, ne sera possible.

Avec le chloralose, qui abolit la spontanéité cérébrale, en conservant et même en exagérant l'activité réflexe de la moelle, on voit bien le frisson thermique central, et on peut en observer distinctement les différentes phases.

J'ai voulu déterminer les quantités de $CO^2$ produit et d'O absorbé, suivant qu'il y avait ou non frisson.

Quoique les résultats puissent parfaitement être prévus

d'avance, il m'a paru que cette constatation était nécessaire.

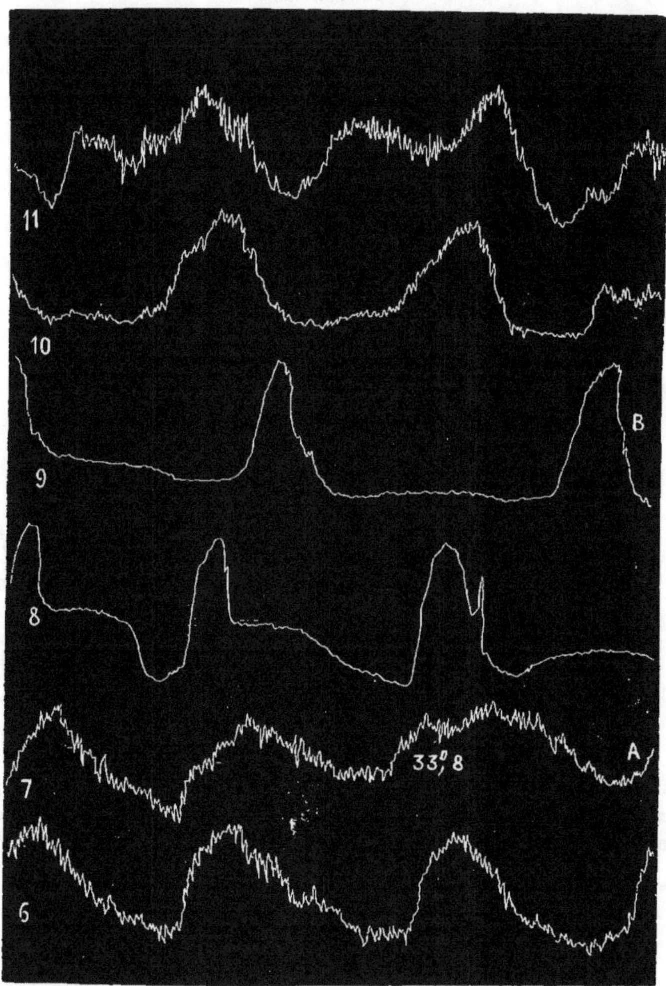


Fig. 132 (suite de l'expérience de la fig. 131). — Influence des excitations périphériques pour l'inhibition du frisson.

Aux lignes 6 et 7, le frisson augmente, la température reste à 33°,8 malgré le courant d'eau froide. — A la ligne 8, on remplace l'eau froide par l'eau chaude. Le frisson disparaît. La respiration se ralentit et la température ne change pas. Les petites oscillations qu'on voit sur le graphique sont dues aux contractions du cœur. — Aux lignes 10 et 11, on a cessé l'aspersion avec de l'eau chaude et laissé le chien sans aspersion. Le frisson reparaît, tout à fait net.

### Expérience I

Un chien de 10k,500 reçoit à 11 h. 5 en injection péritonéale 3 grammes de chloral, et 0,015 de chlorhydrate de morphine, soit 0,3 de chloral par kilogr.

De 11 h. 25 à 1 h. 15, sa température baisse de : 39°,5 à 34°,2

| | |
|---|---|
| $CO^2$ par kil. et par heure. . . . . | 0gr,63 |
| $O^2$ — — . . . . . | 0gr,70 |
| Ventilation par kil et par heure. . . | 12lit,4 |
| Quotient respiratoire. . . . . . . . . | 0,70 |

A 1 h. 15, il commence à trembler assez fort.

De 1 h. 15 à 2 h. 40 le frisson devient très fort.

| | |
|---|---|
| $CO^2$ par kil. et par heure. . . . . | 1gr,95 |
| $O^2$ — — . . . . . | 1gr,82 |
| Ventilation par kil. et par heure . . | 18lit,00 |
| Quotient respiratoire. . . . . . . . | 0,84 |

et la température remonte de 34°,2 à 36°,5.

Alors il reçoit de nouveau 3 grammes de chloral en injection péritonéale avec 0,035 de chlorhydrate de morphine : le frisson cesse.

De 2 h. 50 à 4 h. 50 la température baisse de 36°,5 à 30°,8 et il donne :

| | |
|---|---|
| $CO^2$ par kil. et par heure . . . . . | 0gr,234 |
| $O^2$ — — . . . . . | 0gr,329 |
| Ventilation par kil. et par heure . . | 5lit,07 |
| Quotient respiratoire. . . . . . . . . | 0,55 |

Alors il recommence à trembler, et en même temps sa température remonte, quoiqu'il n'ait d'autre mouvement que son frissonnement et son tremblement, de 30°,8 (à 4 h. 50) à 32°,4 à 6 h. 35, et il donne de 5 h. 30 (31° 3) à 6 h. 35 les chiffres suivants :

| | |
|---|---|
| $CO^2$ par kil. et par heure. . . . . | 0gr,342 |
| $O^2$ — — . . . . . | 0gr,420 |
| Ventilation par kil. et par heure. . | 11lit,2 |
| Quotient respiratoire . . . . . . . | 0,63 |

Ainsi, de cette expérience résultent les faits suivants :

1° La ventilation croît avec le frisson, en même temps que la température, la quantité de $CO^2$ produite, et la quantité de $O^2$ consommé.

2° Par l'effet de la contraction musculaire due au frisson

le quotient respiratoire tend vers l'unité; autrement dit le $CO^2$ produit croît plus vite que le $O^2$ absorbé.

3° Dans le frisson fort la production de $CO^2$ est plus forte qu'à l'état normal. Cette quantité normale est voisine de 1gr,45 chez un chien de cette taille, et elle atteint 1gr,95 chez un chien qui frissonne.

### Expérience II

Un chien de 12 kilogr. reçoit à 1 h. 45 une injection intrapéritonéale de 3gr,5 de chloral, soit 0,30 de chloral par kilogramme.

A 1 h. 58 sa température est de 36°,2 et, dans l'espace d'une heure, de 1 h. 58 à 2 h. 58, elle baisse de 36°,2 à 30°,8.

| | |
|---|---|
| $CO^2$ par kil. et par heure. . . . . . | 0gr,450 |
| $O^2$ — — . . . . . . | 0gr,460 |
| Quotient respiratoire . . . . . . . | 0,77 |
| Ventilation par kil. et par heure . . | 6lit,90 |

Alors il se met à frissonner légèrement; à 4 h. 35, sa température est de 29°,4. Le frisson augmente, et on mesure les échanges respiratoires jusqu'à 7 h. 15, heure à laquelle sa température est remontée à 34°, 2.

| | |
|---|---|
| $CO^2$ par kil. et par heure . . . . . | 1gr,203 |
| $O^2$ — — . . . . . | 1gr,172 |
| Quotient respiratoire . . . . . . . | 0,79 |
| Ventilation par kil. et par heure. . | 14lit,00 |

Les résultats de cette expérience sont donc tout à fait conformes à ceux de l'expérience I.

### Expérience III

Chien boule de 10 kilogr. reçoit à 11 h. 20 2gr,5 de chloral et 0,0125 de morphine. Sa température tombe de 37°,5 à 32° (à 1 h. 10). Alors on lui donne de nouveau 1gr,5 de chloral et 0,0075 de morphine, ce qui fait une dose totale de 0gr,40 de chloral par kilogramme et 0, 002 de chlorhydrate de morphine [1].

A 1 h. 45 la température est de 29°,75. Nul frisson, par suite de la dose élevée de chloral qu'il a reçue.

1. Pour la technique de ces injections voir Ch. Richet. « Des injections intra-péritonéales de chloral », *Trav. du Lab.*, t. II, p. 175.

Sa température est alors très basse :

| | Degrés. |
|---|---|
| A 2 h. 40. . . . . | 27,3 |
| 3 h. 5 . . . . . | 26,5 |
| 4 h. 55. . . . . | 26,2 |
| 6 h. 00. . . . . | 26,4 |
| 9 h. 00. . . . . | 25,7 |

La température reste alors très basse ; mais, malgré cette hypothermie extrême, il n'y a pas de frisson.

Les échanges respiratoires sont réduits à un taux extrêmement faible, si faible que je n'en ai encore jamais vu de semblable.

| | |
|---|---|
| $CO^2$ par kil. et par heure . . . . . | $0^{gr},187$ |
| $O^2$ — — . . . . . | $0^{gr},175$ |
| Quotient respiratoire. . . . . . . . | 0,87 |
| Ventilation par kil. et par heure . . | $3^{lit},07$ |

Il est à noter que pendant cette période il n'a eu aucun frisson.

### Expérience IV

Chien de 12 kil. 500 reçoit à 3 heures $2^{gr},5$ de chloral et 0,0625 de morphine, soit 0,20 de chloral par kilogramme.

De 4 h. 10 à 5 h. 10 la température va de 38°,5 à 33°,0.

| | |
|---|---|
| $CO^2$ par kil. et par heure . . . . . | $0^{gr},288$ |
| $O^2$ — — . . . . . | $0^{gr},262$ |
| Quotient respiratoire. . . . . . . . | 0,87 |
| Ventilation par kil. et par heure . . | $9^{lit},8$ |

Alors il frissonne très légèrement de 5 h. 10 à 6 heures, et la température reste stationnaire.

| | |
|---|---|
| $CO^2$ par kil. et par heure. . . . . | $0^{gr},688$ |
| $O^2$ — — . . . . . | $0^{gr},613$ |
| Quotient respiratoire. . . . . . . . | 0,84 |
| Ventilation par kil. et par heure. . | $11^{lit},03$ |

### Expérience V

Chien de $7^{k},200$ mis sous la cloche, chloralisé par $1^{gr},8$ de chloral et 0,009 de morphine.

Il tremble assez fort sous la cloche.

| | |
|---|---|
| $CO^2$ par kil. et par heure . . . . . | $0^{gr},875$ |
| Quotient respiratoire. . . . . . . . | 0,87 |

## Expérience VI

Chien de 11k, 500, reçoit à 11 heures 3 grammes de chloral, puis 2 grammes à 1 heure; puis, à 2 h. 15, 0,02 de morphine et 1 gramme de chloral.

A 2 h. 5 il tremble peu et sa température est de 37°, 8. De 2 h. 5 à 3 h. 45 sa température s'abaisse de 37°,8 à 35°,5; vers 2 h. 30 il ne tremble plus; à 3 heures, comme il recommence à trembler, il reçoit encore 1 gramme de chloral. A 3 h. 45 il recommence à trembler, et tremble de plus en plus fort jusqu'à 6 h. 15; à 6 h. 15 sa température est à 37°, 2.

Quoique les périodes de tremblement et de non-tremblement ne soient pas nettement séparées, on peut distinguer deux phases : une première phase de 2 h. 5 à 3 h. 45 et une deuxième de 3 h. 45 à 6 h. 15.

On a alors de 2 h. 5 à 3 h. 45 :

| | |
|---|---|
| $CO^2$ par kil. et par heure. . . . . | 0gr,600 |
| $O^2$ — — . . . . . | 0gr,602 |
| Quotient respiratoire. . . . . . . | 0,74 |
| Ventilation par kil. et par heure. . | 10lit,60 |

Température de 37°,8 à 35°,5. Frisson faible ou nul.

De 3 h. 45 à 6 h. 15 :

| | |
|---|---|
| $CO^2$ par kil. et par heure. . . . . . | 0gr,645 |
| $O^2$ — — . . . . . . | 0gr,725 |
| Quotient respiratoire . . . . . . . | 0,69 |
| Ventilation par kil. et par heure. . | 15lit,80 |

Température de 35°,5 à 37°,2. Frisson modéré.

## Expérience VII

Une autre expérience a donné un résultat très net. Un chien de 11 kilogr. est chloralisé (injection intrapéritonéale) par 4 grammes de chloral et 0,02 de morphine. A 1 h. 30 sa température est de 39°,1. Elle baisse rapidement, et, à 2 h. 15, elle est de 33°, 6.

Alors il n'y a aucun mouvement spontané et aucun frisson.

De 2 h. 15 à 3 h. 50 la température descend de 33°, 6 à 31°, 7, et les échanges sont (par kil. et par heure) :

| | |
|---|---|
| $CO^2$ par kil. et par heure . . . . . | 0,590 |
| $O^2$ — — . . . . . | 0gr,595 |
| Quotient respiratoire. . . . . . . . | 0,75 |
| Ventilation par kil. et par heure. . . | 8lit,90 |

A ce moment un peu de tremblement apparaît, qui devient rapidement de plus en plus marqué, si bien que nous avons, de 3 h. 50 à 6 h. 15, une ascension thermique de 31°, 7 à 36°, 5; et les échanges suivants[1] :

| | |
|---|---|
| $CO^2$ par kil. et par heure. . . . . | 1gr,244 |
| $O^2$ — — . . . . . | 1gr,193 |
| Quotient respiratoire . . . . . . . | 0,81 |
| Ventilation par kil. et par heure. . | 15lit,10 |

L'ensemble de nos expériences nous donne les résultats suivants : Soit 100 la quantité de $CO^2$ produite par un chien normal[2]; nous aurons les données suivantes :

| | $CO^2$ du chien chloralisé et sans frisson. grammes. | $CO^2$ du chien normal. grammes. | Par rapport à l'état normal p. 100. |
|---|---|---|---|
| Expérience 1. . . . . | 0,234 | 1,250 | 20 |
| — 2. . . . . | 0,450 | 1,185 | 38 |
| — 3. . . . . | 0,187 | 1,300 | 7 |
| — 4. . . . . | 0,288 | 1,250 | 43 |

Si nous prenons les chiens frissonnants, nous aurons tantôt un frisson léger, tantôt un frisson fort. Il n'y a guère de frisson très fort que dans la seconde partie de l'expérience II. Nous eûmes alors :

1gr,95 de $CO^2$ contre 1gr,25 à l'état normal, soit 156 p. 100.

Quant au frisson léger, nous avons :

| | $CO^2$ du chien chloralisé et frissonnant. grammes. | $CO^2$ du chien normal. grammes. | Par rapport à l'état normal p. 100. |
|---|---|---|---|
| Expérience 1. . . . . | 0,630 | 1,250 | 50 |
| — 2. . . . . | 0,342 | 1,250 | 27 |
| — 4. . . . . | 0,688 | 1,250 | 56 |
| — 5. . . . . | 0,875 | 1,425 | 62 |
| — 2. . . . . | 1,203 | 1,185 | 101 |
| — 6. . . . . | 0,645 | 1,250 | 50 |

1. Le résultat aurait été assurément plus net si nous avions donné les chiffres tels qu'ils résultent de l'expérience de dix minutes en dix minutes; mais mieux vaut donner moins de chiffres, avec des résultats incontestables et indiscutables, tels que ceux qui résument une longue expérience.

2. Voir mon mémoire à ce sujet (*Trav. du Lab.*, t. I, p. 592). La production de $CO^3$ chez les chiens normaux est fonction de leur taille, et d'autant plus considérable par unité de poids qu'ils sont plus petits.

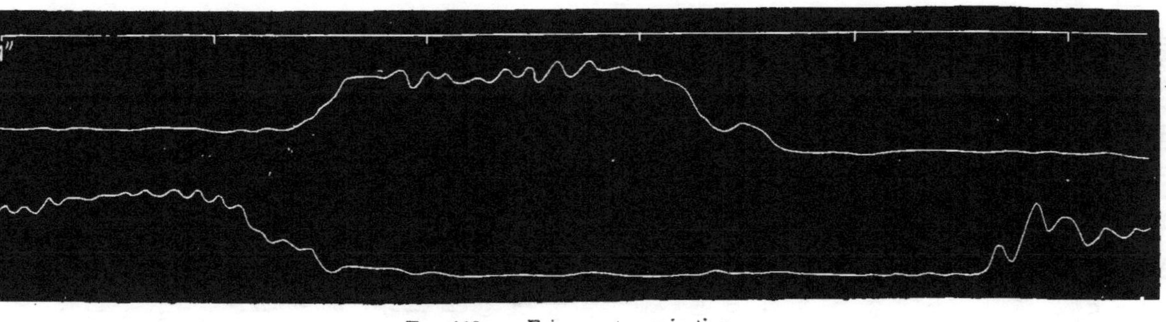


Fig. 133. — Frisson et respiration.

Gros chien de 35 kilogrammes ayant pris vingt-quatre heures auparavant 30 grammes de chloralose, puis ayant reçu 0gr,25 de chlorhydrate de morphine. Insensibilité complète. Température de 37°,8. Vitesse moyenne. — On voit sur ce graphique que le frisson ne se produit que pendant l'inspiration, et qu'il cesse complètement quand l'inspiration cesse.

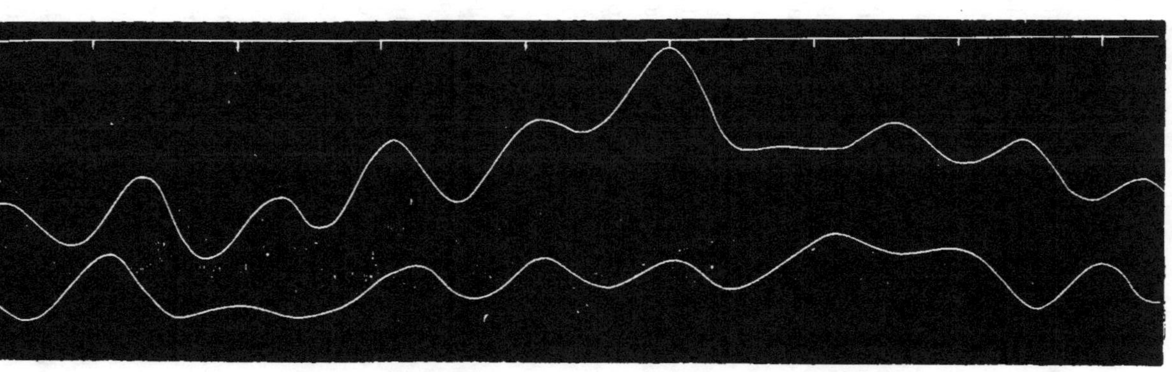


Fig. 134. — Rythme et fréquence des mouvements du frisson.

Frisson (psychique) d'un chien effrayé. Vitesse maximum.

Ainsi, comme cela était à présumer, par le fait du frisson la production de $CO^2$ augmente ; mais, même avec un frisson léger, elle n'atteint pas la production normale. Il faut donc — conséquence assez importante — pour qu'un chien chloralisé puisse se réchauffer, qu'il frissonne avec une très grande force.

### IV. — *Des formes du frisson thermique.*

Il est un dernier point qu'il fallait examiner, car, à ce que je crois, la question n'avait pas été agitée encore. Quel est le nombre des secousses musculaires pendant le frisson?

Par une simple constatation, à l'aide de la méthode graphique, en enregistrant les contractions musculaires sur un cylindre tournant rapidement, j'ai pu faire sur le lapin et sur le chien cette expérience très simple.

J'ai trouvé ainsi que le nombre de secousses par seconde ne dépasse pas 12 ou 13, étant en général de 10 et 11.

Cela prouve en toute évidence que le frisson est sous la dépendance du système nerveux central. En effet, le nombre des secousses musculaires dont est capable un muscle de chien ou de lapin excité par des interruptions électriques est de 30 ou 35 par seconde, tandis que le système nerveux ne vibre qu'avec une plus grande lenteur, et n'est pas capable de plus de 10 ou 14 secousses isolées par seconde.

Une autre expérience vient encore donner la preuve que c'est au système nerveux qu'est dû le frisson. Sur un chien chloralisé et frissonnant, j'ai coupé la moelle épinière au niveau de la première vertèbre dorsale. La respiration a continué, mais le frisson a cessé subitement, et, au bout de quelques minutes, on a pu constater dans les muscles du cou, animés par des nerfs dont l'origine est supérieure à la septième cervicale que le frémissement n'y avait pas disparu, et qu'il continuait à s'y faire d'une manière rythmique.

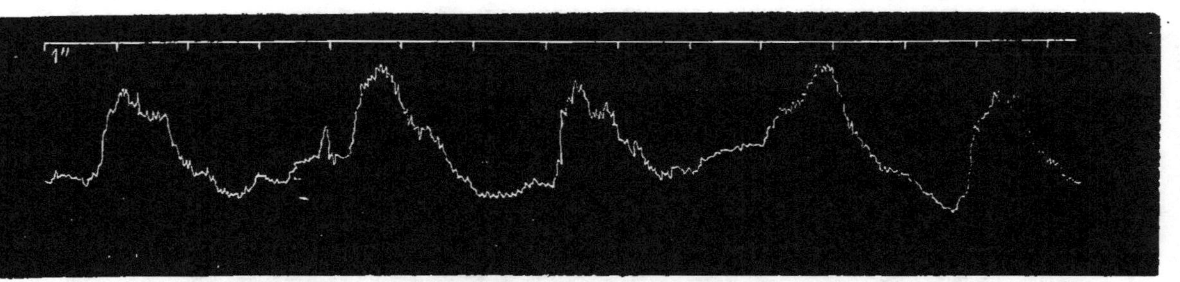


Fig. 135. — Périodes rythmiques du frisson.

On voit qu'il est interrompu pendant les pauses respiratoires. — Lapin refroidi par l'eau froide, avec une température rectale de 28°,5. Vitesse moyenne. — Dans ce graphique comme dans les autres qui suivent, la lecture se fait de gauche à droite et de bas en haut.

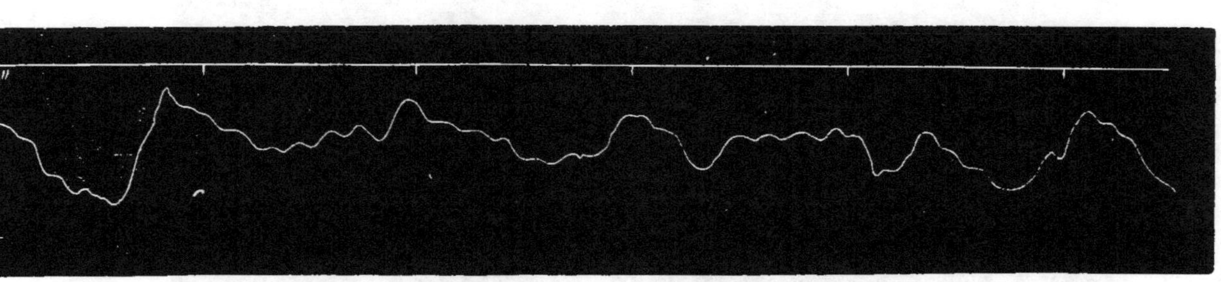


Fig. 136. — Rythme et fréquence des mouvements du frisson.

Lapin refroidi. Température de 28°. Vitesse moyenne.

Enfin j'ai cherché à voir si, pour le frisson thermique comme pour la polypnée thermique, l'apnée, c'est-à-dire la

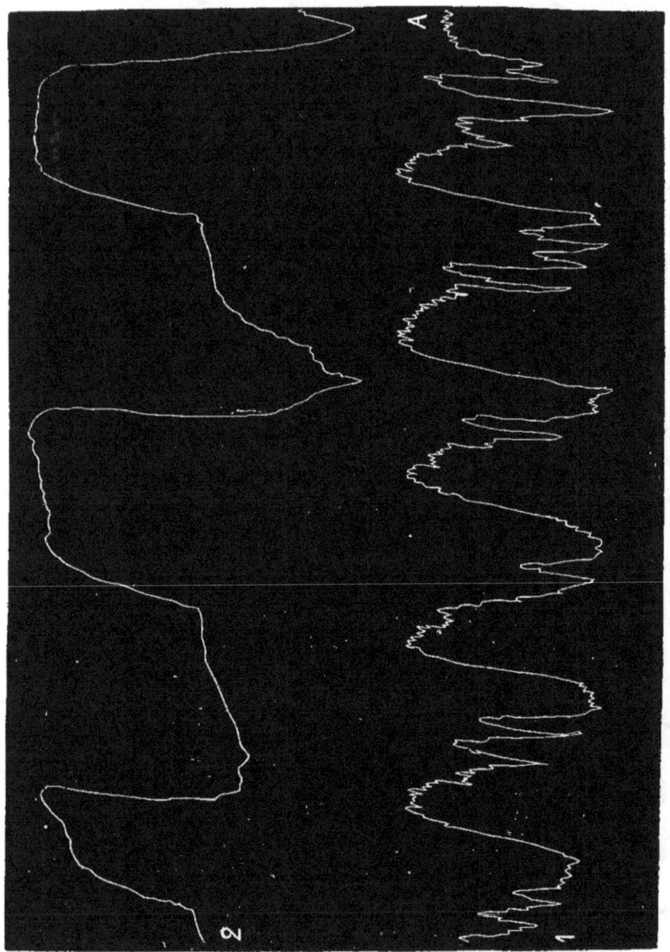


Fig. 137. — Influence de l'asphyxie sur le frisson.

Chien trachéotomisé; légèrement chloralisé. Vitesse minimum. — A la ligne 1, respiration (en plusieurs temps) et frisson à la fin de la ligne A. On ferme la trachée. Alors la respiration prend un type différent (type asphyxique) et le frisson cesse complètement. Les petites oscillations qu'on voit sur le graphique sont dues aux contractions du cœur. — Comparer ce tracé avec celui que j'ai donné dans l'étude de la polypnée thermique (*Trav. du Lab.*, t. I, fig. 90. 91 et 92. p. 464. 466 et 467).

saturation du sang en oxygène était indispensable. Quoique les résultats en soient assez nets, ils ne sont toutefois pas aussi évidents que pour la polypnée thermique.

Un chien de 18 kilogrammes, modérément chloralisé, fut

trachéotomisé. Quand sa température atteignit 34°,5, il fut pris d'un frisson assez fort, insuffisant cependant pour relever sa température, qui resta aux environs de 34°. Alors je le fis

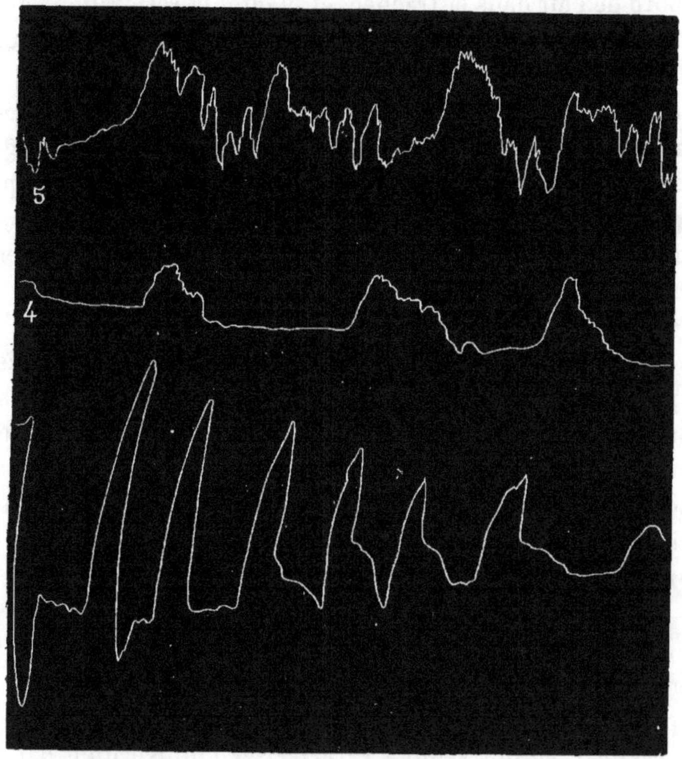


FIG. 138. — Influence de l'asphyxie sur le frisson.

Même chien ; même expérience qu'à la figure 10. Vitesse minimum. — A la ligne 3 en A, on rouvre la trachée et l'animal peut respirer librement. Aussitôt la respiration devient plus fréquente. Le frisson ne revient pas tout de suite, mais seulement au tour suivant du cylindre (une minute), ligne 4. Encore est-il là très faible, et il ne reprend toute son intensité qu'à la ligne 5, soit deux minutes après qu'on a rouvert la trachée.

respirer par un long tube, tube que j'ai appelé tube *asphyxique*, ce qui équivaut à la respiration dans un milieu confiné. Malgré la viciation de l'air ainsi respiré, le frisson continua sans changement bien notable. Il est vrai que, chez cet animal, par suite de l'intoxication par la morphine et le chloral, et de l'abaissement de température, les échanges chimiques étaient assez faibles, et que la langue restait rosée.

Ne pouvant faire ainsi diminuer le frisson, je supprimai l'abord de l'air dans la trachée, et bientôt la respiration devint plus profonde : la langue bleuit, et le rythme respiratoire s'accéléra. En même temps, le frisson cessa tout à fait, et, quand je rétablis la circulation de l'air dans le tube trachéal, pendant deux ou trois minutes encore, tant que la langue resta colorée en bleu, le frisson ne reparut pas. Peu à peu cependant le sang redevint rouge, la respiration régulière, et simultanément le frisson se reproduisit comme précédemment.

Ainsi il faut admettre qu'un certain degré d'oxygénation du sang est nécessaire pour que le frisson thermique puisse se produire. Les centres bulbaires qui servent à la régularisation de la chaleur ne peuvent entrer en jeu que quand la condition primordiale de leur existence est satisfaite, à savoir l'hématose. Tout changement grave dans la qualité du sang irrigateur modifie l'innervation centrale, et entrave la régulation thermique.

Le frisson de la fièvre, dû, sans nul doute, à une intoxication du sang, est probablement une perversion de cette régulation thermique, et, selon toute apparence, c'est la conséquence d'une excitation bulbaire, d'origine toxique.

En effet, ce qui semble caractériser l'intoxication par les poisons de la fièvre, c'est le trouble qu'ils apportent à la régulation thermique.

# XL

## DE L'INFLUENCE

## DE LA

# TEMPÉRATURE INTRENE SUR LES CONVULSIONS

**Par MM. P. Langlois et Ch. Richet.**

---

## I

### L'action toxique et l'action chimique.

Il est bien démontré, depuis les recherches fondamentales de Claude Bernard sur l'empoisonnement par l'oxyde de carbone, que les phénomènes d'intoxication sont des phénomènes chimiques. La combinaison chimique de l'oxyde de carbone avec l'hémoglobine est la cause immédiate de la mort, et tous les phénomènes toxiques qui se déroulent alors sont les conséquences de cette combinaison chimique.

On a pu aussi, en étudiant les doses toxiques dans l'empoisonnement par les chlorures alcalins[1], établir que les

1. Voyez tome II des *Trav. du Labor.*, page 398.

doses toxiques étaient proportionnelles aux poids moléculaires, par conséquent, selon toute vraisemblance, que la mort de l'animal dépend d'une combinaison chimique de la molécule du sel avec le même poids de tissu animal.

S'il en est ainsi, si réellement l'empoisonnement est un phénomène chimique, il s'ensuit que l'activité d'un poison ne doit pas être indépendante de la température organique. En effet, les combinaisons chimiques sont fonction de la température. L'exemple le plus clair que l'on puisse en donner est celui des éthers. Ainsi, d'après les recherches classiques de MM. Berthelot et Péan de Saint-Gilles sur l'éthérification, si l'on mélange des volumes égaux d'acide acétique et d'alcool, on observe les proportions suivantes. Soit 1 000 la quantité d'alcool éthérifié en un jour à 200° ; dans le même temps, cette quantité sera 60 à 170° ; 15 à 100° ; et 0,18 à la température ordinaire.

Il est vrai que, quelle que soit la température, si l'alcool et l'acide restent en présence, la limite finale d'éthérification reste à peu près la même ; mais la question de temps chez les animaux est très importante, puisque l'élimination de la substance toxique se fait continuellement. A supposer qu'une combinaison toxique se fasse en une demi-heure, une heure, deux heures ; si la substance s'élimine en une heure, par exemple, il n'y aura d'effet toxique que pour la combinaison qui s'effectue en moins d'une heure. Les combinaisons qui mettent plus d'une heure à s'effectuer n'auront aucune action toxique ; car, pour la plupart des substances toxiques, en une heure, il y a déjà élimination de quantités notables du poison [1].

Nous allons essayer de prouver cette influence de la tem-

1. Plusieurs notices, relatant des travaux faits dans ce laboratoire, ont déjà paru sur cette question. Langlois et Ch. Richet, « Influence de la température sur les convulsions de la cocaïne » (*Comptes rendus de l'Académie des sciences*, 4 juin 1888, p. 1616). — Rallière, « Recherches expérimentales sur la mort par hyperthermie » (*Trav. du Lab.*, t. I, p. 353). — Saint-Hilaire, « Influence de la chaleur sur les actions toxiques » (*Ibid.*, t. I, p. 390).

pérature organique pour certaines intoxications spéciales, à savoir pour les substances convulsives. Etant donné que la convulsion est l'indice d'une intoxication parvenue à un certain degré, il était à supposer que la température de l'animal exercerait une influence sur la dose de poison nécessaire pour amener la convulsion. C'est ce qui a lieu en réalité. *Plus la température est élevée, plus la dose de poison qui détermine les convulsions est faible.* Tout se passe comme s'il s'agissait d'une combinaison chimique dont l'énergie croît à mesure que la température s'élève.

Pour les animaux à température variable, la loi est facile à constater. Des grenouilles, placées dans des solutions toxiques de températures différentes, ne sont pas empoisonnées si la température est basse, et sont empoisonnées si la température est élevée.

Pour les animaux à température fixe, la constatation était plus difficile à faire. En effet, l'animal à sang chaud est un véritable appareil régulateur qui tend à maintenir son organisme à un niveau constant. Il faut donc agir sur lui, et le placer dans des conditions presque anormales, si l'on veut modifier la température de son organisme. C'est ce que nous avons fait, en échauffant ou en refroidissant des chiens par des procédés divers. On peut alors s'assurer que, si la température organique d'un chien est supérieure à 39°,5 (température normale), une dose de poison qui, à l'état normal, ne déterminerait pas de convulsions, va, chez ce chien échauffé, déterminer une attaque convulsive. Inversement, s'il est au-dessous de la température normale, il faut, pour amener des convulsions, une dose de poison beaucoup plus forte. Si même la température est très basse, il n'y a plus de convulsions possibles.

Nous étudierons successivement les effets de quelques substances convulsives dont la température interne modifie la dose convulsive.

## II

### Expériences avec la cocaïne.

Nos recherches sur la cocaïne, beaucoup plus nombreuses qu'avec les autres substances, ont été poursuivies presque exclusivement sur les chiens. Les différences réactionnelles qui existent entre ces animaux et les lapins ou les cobayes sont très remarquables. Les rongeurs, aux lobes cérébraux peu développés, aux couches corticales minces et presque lisses, nous ont toujours paru peu sensibles à l'action de la cocaïne.

D'abord précisons les différents phénomènes généraux qui apparaissent avec des doses croissantes de cocaïne [1].

Les premiers symptômes de l'action cocaïnique se montrent quand la dose atteint 2 milligrammes. On constate une très légère excitation, l'animal lève la tête, la tourne dans tous les sens, lèche la table d'opération par de rapides coups de langue. Sa pupille est quelquefois légèrement dilatée. En augmentant la dose, vers 4 milligrammes, survient un grand calme qui contraste singulièrement avec l'agitation précédente et surtout avec les phénomènes consécutifs qu'on observe dès qu'on poursuit l'injection.

En effet bientôt, vers 6 milligrammes, l'agitation reparaît, mais beaucoup plus intense que dans la phase primitive. Avec des doses croissantes, l'agitation devient de plus en plus vive. La température, qui était restée stationnaire, commence alors à s'élever et avec une rapidité d'autant plus grande que les mouvements sont plus intenses. Il existe, en effet, une corrélation complète entre l'élévation thermique et la contrac-

1. Tous les chiffres se rapportent à un kilogramme du poids de l'animal. La cocaïne était à l'état de chlorhydrate, un centimètre cube représentant un centigramme de sel.

tion musculaire, qui est la cause immédiate de l'élévation thermique. Dans certains cas, nous avons pu constater une élévation de plus de 0°,1 par minute.

| | | h. m. | degrés. |
|---|---|---|---|
| Expérience du | 5 mars | à 3,45. . . | 40 |
| | | à 4,20. . . | 43,85 |
| — | du 13 mars | à 5 ». . . | 38,75 |
| | | à 5,20. . . | 42,50 |
| — | du 2 février | à 5 ». . . | 40,55 |
| | | à 5,40. . . | 44,75 |

Cela fait, par minute, une augmentation de 0°,11, 0°,18, 0°,10, qu'on peut considérer comme énorme.

A cette période d'agitation succède une véritable attaque épileptique, souvent clonique d'emblée, parfois tonico-clonique. Dans ce cas, l'attaque est caractérisée par une grande secousse tétanique, avec opisthotonos, dont la durée varie de 2 à 6 secondes. Cette attaque est suivie immédiatement de fortes secousses cloniques généralisées dans les membres et la tête et surtout dans les mâchoires. Les coups de gueule sont si caractéristiques, que, même dans les attaques larvées, ils nous permettaient de préciser l'apparition du phénomène.

Dans certains cas, la première attaque est suivie d'un calme profond, d'une grande prostration; dans d'autres, au contraire, il existe un véritable état de mal, les attaques étant subintrantes ou espacées par de légers intervalles.

Si la forme tonico-clonique est fréquente, il en est une qui se présente moins souvent, et qui paraît liée à la température. C'est cette forme uniquement tonique, caractérisée par une extension modérée du cou, du tronc et des membres, sans mouvements des mâchoires, celles-ci présentant un trismus peu accentué.

Cette convulsion ne détermine pas d'élévation thermique notable, et elle se produit généralement à une température relativement basse. C'est ainsi que, dans treize expériences où elle a été observée, la température moyenne a été de 38°,80, la dose de cocaïne injectée étant voisine de 2 centigrammes.

Quant aux attaques cloniques, leur apparition paraît se rattacher intimement à la température organique. Le tableau ci-après en donnera la preuve. Dans ce tableau nous indiquons la température de l'animal au moment de l'apparition des convulsions cloniques et la dose de cocaïne qui avait été injectée jusqu'alors [1].

Il est nécessaire de grouper ces résultats pour voir ressor tir nettement les phénomènes de l'influence de la température.

Mais les écarts, quelquefois importants, qui constituent les moyennes, s'expliquent aisément si l'on réfléchit que l'agitation précède pendant longtemps la convulsion ; qu'on continue l'injection de cocaïne tantôt rapidement, tantôt lentement ; quelquefois un temps considérable, une heure et même deux heures, s'est écoulée de la première injection de cocaïne à l'apparition des phénomènes nettement convulsifs.

1. Nous avons mentionné, dans ce tableau, toutes nos expériences, sauf une seule (19 novembre) dans laquelle quelques mouvements convulsifs ont été signalés avec 2 centigrammes de cocaïne, l'animal ayant 29°,50. La solution était très concentrée (2,5 p. 100) et il a été injecté en une seule fois 12 centigrammes. Des injections consécutives, plus diluées, n'ont pu déterminer des convulsions franches, suffisantes pour élever la température, quoique la dose injectée se soit élevée à 6 centigrammes.

| MOYENNES des DOSES CONVULSIVANTES en centigrammes. | DOSES CONVULSIVANTES en centigrammes. | TEMPÉRATURE à laquelle LES CONVULSIONS ont apparu. | MOYENNES des TEMPÉRATURES. |
|---|---|---|---|
| | | degrés. | degrés. |
| 4. . . . . . . . . . . | 4,0 | 38,45 | 38,35 |
| | 4,0 | 38,3 | |
| 3 à 4. . . . . . . . . | 3.0 | 38,25 | 39,20 |
| | 3,7 | 40,5 | |
| | 3,4 | 38,45 | |
| | 3,2 | 39,65 | |
| 2,25 à 3. . . . . . . | 2,9 | 38,75 | 40,00 |
| | 2,7 | 39,15 | |
| | 2,7 | 39,75 | |
| | 2,7 | 42,45 | |
| 2 à 2,25. . . . . . . . | 2,4 | 39,45 | 40,35 |
| | 2,1 | 43,75 | |
| | 2,1 | 40,45 | |
| | 2,1 | 40,30 | |
| | 2,0 | 38,30 | |
| | 2,0 | 39,50 | |
| | 2,0 | 40,60 | |
| 1,5 à 2. . . . . . . | 1,8 | 39,95 | 41,40 |
| | 1,8 | 42.90 | |
| | 1,8 | 43,00 | |
| | 1,7 | 40,00 | |
| | 1,7 | 42,35 | |
| | 1,6 | 39,8 | |
| | 1,6 | 41,00 | |
| | 1.6 | 42,00 | |
| 1 à 1,5. . . . . . . | 1,3 | 42,70 | 41,60 |
| | 1,2 | 40,6 | |
| Moins de 1. . . . . | 0,85 | 43,00 | 43,00 |
| | 0,66 | 43,00 | |

Les expériences faites avec des animaux, dont la température était modifiée par des causes extrinsèques, ont donné les résultats les plus probants et concordants avec des chiffres moyens situés plus haut. Voici ces expériences :

Expérience A. — 9 *mai* 1888. Chien de 10gr,500, muselé, placé dans la baignoire dont l'eau est portée à 43°.

4 h. 45 m., T. R. 41°,75 ; 6 milligrammes de chlorhydrate de cocaïne.

A cette dose l'agitation apparait avec une forme légèrement différente de celle signalée chez l'animal à température normale.

4. h. 47 m., T. 42°,40 ; élévation de 0°,75 en deux minutes.

On le retire du bain. La polypnée cesse.

4 h. 48 m. 3 milligrammes de cocaïne.

Les convulsions cloniques éclatent, très intenses, persistantes, subintrantes, déterminant une rapide élévation thermique.

4 h. 49, T. 42°,95 ; 4 h. 50, T. 43°,15 ; 4 h. 51, T. 43°,40 ; la polypnée reparaît ; 4 h. 52, T. 43°,50 ; 4 h. 54, T. 43°,15 ; les convulsions cessent.

Le 10 *mai*. Ce même chien est placé dans la baignoire avec de l'eau glacée.

4 h. 33, T. 32°,5 ; injection de 5 milligrammes.

Se lèche. Les pupilles sont dilatées. Avec 14 milligrammes, un léger tremblement de la tête ; avec 28 milligrammes, pas de convulsions ; avec 33 milligrammes, aboiement.

Coups de gueule faibles. Quelques mouvements dans les membres.

2 h. 33, 40 milligrammes. Les convulsions apparaissent, avec coups de gueule, mais très atténuées, localisées dans le cou et la face, les membres sont à peine agités, puis les convulsions cessent.

Le chien est porté dans le bain, dont on élève la température de 38 à 44°.

6 h. 30, T. 38°,25 ; s'agite un peu ; 6 h. 31, T. 38°,75, l'agitation devient plus vive ; 6 h. 33, 39°,26 ; les convulsions cloniques éclatent, bien caractérisées ; 6 h. 38, T. 39°,80, nouvelle attaque, plus prolongée et suivie d'une troisième ; 6 h. 45, T. 41°.

On retire le chien du bain et on le porte sous un courant d'eau froide.

6 h. 47, T. 41°,75, les convulsions persistent ; 6 h. 50, T. 40°,25, arrêt des convulsions.

Le lendemain l'animal est trouvé mort.

1<sup>er</sup> *juin*. Jeune chien 4<sup>kg</sup>,400. T. 39°. Injection de 7 milligrammes de cocaïne ; mis dans un bain à 43° à 2 h. 30.

A 2 h. 45, inquiétude, pupilles dilatées ; à 2 h. 55, T. 41°,60 ; polypnée ; 3 milligrammes ; à 3 h. 2. T. 42°,70 ; polypnée, 2 milligrammes.

Les convulsions cloniques éclatent (12 milligrammes), la température atteint 43°.

3 h. 5, refroidissement par un courant d'eau froide ; 3 h. 12, les convulsions cloniques persistent, nettes, mais un peu affaiblies ; 3 h. 13, T. 42°,8, arrêt des convulsions.

L'animal est détaché et reste tranquille.

Le lendemain, expérience faite au cours. L'animal est complètement remis. T. 38°,9.

Attaque tonique, opisthotonos avec 17 milligrammes.

Attaque clonique à 2 milligrammes. T. 39°,50.

Les attaques cloniques continuent et amènent lentement le thermomètre à 41°,10.

## III

### Expériences avec la cinchonine et ses isomères.

Nos expériences sur les sels cinchoniques se rattachent à une étude générale, poursuivie par l'un de nous, sur l'action physiologique de la cinchonine et ses isomères[1].

Comme pour la cocaïne, les doses convulsivantes de ces différents isomères ont été déterminées dans des expériences ultérieures. Quoique nos recherches aient porté sur huit corps différents (cinchonines et oxycinchonines)[2], l'influence de l'hyperthermie n'a été étudiée qu'avec trois d'entre eux.

| | Dose convulsivante chez un chien normal. | Nombre des expériences. |
|---|---|---|
| | grammes. | |
| Cinchonine . . . | 0,06 | 3 |
| Cinchonidine. . . | 0,08 | 3 |
| Cinchonigine. . . | 0,005 | 8 |

CINCHONIDINE

12 *août*. — Jeune chien de $2^{kg},900$.

L'animal est fortement muselé, attaché sur une planchette, et exposé au soleil sur une terrasse bitumée, où la réverbération est très ardente.

Un thermomètre, placé à côté du chien, indique une température extérieure moyenne, pendant la durée de l'expérience, de 38 degrés avec un maximum de 42 degrés.

1 h. 50, T. 39° début; 2 h. 40, T. 41°, injection de 13 milligrammes; 2 h. 45, T. 41°,75, injection de 7 milligrammes, 2 h. 55; T. 42 degrés, injection de 6 milligrammes.

Les convulsions éclatent immédiatement après la dernière injection. Convulsions cloniques très intenses et qui font monter rapidement la

1. Jungfleisch et Léger, « Sur les isomères de la cinchonine », *Comptes rendus de l'Académie des sciences*, 19 décembre 1887, 2 et 9 janvier 1888; Paul Langlois, « Sur la toxicité des isomères de la cinchonine », *Bull. de la Soc. de Biologie*, 15 décembre 1888.

2. Nous devons ces produits à l'obligeance de M. le professeur Jungfleisch. Les solutions titrées, provenant de son laboratoire, étaient à 1 p. 100 de base à l'état de chlorhydrate.

température (en une minute et demie) à 42°,25. Il a donc suffi de 0gr,026 pour faire apparaître le syndrome convulsif, soit une dose de plus de moitié plus faible que celle indispensable chez un chien à 39°.

Les convulsions s'arrêtent bientôt.

L'animal présente une polypnée intense, qui produit son effet habituel inhibitoire sur les convulsions.

Une nouvelle injection de 3 milligrammes fait reparaître les accidents convulsifs.

Le chien est alors porté sous un fort courant d'eau froide, sa température tombe rapidement de 2 degrés en 10 minutes. Jusqu'à 40°,50 les convulsions persistent. Mais, au-dessous de ce chiffre, on n'observe plus qu'une attaque très larvée, localisée dans les muscles de la face; paupières et lèvres supérieures. Le refroidissement continue jusqu'à 35°,85. Malgré cette basse température, on note encore quelques contractions de la face.

Le lendemain, le chien est complètement remis. On lui injecte de nouveau de la cinchonidine, T. R. 39°,25.

Les convulsions n'apparaissent qu'après l'injection de 7 milligrammes.

### CINCHONINE

13 *août*. — Chien de 2kg,700. Exposé comme le précédent. Même jour.

Quand la température atteint 41°,60, injection lente de 3 centigrammes. A cette dose éclate une attaque tonico-clonique violente, à laquelle succèdent des attaques uniquement cloniques, subintrantes, et qui font monter rapidement la température à 42°,75. Mort en pleine convulsion.

Dose convulsivante; 3 centigrammes au lieu de 7.

### CINCHONIGINE

17 *septembre*. — Chien de 8gr,500. De tous les isomères de la cinchonine, cette dernière substance est la plus active. 16 fois plus toxique que la cinchonidine, 12 fois plus que la cinchonine.

Le chien est chauffé par un bain à 43 degrés.

A 41°,60, 1/2 milligramme, polypnée; à 41°,20, 1/2 milligramme, agitation peu intense; à 40°,90, 1,2 milligramme; soit 0gr,0035 au total.

Attaque tonico-clonique pendant la dernière injection, et qui persiste 42 secondes. (La durée maxima observée chez un chien non hyperthermié est de 35 secondes.)

La polypnée amène un refroidissement rapide. 2-4 milligrammes.

Nouvelle attaque de courte durée. Le lendemain, mort.

Ces trois expériences sont des plus concluantes. Dans les

trois cas, la dose convulsivante a été inférieure de beaucoup à la dose nécessaire pour un chien normal :

| | | | | |
|---|---|---|---|---|
| 25 | milligrammes au lieu de | 8 | pour la | cinchonidine. |
| 30 | — — | 7 | — | cinchonine. |
| 3,5 | — — | 8 | — | cinchonigine. |

Ce dernier chiffre est d'autant plus remarquable que, dans huit expériences ultérieures, faites sur des chiens à 38 degrés ou 39 degrés, la dose convulsivante avait oscillé entre les limites extrêmement faibles $0^{gr},0052$ et $0^{gr},0048$.

## IV

### Expériences avec le lithium.

L'action convulsivante du lithium a été déjà signalée[1]. Les sels de ce métal, donnés à doses assez fortes, $0^{gr},13$ à $0^{gr},15$ de lithium métallique par kilogramme de poids vif, soit de chlorure de lithium, déterminent des selles liquides, séreuses, abondantes.

Dans les douze premières heures qui suivent l'injection, l'animal reste abattu, très prostré, sans mouvements convulsifs, si ce n'est des muscles abdominaux qui se contractent par intervalles. La température baisse rapidement. Le lendemain, avec une hypothermie considérable, on observe, en outre, des convulsions à type spécial. L'animal est toujours sur le flanc, les quatre pattes étendues, puis de temps en temps, de deux à cinq minutes, on observe une contracture clonique lente, généralisée aux quatre membres, qui dure une minute environ. Cet état convulsif persiste jusqu'à la mort, qui paraît résulter de l'hypothermie, de l'épuisement

1. Ch. Richet, « De l'action physiologique des sels alcalins » (Voyez *Trav. du Lab.* t. III, page 451).

nerveux, et peut-être aussi de la spoliation aqueuse du sang par la diarrhée intense.

Mais, si l'on détermine une élévation notable de la température de l'animal, les phénomènes prennent une forme nouvelle. Au lieu d'apparaître douze ou quinze heures après l'injection, les convulsions éclatent presque immédiatement, et avec une certaine énergie, et la mort survient rapidement, de sorte que l'on peut avancer que le travail physiologique déterminé par les convulsions dues au lithium est le même chez un chien ordinaire et chez un chien hyperthermié, mais que chez ce dernier, grâce à l'énergie calorique, il s'effectue beaucoup plus rapidement.

Nous ne citerons que deux expériences comparatives[1].

Deux chiens adultes et de petite taille, pesant l'un 3k,250, le second 2k,530, reçoivent la même quantité relative de chlorure de lithium (0gr,175 de lithium métallique par kilogramme). Le premier chien A, immédiatement après l'injection, est pris de diarrhée, de vomissements; il se couche, reste immobile, sans convulsions. Le lendemain, mort.

Le second, B, est placé, avant l'injection, dans un bain que l'on porte à 45°. La température monte rapidement de 39° à 42° en quarante-cinq minutes.

L'attaque éclate quand la dose atteint 0gr,175 de lithium. Attaques cloniques vives, généralisées, interrompant la polypnée et déterminant immédiatement une nouvelle élévation thermique de 0°,20, soit 42°,20. Dès qu'il est sorti de la baignoire, les convulsions s'arrêtent, la polypnée reparaît et l'animal se refroidit rapidement. Le lendemain, mort.

Dans une autre expérience (Exp. V, de M. Saint-Hilaire), un chien de 5 kilogrammes reçut 0gr,16 de lithium. Le lendemain, il présentait le syndrome de l'empoisonnement lithinique : diarrhée, perte de poids considérable, contractures convulsives lentes. Température, 37°,90. Ce chien fut porté,

1. Consulter, pour plus de détails, le travail de M. Saint-Hilaire (*Trav. du Lab.*, t. Ier, p. 413).

par le bain chaud, à la température de 42°,70. Alors les convulsions cloniques éclatent avec opisthotonos. Le chien fait des inspirations saccadées provoquant de courtes attaques convulsives (4 à 5 secondes). Il existe en même temps une légère contracture des muscles du tronc; strabisme interne, pupilles non dilatées.

Chez ce même chien, par le refroidissement, les convulsions cessent à 40°,80, pour reparaître, quand on fait remonter la température à 41°,80.

## V

### Expériences sur les animaux à sang froid.

Nous avons constaté, d'une part, que la cocaïne ne détermine pas de convulsions chez les animaux à sang froid, d'autre part, que presque tous les poisons, et parmi eux la cocaïne, sont plus actifs quand la température s'élève.

Une grenouille placée dans une solution de chlorhydrate de cocaïne à 1/4000e à la température du laboratoire, a vécu pendant 24 heures; d'autre part, cette même grenouille, qui avait résisté 24 heures à une température de 30° à l'eau pure, est morte en une heure, quand elle a été plongée dans la même solution de cocaïne portée à 30°. La mort est arrivée sans convulsions[1].

Pourquoi la cocaïne ne provoque-t-elle pas de convulsions chez les grenouilles? *A priori*, on peut supposer que la température est trop basse pour permettre les phénomènes convulsifs; mais les grenouilles échauffées à 30° ne présentent pas de convulsions; et, d'autre part, les chiens refroidis à 28° ont encore des convulsions, très atténuées il est vrai, mais encore caractéristiques.

1. Voir, pour plus de détails, les expériences de M. Saint-Hilaire sur ce sujet.

Peut-être y a-t-il là quelque influence, difficile à expliquer encore, sur les centres nerveux corticaux.

Nous avons pu établir, à l'aide de diverses expériences que nous aurons l'occasion de rapporter, dans un travail ultérieur, que la cocaïne n'est pas un poison médullaire, mais un poison cérébral. Il semble que la sensibilité à l'action toxique de la cocaïne soit proportionnelle au développement du système cérébral. L'homme est bien plus sensible que le chien; le chien est bien plus sensible que les rongeurs; et les vertébrés inférieurs sont plus résistants encore.

On sait que la morphine et l'atropine, poisons cérébraux, sont bien plus dangereux pour l'homme que pour les animaux.

D'ailleurs, si générale que soit cette influence de la chaleur sur l'action des poisons, elle ne s'applique peut-être pas à toutes les substances toxiques, et il nous a paru que, pour la strychnine et la picrotoxine, les modifications que la température apporte à la toxicité étaient minimes, ne dépassant pas les limites de l'erreur expérimentale.

Cela concorde bien avec l'hypothèse d'une action chimique, puisque certaines combinaisons chimiques, très énergiques, telles que la combinaison du chlore avec le potassium, par exemple, ne sont pas influencées par la température, tandis que d'autres, comme les éthérifications, le sont manifestement. Il n'y a donc rien de surprenant à ce que certaines actions toxiques énergiques ne soient pas modifiées par la température de l'animal, tandis que d'autres, moins actives, varieraient avec elle.

## VI

### Conclusions.

De toutes ces expériences se dégage très nettement le fait suivant :

*La dose convulsive minimum d'un poison varie avec la tem-*

*pérature organique de l'animal. Elle est plus faible quand la température est élevée, et inversement.*

Si l'on veut essayer de pénétrer plus profondément dans le mécanisme de cette action, trois hypothèses se présentent :

1° Le tissu nerveux qui produit l'attaque convulsive est rendu plus excitable par la chaleur ;

2° La combinaison de la substance toxique avec le tissu nerveux, combinaison chimique qui est la cause même de la convulsion, est plus rapide ;

3° La combinaison de la substance toxique avec le tissu nerveux est plus complète.

Nous croyons qu'il faut éliminer la première hypothèse. En effet, nous avons à différentes reprises essayé de provoquer par l'excitation électrique du cerveau une attaque d'épilepsie corticale, alors que l'animal était soumis à des températures différentes, et nous n'avons pas pu constater de différences sensibles, suivant la température, soit dans le minimum d'excitation électrique nécessaire, soit dans la forme et la durée des convulsions.

Ainsi, tout en réservant notre opinion sur ce point délicat, il nous paraît probable que l'excitabilité des centres nerveux à la convulsion n'est pas sensiblement modifiée par les variations thermiques.

Nous éliminerons de même la seconde hypothèse ; car nous n'avons jamais vu, dès que la dose limite a été atteinte, qu'il soit besoin d'un espace de temps appréciable pour déterminer la convulsion. Quand la dose toxique a été vraiment atteinte, presque immédiatement (c'est-à-dire une demi-minute environ après l'injection intra-veineuse), la convulsion survient. La combinaison chimique, c'est-à-dire la convulsion qui en est l'image, s'effectue presque instantanément. Quelle que soit la température, nous avons constamment observé que l'élimination du poison, pendant une demi-minute ou même cinq minutes, peut être considérée comme à peu près négligeable.

Nous n'avons donc aucune raison d'admettre que la température, en s'élevant, élève la rapidité de la combinaison.

Reste alors la troisième hypothèse qui nous paraît très vraisemblable. Étant donné que le sang est une solution plus ou moins diluée du poison, il se fait une diffusion du poison dans les diverses cellules. Cette diffusion est un phénomène physique qui est probablement quelque peu soumis à l'influence de la chaleur. Mais on ne peut guère supposer qu'un poison diffusera avec une vitesse bien différente selon que la température sera plus élevée ou plus basse de quelques degrés.

A vrai dire la diffusion n'est que le premier terme de l'empoisonnement. Le second et dernier terme, c'est la combinaison chimique, combinaison qui s'opère entre la cellule vivante et la substance toxique dont elle s'est imprégnée. Cette combinaison est sans doute plus ou moins complète, suivant la température.

Supposons, pour prendre un fait que nous avons eu souvent l'occasion de présenter comme schéma, qu'il s'agisse de la coloration d'un écheveau de soie blanche trempée dans une solution de fuchsine. Si la solution est à 0° par exemple, pour donner une certaine teinte à l'écheveau, il faudra 20 grammes de fuchsine en solution dans un litre. A 10°, il ne faudra plus que 18 grammes pour avoir la même teinte; à 40°, 10 grammes, et à 80°, 5 grammes, je suppose. De même, dans un empoisonnement, il se fera à l'intérieur de la cellule un équilibre chimique variable; une combinaison protoplasmotoxique, qui, pour une dilution toxique constante, sera d'autant plus complète que la température du protoplasma est plus élevée.

Nous inclinons donc à croire que cette variation de la température s'exerce sur l'équilibre chimique cellulaire, et sur la diffusion, mais plutôt encore sur l'équilibre chimique final que sur la diffusion.

En dernière analyse, les faits que nous avons étudiés dans

ce mémoire peuvent être présentés sous la forme suivante, quelque peu théorique, mais au moins fort claire.

Étant donnée une certaine dilution d'un toxique dans le sang, la cellule nerveuse s'en imprègne. Une combinaison chimique en résulte, d'autant plus complète pour tel poison et telle cellule que la dilution est plus concentrée d'une part, et que d'autre part la température est plus élevée. Cette combinaison devient un stimulant chimique de la cellule, stimulant qui agit soit par suppression, destruction, de certaines substances chimiques intra-cellulaires, soit par stimulation de certaines autres.

De là l'influence de la température sur la dose convulsive minimum. C'est une combinaison chimique dans le tissu nerveux qui détermine la convulsion, et cette combinaison, pour une dilution donnée de poison, ne peut s'effectuer qu'à une température donnée. Avec une solution plus diluée, elle s'effectuera encore si la température s'est élevée; inversement si la température s'est abaissée, il faudra une solution plus concentrée et une dose plus forte de poison.

Quoique nous n'ayons fait d'expériences qu'avec la cocaïne, le lithium, la cinchonine et ses isomères, il nous semble vraisemblable qu'on peut étendre cette loi à un grand nombre de substances toxiques.

# XLI

## SUR L'ACTION DE QUELQUES POISONS

DE LA

## SÉRIE CINCHONIQUE SUR LE "CARCINUS MÆNAS"

**Par MM. P. Langlois et H. de Varigny.**

Les poisons dont nous nous sommes occupés sont les chlorhydrates de cinchonine, de cinchonigine, de cinchonidine, de cinchonibine, de cinchonifine, et c'est au point de vue de leur action convulsivante que nous les avons étudiés. Les solutions par nous employées étaient parfaitement pures : nous les devons à l'obligeance de M. Jungfleisch, professeur à l'École de pharmacie; elles étaient titrées au centième, un centimètre cube renfermant 10 milligrammes de base. Les crabes sur lesquels nos expériences ont été faites étaient en partie des crabes que l'un de nous avait rapportés du bord de la Manche, — avec quelques soins on les peut conserver plus de quinze jours en vie, sans nourriture, dans des herbes légèrement humectées d'eau salée, — en partie, principalement, des crabes qui nous ont été adressés de la Station zoologique de Cette, par les soins de M. le professeur Armand

Sabatier, de Montpellier, à qui nous adressons une fois encore, pour ses nombreux envois, nos plus sincères remerciements.

Le mode opératoire est des plus simples : nous injectons, au moyen d'une seringue de Pravaz, la quantité voulue de solution dans le corps de l'animal. Il ne peut être question de faire l'injection dans les pattes : la douleur détermine très souvent l'autotomie, et ceci bien avant que la solution ait pu pénétrer. Il vaut mieux pousser l'injection dans le corps directement en enfonçant de quelques millimètres (5 au plus) l'aiguille dans la membrane inter-articulaire reliant le premier article d'une patte (c'était toujours la postérieure droite) avec le corps. Dans ces conditions l'autotomie est très rare, et on est assuré que l'injection pénètre dans tout l'animal.

Ceci dit, passons à l'exposé rapide de nos expériences que nous grouperons sous cinq titres différents.

### I. — CHLORHYDRATE DE CINCHONIBINE.

Expérience I. — 3 janvier 1889. Crabe de 65 grammes. Injection de 2 milligrammes et demi. L'animal s'agite un moment, puis demeure immobile, sans raideur. Spumation abondante par les orifices branchiaux. Puis il s'agite un peu, avec quelque incoordination; mis sur le dos, il ne peut se redresser. Vivacité médiocre; pas de contracture du tout; aucun mouvement convulsif. Une heure après l'injection, l'animal se déplace spontanément, et va mieux. Le lendemain il se porte parfaitement bien.

Expérience II. — 23 février 1889. Crabe de 65 grammes, qui reçoit 1 centigramme de sel. Symptômes comme ci-dessus : aucun signe de convulsions ou de contracture. Nous ne continuons pas les expériences, cette substance ne présentant aucun pouvoir convulsivant, aux doses où les autres substances possèdent ce pouvoir à un haut degré.

### II. — CHLORHYDRATE DE CINCHONIDINE.

Expérience I. — 3 janvier 1889. Crabe de 75 grammes, vif et vigoureux. Nous injectons 2 milligrammes et demi de cinchonidine, à 3 h. 40. Signes de douleur, agitation, puis repos temporaire. 3 h. 42. L'animal contourne ses pattes de telle façon que sa tête vient buter contre le fond du cristallisoir, son thorax étant élevé en l'air. Toutefois, ni paralysie, ni contracture. Il se déplace et se met en position de défense quand on le tracasse. Laissé à lui-même, il s'agite d'une façon incoordonnée et prend des attitudes bizarres. Les mâchoires s'agitent fortement.

3 h. 50. Même état : agitation incoordonnée faisant place à des mouvements bien ordonnés quand on l'attaque.

4 heures. Rien de changé. Le lendemain l'animal est remis, mais semble présenter encore quelque incoordination.

Expérience II. — 3 janvier 1889. Crabe de 70 grammes, qui reçoit 5 milligrammes de sel dans un demi-centimètre cube d'eau, à 2 h. 15. Agitation incoordonnée, pas de contracture.

Petits et faibles mouvements des pattes : faiblesses, incoordination et légère trémulation. Les mâchoires s'agitent.

2 h. 34. Continuation du mouvement des mâchoires. Agitation incoordonnée, mais vigoureuse.

3 h. 5. L'animal est immobile, mais, dès qu'on le touche, il se meut avec vivacité. A un moment il a une sorte de spasme, de contracture générale. A partir de 3 h. 30, il paraît aller très bien et nous cessons de l'observer à 6 heures.

Expérience III. — 5 janvier 1889. A deux crabes pesant 45 et 65 grammes, nous injectons 2 milligrammes et demi de cinchonidine, à 2 h. 40. Faible agitation. Le plus petit (A) reste immobile, tandis que B, le plus gros, s'agite par moments d'une façon incoordonnée. Les mâchoires se meuvent un peu. A est mort le soir même; B va bien le lendemain, et paraît tout à fait normal. Ni l'un ni l'autre n'a présenté trace de convulsions ou de contracture.

### III. — CHLORHYDRATE DE CINCHONIGINE.

Expérience I. — 10 octobre 1888. Trois crabes de 22, 24 et 34 grammes. Ce sont des crabes rapportés depuis douze ou quatorze jours de la Manche, vifs et bien portants. Aux deux plus légers nous donnons 5 milligrammes; au plus lourd, 1 centigramme de cinchonigine(dans un demi et 1 centimètre cube d'eau). Injection à 4 h. 15. Chez les deux plus petits, ni paralysie, ni contracture. Légère agitation, incoordonnée. Chez le plus gros, petits mouvements spasmodiques des pattes. Rien aux mâchoires chez ces trois animaux. Vingt-quatre heures après, tous trois vont très bien.

Expérience II. — 11 octobre 1888. Trois crabes de 19, 22 et 25 grammes. A 2 h. 55, chacun reçoit 1 centigramme de la solution. Chez tous, surtout chez le plus gros, il se produit des mouvements de douleur et de fuite, puis une période d'immobilité suivie de mouvements spasmodiques. Pas de locomotion. Au bout de dix minutes, les deux plus petits paraissent morts ; pourtant ils s'agitent quelque temps après. Quelques mouvements incoordonnés des mâchoires. De temps à autre le plus gros présente des spasmes généraux. Le lendemain et le surlendemain ces trois crabes se portent très bien.

Expérience III. — 2 janvier 1889. Un crabe venant de Cette et pesant 52 grammes reçoit 2 milligrammes et demi de cinchonigine. Mêmes symptômes : il se remet d'ailleurs très bien.

Expérience IV. — 5 janvier 1889. Deux crabes de 40 et de 74 grammes. Chacun reçoit 2 milligrammes et demi de cinchonigine, à 1 h. 45. Agitation très vive des membres et des mâchoires; les pinces se meuvent d'une façon étrange, comme si l'animal voulait arracher quelque chose à sa tête ou à ses yeux. Chez B (le plus petit), il se produit une certaine raideur, l'animal ne réagit pas aux menaces; il reste immobile, mais, de temps à autre, il y a des mouvements isolés de l'une ou l'autre des pattes.

1 h. 55. B présente des frémissements incoordonnés dans certaines pattes, au lieu que A (le crabe de 74 grammes) reste tranquille, sauf quand on le menace, auquel cas il réagit vite et bien, ce que ne fait point B. Ces deux crabes présentent les mêmes symptômes pendant un certain temps; le lendemain ils se portent très bien et paraissent tout à fait normaux.

Expérience V. — 2 février 1889. Crabe de 25 ou 30 grammes. Il reçoit 5 milligrammes de cinchonigine. Il présente bien quelques petits mouvements spasmodiques, mais c'est très peu de chose. En dehors de ces mouvements, rien de particulier. L'animal se porte bien vingt-quatre heures après.

Expérience VI. — 23 février 1889. Crabe de 50 grammes. Il reçoit 10 milligrammes de sel. Il présente, comme le précédent, quelques petits spasmes locaux, partiels; mais ils sont très faibles; pas d'accès convulsifs, ni de spasmes généraux.

### IV. — Chlorhydrate de cinchonifine.

Expérience I. — 4 février 1889. Crabe de 25 grammes, qui reçoit 10 milligrammes de sel. L'animal paraît affaibli, et ne se meut point. Bientôt, au bout d'une ou deux minutes, petits spasmes isolés se présentant tantôt dans une patte, tantôt dans l'autre, sans qu'il y ait ordre d'apparition bien manifeste. Ces spasmes portent sur une partie de la patte; tantôt c'est le dactylopodite seul qui s'agite d'une façon brève et rapide, tantôt c'est un autre article. Dans chaque patte considérée isolément il n'y a pas d'ordre appréciable d'apparition puis de généralisation des spasmes. Ceux-ci sont le plus souvent des spasmes de flexion : l'extension spasmodique est assez rare; toutefois elle existe. De temps à autre, toutes les pattes, ou presque toutes, sont prises simultanément d'une convulsion clonique bien marquée.

Un autre crabe, qui reçoit 5 milligrammes, présente les mêmes symptômes. Au bout d'une demi-heure, les deux animaux vont mieux; les spasmes sont plus faibles et plus rares. A cette phase succède, au bout d'une ou deux heures, une période d'immobilité. Le lendemain tous deux vont bien.

Expérience II. — 6 février 1889. Crabe de 50 grammes, qui reçoit 5 milligrammes de sel, à 2 h. 33. Mouvements de fuite, mais bientôt immobilité, et, en moins d'une minute, apparition de petits spasmes isolés, vifs, se manifestant tour à tour dans les différents membres, et en différents segments de ceux-ci. Les pinces s'ouvrent et se referment d'une façon spasmodique. A 2 h. 38, les symptômes sont plus accusés. Rien aux mâchoires. Spasmes partiels violents au cours desquels la pince droite se détache du corps; une fois séparée, elle continue pendant une minute ou deux à présenter des mouvements spasmodiques. Entre les spasmes, état d'immobilité absolue; mais cet état est rare, car il y a presque toujours une patte ou une autre qui est agitée par les convulsions. De temps à autre celles-ci sont plus nombreuses et s'observent dans un plus grand nombre de pattes simultanément, après quoi il y a un calme relatif. Dans un ou deux cas il semble que les convulsions se propagent d'arrière en avant, débutant par les pattes postérieures pour finir par les pinces.

2 h. 53. Peu ou point de spasmes : agitation générale, assez lente et incoordonnée. Par moments seulement quelques petits spasmes. Même état plus accentué, en ce que les spasmes sont plus rares, à 3 h. 20.

4 h. 13. Mobilité assez bonne, mal coordonnée il est vrai, mais pas de spasmes. Même état à 5 heures. Le lendemain l'animal va bien.

Expérience III. — 6 février 1886. Crabe de 62 grammes : dose, un centigramme. Mêmes symptômes. Mort le lendemain.

Deux autres crabes de 55 et 56 grammes reçoivent aussi 5 milligrammes à 4 heures. Mêmes phénomènes. Ils sont vivants, mais très faibles le lendemain. Un quatrième crabe de 50 grammes reçoit 5 milligrammes : spasmes magnifiques; convulsions cloniques très belles. Il est vivant le lendemain.

Expérience IV. — 22 février 1889. Crabe de 50 grammes. Nous prenons différents tracés des convulsions. Deux autres crabes de 41 et de 66 grammes servent au même but; ils reçoivent chacun 7 milligrammes et demi de sel : le plus gros survit. Nous n'insisterons pas plus longuement sur les expériences faites avec la cinchonifine, nos notes étant toutes pareilles.

V. — CHLORHYDRATE DE CINCHONINE.

Expérience I. — 23 février 1889. Crabe de 47 grammes, qui reçoit 7 milligrammes de sel. En moins d'une minute, spasmes tétaniques violents enregistrés par la méthode graphique. Pendant les spasmes, autotomie d'une patte locomotrice et d'une des pinces.

Expérience II. — Même jour. Crabe de 75 grammes qui reçoit 5 milligrammes de sel. Accès tétaniques moins violents, mais encore très nets, dont nous enregistrons une partie.

Expérience III. — 24 février 1889. Crabe de 110 grammes, qui reçoit 15 milligrammes. Convulsions isolées, localisées. Un autre crabe de 66 grammes reçoit 10 milligrammes et présente les mêmes symptômes.

Expérience IV. — 25 février 1889. Un crabe, dont le poids n'a pas été noté, reçoit un centimètre cube (10 milligrammes) de la solution. Il se comporte comme les précédents et fournit un bon tracé de spasmes tétaniques.

Nous voyons, en résumant les expériences qui précèdent, que le mode d'action et la toxicité des substances employées varient notablement.

La *cinchonibine*, depuis la dose de 2,5 milligrammes pour 65 grammes jusqu'à la dose quadruple maxima de 10 milligrammes pour 65 grammes (c'est-à-dire 195 milligrammes environ pour un kilogr.), ne détermine aucun symptôme convulsif appréciable. Il y a de l'incoordination, de la spumation, mais point de contracture ni de convulsion. Les doses employées ne sont pas mortelles.

La *cinchonidine*, depuis la dose de 2,5 milligrammes pour 75 grammes jusqu'à la dose double maxima de 5 milligrammes pour 70 grammes (un peu plus de 70 milligr. par kilogr.), exerce une légère action convulsivante qui a été observée dans une expérience : il se produit un spasme généralisé, une contracture qui dure peu de temps. Les doses employées n'ont pas été mortelles.

La *cinchonigine*, depuis la dose de 2,5 milligrammes

pour un poids de 75 grammes jusqu'à la dose maxima de 10 milligrammes pour 50 grammes (soit 500 milligr. par kilogr.), détermine, quand la quantité employée est suffisante, certains symptômes particuliers du côté des appendices locomoteurs. Ce sont de petits spasmes isolés, siégeant le plus souvent dans l'un ou l'autre des dactylopodites : celui-ci exécute un mouvement rapide de flexion; ou bien le mouvement s'opère par saccades brèves, entrecoupées, et parfois ces secousses musculaires se généralisent, en s'étendant à plusieurs des pattes.

La *cinchonifine*, depuis la dose de 5 milligrammes pour un animal de 55 grammes, jusqu'à la dose maxima de 10 milligrammes pour un animal du poids de 25 grammes (soit 400 milligr. pour 1 kilogr.), est un convulsivant puissant, même à des doses plus faibles de trois quarts (95 ou 100 milligr. par kilogr.):les pattes présentent des spasmes locaux qui se généralisent parfois en une série de convulsions cloniques d'une rapidité extrême. Et dans cet accès convulsif on distingue aisément une période de début, caractérisée par de petits spasmes isolés; une période d'ascension pendant laquelle s'observent les accès généraux à intervalles variables, et une période de déclin pendant laquelle les accès vont s'atténuant et s'espaçant, étant faibles et ne se montrant que lors d'excitations extérieures assez vives. Les doses employées ne sont généralement pas mortelles (de 10 milligrammes pour un crabe de 25 grammes à 5 milligrammes pour un crabe de 55 grammes).

La *cinchonine* est également (entre les doses de 3,3 milligr. pour 47 grammes et 17,5 milligr. pour 80 grammes) un convulsivant énergique. Les convulsions sont d'abord locales, isolées : elles se généralisent bientôt et sont d'une grande vivacité. Il suffit de peu de temps pour voir se produire les symptômes dont il s'agit.

Nous voyons donc que la cinchonibine n'est pas convulsivante: que la cinchonidine l'est très faiblement; que la cinchonigine exerce une influence convulsivante appréciable, et que les convulsions sont plus prononcées encore quand on injecte de la cinchonifine ou de la cinchonine.

Les spasmes et les convulsions que déterminent ces deux dernières substances sont si rapides et intenses, même comparés aux mouvements normaux relativement vifs du crabe, qu'il nous a paru qu'il y aurait quelque intérêt à les enregistrer par la méthode graphique, les recherches de ce genre étant d'une occurrence peu fréquente, et personne, à notre connaissance, n'ayant encore signalé et enregistré ces convulsions. Il est du reste aisé d'obtenir le graphique de celles-ci.

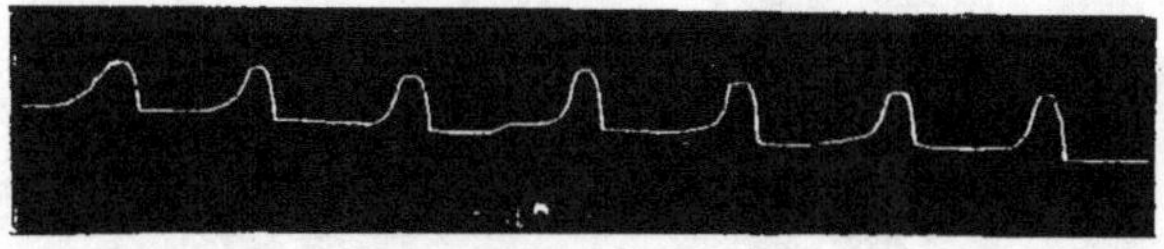

I. — Commencement des manifestations convulsives chez un *Carcinus mænas* empoisonné par le chlorhydrate de cinchonine. Contractions sensiblement égales, se produisant à intervalles presque réguliers. A lire de droite à gauche. Ligne ascendante correspondant à la flexion.

L'animal est posé sur le dos librement : il ne cherche point à fuir, et la motilité volontaire est abolie — en pratique

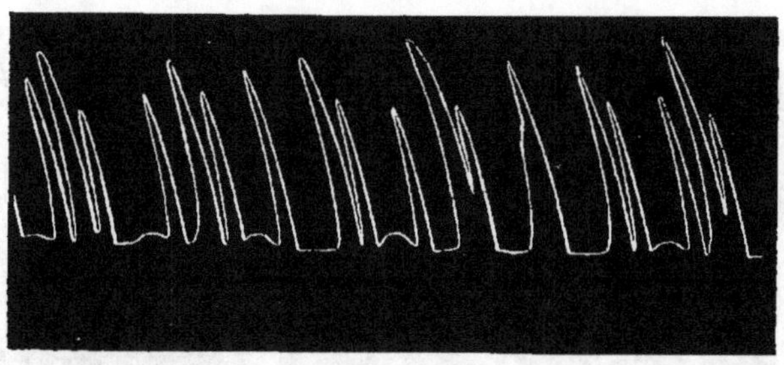

II. — Phase plus avancée des accès convulsifs dus au chlorhydrate de cinchonine. Les contractions sont plus rapprochées et plus fortes.

tout au moins — durant les accès convulsifs. On peut, [au besoin, caler le crabe au moyen de quelques épingles enfoncées dans le plateau de liège sur lequel il repose, et disposées de manière à empêcher les déplacements latéraux, ou la rotation, sans léser l'animal. La planchette est reliée à un myographe à action directe, et la plume de l'appareil est mise en communication avec l'une quelconque des pattes du crabe au moyen d'un fil. Comme contrepoids, il suffit de 2 grammes.

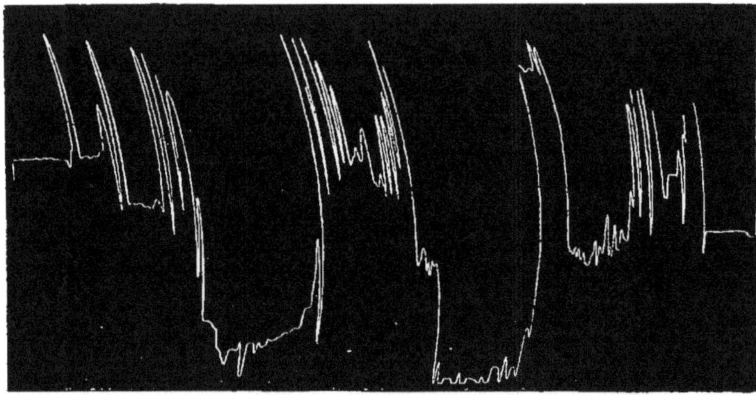

III. — Graphique des convulsions produites chez le *Carcinus mænas* par le chlorhydrate de cinchonine. Convulsions séparées par des intervalles de calme relatif.

Dans ces conditions très simples nous avons obtenu un certain nombre de tracés d'une netteté parfaite. D'une façon géné-

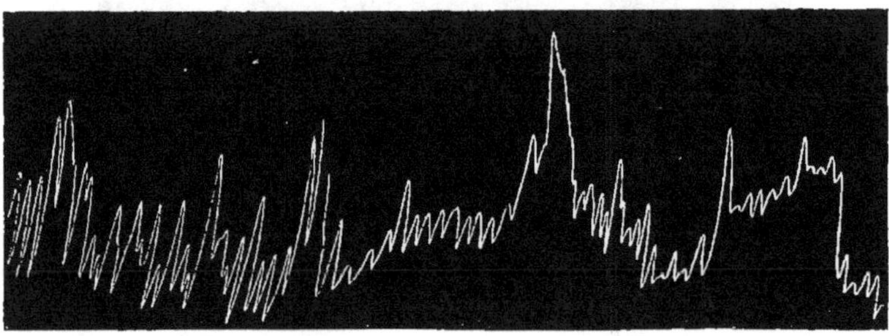

IV. — Graphique des convulsions produites chez le *Carcinus mænas* par le chlorhydrate de cinchonine. Période des convulsions cloniques se produisant en succession rapide, sans intervalle. Tracé à lire de droite à gauche. Durée : 45 secondes. Les lignes ascendantes correspondent à la flexion.

rale, tant avec la cinchonine qu'avec la cinchonifine, les

choses se passent de la façon que voici : Peu de temps (une minute ou deux) après l'injection, l'une ou l'autre, ou plusieurs, des pattes commencent à présenter de brusques mouvements de flexion, ici du dactylopodite sur le carpopodite, ailleurs de la patte tout entière ou d'une partie de celle-ci. Plus ou moins espacés, semblant presque rythmés parfois au commencement, ces spasmes se rapprochent bientôt : ils deviennent plus intenses, et le plus souvent se généralisent, s'étendant au moins à plusieurs pattes, si ce n'est à la totalité. La crise décroît, puis cesse, et l'animal reste immobile. Les tentatives de motilité spontanée semblent favoriser le retour des accès, et la généralisation semble se faire d'arrière en avant, aller des membres postérieurs aux antérieurs, sans qu'il y ait cependant parallélisme évident dans la marche des phénomènes des deux côtés du corps.

Les graphiques que nous donnons ici représentent les principaux traits de ces accès convulsifs ou épileptiques très prononcés.

Les figures I, II et III en représentent les différentes phases.

Dans la figure I, nous voyons des contractions assez faibles, égales, se produisant à intervalles à peu près réguliers. Ces contractions vont bientôt se rapprochant et acquérant plus d'amplitude : la régularité, le rythme en sont moins prononcés (fig. II). Enfin ces contractions deviennent très rapprochées, et acquièrent en même temps une irrégularité très marquée : c'est une crise continue de contractions d'amplitude variable ; l'accès convulsif est à son apogée (fig. III).

La figure IV représente le graphique d'un accès convulsif dû au chlorhydrate de cinchonifine.

Dans un autre travail l'un de nous[1] a étudié l'influence des poisons dont nous venons de parler sur les mammifères (chien et cobaye), et a vu que chacun d'eux est,

1. Voyez plus loin (p. 52). PAUL LANGLOIS, « Sur la toxicité des isomères de la cinchonine. »

à des degrés variables, nettement convulsivant pour ces animaux. Si la cinchonine est prise pour unité, dans le rapport de la toxicité de ces substances, il convient d'attribuer aux autres les valeurs suivantes :

| | |
|---|---|
| Cinchonine. . . . . . | 1 |
| Cinchonigine. . . . . | 15 |
| Cinchonidine . . . . . | 0,75 |
| Cinchonibine . . . . . | 1,50 |
| Cinchonifine . . . . . | 1,50 |

Il en résulte que, pour les mammifères, l'ordre de toxicité est le suivant, en commençant par la substance la plus toxique : cinchonigine, cinchonibine et cinchonifine, cinchonine et cinchonidine, la première jouissant d'un degré très élevé de toxicité. Pour obtenir des accès épileptiques chez le chien (en injections intra-veineuses), il faut, en centigrammes, par kilogramme d'animal :

| | |
|---|---|
| Cinchonigine. . . . . . | $0^{gr}$,005 |
| Cinchonibine. . . . . . | $0^{gr}$,04 |
| Cinchonifine. . . . . . | $0^{gr}$,04 |
| Cinchonine. . . . . . . | $0^{gr}$,06 |
| Cinchonidine. . . . . . | $0^{gr}$,08 |

Or, sur le *Carcinus mænas*, nous avons obtenu les résultats suivants :

*Cinchonigine :* 16 centigrammes (pour 1 000 de poids), dose maxima employée : action très faible.

*Cinchonibine :* 15 centigrammes (dose maxima employée), pas d'action (pas d'action non plus avec 7,5 centigr.).

*Cinchonifine :* 9 centigrammes (dose maxima employée), action très forte.

*Cinchonine :* 6 centigrammes (dose maxima employée), action très forte aussi.

*Cinchonidine :* 7 centigrammes (dose maxima employée), action très faible, si ce n'est nulle.

En somme, la cinchonigine, si active chez les mammifères, est sans action sur le crabe, même à des doses de beaucoup supérieures à celles qui agissent sur celui-ci, et ne détermine ni mort ni convulsions.

La cinchonibine et la cinchonifine, également toxiques pour le mammifère, ne le sont pas pour le crabe : la première demeure inefficace même à des doses beaucoup plus fortes qu'il n'est nécessaire pour le mammifère; la deuxième est très active à des doses inférieures à celle où la cinchonibine demeure inactive pour le crabe. Mais nous ne pouvons dire quelle est la dose minima de cinchonigine requise pour agir : nous ne savons si elle est supérieure ou inférieure à celle qui agit sur le mammifère.

La cinchonine agit sur le crabe à la dose où elle agit sur le chien : peut-être agit-elle à dose moindre, et son action semble être sensiblement égale à celle de la cinchonifine.

La cinchonidine enfin agit très peu sur le crabe à la dose où elle agit sur le chien.

Il résulte de ceci que les deux substances les plus toxiques, les plus convulsivantes pour le crabe, ne sont pas du tout celles qui agissent le plus sur le mammifère. La substance la plus toxique pour le chien (cinchonigine) est pour ainsi dire sans effet sur le crabe, et celles qui agissent le plus fortement sur le crabe sont moins toxiques pour le chien.

Il y aurait évidemment à déterminer exactement pour ces dernières la dose minima nécessaire à la production des convulsions, pour les comparer avec celle qui est nécessaire chez le chien, surtout en ce qui concerne la cinchonifine, car pour la cinchonine il paraît certain que le crabe succomberait à des doses qui n'agissent pas sur le chien. Toutefois il demeure acquis que la cinchonigine, la cinchonibine et la cinchonidine n'agissent pas sur le crabe à des doses égales ou supérieures à celles où elles agissent sur le chien ; et que la cinchonifine et la cinchonine jouissent au contraire d'une activité considérable. C'est là le point que nous tenions surtout à mettre en lumière, et il nous suffit de montrer une fois de plus combien la toxicité des mêmes substances varie, absolument et relativement, pour des animaux d'organisation différente.

Cette variabilité de réaction dépend, — cela semble incontestable — des différences de constitution physiologique, anatomique et chimique, ou, pour être plus court, de la *variabilité physiologique* [1].

1. Pour des faits analogues, montrant que des poisons agissent différemment comme dose et comme symptômes, sur des animaux différents, comparer l'action de la strychnine, de la brucine et de la picrotoxine sur les mammifères (dans les *Leçons* de Vulpian *sur les matières toxiques et médicamenteuses*) avec leur action sur le crabe. (H. de Varigny : *De l'action de la Strychnine, de la Brucine et de la Picrotoxine sur le Carcinus mænas : Journal de l'Anatomie et de la Physiologie*, juin 1889, p. 187.)

# XLII

## ETUDE SUR LA
## TOXICITÉ DES ISOMÈRES DE LA CINCHONINE
## DANS LA SÉRIE ANIMALE

**Par M. P. Langlois.**

---

L'action convulsivante de la cinchonine a été étudiée depuis longtemps, et sous le nom d'épilepsie cinchonique M. Laborde a décrit les symptômes convulsifs, à forme tonico-clonique qui caractérisent l'intoxication par la cinchonine, et différencient, au point de vue physiologique, l'action de cette substance de celle de la quinine [1].

Depuis 1853, époque où M. Pasteur obtint un isomère de la cinchonine, la cinchonicine, sous l'influence de la chaleur et de l'acide sulfurique, de nouveaux isomères ont été découverts, et, par des déductions théoriques, M. Jungfleisch a été conduit à admettre l'existence possible de seize isomères, soit

1. Laborde, « La quinidine, son action physiologique comparée avec celle de la quinine, de la cinchonine, de la cinchonidine » (*Bull. Soc. de Biol.*, 1883) : « Sur le mécanisme physiologique de l'action des alcaloïdes convulsivants du quinquina » (*Tribune médicale*, 1886, p. 232, 243, 252 et 284).

lévogyres ou dextrogyres à des degrés variés, soit inactifs; aujourd'hui, sept de ces corps sont isolés.

MM. Jungfleisch et Léger m'ont remis des solutions exactement titrées de chlorhydrate de ces isomères absolument purs. Mes expériences ont donc porté sur :

La cinchonine, soluble dans l'éther. Dextrogyre $\alpha_D = +213$;
La cinchonibine, insoluble dans l'éther. Dextrogyre $\alpha_D = +175{,}8$;
La cinchonicine, soluble dans l'éther. Dextrogyre $\alpha_D = +46{,}5$;
La cinchonidine, peu soluble dans l'éther. Lévogyre $\alpha_D = +$
La cinchonifine, insoluble dans l'éther. Dextrogyre $\alpha_D = +195{,}0$;
La cinchonigine, soluble dans l'éther. Lévogyre $\alpha_D = -60{,}1$;
La cinchoniline, soluble dans l'éther. Dextrogyre $\alpha_D = +53{,}2$.

En outre de ces isomères, j'ai étudié l'action de deux autres corps qui sont des produits d'oxydation, formés, supposent MM. Jungfleisch et Léger, par l'intermédiaire des dérivés sulfonés de la cinchonine, dérivés que l'eau changerait en corps oxydés et qui correspondent à la formule :

$$C^{38}H^{22}Az^{2}O^{4}.$$

Ce sont :

L'oxycinchonine $\alpha$, insol. dans l'éther. Dextrogyre $\alpha_D = +182{,}15$;
L'oxycinchonine $\beta$, — — $\alpha_D = +187{,}14$.

L'action toxique de ces diverses substances a été étudiée sur un grand nombre d'animaux appartenant à toute la série des vertébrés et même sur quelques invertébrés.

Tous les isomères cinchoniques sont des poisons convulsivants, déterminant à une dose, variable avec chacun d'eux, après une certaine période d'agitation, une véritable attaque tonico-clonique suivie d'attaques cloniques successives. Je crois inutile d'insister sur l'ensemble des symptômes qui ont été déjà décrits par tous les auteurs, Chirone, Bochefontaine, Laborde, etc.

J'ai voulu principalement dans ce travail déterminer la

dose de chacun de ces isomères capable de faire naître l'attaque convulsive.

Pour comparer l'action physiologique de diverses substances, on parle presque toujours de la dose toxique. Mais ce terme manque de précision. Quelle est en effet la dose toxique? Est-ce la dose mortelle? il faut alors faire intervenir le facteur temps. La mort de l'animal intoxiqué peut arriver en effet suivant la dose employée, soit presque immédiatement après l'injection, soit plusieurs jours après, et, dans ce cas, elle est consécutive à l'apparition de désordres organiques graves. On ne peut, d'autre part, prendre pour terme de comparaison la dose suffisante pour déterminer l'apparition des premiers symptômes d'intoxication. La période d'agitation, par exemple, qui suit les premières injections des substances convulsivantes, se prête mal à une détermination précise.

Avec les poisons convulsivants, avec ceux au moins qui déterminent une attaque très nette, franche, épileptoïde, il est facile d'établir un point de comparaison en déterminant la dose minima pour laquelle éclate l'attaque tonico-clinique.

Avec M. le professeur Ch. Richet, nous avons pu déterminer ainsi avec une grande précision la dose convulsivante du chlorhydrate de cocaïne. Cette détermination est d'autant plus intéressante que M. Ugolino Mosso, dans son travail sur la cocaïne [1], dit justement : « Chez les chiens, les doses de 0,015 à 0,02 par kilogramme produisent déjà des symptômes assez graves d'empoisonnement; cependant on observe des différences individuelles si considérables qu'il est impossible d'établir avec exactitude des données précises concernant les doses. » Cette critique est juste en ce qui concerne les phénomènes primitifs d'intoxication, elle est vraie encore si l'on considère la dose mortelle; mais, quand il s'agit de la dose convulsivante, sur un chien à température normale (nous

1. U. Mosso, « Sur l'action physiologique de la cocaïne » (*Archives italiennes de biologie*, 1888, p. 326).

avons insisté avec M. Ch. Richet sur l'importance extrême de cette condition [1]) l'écart oscille entre 0,02 et 0,022.

Pour les isomères cinchoniques, j'ai pu déterminer avec la même précision la dose convulsivante, et le tableau suivant montre la différence qui existe entre ces corps de composition identique.

| SUBSTANCE. | DOSE CONVULSIVANTE PAR KILOGRAMME — par expérience. | DOSE CONVULSIVANTE PAR KILOGRAMME — moyenne. | RAPPORT D'ACTIVITÉ, la cinchonine étant prise pour unité. |
|---|---|---|---|
| Cinchonine | 0,07<br>0,06<br>0,05 | 0,06 | 1,00 |
| Cinchonibine | 0,044<br>0,038 | 0,04 | 1,50 |
| Cinchonidine | 0,09<br>0,07 | 0,08 | 0,75 |
| Cinchonifine | 0,07<br>0,04 | 0,04 | 1,50 |
| Cinchonigine | 0,0052<br>0,0052<br>0,0051<br>0,0051<br>0,0050<br>0,0049<br>0,0049<br>0,0049<br>0,0048 | 0,005 | 13,00 |
| Cinchoniline | 0,015<br>0,014 | 0,015 | 4,00 |
| Oxycinchonine α | 0,11 | 0,11 | 0,50 |
| Oxycinchonine β | 0,18 | 0,18 | 0,30 |

Les expériences faites sur les lapins et les cobayes présentent moins de précision. Chez ces derniers, en effet, s'ils constituent un excellent réactif pour les poisons convulsivants, le cobaye étant l'animal épileptique par excellence, l'impossibilité de faire des injections intra-veineuses rend la détermination de la dose convulsivante beaucoup plus indécise, et on verra d'après les écarts des chiffres de chaque expérience, combien la dose moyenne est mal déterminée.

1. Voyez plus haut P. Langlois et Ch. Richet, « De l'influence de la température sur les convulsions », p. 30.

Avec le lapin, on peut faire l'injection dans la veine, mais l'attaque tonico-clonique chez cet animal est loin d'être franche et nette. Trop souvent il faut attribuer l'attaque que l'on observe à une action directe sur l'endocarde, et c'est là une cause d'erreur que j'ai constatée plusieurs fois.

| | Cobaye. | |
|---|---|---|
| Cinchonine. . . . . . . | 0,35<br>0,55 | 0,40 |
| Cinchonibine. . . . . . | 0,18<br>0,09 | 0,10 |
| Cinchonidine . . . . . . | » | ? |
| Cinchonifine . . . . . . | 0,16<br>0,02 | 0,09 |
| Cinchonigine. . . . . . | 0,035<br>0,030<br>0,024<br>0,020<br>0,020<br>0,018<br>0,015 | 0,024 |
| Cinchoniline . . . . . . | 0,10<br>0,07 | 0,08 |

Ce qui frappe surtout dans ces tableaux, c'est la toxicité de la cinchonigine, treize fois plus toxique que la cinchonine et vingt fois plus que la cinchonidine, la moins active de toutes ces substances isomères. Quant aux oxycinchonines, leur action convulsivante est très faible, et diffère même de celle des isomères de la cinchonine.

Quand on étudie les poisons convulsivants, on est fatalement conduit à chercher sur quelles régions de l'axe cérébro-spinal agissent plus spécialement ces substances. La question des centres convulsivants est une des plus complexes et des plus obscures encore de la physiologie. En ce qui concerne la cinchonine, nous trouvons, dans les travaux antérieurs, deux opinions contraires : tandis que Bochefontaine, Chirone et Curci en font un poison des centres corticaux, Laborde range cette substance dans le type strychnine, son action se faisant sentir sur le système bulbo-myélitique. C'st avec la cinchonigine presque exclusivement que j'ai poursuivi les expériences sur la localisation de l'action du poison.

Expérience I. — *Chien de 9 kilogrammes.*

L'animal est chloroformé; une canule étant mise dans la trachée, on fait la section du bulbe à 2 millimètres au-dessous du bec du calamus. On laisse reposer l'animal pendant deux heures, pour permettre la disparition des effets du chloroforme. Des lampes munies de réflecteurs, placées autour de l'animal, s'opposent à son refroidissement.

A 5 heures, T. 38°,4, injection dans la veine saphène de 2 centigrammes de chlorhydrate de cinchonigine.

A 5 h. 10 m., 1 centigramme. Les pupilles sont dilatées, quelques contractions des lèvres. Aucun mouvement dans le corps.

A 5 h. 16 m., 1 centigramme. Nystagmus très accentué. L'intelligence paraît totalement abolie, pas de mouvements des yeux pour suivre quand on appelle d'un côté. Léger trismus.

A 5 h. 22 m., 5 milligrammes (total 45 milligr., soit 0gr,005 par kilogr.). Immédiatement après cette dernière injection, les mouvements convulsifs violents éclatent dans la face; coups de gueule caractéristiques, l'animal écume, mais le tronc est complètement immobile. L'attaque dure vingt secondes, puis est suivie de deux ou trois autres plus faibles. La température rectale indique 38°,7.

Une injection nouvelle de 1 centigramme reste sans effet, et il faut donner 35 milligrammes (80 milligr. en totalité) pour déterminer la réapparition des phénomènes convulsifs, moins accentués cependant, mais qui persistent sous forme d'attaques subintrantes pendant une demi-heure, mais toujours localisés dans les muscles de la tête et plus spécialement dans les masséters. T. 38°,7.

Les attaques subintrantes continuant, on fait un trou de trépan sur l'occipital gauche et, avec un scalpel, on détermine une large section sus-bulbaire, incomplète ainsi que la montre l'autopsie. Les pédoncules cérébraux sont en partie seulement sectionnés; il se produit une hémorragie considérable et les convulsions cessent.

M. Laborde fait entrer la cinchonine dans le type strychnine; mes expériences ne me permettent pas d'accepter cette classification. Même sans préjuger du siège d'élection de la substance, en admettant même que les centres médullaires réagissent sans excitation préalable des centres supérieurs, le syndrome de l'intoxication cinchonique diffère de ceux de la strychnine en ce que les convulsions ne sont pas de nature réflexe. Une excitation faite sur l'animal peut parfois les faire naître, mais elles éclatent également spontanément, automatiquement, et les graphiques qui montrent le rythme des attaques subintrantes cloniques sont à cet égard des plus probants. C'est en s'appuyant sur cette périodicité des convulsions que M. U. Mosso avait différencié déjà la cocaïne de la strychnine[1].

Le rythme des convulsions dans l'empoisonnement par la cinchonigine est presque caractéristique, chez les chiens du moins; car, chez le cobaye, il est beaucoup moins bien déterminé. C'est même cette périodicité qui nous paraît l'argument positif le plus important pour localiser l'action de cette substance dans les centres bulbo-protubérantiels.

Les centres corticaux, incriminés par Chirone et Curci, par Bochefontaine, ne paraissent pas jouer un rôle dans la production des attaques. La destruction des deux zones motrices chez le chien n'a pas empêché l'apparition des convulsions; elles se sont produites néanmoins seulement avec une dose relativement forte (0,0052), mais j'ai trouvé cette dose sur des chiens normaux, et leur forme a été légèrement modifiée, la convulsion est plutôt tonique que clonique, contracture des membres, trismus, pas de coup de gueule. Cette modification n'est pas spéciale pour la cinchonigine; avec M. Ch. Richet nous avons fréquemment constaté cette modification dans la convulsion cocaïnique après la destruction des gyrus et même après l'intoxication préalable par le chloralose qui paraît agir sur les centres corticaux.

A ce moment, une injection de sulfate de strychnine détermine des convulsions généralisées dans le tronc, qui font rapidement monter la température à 39°,6. L'animal meurt à ce moment, malgré la respiration artificielle et par suite de l'hémorragie.

1. U. Mosso, *loc. cit.*, p. 327.

EXPÉRIENCE II. — *Chien de* 10kg,200.

Trachéotomisé. — Mise à nu du bulbe sous le chloroforme à deux heures. T. 37°,9.

A 3 h. 20 m., injection de 2 centigrammes de cinchonigine.

A 3 h. 25 m., injection de 2 centigrammes. Agitation assez vive, nystagmus. La température s'élève légèrement à 38°,1.

A 3 h. 35 m., injection de 1 centigramme (exactement 0,0048 par kilogramme). L'agitation est beaucoup plus intense; contractions dans les muscles de la face, mais pas d'attaque franche. T. 38°,6.

A 3 h. 40 m., injection de cinq milligrammes (0,0055 par kilogr.). L'injection n'est pas complètement terminée qu'éclate une attaque tonico-clonique franche générale, suivie d'une série d'attaques cloniques rythmées. La température s'élève rapidement à 39°,8.

A 4 h. 10 m., section sous-bulbaire; les convulsions ne cessent pas immédiatement dans le tronc, mais elles ne sont plus rythmées et très affaiblies, tandis qu'elles persistent dans la face, quoique un peu atténuées.

A 4 h. 20 m., plus de mouvements dans le tronc, sauf quelques secousses dans les muscles, encore quelques contractions du masséter et des muscles des lèvres.

A 4 h. 25 m., injection de 25 milligrammes, suivie d'une convulsion légère des muscles de la face; le tronc reste immobile.

La première expérience citée est très nette, en ce qui concerne la moelle. La suppression de la conduction entre l'axe médullaire et le bulbe, avant l'injection, empêche la production des mouvements convulsifs dans le tronc, quand on injecte la dose minima qui, chez un animal normal, fait éclater des convulsions généralisées à tout le corps. Dans la seconde, les mouvements convulsifs ont persisté dans le tronc après la section du bulbe, au moins pendant quelque temps. Elle ne paraît pas devoir permettre de conclure à une irritation directe de la cellule médullaire par la cinchonigine. Les excitations parties des centres supérieurs peuvent avoir déterminé dans les cellules médullaires une excitation secondaire, qui continue même après la suppression de la communication.

Chez les animaux nouveau-nés, les centres corticaux sont encore en voie d'évolution, il était donc intéressant de chercher chez ces jeunes animaux comment agissait la cinchonigine. Les expériences ont porté sur des chiens de cinq à huit jours, chez lesquels l'excitation du gyrus est absolument inefficace.

La dose nécessaire pour amener des convulsions est de beaucoup supérieure à celle injectée à l'animal adulte.

$0^{gr},0035$ injectés dans le péritoine à un chien de sept jours, du poids de 600 grammes, ne déterminent aucun phénomène convulsif appréciable, et les deux jeunes animaux qui avaient reçu cette dose ont survécu.

Chez un jeune chien de trois jours, du poids de 360 grammes, il a fallu pousser la dose à 10 milligrammes pour obtenir des convulsions. La section intra-cranienne faite au niveau des corps opto-striés n'a pas arrêté les convulsions.

Enfin, sur un chien de huit jours, pesant 585 grammes, chez lequel une injection de 1 centigramme dans le péritoine avait déterminé des mouvements convulsifs réels, mais peu marqués, l'introduction d'une lame de bistouri dans la région lenticulo-optique a fait éclater des convulsions tonico-cloniques aussi franches, aussi nettes que chez un chien adulte.

L'arrêt des convulsions, après la section des pédoncules, observé dans l'expérience I, ne permet pas de faire jouer un rôle essentiel aux ganglions cérébraux; cette observation est unique et on peut invoquer, soit l'inhibition, soit l'hémorragie consécutive au traumatisme, et nous croyons pouvoir localiser l'action de la cinchonigine, sinon exclusivement, au moins plus spécialement sur les centres de la région bulbo-protubérantielle.

Les expériences sur les grenouilles ont été peu satisfaisantes. Préoccupé surtout de déterminer la dose convulsivante, je n'ai pu obtenir chez ces animaux de véritables convulsions avec les isomères cinchoniques, même en élevant leur température.

Mais les résultats avec les poissons ont été plus intéressants.

La détermination précise de l'apparition des convulsions est assez difficile chez ces animaux. Le point de départ qui m'a paru le plus favorable était le mouvement des yeux. Quelquefois même c'est le seul indice des effets convulsivants chez le poisson ; il faut noter cependant les mouvements des opercules et des nageoires, beaucoup plus de la nageoire dorsale que de la nageoire caudale. Ceux de la première sont normalement lents, réguliers, alors que ceux de la seconde sont toujours si rapides qu'il est difficile de dire quand commence le mouvement convulsif.

Mes premières recherches ont porté sur la tanche et l'anguille, et j'ai mis à profit l'extrême obligeance du professeur H. de Lacaze-Duthiers pour étudier, dans un court séjour au laboratoire de Banyuls, quelques poissons de mer.

A la dose de 0gr,08 de chlorhydrate de cinchonigine, on observe manifestement des convulsions chez l'anguille ; il faut pour la tanche une dose un peu plus forte, 0gr,09.

*Anguille de* 90 *grammes;* très vive, remuant beaucoup avant l'injection, ouvre lentement la gueule de temps en temps, les yeux sont immobiles.

A 3 heures, injection de 1 centimètre cube d'une solution diluée de moitié, dans la moitié inférieure du tronc, soit 0,005 milligrammes. Un peu d'agitation, qui peut être due à l'excitation déterminée par la piqûre.

A 3 h. 15 m., l'animal paraissant se calmer, injection d'un nouveau centimètre cube dans la région symétrique ; presque immédiatement après l'injection, les yeux présentent de rapides mouvements et il se produit de véritables coups de gueule comparables aux attaques cloniques du chien. Dans le tronc, des contorsions rapides.

Avec de forts ciseaux, section de la moelle à 1 centimètre environ en arrière du bulbe. Il se produit un arrêt immédiat des mouvements pendant une minute environ, puis les mouvements convulsifs décrits plus haut reprennent dans la tête et dans le tronc.

A 4 h. 15 m., dix minutes après la section, les mouvements convulsifs ont disparu dans la tête ; quant aux mouvements du tronc, il est impossible d'affirmer que ce sont de véritables convulsions.

*Anguille de* 165 *grammes.* — Section de la moelle à un centimètre et demi au-dessus du bulbe, forte hémorragie que l'on arrête difficilement avec un morceau d'amadou. Immédiatement après, injection dans la partie moyenne du corps d'un centigramme de cinchonigine. Pas de phénomènes convulsifs; injection nouvelle de trois milligrammes (0gr,08 par kilogramme), deux minutes seulement après cette injection, les mouvements convulsifs éclatent dans la tête : coups de gueule, moins accentués cependant que dans l'expérience précédente, mouvements des yeux. Quant aux mouvements du tronc, comparés avec ceux d'une anguille témoin, qui n'a reçu aucune injection, mais a subi la section médullaire, ils sont à peine plus marqués.

Ces expériences faites sur l'anguille viennent confirmer les résultats cités plus haut, obtenus chez le chien. La section de la moelle, faite avant l'injection de la substance convulsivante, suffit pour empêcher l'apparition des phénomènes convulsifs dans le tronc ; si elle a lieu au contraire après l'apparition des convulsions, elle modifie simplement ces convulsions mais ne les supprime pas. Les centres médullaires nous paraissent donc moins sensibles à l'action de la cinchonigine que les centres supérieurs; mais sous l'influence d'excitations parties de ces derniers, ils peuvent entrer en jeu et continuer à fonctionner, même quand une section vient interrompre leur communication avec les centres supérieurs.

Les recherches poursuivies à Banyuls sur les poissons de mer ont porté non seulement sur les isomères de la cinchonine, mais sur un certain nombre d'autres poisons convulsivants : cocaïne, azagréine, picrotoxine, nicotine.

Des différentes espèces étudiées, le *Crenilabrus merula* et le *Box salpa* ont présenté les réactions les plus caractéristiques. Avec le mulet, au contraire, les mouvements convulsifs ont toujours été très peu appréciables.

*Crénilabre de 165 grammes;* très vigoureux, l'injection est faite dans la région dorsale, l'animal étant maintenu sous l'eau, sauf la région où se faisait l'injection.

A 2 h. 55 m., injection de six milligrammes de cinchonigine (0gr,04 par kilogramme). Presque immédiatement une agitation convulsive très nette, l'animal placé dans un grand bac tourne sur lui-même, les mouvements de ses nageoires sont désordonnés. En appliquant avec un filet plat l'animal près de la paroi du verre, on peut compter 120 mouvements des opercules par minute, alors que ces mouvements étaient de 52 avant l'injection.

Enfin, à 3 h. 15 m., vingt-cinq minutes après l'injection, éclate une véritable attaque tonico-clonique. Le crénilabre se recourbe en arc sur son côté droit, les opercules immobiles, les yeux fixes pendant huit à dix secondes, puis à cette période tonique succède une série de mouvements latéraux violents pendant une minute quinze secondes. L'animal est épuisé, état de prostration complète, quelques faibles mouvements operculaires très rares et très lents, puis quelques mouvements convulsifs généralisés qui persistent une demi-heure, et mort.

Un point curieux à noter dans l'intoxication chez ces animaux est la lenteur dans l'apparition des mouvements convulsifs. Presque toujours les convulsions n'apparaissent que quinze à trente minutes après l'injection, et les doses nécessaires pour déterminer les convulsions ont toujours entraîné la mort dans un bref délai, alors que chez les mammifères, si l'on a soin de ne pas dépasser la dose minima, l'animal ne succombe pas à l'intoxication. On peut même affirmer que chez les poissons la dose mortelle est bien inférieure à la dose convulsivante. Des crénilabres de 200 grammes sont morts six heures après l'injection de 3 milligrammes de chlorhydrate de cinchonigine sans avoir présenté de véritables convulsions.

Au point de vue de la toxicité des isomères, mes expériences n'ont porté que sur trois isomères : cinchonigine, cinchonifine et cinchoniline. Les difficultés de l'expérience ne permettent pas de donner des chiffres aussi précis que pour le chien : néanmoins j'ai pu établir le tableau suivant :

| | Crénilabre. | Box Salpa. | Anguille. |
|---|---|---|---|
| Cinchonigine. . . . . | 0,04 | 0,11 | 0,08 |
| Cinchoniline . . . . . | 0,10 | 0,14 | 0,12 |
| Cinchonifine . . . . . | 0,15 | 0,20 | » |

Les écarts si considérables observés chez les vertébrés avec ces isomères sont beaucoup moins marqués chez les poissons.

Dans un travail fait avec M. de Varigny[1], nous avons montré que chez les crabes l'ordre de toxicité était pour ainsi dire inverti, que la cinchonigine est très peu convulsivante, alors que la cinchonine et la conchonifine déterminent des convulsions très nettes et dont nous avons pu donner les tracés.

1. Voyez plus haut, P. Langlois et H. de Varigny, « Sur l'action de quelques poisons de la série cinchonique sur le Carcinus Mænas », p. 40.

# XLIII

## VIE DES POISSONS DANS DIVERS MILIEUX

### ET ACTION PHYSIOLOGIQUE

## DES DIFFÉRENTS SELS DE SOUDE

**Par M. Charles Richet.**

---

J'ai cherché à savoir comment les poissons supportent l'action des milieux artificiels dans lesquels on les fait vivre pendant un certain temps.

Comme précédemment, j'ai pris un critérium arbitraire, qui a été la vie de l'animal pendant vingt-quatre heures. Toutes les fois que je constatais que le poisson pouvait vivre pendant vingt-quatre heures, je considérais le milieu dans lequel il était plongé comme inoffensif pour lui. De fait, l'expérience m'a appris que, sauf de rares exceptions, quand un poisson a vécu vingt-quatre heures dans un certain milieu, sa vie peut se prolonger indéfiniment dans ce même milieu.

Quand dans un cristallisoir, contenant au moins deux litres de liquide, on place un petit poisson ne pesant pas plus de 100 grammes, la dissolution de l'oxygène de l'air dans le liquide, exposé suivant une large surface, est suffisante pour entretenir la vie de l'animal.

J'ai donc procédé en faisant dissoudre divers sels de soude dans de l'eau de mer et en déterminant la limite de leur toxicité. Les chiffres que je donne se rapportent toujours au poids de sel contenu dans un litre d'eau.

La plupart de ces expériences ont été faites sur le poisson le plus commun dans le golfe de Toulon, le *Julis vulgaris,* communément *Girelle,* dont le poids dépasse rarement 200 grammes. Quelques autres expériences ont été faites sur d'autres poissons ; mais j'aurai soin de donner l'indication des espèces expérimentées, toutes les fois qu'il ne s'agira pas de Girelles.

Il y a deux causes d'incertitude, qu'il est d'ailleurs facile de dissiper. La première, c'est l'influence que la température exerce sur la toxicité des poisons. J'ai montré antérieurement que tel poison, à telle dose, pour un poisson (animal à sang froid, qui suit les oscillations thermiques du milieu ambiant), est ou n'est pas toxique selon que la température est élevée ou basse. (*Trav. du Lab.*, t. II, p. 263.)

J'ai pu constater de nouveau le même fait ; aussi les expériences dont il s'agit ont-elles été faites à une même température.

La seconde cause d'erreur, c'est la mortalité inévitable qui survient chez les poissons qui, sortant de la mer, sont mis dans mon aquarium. Les différences des conditions de pression, d'oxygénation et de température font que, dans les premières vingt-quatre heures, la mortalité des poissons est d'environ 25 p. 100. Dès le second jour la mortalité est devenue très faible, de 3 à 4 p. 100 environ ; et enfin, quand ils ont vécu deux ou trois jours dans l'aquarium, ils vivent pour ainsi dire indéfiniment, et semblent très bien se porter. Ce n'est donc que sur ceux-là qu'il convient de faire des expériences.

Je rappellerai pour mémoire que la teneur en chlorure de sodium des eaux de mer est extrêmement variable, suivant les lieux, et que, par exemple, à Marseille, il y a environ

31 grammes de chlorure de sodium par litre. Or, dans des expériences antérieures, j'ai trouvé que la dose toxique du chlorure de sodium est d'environ 40 grammes ; laquelle, ajoutée aux 31 grammes contenus normalement dans l'eau de mer, donne comme limite de toxicité 71 grammes par litre.

Voici maintenant les nouvelles expériences :

SULFATE DE SOUDE

| Grammes. | | |
|---|---|---|
| 6,7 | (Rascasse). . | vie. |
| 10 | (Girelle) . . | — |
| 16 | — . . | — |
| 32 | — . . | — |
| 42 | — . . | mort. |
| 50 | — . . | — |
| 83 | — . . | — |

Limite = 37 grammes.

AZOTATE DE SOUDE

| Grammes. | |
|---|---|
| 4,10. . | vie. |
| 6,2 . . | — |
| 8,3 . . | — |
| 16,6. . | — |
| 21 . . | mort. |
| 25 . | — |
| 25 . . | — |
| 31 . . | — |
| 37 . . | — |

Limite = 19 grammes.

CHLORATE DE SOUDE

| Grammes. | |
|---|---|
| 1,9 . . . . . . . . . . . . | vie. |
| 2,5 . . . . . . . . . . . . | — |
| 3,8 . . . . . . . . . . . . | — |
| 8,3 . . . . . . . . . . . . | — |
| 9 . . . . . . . . . . . . | mort. |
| 10,6 . . . . . . . . . . . . | — |
| 11 (température basse). . | vie. |
| 15 . . . . . . . . . . . . | mort. |
| 18 . . . . . . . . . . . . | — |

Limite = 10 grammes.

BROMURE DE SODIUM

| Grammes. | |
|---|---|
| 1,7 | vie. |
| 2,5 | — |
| 4,2 | — |
| 6 | — |
| 8 | — |
| 10 | — |
| 12,5 | — |
| 15 | — |
| 20 | — |
| 25 (est très malade au bout de 24 heures) | — |

Nous pouvons donc considérer, quoique l'expérience soit encore incomplète, la limite de toxicité du bromure de sodium comme étant voisine de 25 grammes.

IODURE DE SODIUM

| Grammes. | |
|---|---|
| 1,7 | vie. |
| 2,8 | — |
| 4,2 | — |
| 5 | — |
| 6,2 (probablement mort accidentelle) | mort. |
| 7,5 | vie. |
| 10 (très malade) | |
| 12,5 | mort. |

Limite = 10 grammes.

FLUORURE DE SODIUM

| Grammes. | |
|---|---|
| 3,3 | vie. |
| 6,6 | — |
| 8 | — |
| 10 | mort. |

Limite = 9 grammes.

AZOTITE DE SODIUM

| Grammes. | |
|---|---|
| 1,7 | vie. |
| 2,25 | mort. |
| 5 | — |
| 7,5 | — |

Limite = 1 gr. 9.

CITRATE DE SODIUM

| Grammes. | |
|---|---|
| 1,7 . . . . . . | vie. |
| 3,3 . . . . . . | — |
| 5 . . . . . . | — |
| 6,6 . . . . . . | — |
| 7,5 . . . . . . | — |
| 10 . . . . . . | mort. |
| 12,5 . . . . . . | — |

Limite = 8 gr. 6.

ACÉTATE DE SODIUM

| Grammes. | |
|---|---|
| 5 (Dorade) . . . . . . | vie. |
| 7,5 — . . . . . . | mort. |
| 10 — . . . . . . | — |
| 20 — . . . . . . | — |

Limite = 6 gr. 7.

TARTRATE DE SODIUM

| Grammes. | |
|---|---|
| 6 . . . . . . | vie. |
| 8 . . . . . . | — |
| 10,4 . . . . . . | — |
| 10,4 . . . . . . | mort. |
| 12,1 . . . . . . | — |

Limite = 10 grammes.

FORMIATE DE SODIUM

| Grammes. | |
|---|---|
| 3,3. . . . . . | vie. |
| 5 . . . . . . | — |
| 5,6. . . . . . | — |
| 7,5. . . . . . | mort. |

Limite = 6 gr. 75.

OXALATE DE SODIUM

| Grammes. | |
|---|---|
| 0,50 . . . . . . . . . . . . . | vie. |
| 0,66 . . . . . . . . . . . . . | — |
| 1 . . . . . . . . . . . . . | — |
| 1,3 . . . . . . . . . . . . . | — |
| 2 . . . . . . . . . . . . . | — |
| 2,6 . . . . . . . . . . . . . | mort. |
| 2,6 (Crenolabrus). . . . . . | — |

Limite = 2 gr. 3.

SALICYLATE DE SODIUM

| Grammes. | |
|---|---|
| 0,4 | vie. |
| 1 | — |
| 1,3 | — |
| 1,9 | — |
| 2,2 | — |
| 2,2 | — |
| 2,2 | — |
| 2,2 | — |
| 2,7 | mort. |

Limite = 2 gr. 5.

Comme point de comparaison, j'ai déterminé la toxicité du chloral et de l'urée.

CHLORAL

| Grammes. | |
|---|---|
| 0,4 | vie. |
| 0,8 | — |
| 1 | mort. |
| 1,3 | — |
| 1,3 | — |
| 2 | — |
| 3 | — |

Limite = 0 gr. 9.

URÉE

| Grammes. | |
|---|---|
| 7,4 | vie. |
| 11,5 | — |
| 15,7 | — |
| 21 | mort. |

L'urée avait peut-être un commencement d'altération ammoniacale.

| Grammes. | |
|---|---|
| 21 (Crenolabrus). Même remarque que plus haut | mort. |

Nous devons donc admettre que la limite de toxicité est environ de 20 grammes.

Remarquons d'abord combien est grande l'innocuité des sels de sodium, même quand il s'agit d'autres sels que le chlorure. Le bromure de sodium est à ce point de vue très remarquable, ainsi que le sulfate.

D'autre part, la quantité de sels même très toxiques, comme l'oxalate et le salicylate, quantité nécessaire pour amener la mort, est aussi assez surprenante, puisqu'il faut au moins $2^{gr},5$, de salicylate ou d'oxalate de soude pour exercer une influence appréciable sur la vie d'un poisson. La dose toxique de chloral est aussi assez élevée, puisqu'elle est d'un gramme, ce qui est beaucoup pour une substance aussi active. Cela tient évidemment à la difficulté de l'absorption par les branchies du poisson.

Mais des considérations plus intéressantes peuvent être déduites de la connaissance des poids moléculaires, ainsi que de la notion de la quantité de sodium contenue. En effet cette donnée est vraiment la seule utile. Le poids d'un sel (avec l'eau de cristallisation et quand la molécule est très élevée) ne signifie rien par lui-même. C'est la quantité toxique de son poids moléculaire qui importe, et non pas son poids brut.

Effectuons les calculs nécessaires : cela nous donnera le tableau suivant :

DOSE TOXIQUE EN POIDS DE SODIUM PAR TITRE

| | Grammes. |
|---|---|
| Chlorure de sodium[1]. . | 16 |
| Azotate. . . . . . . . | 5,4 |
| Sulfate. . . . . . . . | 5,3 |
| Fluorure . . . . . . . | 3,5 |
| Bromure . . . . . . . | 3,3 |
| Formiate. . . . . . . | 2,2 |
| Chlorate . . . . . . . | 2,1 |
| Tartrate. . . . . . . . | 2 |
| Azotite. . . . . . . . | 1,9 |
| Acétate. . . . . . . . | 1,9 |
| Citrate. . . . . . . . | 1,6 |
| Iodure . . . . . . . . | 1 |
| Oxalate. . . . . . . . | 0,8 |
| Salicylate. . . . . . . | 0,22 |

1. Il s'agit là uniquement du poids de chlorure ajouté à l'eau de mer, et

De ces chiffres, peuvent se déduire diverses conclusions intéressantes. C'est d'abord que, de tous les sels de sodium, le chlorure est incontestablement le moins toxique.

On remarquera aussi la différence notable de toxicité du bromure et de l'iodure ; de sorte que, dans la série NaCl, Na Br, NaI, les toxicités (rapportées à un même poids de Na) sont 16, — 3,3 — et 1.

Enfin les sels de quatre acides organiques, non toxiques par eux-mêmes, acides formique, tartrique, acétique et citrique, sont mortels à dose sensiblement égale : 2,2 — 2 — 1,9 — 1,6 : ces légères différences pouvant être considérées comme à peu près négligeables. De sorte qu'on peut admettre le chiffre de 2 grammes par litre de Na, quand le sodium est combiné à un acide organique non toxique par lui-même.

En rapportant ces chiffres au poids moléculaire, c'est-à-dire en les divisant par le poids atomique du métal, nous trouvons les chiffres suivants :

| | |
|---|---|
| Chlorure (ajouté). . | 0,7 |
| — (total) . . . | 1,13 |
| Azotate . . . . . . | 0,23 |
| Sulfate. . . . . . . | 0,23 |
| Bromure. . . . . . | 0,144 |
| Citrate. . . . . . . | 0,086 |
| Formiate. . . . . . | |
| Tartrate. . . . . . | |
| Acétate . . . . . . | |
| Iodure. . . . . . . | 0,043 |

Il importe en dernier lieu de comparer la toxicité des divers sels de sodium à celle des chlorures d'autres métaux, que j'avais déterminée dans mes premières expériences[1].

J'avais trouvé, en effet, que les quantités de métal toxiques

non de la somme du chlorure naturel et du chlorure ajouté. Si l'on faisait somme, il faudrait ajouter 10 grammes.

1. Voir *Trav. du Lab.* t. II, p. 398.

(à l'état de chlorures) étaient, pour les métaux alcalins ou alcalino-terreux :

| | |
|---|---|
| Calcium. . . . . . | 2,4 |
| Strontium. . . . . | 2,2 |
| Magnésium. . . . . | 1,5 |
| Baryum. . . . . . | 0,78 |
| Lithium. . . . . . | 0,3 |
| Potassium. . . . . | 0,1 |
| Ammonium.. . . . | 0,06 |

Ces chiffres diffèrent beaucoup du chiffre de 16, que fournit le chlorure de sodium.

Or, en poids moléculaire, cela donne les chiffres suivants :

| | |
|---|---|
| Magnésium. . | 0,062 |
| Calcium.. . . | 0,060 |
| Lithium.. . . | 0,043 |
| Strontium.. . | 0,025 |
| Baryum. . . . | 0,004 |
| Ammonium. . | 0,0037 |
| Potassium. . . | 0,0026 |
| Mercure. . . . | 0,0000015 |

Ce poids moléculaire toxique est pour le sodium de 1,13.

Ces nombres montrent donc avec toute évidence combien les sels, même assez toxiques, de sodium sont moins offensifs que les chlorures de tout autre métal (à molécule égale).

En terminant, j'insisterai sur la nécessité qui s'impose à présent, dans toute étude toxicologique sérieuse, de tenir compte, non pas du poids absolu, mais du poids moléculaire des substances qu'on fait agir.

1. Dans un excellent travail, fait récemment, un de mes élèves, M. G. Houdaille, a étudié sur les poissons les doses toxiques des divers anesthésiques. (*Thèse de doctorat de Paris*, 1893), et il est arrivé aux chiffres suivants :

| | Dose minimum mortelle en 1 heure par litre | Dose maximum non mortelle en 48 heures par litre |
|---|---|---|
| Alcool éthylique . . . . . . . . . . . . | 40 | 20 |
| Ether (oxyde d'éthyle) . . . . . . . . . | 5.5 | 2 |
| Uréthane. . . . . . . . . . . . . . . . | 5.0 | 4 |
| Paraldéhyde . . . . . . . . . . . . . . | 3.2 | 1.8 |
| Alcool amylique . . . . . . . . . . . . | 1.0 | 0.5 |
| Acétophénone . . . . . . . . . . . . . | 0.25 | 0.15 |
| Essence d'absinthe. . . . . . . . . . . | 0.005 | 0.0025 |

D'intéressants graphiques démontrent la variable toxicité de ces corps.

J'ai aussi essayé de savoir comment peuvent vivre les poissons dans des milieux acides ou basiques.

Les chiffres ci-joints se rapportent à des poids de Ca O, poids saturant l'acide libre pour les acides; équivalents en basicité pour les bases. Il s'agit toujours d'un litre de liquide.

ACIDE SULFURIQUE

| | |
|---|---|
| 0,250. . . . . . | mort presque instantanée. |
| 0,175. . . . . . | mort très rapide. |
| 0,087. . . . . . | mort. |
| 0,056. . . . . . | vit. |
| 0,018. . . . . . | — |
| 0,012. . . . . . | — |
| 0,011. . . . . . | — |
| 0,008. . . . . . | — |
| 0,007. . . . . . | — |
| 0,005. . . . . . | — |

La limite semble donc être voisine de 0,065.

ACIDE AZOTIQUE

| | |
|---|---|
| 0,125. . . . . . | mort rapide. |
| 0,085. . . . . . | mort rapide. |
| 0,025. . . . . . | vit. |
| 0,015. . . . . . | — |
| 0,012. . . . . . | — |

La limite est à peu près la même; mais les expériences ne sont pas assez nombreuses pour affirmer qu'elle est moindre ou plus forte que celle de l'acide sulfurique.

ACIDE ACÉTIQUE

| | |
|---|---|
| 0,11 . . . : . . | mort. |
| 0,085. . . . . . | vit. |
| 0,028. . . . . . | — |
| 0,022. . . . . . | — |
| 0,017. . . . . . | — |
| 0,011. . . . . . | — |

La limite est donc plus élevée pour l'acide acétique que pour l'acide sulfurique.

SOUDE CAUSTIQUE

| | |
|---|---|
| 0,5. . . . . . . . | mort. |
| 0,4. . . . . . . . | — |
| 0,25. . . . . . . | — |
| 0,125. . . . . . | — |
| 0,10. . . . . . | vit. |
| 0,075. . . . . . | mort. |
| 0,060. . . . . . | vit. |
| 0,050. . . . . . | — |

A de faibles différences près, on voit que la limite toxique est à peu près la même pour les acides et les bases.

De là cette conclusion assez générale : c'est que les poissons ne peuvent vivre que dans un milieu neutre, ou tout au moins en un milieu dont l'acidité ou la basicité ne dépassent guère, en poids de CaO, $0^{gr},05$ par litre.

# XLIV

## DE
## L'ACTION PHYSIOLOGIQUE DU CHLORALOSE

**Par MM. M. Hanriot et Ch. Richet.**

---

Nous avons donné le nom de *chloralose* au corps qui résulte de l'action du chloral anhydre sur le glycose. Ici nous ne parlerons pas des propriétés chimiques de cette substance, non plus que de son isomère, le parachloralose insoluble; mais seulement des effets physiologiques du chloralose soluble [1].

C'est une substance cristallisable, soluble dans l'eau bouillante, et qui se dépose par refroidissement en cristaux. L'eau froide la dissout un peu, à peu près 8 grammes par litre; mais une solution de 8 grammes par litre finit à la longue, au bout de plusieurs jours, par laisser déposer de petits cristaux, qui se redissolvent quand on chauffe de nouveau la solution.

Comme c'est une substance très active, on peut, malgré cette dilution, l'employer sous cette forme en injections intra-

1. Voir, pour les détails chroniques, notre mémoire in *Bull. Soc. chim.* (3), t. II, 1893, p. 37.

veineuses ou intra-péritonéales, au moins sur de petits animaux. Si l'on veut en faire ingérer des quantités plus grandes, on en mélange la quantité nécessaire à du lait. Par suite de sa faible solubilité, elle se dissout mal ; et les animaux, chiens, chats, poules, rats, canards, etc., la prennent aussi sans répugnance. C'est d'ailleurs un corps très amer, qui, sans avoir la saveur âcre et irritante du chloral, est fort désagréable, et laisse un arrière-goût nauséeux, quand on le prend en solution aqueuse.

Nous l'avons expérimenté sur les chiens, les chats et les oiseaux. D'autres expériences ont été faites aussi sur les rats, les cobayes, les lapins et les grenouilles ; mais elles ne sont pas suffisamment nombreuses pour que nous puissions les mentionner aujourd'hui.

Prenons, pour simplifier, l'expérience faite sur le chien, dans laquelle le chloralose a été ingéré par l'estomac, le chien ayant consenti à en prendre dans du lait ou avec quelques morceaux de viande.

Nous supposerons qu'il s'agit d'un chien de 10 kilogrammes, et que la dose ingérée par lui soit de 5 grammes, c'est-à-dire de 0,50 par kilogramme.

D'abord, pendant une demi-heure ou trois quarts d'heure, il n'y a pas d'action appréciable. Jamais ou presque jamais de vomissements, puis l'animal reste comme hésitant dans sa démarche ; il a de la peine à avancer, les muscles semblent comme raidis, avec un peu de frémissements fibrillaires, presque de la contracture ; les mouvements deviennent lents, paresseux, difficiles. Quoique l'intelligence soit conservée, il y a de la somnolence ; le chien se couche, ses paupières tendent à se fermer, animées de petites contractions légères. En même temps on observe une notable excitabilité réflexe et psychique ; au moindre bruit un peu fort il y a comme un tressaillement général. Cependant la respiration n'est pas ralentie, et les mouvements du cœur ont conservé toute leur fréquence normale, et leur force.

Peu à peu le sommeil devient plus profond, et le chien se couche pour s'endormir. A ce moment il y a une véritable incoordination musculaire, de sorte que, si l'animal se couche, ce n'est pas seulement parce qu'il est pris d'une envie de dormir irrésistible; mais c'est aussi parce qu'il ne peut plus se tenir debout, butant contre tous les objets alentour, comme ivre, dans un état très analogue à celui des chiens chloralisés, éthérisés, ou chloroformés.

Alors, c'est-à-dire une heure et demie environ après l'ingestion, le sommeil est profond; mais il ne ressemble pas au sommeil du chloral; le chien chloralisé n'a plus de réflexes, ou du moins ses réflexes sont énormément diminués, tandis que le chien qui a pris du chloralose a gardé tous ses réflexes, alors qu'il est endormi déjà. Ces réflexes sont même très exagérés. Le moindre attouchement détermine un soubresaut général, une sorte de convulsion presque strychnique, tandis que, si on le laisse dormir tranquille, le sommeil est assez calme (parfois même l'animal aboie légèrement, comme le font les chiens qui rêvent), sans avoir d'autre réaction que le frisson de chaque inspiration, ce qui indique bien que l'appareil régulateur de la température est intact.

Contrairement à ce qui s'observe chez les chiens anesthésiés par le chloral ou le chloroforme, la pression artérielle n'est pas abaissée. Chez un chien qui avait pris une dose de $0^{gr},6$ et qui dormait profondément, nous avons constaté une pression de 18 centimètres de mercure, et dans deux autres expériences nous avons encore vérifié cette élévation de la pression sanguine avec des doses de $0^{gr},6$ et de 0 ,5. D'ailleurs cela ne doit pas nous surprendre, puisque la conservation des mouvements réflexes nous prouve qu'à cette période il n'y a pas abolition de l'activité médullaire qui tient sous sa dépendance la contractilité des petits vaisseaux et la pression du sang.

Deux ou trois heures environ après l'ingestion, le sommeil devient plus calme, sans que cependant les phénomènes réflexes cessent jamais complètement. En tout cas, le sommeil est rétabli, l'animal ronfle, et il ne se réveille qu'au bout de cinq, sept, huit heures, parfois même plus longtemps après ; mais au bout de vingt-quatre heures il semble bien remis, ayant conservé sa gaieté et son appétit.

Tel est, *au moins sur le chien*, l'effet des doses moyennes, soit des doses de $0^{gr},5$ ou $0^{gr},4$ ou $0^{gr},3$ par kilogramme. Mais, si la dose est plus forte, la mort survient dans le sommeil. Les phénomènes du début sont tout à fait les mêmes ; seulement, le sommeil devient de plus en plus profond ; le cœur reste intact ; mais la respiration est de plus en plus faible, et finalement la mort survient par cessation de la respiration.

Si au contraire les doses sont plus faibles, c'est-à-dire de $0^{gr},2$ ou $0^{gr},1$ par kilogramme, alors on ne voit guère que de la somnolence coïncidant avec une excitabilité réflexe exagérée, et quelque tendance aux contractures, avec de l'incoordination, et probablement du vertige.

Nous appellerons d'abord l'attention des physiologistes sur ceci ; c'est qu'une substance anesthésique pouvant être prise par ingestion stomacale sera très utile dans certains cas, et surtout qu'il sera très avantageux en maintes occasions de pouvoir faire de l'anesthésie avec la conservation des réflexes vasculaires et l'élévation de la pression artérielle. C'est dans ces cas que nous employons communément le curare ; mais le curare a cet inconvénient, très grave (*à notre sens*), de ne pas abolir la sensibilité de l'animal. C'est donc un moyen assez cruel, et que souvent on ne veut pas employer pour cette seule raison. D'autre part, le curare nécessite la trachéotomie, et, sinon toujours, au moins presque toujours, les chiens curarisés ne peuvent pas être conservés.

Nous avons pu faire sur des chiens ayant reçu $0^{gr},50$ de chloralose des expériences longues et sanglantes, sans que l'animal parût ressentir quelque douleur.

Pour déterminer la dose toxique, laissons de côté les

diverses expériences où le chien, après ingestion de chloralose, a subi une opération quelconque, ou même les cas où il y a eu des vomissements, quoique ces vomissements, très peu abondants, exceptionnels d'ailleurs, ne puissent guère avoir contribué à l'expulsion d'une notable quantité du poison.

Voici alors les chiffres rapportés à l'unité de poids, c'est-à-dire au kilogramme.

| grammes. | |
|---|---|
| 0,85 | Survie [1]. |
| 0,77 | Mort. |
| 0,67 | — |
| 0,66 | — |
| 0,61 | Survie. |
| 0,57 | — |
| 0,52 | — |
| 0,50 | — |
| 0,50 | — |
| 0,50 | — |
| 0,50 | — |
| 0,50 | — |
| 0,50 | — |
| 0,48 | — |
| 0,25 | — |
| 0,24 | — |
| 0,23 | — |
| 0,25 | — |
| 0,25 | — |

On voit donc que chez le chien, par ingestion stomacale, la dose toxique est voisine de $0^{gr},6$ par kilogramme.

Ces chiffres sont sensiblement différents, si, au lieu de la voie stomacale on donne le chloralose par voie péritonéale ou par voie intra-veineuse.

Nous y reviendrons d'ailleurs; cherchons d'abord à

1. Il s'agit d'un chien de 35 kilogrammes qui a pris la dose énorme de 30 grammes de chloralose. Nous le comptons comme survivant; car, pour une autre expérience, nous le tuâmes le lendemain. Il était remis de son intoxication chloralosique.

bien définir la dose toxique chez le chat par ingestion stomacale.

Voici ces chiffres, toujours rapportés au kilogramme de poids vif. Ces chats avaient des poids divers, depuis 1 800 grammes jusque 3 700 grammes.

| grammes. | |
|---|---|
| 1,40 | Mort. |
| 0,55 | — |
| 0,27 | — |
| 0,24 | — |
| 0,17 | — |
| 0,17 | — |
| 0,14 | — |
| 0,10 | Survie. |
| 0,095 | Mort. |
| 0,095 | Survie. |
| 0,080 | — |
| 0,078 | Mort. |
| 0,071 | — |
| 0,065 | Survie. |
| 0,055 | — |
| 0,041 | — |
| 0,032 | — |

Ainsi, sur le chat, par une sorte de paradoxe assez curieux, la dose toxique est au moins dix fois plus faible que sur le chien; car nous pouvons admettre une dose voisine de $0^{gr},06$, alors que sur le chien cette dose mortelle est de $0^{gr},6$.

Nous avions d'abord supposé que c'était une différence dans la rapidité de l'absorption; mais cette hypothèse a dû être abandonnée; car, même avec des injections veineuses ou péritonéales, le chat est beaucoup plus facilement tué que le chien.

Nous avons alors cherché à connaître la sensibilité du chat à l'action du chloral. On sait que la dose toxique du chloral est, chez le chien, voisine de $0^{gr},5$ par kilogramme, plutôt plus forte que $0^{gr},5$, ainsi que des expériences nombreuses, consignées ailleurs par l'un de nous, l'ont bien établi.

Or, en faisant à des chats des injections péritonéales de chloral, nous avons eu les résultats suivants :

| grammes. | |
|---|---|
| 0,15 . . . . . . . . . . . . . | Mort. |
| 0,15 . . . . . . . . . . . . . | — |
| 0,135. . . . . . . . . . . . . | Survie. |
| 0,11 . . . . . . . . . . . . . | — |
| 0,10 . . . . . . . . . . . . . | — |

Ainsi, qu'il s'agisse du chloral ou du chloralose, la dose toxique mortelle minimum est pour le chat bien plus faible que pour le chien, sans que nous puissions en connaître la cause.

D'ailleurs, quant à la description des symptômes de l'intoxication, nous n'aurions qu'à répéter ce que nous avons dit à propos du chien. Peut-être, chez le chat, les symptômes d'ataxie et d'incoordination motrice sont-ils un peu plus marqués, et le sommeil n'est-il pas aussi calme aux doses qui ne sont pas mortelles.

Aux doses mortelles (sur le chat) on voit bien que la mort est due à la cessation de la respiration; car le cœur bat avec force et régularité, même quand l'intoxication est profonde, et la mort, par arrêt respiratoire, imminente.

Sur le chat et sur le chien, on peut, avec une très grande netteté, voir une curieuse dissociation de la sensibilité, dissociation qui nous permet de conclure en toute vraisemblance que la conscience des excitations douloureuses dans l'empoisonnement par de fortes doses de chloralose a disparu totalement.

En effet, un chat empoisonné par une dose de 0gr,07 environ par kilogramme, et placé sur une table, réagit par un soubresaut brusque et total à tout attouchement et surtout à tout ébranlement de la table. Il suffit de donner à la table le plus léger choc pour que l'animal saute en l'air vivement. Même quand on frappe du pied par terre, ou qu'on ferme bruyamment une porte voisine, c'est assez pour que l'animal tressaute, comme strychnisé, à peu près de la même manière que les grenouilles strychnisées, qui sont plus sensibles, comme on sait, aux excitations mécaniques qu'à toutes les autres. Pourtant, ce même chat, qui est si remué par les ébranlements mécaniques, ne réagit pas aux excitations douloureuses, ou à peine. Que l'on presse fortement ses pattes en ayant soin de le serrer sans l'ébranler, il répondra à peine, ou même ne répondra pas du tout, de sorte qu'il ne sent pas les excitations en tant qu'excitations douloureuses; car, s'il les sentait, comme le pouvoir de réagir ne lui manque pas, il répondrait certainement par une contraction généralisée ou un soubresaut.

On est donc forcé d'admettre ceci, c'est que le bulbe et la moelle sont sensibles à la succussion, mais que les autres excitations ne l'ébranlent plus, et en particulier les excitations capables de provoquer de la douleur. Tout se passe comme si le cerveau, où la douleur est perçue, était devenu incapable d'être ébranlé par des excitations qui, à l'état normal, amènent une perception douloureuse.

Nous avons le droit de conclure que les animaux *chloralosés*, — qu'on nous permette ce néologisme, — sont insensibles, puisque le pouvoir moteur n'est pas aboli, et que cependant ils ne réagissent pas aux excitations qui sont douloureuses chez les animaux normaux.

Une autre observation tend à nous faire admettre que les centres nerveux cérébraux sont empoisonnés par le chloralose.

Si l'on examine avec soin un chien qui a pris $0^{gr},5$ par kilogramme de chloralose, on le voit, une heure environ après l'ingestion, faire de vains efforts pour marcher, et même pour se tenir debout. Alors il trébuche, bute contre tous les objets, et retombe; mais, dans cette chute, il a une attitude qui est caractéristique, et qui ressemble, à s'y méprendre, à l'attitude des chiens qui ont subi une opération cérébrale, une lésion ou destruction des zones rolandiques de l'écorce cérébrale. Les pattes postérieures étendues asymétriquement, les pattes antérieures se croisant dans les positions les plus étranges, la marche se faisant sur la face dorsale au lieu de se faire sur la face plantaire; toute l'apparence est caractéristique des chiens qui n'ont plus leur cerveau moteur.

En outre, nous avons cherché à préciser les effets produits par l'injection péritonéale ou intraveineuse de cette substance.

Nos expériences ont porté sur les chiens, les oiseaux (principalement des pigeons) et les chats.

Voici les chiffres (rapportés toujours à 1 kilogramme d'animal) :

**A. Oiseaux.**

| DOSE. — grammes. | | | |
|---|---|---|---|
| 0,005 | Rien d'appréciable [1]. | | |
| 0,006 | — | | |
| 0,009 | — | | |
| 0,011 | Quelques effets douteux | | *(canard)*. |
| 0,014 | Effets hypnotiques nets | | *(canard)*. |
| 0,015 | — | | |
| 0,017 | — | | |
| 0,018 | — | | |
| 0,019 | — | | *(canard)*. |
| 0,030 | Sommeil profond. | Survie | *(canard)*. |
| 0,032 | — | — | |
| 0,036 | — | — | |
| 0,036 | — | — | |
| 0,038 | — | — | |
| 0,042 | — | — | |
| 0,049 | — | — | |
| 0,053 | — | Mort. | |
| 0,062 | — | — | |
| 0,064 | — | — | |
| 0,090 | — | — | *(canard)*. |

Ces expériences, très concordantes, nous autorisent à donner les conclusions suivantes pour les oiseaux :

| | grammes. |
|---|---|
| Dose active minimum. . . . . . . . | 0,010 |
| Dose hypnotique minimum. . . . . | 0,015 |
| Dose mortelle — . . . . | 0,050 |

1. Quand l'espèce n'est pas indiquée, il s'agit de pigeons.

Ces chiffres ne sont pas différents de ce que donne l'ingestion stomacale. En effet, si l'on donne aux oiseaux du chloralose mélangé aux aliments, on retrouve à peu près la même dose toxique.

| DOSE. — grammes. | | |
|---|---|---|
| 0,215 | Mort | (*canard*). |
| 0,190 | — | — |
| 0,146 | — | — |
| 0,115 | Survie | (*poule*). |
| 0,080 | — | — |
| 0,071 | Mort | — |
| 0,071 | Survie | — |
| 0,066 | Mort | — |
| 0,050 | Survie | (*coq*). |
| 0,050 | — | — |
| 0,050 | — | — |
| 0,033 | — | (*canard*). |
| 0,023 | Effets faibles | — |

La moindre régularité des phénomènes s'explique par la variation dans la rapidité de l'absorption digestive ; mais, malgré cette diversité, il y a, chez les oiseaux, une absorption rapide, de sorte que, chez eux, l'ingestion stomacale et l'injection veineuse sont à peu près équivalentes.

Chez les chiens, il n'en est pas de même, et la dose élevée nécessaire pour amener la mort tient peut-être à une absorption stomacale plus lente. Mais cependant, quel que soit le procédé de pénétration du poison, le chien est beaucoup moins sensible que le chat ou le pigeon.

Voici les expériences d'injection intraveineuse faites sur le chien :

**B. Chiens.**

| DOSE. — grammes. | |
|---|---|
| 0,018 | Rien d'appréciable. |
| 0,018 | Effets assez faibles. |
| 0,025 | — |
| 0,025 | — |
| 0,025 | Presque nuls effets. |

### B. Chiens.

| DOSE. — grammes. | | | |
|---|---|---|---|
| 0,050 | Effets hypnotiques et | anesthésiques. | Survie. |
| 0,050 | — | — | — |
| 0,050 | — | — | — |
| 0,050 | — | — | — |
| 0,050 | — | — | — |
| 0,065 | — | — | — |
| 0,120 | — | — | — |
| 0,150 | — | — | Mort. |
| 0,360 | — | — | — |

Il s'ensuit que, sur le chien, la dose active minimum est voisine de 0gr,020, et la dose mortelle voisine de 0gr,18 (par injection intraveineuse), tandis que, par ingestion stomacale, la dose toxique est de 0gr,60 environ.

Pour les physiologistes, il est intéressant de connaître exactement la dose anesthésique, celle à laquelle peuvent se faire, sans mouvements de défense de l'animal, et, par conséquent, sans qu'il y ait de la douleur, des opérations et des vivisections. Cette dose nous a paru être de 0gr,12 environ, par injection intraveineuse; et le *modus agendi* le meilleur nous a paru le suivant :

On prend 10 grammes de chloralose qu'on dissout à chaud dans de l'eau distillée, et on introduit la solution filtrée dans un ballon. Cette solution, en se refroidissant, laisse déposer des cristaux; mais ces cristaux ne se forment qu'à la longue; et, pendant quelques heures, on peut l'injecter telle qu'elle est dans les veines du chien en expérience. La même solution peut servir le lendemain, si l'on a pris soin de boucher le ballon pour que le titre ne change pas. Des cristaux se sont formés, mais ils se redissolvent sans peine, si l'on porte le ballon au bain-marie, et le titre est évidemment alors resté le même.

Dans ces conditions, pour un chien de 10 kilogrammes, une injection de 120 centimètres cubes de la solution amènera l'anesthésie, et on peut faire cette injection sans précaution; car, quelque vite qu'on la fasse, il ne semble pas qu'on ait à craindre de syncope cardiaque ou respiratoire. Du moins, nous n'avons jamais rien vu de semblable.

On peut alors faire sur ce chien ainsi anesthésié des opérations diverses. L'*anesthésie est complète* et *les réflexes sont cependant conservés.*

Enfin, en cherchant la dose active minimum chez le chat (par ingestion stomacale, ou par injection péritonéale), nous constatons une sensibilité extraordinaire du chat aux très faibles doses.

| DOSE. — grammes. | |
|---|---|
| 0,0125 | Effets très marqués. |
| 0,0120 | — |
| 0,0058 | Quelques effets assez marqués. |
| 0,0045 | — difficilement appréciables. |

On peut donc dire que le chat est sensible à la dose de 0,005 par kilogramme, dose à laquelle ni les pigeons, ni les chiens ne semblent ressentir le moindre effet.

Y a-t-il accumulation des effets du médicament, ou accoutumance ? Nous ne saurions le dire encore. Nous devons cependant mentionner quelques expériences qui prouvent en tout cas l'innocuité (chez les animaux) des doses répétées de chloralose.

A. — Une chienne bull, de $11^{kil},2$, prend, le 10 janvier, 5 grammes de chloralose. Même dose le 11 janvier. Même dose le 12 janvier. Soit, en trois jours, 15 grammes de chloralose, ce qui fait, par kilogramme, la dose énorme de $1^{gr},34$. Le 13 janvier, elle est tout à fait remise, et nous la donnons à un de nos amis qui la prend comme animal de garde.

B. — Une chienne bull (Kiki), jeune, de 8 kilogrammes, prend, le 23 janvier, 2 grammes de chloralose, et, tous les jours, sans exception, elle reprend la même dose jusqu'au

4 février; soit, en douze jours, 24 grammes de chloralose, ce qui fait, par kilogramme, 3 grammes de chloralose. Elle ne semble pas malade.

C. — Un coq, de 1 980 grammes, prend, le 23 janvier, 0gr,10, et il reçoit la même dose tous les jours (sauf les 29, 30 et 31 janvier) jusqu'au 4 février. Il ne semble pas être malade.

Ainsi, de ces trois expériences, on peut conclure que les effets du chloralose ne s'accumulent pas.

L'effet hypnotique est certain; mais il est fort possible qu'à côté de cette action hypnotique le chloralose en possède d'autres; car une substance aussi active, qui modifie à tel point l'excitabilité du bulbe et du cerveau, est peut-être un médicament très précieux. Nous nous permettons donc d'engager nos confrères à l'étudier dans la névrasthénie, dans les névralgies, et autres affections douloureuses, dans les maladies cérébrales, et dans l'ataxie, peut-être même dans le diabète? Quand on a étudié au début l'antipyrine, c'était pour abaisser la température; or l'expérience a montré que l'action antithermique était peu de chose comparativement à l'action analgésique. En pareille matière, avec une substance tout à fait nouvelle, l'emploi thérapeutique nous réserve peut-être quelques surprises. Mais on n'aura ces surprises que si l'on cherche[1].

Pour terminer, quelques mots sur l'emploi pharmacologique du chloralose. Il eût été intéressant de pouvoir l'administrer en solution; mais il est peu soluble, et, même avec addition de sucre et d'alcool, il faut chauffer pour dissoudre 5 grammes par litre. On pourrait donc en donner 0gr,50 dans une potion de 100 cc.; mais l'amertume est insupportable, et la liqueur finit par déposer des cristaux, de sorte que le titre change constamment. Si donc on veut le donner sous la forme de potion, il faudra que les pharmaciens cherchent à en mas-

1. Ce mémoire était écrit en janvier 1893. Depuis lors des faits nombreux ont montré la valeur du chloralose comme médicament hypnotique.

quer l'amertume, ce qui, d'après les essais que nous avons faits déjà, ne semble pas devoir être très commode.

Le mieux est évidemment de l'employer en cachets, ce qu'on ne peut faire avec le chloral. Ces cachets sont vite absorbés, car l'expérience a prouvé que les premiers effets se manifestent une demi-heure ou trois quarts d'heure après l'ingestion.

Chez certains sujets, qui avaient de la peine à prendre des cachets, on l'a administré en poudre simplement délayée dans du lait. C'est la seule forme qu'il conviendrait d'employer si l'on voulait en faire prendre à des enfants.

La dose active moyenne paraît être chez l'adulte de $0^{gr},20$. Mais cette dose est quelquefois trop faible, et, dans certains cas, il n'y aura nul inconvénient à pousser jusqu'à $0^{gr},40$. Un de nos confrères a pris en une seule fois $1^{gr},50$ sans ressentir d'autre effet qu'un sommeil très prolongé. A vrai dire, cette dose est assurément beaucoup trop forte, et, le plus souvent, au point de vue de l'action hypnotique, il faudra se tenir au voisinage de la dose de $0^{gr},40$. Même, chez les hystériques, il sera prudent d'employer au début des doses plus faibles, et comme jusqu'ici, à notre connaissance, on n'a pas encore donné du chloralose à des enfants, on devra faire les premières tentatives avec beaucoup de circonspection, et ne pas atteindre, au moins dans le début, la dose de $0^{gr},10$.

C'est d'ailleurs le fait des médicaments *psychiques;* ils sont essentiellement *individuels*, et ont besoin d'être maniés avec prudence. Mais l'activité même de ce nouveau médicament constitue une précieuse ressource thérapeutique; car il agit sur l'élément cérébral psychique, en laissant absolument intactes les fonctions cardiaques, vasculaires, stomacales et médullaires. Le tout est de déterminer, selon les indications et les individus, les doses auxquelles il est efficace et inoffensif [1].

1. Nous avons cherché à savoir si le chloralose était antiseptique. Même à forte dose (10 grammes par litre), son action antiseptique est nulle, car il n'entrave pas la fermentation lactique du lait.

Quelques mots maintenant à propos de l'effet du chloralose sur l'homme dans l'état normal et dans les conditions pathologiques.

Nous avons essayé sur nous-même, et tout d'abord avec prudence, car l'expérience sur les animaux ne peut jamais fournir d'indications absolues pour la dose toxique, quoique pour les substances qui ne sont pas immédiatement d'origine végétale la dose toxique soit presque toujours la même chez l'homme et l'animal.

Alors nous en avons pris d'abord $0^{gr},05$, puis $0^{gr},10$, puis $0^{gr},20$, et, n'ayant pas constaté d'inconvénient, nous avons pris en une seule fois $0^{gr},40$. Cette dose nous a procuré un sommeil excellent, sans trouble au réveil, sans diarrhée, sans dyspepsie, sans la sensation pénible qui suit le plus souvent l'absorption de petites quantités de morphine ou de chloral.

Une fois l'un de nous, au milieu de la nuit, pendant une période d'insomnie assez pénible, en a pris d'emblée $0^{gr},75$. Au bout de vingt minutes, le sommeil est arrivé, sommeil très profond qui a duré, sans une seule interruption, de trois heures à neuf heures du matin, et le réveil a été facile et subit, sans aucune lourdeur de tête ni état nauséeux. Tout au plus, après l'ingestion de cette dose, qui était évidemment une forte dose, y a-t-il eu un peu de tremblement, mais en somme c'était peu marqué, et la dose était assez forte.

Nous pouvons donc dès à présent considérer le chloralose comme une *substance hypnotique* qui mérite d'être étudiée avec le plus grand soin. Une expérience prolongée peut seule nous apprendre si elle est supérieure, ou égale, ou inférieure au chloral, à la morphine, et dans quels cas il faudra la prescrire de préférence à ces admirables médicaments.

# XLV

## EFFETS THÉRAPEUTIQUES ET HYPNOTIQUES

## DU CHLORALOSE

**Par MM. M. Hanriot et Ch. Richet**

---

### I

L'effet physiologique caractéristique du chloralose, c'est le sommeil; mais ce n'est pas un sommeil analogue à celui que produisent les autres substances hypnotiques. Au premier abord, il semble que ce soit un sommeil très agité. L'animal qui a ingéré du chloralose a les yeux fermés, mais les muscles sont animés de tremblements convulsifs. Chaque fois qu'il fait un effort d'inspiration, tout son corps frissonne, sa tête et ses membres prennent les positions les plus baroques, et l'agitation paraît continuelle. Il tressaille au moindre bruit, à la moindre vibration du sol ou de la table.

Souvent le sommeil est assez lent à venir, et, dans la période qui suit immédiatement l'ingestion, il y a une sorte d'ivresse, tout à fait analogue à l'ivresse chloralique et à l'ivresse alcoolique.

A ce moment déjà la conscience est abolie, et on ne saurait

mieux exprimer cet état qu'en disant que le *cerveau est endormi, mais que la moelle veille.* Le pouvoir réflexe de la moelle est devenu exagéré, mais le pouvoir volontaire (fonction du cerveau) est paralysé. Au contraire, chez les chiens chloralisés, l'engourdissement de la moelle marche simultanément avec l'engourdissement cérébral.

On voit alors les chiens chloralosés errer dans le laboratoire comme ivres, sans voir et sans entendre, sans rien comprendre à ce qui se passe autour d'eux. Il n'est pas paradoxal de prétendre qu'à cette période d'intoxication ils dorment déjà, si nous appelons *sommeil* l'abolition de la volonté et de la conscience.

Ainsi de ces premiers essais résultait la nette constatation de ce fait que le chloralose est un poison psychique, portant son action sur les parties de l'encéphale où siègent la conscience et l'idéation, et respectant les autres centres nerveux, spécialement la moelle et le bulbe.

En poussant l'étude plus loin, nous vîmes que la pression artérielle n'était pas modifiée. Bien au contraire, elle est plutôt augmentée. Le cœur bat avec force, et ses contractions, normalement irrégulières chez le chien, deviennent admirablement isochrones; le sang est rouge rutilant, et l'activité réflexe persiste tout entière. Nous pûmes donc affirmer que le chloralose respecte les fonctions du cœur et les propriétés physiologiques du sang; de sorte qu'il est un poison psychique, qui à dose modérée ne porte son action que sur les éléments intellectuels de l'encéphale.

Son pouvoir toxique est faible, au moins sur le chien. Par ingestion stomacale, il ne faut guère moins de 0,5 par kilogr. pour tuer un chien. La mort survient dans ce cas par paralysie du bulbe et arrêt de la respiration. Sur les chats et les oiseaux, de bien plus petites doses peuvent amener la mort, qui survient même avec 0,08 par kilogr., sans que nous ayons pu nous expliquer la cause de cette différence entre le chien et les autres animaux.

## II

Nos premiers essais médicamenteux ont été faits sur nous-mêmes. Nous nous crûmes alors autorisés à en conseiller l'emploi comme médicament hypnotique à quelques-uns de nos amis. Ce fut surtout notre collègue et ami M. Landouzy qui en fit la méthodique et patiente étude. Il acquit ainsi la conviction que c'était un véritable hypnotique, agissant efficacement dans la plupart des cas. MM. Moutard-Martin, Marie, Ségard, Renouard, Hanot, Chauffard, Sacase et d'autres médecins encore l'employèrent avec succès. M. Féré d'abord, puis M. Chambard le donnèrent dans les hôpitaux d'aliénés. Bref, de tous côtés on se mit à l'étudier, et maintenant on connaît assez bien ses effets médicamenteux.

La bibliographie est déjà assez étendue. Mentionnons seulement, outre les notes par nous données à la Société de biologie en janvier 1893 (*Mém. de la Soc. de Biol.*, 1893, p. 1 *et Arch. de physiol.*, 1893, p. 572), la thèse inaugurale de M. Goldenberg, sur le *chloralose*, et celle de M. Houdaille sur les *nouveaux hypnotiques;* les notes de M. Féré à la Société de Biologie (1893, p. 161) et les nombreux travaux des médecins et physiologistes italiens : Maragliano, *Cronaca della clinica medica di Genova*, 27 mars 1893. — Morselli et U. Mosso, *Gazetta degli Ospedali*, n° 35, mars 1893, et *Bolletino della R. Universita di Genova, t. VIII, n° XXVII.* — Ferrannini et Casaretti, *Riforma medica*, août 1893, n$^{os}$ 184-185. — Luigi d'Amore, *Atti della R. Accademia medica chirurgica di Napoli, t. XLIII, n° III.* — Rossi, *Rivista sperimentale di freniatria*, etc., t. XIX, p. 384. Morill, *Bost. med. and surg. Journ.* 1893, p. 492. — Giovanelli. *Gaz. med. di Pavia*, II, p. 247-254. — U. Mosso. *Cloralosio et paracloralosio*, 1 br. in-8, 1894. — Chambard. *Revue de médecine*, 1894, p. 306. — Une excellente revue analytique générale, a été donnée par M. Chouppe (*Bulletin médical*, 28 janv. 1894, n° 8).

Toutes ces observations, dont quelques-unes sont remarquables, permettent donc aujourd'hui de retracer avec précision les propriétés thérapeutiques du chloralose. Ajoutons que nous avons reçu, ainsi que Hanriot, diverses communications inédites, et que nous avons pu en étudier les effets sur nous-mêmes et quelques personnes de notre entourage.

## III

Nous supposerons d'abord une dose moyenne, soit $0^{gr},40$, prise sous la forme d'un cachet au début d'une nuit qu'on suppose devoir être troublée par l'insomnie.

Pendant une demi-heure, nul phénomène apparent; puis très brusquement, une irrésistible tendance au sommeil. Alors la perte de la conscience est rapide et totale. Elle ne ressemble pas à cet état de demi-hébétude et de somnolence qui suit l'ingestion de morphine ou d'opium : c'est l'anéantissement complet de la mémoire, un sommeil de plomb, un sommeil sans rêves, qui dure toute la nuit.

Le réveil est facile, et tout aussi subit qu'a été l'invasion du sommeil. Nulle pesanteur de la tête, nulle nausée. Il est impossible de supposer qu'on n'a pas dormi d'un bon sommeil naturel; l'appétit semble même augmenté, et quand on met, en sortant du lit, le pied à terre, on peut supposer qu'on n'a pas pris de substance hypnotique. Tout au plus, en s'observant avec soin, peut-on constater quelques tremblements, de petites secousses fibrillaires presque imperceptibles, beaucoup moins marquées assurément qu'après l'ingestion de $0^{gr},50$ de sulfate de quinine.

On voit que la différence est considérable entre le chloralose et les autres hypnotiques, qui laissent toujours derrière eux un état de vertige, d'obnubilation et surtout de nausée. N'est-ce pas un des principaux inconvénients de la morphine que l'inappétence odieuse qu'elle laisse, après la nuit délicieuse de rêvasseries et de chimères qu'elle a amenée?

## IV

Si l'on s'en tenait à ce simple exposé, absolument véridique, on serait tenté de croire que le chloralose est absolument et incomparablement supérieur à tous les hypnotiques connus; mais il y a malheureusement une ombre à ce tableau.

Je ne parle pas ici de l'analgésie que le chloralose ne produit pas. Alors que la morphine calme la douleur d'une névralgie, le chloralose est inefficace, ou à peu près. Non, le chloralose a un inconvénient bien plus grave : il a une action *variable.*

Cette même dose de $0^{gr},40$, si elle est donnée à une jeune femme nerveuse, un peu hystérique, ou à un alcoolique, va provoquer tout un cortège d'accidents qui, sans avoir la moindre gravité réelle, seront aussi désagréables pour le médecin qui a fait la prescription que pour le malade qui l'a exécutée. Le sommeil, au lieu d'être calme, sera agité, presque convulsif; des secousses musculaires, des tressaillements au moindre bruit, une sorte de délire musculaire, se rapprochant plus ou moins d'une franche attaque d'hystérie ou même de véritables accès de somnambulisme, sans que cependant le sommeil soit en réalité interrompu [1]. En général, au réveil, le malade ne se souvient de rien, et ignore que son sommeil a été très agité.

Certes ces accidents sont rares; mais cependant il faut les prévoir, et prendre quelques précautions si on administre

1. Voir les observations récentes de M. Talamon, *Médecine moderne*, 27 janv. 1894, p. 120, un cas cité par M. Lang (*Brit. Med. Journ.*, 1893 (2) p. 233), et d'autres observations de M. Morel-Lavallée (*Bullet. méd.*, 7 févr. 1894).

pour la première fois le chloralose à une hystérique. Alors on procédera non plus en donnant 0gr,30 ou 0gr,50, mais en donnant des doses plus faibles, et même seulement 0gr,10 au début.

Si désagréables et même odieuses que soient ces complications, elles n'ont jamais, à vrai dire, présenté le moindre danger. On sait que le chloral, à des doses qui dépassent 10 ou 15 gr., produit un état franchement grave ; la respiration est diminuée, le pouls devient misérable, et le cœur, en même temps que la respiration, s'affaiblit de plus en plus. Dans quelques cas défavorables, toutes les ressources de la thérapeutique sont impuissantes à relever le cœur qui faiblit, si bien que la mort arrive sans que l'état comateux cesse. Or, dans les accidents d'intoxication chloralosique, rien de semblable n'apparaît. Il y a des troubles cérébraux et de l'agitation ; mais le cœur n'est pas touché. Une des malades de M. Landouzy, ayant voulu se tuer, ingéra toute une boîte de cachets de chloralose, c'est-à-dire 4 gr. environ, dose énorme, dix fois supérieure à la dose normale. Elle resta pendant deux jours dans un sommeil profond, entrecoupé par une agitation convulsive et un tremblement de tous les muscles ; mais le pouls resta intact, sans qu'on ait eu à craindre sérieusement pour sa vie.

En somme, le chloralose, à dose trop forte, produit l'ivresse ; mais cette ivresse n'a rien de dangereux, et, bien qu'elle soit pénible, parfois même effrayante, on peut être pleinement rassuré, car elle n'est pas plus grave que l'ivresse alcoolique, laquelle, malgré tout son fracas, est mortelle seulement quand les doses d'alcool sont énormes.

Ce que nous appelons l'ivresse chloralosique se produit surtout chez les hystériques et les alcooliques ; mais, dans quelques cas tout à fait exceptionnels, elle est survenue, sans cause apparente, chez des individus normaux. Alors elle prend deux formes bien différentes, et je citerai un exemple de l'une et de l'autre.

Il s'agit, dans le premier cas, d'une dame qui avait l'habitude de prendre, pour calmer son insomnie, tous les soirs 0$^{gr}$,20 de chloralose. Un soir, voulant mieux dormir encore, elle augmenta la dose et prit la quantité (encore très modérée) de 0$^{gr}$,40. Mais ce ne fut pas sans inconvénient, car elle passa toute la nuit sans dormir, dans cet état d'agitation musculaire que nous avons précédemment décrit.

L'autre cas se rapporte à Étienne, garçon de notre laboratoire, qui, pour ne pas être réveillé toute la nuit par ses chiens, avait pris plusieurs nuits de suite 0$^{gr}$,20 de chloralose. Un soir, il voulut en prendre davantage, et ingéra seulement 0$^{gr}$,40. L'effet en fut très intense ; car il passa non seulement la nuit, mais encore toute la journée suivante, jusqu'à 5 heures du soir, à dormir profondément. Autour de lui on était assez effrayé, et on essaya vainement de le réveiller. Quant à lui, après ce long sommeil, il se trouva parfaitement frais et dispos, avec un appétit formidable. Jamais il n'avait aussi bien et aussi longtemps dormi. Mais c'était peut-être un peu trop.

C'est qu'en effet le chloralose, comme tous les médicaments psychiques, possède une action très variable. Les substances qui agissent sur le sang empoisonnent à peu près également les différents animaux ; mais, quand il s'agit d'une substance qui empoisonne l'élément le plus différencié et le plus délicat de l'organisme, on comprend que la variété d'action doit être presque infinie. Il faut donc, d'une manière générale, *tâter* la susceptibilité des individus à qui on le prescrit. Ne sait-on pas que, pour la morphine, dont l'usage est si répandu, dont les indications sont si nettes et familières à tout médecin, on rencontre souvent encore des idiosyncrasies tout à fait marquées ? Telle femme nerveuse sera extrêmement malade après avoir pris seulement 0$^{gr}$,01 de chlorhydrate de morphine. Agitation, vomissements incoercibles, il y aura une vraie intoxication, sans que rien ait pu la faire prévoir.

Aussi les médecins qui voudront prescrire le chloralose auront-ils à tenir grand compte de l'état de leur malade. S'il s'agit d'une hystérique ou d'un alcoolique, il faudra donner d'abord de très faibles doses, peut-être même s'abstenir résolument de ce médicament, qui paraît bien, dans le *delirium tremens*, tout au moins avoir un effet franchement défavorable, alors que l'opium est héroïque.

Pour les autres malades, il sera prudent de ne débuter que rarement par les doses de 0gr,50, car il faut d'abord savoir s'il n'y aurait pas là une idiosyncrasie latente, et l'expérience seule peut renseigner là-dessus. M. Maragliano, dans l'admirable étude qu'il a consacrée au chloralose, indique qu'il est un véritable *détecteur* des maladies nerveuses latentes, hystérie, alcoolisme, chorée, neurasthénie, somnambulisme naturel.

## V

A côté de ces inconvénients réels, que nous avons peut-être exagérés, le chloralose possède deux avantages incomparables, qui en font, à notre sens, un médicament précieux. D'abord il ne trouble en rien les facultés digestives. Jamais, à notre connaissance, il n'y a eu de nausée ni de vomissement. Le plus souvent, l'appétit, au lieu d'être diminué, ou simplement conservé, est plutôt accru. Je serais même tenté de croire, si j'en juge par quelques observations personnelles, qu'à très faible dose, 0gr,05 par exemple, le chloralose pourrait agir comme stimulant de la digestion, à la manière des amers. En tout cas, dans les insomnies liées à un état dyspeptique quelconque, il semble formellement indiqué.

L'autre essentiel avantage du chloralose, c'est son innocuité sur l'appareil de la circulation. La pression artérielle n'est pas abaissée, même par de fortes doses; il provoque une sorte de congestion dans le domaine de la face et de l'encéphale, qui indique bien que la pression cardiaque reste élevée. Les battements du cœur sont forts et réguliers; le pouls est large et plein. Il est impossible de trouver un contraste plus complet qu'entre son action et celle du chloral, dont il est cependant si voisin par sa constitution chimique.

Tous les médecins qui ont prescrit du chloralose à des individus atteints d'angoisse cardiaque ont été frappés de l'amélioration qui s'est produite aussitôt. De toutes les insomnies, la plus cruelle est certainement celle qui accompagne l'asystolie. Eh bien, c'est précisément contre cette insomnie asystolique que le chloralose agit comme un médicament héroïque. Or, dans ce cas, le chloral, qui abaisse tant la pression artérielle, n'est pas sans danger. Le chloralose est donc en quelque sorte le remède spécifique de l'insomnie de cause cardiaque[1].

## VI

Chez les aliénés, le chloralose a été souvent administré en France, en Italie, à Prague, à Bruxelles et en Russie. Il ne semble pas que les effets en aient été mauvais. Mais on ne peut pas dire qu'ils aient été excellents et conformes aux grandes espérances que nous avions d'abord formées quand nous avons constaté la nature de ce médicament nettement psychique. Pour faire dormir des aliénés, il faut des doses de chloralose un peu plus fortes que les doses nécessaires aux personnes normales, plutôt 0 gr, 50 que 0 gr, 30. Ce n'est pas là un bien grave inconvénient. Ce qui est plus fâcheux, c'est qu'il agit simplement comme hypnotique et n'est doué d'aucune action spécifique sur le délire. Nulle guérison, nulle amélioration n'ont été observées.

Les maladies nerveuses n'ont pas non plus, semble-t-il, été améliorées par le chloralose. M. Féré a constaté un cas de guérison de chorée. M. Sacaze a obtenu, dans le service de M. Grasset, à Montpellier, une amélioration dans un cas de

1. Voir la discussion, à la Société de thérapeutique, entre M. Bardet et M. Constantin Paul, in *Semaine médicale*, 27 janv. 1894, p. 46.

*paramyoclonus multiplex*. Il paraît, d'après ce que nous a rapporté un confrère de province, que la coqueluche de plusieurs enfants s'est trouvée améliorée et, dans certains cas, guérie par le chloralose méthodiquement administré. Mais ce sont encore des propriétés thérapeutiques bien incertaines.

Un jeune médecin de Nantes a eu l'idée ingénieuse de l'employer dans un cas de dystocie. En effet, en même temps qu'il provoque le sommeil, le chloralose exalte l'activité de la moelle, de sorte que les phénomènes de l'accouchement peuvent se passer régulièrement, alors que la parturiente est plongée dans une sorte de sommeil et de demi-sensibilité. Il faut laisser à l'avenir le soin de décider sur la valeur de cet emploi inattendu du chloralose.

On l'a essayé aussi dans le diabète, et il ne semble pas qu'on ait obtenu de résultats bien éclatants. Cependant un des malades de M. Landouzy a été transitoirement guéri quand il a été soumis au chloralose en même temps qu'au régime des diabétiques. Il est assez difficile de dire quelle a été la part du régime et quelle celle du médicament. Notre regretté ami Quinquaud avait donné du chloralose à quelques malades, diabétiques invétérés, rebelles depuis trois ans à toute amélioration par un traitement quelconque. Le chloralose n'a pas été plus heureux.

Pour conclure, le seul effet incontestable du chloralose, c'est son effet hypnotique. Il exerce une action spéciale sur l'écorce cérébrale et amène ainsi le sommeil. Nous avons vu que ce sommeil diffère du sommeil de la morphine, parce qu'il n'y a pas de rêve, et du sommeil du chloral, parce que la moelle reste éveillée, alors que le cerveau est complètement endormi. Mais un point essentiel, dont nous n'avons pas parlé, est à discuter : il s'agit de savoir s'il y a accumulation ou accoutumance.

## VII

Nous avons fait, à cet égard, sur le chien, une expérience bien intéressante. C'était une petite chienne de 8 kilogr., qui prit pendant deux mois, à peu près régulièrement tous les jours, la forte dose de 2 grammes de chloralose. Certainement, il n'y avait pas d'accumulation du médicament, car l'animal n'aurait pu supporter impunément beaucoup plus de 2 grammes de chloralose, et certainement c'eût été le cas s'il y avait eu de l'accumulation.

Dans le cas de Kiki, c'est le nom de la petite chienne, il y eut certes de l'accoutumance; car les chiens n'ayant pas pris antérieurement de chloralose étaient beaucoup plus malades que Kiki, lorsqu'ils prenaient la même dose qu'elle. Il suffisait même de laisser Kiki pendant quelques jours sans sa ration habituelle de chloralose pour qu'elle supportât mal sa dose de 2 grammes succédant à une abstinence même assez courte. Nous avions coutume de dire, en voyant Kiki se promener dans le laboratoire, atteinte d'une cécité psychique complète, que sa moelle avait peu à peu pris l'*habitude de se passer du cerveau*. Et, de fait, cette expression rend bien l'état du chien errant sans conscience et sans intelligence, comme poussé par un ressort, alors que les autres chiens, après la même dose, étaient incapables de se tenir debout et de se mouvoir.

Chez l'homme, il y a probablement aussi accoutumance; mais elle est loin d'être aussi marquée qu'avec la morphine, et, en parcourant les observations des divers médecins qui ont expérimenté le chloralose, il semble que des doses croissantes ne deviennent pas nécessaires. Au contraire, Hanriot, en s'observant lui-même, a cru constater que, même après avoir pris la veille $0^{gr},40$, il obtenait de bons effets hypnotiques en ne prenant plus que $0^{gr},20$, et il a pu ainsi avec $0^{gr},15$ obtenir encore le sommeil. S'agit-il là d'accumulation?

La question de l'accoutumance et de l'accumulation n'est donc pas parfaitement résolue. Je croirais plutôt qu'elle appelle de nouvelles études. A vrai dire, c'est aux médecins à les faire plutôt qu'aux physiologistes ; car l'expérience sur les animaux, en un pareil sujet, ne peut donner que de vagues indications.

De même, il serait bien nécessaire aussi de fixer tant bien que mal la dose efficace minimum. Nous supposons que c'est, chez l'adulte, $0^{gr},20$ ; mais c'est un chiffre encore un peu fort, ce semble, et, après des observations bien attentives, on arriverait peut-être à l'abaisser à $0^{gr},15$.

Malgré ces lacunes, l'histoire thérapeutique du chloralose commence à être assez bien faite, et nous croyons que, malgré de réels inconvénients (que nous n'avons pas cherché à dissimuler), c'est un excellent hypnotique, donnant un sommeil *qui ressemble au sommeil normal, plus que tout autre sommeil amené par un médicament quelconque.*

# XLVI

## DU CHLORALOSE

### CHEZ LES ÉPILEPTIQUES, LES HYSTÉRIQUES ET LES CHORÉIQUES

**Par M. Ch. Féré.**

---

J'ai expérimenté ce médicament sur trois catégories de malades : des épileptiques, des hystériques, une choréique. Ces expériences mettent en lumière quelques faits qui me paraissent dignes d'une mention [1].

Tout d'abord, il faut remarquer que la tolérance pour ce médicament semble beaucoup plus considérable qu'on ne l'avait cru tout d'abord. MM. Hanriot et Richet considèrent la dose de 1gr,50 comme une dose trop forte qu'on ne doit guère atteindre; la dose moyenne étant de 0gr,40 environ ; et ils font des réserves particulières chez les hystériques. Après avoir constaté que ces doses moyennes ne donnaient lieu à aucun trouble, j'ai pu augmenter jusqu'à 1 gramme, 1gr, 50 et même 2gr,25 sans aucun accident. Depuis, j'ai débuté plusieurs fois par la dose de 1 gramme. Cette dose initiale est restée sans aucun résultat chez un épileptique atteint d'excitation maniaque ; chez un hystérique, elle a produit un sommeil de

1. Je serais tenté de croire que les chiffres donnés par M. Féré sont un peu forts, et qu'il ne faut pas dépasser 0 gr,50 ; même chez l'adulte. (*Ch. R.*)

douze heures, laissant, au réveil, un peu de torpeur intellectuelle sans douleur de tête, sans trouble gastrique. Quelle que soit la dose employée, l'appétit est resté intact, même quand le médicament a été continué sans interruption pendant plusieurs semaines. Plusieurs malades se sont plaints de cauchemars. Chez un hystérique qui est arrivé progressivement à prendre 2gr,25, il s'est produit un sommeil très profond s'accompagnant pendant plusieurs heures d'un ronflement bruyant et d'incontinence d'urine, symptôme indiquant spécialement une suspension de l'activité cérébrale. Après sept à onze heures de sommeil, ce malade s'est réveillé sans aucune douleur de tête, sans aucun trouble gastrique.

Voici les résultats obtenus chez les trois catégories de malades qui ont été soumis au médicament.

### I. ÉPILEPTIQUES

1° A..., 54 ans, épileptique. Insomnie persistante depuis plusieurs semaines. — 2 février. Un cachet de 20 centigrammes de chloralose. Aucun effet. — 3 février. Deux cachets, a dormi environ huit heures, sans rêves. Depuis cette époque, il prend chaque jour 40 centigrammes avec le même effet, sans aucun trouble.

2° M..., 22 ans, épileptique. Insomnie. — 9 février. 40 centigrammes de chloralose, sommeil tranquille. — Les 13, 14, 15 février, les nuits ont été troublées par des cauchemars, qui ne se sont plus reproduits depuis. Aucun trouble.

3° P..., 28 ans, épileptique. Insomnie. — 7 février. 20 centigrammes de chloralose. A dormi quatre heures. Le deuxième et le troisième jour l'effet a été moindre. — 10 février. 40 centigrammes. Depuis, le sommeil est bon, sauf lorsqu'il survient quelques secousses.

4° Del..., 30 ans, épileptique. Délire à la suite d'accès sériels. — 17 février. Chloralose, 1 gramme. Aucun effet; agitation persistant toute la nuit. — 18 février. Même dose; le malade s'est assoupi à minuit, jusqu'au matin. — 19 février. Même dose; sommeil interrompu, calme. — 20 février, 1gr, 50 de chloralose, a très bien dormi. Le médicament a été supprimé le 23, sans avoir produit aucun trouble.

### II. HYSTÉRIQUES

5° M..., 34 ans, hystérique à grandes attaques et à crises d'étourdissement, ne dort pas depuis plusieurs nuits. — 16 février.

Chloralose, 1 gramme, aucun effet. — 17 février. Même dose, aucun effet; a eu six attaques le lendemain matin. — 18, 19 février. Même dose, sans effet. — 20 février. Se plaint de maux de tête, torpeur intellectuelle, difficulté à trouver ses mots. — 21 février. 75 centigrammes de chloralose; sommeil de douze heures. — 22 février. Bon sommeil. — 24 février. A peu dormi, attaques le matin.

6° B..., 28 ans, hystérique à grandes attaques, insomnie persistante et presque complète. — 6 février. Chloralose, 60 centigrammes; bon sommeil. — 8 février. Même dose, attaques le soir, excité la nuit, peu de sommeil. — 9 février. Même dose. Bon sommeil, aucun trouble. — 10 février. Refus du médicament. Insomnie. — 14 février. 75 centigrammes de chloralose, sommeil de six heures. — 15 février. Chloralose, 1 gramme, pas de sommeil, secousses. — 16 février. Chloralose, 1gr,50, sommeil, quelques secousses, cauchemars. — 17 février. Même dose; pas de sommeil. — 18 février. Le médicament manquait; deux heures de sommeil. — 20 février. Même dose, même effet. — 22 février. Même dose, six heures de sommeil.

7° F..., 39 ans, hystérique à grandes attaques. Contracture des membres inférieurs, insomnie complète depuis plusieurs jours, attaques très fréquentes. — 3 février. Chloralose, 40 centigrammes, aucun effet. — 4 février. 50 centigrammes, sommeil interrompu. — 5 février. 50 centigrammes, six heures de sommeil. — 6 février. *Ibid.* — 7 février. Attaques le soir, 60 centigrammes de chloralose, peu de sommeil. — 8 février. Même dose, crises de dyspnée la nuit, pas de sommeil. — 9 février. 60 centigrammes, bon sommeil. — 10 février. 70 centigrammes, sept heures de sommeil. — 11 février. *Ibid.* — 12 février. Même dose, mauvais sommeil. — 13 février. Même dose, sommeil. — 14 février. Chloralose, 1 gramme, sommeil de sept heures. — 15 février. Chloralose, 1gr,25, dort six heures. — 16 février. Chloralose, 1gr,50, sommeil de douze heures. — 17 février. Même dose, sommeil agité de onze heures. — Les attaques diminuant de nombre depuis que le malade dort, on augmente encore la dose. — Le 21 février, 1gr,75, sept heures de sommeil. — 22 février. 2 grammes de chloralose, sommeil de sept heures, mais très profond, miction involontaire. — 23 février. 2gr,25, sommeil stertoreux, deux mictions involontaires. — Aucun autre trouble, bon appétit. Les attaques sont moins fréquentes. La contracture des membres a diminué. Le malade peut faire quelques pas.

### III. CHORÉIQUE

8° Une jeune fille de 18 ans, à antécédents hystériques avérés, fut prise le 12 janvier, le lendemain d'une chute accidentelle dans un escalier, d'une chorée généralisée, mais prédominante du côté gauche, où siège l'hémianesthésie et l'ovarite hystériques. Elle avait été soumise dès le début à un traitement tonique et à l'hydrothérapie froide. L'état général avait subi une légère amélioration, mais les troubles moteurs persistaient avec la même intensité et la même étendue. Le sommeil avait toujours interrompu les mouvements; mais il était troublé presque constamment par des cauchemars, et il ne durait guère par intervalles que cinq ou six heures par nuit.

Le 19 février, une dose de 60 centigrammes de chloralose a procuré un sommeil continu et calme de huit heures, sans aucun malaise au réveil.

Le 20, la malade a pris 75 centigrammes de chloralose, le sommeil a duré dix heures sans interruption. Le jour suivant, les mouvements avaient très considérablement diminué. Le 21, la même dose a donné un sommeil aussi ininterrompu de neuf heures et demie. Les mouvements choréiques avaient complètement cessé au réveil et ne se sont plus reproduits depuis. L'irritabilité du caractère, la tendance à larmoyer sans motif, qui persistait depuis le début de la maladie, a aussi disparu. Avec la même dose de chloralose, la malade dort environ huit heures depuis la cessation de la chorée. Ce sommeil paraît tout à fait exempt de rêves, et la malade ne présente aucun trouble gastrique ni autres. Il est juste de remarquer que le traitement primitif n'a pas été interrompu.

Ce n'est pas là un fait extraordinaire dans l'histoire de la chorée. L'influence du sommeil prolongé a été noté par nombre d'auteurs, et cet effet du chloralose a été démontré par l'hydrate de chloral depuis longtemps par Gairdner, puis par Bouchut, Verdalle, Bridge, Bastian. Il montre surtout que la femme même hystérique peut supporter des doses relativement élevées de chloralose qui présente des avantages évidents sur le chloral.

Le sommeil prolongé[1] est, avec la suralimentation, l'agent curatif le plus indiscutable d'un grand nombre de troubles dits fonctionnels du système nerveux et en particulier de l'hystérie, de la neurasthénie, de la chorée. Un médicament qui a l'avantage de procurer le sommeil sans provoquer de troubles gastriques et de permettre de continuer les autres soins hygiéniques mérite une considération particulière. Il est permis de supposer que, dans plusieurs des cas où son effet a manqué, la dose a été insuffisante. Des doses de 1 à 2 grammes paraissent pouvoir être tolérées d'une manière continue chez l'adulte.

1. Corning, « The curative potency of prolonged Sleep ». *New York med. Journ.*, 1886, t. XLIII, p. 296.

# XLVII

# ACTION PHYSIOLOGIQUE DE LA PARISETTE

**Par M. F. Heim.**

## I

### Chimie.

Deux corps ont été isolés, il y a longtemps, dans la Parisette et ont reçu les noms de *Paridine* et de *Paristyphnine.*

Paridine. — Ce glucoside a été extrait par Walz des feuilles de la plante. Voici la marche suivie par cet auteur : On épuise les feuilles à une douce chaleur, à deux reprises, avec de l'eau additionnée de 2 p. 100 d'acide acétique; on comprime fortement le résidu et on le traite par de l'alcool très fort. On fait digérer l'extrait alcoolique avec du charbon animal; on filtre et on chasse la majeure partie de l'alcool par distillation. Le résidu se prend en une masse gélatineuse qui, chauffée doucement au bain-marie, laisse déposer des cristaux de paridine dont on achève la purification par quelques cristallisations dans l'alcool faible. Elle se dépose de sa solution aqueuse et bouillante, en lames minces et brillantes, formant après dessiccation une masse cohérente et satinée (Walz);

par l'évaporation spontanée de sa solution dans l'alcool faible, elle cristallise en aiguilles soyeuses, réunies en faisceaux (Delffs); 100 p. d'eau en dissolvent 1,5 p.; 100 p. d'alcool à 94, 5 centièmes, 2 p. A 100°, elle perd 6,8 p. 100 d'eau et renferme C=55,6; H=7,76, correspondant à la formule $C^6H^{10}O^3$ (Gmelin).

Plus tard, Delffs a établi, d'après ces analyses, la formule $C^{16}H^{28}O^7$. La paridine cristallisée renferme en outre deux molécules d'eau. Enfin Walz a changé cette formule en

$$C^{32}H^{56}O^{14}.$$

Les acides sulfurique et phosphorique concentrés la colorent en rouge; l'acide nitrique la décompose à chaud; HCl la dissout sans coloration; la potasse la décompose à chaud. Lorsqu'on chauffe la paridine en solution, dans l'alcool faible avec HCl, elle se dédouble en glucose et en une matière résineuse, le *paridol*, $C^{26}H^{47}O^9$ (Walz).

$$C^{32}H^{56}O^{14} + H^2O = C^{26}H^{46}O^9 + C^6H^{12}O^6.$$

Paristyphnine ($C^{38}H^{64}O^{18}$). — Ce glucoside a été également trouvé par Walz dans la racine de *Paris quadrifolia*. On l'obtient en précipitant, par le tanin, l'eau-mère provenant de la paridine (voy. t. II, p. 770), décomposant le précipité par l'oxyde de plomb et reprenant par l'eau. La dissolution aqueuse renferme de la paristyphnine et une certaine quantité de paridine, qu'on sépare en concentrant la dissolution et faisant cristalliser : la paridine se dépose, tandis que la paristyphnine reste en solution. C'est une matière amorphe qui, sous l'influence de l'acide sulfurique étendu, se dédouble en paridine et en glucose.

$$C^{38}H^{64}O^{18} + 2H^2O = \underset{\text{Paridine}}{C^{32}H^{56}O^{14}} + C^6H^{12}O^6.$$

Il est assez facile de s'assurer que, outre les glucosides, les extraits actifs de Parisette contiennent un ou des alcaloïdes.

En particulier, si l'on évapore l'extrait alcoolique et qu'on traite le résidu par de l'acide sulfurique ou chlorhydrique, on obtient une solution qui précipite par les réactifs ordinaires des alcaloïdes, et en particulier par les réactifs de Bouchardat et de Valser.

Il fallait donc employer une méthode permettant d'extraire à la fois les glucosides et les alcaloïdes. Nous devons à M. A. Gautier l'indication de la méthode suivante :

On épuise la plante sèche par l'alcool à 60° bouillant, additionné de 1/2 p. 100 d'acide oxalique. On filtre, distille l'extrait alcoolique, et reprend le résidu par l'eau tiède. On filtre, si c'est nécessaire, on précipite la liqueur par de l'acétate neutre de plomb, sans excès. On filtre encore, on précipite alors par du sous-acétate de plomb. La liqueur claire A contient les alcaloïdes; le précipité plombique B contient les glucosides.

*Liqueur* A. — On ajoute à cette liqueur de l'acide sulfurique tant qu'elle précipite du plomb; on filtre, évapore dans le vide à 50 ou 60°, et le résidu sirupeux est mélangé d'un petit excès de chaux éteinte, puis séché dans le vide. On l'épuise alors au réfrigérant ascendant par de l'éther à 56°, qui dissout l'alcaloïde. Le produit de la dissolution éthérée, est évaporé et repris par l'acide chlorhydrique étendu, ou sulfurique étendu dans le chlorhydrate ou le sulfate de la base. On peut, par précaution, épurer encore le mélange calcaire par de la benzine, du chloroforme et de l'alcool amylique qui peuvent enlever d'autres bases. Dans le cas de la benzine ou du chloroforme, l'évaporation du dissolvant donne la base libre. Dans le cas de l'alcool amylique, on agite en dissolvant, avec de l'eau acidulée par HCl qui s'empare de l'alcaloïde dissous et qui, évaporée, laisse le chlorhydrate.

*Précipité plombique* B. — Ce précipité est broyé avec de l'acide sulfurique étendu, jusqu'à ce qu'après 24 heures, il reste un petit excès de cet acide (violet de méthyle). On reprend alors par de l'alcool à 60° chaud. On évapore, et l'extrait mêlé d'un peu de chaux éteinte est repris par l'alcool à 60° chaud, une seconde fois. La solution alcoolique est additionnée d'un peu d'acide oxalique dissous, tant qu'il se précipite un peu de chaux, on filtre, on évapore l'alcool au besoin dans le vide, le glucoside cristallise.

S'il n'était pas pur, on pourrait reprendre le résidu alcoolique, riche en glucoside, par de l'éther pour enlever des matières extractives, reprendre par la quantité d'eau suffisante pour dissoudre et saturer au bain-marie, à refus par un mélange de sulfate de magnésie et de sulfate de soude qui précipitent le glucoside. On reprend alors le précipité par l'alcool, et on laisse cristalliser la liqueur-addition. Comme on pourrait avoir en quelques cas dans la *liqueur A* des glucosides non précipitables par le sous-acétate de plomb, on pourra reprendre le mélange calcaire par de l'alcool chaud, additionné de 1 p. 100 d'acide oxalique, filtrer chaud, évaporer la solution alcoolique après avoir saturé l'acide oxalique par de la chaux éteinte, en très léger excès, reprendre le résidu de l'alcool, et à cette solution aqueuse ajouter, comme ci-dessus, des sulfates de magnésie et de soude à refus pour précipiter les glucosides. Continuer comme il a été dit.

Nous avons suivi cette marche en opérant d'abord sur les feuilles. Malheureusement des circonstances imprévues nous ont arrêté au milieu de notre travail. Nous sommes donc forcé de remettre à plus tard une étude chimique complète de la Parisette. Les corps, que nous avons isolés des feuilles, se trouvent en quantité trop faible dans ces organes (bien qu'une quantité considérable ait été employée) pour pouvoir les caractériser et en faire l'analyse centésimale.

On extrait du précipité plombique des corps qui sont bien des glucosides, parce que leur solution alcoolique réduit directement la liqueur de Fehling, mais avec peu d'intensité. On fait alors l'essai suivant : On mélange la solution à quelques gouttes d'acide sulfurique dans un tube scellé à la lampe ; on soumet à l'ébullition, et, au bout d'une heure, le liquide, alcalinisé par de la potasse, réduit très fortement la liqueur cupropotassique. Ce glucoside est soluble dans l'alcool et l'éther; il l'est moins dans l'eau, et il se dédouble par l'action des acides, des alcalis et peut-être d'un ferment contenu dans le végétal, comme beaucoup de glucosides végétaux.

Pour établir que ce corps est bien un glucoside, on peut essayer la réaction générale des hydrates de carbone indiquée par M. G. Bertrand (*Bull. de la Soc. chimique*, 1891). Le mode de préparation éliminant le sucre, il ne peut y avoir de ce chef cause d'erreur. On chauffe en vase clos, pendant deux ou trois heures une partie de solution acide, avec deux ou trois gouttes d'acide sulfurique, on neutralise par le carbonate de baryte, on filtre, et on chauffe, à température douce, avec 2 cc. d'acide chlorhydrique et une petite quantité de phloroglucine. On obtient ainsi une coloration orange, puis rougeâtre. Notre corps est donc bien un glucoside.

La très petite quantité d'alcaloïde extraite des feuilles est nettement caractérisée par le précipité en liqueur acide, par les réactifs de Bouchardat et de Valser.

Comme nos essais physiologiques avaient indiqué un agent cardiaque, il y avait intérêt à savoir si la Parisette contient des quantités notables de sels de potasse. Les sels de K sont en effet des poisons cardiaques, agissant aussi sur la fibre musculaire, et la Parisette agit sur les ganglions cardiaques. *A priori*, l'action toxique du potassium pouvait donc être éliminée; d'ailleurs, ses sels ne sont pas solubles dans l'alcool, et l'extrait alcoolique agit comme l'extrait aqueux. Rien cependant ne vaut l'expérience. Nous avons donc recherché la potasse dans les divers organes, après calcination prolongée; de la sorte, les sels ammoniacaux qui pourraient précipiter avec le chlorure de platine sont détruits. Dans la solution neutre ou chlorhydrique des cendres, le bichlorure de platine ne donne un petit précipité jaune de chlorure double, que par l'agitation et après concentration énergique. Pour aider à sa précipitation, on ajoute de l'alcool; mais cette addition ne peut donner lieu à des erreurs, en déterminant la formation de sels de soude, car la soude existe à peine, on le sait, dans les plantes terrestres. Les solutions, même très concentrées, ne précipitent ni par l'acide perchlorique, ni par l'acide tartrique ou l'acide picrique : la potasse est donc en très faibles proportions. D'ailleurs, la solution chlorhydrique, portée dans la flamme d'un brûleur, ne lui communique pas la teinte blafarde, caractéristique des sels de potasse.

## II

### Physiologie.

L'expérimentation physiologique avec une plante toxique ou médicamenteuse peut être entreprise de deux manières différentes : ou bien on opère avec des extraits non chimiquement définis, ou bien on attend que les résultats de la chimie permettent d'opérer sur des substances pures.

La deuxième méthode semble d'abord s'imposer par sa rigueur même; elle seule permet de définir exactement la nature et la dose de la substance agissante. Il importe cependant de ne pas s'en tenir aux apparences : nombre de plantes jouissent de propriétés physiologiques et par suite thérapeutiques assez différentes, suivant qu'on les emploie en nature ou qu'on utilise, au contraire, les produits chimiques qu'on en isole. Ces divergences tiennent évidemment à l'insuffisance de nos connaissances chimiques au sujet de ces plantes, un ou plusieurs des principes actifs n'ayant pas encore été isolés à l'état de pureté. L'expérimentation avec les extraits nous donne la résultante physiologique de chacun des corps composants de l'extrait; mais cette donnée est utile; rien n'empêche, après, de reprendre les expériences avec les corps chimiquement définis. Si un seul d'entre eux suffit à reproduire les phénomènes observés, on peut en conclure que c'est la seule substance active; mais, si les phénomènes varient, c'est qu'il existe en outre un ou plusieurs autres corps également actifs, synergiques ou antagonistes du premier.

Ces considérations *a priori* suffiront à déterminer la marche que nous avons suivie.

Nous avons d'abord opéré avec la plante fraîchement cueillie, puis avec les extraits : d'abord l'extrait aqueux, puis l'extrait alcoolique, où bon nombre de substances sont déjà éliminées du fait même de leur insolubilité dans l'alcool. Nous avons ensuite répété nos expériences avec les corps que les procédés chimiques nous avaient permis d'extraire.

Nous n'avons pas à traiter ici le côté historique de la question, aucune recherche expérimentale n'a été faite avec la Parisette sur les animaux. Cazin dit bien avoir tenté quelques expériences à ce sujet; mais leur publication, annoncée en 1854, et qui devait être l'objet d'un travail de la part de Cazin fils, a été retardée jusqu'à sa mort récente.

Tous les essais que nous rapporterons sont donc des recherches originales.

Il nous faut tout d'abord indiquer la manière dont nous préparions nos liquides à injection.

Ce sont là quelques données de *technique* nécessaires à connaître pour ceux qui voudraient vérifier nos recherches.

L'*extrait aqueux* se prépare en broyant légèrement dans l'eau distillée des feuilles, des rhizomes ou des baies fraîches ou sèches. Remarquons qu'il est de beaucoup préférable d'opérer avec la planche fraîche : l'extrait simplement aqueux de parties sèches est beaucoup moins actif. L'extrait est filtré, et le filtrat séché à une douce chaleur. Dans cet état, il peut se conserver indéfiniment dans un flacon bien bouché, tandis que de nombreuses moisissures se développent rapidement dans la solution aqueuse. Au moment de l'injection, on dissout une quantité donnée de l'extrait sec dans du sérum artificiel :

le titre de la solution est ainsi connu, et on sait le poids d'extrait sec injecté; les chiffres obtenus sont comparables à eux-mêmes, puisque la préparation de l'extrait sec a été faite d'un seul coup avec un lot de plantes ramassées à une époque donnée.

(La Parisette avec laquelle nous avons préparé nos extraits avait été recueillie à la fin de septembre.)

Il va sans dire que, pour la plante fraîche, on injecte aussitôt la solution obtenue, on peut rendre encore les résultats comparables, en broyant le même poids de graines dans la même quantité d'eau.

Lorsqu'on expérimente avec le fruit, il est préférable de ne broyer que légèrement : de la sorte les principes actifs de la pulpe sont seuls dissous, et on peut ensuite en isoler les graines pour rechercher leurs propriétés, qui, *a priori,* pourraient être spéciales.

*Extrait alcoolique.* — Pour l'obtenir, on laisse macérer, pendant plusieurs semaines, les organes dans l'alcool éthylique pur ou mélangé d'alcools supérieurs, peu importe, puisque toute trace d'alcool disparaît par évaporation, lorsqu'on prépare l'extrait alcoolique sec. On opère ensuite avec cet extrait, dissous dans le sérum artificiel. Il est à remarquer que tous les principes solubles dans l'alcool, se redissolvent très bien dans l'eau; mais, pour en dissoudre un même poids, il faut une quantité de véhicule plus considérable.

### MARCHE GÉNÉRALE DE L'INTOXICATION PAR LA PARISETTE

Nous allons, à chaque paragraphe de notre étude physiologique, extraire quelques expériences de notre cahier de laboratoire, parmi celles qui nous ont semblé les plus typiques. Le lecteur assistera de la sorte à la succession des phénomènes, et il nous sera plus facile de dégager, de l'ensemble des faits, les conclusions théoriques importantes.

### EXPÉRIENCE SUR LA GRENOUILLE

Grenouille vivace du poids de 50 grammes. Température de 15°. Extrait aqueux, 30 grammes dans 20 cc. de sérum. Injection dans le sac lymphatique de 1 cc. Au bout de cinq minutes, accélération des mouvements de déglutition (la respiration des batraciens s'opère par une série de mouvements de déglutition). Injection de 2 cc. L'animal réagit moins aux excitations; ses sauts sont moins amples; les mouvements de déglutition deviennent irréguliers, ils s'arrêtent, puis reprennent par saccades; Nouvelle injection de 1 cc. L'intoxication marche alors rapidement, l'animal éprouve une gêne de plus en plus considérable à se mouvoir; il se défend mal, cependant il cherche à fuir quand on l'effraie : ses centres psychiques ne semblent donc pas atteints, mais la faculté motrice est touchée. Les sauts ne permettent plus à la grenouille que de retomber sur place ; les membres postérieurs, au lieu d'être ramenés brusquement, dans la position qui précède la détente du saut, restent étendus et retombent inertes; les muscles adducteurs semblent atteints. Au bout de cinq minutes, les mouvements semblent impossibles : on peut faire prendre à l'animal les positions les plus bizarres sans qu'il réagisse, les excitations douloureuses ne provoquent plus de réaction; on peut amputer les orteils sans le moindre réflexe, l'incision des téguments ne semble plus perçue; mais la sensibilité cornéenne persiste jusqu'au dernier moment. La sensibilité à la pression disparaît un peu avant celle à la chaleur, et cette dernière un peu avant celle aux caustiques chimiques. Bientôt l'animal présente toutes les apparences de la mort et cependant il vit; la cornée est encore sensible, et par instants l'animal ébauche quelques contractions impossibles à réaliser comme pour fuir lorsqu'on l'effraie : son activité psychique ne semble donc pas atteinte. Au bout d'une heure à une heure et demie de cet état, l'animal s'éteint progressivement. Jusqu'aux derniers moments le cœur continue à battre.

A l'autopsie, on voit le cœur en systole dans certains cas, en diastole dans d'autres; on ne peut d'ailleurs rien conclure de ces faits sur la grenouille : l'encéphale ne présente rien, la moelle est quelque peu injectée. L'excitabilité électrique des nerfs est encore assez grande dans le sens centrifuge; dans le sens centripète, les réflexes sont plus difficiles à obtenir. Cette excitabilité n'est guère en somme plus faible dans le sens centrifuge que sur une grenouille tuée par un moyen quelconque.

Avec l'extrait alcoolique, l'intoxication marche de même, mais la dose toxique est de moitié plus faible environ. On voit que pour cette grenouille la dose toxique est sensiblement de $0^{gr},50$ avec l'extrait aqueux et de $0^{gr},25$ avec l'extrait alcoolique, à la température de 15°. Donc l'extrait aqueux tue cent fois son poids de grenouille, et l'extrait alcoolique 200 fois son poids.

### EXPÉRIENCE SUR LE LAPIN

Lapin de 420 grammes. Même extrait aqueux. Injection dans le péritoine de 5 cc. L'animal présente une respiration quelque peu accélérée, puis irrégulière; au bout de cinq minutes, il n'y a pas de troubles nets de la motilité; le cœur bat normalement, la pupille est légèrement dilatée, la sensibilité est intacte. Nouvelle injection péritonéale de 2 cc. Le cœur est nettement accéléré, la température rectale présente une élévation de 1°; la sensibilité à la pression diminue progressivement, et des troubles de motilité se manifestent dans le train postérieur. Deux ou trois mictions. Injection de 5 nouveaux cc.

Les réactions aux pincements sont très faibles, la sensibilité cornéenne reste intacte; puis se déclare une vraie paralysie du train postérieur : effrayé, l'animal cherche à fuir, mais ses contractions musculaires sont trop faibles, et l'animal tombe tantôt sur un flanc, tantôt sur l'autre; la respiration est lente et pleine; peu à peu une sorte de narcotisme s'empare de l'animal. Au bout d'un quart d'heure, les choses étant dans le même état, on injecte 4 nouveaux cc. Cette fois la dose toxique est atteinte, la paralysie du train postérieur est complète, elle envahit peu à peu tout le corps; les excitations douloureuses restent sans effet, la sensibilité semble complètement détruite, excepté à la cornée; le cœur bat lentement, et l'amplitude des battements décroît progressivement. L'animal passe insensiblement de la vie à la mort.

A l'autopsie, ventricule en systole; organes abdominaux, rien; léger piqueté hémorragique aux poumons. Le foie est injecté, marbré par places de zones rouge sombre; mais c'est surtout les méninges et la moelle qui sont modifiées : l'injection en est forte jusqu'à la portion cervicale, elle diminue progressivement vers le bulbe, et est presque nulle sur les organes cérébraux.

Comme précédemment, l'extrait alcoolique agit à dose moitié moindre. Ici un poids donné d'extrait aqueux tue 200 fois son poids d'animal.

On injecte 5 cc. d'extrait alcoolique dans l'oreille d'un lapin de 450 grammes. L'injection est poussée par la voie veineuse avec une *extrême lenteur* et se fait avec du sérum artificiel. L'effet est foudroyant : on sent le cœur fuir sous la main, la respiration se ralentit progressivement, et en moins de deux minutes une paralysie complète, commençant par le train postérieur, s'empare des muscles respiratoires. L'injection est à peine terminée que l'animal meurt.

### EXPÉRIENCE SUR LE CHIEN

Poids de l'animal, $2^{kil},600$. Extrait aqueux : 25 grammes dans 50 cc. de sérum artificiel. Injection de 10 cc. dans le péritoine. Puis, douleur vive : immédiatement l'animal se contracte violemment; il accomplit deux ou trois mictions et évacue coup sur coup des matières fécales.

Le cœur est légèrement accéléré, la pupille dilatée. Les centres psychiques ne sont pas touchés; l'animal répond à son nom, et se rend parfaitement compte des manœuvres auxquelles on se livre sur lui; il se défend d'ailleurs avec des mouvements assez faciles. Injection de 10 cc. dans le péritoine. Au bout de quelques minutes, la contracture des membres cesse. Encore deux mictions, puis l'animal reste immobile; la sensibilité est très diminuée, les réflexes sont peu accusés, et une paralysie du train postérieur se déclare; l'animal traîne en marchant sur ses cuisses; bientôt la marche est impossible : il tombe sur le flanc, tout en cherchant à se soustraire aux excitations douloureuses. Son activité psychique semble intacte, mais toute sensibilité a disparu, sauf à la cornée. Cet état se prolongeant sans modification, on injecte 3 nouveaux cc. : la dose toxique est atteinte, la paralysie atteint les muscles inspirateurs, et le cœur cesse de battre.

Ici un poids donné d'extrait aqueux a tué un peu plus de 200 fois son poids d'animal.

L'autopsie ne révèle qu'une légère injection des méninges et de la moelle.

*Conclusions.* — Nous pouvons déduire de ces expériences préliminaires que la parisette agit sur la sensibilité et la motilité, sur la respiration et sur le cœur : nous devons donc expérimenter successivement son action sur le système nerveux, sur le système musculaire, sur le rythme respiratoire et sur le cœur. Nous chercherons ensuite si elle agit sur le sang et sur la nutrition en général.

### ACTION SUR LE SYSTÈME NERVEUX

*Expériences.* — Dès les premiers symptômes de l'intoxication, on recherche sur la grenouille si la sensibilité est diminuée. On arrive à un résultat affirmatif, quant à la sensibilité à la pression, dès le début de l'intoxication. La diminution de la sensibilité, appréciée par l'intensité des réflexes, commence par les membres postérieurs et s'étend peu à peu au reste du corps. Il arrive un moment où la sensibilité cutanée a totalement disparu, quelle que soit la région du corps que l'on excite mécaniquement. Il existe une région du corps, à l'excitation de laquelle l'animal réagit énergiquement : c'est celle de l'anus ; ici elle est parfaitement inexcitable.

Il y a lieu de se demander à quoi tient ce manque de réactions de la part de l'animal. Le réflexe ne se produit plus; le phénomène peut tenir à ce que l'excitation ne peut plus cheminer vers le centre réflexe médullaire, à ce que la réaction de ce centre ne se produit plus, ou à ce que l'excitation centrifuge partie de ce centre ne peut plus cheminer vers les muscles. Enfin deux hypothèses restent encore : il y a inhibition des centres réflexes inférieurs par les centres encéphaliques, ou bien le poison est un agent curarisant : il agit sur la plaque motrice, et les conducteurs nerveux ainsi que le centre peuvent rester intacts, bien que le mouvement de réaction ne puisse se produire.

L'animal ne réagit plus aux excitations cutanées mécacaniques les plus douloureuses, telles que la section d'un large lambeau de peau. Opérons cette section aussitôt que la sensibilité cutanée vient de disparaître : nous mettons ainsi à nu des muscles et des tendons, et, phénomène remarquable, l'excitation mécanique de ces organes provoque les réflexes, que l'excitation cutanée était incapable de produire.

Nous pouvons donc dire, dès maintenant, que ni les conducteurs ni les centres réflexes ne sont touchés à ce stade de l'intoxication. Ce sont les corpuscules tactiles cutanés qui sont anesthésiés : notre poison est donc en ce sens analogue à la cocaïne ; c'est, suivant l'expression employée par M. Laborde pour ce dernier agent, un « curare sensitif ».

Et cependant il existe entre les deux agents une grande différence : la cocaïne anesthésie la cornée lorsqu'on l'instille dans l'œil; on peut ici reprendre l'extrait sur la cornée, sa sensibilité persiste jusqu'à la mort.

Lorsque la sensibilité cutanée à la pression a disparu, la sensibilité à la chaleur persiste encore; lorsque cette dernière a disparu à son tour, l'excitation électrique donne encore des résultats.

Ces résultats n'ont pas lieu de nous étonner. Nous ne sommes pas encore bien fixé sur la question des corpuscules sensibles à la chaleur et à la pression : certains faits anatomiques tendraient même à prouver que les uns comme les autres peuvent êtres aptes à transmettre les excitations thermiques, comme les excitations mécaniques ; mais quoi qu'il en soit, l'ébranlement moléculaire, communiqué par un frottement mécanique quelconque, est tout à fait hors de proportion avec l'ébranlement communiqué par les vibrations calorifiques. La différence de potentiel qui résulte, dans le nerf, de ces excitations est infiniment plus considérable avec le deuxième agent qu'avec le premier : rien d'étonnant à ce que le deuxième agisse, alors que le premier est devenu impuissant. L'excitant électrique est l'excitant, par excellence, des nerfs, il réussira par les mêmes raisons, lorsque l'excitant thermique aura cessé d'être assez énergique.

Enfin les excitants chimiques caustiques agissent encore beaucoup plus tard.

Au bout d'un temps très court, l'anesthésie s'étend aux corpuscules sensitifs des nerfs et des muscles ; et la sensibilité aux excitants y disparaît, dans le même ordre que précédemment.

Il importe de remarquer que ce stade de l'anesthésie des corpuscules terminaux est extrêment court et que, pour l'obtenir, il faut injecter de faibles doses à la fois, en interrogeant sans cesse la sensibilité, à mesure que les phénomènes toxiques s'accentuent.

Nous pouvons d'une autre manière montrer l'action élective du poison sur les corpuscules tactiles au début de l'intoxication.

Mettons à nu un filet nerveux, puis injectons. Avant même que la sensibilité cutanée ait disparu, excitons la peau à laquelle ce filet se distribue : il y a réflexe; excitons maintenant le tronc même du nerf : le réflexe est plus énergique.

Dans les deux cas, on a employé comme excitant un courant d'induction de même intensité.

Cette expérience montre nettement que l'action du poison sur le corpuscule cutané a empêché la décharge nerveuse, qui s'y produit, de s'effectuer avec son intensité normale. On sait, en effet, que l'excitation directe d'un nerf produit un réflexe moins énergique, que l'excitation de ses extrémités cutanées : le phénomène est d'ailleurs en rapport avec la théorie de l'avalanche nerveuse de Pflüger. De même que la quantité de substance explosible, qui serait capable de faire détoner une mèche de poudre, sera proportionnelle, *à priori*, à la longueur de cette mèche, de même l'explosion nerveuse, qui se produira dans le centre réflexe, sera proportionnelle à la longueur de cylindre-axe, parcourue par l'excitation, à partir de son point d'origine.

Le début de l'intoxication commence donc par une anesthésie des corpuscules sensitifs, d'abord cutanés, ensuite musculaires et tendineux.

Mais ce stade est court, et avant même que l'anesthésie cutanée soit complète, les centres médullaires sont touchés.

En effet, si avant l'anesthésie complète de la peau on l'irrite par une série de petites piqûres, il faut cinq ou six piqûres pour obtenir un réflexe; puis arrive une pause, et après une nouvelle série d'excitations, le réflexe se produit à nouveau.

De même une seule excitation, mais forte, ne provoque pas une réaction immédiate, le réflexe ne s'effectue qu'après quelques secondes. Ce sont là des phénomènes de retard très nets.

Ils prouvent, non pas tant que la transmission se fait mal, mais plutôt que les centres nerveux sont atteints; leur réaction est lente, et, pour la produire, les phénomènes d'addition latente sont parfois nécessaires.

Notre poison agit-il sur les conducteurs du réflexe ou sur le centre réflexe lui-même ?

On peut trancher la question par l'expérience suivante :

On prépare l'une des pattes d'une grenouille, pour prendre un tracé myographique, c'est-à-dire qu'on rattache le tendon du gastrocnémien au fil actionnant le levier du myographe;

en même temps, on met à nu, à la partie supérieure de la cuisse, le sciatique, et on passe sous lui un petit crochet double excitateur, en communication avec les deux pôles d'un chariot. On recouvre soigneusement le nerf d'une solution de sérum artificiel, ou mieux de sang emprunté à une autre grenouille, de façon à éviter le contact altérant de l'air. Puis, avant l'injection, on fait passer une seule excitation électrique de faible intensité : la fermeture du courant ne produit rien, mais la rupture, donnant lieu à un courant plus intense, provoque une contraction inscrite par le myographe. On se garde d'épuiser le nerf par des excitations nouvelles, et, sans rien changer à la disposition, on injecte 5 cc. d'extrait à l'animal, puis, de cinq en cinq minutes, on prend un tracé avec une excitation d'intensité constante. On voit alors nettement l'amplitude de la contraction musculaire décroître à chaque fois.

On peut alors constater que la conductibilité nerveuse n'est pas diminuée, et que le poison agit en diminuant l'excitabilité des centres médullaires.

Sur l'animal normal, les centres encéphaliques, exerçant normalement une action modératrice sur les centres médullaires, l'intoxication n'aurait-elle pas pour résultat d'augmenter cette action modératrice des centres supérieurs, c'est-à-dire d'inhiber la moelle ?

Pour y répondre, il n'y a qu'à opérer sur un animal dont le bulbe est sectionné. On sait que dans ces conditions l'excitabilité réflexe est augmentée ; et cependant sur une grenouille intoxiquée, en répétant les mêmes expériences que précédemment, on observe la même diminution de l'excitabilité des centres médullaires, à mesure que l'intoxication se déroule.

L'action de la Parisette sur les centres médullaires explique bien les phénomènes que nous avons observés dans l'intoxication chez les divers animaux.

Chez le chien, dès que l'intoxication se manifeste, on observe une allure particulière, allure hyénoïde ; le train postérieur est paralysé, et, peu à peu, l'animal arrive à se traîner, presque sur ses pattes postérieures fléchies sur elles-mêmes; il recherche une position immobile, et ce n'est que par force qu'on le contraint à se déplacer. Peu à peu la paralysie envahit les membres supérieurs, et l'animal tombe sur le côté. Il est facile de se convaincre, par l'observation de cet animal, que les centres psychiques sont intacts; les mouvements volontaires sont maladroits, puis impossibles, mais le fait ne tient qu'à ce que les centres inférieurs sont incapables de transmettre aux nerfs rachidiens l'ordre venu de la substance corticale des hémisphères.

Notons que les phénomènes observés sont bien ceux que produit l'injection, à dose toxique, des bromures alcalins, les types des modérateurs réflexes.

Mais, lors du début d'une intoxication, un poison quelconque, en se localisant sur un élément anatomique donné, commence par l'exciter, s'il doit ensuite le déprimer, et inversement. Les bromures provoquent d'abord une légère excitation des centres médullaires; on observe sur les animaux auxquels on les injecte une surexcitation assez courte, des frémissements dans les membres, avant que la flaccidité des mêmes membres ne se déclare.

En est-il de même avec la Parisette?

Nous pouvons répondre par l'affirmative. Une grenouille, sitôt injectée, présente une surexcitation passagère : le moindre mouvement imprimé à la table sur laquelle elle se trouve lui fait exécuter un saut; il en est de même des titillations sur une partie quelconque du corps. Mais cette période est courte.

Ce stade d'hyperexcitabilité est surtout net chez le chien. Si on se rapporte aux expériences relatées plus haut, on voit que, sitôt l'injection, le chien se raidit; il peut même y avoir de la vraie contracture, commençant par les membres postérieurs et envahissant ensuite les membres antérieurs. Ce stade dure de sept à huit minutes, puis la contracture disparaît progressivement, à partir de la partie postérieure : c'est le stade d'hypo-excitabilité qui commence.

Nous avons d'ailleurs un moyen sûr et élégant d'apprécier les variations de l'excitabilité réflexe, et ce moyen, que nous employons chaque jour en clinique nerveuse, est le phénomène des réflexes tendineux, en particulier du réflexe rotulien.

Le phénomène se produit assez bien sur la grenouille, mais il est surtout net chez le chien; on peut constater ainsi que le réflexe est augmenté au début de l'intoxication, puis diminué lorsque l'intoxication s'accentue. Il est d'ailleurs à remarquer que, comme les corpuscules sensitifs des tendons, tout comme ceux de la peau, perdent, dans cette intoxication, la faculté de recueillir les impressions, le réflexe tendineux ne peut plus être produit, à peu près dès le moment où le stade de résolution commence.

Cette exagération du réflexe tendineux suffirait à faire prévoir les contractures initiales; car, comme l'a très bien dit M. Charcot, « contracture et réflexe tendineux sont deux phénomènes connexes, justiciables de la même interprétation physiologique. Le réflexe tendineux précède la contracture et lui sert de prodrome; il persiste pendant la contracture, et, quand la contracture a disparu, il persiste encore. »

Cette irritation primitive des centres médullaires explique un certain nombre de phénomènes que nous avons signalés en commençant, et qui sont surtout nets chez le chien.

En effet, sitôt que l'injection commence à agir, on observe cinq ou six mictions consécutives et plusieurs selles. Ces phénomènes sont contemporains de la phase d'excitation générale, si nette et en même temps si courte, pendant laquelle l'animal se débat en criant, en même temps qu'un tremblement puis une contracture envahissent tous les membres.

Les phénomènes d'excitation des centres anal et vésical

sont de courte durée, et à la période d'excitation succède celle de dépression; de même pour l'ensemble des centres moteurs de la moelle.

Nous assistons ainsi au curieux phénomène de l'envahissement progressif des centres médullaires, à partir de la partie inférieure. On pourrait croire que l'intoxication remonte, en marquant sa marche par divers phénomènes : excitation du centre anal, défécation ; excitation du centre vésical, miction; des centres moteurs des membres inférieurs, augmentation des réflexes tendineux, et contracture des centres des membres supérieurs. Nous arrivons ainsi à la région cervicale ou au sommet de la région dorsale : l'intoxication frappe-t-elle les centres plus élevés?

Nous pouvons répondre par l'affirmative.

L'action de la Parisette sur le cœur, que nous étudierons plus à fond ultérieurement, est d'abord de produire une accélération des battements cardiaques, puis un ralentissement. Le phénomène s'explique très bien, par une excitation puis une dépression du centre cardiaque.

Ce centre, comme l'on sait, correspond à la partie inférieure de la région cervicale et à la partie moyenne de la région dorsale; son excitation accélère les battements du cœur. La voie de cette excitation centrifuge consiste dans les nerfs cardiaques sympathiques qui émergent de la moelle, avec les racines du ganglion cervical inférieur. Ce centre accélérateur du cœur est d'abord excité, puis déprimé par notre poison.

Quant à l'iris, l'extrait de Parisette produit d'abord l'excitation toxique directe de ce centre, puis sa dépression; d'où deux phénomènes inverses du côté de l'iris : dilatation d'abord, pendant la période d'hyperexcitabilité de la moelle; rétrécissement ensuite, pendant la période de dépression.

La Parisette est donc un agent modificateur du pouvoir réflexe médullaire. Si l'on ne considère que l'intoxication, on dira : C'est un modérateur de l'excitabilité des centres médullaires, et on le placera à côté des modérateurs de l'opium : codéine, narcéine, morphine (Cl. Bernard); mais l'intoxication débute par une hyperexcitabilité, et, par là, le poison se rapproche des alcaloïdes excito-réflexes : thébaïne, papavérine, narcotine, picrotoxine, nicotine, strychnine, des ammoniaques en général, et des produits morbides (leucomaïnes probablement) dont la résorption produit les accidents nerveux de certaines affections septiques, de l'urémie, de l'ictère grave, etc.

Ce poison est-il donc exceptionnel et rentre-t-il difficilement dans les cadres établis parmi les modificateurs physiologiques? Point du tout. Le bromure de potassium, ce type des modérateurs réflexes, commence par déterminer l'hyperexcitabilité des centres, avant de les déprimer; la Parisette se conduit de même, mais l'action définitive est une diminution du pouvoir excito-moteur. Nous retrouvons, dans son histoire, cette grande loi toxicologique de l'effet inverse des poisons, suivant le moment de l'intoxication; l'effet définitif qui sert à les classer ne correspond, en somme, qu'à la fatigue des éléments anatomiques pour lesquels ils possèdent une affinité élective.

Pouvons-nous maintenant pousser les choses plus loin, et savoir sur quelle portion de la moelle agit le poison? Nous avons vu qu'il n'agissait pas sur les fibres nerveuses; il faut écarter son action sur les parties blanches, et songer aux parties grises. L'expérimentation directe présenterait des difficultés peut-être insurmontables; mais il semble légitime, en de semblables questions, de raisonner par analogie. Si les phénomènes s'expliquent en admettant une action localisée systématiquement sur certains points de la moelle, il semble inutile d'admettre une action sur d'autres points simultanément.

Nous avons, en somme, constaté, dans tous les cas, des phénomènes moteurs d'abord accrus, puis déprimés. Ils peuvent s'expliquer par une excitation directe des centres, suivie d'une dépression, ou bien par une augmentation des réflexes. Dans ce dernier cas, l'excitation, partie de la périphérie, n'a pas besoin d'être perçue par les centres encéphaliques pour qu'une réaction se produise. (Que l'on se reporte à nos expériences sur les grenouilles décapitées.) Est-il nécessaire qu'en se réfléchissant des cornes postérieures sensitives aux cornes antérieures motrices, elle s'accroisse, si l'on peut dire ainsi, en intensité? Nullement. L'excitabilité des cornes antérieures suffit parfaitement à expliquer qu'une excitation qui leur parvient (après réflexion dans les cornes postérieures), avec son intensité normale, produise un phénomène d'ordre moteur plus énergique, et inversement, lorsque à l'excitabilité a succédé la dépression.

Nous pouvons donc admettre que l'action de la Parisette se localise uniquement sur les cornes antérieures de la moelle, d'abord en les excitant d'une façon passagère, ensuite en les déprimant d'une façon durable.

C'est une véritable localisation systématique toxique, de même qu'il y a, dans l'étude des scléroses, des localisations pathologiques systématiques. L'analogie clinique de l'intoxication que nous examinons n'est autre que la myélite antérieure systématique, avec ses formes d'atrophie musculaire progressive, ou de paralysie atrophique de l'enfance.

Mais la dépression d'activité des centres médullaires ne tiendrait-elle pas, en dernière analyse, à une anémie des artérioles qui les irriguent? L'hypothèse a été soutenue par un agent analogue, le bromure de potassium, et on s'est appuyé, à tort, sur l'autorité de M. Brown-Séquard pour étayer cette théorie vasculaire. Ici, comme pour le bromure, l'explication est inadmissible, car nous verrons que la Parisette n'agit sensensiblement pas sur les artérioles. D'ailleurs, si les artérioles des centres nerveux se contractaient, l'anémie doit se porter aussi bien sur les centres encéphaliques que sur les centres médullaires. Or l'expérience ne confirme pas cette idée. Chez le chien, animal à vie psychique développée, la perception des sensations reste intacte, et les actes psychiques ne sont pas troublés : l'animal répond à son nom et se rend parfaitement compte des opérations que l'on pratique sur lui. Nous devons donc conclure que le poison se localise essentiellement et primitivement sur les centres gris de la moelle, et nous croyons rester dans la vérité en ajoutant; sur les cornes antérieures.

### ACTION SUR LA RESPIRATION

*Expériences sur la grenouille.* — Les mouvements respiratoires sont faciles à observer chez la grenouille, et leur nombre, bien que quelque peu irrégulier, en un temps donné, peut, si l'on s'adresse à des moyennes, fournir quelques renseignements intéressants.

Pour bien observer ces mouvements, il faut se placer, un chronomètre à la main, dans une pièce calme, loin de tout bruit : en effet, le moindre choc, un bruit quelconque effraie l'animal, et aussitôt les centres psychiques ébranlés semblent exercer une inhibition marquée sur les centres respiratoires : ceux-ci s'arrêtent, pour reprendre, lorsque l'impression de peur est dissipée. On injecte à une grenouille 5 centimètres cubes de solution aqueuse contenant 3 grammes d'extrait alcoolique sec pour 20 centimètres cubes d'eau. L'injection est faite dans le sac lymphatique ; le poids de la grenouille est de 35 grammes; la température de 15°. On compte avant l'injection 60 mouvements respiratoires environ par minute ; 5 minutes après, 71 à 72 mouvements ; 15 minutes après, 75 ; et, au bout de 20 minutes, on arrive à 78-80; puis les chiffres tombent au-dessous du taux normal, à 50 et même 40 par minute. Nous remarquons en même temps que l'accélération des mouvements respiratoires est contemporaine de la période d'excitation, tandis que le ralentissement coïncide avec la période de dépression généralisée. L'action sur les centres respiratoires varie donc, en fonction du temps, dans le même sens que l'action sur les centres volontaires. A mesure que l'intoxication s'accentue, les mouvements respiratoires perdent de leur fréquence et de leur amplitude, et arrivent presque à disparaître complètement bien avant la mort de l'animal.

*Expériences sur le lapin.* — Il y a tout intérêt, dans une analyse de ce genre, à n'injecter que des doses faibles : la suite des phénomènes se déroule plus lentement, mais est par cela même plus facile à saisir.

On injecte dans le péritoine d'un lapin de 400 grammes 10 centimètres cubes de la solution ci-dessus, et on prend les graphiques de la respiration.

Ces graphiques indiquent une action rapide sur les centres respiratoires, et, tout d'abord, une accélération des mouvements de respiration. Ainsi les mouvements augmentent d'abord de deux ou trois par minute; puis, 5 minutes après l'injection, ils dépassent de cinq par minute le chiffre normal, et cet excès va en s'accentuant jusqu'à arriver à dix et même quinze au bout de 10′. Après un quart d'heure les phénomènes restent stationnaires; puis les mouvements commencent à décroître avec une extrême lenteur, et ce n'est guère qu'au bout d'une demi-heure, alors que la paralysie a envahi tout le train postérieur, que le nombre revient au chiffre primitif. La diminution continue, et c'est par la cessation complète des mouvements que se termine, en général, l'intoxication; mais cette cessation absolue est tardive avec la faible dose employée, et il faut attendre quelquefois cinq ou six heures. Cependant, quoique lent, le poison ne pardonne pas, et c'est un fait curieux de voir comment des doses faibles peuvent arriver à tuer, avec le temps, un animal qui, pour succomber rapidement, exige des doses trois ou quatre fois plus fortes.

Mais les graphiques peuvent nous renseigner non seulement sur le nombre, mais aussi sur l'amplitude des mouvements.

Dès le début de l'intoxication, les oscillations de la courbe sont plus accusées. En l'état normal, chaque mouvement d'inspiration se traduit par un trajet ascensionnel plus brusque que le trajet de descente correspondant à l'expiration. Chez l'animal intoxiqué, le trajet de descente se compose de deux parties, l'une correspondant à peu près au tiers du temps employé à l'inspiration, et sous forme d'un crochet extrêmement aigu, presque vertical; puis, pendant les deux derniers tiers, la rétraction continue lentement. A l'état normal, une fois l'amplitude maximum atteinte, l'inspiration persiste pendant un temps extrêmement court, et il y a un minuscule plateau terminal. Ici, au contraire, la descente est on ne peut plus brusque, tandis qu'à l'état normal la rétraction sur elles-mêmes des parois thoraciques s'effectue avec plus de lenteur.

Nous serions tenté d'expliquer la différence entre les deux graphiques de la manière suivante :

Dans l'intoxication, l'inspiration est plus énergique; la distension des parois élastiques du thorax est donc poussée plus loin, et leur retour à la position primitive, qui ne s'effectue qu'en vertu de leur élasticité, est par cela même plus brusque, du moins pendant les premiers moments de la rétraction.

*Conclusions.* — La Parisette agit donc sur les centres respiratoires comme elle agit sur les autres centres moteurs : d'abord en les excitant, puis en les déprimant. L'envahissement des noyaux bulbaires par l'intoxication arrive donc presque en même temps que l'envahissement des centres médullaires cervicaux.

Nous pourrions presque dire que la Parisette, au début, active le besoin de respiration, de même qu'un sang mal hématosé surexcite l'activité des centres respiratoires.

### ACTION SUR LE CŒUR

*Expériences sur la grenouille.* — On met à nu le cœur d'une grenouille, et on compte le nombre de battements cardiaques. On constate d'abord une accélération des battements, ainsi que nous l'avons dit plus haut, et cette accélération peut être mise sur le compte de l'excitation du centre accélérateur du cœur. Mais cette accélération est d'assez courte durée, et bientôt le nombre des battements revient au chiffre normal; on n'observe plus dès lors de modifications sensibles dans ces battements, à mesure que l'intoxication s'accentue. Les mouvements respiratoires ont déjà totalement cessé, que le cœur bat encore; du reste, après la mort son excitabilité est encore assez grande, et, si le consensus des contractions a disparu, les contractions fibrillaires sont faciles à réveiller; il y a trémulation très nette.

*Expériences sur le chien.* — Chien de $3^{kil}$,500; injection de 10 centimètres cubes de la solution suivante : 5 grammes d'extrait alcoolique sec dans 20 centimètres cubes de sérum artificiel.

*Tracés cardiographiques.* — L'inscription au cardiographe indique en même temps le nombre des battements, leur amplitude et la forme de la contraction.

Le premier effet est une accélération très nette des battements du cœur; mais cette accélération dure peu, et les tracés dénotent surtout une augmentation de l'amplitude.

A mesure que le cœur revient à un nombre normal de battements, ces battements deviennent plus amples. L'amplitude des contractions correspond à l'amplitude des mouvements inspiratoires, et persiste alors que ces derniers sont revenus à leur état initial.

La forme des graphiques n'est pas modifiée d'une manière sensible.

L'action régulatrice de la Parisette sur les battements cardiaques est remarquable chez le chien; on sait en effet que chez cet animal le cœur bat d'une façon extrêmement irrégulière : or, au bout de quelques minutes après l'injection, la régularité devient parfaite et se continue à mesure que l'intoxication s'accentue. Il semble donc que les nerfs accélérateurs du cœur sont influencés par le poison.

*Action sur le pneumogastrique.* — Le pneumogastrique

ralentit les battements du cœur : est-ce une excitation portée par le poison sur le centre d'origine des fibres venues du spinal et accolées à ce nerf qui produit ce résultat ?

*A priori*, on pourrait répondre par la négative, car l'excitation portant sur les centres nerveux est, avec notre poison, d'assez courte durée ; comme c'est la dépression de ces centres qui s'établit d'une manière définitive, si le noyau du pneumogastrique était influencé, ce serait au contraire une inhibition de ce nerf, c'est-à-dire une accélération des battements cardiaques qui se produirait ; or, c'est l'inverse qu'on observe. De même, au début de l'intoxication, le noyau du pneumogastrique devrait être excité, et cette excitation se traduirait, non par une accélération, mais par un ralentissement du cœur.

*Intoxication simultanée par le curare et la parisette. Expériences sur le lapin.* — Si on injecte du curare à l'animal, les plaques motrices cardiaques du pneumogastrique seront paralysées, et ce nerf sera par là même physiologiquement détruit. On met à nu ce nerf au cou, et on curarise l'animal, en entretenant la respiration artificielle par un soufflet relié à la trachée. Lorsque l'excitation du pneumogastrique n'agit plus sur le cœur, on injecte l'extrait de Parisette : l'accélération du cœur est notée comme auparavant, puis le nombre des pulsations revient au chiffre normal. Quant à l'amplitude des contractions, elle est accrue, et persiste comme chez un animal à pneumogastrique intact.

*Intoxication simultanée par le curare et la parisette.* — Nous avons injecté du sulfate d'atropine à un lapin, jusqu'à mydriase accentuée ; le tracé du cœur indique nettement une accélération : on injecte alors l'extrait de Parisette, et bientôt on voit la régularité des battements s'établir d'une manière définitive. L'atropine agit sur les vaisseaux en contractant la paroi des artérioles ; d'où augmentation de la pression sanguine et de la vitesse de la circulation. La Parisette agirait-elle en combattant ce rétrécissement des artérioles ? Il suffit, pour trancher la question, d'injecter successivement les deux poisons à une grenouille, pendant que l'on observe la circulation de la membrane interdigitale ; on se convainc alors aisément que le calibre des vaisseaux ne change pas après l'injection de la Parisette.

*Action sur le myocarde.* — La Parisette n'agit pas sur le pneumogastrique; elle n'agit pas sur la circulation périphérique; agirait-elle sur la fibre cardiaque? Nous verrons en étudiant l'action sur les muscles qu'elle ne semble pas agir sur la fibre striée, pas plus que sur la fibre lisse : il n'y a donc aucune raison pour que son action porte sur le myocarde.

Notre poison agit-il en excitant les ganglions cardiaques?

*Expériences sur la tortue.* — Il est un animal précieux pour ce genre de recherches : c'est la tortue, dont le cœur bat longtemps après avoir été arraché de la poitrine. On enlève le cœur à cet animal, et on le place dans une solution de Parisette : l'accélération primitive fait défaut, mais le nombre et l'amplitude des battements sont diminués.

Cette expérience est des plus instructives. Nous avons vu chez l'animal intact une accélération, courte mais réelle, des battements cardiaques, et nous avons supposé que cette accélération provient de l'excitation temporaire du centre accélérateur cardiaque.

*Action sur les ganglions cardiaques.* — L'observation de la tortue confirme ce résultat prévu. Le cœur séparé de ses connexions avec la moelle ne subit pas d'accélération initiale. Par contre, le ralentissement des battements cardiaques s'observe très nettement : cela est dû à l'action du poison sur le ganglion propre, frénateur du cœur; cette action est faible à la vérité, mais elle n'en est pas moins réelle. La Parisette est donc, sous ce rapport, comparable, bien que d'une énergie infiniment plus faible, à la muscarine. On sait, en effet, depuis les expériences de Schmiedeberg et de Prévost, que ce poison a pour action d'exciter énergiquement le Ganglion de Ludwig. Une goutte de solution de muscarine placée sur le cœur suffit à l'arrêter, tandis que cet organe peut baigner dans une solution de Parisette sans éprouver autre chose que du ralentissement. Mais, somme toute, il n'y a là qu'une question de degré, et l'action physiologique est la même.

Nous avons, dans certaines expériences, noté cependant l'arrêt brusque du cœur sitôt l'injection. C'était dans des expériences d'injection intra-veineuse dans l'oreille du lapin. Plusieurs fois, bien que l'injection fût poussée loin du cœur, avec une extrême lenteur, le cœur nous a littéralement fui dans la main, et la mort est arrivée par arrêt brusque de cet organe. Mais il n'est pas permis de conclure du lapin aux autres animaux et surtout à l'homme, qui doit être l'objet des préoccupations du médecin expérimentateur. En effet, l'endocarde du lapin est si fragile, si impressionnable, que l'injection d'eau pure suffit parfois à déterminer un réflexe d'arrêt. Chez le chien, dont l'endocarde n'a pas la même susceptibilité, l'injection intra-veineuse agit comme l'injection hypodermique, vitesse à part, et le cœur ne s'arrête que très tard.

*Conclusions.* — Sur l'animal intact, le cœur est primitivement accéléré sous l'influence de la Parisette. Cette accélération est de courte durée et contemporaine de la phase d'excitation respiratoire et motrice, mais elle est plus courte que ces derniers phénomènes. Elle semble bien due à une excitation du centre accélérateur cardiaque médullaire. Pendant cette accélération, la forme du graphique est à peine modifiée, et pendant toute l'intoxication, on ne peut guère noter autre chose qu'une amplitude un peu plus grande des battements cardiaques. Par contre, la régularité de ces battements est remarquable et persistante, ainsi que la diminution de leur nombre, et cette diminution est la conséquence de l'excitation produite par le poison sur le ganglion de Ludwig, et peut-être, en même temps, de la dépression exercée par lui sur les deux autres ganglions.

### ACTION SUR LA CIRCULATION

*Expériences sur la grenouille.* — Cet animal nous permet, par l'observation de sa circulation intergiditale, de nous rendre compte de l'influence d'un poison : 1° sur le calibre des artérioles, et 2° sur la rapidité du courant sanguin.

1° *Action sur les artérioles.* — Il est facile de constater que l'injection de Parisette n'agit sur les musculaires des artérioles, ni directement, ni par action sur les centres vasomoteurs. En effet, le calibre des petits vaisseaux ne change pas d'une façon appréciable, quel que soit le moment de l'intoxication.

2° *Action sur la rapidité du courant.* — On sait que, conformément aux lois de l'hydraulique, plus le calibre des vaisseaux diminue, plus la pression intérieure augmente, et inversement. On serait donc tenté d'expliquer par des modifications de calibre des artérioles les variations de vitesse observées; mais nous venons de constater directement que ce calibre ne varie pas; et d'ailleurs l'action observée sur le cœur suffit parfaitement à expliquer les phénomènes circulatoires.

Dans le premier stade de l'intoxication le cœur est accéléré, et l'amplitude de ses contractions est légèrement accrue : il en résulte une augmentation de vitesse du courant sanguin, augmentation facile à suivre par l'observation des globules sanguins. Au deuxième stade de l'intoxication, le cœur est plutôt ralenti, et l'énergie de ses contractions diminue progressivement, bien qu'avec une extrême lenteur; cet affaissement du cœur produit dans les artérioles une diminution permanente de la vitesse du courant.

*Action sur les cœurs lymphatiques.* — Ces cœurs jouissent,

comme l'organe central de la circulation, d'une indépendance relative, et leurs contractions sont gouvernées par les cellules nerveuses propres que contient leur paroi. Il est intéressant de voir si la Parisette agit sur ces cellules nerveuses, comme elle agit sur les ganglions intra-cardiaques. L'expérience répond par l'affirmative : le poison accélère d'abord légèrement les battements de ces cœurs, puis il les ralentit, sans toutefois les arrêter totalement avant le moment de la mort.

### ACTION SUR LE TUBE DIGESTIF

*Action sur les contractions.* — Nous avons déjà parlé de l'action de la Parisette sur la partie inférieure de l'intestin, par l'intermédiaire du centre ano-spinal.

Le poison n'agissant pas directement sur la fibre musculaire lisse, nous pouvons prévoir que son action directe sur les contractions péristaltiques de l'intestin sera nulle. Quant aux mouvements réflexes de ce même organe dont les centres sont finalement dans la moelle, on peut dire également qu'ils seront légèrement accrus en fréquence et en intensité pendant le premier stade de l'intoxication, c'est-à-dire le stade d'excitation des centres médullaires, puis diminués en fréquence et en amplitude lorsque à l'excitation a succédé la dépression.

Mais un phénomène mérite toute notre attention : c'est l'action de la Parisette sur le vomissement. Nous verrons que c'est surtout comme émétique que cette plante a été employée, et nous devons vérifier ces prétendues propriétés.

*Action sur le vomissement.* — Un seul animal se prête aux expériences de ce genre : c'est le chien. On sait avec quelle facilité extrême il vomit; par suite, si une substance dite émétique est sans action vomitive sur le chien, on peut déclarer qu'elle n'est pas vraiment émétique.

*Expériences sur le chien.* — Nous avons constaté dans

toutes nos expériences d'injection que la Parisette ne produit jamais sur le chien de phénomènes de vomissement, à quelque dose que l'on injecte le poison en extrait alcoolique. Cela suffit à nous prouver que la Parisette n'agit pas directement sur les centres réflexes du vomissement.

En effet, le vomissement est un véritable acte réflexe provoqué soit par une action directe sur les centres, soit par une excitation portant sur les extrémités sensitives de divers nerfs: tels le pneumogastrique, et le glosso-pharyngien. Les substances qui agissent directement sur les centres, ou par l'intermédiaire du pneumogastrique, sont les vomitifs vrais, tandis que celles qui agissent par l'intermédiaire du glosso-pharyngien sont des nauséeux.

La Parisette, tout en n'agissant pas, à vrai dire, sur les centres, peut cependant appartenir soit à la classe des vomitifs, soit à celle des nauséeux, si elle agit sur les extrémités sensitives de ces nerfs dans la muqueuse buccale et stomacale. Il faut donc avoir recours à l'ingestion stomacale.

Nous avons injecté dans l'estomac, par une sonde et à diverses reprises, des extraits aqueux de baies et de rhizomes frais et secs, puis des solutions aqueuses de l'extrait alcoolique, et enfin des portions d'organes broyées en nature : nous n'avons jamais obtenu de vomissements. Seulement, avec le fruit, qui exhale une odeur nauséeuse, nous avons observé quelques efforts, assez faibles d'ailleurs, qui n'ont pas abouti au vomissement. Ces efforts ne se produisent jamais à la suite d'injections hypodermiques ou veineuses : ils sont donc dus simplement à une action directe de la substance sur les extrémités sensitives du glosso-pharyngien. La Parisette est donc un nauséeux, et non un vomitif.

Il est à remarquer que cette action ne se produit qu'aussitôt après le contact du poison avec le pharynx : si on continue à instiller goutte à goutte dans la bouche de la solution nauséeuse, on voit bientôt que les efforts des nausées cessent totalement. Il y a donc encore ici phase d'excitation primitive sur les corpuscules sensoriels du glosso-pharyngien, puis phase d'inertie lorsque le poison a agi. C'est absolument le phénomène que nous avons observé pour la peau, sur les corpuscules tactiles. Il nous semble bien légitime d'admettre que l'inertie sensitive complète de ces corpuscules succède à leur excitation primitive.

On sait, d'après les recherches de Schiff, que c'est le pneumogastrique qui préside à l'association des mouvements dont la résultante est le vomissement, c'est-à-dire à la contraction de la tunique musculaire de l'estomac et de la paroi abdominale.

La Parisette ne semble pas agir sur ce nerf : portée directement dans l'estomac par la sonde, sans contact avec la muqueuse pharyngienne, elle n'occasionne pas de nausées, et les phénomènes de vomissement sont nuls; ce n'est donc pas une substance vomitive comme l'émétine.

*Absorption par la voie stomacale.* — Il est très important d'étudier l'absorption d'une substance à laquelle on serait tenté de faire jouer un rôle thérapeutique. En effet, c'est par la voie stomacale qu'elle sera ingérée par les malades.

Nous avons vu que cette substance contient des glucosides ; ceux-ci seront dédoublés dans l'estomac en présence de l'acide chlorhydrique du suc gastrique, et, si on admet les résultats chimiques de Walz, la paristyphnine du rhizome sera dédoublée en paridine, et en glucose ; cette paridine à son tour, jointe à la paridine normalement contenue dans les organes, passera à l'état de glucose et de paridol : ce sera donc finalement du paridol que l'on absorbera par l'intestin. Nous disons absorber, et nous avons tort; car le paridol est une substance inerte dans le tube digestif, au point de vue des mouvements qu'elle peut y provoquer, et cette substance ne pénétrera point dans le torrent circulatoire.

Par la voie stomacale, les glucosides seront de nul effet, et l'action, assez tardive, qui se manifeste par l'ingestion de fortes doses, est uniquement due à l'alcaloïde de la plante qui passe dans l'estomac à l'état de chlorhydrate et de chlorhydrate seulement.

On peut se demander si la lenteur de l'intoxication par la voie stomacale tient à une lenteur assez grande de l'absorption. Il est facile de se convaincre qu'il n'en est rien : la lenteur des phénomènes ne tient qu'à la petite quantité d'alcaloïde que contient la plante, surtout si on n'opère pas avec l'extrait alcoolique. Nous avons déjà dit que l'ingestion de ce poison, à des doses qui semblent, au premier abord, bien au-dessous des doses toxiques, amène cependant, si on attend un temps assez long, les phénomènes de l'intoxication. L'ingestion stomacale nous fait parfaitement assister à ce phénomène, et les grenouilles ou les cobayes ainsi intoxiqués sont pris d'accidents médullaires, après un assez long temps, si la dose ingérée n'est pas trop faible.

On sait que l'estomac jouit d'un pouvoir absorbant très faible, même pour l'eau, et des expériences précises ont montré que l'intoxication par voie stomacale, à l'aide de la strychnine par exemple, était presque nulle, lorsque le pylore était lié (Expér. de BOULEY). Nous avons répété l'expérience sur le cobaye, et elle réussit. Après ligature du pylore, les phénomènes de dépression médullaire sont à peu près nuls, de même que l'action sur le cœur et la respiration.

L'absorption de l'alcaloïde s'effectue donc dans l'intestin; mais s'il a passé par la voie stomacale, les glucosides qui l'accompagnent sont dédoublés, et les phénomènes dus à l'action de ceux-ci n'apparaissent plus. Il nous a semblé, dans ce cas, que les phénomènes médullaires étaient très peu accusés, et que c'étaient les modifications cardiaques qui dominaient la scène.

Serait-ce donc que l'action toxique sur le système nerveux serait due aux glucosides, et l'action cardiaque à l'alcaloïde? D'après les expériences ci-dessus, la chose n'est pas improbable; mais il serait prématuré de l'affirmer, car on n'a pas la certitude que tous les glucosides soient entièrement dédoublés dans l'estomac ; une portion pourrait ainsi passer dans la circulation.

Il était intéressant de tenter une contre-épreuve, c'est-à-dire d'injecter la solution toxique par le rectum. Dans ce cas, l'absorption est plus rapide que par la voie stomacale, mais il faut se résoudre à n'injecter à la fois que de très petites quantités d'eau, à opérer avec des extraits concentrés au maximum, et à revenir à l'injection plusieurs fois successivement ; de la sorte, la tolérance pour le véhicule aqueux s'établit, et l'absorption s'effectue. Dans cette portion du tube digestif, l'absorption porte à la fois sur les glucosides et sur l'acaloïde ; par suite, les effets sont les mêmes à peu près que ceux d'une injection hypodermique, et l'intoxication se déroule, presque avec la même vitesse, par les phénomènes médullaires, cardiaques et respiratoires.

*Action sur les phénomènes de digestion.* — Nous avons recherché cette action sur la diastase, la pepsine et l'extrait glycérique du pancréas.

Pour la diastase, rien de plus simple. On place dans des tubes, soumis à des conditions identiques, la même quantité d'empois d'amidon : l'un des tubes renferme l'extrait de Parisette (dont on a eu soin d'éliminer toute trace d'alcool pouvant précipiter les ferments), l'autre sert de témoin. On observe, comparativement, la rapidité de la fluidification dans les deux tubes.

Pour la digestion des albuminoïdes, soit en milieu acide avec la pepsine, soit en milieu alcalin avec la trypsine, on opère sur de la fibrine, colorée en rouge par immersion dans de la fuchsine ; puis on place le tout, avec le ferment, dans un tube rétréci en son milieu. La fluidification ou la porphyrisation de la fibrine met en liberté la matière colorante retenue mécaniquement, et celle-ci se dissout dans la solution. On avait donc auparavant, dans l'ampoule inférieure du tube, un liquide incolore : on a, après digestion, un liquide coloré, et la rapidité avec laquelle se manifeste la coloration indique l'activité du ferment. On voit ainsi, en opérant avec un tube témoin, que les ferments des albuminoïdes ne sont pas entravés dans leur action par l'extrait de Parisette.

Il en est de même pour l'action saccharifiante du pancréas, ce dont on s'assure par un dosage du glucose, dans le tube renfermant l'extrait et dans le tube témoin.

### ACTION SUR LE SYSTÈME MUSCULAIRE

*Expériences sur la grenouille.* — Nous avons vu que, jusqu'au dernier moment, l'animal peut effectuer des ébauches de mouvements volontaires; nous en avons conclu à l'intégrité des centres psychiques et à la dépression des centres gris de la moelle. Mais le muscle n'entre-t-il pas pour une part dans ces phénomènes de dépression motrice ?

Tout d'abord nous constatons que, même après la mort par la Parisette, la contractilité électrique du muscle persiste.

De plus, en séparant en deux le sciatique, et l'excitant par son bout périphérique, il y a contraction, même quelque temps après l'agonie. Donc la conductibilité du nerf n'est pas touchée au moins dans son entier, et il n'y a pas de phénomènes intenses du côté des plaques motrices, c'est-à-dire qu'il n'y a pas de phénomènes curariques.

On peut d'ailleurs facilement tenter les expériences suivantes :

On désarticule la cuisse d'une grenouille, et on isole le sciatique, que l'on immerge dans un verre de montre contenant du sérum artificiel. L'autre cuisse, préparée de même, est placée dans un verre contenant la dissolution de Parisette dans le sérum. On observe les phénomènes de réactions électriques, en immergeant seulement le sciatique. On constate ainsi que la fréquence et l'amplitude des contractions restent les mêmes dans les deux cuisses : de cette expérience, nous pouvons déduire que la Parisette n'agit pas sur le nerf lui-même.

On place de même dans deux verres de montre, l'un avec du sérum pur, l'autre avec du sérum empoisonné, les pattes entières d'une grenouille. On constate alors, par l'excitation des sciatiques, une légère diminution de l'amplitude des contractions : il en résulte que les fibres musculaires ou les plaques motrices sont influencées légèrement.

Sur une grenouille, on isole les deux sciatiques et on comprend le reste des membres dans une ligature. Puis dans l'un des membres ainsi isolé, on injecte de l'extrait : il y a diminution de l'amplitude des contractions du côté injecté; c'est absolument l'expérience ci-dessus du verre de montre, mais sans mutiler l'animal.

Pour savoir si ce sont les plaques motrices qui sont légèrement touchées, on fait l'expérience suivante : on coupe les sciatiques d'une grenouille de chaque côté, on lie les membres à leur racine, on se prépare à prendre comparativement le tracé myographique de chaque côté, par excitation directe du muscle, et on injecte alors dans un des membres de l'extrait. Les contractions musculaires de ce membre sont égales, en amplitude, à celles du membre sain, excité avec la même intensité : il y a donc une action curarique, extrêmement faible, semble-t-il. D'ailleurs ce phénomène curarique tardif s'observe dans beaucoup d'intoxications, et il ne faut pas s'en exagérer la portée.

Il est intéressant de voir l'influence de notre poison sur la contraction musculaire, c'est-à-dire de prendre des tracés myographiques en opérant par une série de secousses électriques. Une condition indispensable est de se contenter d'un petit nombre d'essais sur chaque nerf, afin d'éviter la fatigue consécutive à des excitations répétées.

Voici les résultats : on opère en se plaçant dans des conditions d'intensité faible de courant. On constate alors une diminution d'abord légère, puis un peu plus marquée de la contraction musculaire. Au bout de vingt minutes d'intoxication, avec une dose assez faible, l'ampliation de la contraction est presque diminuée d'un tiers.

Il est d'ailleurs facile de voir que la transmission des excitations aux muscles se fait plus difficilement qu'à l'état normal. En effet, à chaque fois que l'on ouvre et que l'on ferme le circuit inducteur, il se produit dans le circuit induit un courant de fermeture moins intense que le courant de rupture.

Si on opère avec une intensité faible, le courant de rupture seul provoque une contraction. Dans l'intoxication par la Parisette, en opérant avec un courant suffisamment intense pour donner deux secousses, l'une à la fermeture, l'autre à la rupture (sur l'animal normal), on n'obtient plus rien avec le courant de fermeture; seul le courant de rupture agit.

On peut encore faire l'expérience suivante, qui ne laisse pas que d'être instructive : On prend en même temps le tracé myographique des deux pattes, dont l'une est saine et l'autre intoxiquée, et on augmente progressivement l'intensité du courant. Sur la patte saine dans d'assez étroites limites (cinq divisions du chariot par exemple), l'augmentation d'intensité du courant amène une augmentation d'amplitude de la contraction.

Le phénomène varie dans le même sens sur la patte intoxiquée, mais ici les contractions pour une intensité donnée, comparées à celles produites par le même courant sur la patte saine, se montrent d'environ un tiers plus faibles que ces dernières.

*Conclusions.* — La Parisette agit faiblement sur les muscles. Son action lente et progressive n'arrive jamais, même au moment de l'agonie, à supprimer totalement la contraction : elle ne fait que l'affaiblir. Cette action semble bien due à une localisation, non sur la fibre musculaire, mais sur la plaque motrice, d'où phénomène curarique, peu intense d'ailleurs, et assez fréquent dans les intoxications.

## PHÉNOMÈNES OCULAIRES

*Action sur la cornée.* — Nous avons déjà dit que dans l'intoxication par la Parisette, la sensibilité de la cornée était conservée jusqu'à la mort.

D'ailleurs, si on instille goutte à goutte de l'extrait dans l'œil, la sensibilité ne disparaît pas. Par suite, les terminaisons sensitives de la cornée ne sont pas atteintes par le poison.

Ce phénomène semble en désaccord avec ce que nous avons dit de l'action, dès le début, du poison sur les terminaisons sensitives; car les poisons qui, comme la cocaïne, se localisent d'emblée sur les corpuscules sensitifs agissent aussi sur les terminaisons nerveuses de la cornée.

Le phénomène est réel ; quant à son explication, il faudra peut être la chercher dans des raisons d'ordre histologique. Cohnheim a décrit, dans la cornée, de fins réseaux de cylindres-axes ramifiés entre les cellules épithéliales : ce sont probablement les points de départ du réflexe cornéen, et leur structure n'est pas la même que celle des corpuscules tactiles. Les agents toxiques jouissent de localisations anatomiques si délicates, que la divergence actuelle n'est peut-être qu'apparente; il n'y a pas lieu de nous en étonner, car telle substance se localise sur un centre médullaire et non sur un autre, et cependant la constitution anatomique de ces centres offre plus de ressemblance que la constitution des corpuscules tactiles et des filaments terminaux de la cornée par exemple :

*Action sur la conjonctive.* — Ce qui semblerait donner raison à cette hypothèse, c'est que la conjonctive cesse bientôt, chez les animaux intoxiqués par notre poison, de servir de point de départ à un réflexe. Mais ici l'intoxication des corpuscules tactiles se complique d'une intoxication possible des centres nerveux. C'est ce qui se passe dans beaucoup d'intoxications, où on observe la décomposition des sensibilités de l'œil en deux sensibilités distinctes.

Ainsi, dans la mort par la strychnine, la cornée devient d'abord insensible, tandis que la conjonctive, surtout vers l'angle interne de l'œil, a conservé sa sensibilité. Sous l'influence de l'anesthésie par l'éther, la sensibilité de la cornée survit à celle de la conjonctive; il en est de même dans l'intoxication curarique (Cl. Bernard). Cela tient à ce que les deux sensibilités de l'œil ne sont pas sous la dépendance des mêmes nerfs, et il semble que les centres de ces nerfs ne meurent pas en même temps.

Chez le chien, la sensibilité de la conjonctive est sous la dépendance des nerfs ciliaires directs de la cinquième paire, tandis que ce sont les rameaux ciliaires émanant du ganglion ophtalmique qui donnent la sensibilité à la cornée. En arrachant le ganglion ophtalmique, la cornée perd sa sensibilité et la conjonctive la conserve. D'ailleurs, chez l'homme, on a observé des hémiplégies où la cornée seule était encore sensible, les centres encéphaliques étaient seuls atteints. Il semble en être de même pour ce poison : il n'agirait que sur les centres de la cinquième paire, et non sur le ganglion ophtalmique; peut-être même son action sur les extrémités sensitives de la conjonctive est-elle nulle comme pour la cornée.

*Action sur la pupille.* — La Parisette agit sur la pupille en la dilatant tout d'abord à la période d'excitation générale, puis en la contractant à la période de dépression. Quelle est l'explication physiologique de ces faits ?

On sait que, si l'on applique un courant galvanique énergique sur la portion supérieure de la moelle dorsale, la pupille se dilate. Ceci prouve que les filets sympathiques qui amènent la dilatation pupillaire (c'est-à-dire la contraction des fibres radiantes de l'iris) puisent leur influence motrice dans l'axe cérébro-spinal. On a supposé d'abord que les filets nerveux sympathiques amenant la dilatation pupillaire entraient dans l'œil avec les filets de la cinquième paire, par l'intermédiaire du ganglion de Gasser (qui reçoit un rameau anastomotique du grand sympathique). Mais les expériences de Schiff ont montré que, si ce ganglion transmet à l'œil des filets sympathiques, ce ne sont pas les seuls qui président aux mouvements pupillaires. Quoi qu'il en soit, il est bien certain qu'il existe dans la moelle un centre où le sympathique puise son action excito-motrice sur la pupille. D'après Budge, ce point précis serait placé entre la région cervicale et la région dorsale; suivant Salkowski, ce serait dans la partie supérieure du bulbe rachidien. Des recherches plus récentes, et particulièrement celles de Vulpian, tendent à prouver que les nerfs dilatateurs de l'iris viennent de deux sources : la moelle et le bulbe. Les filets médullaires viendraient de la moelle cervicale et dorsale et gagneraient le grand sympathique par l'intermédiaire du plexus cervical profond; arrivés au ganglion cervical sympathique supérieur, ils chemineraient vers l'œil avec les branches de la cinquième paire. Quant aux filets bulbaires, ils semblent arriver directement au ganglion de Gasser, par l'intermédiaire des racines de la cinquième paire. Quoi qu'il en soit, l'action toxique semble se passer de la manière suivante : Lors de la phase initiale d'excitation, les filets, tant médullaires que bulbaires, transmettent à l'iris une excitation partie des centres; d'où dilatation de la pupille, temporaire comme la phase d'excitation médullaire. Puis ces centres seraient déprimés lorsque l'intoxication s'affirme : ceci reviendrait à l'expérience de la section intra-cranienne du nerf de la cinquième paire, en arrière du ganglion de Gasser; après une section semblable, la paralysie du dilatateur irien est complète, car on coupe les deux sources nerveuses auxquelles il se rattache : la pupille est alors contractée d'une manière définitive, et c'est ce que nous observons à la période d'état de l'intoxication.

A ce point de vue, la Parisette semblerait être une antagoniste de la belladone. On admet aujourd'hui, avec les expérimentateurs récents : Bezold, Blübaum, Grünhagen, Bernstein, que la mydriase due à l'atropine se produit bien moins par l'action excitante qu'elle exercerait sur le grand sympathique, que par la paralysie des filets nerveux qui animent le sphincter irien, c'est-à-dire du moteur oculaire commun. D'ailleurs l'excitation intra-cranienne du moteur oculaire commun ne détermine plus la contraction de la pupille dans un œil préalablement atropinisé.

La fève de Calabar au contraire, d'après les expériences de Rogow, de Donders, agit, non pas en paralysant les filets sympathiques dilatateurs de l'iris, mais en exerçant une action excitante directe sur le moteur oculaire commun, c'est-à-dire en provoquant la contraction du sphincter irien.

Nous croyons que la Parisette a pour résultat d'amener une contraction de la pupille, tout comme l'ésérine, mais par un processus inverse : la paralysie des filets sympathiques dilatateurs, et, par suite, la prédominance d'action du sphincter. La belladone paralyserait les filets nerveux venus du centre du moteur oculaire commun; la Parisette, elle, paralyserait les filets sympathiques dilatateurs de l'iris.

L'expérience suivante le prouve : on met à nu la moelle cervicale chez un cobaye intoxiqué par la Parisette, et on l'excite faiblement par l'électricité; à l'état normal, il devrait se produire une dilatation intense de la pupille : or cette dilatation est à peine perceptible si l'intoxication est avancée; donc les centres médullaires dilatateurs sont tués par le poison, et les centres constricteurs, c'est-à-dire ceux du moteur oculaire commun, sont indemnes, du moins à cette période de l'intoxication. Ce qui le prouve encore bien, c'est que, à cette période, les mouvements réflexes de l'œil sont conservés. Plus tard, le moteur oculaire commun semble lui-même pris, alors que la sensibilité conjonctivale a disparu, et, à cette période, les fibres de la pupille sont toutes paralysées; elle revient, en effet, à son ouverture normale, un peu avant l'agonie.

*Conclusions.* — L'action sur la pupille semble donc encore ici s'exercer successivement sur les centres nerveux moteurs de l'iris, absolument comme elle s'exerce sur les autres centres moteurs médullaires.

## ACTION SUR LE SANG

Nous avons jusqu'ici constaté l'affinité de notre poison pour les éléments nerveux cellulaires, et quelque peu pour les plaques motrices; les fibres musculaires semblent indemnes : l'action ne porte-t-elle pas sur d'autres éléments anatomiques et en particulier sur les éléments figurés du sang ?

*Action sur les hématies.* — Si on observe, dans une chambre humide, l'action de l'extrait aqueux ou alcoolique de Parisette dans du sérum artificiel, on ne peut pas constater une modification histologique appréciable des hématies. Ce n'est guère qu'au bout d'un temps relativement long qu'on les voit s'altérer en présentant des crénelures ; mais l'action du poison n'est, en somme, pas appréciable.

*Action sur les leucocytes.* — On peut expérimenter sur des globules blancs de la lymphe ou sur des globules d'invertébrés, en particulier les globules des crustacés, qui, nous l'avons démontré dans un travail sur le sang de ces animaux, sont tout à fait identiques à ceux des vertébrés.

Si on opère à une douce chaleur, les mouvements amœboïdes continuent encore quelque temps ; puis ils deviennent moins sensibles, et les globules rétractent leurs pseudopodes en prenant la forme sub-sphérique; mais en particulier ceux des crustacés, qui jouissent de la propriété, en s'agglomérant, de donner naissance à un plasmodium, ne s'agglutinent pas plus vite, c'est-à-dire ne meurent pas plus vite dans une solution de Parisette que dans l'eau pure.

*Influence sur le nombre des globules.* — Les substances qui font varier très rapidement le nombre des globules sont en somme des substances qui les dissolvent : il était à supposer que la Parisette n'agirait pas ainsi. En effet, si on fait la numération des globules à l'aide du compte-globules de Malassez et du mélangeur Potain, on n'obtient pas de résultat dans le cours d'une expérience, c'est-à-dire d'une intoxication rapide. Il était surtout intéressant de voir si, en soumettant un chien à une intoxication chronique, c'est-à-dire en lui faisant prendre des doses non toxiques pendant plusieurs jours, l'agent diminuerait ou augmenterait le nombre des globules. Ce résultat intéresserait vivement les cliniciens, qui pourraient employer la Parisette sur l'homme.

On administra, pendant trois jours, deux baies de Parisette par jour à un chien de taille moyenne : sa santé ne paraît pas ébranlée, et l'analyse quantitative des globules, pratiquée deux fois par jour, n'a amené qu'une diminution insignifiante de leur nombre au bout de trois jours. Les différences numériques sont si faibles qu'elles ne méritent pas la peine d'être rapportées. On recommença cette expérience, ainsi que les suivantes, avec des injections rectales, même résultat.

*Influence sur l'hémoglobine.* — Mais si le nombre des hématies ne change pas, leur richesse en matière colorante peut varier, et c'est encore une cause importante d'anémie. Pour rechercher cette variation, nous n'avions besoin que d'un procédé rapide, presque clinique, car des variations extrêmement faibles sont sans intérêt. Nous avons employé l'hématoscope de M. Hénocque, avec son procédé diaphanométrique : ce procédé est trop connu depuis quelques années pour qu'il soit nécessaire de le rappeler. Sur le même chien, nous avons fait, pendant trois jours, des prises de sang, deux fois par jour, sans constater une diminution notable de l'opacité. La Parisette, à doses modérées, n'agit pas sur la teneur du sang en hémoglobine.

Il existe aujourd'hui toute une classe d'agents qui, sans détruire l'hémoglobine, rendent sa combinaison à l'oxygène difficilement dissociable, en la transformant en méthémoglobine (bioxyde d'hémoglobine ?). Ces agents sont méthémoglobinisants : la Parisette est-elle de ce nombre ? Nous pouvons répondre par la négative, car l'examen du sang de l'animal intoxiqué ne donne, au microspectroscope, aucune bande caractéristique des altérations méthémoglobiniques et actions voisines, que l'on peut déceler, comme l'on sait, à l'aide des bandes d'absorption des corps produits.

*Influence sur la teneur en oxygène.* — Tout l'oxygène du sang ne semble pas se trouver, d'après les recherches les plus récentes, en combinaison avec l'hémoglobine. Il y avait donc intérêt à rechercher les variations possibles de cet oxygène, aux diverses phases de l'intoxication. Pour cela, nous avons pris du sang, en petites quantités (2 ou 3 cc.), dans la carotide d'un lapin intoxiqué, et nous l'avons dosé par la méthode de l'hydrosulfite de soude, de M. Schutzenberger.

Nous n'avons pas observé les moindres variations durant toute la durée de l'intoxication.

*Influence sur la nutrition et sur la chaleur.* — Nous n'avons fait, dans cette voie, que deux ou trois dosages d'urée en opérant sur l'urine du lapin, extraite de la vessie par compression abdominale, de façon à éviter son mélange avec les matières fécales. Nous n'avons pas observé de variations sensibles sur un animal, soumis à une intoxication chronique de trois jours, à doses modérées.

Les phénomènes de calorification sont corrélatifs de ceux de destruction de la matière organique : il était donc à supposer que les variations observées seraient à peu près nulles. C'est ce qui arrive, quand on prend la température rectale dans l'intoxication chronique.

Dans l'intoxication aiguë, par injection, la température monte régulièrement de 1° pendant la période initiale d'excitation, puis elle retombe à son taux normal, et diminue de 1/2 à 1° jusqu'à la période d'agonie.

Nous avons également recherché dans les urines des animaux, chroniquement intoxiqués, l'albumine et la glycose : les résultats se sont montrés toujours négatifs.

EXPÉRIENCES DE TOXICOLOGIE COMPARÉE

Il était intéressant de rechercher l'action de la Parisette, sur divers êtres plus ou moins élevés en organisation : les résultats obtenus pourraient être de nature à éclairer le mode d'action de la substance sur les éléments anatomiques des animaux supérieurs.

*Poissons.* — L'injection d'extrait aux poissons produit des phénomènes de torpeur ; l'animal réagit mal, se laisse flotter, plus ou moins inerte. Après une phase d'excitation où le poisson est agité, il se trouve envahi par une paralysie généralisée, et la mort arrive insensiblement.

L'extrait est-il capable de pénétrer dans les branchies et, de là, dans le torrent circulatoire ? Pour le voir, nous avons placé dans un bocal plein d'une dissolution, chargée d'extrait, des petits poissons, et au bout d'un temps plus long que par l'injection, on a obtenu les mêmes phénomènes d'intoxication.

*Batraciens.* — Nous avons répété assez d'expériences sur la grenouille pour qu'il ne soit pas nécessaire d'y revenir. Ajoutons seulement que l'immersion dans l'extrait des grenouilles ne produit rien ; leur peau n'absorbe pas la substance toxique.

Par contre, des têtards jeunes, des larves de salamandres encore pourvues de leurs branchies meurent dans une solution avec les mêmes phénomènes et à peu près la même rapidité que les poissons.

Un point des plus intéressants que l'étude des animaux à sang froid nous permet d'élucider est le suivant : Quelle est la rapidité d'action d'une même dose de poison avec la température ? La localisation des poisons sur les éléments anatomiques est, en somme, un phénomène d'ordre chimique, et la température, à mesure qu'elle s'élève, aide aux combinaisons chimiques.

Nous avons fait l'expérience suivante : Deux grenouilles sensiblement de même poids sont injectées avec une même dose d'extrait, puis placées l'une à 10°, l'autre à 25°; la grenouille placée à 10°, meurt en un temps à peu près deux fois plus long que la grenouille placée à 25°. On sait qu'une élévation de quelques degrés de plus, serait déjà funeste à des grenouilles non intoxiquées, il n'est donc pas possible de poursuivre l'expérience au-dessus de 30°; mais il est possible de faire de nouvelles expériences comparatives, entre grenouilles placées les unes à 25°, les autres à 27°, et enfin d'autres à 28°. De ces essais, on peut conclure que l'action toxique de la Parisette augmente d'une façon très notable avec la température; c'est là un fait toxicologique général, et, si la plante était appelée un jour à figurer dans l'arsenal thérapeutique, il faudrait tenir compte de ces données. Dans les cas d'affections fébriles, la dose thérapeutique devrait être moindre qu'à l'état normal, c'est encore une loi générale.

*Crustacés.* — L'injection de l'extrait à des écrevisses et à des crabes, produit d'abord une phase d'excitation généralisée : les tremblements convulsifs des pattes en sont la preuve ; le pouvoir réflexe des centres ganglionnaires est nettement accru, et les phénomènes d'autotomie ne sont pas rares. Ces phénomènes en effet sont, on le sait, des phénomènes purement réflexes et peuvent se produire sous l'influence d'une excitation directe des centres qui les gouvernent.

Ces derniers phénomènes ont été observés très nettement par nous, au cours des recherches que nous effectuions sur les crustacés. A la période d'excitation succède celle de dépression, pendant laquelle les réflexes disparaissent progressivement, et, l'autotomie étant impuissante à être provoquée, l'animal passe insensiblement à l'état de mort. L'intoxication se produit également par immersion des animaux dans une solution d'extrait : la branchie est donc perméable au poison, comme elle l'est aux solutions salines, ainsi que les recherches de M. Frédéricq l'ont bien prouvé.

*Insectes.* — Nous n'avons rien de particulier à dire de ces animaux : ils se comportent, à l'égard du poison, comme les crustacés.

*Mollusques.* — L'injection d'extrait aux escargots provoque la mort de l'animal, mais il est impossible de se rendre compte de la marche des phénomènes. L'immersion de limnées, de planorbes et de physes dans une solution d'extrait, provoque la mort de ces animaux.

*Protozoaires.* — Nous avons expérimenté les solutions d'extrait sur des amibes et divers infusoires. En particulier, la contraction du pédoncule spiral des vorticelles cesse bientôt : l'animal est donc quelque peu sensible au poison ; mais cette action est peu énergique, et la plupart des infusoires vivent fort longtemps dans les infusions de Parisette.

*Champignons.* — Les solutions et les extraits de cette plante étant riches en sucre, surtout les fruits, se prêtent admirablement au développement des moisissures ; les *Penicillium* et les *Aspergillus* se développent en quantité sur les extraits et sur les solutions : c'est une des raisons de la nécessité de préparer la solution d'extrait sec, au moment de s'en servir. L'action sur les levures est également nulle, et en particulier sur la levure de bière.

*Bactéries.* — Nous avons recherché si la Parisette jouait le rôle d'agent antiseptique : nos expériences ont porté sur le *Streptococcus pyogenes aureus* et le bacille de la tuberculose ;

les résultats ont été absolument négatifs, même à la température de 35°. En particulier, le bacille de Koch, qui se développe, on le sait fort bien, dans les solutions sucrées, croît rapidement dans les milieux imprégnés d'extrait de Parisette.

## Conclusions.

La Parisette n'est pas un poison général, tuant tous les éléments anatomiques : les êtres unicellulaires et, en général, les êtres dépourvus de système nerveux, sont insensibles à son action. D'ailleurs, à l'inverse des poisons minéraux, et comme les poisons végétaux, la Parisette se localise nettement sur un élément anatomique, et cet élément c'est la cellule nerveuse.

C'est la constatation ultime que nous pouvons faire, en fait de toxicologie expérimentale, car le mode d'action d'une substance sur un élément anatomique est incapable d'être élucidé dans l'état actuel de nos connaissances.

# XLVIII

## POIDS DU CERVEAU, DU FOIE ET DE LA RATE

### CHEZ L'HOMME

**Par M. Charles Richet.**

J'ai montré que, chez les chiens de différents poids, le poids du foie était exactement proportionnel à la surface cutanée, alors que le poids de la rate était fonction du poids même du corps, tandis que pour le cerveau il entre en jeu un nouvel élément, une quantité invariable, qui représente l'intelligence[1].

Afin de chercher si cette loi se vérifiait pour l'homme, j'ai essayé de prendre les chiffres donnés par divers auteurs sur les poids relatifs du foie et du cerveau.

Les documents sont moins nombreux qu'on pourrait le croire tout d'abord.

Frerichs[2] donne 16 mensurations. Smidt[3] en donne 20. Bischhoff[4] en donne 5. Plus nombreuses sont celles de

1. Voir *Trav. du Laborat. de Physiologie*, t. II, p. 390.
2. *Maladies du foie*, trad. franç., 1886, p. 20.
3. *Archives de* Virchow, 1880, t. LXXXII.
4. *Zeitschr. für rationn. Medicin*, 1863, t. XX, p. 75.

M.. Blosfeld[1], qui en fournit 102; et de M. Dieberg[2], qui en fournit 100. Il est vrai que nous éliminons de ces poids ceux qui se rapportent soit à des individus atteints de maladies du foie, soit à des vieillards âgés de plus de soixante-dix ans, soit à des fœtus.

Les observations seraient bien plus nombreuses s'il n'était nécessaire pour nos calculs d'avoir le poids du corps des individus examinés[3]. Aussi ne puis-je me servir de toutes les mensurations dans lesquelles le poids de l'individu n'est pas donné.

Avec quelques restrictions je me servirai des très nombreux et importants chiffres donnés par Boyd[4].

Il est vrai que les mesures ne sont pas dans le système décimal, suivant la méthode barbare qu'on a gardée en Angleterre, de sorte que j'ai dû faire d'innombrables calculs pour la transformation des chiffres de M. Boyd. Surtout il ne donne pas les chiffres originaux de ses 2 614 cas; mais seulement des moyennes, moyennes par âge et non par poids. De là non l'impossibilité pour moi d'user de ces moyennes, mais des réserves nécessaires.

Comme la discussion m'entraînerait trop loin, et que je me réserve de revenir là-dessus dans un plus long travail, je me contenterai de donner les chiffres exprimant les poids du foie, de la rate et du cerveau, d'abord en poids absolu, puis par rapport au poids du corps, puis par rapport à la surface.

Pour mesurer la surface, je n'ai pas pris la formule de M. Meeh[5], dans laquelle $\left(S = K\sqrt{P\frac{2}{3}}\right)$ $K = 12,3$. En effet, comme j'aurai à appliquer cette formule à d'autres animaux

1. *Zeitschr. für die Staatsarzneik.* 1864, t. XLIV, fasc. 3, p. 1.

2. *Vierteljahreschr. für gerichtl. Medicin.*, 1864, t. XXV, p. 134.

3. Dussy, Krause, Gocke, cités par Vierordt. *Anatomische Daten und Tabellen*, p. 13; Sappey. *Traité d'Anatomie*, t. III, etc.

4. Tables of the weight of the human Body.... *Philosophic. Transact.*, 28 févr. 1861, p. 241-262.

5. *Zeitschr. für Biologie*, 1879, t. XV, p. 448.

qu'à l'homme, et surtout au chien, je préfère faire K = 11,2, d'après la formule de M. Rubner[1]. La différence n'est d'ailleurs pas très considérable.

Les conclusions qu'on peut déduire de ce tableau sont nombreuses; elles confirment de la manière la plus formelle les conclusions que j'avais déduites de l'examen du poids de la rate, du foie et du cerveau chez les chiens.

Je me contente d'une indication sommaire.

1° Le poids de la rate varie comme le poids total du corps; et pour 1 kilogramme de corps, il y a en moyenne 4gr,2 de rate, avec d'assez faibles oscillations (pour les moyennes de chiffres très nombreux).

2° Le poids du foie varie avec la surface du corps; mais on ne peut comparer le foie à la surface que chez l'adulte. Alors pour un décimètre carré il y a en moyenne 10gr,2 de foie, quel que soit le poids absolu du corps.

3° Ce chiffre est plus fort chez l'homme que chez le chien (6gr,5 par décimètre carré).

4° Par conséquent, chez l'enfant le foie n'a pas atteint encore son développement normal. A partir d'un certain âge, vers soixante ans, le foie tend à s'atrophier, et son poids diminue énormément par rapport à l'unité de surface[2].

5° Pour le cerveau, le poids comprend un élément variable, que nous pouvons supposer varier avec la surface, et un élément invariable K, qui est voisin de 600 grammes, d'après la formule que nous avons développée dans le mémoire précédent :

$$\frac{c - K}{c' - K} = \frac{f}{f'}$$

6° Il est intéressant de comparer ce chiffre à celui qu'on calcule de la même manière chez le chien (45 grammes).

1. *Zeitschr. für Biologie*, 1882, t. XIX, p. 535.

2. Je ne donne pas ici les chiffres qui le prouvent. Ils sont faciles à déduire de certains chiffres de Boyd.

| NOMBRE D'OBSERVATIONS | POIDS MOYEN DU CORPS en grammes. | POIDS ABSOLU MOYEN | | | SURFACE MOYENNE en déc. qu. | POIDS MOYEN POUR 1 DÉCIMÈTRE CARRÉ. | | | POIDS MOYEN POUR 100 GRAMMES DU CORPS. | | |
|---|---|---|---|---|---|---|---|---|---|---|---|
| | | Foie. | Rate. | Cerveau. | | Foie. | Rate. | Cerveau. | Foie. | Rate. | Cerveau. |
| — | — | — | — | — | — | — | — | — | — | — | — |
| 108 | 3,190 | 153 | 11.7 | 477 | 24.2 | 6.35 | 0.48 | 19.7 | 4.80 | 0.37 | 15 |
| 153 | 5,680 | 276 | 26.1 | 826 | 35.6 | 7.75 | 0.73 | 23.2 | 4.85 | 0.46 | 14.5 |
| 58 | 8,810 | 420 | 41 | 1,009 | 47.8 | 8.78 | 0.86 | 20.9 | 4.82 | 0.49 | 11.4 |
| 49 | 11,460 | 547 | 49.4 | 1,130 | 56.9 | 9.61 | 0.87 | 19.2 | 4.75 | 0.44 | 10 |
| 38 | 18,320 | 855 | 79 | 1,226 | 77.8 | 10.99 | 1.02 | 15.6 | 4.70 | 0.47 | 6.8 |
| 719 | 37,800 | 1,326 | 139 | 1,227 | 126 | 10.50 | 1.10 | 9.8 | 3.50 | 0.37 | 3.3 |
| 205 | 42,500 | 1,363 | 192 | 1,365 | 136 | 10 | 1.40 | 10 | 3.50 | 0.45 | 3.2 |
| 470 | 47,000 | 1,532 | 158 | 1,337 | 146 | 10.50 | 1.08 | 9.1 | 3.35 | 0.34 | 2.85 |
| 80 | 51,300 | 1,570 | 188 | 1,334 | 155 | 10.10 | 1.21 | 8.6 | 3.05 | 0.37 | 2.60 |
| 47 | 56,900 | 1,680 | 219 | 1,338 | 165 | 10.20 | 1.33 | 8.1 | 2.95 | 0.37 | 2.35 |
| 29 | 63,100 | 1,726 | 261 | 1,380 | 177 | 9.75 | 1.47 | 7.8 | 2.75 | 0.41 | 2.15 |
| 16 | 67,500 | 1,861 | 346 | 1,401 | 185 | 10.01 | 1.87 | 7.6 | 2.75 | 0.51 | 2.05 |
| 24 | 73,200 | 1,901 | 266 | 1,370 | 196 | 9.70 | 1.36 | 7 | 2.60 | 0.37 | 1.88 |
| 5 | 89,000 | 2,101 | 391 | 1,369 | 223 | 9.40 | 1.30 | 6.1 | 2.35 | 0.44 | 1.55 |

En faisant la moyenne de ces moyennes, deux par deux, nous pouvons constituer le tableau suivant, dont nous avons exclu les chiffres se rapportant aux très jeunes enfants.

Ce tableau est plus simple et plus facile à lire que le précédent.

| POIDS MOYEN | FOIE par déc. carré. | RATE par déc. carré. | FOIE pour 100 grammes. | RATE pour 100 grammes. |
|---|---|---|---|---|
| — | — | — | — | — |
| 11ᵏ et 18ᵏ | 10g30 | 0g95 | 4g72 | 0g45 |
| 37.8 | 10.50 | 1.10 | 3.50 | 0.37 |
| 42 et 47 | 10.30 | 1.24 | 3.40 | 0.40 |
| 51 et 57 | 10.15 | 1.17 | 3 » | 0.37 |
| 63 et 67 | 9.85 | 1.67 | 2.75 | 0.46 |

# XLIX

## POIDS DU CERVEAU, DU FOIE ET DE LA RATE

### DES MAMMIFÈRES

**Par M. Charles Richet.**

---

Il n'est pas facile d'apprécier avec exactitude ce qu'on doit appeler le poids d'un animal. Faut-il comprendre dans ce poids l'urine qui est dans la vessie, les aliments qui sont dans l'estomac, les matières à demi fécaloïdes qui sont dans l'intestin? Faut-il surtout faire entrer en ligne de compte le tissu adipeux sous-cutané et la graisse disséminée dans l'organisme?

Certes une mesure exacte est impossible à donner, et il faut se contenter d'une approximation. Après tout, il m'a semblé que le poids *brut*, total, de l'animal intact, tué en pleine santé, comportait moins d'erreurs qu'une évaluation corrigée par la soustraction du poids de la graisse et des matières excrémentielles. Prendre le poids brut, cela offre un grand avantage; on peut ainsi effectuer des mensurations bien plus nombreuses et compenser par de fréquentes et variées déterminations les écarts des chiffres individuels. Aussi les chiffres qu'on trouvera dans ce mémoire seront-ils, sauf indications contraires, les chiffres du poids total de l'animal.

De même, quand il s'agira d'avoir le poids de l'organe, ce sera le poids brut de l'organe entier, y compris le sang qu'il contient. Il est très difficile, en effet, de connaître le poids d'un organe exsangue. Extraire le sang d'un organe, cela suppose une opération physiologique déjà assez complexe sur un objet volumineux, comme le foie d'un chien ou d'un mouton. Que sera-ce s'il s'agit du foie d'un cobaye, surtout d'une souris ou d'une alouette? De sorte que, pour rendre aussi analogues que possible les différentes mesures prises sur les espèces animales les plus variées, j'ai préféré donner toujours le poids de l'organe entier, avec ses vaisseaux et le sang y contenu. Le foie était pesé avec la vésicule biliaire, et le cerveau avec l'arachnoïde.

Mais, quand il s'est agi de me servir des mesures prises par quelques autres auteurs, j'ai dû les rapporter telles qu'elles m'étaient fournies. De là, certainement, une légère cause d'inégalité; on verra que, pour ces diverses raisons, mes chiffres sont un peu plus forts que les chiffres que j'ai empruntés à d'autres physiologistes, en éliminant une observation de M. Pavy dans laquelle le foie était d'un volume anormal (790 gr. pour un chien de 8 kilogr.).

Je rapporte d'abord les chiffres qui ont trait au chien. Dans un mémoire antérieur[1], j'ai donné 185 observations de poids du foie et du cerveau (142 à nous personnelles, 34 à M. Colin et 9 à M. Manouvrier). A ces 185 observations je puis en ajouter 7 nouvelles, à nous personnelles, 4 à M. Falck[2], 4 à M. Moos[3], 23 à M. Pavy[4], 2 à M. Afanassieff[5], 5 à M. Kulz[6].

1. Ch. Richet, *Travaux du Laborat. de physiologie*, 1893, t. II, p. 381-396.
2. *Beiträge zur Physiologie*, 1875, t. I, p. 130.
3. *Arch. des Vereins für gemeinsch. Arbeit.* 1860, t. IV, p. 53.
4. *Researches on the nature and Treatment of Diabetes*, 1862, p. 32.
5. *Pflüger's Archiv*, t. XXX, p. 395.
6. *Pflüger's Archiv*, t. XXIV, p. 45.

J'ai publié dans le mémoire déjà cité 70 poids de rate chez divers chiens. J'en ajoute ici 7 dues à M. Lapicque[1], 2 dues à M. Colin, 4 dues à M. Falck, et 7 à nous personnelles.

Somme toute, cela fait le chiffre assez imposant de 233 poids de cerveau, 122 poids de foie et 86 poids de rate.

J'en aurais assurément pu, en cherchant dans les mémoires de physiologie, donner un plus grand nombre, si je n'avais eu besoin de connaître le poids même de l'animal. Mais beaucoup de physiologistes omettent de mentionner les poids des animaux sur lesquels ils expérimentent et, pour l'objet que je me propose, leurs chiffres deviennent alors inutiles à mentionner.

Dans ces conditions, nous avons les moyennes suivantes :

| NOMBRE d'observations (Chiens.) 1 | MOYENNE des poids du chien. | ÉCART entre le maximum et le minimum. | SURFACE moyen. en déc. car. | POIDS du foie par kil. d'animal. | POIDS du foie par déc. c. | POIDS absolu du foie. |
|---|---|---|---|---|---|---|
| | kg | kg kg | | gr. | gr. | gr. |
| 13 | 36,1 | De 30 à 44 | 122 | 22,1 | 6,5 | 800 |
| 15 | 26,5 | 23,5 29 | 90 | 21,9 | 6 | 580 |
| 17 | 20,6 | 17,5 23 | 83 | 26,3 | 6,5 | 540 |
| 13 | 16,5 | 15 à 17 | 71,5 | 27,5 | 6,4 | 455 |
| 12 | 12,8 | 11,5 14,5 | 61 | 32,1 | 6,7 | 412 |
| 19 | 9,2 | 7,5 11 | 49,8 | 36,1 | 6,8 | 340 |
| 31 | 5,35 | 3 7 | 34 | 42,4 | 6,7 | 228 |
| Moy. gén. 120 | 16 | 3 à 44 | 71 | 28,0 | 6,7 | » |

1. Le chiffre absolu le plus fort a été de 1,210 grammes de foie pour un chien de 35 kilogrammes; le même chien avait un cerveau très volumineux (115 grammes), et une très grosse rate (112 grammes).

Le poids maximum absolu de rate a été de 177 grammes pour un chien de 20 k., 760. (Colin, *Tr. de phys.*, t. II, p. 510).

Nous éliminons une observation de M. Pavy dans laquelle le foie était d'un volume anormal (790 gr. pour un chien de 8 kilogr.).

En faisant le même calcul pour le poids de la rate, nous avons les chiffres suivants :

1. *Bull. de la Soc. de Biol.*, 1889, p. 610.

| NOMBRE D'OBSERVATIONS (Chiens.) | POIDS MAXIMUM ET MINIMUM. | RATE par kilogramme. | RATE par déc. carré. |
|---|---|---|---|
| | kg kg | gr. | gr. |
| 26 | De 22 à 44 | 2,86 | 0,815 |
| 37 | 11 21 | 2,90 | 0,650 |
| 31 | 2 10,5 | 2,42 | 0,390 |
| Moyenne générale. 94 | 16 | 2,72 | 0,610 |

On voit par ces chiffres que, si le foie est proportionnel à la surface, la rate est proportionnelle au poids de l'animal. C'est là un fait important qui nous prouve bien la profonde diversité d'action de ces deux appareils glandulaires.

Avec le cerveau, un nouvel élément entre en jeu; c'est l'élément intellectuel qui est évidemment le même chez les gros chiens et chez les petits chiens.

Admettons cette hypothèse *a priori*, et nous verrons qu'*a posteriori* elle se confirme d'une manière éclatante par l'examen des poids du cerveau chez les chiens de différentes tailles. Nous avons en effet les chiffres suivants :

| NOMBRE d'observations (Chiens.) | POIDS MAXIMUM ET MINIMUM. | | POIDS moyen. | POIDS de cerveau par kilog. | POIDS de cerveau par unité de surface | POIDS absolu du cerveau. | SURFACE en décimèt. carrés. |
|---|---|---|---|---|---|---|---|
| | kg | kg | kg | kg | gr | gr | |
| 7 | De 39 à | 44 | 41 | 2,63 | 0,825 | 108,5 | 123 |
| 14 | 32 | 37 | 35 | 3,05 | 0,885 | 106,5 | 121 |
| 10 | 28 | 31,5 | 30 | 3,17 | 0,870 | 95 | 109 |
| 15 | 25 | 27 | 26 | 3,70 | 0,970 | 96 | 99 |
| 19 | 22 | 24,5 | 23 | 4 | 0,995 | 91 | 91,5 |
| 21 | 19 | 21,5 | 20,5 | 4,50 | 1,090 | 92 | 84,8 |
| 24 | 16 | 18,5 | 17 | 4,93 | 1,130 | 84 | 74,5 |
| 12 | 13 | 15 | 14 | 6,11 | 1,310 | 85 | 65 |
| 21 | 10 | 12,7 | 11 | 6,86 | 1,360 | 75,5 | 55,9 |
| 14 | 8 | 9,5 | 8,4 | 8,70 | 1,560 | 73 | 46,7 |
| 15 | 6 | 7,5 | 7,0 | 10 | 1,710 | 70 | 41 |
| 8 | 5 | 5,8 | 5,4 | 12,30 | 1,900 | 66 | 34,8 |
| 12 | 3 | 4,7 | 3,92 | 17,18 | 2,570 | 67 | 27 |
| 6 | 1,25 | 2,8 | 1,88 | 30,25 | 3,350 | 57 | 17,2 |

Ainsi tout se passe comme s'il y avait dans le cerveau des chiens un élément fixe, invariable, servant à l'intelligence, et un autre élément, variable avec le poids ou la surface de l'animal[1].

Comme il s'agit là d'hypothèses, nous pouvons choisir entre les deux hypothèses suivantes :

A. La partie variable du cerveau varie comme la surface;

B. La partie variable du cerveau varie comme le poids.

Je pencherais à admettre plutôt que le cerveau varie comme la surface; car les nerfs sensibles de la périphérie cutanée viennent aboutir au cerveau, qui est comme le plan de projection sensible de la peau, de sorte que nous pouvons adopter l'hypothèse suivante :

K étant la constante intellectuelle, V sera la variable d'après la surface; et le poids total du cerveau sera K + V.

Les éléments numériques que nous possédons nous permettent de calculer K et V.

En effet, soient V et V′ les poids variables de deux cerveaux appartenant à des surfaces S et S′, nous aurons $\frac{S}{S'} = \frac{V}{V'}$ ; mais V est le poids total (C) du cerveau, moins la constante intellectuelle. Donc,

$$\frac{C-K}{C'-K} = \frac{S}{S'} \quad \text{c'est-à-dire} \quad K = \frac{CS'-C'S}{S'-S}.$$

En effectuant les calculs, nous trouvons que la valeur de K devient, dans les 14 groupes de chiens de tailles différentes, précédemment mentionnés :

| | | |
|---|---|---|
| 144 | 53 | 54 |
| 30 | 52 | 52 |
| 53 | 51 | 56 |
| 50 | 50 | 50 |
| 40 | | |

1. M. Manouvrier (*Mém. de la Soc. d'Anthropologie*, 1885, t. II, p. 198) a donné à ce sujet, avant la publication de mon premier mémoire (*Bull. de la Soc. de Biol.*, mai 1891, p. 405), quelques considérations intéressantes. Voy. aussi : Snell, Abhangigkeit des Hirngewichtes von dem Körpergewicht (*Arch. für Psychiatrie*, 1892, t. XXVIII, p. 436).

Malgré quelques écarts, ces chiffres nous prouvent la régularité du phénomène En éliminant les deux premiers chiffres, nous avons très exactement une constante voisine de 50. On peut donc supposer que la quantité de cerveau qui, chez le chien, préside à l'intelligence, est à peu près de 50 grammes. Et, de fait, chez un chien adulte, le cerveau pèse toujours plus de 50 grammes[1].

Je passerai ensuite aux chiffres relatifs à l'homme. Pour avoir des données, je n'entrerai pas dans le détail; car j'ai déjà noté les indications bibliographiques dans une notice antérieure[2], et, d'ailleurs, ce ne sont pas des mensurations personnelles; j'ai dû me référer aux chiffres donnés par Boyd, Dieberg et Blossfeld.

Voici d'abord les chiffres relatifs aux adultes ou adolescents :

| NOMBRE d'observations. (Hommes.) | POIDS MOYEN du corps. | POIDS du foie par kilogr. | POIDS de la rate par kilogr. | POIDS du foie par déc. car. | POIDS de la rate par déc. car. |
|---|---|---|---|---|---|
| | kg | gr. | gr. | gr. | gr. |
| 87 | 14,5 | 47,2 | 4,55 | 10,03 | 0,93 |
| 719 | 37,8 | 35 | 3,70 | 10,50 | 1,10 |
| 665 | 46 | 34 | 3,70 | 10,35 | 1,19 |
| 127 | 53 | 30,2 | 3,70 | 10,14 | 1,25 |
| 55 | 65 | 27,5 | 4,60 | 9,85 | 1,67 |
| Moy. gén. 1663 | 41 | 34,8 | 3,80 | 10,35 | 1,15 |

Telles sont, semble-t-il, chez l'homme, les constantes des organes glandulaires principaux. Elles sont intéressantes à rapprocher de ces mêmes constantes chez le chien.

1. M. Manouvrier cite un chien ne pesant que 1kg,250 dont le cerveau pesait 47 grammes, mais il ne dit pas que c'était un chien adulte. Le chien adulte le plus petit que j'aie observé pesait 1 900. Son cerveau pesait 56 grammes.

2. Voyez plus haut, p. 150.

| POIDS du corps (Chiens.) | POIDS du foie par kilog. | POIDS de la rate par kilog. | POIDS du foie par déc. car. | POIDS de la rate par déc. car. |
|---|---|---|---|---|
| kg | gr. | gr. | gr. | gr |
| 16 | 28 | 2,72 | 6,30 | 0,60 |

On remarquera alors que chez l'homme, par rapport au poids comme par rapport à la surface, le foie et la rate ont un plus grand développement que chez le chien.

Pour le cerveau humain, nous avons les moyennes suivantes :

| POIDS du corps (Hommes.) | POIDS du cerveau. | SURFACE moyenne en décim. carrés. | POIDS du cerveau par décim. car. | POIDS du cerveau par kilogramme. |
|---|---|---|---|---|
| | gr. | | gr. | gr. |
| 18,32 | 1,226 | 77,8 | 15,6 | 68 |
| 37,80 | 1,227 | 126 | 9,8 | 33 |
| 42,50 | 1,365 | 136 | 10 | 32 |
| 47 | 1,337 | 149 | 9,1 | 28,50 |
| 51,30 | 1,334 | 155 | 8,6 | 26 |
| 56,90 | 1,338 | 165 | 8,1 | 23,50 |
| 63,10 | 1,380 | 177 | 7,8 | 21,50 |
| 67,50 | 1,401 | 185 | 7,6 | 20,50 |

En faisant le même calcul de K que précédemment, nous avons, entre les individus de 18$^{kg}$,3 dont le cerveau pèse 1$^{kg}$,226 et les individus de 50$^{kg}$,0 dont le cerveau pèse 1$^{kg}$,336, le chiffre de K = 1 120 grammes.

Mais je dois dire qu'il ne faut guère attacher d'importance à ce chiffre, car les différences de poids ne sont pas assez grandes pour qu'on puisse rien conclure. Les individus pesant 18 kilogrammes ne sont certainement pas des adultes, et, chez les adultes, au moins d'après les chiffres de Boyd, nous trouvons ce fait, paradoxal en apparence, que les individus de 57 kilogrammes ont un cerveau moins lourd, en valeur absolue, que les individus pesant 42 kilogrammes. C'est sans doute parce que les hommes de 57 kilogrammes sont des vieillards et que, chez les vieillards, le poids du corps augmente, alors que le poids du cerveau diminue.

Chez les chats, nous avons des mensurations dues à MM. Boehm et Hoffmann[1] (42); à M. Bunge[2] (8), 1 à M. Falck[3], 1 à M. Voit[4], et 9 qui me sont personnelles. Cela fait en tout 81 observations, ce qui constitue un chiffre assez respectable. Mais si, entre les chiens adultes, on observe, quant aux poids, de grands écarts, il n'en est pas ainsi chez les chats, qui ont à peu près tous le même poids. Le plus lourd de ces 81 observations pesait 4 685 grammes, et le plus léger, 1 230 grammes.

En faisant des groupes, nous avons les chiffres suivants :

| NOMBRE d'observations. (Chats.) | POIDS maximum et minimum. | | POIDS moyen. | SURFACE moyenne | POIDS EN GRAMMES DU FOIE | | |
|---|---|---|---|---|---|---|---|
| | | | | | absolu. | par kilogr. | par déc. car. |
| | gr | gr | gr | | gr | gr | gr |
| 5 | De 1,230 | à 1,430 | 1,337 | 13,7 | 46 | 34,5 | 3,35 |
| 8 | 1,620 | 2,004 | 2,004 | 17,7 | 72,3 | 36,2 | 3,60 |
| 15 | 2,200 | 2,460 | 2,300 | 19,5 | 78,1 | 33 | 4 |
| 12 | 2,500 | 2,650 | 2,575 | 20,4 | 77 | 27,5 | 3,75 |
| 13 | 2,700 | 2,890 | 2,777 | 22 | 88,4 | 31,5 | 4 |
| 9 | 2,900 | 3,120 | 3,021 | 23,4 | 90,8 | 30,2 | 3,95 |
| 8 | 3,210 | 3,830 | 3,470 | 25,6 | 119,5 | 33,1 | 4,45 |
| 5 | 3,910 | 4,685 | 4,170 | 29 | 137,4 | 33 | 4,78 |
| Moy. gén. 75 | » | » | 2,670 | 21,5 | 86,6 | 32,5 | 4 |

Pour la rate et le cerveau, les chiffres sont moins nombreux ; il n'y a guère que trois mesures de M. Falck, une de M. Voit et huit personnelles. Ces 12 observations nous donnent les moyennes suivantes :

1. *Arch. für exp. Path. und Pharm.*, 1878, t. VIII, p. 282.
2. *Zeitsch. für phys. Chemie*, 1893, t. XVII, p. 80.
3. *Beiträge zur Physiol.*, *loc. cit.*
4. *Zeitsch. f. Biol.*, t. II, 1866, p. 353.

| NOMBRE d'observations (Chats.) | POIDS maximum et minimum. | POIDS moyen. | POIDS ABSOLU MOYEN Rate. | POIDS ABSOLU MOYEN Cerveau. | SURFACE moyenne. | PAR SURFACE Rate. | PAR SURFACE Cerveau. | PAR KILOG. Rate. | PAR KILOG. Cerveau. |
|---|---|---|---|---|---|---|---|---|---|
| | kg kg | kg | kg | gr | | gr | gr | gr | gr |
| 12 | 1,350 à 4,685 | 2,630 | 4,92 | 27,58 | 21 | 0,234 | 1,42 | 1,88 | 10,6 |

Les observations relatives au poids des organes chez le lapin sont 29 à M. Mackay[1], 6 à M. Falck[2], 7 à M. Lapique[3], 18 à M. Nasse[4], 13 à M. Moos[5], 5 à MM. Bidder et Schmidt[6], 2 à M. Voit[7], et 4 à nous personnelles.

| NOMBRE d'observations. | POIDS MAXIMUM et minimum. | POIDS moyen. | SURFACE moyenne. | POIDS EN GRAMMES DU FOIE absolu. | par kilogr. | par déc. car. |
|---|---|---|---|---|---|---|
| | gr gr | gr | | gr | gr | gr |
| 18 | De 706 à 1,078 | 955 | 10,9 | 45 | 47,2 | 4,10 |
| 18 | 1,125 1,390 | 1,252 | 13,1 | 58 | 46,5 | 4,45 |
| 17 | 1,420 1,600 | 1,530 | 14,9 | 60 | 39 | 4 |
| 12 | 1,620 1,800 | 1,720 | 16,1 | 67,8 | 39,2 | 4,20 |
| 14 | 1,825 2,100 | 1,900 | 17,2 | 77 | 40,5 | 4,45 |
| Moy. gén. 79 | » » | 1,430 | 14,2 | 60,2 | 42 | 4,25 |

Les poids de la rate sont au nombre de 42, se répartissant ainsi (en éliminant un poids anormal de 3$^{gr}$,54 chez un lapin de 1 850 grammes) :

| NOMBRE d'observations. (Lapins.) | POIDS MAXIMUM et minimum. | POIDS moyen. | SURFACE moyenne. | POIDS EN GR. DE LA RATE. absolu. | par kilogr. | par déc. car. |
|---|---|---|---|---|---|---|
| | gr gr | gr | | gr | gr | gr |
| 20 | De 800 à 1,500 | 1,264 | 13,3 | 0,598 | 0,475 | 0,046 |
| 22 | 1,600 2,100 | 1,800 | 46,6 | 1,063 | 0,590 | 0,064 |
| Moy. gén. 42 | » » | 1,540 | 15 | 0,545 | 0,053 | 0,063 |

1. *Arch. für exp. Pathol.*, 1888, t. XIX, p. 285. — 2. *Beitr. zur Physiol.*, 1875, t. I, p. 136. — 3. *Bull. Soc. Biol.*, 1889, p. 511. — 4. *Arch. d. Ver. f. gem. Arb.*, 1860, t. IV, p. 79. — 5. *Ibid.*, 1860, t. IV, p. 43. — 6. Cités par Friedländer et Barisch (*Arch. f. Anat. und Pysiol.*, 1860, p. 654). — 7. *Zeitschr. f. Biol.*, t. XXVIII, 1892.

Quant aux poids du cerveau des lapins, je n'ai que 7 observations, dont 6 à M. Falck et 1 à moi.

| POIDS MAXIMUM ET MINIMUM. (Lapins.) | POIDS moyen. | SURFACE moyenne. | POIDS EN GRAMMES DU CERVEAU | | |
|---|---|---|---|---|---|
| | | | absolu. | par kilogr. | par déc. carré. |
| | gr | | gr | gr | gr |
| De 1,206 à 1,830 | 1573 | 15,2 | 8,65 | 5,5 | 0,57 |

Pour les cobayes, j'ai 29 observations, dont 9 à MM. Friedlander et Barisch, 11 à M. Lukjanow [1] et 9 à moi personnelles. On peut les répartir ainsi :

| NOMBRE d'observations. (Cobayes.) | POIDS maximum et minimum. | POIDS moyen. | SURFACE moyenne. | POIDS EN GRAMMES DU FOIE. | | |
|---|---|---|---|---|---|---|
| | | | | absolu. | par kilogr. | par déc. car. |
| | gr gr | gr | déc. qu. | gr | gr | gr |
| 14 | De 295 à 443 | 384 | 5,9 | 16,80 | 44 | 2,85 |
| 15 | 450 749 | 532 | 7,4 | 20,60 | 38,5 | 2,80 |
| Moy. gén. 29 | » » | 460 | 6,7 | 18,70 | 41 | 2,83 |

Pour la rate et le cerveau, je dois me contenter de mes 9 mensurations :

| NOMBRE d'observations. (Cobayes.) | POIDS maximum et minimum. | POIDS moyen. | SURFACE moyenne. | POIDS EN GRAMMES DE LA RATE. | | | POIDS EN GRAMMES DU CERVEAU. | | |
|---|---|---|---|---|---|---|---|---|---|
| | | | | absolu. | par kilogr. | par déc. c. | absolu. | par kilogr. | par déc. car. |
| | | gr | | gr | gr | gr | gr | gr | gr |
| 9 | 320 à 483 | 407 | 6,2 | 0,57 | 1,40 | 0,92 | 3,22 | 7,9 | 0,52 |

J'ai pris 7 mensurations sur les rats (blancs ou gris) et j'y trouve les données suivantes :

1. *Zeitschr. für physiol. Chemie*, 1891, t. XVI, p. 87.

| NOMBRE d'observations. (Rats.) | POIDS maximum et minimum. | POIDS moyen. | POIDS moyen. | POIDS du foie par kilogr. | POIDS par décimètre carré. | SURFACE |
|---|---|---|---|---|---|---|
| | | | FOIE. | | | |
| | gr gr | gr | gr | gr | gr | d. qu. |
| 6 | De 140 à 375 | 261 | 13,25 | 51,0 | 2,9 | 4,60 |
| | | | RATE. | | | |
| 7 | De 140 à 375 | 295 | 0,923 | 3,15 | 0,186 | 4,95 |
| | | | CERVEAU. | | | |
| 8 | De 140 à 375 | 295 | 2,000 | 6,8 | 0,405 | 4,95 |

J'ai pris aussi 6 mensurations sur des souris :

| NOMBRE d'observations. (Souris.) | POIDS maximum et minimum. | POIDS moyen. | POIDS absolu. | POIDS du foie par kilogr. | POIDS par décimètre carré. | SURFACE |
|---|---|---|---|---|---|---|
| | | | FOIE. | | | |
| | gr gr | gr | gr | gr | gr | d. qu. |
| 6 | De 4,45 à 6,60 | 5,61 | 0,288 | 51 | 0,85 | 0,337 |
| | | | RATE. | | | |
| » | Id. | » | 0,023 | 4,10 | 0,068 | 0,337 |
| | | | CERVEAU. | | | |
| » | Id. | » | 0,311 | 55,5 | 1,66 | 0,337 |

Pour les animaux domestiques, les principaux chiffres sont empruntés à l'admirable mémoire de LAWES et GILBERT (*Philosoph. Transact.*, 1859, p. 558) ; quelques chiffres disséminés sont empruntés à d'autres agronomes : CORNEVIN (*Traité de Zootechnie*, p. 519 et 840), à M. WOLFF (*Alimentation des animaux domestiques*, 1888, trad. franç.), à M. GRANDEAU (*Alimentation de l'homme*, t. I) et à M. COLIN (*Traité de Physiologie*, 2e édit., t. II, p. 610). MM. BIDDER et SCHMIDT (cités par FRIEDLANDER et BARISCH, (*loc. cit.*, p. 655) ont aussi donné quelques mesures du poids du foie chez les moutons.

Nous traiterons d'abord du poids du foie chez les moutons, les porcs, les bœufs.

| NOMBRE d'observations. | POIDS moyen. | POIDS ABSOLU du foie. | SURFACE moyenne. | FOIE par kilogr. | FOIE par surface. |
|---|---|---|---|---|---|
| | | MOUTONS. | | | |
| 4 | De 23 | gr 435 | déc. qu. 91 | gr 19 | gr 4,80 |
| 188 | 64,5 | 1070 | 180 | 16,6 | 5,90 |
| 21 | 78 | 1110 | 204 | 14,2 | 5,45 |
| 65 | 88 | 1220 | 222 | 14,9 | 5,45 |
| Moyenne (en éliminant les quatre jeunes moutons). | | | | | |
| 264 | 72 | 1090 | 194 | 15,2 | 5,65 |
| | | PORCS. | | | |
| 27 | 82 | 1340 | 212 | 16,4 | 6,3 |
| 33 | 110 | 1617 | 256 | 14,7 | 6,3 |
| | | BŒUFS. | | | |
| 3 | 410 | 5620 | 618 | 13,7 | 9 |
| 17 | 525 | 6850 | 728 | 13,1 | 9,4 |
| 2 | 680 | 7900 | 867 | 11,7 | 9,1 |

La rate est remarquable par une grande uniformité (chez tous ces animaux domestiques) pour ses proportions relatives au poids du corps. Nous avons en effet (par kilogr.) :

| NOMBRE d'observations. | POIDS moyen. | RATE par kilogramme. | RATE par décim. carré. | POIDS ABSOLU de la rate. |
|---|---|---|---|---|
| | | MOUTONS. | | |
| 188 | kg De 64,5 | gr 1,5 | gr 0,535 | gr 96,5 |
| 21 | 78 | 1,7 | 0,640 | 132 |
| 45 | 88 | 1,4 | 0,560 | 123 |
| | | PORCS. | | |
| 27 | 82 | 1,5 | 0,580 | 123 |
| 33 | 110 | 1,3 | 0,560 | 143 |
| | | BŒUFS. | | |
| 3 | 410 | 1,5 | 1 | 615 |
| 17 | 525 | 1,7 | 1,22 | 890 |
| 2 | 680 | 1,7 | 1,32 | 1150 |

Pour les poids de cerveau, les chiffres sont bien moins nombreux; car MM. Lawes et Gilbert n'ont pas pesé les encéphales des moutons et des porcs; il ne nous reste que quelques chiffres très rares, qui cependant peut-être suffisent, car, d'une manière générale, le poids de l'encéphale est moins sujet à variations que le poids du foie ou de la rate.

Pour 7 moutons de 25 à 55 kilogrammes, en moyenne 34kg,500, le poids du cerveau a été 108gr,6, soit 3,15 par kilogramme et 0,092 par décimètre carré (surf. 118).

Pour 3 porcs de 25, 29 et 45 kilogrammes, en moyenne

| POIDS de l'animal. | POIDS du foie. | POIDS de la rate. | POIDS du cerveau. |
|---|---|---|---|
| | CHEVAL[1]. | | |
| k 501 | gr. 6 620 | gr. 985 | gr. 627 |
| 400 | 5 225 | 967 | 595 |
| | LION[2]. | | |
| 51,2 | 2 000 | 115 | 200 |
| | HYÈNE[3]. | | |
| 20,15 | 488 | 35 | » |
| | HÉRISSON[4]. | | |
| 760 | 28,5 | 2,0 | 4,0 |
| 680 | 33,0 | » | » |
| 635 | 17,5 | » | » |
| | MARMOTTES[5]. | | |
| 1083 | 36,2 | 1,0 | 10,45 |
| 1083 | 33,9 | 0,9 | 10,40 |
| | LIÈVRE[6]. | | |
| 3422 | 135 | 2,0 | 12,00 |

1. Colin, *Traité de Physiologie*, t. II, p. 608.
2. Colin, *ibid.*
3. Colin, *ibid.*
4. Valentin, *Moleschott's Unters*, t. II, p. 18, et Colin, *loc. cit.*, p. 707.
5. Valentin, *loc. cit.*, p. 707.
6. Colin, *loc. cit.*

33 kilogrammes, le poids moyen du cerveau a été de 96 grammes, soit 2,90 par kilogramme et 0,84 par décimètre carré (surf. 115).

Pour 14 bœufs de 535 kilogrammes, le poids moyen du cerveau a été de 375 grammes, soit 0,07 par kilogramme et 0,51 par décimètre carré (surf. 739).

Pour terminer, mentionnons quelques observations sur divers animaux, trop peu nombreuses pour qu'on puisse conclure (voir le tableau page 171).

Reprenons l'ensemble de ces chiffres, séparément, pour le foie, la rate et le cerveau.

| DÉSIGNATION. | POIDS de l'animal. | RATE par kilogram. | RATE par décim. car. | FOIE par kilogram. | FOIE par décim. car. |
|---|---|---|---|---|---|
| | kil. | gr. | gr. | gr. | gr. |
| Souris | 6 | 4,1 | 0,07 | 51 | 0,85 |
| Rats | 260 | 3,15 | 0,19 | 51 | 2,90 |
| Cobayes | 460 | 1,40 | 0,09 | 41 | 2,83 |
| Lapins | 1,430 | 0,54 | 0,05 | 42 | 4,20 |
| Chats | 2,670 | 1,88 | 0,23 | 32,5 | 4,00 |
| Chiens | 16,000 | 2,72 | 0,62 | 28,0 | 6,70 |
| Hommes | 41,000 | 3,80 | 1,15 | 34,8 | 10,35 |
| Moutons | 72,000 | 1,60 | 0,60 | 15,2 | 5,65 |
| Porcs | 110,000 | 1,30 | 0,56 | 14,7 | 6,30 |
| Bœufs | 525,000 | 1,70 | 1,22 | 13,1 | 9,40 |

On voit par là :

1° Que, dans les différentes espèces de mammifères, la proportion du foie varie à la fois par l'unité de poids et l'unité de surface ;

2° Que, d'une manière générale, *la proportion du foie est d'autant plus grande par rapport à la surface que l'animal est plus gros ; et d'autant plus grande par rapport au poids que l'animal est plus petit ;*

3° Que l'homme est, de tous les animaux, celui dont le foie est le plus volumineux, par rapport à la surface, ce qui s'explique peut-être par la nécessité d'une combustion chimique active due à la nudité de son tégument ;

4° Que la rate est très sensiblement, chez les divers mammifères, proportionnelle au poids du corps ; soit, en moyenne, 2 grammes par kilogramme ; avec un maximum chez l'homme (3,8) et un minimum chez le lapin (0,54) ;

5° Que, par conséquent, le poids de la rate, par l'unité de surface, va en augmentant à mesure que le poids de l'animal est plus fort.

Mais, pour saisir nettement la relation du foie avec la surface, il faut étudier les mêmes animaux (adultes) de poids différents. Alors nous trouvons :

| DÉSIGNATION. | POIDS de l'animal. | FOIE par décimètre carré. | FOIE par kilogramme. |
|---|---|---|---|
| | kil. | gr. | gr. |
| Chiens . . . . . . . . . . . . | 36 | 6,5 | 22,1 |
| — . . . . . . . . . . . . | 26 | 6,0 | 21,9 |
| — . . . . . . . . . . . . | 20 | 6,5 | 26,3 |
| — . . . . . . . . . . . . | 16 | 6,4 | 27,5 |
| — . . . . . . . . . . . . | 13 | 6,7 | 32,1 |
| — . . . . . . . . . . . . | 9 | 6,8 | 36,1 |
| — . . . . . . . . . . . . | 5 | 6,7 | 42,4 |
| Moutons . . . . . . . . . . | 65 | 5,9 | 16,6 |
| — . . . . . . . . . . | 78 | 5,45 | 14,2 |
| — . . . . . . . . . . | 88 | 5,45 | 13,9 |
| Hommes . . . . . . . . . . | 38 | 10,50 | 35 |
| — . . . . . . . . . . | 46 | 10,35 | 34 |
| — . . . . . . . . . . | 53 | 10,14 | 30 |
| — . . . . . . . . . . | 65 | 9,85 | 27 |
| Porcs. . . . . . . . . . . . | 82 | 6,3 | 16,4 |
| — . . . . . . . . . . . . | 110 | 6,3 | 4,7 |
| Bœufs . . . . . . . . . . . | 410 | 9,0 | 13,7 |
| — . . . . . . . . . . . | 525 | 9,4 | 13,1 |
| — . . . . . . . . . . . | 680 | 9,1 | 11,7 |

De là, nous pouvons conclure :

*Chez une même espèce animale, le poids du foie est sensi-*

*blement proportionnel à la surface du corps;* il est donc, sans doute, en rapport avec une fonction de la surface, comme la radiation thermique, par exemple, ce qui s'explique bien si l'on considère le foie comme un des organes les plus actifs de la thermogénèse [1].

1. Quant au poids du cerveau, l'interprétation en est plus délicate, et je me réserve d'y revenir dans un prochain article, lorsque je traiterai du poids des organes chez les oiseaux.

L

# LA CHORÉE DU CHIEN

ET

## L'INFECTION CHORÉIQUE CHEZ LE CHIEN[1]

**Par M. H. Triboulet.**

---

### A. — *Physiologie pathologique du mouvement choréique.*

Tout d'abord, une question de principe se pose : Par rapport à la chorée humaine, que doit-on penser de l'affection dite « chorée du chien »?

Des physiologistes éminents n'ont pas songé à mettre en doute l'identité de ces deux affections ; pour eux, évidemment, il y a un rapprochement complet (tels Legros et Onimus). D'autres auteurs affirment l'identité, et appuient leurs assertions sur des preuves diverses. C'est ainsi que Wood[2] met en évidence la même survenance chez les jeunes sujets, la même origine à la suite de maladies aiguës, probablement infectieuses ; les mêmes bons effets de la médication arsenicale, etc.

1. Chorée du chien est un terme bref, partant commode : nous l'acceptons pour ce seul motif, sans chercher une autre appellation.

2. *Med. News*, 1885, p. 615.

D'autre part, des physiologistes compétents, parmi lesquels Quincke, en Allemagne, traitant de cette affection, la dénomment : *la prétendue chorée du chien.*

Aujourd'hui, on ne confond plus les deux maladies ; nous lisons dans un traité de médecine vétérinaire de Friedberger et Fröhner, traduit par M. Cadiot, professeur à l'école d'Alfort :

« Le nombre restreint des observations relatées en vétérinaire, et le cachet bizarre de certaines descriptions ne permettent pas de se prononcer sur l'analogie et les rapports qui existent entre la chorée des animaux et celle de l'homme ; toutefois, il semble que chez les premiers on a décrit sous ce nom quelques cas de spasmes cérébraux ou réflexes simples, et des attaques éclamptiques ou épileptiques bénignes. Les spasmes qui surviennent au cours de la maladie du jeune âge chez le chien n'ont pas le caractère choréique ; ce ne sont que des contractions cloniques réflexes.

« Ces convulsions ne sont que des *tics*. Ils s'accusent par des contractions spasmodiques localisées à certaines régions, ou plus ou moins généralisées, mais d'intensité *uniforme*, ou à peu près, et parfaitement *rythmées.* »

Gilbert, Robert et Cadiot[1] ont établi expérimentalement que le tic de la face, chez le chien, reconnaît pour cause un trouble fonctionnel des noyaux d'origine de la septième paire.

On ne saurait guère, avec Mobius, rapprocher la maladie à mouvements choréiformes de l'affection, rare chez l'homme, signalée par Friedreich en 1881, étudiée chez nous par M. Marie[2], et connue sous le nom de *paramyoclonus multiplex* (mouvements provoqués par les excitations, mouvements intermittents, etc.).

Si nous adjoignons nos quelques remarques à celles des auteurs précités, nous arrivons à l'idée d'une différence bien

1. *Recueil vétér.*, 1890, p. 533.
2. Marie, *Prog. méd.*, 1886, p. 807.

précise qui peut se formuler en un tableau comparatif répondant à la majorité, sinon à la totalité des cas observés :

| *Chorée humaine.* | Maladie dite : *Chorée du chien.* |
|---|---|
| Affection légère, *transitoire*, *stationnaire*, ou évoluant par augment jusqu'à une période d'état suivie de déclin.<br>Guérison presque toujours.<br>Complication mortelle possible par rhumatisme cérébral avec *hyperthermie.* | Affection *durable*, *progressive*, grave, *fatale.*<br>Mort fréquemment par cachexie avec paraplégie, avec atrophie musculaire progressive et troubles trophiques (eschare) *hypothermie* à la période terminale. |

Si nous entrons dans le détail, nous trouvons, à propo du mouvement anormal :

| *Chorée humaine.* | *Chorée du chien.* |
|---|---|
| Incoordination musculaire *totale*, simultanée et successive ; c'est-à-dire arythmie complète. De plus, arrêt par le sommeil (en dehors des cas très sévères). | Secousses *groupées*, *partielles*, rythmiques.<br>Persistance dans le sommeil. |

En raison des différences tranchées qui séparent les deux affections, nous ne tiendrons pas grand compte des expériences variées que nous avons tentées au laboratoire de physiologie, soit en reproduction de celles de Legros[1], de celles de Quincke[3], de Wood[3], etc., soit en recherches personnelles.

Les variations que subit le mouvement sous l'influence des divers agents physiologiques, les modifications apportées par les vivisections nous paraissent d'une interprétation bien délicate, et ce n'est pas, nous semble-t-il, dans ce sens qu'il faut chercher l'interprétation pathogénique des faits. Rappelons cependant les grandes conclusions :

D'après Legros et Onimus,

1° La section des gros nerfs périphériques entraîne l'arrêt des mouvements, ce qui prouve que dans la production du trouble musculaire

1. Legros et Onimus, *Journ. de l'anat. de Robin*, 1870, p. 403.

2. Quincke, *Arch. für experim. Pathol.*, 1885. Résumé in *Rev. des sc. médic.*, t. XXVII, p. 31.

3. Wood, *loc. cit.*

les muscles et les nerfs périphériques n'entrent pas en cause; l'axe cérébro-spinal est seul en jeu.

2° Si, comme l'ont fait Chauveau, Carville et Bert, on sectionne la moelle sous l'occiput, on voit, après un moment d'arrêt de quatre ou cinq minutes, reprendre les secousses choréiques, et les expérimentateurs ont pu conserver l'animal vivant ainsi pendant trois et quatre heures. — Le mouvement anormal n'est donc pas sous l'influence directe du cerveau; c'est sur la moelle que doit se porter toute l'attention.

Dès lors : *a*) sur deux chiens, la moelle est mise à nu sur une longueur de 20 centimètres, à partir de la troisième cervicale : il y a, comme premier résultat, un affaiblissement dû à l'opération.

Si, alors, on fait un attouchement des cordons postérieurs, on voit se produire des contractions énormes.

Le refroidissement à l'air détermine un affaiblissement qui va même jusqu'à l'arrêt des mouvements; réchauffe-t-on l'axe nerveux (à l'eau chaude), il y a reprise du mouvement.

C'est donc dans la région des éléments sensitifs qu'on doit localiser l'influence motrice anormale[1].

*b*) La section des racines postérieures, chez les chiens, laisse persister les mouvements avec leur rythme habituel, dès lors c'est dans l'axe et dans les cordons que doit se placer la localisation.

*c*) Sur un autre chien, la moelle étant sectionnée sur la ligne médiane, les mouvements ont continué; avec des ciseaux courbes, on a excisé une partie des cornes et des cordons postérieurs d'un côté, il y a eu affaiblissement proportionnel à l'étendue de l'excision, et arrêt du côté lésé, après excision profonde; les mouvements persistant dans la zone opposée intacte. Il devient donc permis d'affirmer que le siège de l'affection choréique se trouve dans les cellules de la corne postérieure, ou dans les fibres qui unissent celles-ci aux cellules motrices, etc.

Ces expériences paraissent nettes, précises; leurs résultats sont évidents à première vue; ils semblent établir sur des données certaines la théorie réflexe de la chorée, et, séduit par les apparences, nous avions entrepris d'ajouter encore à l'expérimentation dans ce sens. C'est dans ce but que nous avons répété sur plusieurs chiens, d'après les auteurs, des expériences sous l'influence de divers agents (morphine, chloral, éther)[2].

Rapidement nous relatons que :

1. Ceci semble bien plaider en faveur de la théorie réflexe.

2. Nous avons encore agi avec la cocaïne, avec la strychnine. Nos résultats dans ces deux essais ne valent pas la peine d'être notés.

1° La *morphine*, à la dose de 0,01 centig. par kilogramme d'animal a déterminé :

| D'après Quincke : | D'après nous[1]. |
|---|---|
| Sommeil profond. | Sommeil agité. |
| Abolition des réflexes, persistance des mouvements avec légère atténuation. | Exagération des réflexes. |
| | Dans nos trois cas, persistance des mouvements, avec, deux fois, tendance à la généralisation. |

Les conditions de durée et de rapidité de l'injection étant mal déterminées, les résultats ne sont pas comparables dans les cas successifs.

2° Le *chloral* est constant dans ses résultats : en lavement massif, ou en injection à la dose de 2 à 5 grammes, suivant le poids, fractionnée au quart d'heure : il détermine, avec un abaissement progressif de la température de 39° à 35°-33°, une diminution des mouvements ; quand le sommeil est complet, on a abolition du réflexe rotulien, et d'ordinaire (4 fois sur 5), presque abolition des mouvements, mais avec persistance cependant encore bien appréciable dans un des membres, lequel est toujours celui dont les mouvements étaient, auparavant, le plus marqués.

Il est intéressant d'opposer ce résultat : la persistance du mouvement ; à ce qu'on voit chez l'enfant, où, à la dose de 4 grammes, nous avons vu survenir temporairement une résolution presque complète, avec cessation du mouvement.

3° Nous avons encore, dans le même but d'approfondir la question au point de vue spécial de la théorie réflexe de la chorée, tenté des essais multiples sur les modifications du pouvoir excito-moteur de la moelle par divers agents physiques.

La réfrigération totale de l'animal ; la réfrigération partielle, celle d'un gros tronc nerveux (le sciatique, par exemple) ; la réfrigération du rachis.

1. Ce qui est bien en rapport avec l'action de la morphine qui, physiologiquement, stimule le pouvoir excito-moteur de la moelle.

Le froid a diminué le pouvoir excito-moteur.

Par contre, nous avons élevé à l'étuve la température des sujets en expérience (1 à 2 degrés, 2 1/2, sans résultat appréciable).

Voulant voir l'influence de l'action oxydante du sang artériel sur les nerfs périphériques que nous supposions être le point de départ possible d'excitations réflexes morbides, nous avons lié les artères des membres malades ; le résultat, dans ces derniers cas, s'est confondu, quant aux tracés obtenus, avec celui de la réfrigération, il y a diminution de l'excitabilité.

De tout cela, rien n'est à noter spécialement. — Sans vouloir parler de leurs expériences de vivisection, il nous semble que les auteurs qui ont étudié les mouvements anormaux du chien ont laissé dans l'ombre des éléments d'une importance non moins grande que celle de la secousse choréiforme, tels que les désordres paralytiques et les troubles trophiques qui demandent, eux aussi, leur explication, et ne peuvent s'expliquer qu'avec l'intervention de nouveaux éléments. Et nous répétons que pour l'une et l'autre des deux affections différentes : celle de l'homme, celle du chien, c'est envisager la question à un point de vue beaucoup trop restreint que d'en faire exclusivement une *folie du mouvement.* C'est pour pouvoir diriger les recherches dans un autre sens que nous avons abordé l'étude de l'affection au point de vue de la pathologie comparée.

## B. — *Pathologie comparée.*

### 1° HISTORIQUE

Nous comptions rencontrer dans la bibliographie de la médecine vétérinaire des renseignements précis au sujet de la question qui nous préoccupe : *Rapport du mouvement choréique et des maladies infectieuses.*

Nous voulions savoir s'il était établi :

1° Que la chorée du chien fût conséquence de la maladie infectieuse dénommée « maladie des chiens ».

2° Si, de plus, cette maladie des chiens était définitivement classée au point de vue bactériologique, quel était le microbe? et comment pouvait-il agir pour déterminer le trouble nerveux?

(Naturellement ce n'était que dans les ouvrages récents que nous pouvions espérer trouver une solution de la deuxième question.)

Pour la première : chorée en conséquence de la maladie des chiens, comme pour la pathologie humaine, la clinique a devancé la microbiologie.

Dans un article de Verheyen[1], très antérieur aux notions actuelles, nous trouvons un exposé symptomatique assez complet de l'affection, montrant bien la complexité des phénomènes (troubles moteurs, psychiques, trophiques); l'auteur fait voir la marche progressive fatale. *En étiologie, on sait que la chorée est consécutive à la maladie d'enfance qui atteint l'espèce canine (principalement les races fines); nous ne connaissons pas d'exemple de chorée primitive chez le chien.*

Cet article de Verheyen est excellent au point de vue de la pathologie générale; le rôle de l'infection y est nettement indiqué.

Dans la littérature étrangère, nous trouvons des travaux de plusieurs auteurs anglais et allemands, sur la production expérimentale de la chorée; le plus souvent les recherches consistent dans l'étude de l'embolie capillaire[2].

Dans le cours de M. Bouley[3], si plein de détails sur les diverses maladies infectieuses des autres races domestiques, nul passage n'a trait spécialement au mouvement choréiforme

1. Verheyen, *Dict. de méd. vétér. de Bouley et Raynal*, 1857. Art. Chorée. — *Arch. Belges de méd.*, 1858, p. 258.

2. Angel Money, *Med. chirur. Trans.*, LXVIII, p. 277, 1885. V. aussi Rosenthal, « Mal. du syst. nerv. », p. 603. Cité *in* Huchard, « Traité des névroses ».

3. Bouley, *lec. du Muséum*, 1882.

dans ses rapports avec la maladie des chiens. Nous ne trouvons à relever que cette phrase qui est une généralité : « *On peut dans la maladie des chiens, maladie contagieuse, inoculable, observer des troubles procédant des lésions diverses de l'appareil nerveux que les lésions inflammatoires peuvent déterminer.*

C'est là fort peu, et c'est bien gratuitement avancer que les désordres observés sont de nature inflammatoire, et résultent d'une localisation de l'agent infectieux.

Il faut, pour recueillir des détails précis, se reporter au traité tout récent que nous avons déjà cité[1].

« Les causes de la chorée, y est-il dit, sont inconnues ; elle frappe surtout les animaux jeunes, faibles, anémiques. Une prédisposition créée par l'impressionnabilité innée ou acquise du système nerveux paraît dominer son étiologie. Mais, parfois, la véritable chorée apparaît à la suite de la maladie du jeune âge, chez les animaux en pleine convalescence. Elle a été constatée sur le cheval, le bœuf, le chien, le chat et le porc. »

Nous reportant alors, pour notre cas particulier, à l'étude microbienne de la maladie du chien, nous lisons dans le même ouvrage :

L'agent infectieux du jeune âge est inconnu.

Les assertions des auteurs qui l'ont recherché ne sont point concordantes.

Dans le sang des chiens malades, Semmer et Laosson[2] ont trouvé des bacilles très fins et courts, qu'ils regardent comme les éléments spécifiques de l'affection. Pour Rabe, ceux-ci sont des schizomycètes qu'il a rencontrés dans le contenu des pustules, dans le jetage et dans le produit de sécrétion de la conjonctive. Ils se présentent sous la forme de globules de très petites dimensions, tantôt groupés en amas irréguliers, tantôt associés deux à deux ou quatre à quatre (à la manière des sarcines), tantôt, enfin, disposés en chapelet. Ils se colorent aisément. Leur abondance dans les sécrétions de la muqueuse nasale est proportionnelle à l'intensité du processus ; on ne les y rencontre plus à la période de convalescence.

1. Friedberger et Fröhner, trad. par Cadiot, t. I, p. 122.
2. Laosson, Th. de doctorat. Dorpat, 1888.

FRIEDBERGER a constaté le micro-organisme décrit par Rabe, mais il n'admet que sous réserve le rôle que lui assigne cet auteur. KRAJENSKY a incriminé des microcoques; MATHIS a trouvé un diplocoque spécifique dans les humeurs, les tissus, le jetage et les pustules. Il l'a ensemencé dans le bouillon neutre ou alcalin, et a obtenu des cultures pures (il l'a ensemencé en série, et a obtenu des septièmes cultures). L'inoculation de celles-ci a donné des résultats positifs; les symptômes de l'affection expérimentale étaient semblables à ceux de la maladie contractée naturellement. En général l'hyperthermie survenait très rapidement, et des pustules apparaissaient aux points d'inoculation, ou sur toute la surface du corps. La plupart des animaux très jeunes succombaient; les survivants étaient doués de l'immunité.

De nouvelles recherches bactériologiques ont été faites à Nancy par JACQUOT et LEGRAIN [1].

Dans le liquide des pustules, ces auteurs ont constaté de nombreux microcoques de 0μ,6 à 0μ,8 de diamètre, la plupart associés deux à deux et paraissant mobiles. Ils ont réussi à les cultiver dans différents milieux. Vingt jeunes chiens ont été inoculés à diverses reprises avec ces cultures. La plupart ont présenté une éruption légère au point d'inoculation; dans la suite, ils n'ont pas été frappés de la même maladie.

Dans tout ce qui précède, ceci reste évident : l'inoculation est *spécifique*, mais l'agent visible qui se révèle sous forme de micrococci quelconques est-il bien spécifique?

Les cultures dues à l'ensemencement du jetage ou du pus sont forcément suspectes, puisqu'il doit s'y joindre presque constamment de l'infection secondaire.

C'est à l'étude du sang — *seul* — qu'il faut s'adresser pour espérer un résultat peut-être moins douteux. Or, dans ce sens, rien n'est établi encore.

M. NOCARD a eu l'extrême obligeance de nous exprimer son opinion à ce sujet :

Pour ce savant, il en est de la maladie des chiens comme des fièvres éruptives chez l'homme. Peut-être y a-t-il bien plusieurs maladies et non pas *une* (qu'on assimile d'ordinaire à la variole humaine (BOULEY, TRASBOT). On voit bien les agents infectieux (cocci) qui peuvent s'adjoindre à la septicémie

1. JACQUOT et LEGRAIN, *Recueil de méd. vétér.*, 1890, p. 149.

spécifique, mais l'agent *spécial* proprement dit échappe pour sa part aux recherches. »

En présence de cette insuffisance de renseignements pouvant donner certitude, nous avons essayé de reprendre pour notre compte l'étude de plusieurs chiens choréiques[1].

### 2° Étude de cinq chiens choréiques, c'est-a-dire atteints de mouvements choréiformes.

Nous n'avons nullement l'intention de faire une étude de pathologie vétérinaire; nous rappelons seulement à grands traits :

*La prédisposition* (chiens de certaines races, chiens jeunes).

*La cause efficiente* (une maladie infectieuse, la maladie des chiens).

*La symptomatologie complexe : a*) mouvement anormal consistant en secousses rythmiques, limitées ou généralisées, symétriques ou croisées; *b*) une parésie progressive affectant surtout le train postérieur; *c*) des modifications de caractere évidentes (douceur, état craintif exagéré); *d*) plus ou moins rapidement des troubles trophiques (atrophie musculaire progressive et formation d'eschares aux membres postérieurs).

Le tout paraissant pouvoir être appuyé de données microbiennes.

De nos cinq chiens choréiques, deux, adultes, étaient évidemment loin déjà de la période d'infection primitive; deux autres, par contre, présentaient encore des symptômes de contamination récente (jetage oculaire et nasal, toux, gourme, etc.); chez un cinquième, le mouvement choréiforme a paru produit expérimentalement. Nous avons, dans chacun des cinq cas, fait plusieurs cultures avec le sang de l'animal vivant, d'autres avec le sang et les viscères de l'animal sacrifié; les

1. Nos recherches ont porté en huit mois sur cinq chiens choréiques, ce qui, vu la difficulté de se procurer ces animaux, en dehors des écoles vétérinaires, est un chiffre déjà important.

cultures ont été faites sur bouillon, puis sur gélose et aussi sur gélatine. Les résultats ont été très variés.

Un premier chien épagneul, adulte, du poids de 18kil,300, a été sacrifié dans une expérience, le 17 novembre 1891; l'autopsie fut immédiate :

*a*) Dès l'ouverture du corps, cautérisation de la veine cave inférieure, et incision de sa paroi : le sang s'échappe en jets de 10 centimètres de hauteur, le fil de platine est trempé dans ce jet, et on ensemence :

1 bouillon.
1 agar.

*b*) Cautérisation de la rate en surface, ensemencement de :

1 tube bouillon.
1 tube agar.

*c*) A l'ablation de la moelle, une hernie de la substance médullaire s'étant produite dans la région cervicale, après cautérisation, on y plonge le fil de platine et on ensemence deux tubes de bouillon.

Tous ces tubes ayant été placés à l'étuve à 39° du laboratoire, le mardi 17, on constatait, le vendredi 20 novembre, que :

Le bouillon *a*) était fertile.
L'agar *b*) » »
Un bouillon *c*) » »

Des ensemencements furent faits avec les bouillons *a*) et *c*) sur gélose. En même temps, on ensemença un ballon (100 grammes) de bouillon bipeptone. Le lundi 23, on constate des traînées blanchâtres sur agar, puis un trouble considérable du bouillon, et sur les parois et sur le fond du ballon, un dépôt qui rappelle les fines cristallisations du givre. Examinées sur lamelles, les cultures en bouillon donnent un microbe à gros grains arrondis, disséminés, rarement groupés en amas.

Sur lamelles, les cultures sur gélose donnent deux formes microbiennes, l'une est un coccus à gros grains arrondis, l'autre est un bâtonnet court.

Reportées sur gélatine, ces cultures d'un seul cas donnent en six à huit jours, à la température du laboratoire (16 à 18°) des traînées en surface d'îlots chromogènes, verdâtres, ne liquéfiant pas la gélatine. (Nous n'avons pas depuis retrouvé ce microbe.)

Dans tous les cas, ce qui nous parut constant, ce fut la présence d'un microbe à gros grains déprimant légèrement la gélatine sans la liquéfier.

Réensemencé en bouillons successifs, à huit et quinze jours d'intervalle, ce coccus donna des cultures fertiles pendant près de trois mois; puis à la suite d'une interruption d'un mois dans le réensemencement, soit séjour trop prolongé dans le même milieu, soit épuisement de la vitalité du microbe, les derniers ensemencements restèrent stériles[1].

Pour compléter nos connaissances sur ce microbe, nous avons cherché à reconnaître ses vertus pathogènes :

Employant un bouillon de quarante-huit heures d'étuve à 39°, nous fîmes à un lapin blanc *a* de 3 kil. une injection de III gouttes sous la peau de l'oreille gauche; puis à un lapin gris *b* de 2kil, 200, une injection de XV gouttes, sous la peau de l'abdomen. Il n'y eut pas de réaction générale; la température initiale de 39°,5 se maintint constante; localement, il y eut sur l'oreille du premier lapin *a* une plaque de lymphangite avec irradiations; sur le second lapin *b*, il persista pendant six jours un nodule d'induration abdominale, sans réaction locale apparente. D'autre part, inoculé à des chiens, le bouillon de culture, à la dose de 4 à 5 cc. donna des effets différents, les uns positifs, les autres négatifs; nous y reviendrons ultérieurement.

Pour l'instant concluons :

Dans le sang de ce premier chien, une bactérie facilement cultivable, à colonies chromogènes sur gélatine, et ne liquéfiant pas ce produit, ce microbe pouvant bien n'être qu'accidentel; puis un coccus à gros grains qui a pu être cultivé aisément, à plusieurs reprises, et réensemencé. Ce coccus non plus ne liquéfie pas la gélatine. Propriétés pathogènes minimes, mais réelles.

### Expérience II

Second chien, braque français, 16 kil., mouvements choréiformes croisés et tic de salutation. Sur l'animal vivant, après les précautions d'usage, on aspire de la veine saphène, avec la seringue bien stérilisée, du sang qu'on porte sur bouillon, et sur agar. Ces tubes sont fertiles en vingt-quatre heures. On ensemence un ballon de 100 grammes de bouillon bipeptone, et on obtient, en deux jours d'étuve à 39°, un trouble total du bouillon. Au huitième jour, il y a dépôt microbien abondant en stries sur la paroi, mais, au lieu de l'apparence de cristallisation précédemment indiquée, on a ici un dépôt glaireux uniforme. Sur gélose, la culture est rapide et très abondante, en gros amas arrondis, ayant tendance à se fusionner. Sur gélatine, on obtient, à la tem-

1. Il en fut de même de ceux qu'on tenta avec les cultures sur gélose et sur gélatine.

pérature ordinaire, des traînées fines blanchâtres, qui dépriment légèrement le milieu, sans le liquéfier en totalité.

A l'examen sur lamelles, on trouve des cocci à gros grains, à groupements très variés ; cocci isolés, diplococci, tetracocci, rappelant l'aspect des sarcines ; rarement des groupes plus nombreux ; parfois quelques chaînettes. Reporté en bouillons successifs, à intervalles de huit à quinze jours, le microbe perd totalement sa vitalité au quatrième passage, c'est-à-dire vers le deuxième mois. A l'autopsie de l'animal, des ensemencements avec la pulpe de la rate, avec le sang du cœur et avec celui de la veine cave inférieure font retrouver le même microbe, un ensemencement fait avec l'axe nerveux spinal reste stérile.

Injecté sous l'oreille de deux lapins, à la dose de III et de V gouttes, le bouillon de culture se montre moins actif encore que celui du premier chien. L'inoculation au chien ne donna que peu de résultats.

En résumé, dans le sang de ce second chien :

Un coccus à gros grains, diversement groupés, de vitalité médiocre, liquéfiant la gélatine en partie, peu ou pas pathogène.

### Expériences III, IV

Le troisième et le quatrième chien présentaient des secousses choréiques moins bien accusées que chez les deux premiers. Cependant le chien III était intéressant, en raison des phénomènes d'atrophie musculaire, du degré de paraplégie, et des troubles trophiques qu'il a présentés. Les cultures du sang ont été rapides, en bouillon, rapides aussi sur gélose ; le microbe isolé, reporté sur gélatine, a liquéfié celle-ci en totalité ; c'était un staphylocoque blanc banal qui ne nous a pas paru pathogène. Le sang pris dans la saphène du quatrième chien vivant ne nous a fourni que des résultats négatifs. Nous n'avons pu faire nous-même l'autopsie, l'examen bactériologique n'a pas été pratiqué.

### Expérience V

Le cinquième chien[1] avait reçu, le 2 décembre 1891, par injection intra-musculaire, 4 centimètres cubes de la culture en bouillon du microbe du premier chien. Au point de vue de l'examen microbien, il y a malheureusement, dans ce cas, bien des lacunes. L'examen du sang n'avait pas été fait avant l'inoculation ; il n'a été refait que quatre mois après l'inoculation, quand les désordres moteurs ont paru ; à cette époque, 10 avril, deux cultures en bouillon restèrent stériles.

A l'autopsie, le 19 avril, le sang du cœur, ensemencé sur bouillon et

1. Communic. du 15 avril 1892 à la Société de Biologie, p. 297.

sur gélose, ne cultiva que sur cette dernière, en déterminant à la surface de petites traînées très minces, formées de colonies minuscules. Reporté sur gélatine, il ne cultiva point. Examinée sur lamelles, la culture fit voir un streptocoque, d'une vitalité problématique, car des essais de culture en bouillon et sur gélose restèrent sans résultat dès le second jour.

Voilà pour ce qui a trait à nos recherches microbiennes, nous sommes en présence des microbes différents : un coccus à gros grains disséminés, assez nettement pathogène, de vitalité moyenne ;

Un coccus à gros grains quelque peu groupés, peu pathogène, de vitalité faible, rappelant les dispositions signalées par les auteurs dont nous avons parlé (Rabe, Mathis, etc.) ;

Un staphylocoque non pathogène, de vitalité très médiocre ;

Un streptocoque ténu, de vitalité nulle.

### 3° EXPÉRIENCES D'INOCULATION.

Nous avions deux choses à rechercher : il fallait voir tout d'abord l'action des cultures de chaque microbe différent ; ceci fait, on devait s'enquérir du mode d'influence de ces cultures, qui pouvaient agir ou par action microbienne directe, le microbe faisant foyers, ou grâce aux sécrétions de ces microbes ; aussi les inoculations comprirent-elles deux séries bien distinctes :

#### Série A.

Injection des bouillons microbiens.

#### Série B.

Injection de bouillon, la culture étant privée de ses microbes, mais gardant leurs produits solubles. (Les injections n'ont été faites qu'au moment des cultures du sang des deux premiers chiens ; celles des autres n'ayant pu être utilisées, en raison de leur vitalité médiocre.)

Série A. — *Injection des bouillons microbiens.*

*Premier chien.* — Les cultures provenant du premier chien ayant présenté le maximum de vitalité, permirent des recherches plus suivies, et furent utilisées sur cinq sujets. On inocula successivement, à quelques jours de distance, un deuxième chien choréique, puis un jeune épagneul sain, puis un chien terrier adulte, vigoureux et sain; enfin deux chiens adultes quelconques, Ces deux derniers, observés à plusieurs mois de l'inoculation, ne présentèrent rien de spécial.

Voici le détail des expériences [1].

*a*) Dans le premier cas, il nous parut intéressant de voir quelles modifications apporterait chez un chien déjà choréique l'injection d'une culture microbienne fournie par le sang d'un autre chien choréique.

Nous prîmes, dans ce but, notre deuxième chien choréique, et nous lui fîmes dans la cuisse une injection intra-musculaire de 12 centimètres cubes de bouillon fertile par culture du sang du premier chien. Le 12 décembre, jour de l'inoculation, l'animal pesait 16 kil.; sa température était de 39°; l'état général paraissait normal, sauf le mouvement morbide. Les jours suivants rien ne se fit remarquer, mais, dès les derniers jours de décembre, l'animal, très vif auparavant, devint maussade, languissant; le poil, sec, était hérissé. Dans les premiers jours de janvier, l'animal manifesta une gêne de la marche; enfin, le 6 janvier, l'impotence fonctionnelle était devenue complète; l'animal ne pouvait plus sortir de sa cage; dans l'après-midi, il fut pris d'une attaque convulsive qui dura quelques secondes, puis tomba dans le coma, se refroidissant progressivement. A 5 heures et demie, il respirait encore; la température rectale donnait 28°,5. Nous le sacrifiâmes alors. Son poids était tombé à 12 kil.; c'est-à-dire qu'en vingt-quatre jours l'animal avait perdu 4 kil., le quart de son poids primitif. L'ensemencement du sang, fait sur bouillon et sur gélose, donna dans tous les cas un coccus à gros grains qui parut être plutôt celui du chien sacrifié que celui du premier chien qui avait fourni la culture d'injection.

L'inoculation nouvelle a-t-elle joué un rôle prépondérant?

1. Le sang des animaux inoculés était au préalable cultivé pendant plusieurs jours. Chez l'animal sain, dans trois cas pris au hasard, la culture resta stérile.

N'a-t-elle pas agi seulement en activant les effets de l'infection première du sujet en expérience? Nous ne saurions conclure.

*b*) Dans le deuxième cas, afin de mieux contrôler l'efficacité de la culture, nous prîmes pour sujet d'expérience un petit chien épagneul noir de cinq à six mois, sain, non choréique, et n'ayant vraisemblablement pas eu encore la maladie des chiens. La mort survint en dix jours, avec phénomènes paralytiques (paraplégie, atrophie musculaire rapide, troubles trophiques [eschares symétriques des pattes postérieures au niveau du tarse]; mort au milieu de convulsions).

C'est là un résultat brut, dont la seule conclusion à tirer est l'influence pathogénique certaine, pour le chien, du coccus inoculé, dont le pouvoir le plus manifeste semble être de déterminer l'apparition de troubles trophiques rapides, se présentant avant tout avec l'allure caractéristique de l'atrophie musculaire progressive. Ainsi qu'on sait, cette dernière question a été bien élucidée au point de vue expérimental par M. ROGER[1] qui a produit l'atrophie musculaire progressive expérimentale avec des cultures atténuées de streptocoque de l'érysipèle. L'idée suivante se présente alors à nous comme possible : *Puisque*, nous disions-nous, *l'affection* CHORÉE DU CHIEN *s'accompagne, à un moment donné, d'atrophie musculaire progressive, il doit y avoir une rapport étiologique et pathogénique commun et étroit entre les deux phénomènes : désordre moteur et trouble trophique ; dès lors, en produisant cette atrophie, ce qui est reconnu possible avec un coccus pathogène, peut-être pourrons-nous voir l'altération musculaire s'accompagner, à un moment donné, de la secousse choréique*

Or voici ce que nous avons pu observer sur un troisième animal en expérience :

Il s'agissait d'un chien terrier, adulte, ayant passé l'âge où les chiens contractent d'ordinaire la maladie ; chien d'ailleurs vigoureux, et indemne de tout mouvement anormal. Poids $10^{kil}$, 100, température 39°,2.

L'animal ayant reçu le 6 décembre dans la masse musculaire de la

1. ROGER, *Comptes rendus de l'Acad. des sciences*, 26 novembre 1891, p. 560.

cuisse une injection de 2 cc. du bouillon de culture du premier chien, parut d'abord n'en ressentir aucun effet (pas de réaction locale, ni générale). Son état général se maintint bon jusqu'en février; mais, en mars, il se mit à maigrir, son poil se hérissa. En avril, l'amaigrissement devint extrême, et, quatre mois après l'inoculation, le poids était tombé de $10^{kil},100$ à 6 kilogrammes, l'animal avait perdu les 2/5 de son poids primitif. On constatait alors, 10 avril, une atrophie musculaire généralisée avec prédominance sur le segment supérieur des membres antérieurs et postérieurs, sur les muscles du rachis et du cou, et même du crâne et de la face. En même temps, et c'est là tout l'intérêt de l'expérience, depuis huit jours environ, outre un certain degré de paraplégie étaient survenus des phénomènes de secousses rythmiques des membres, avec prédominance vers les membres postérieurs, secousses qui, au cou, réalisaient bien, par intermittences, le tic de salutation tel qu'on le rencontre dans l'affection dite *chorée du chien*. Les tracés du mouvement étaient analogues à ceux que nous ont donnés maintes fois les secousses choréiques de l'affection évoluant spontanément. Comme ces dernières, les secousses de notre animal en expérience persistaient dans le sommeil.

Il semble donc qu'on soit autorisé, dans ce cas, à parler d'une affection à mouvements choréiformes réellement de nature expérimentale; et la chose prendra une réelle valeur le jour où de nouveaux faits semblables pourront être relatés. Nous nous contenterons, pour ce qui a trait à notre observation particulière, de faire remarquer qu'elle repousse bien certaines objections naturelles auxquelles M. le professeur Nocard faisait allusion : L'animal était *adulte;* il était *sain*. Ce qui éloigne l'idée du développement spontané possible de l'affection, qui paraît bien relever de l'expérimentation.

L'animal, de plus en plus cachectique, put cependant vivre quatorze jours avec ces mouvements choréiformes. Il fut sacrifié le 19 avril. Les cultures du sang ne permirent pas de retrouver le microbe inoculé; une seule culture sur gélose fut fertile, donnant des traînées de colonies de streptocoque ténuissime qui ne purent être cultivées à nouveau, ni sur bouillon, ni sur gélose.

1. Ceci n'a rien qui doive nous surprendre, cette disparition de l'agent pathogène inoculé est de règle; dans les expériences de M. Roger sur la production de l'atrophie musculaire, les microbes ne se retrouvaient plus dans le sang dès le *huitième* jour. Aussi l'auteur rattache-t-il les accidents postérieurs à l'action des produits solubles microbiens.

Nous verrons ultérieurement, si l'on veut bien admettre momentanément la possibilité d'un résultat positif de l'inoculation, comment on peut, avec les données actuelles, interpréter le rôle pathogénique de la culture microbienne.

Examinons maintenant ce que nous a donné le même genre de recherches quand il s'est agi du deuxième chien.

*Deuxième chien.* — Nous avons dit que pour celui-ci le sang nous avait montré en culture un coccus à gros grains déprimant la gélatine en surface. Sans la liquéfier, nous avons vu aussi que ce coccus ne paraissait que faiblement pathogène. Injecté à trois chiens, il n'a manifesté quelque effet que dans le premier cas :

Il s'agissait d'un jeune chien de 4 mois, n'ayant assurément pas eu la maladie des chiens, d'état général satisfaisant, température 38°, poids $4^{kil}$,250. Nous lui avons inoculé, le 17 décembre 1891, 2 centimètres cubes de la culture de quarante-huit heures à 38° provenant du sang du deuxième chien choréique. Le lendemain, le petit chien inoculé a 39°,8 ; il a le poil sec, un peu hérissé, il ne mange pas. Cet état persiste pendant trois jours; l'animal maigrit de près de 500 grammes, il atteint 40° de température, mais au quatrième jour un mieux se manifeste; la température descend à 39°,2, les jours suivants l'animal se rétablit complètement.

Un deuxième chien, jeune aussi, inoculé dans les mêmes conditions (2 centimètres cubes), mourut en trente-six heures. Nous n'avons pu faire nous-même l'autopsie; le sang a donné des cultures mixtes auxquelles nous ne pouvons attribuer aucune valeur.

Deux autres chiens adultes furent inoculés, mais la culture, dont nous ne connaissions pas encore la virulence moindre, avait déjà beaucoup perdu de sa vitalité, puisque celle-ci s'éteignit au deuxième passage en culture qui suivit l'inoculation, c'est-à-dire douze jours plus tard, environ. Les résultats furent nuls; surveillés pendant cinq mois, les animaux n'ont éprouvé aucune modification. Quant aux trois autres chiens, nous l'avons dit, l'expérimentation fut impossible à leur sujet, les cultures ne présentant pas une vitalité suffisante.

## Série B.

La deuxième partie de nos recherches était la suivante :

*Injection de bouillon, la culture étant privée de ses microbes, mais conservant ses produits solubles.*

Divers moyens s'offraient à nous pour réaliser ces conditions : ou bien on pouvait stériliser les cultures obtenues, soit par un filtre retenant les microbes, et laissant passer leurs produits solubles, soit par chauffage discontinu jusqu'à stérilisation de la culture. C'est ce second mode que nous avons pratiqué. Nous l'avons fait porter sur des ballons de 100 grammes de bouillon de culture ensemencés avec le sang des deux premiers chiens choréiques. La stérilisation a été faite :

Pour les uns, à 55° et 60° pendant dix, douze et quinze jours.

Pour d'autres, à 60°, 65° pendant sept et huit jours.

Après 70°, il y a toujours eu stérilisation dès la seconde fois ou même dès la première dans un cas.

Le contrôle était fait pendant trois jours au moyen de cultures témoins.

Quant à l'inoculation aux chiens soumis à l'expérimentation, elle fut faite de deux façons : soit par injection dans la saphène, soit dans le péritoine.

I. Les cultures stérilisées du premier chien furent injectées à quatre chiens dont un fortement choréique (le 3e de notre série), dont deux adultes, sains; dont un quatrième présentant un léger tic de salutation. Chez ces trois derniers, le résultat fut nul. Notre premier cas est celui de notre troisième chien déjà choréique. Cet animal, bien portant en apparence, reçut l'injection le 6 février 1892. Nous injectâmes dans la saphène 30 centimètres cubes de bouillon stérile; la mort survint en vingt-quatre jours. L'animal, qui pesait 11 kil. au début, maigrit de 2kil.,500, c'est-à-dire qu'il avait perdu le quart de son poids. Il mourut après des convulsions.

II. Deux chiens reçurent respectivement 50 centimètres cubes et 100 centimètres cubes de bouillon stérile provenant des cultures stériles du deuxième chien. L'un fut injecté dans la saphène, l'autre dans le péritoine; aucun des deux n'en parut influencé.

Un seul fait reste donc, qui est le suivant : Un chien déjà choréique ayant reçu 50 centimètres cubes de bouillon de culture, provenant d'un premier chien choréique, et privé de microbes vivants, a succombé d'une façon très rapide.

Nous aurions aimé adjoindre à ce résultat quelques faits semblables avant d'essayer de conclure.

Pour expliquer l'action possible de ce bouillon microbien, nous n'avons pas fait d'expériences personnelles, mais cette action nous semble justiciable de l'explication fournie par quelques recherches récentes dues à M. Courmont [1].

Dans une note sur la toxicité des produits solubles du staphylocoque pyogène : « Je viens, dit cet auteur, d'étudier avec M. Rodet les produits solubles du staphylocoque pyogène : nous avons dissocié, au moyen de l'alcool, ces produits, et nous avons étudié séparément l'action des produits précipités par l'alcool, et celle des produits solubles dans l'alcool.

« Les premières déterminent sur le chien et le lapin une dyspnée excessive, une élévation de la pression artérielle, *et une excitabilité exagérée du système nerveux qui se traduit par des secousses musculaires, des mouvements choréiformes, et des contractures pouvant se généraliser et revêtir complètement l'aspect du strychnisme.* Ces accidents se terminent par la mort qui, chez le chien, a lieu, en général, au bout de deux heures.

« Les substances solubles, au contraire, inoculées aux mêmes animaux, donnent lieu à des phénomènes inverses : ralentissement de la respiration et du cœur, relâchement des symptômes musculaires, somnolence pouvant aller jusqu'à la stupeur, anesthésie cornéenne, etc. Les animaux meurent comme à la suite d'une intoxication par un anesthésique. La dissociation par l'alcool permet donc de distinguer dans les cultures du staphylocoque pyogène deux espèces de substances toxiques, différentes, aussi bien au point de vue physiologique qu'au point de vue chimique.

« Les poisons microbiens sont donc multiples, et doués de propriétés souvent antagonistes, ce qui empêche leur

1. Courmont, *Soc. de Biol.*, 23 janvier 1892, p. 103.

action de se manifester nettement quand on les injecte en bloc. »

Ce que M. Courmont a si bien établi pour un microbe banal, le staphylocoque pyogène, nous aurions bien voulu le prouver pour les cocci du chien ; nous ne nous sommes pas cru la compétence nécessaire. A notre sens, pour ce qui est de la chorée du chien, il y a plus qu'un trouble fonctionnel, ainsi que nous espérons le montrer plus loin.

Tout ce qui précède est bien loin malheureusement d'avoir le degré de certitude qui force la conviction ; les faits positifs y sont peu nombreux ; ils ne se présentent dans aucun cas avec une valeur absolue. Il faudrait reprendre la série expérimentale sur des proportions doubles ou triples.

De tout ceci, cependant, nous avons déjà plus d'une conclusion à dégager : une première, bien connue, et exprimée ayant toute notion microbienne ; elle nous paraît majeure.

La chorée du chien, conséquence de la maladie des chiens (Verheyen), puis, avec Bouley et les auteurs modernes (Friedberger, Mathis, Jacquot et Legrain, École d'Alfort), la maladie des chiens, déclarée infectieuse, reconnue inoculable.

Pour nous, avons-nous, dans nos inoculations successives, introduit au moins une fois un microbe pathogène pouvant développer chez le sujet inoculé la *maladie des chiens?* Nous sommes porté à le croire en présence des résultats obtenus sur des animaux jeunes, n'ayant assurément pas eu encore la maladie, et aussi en présence des phénomènes qu'on observe sur des chiens adultes : c'est dans tous les cas un état de cachexie prononcée, avec toux, jetage nasal et oculaire, symptômes capitaux, moins l'éruption de l'affection dite *maladie des chiens*. Celle-ci est-elle monomicrobienne, spécifique? On ne le sait pas encore aujourd'hui. Aussi ne pouvons-nous affirmer avoir rencontré chez nos sujets en expérience le *microbe* de la maladie des chiens ; mais ce qui ressort du moins de nos recherches, c'est que, dans *cinq* cas différents, on a pu retrouver au moins *trois* agents distincts, c'est-à-dire qu'il y aurait divers agents de la *septicémie* canine qui feraient les désordres nerveux, si tant est qu'il y ait rapport entre ces troubles et les infections microbiennes. Ce fait reste malgré tout dans notre esprit d'importance capitale; *il nous permet de nous éloigner de la conception illogique d'une chorée étant une entité morbide avec son microbe spécifique*[1].

Pour ajouter autant que possible quelques données positives à la question, nous avons dû rechercher si, pour expliquer le trouble nerveux, en dehors des désordres fonctionnels résultant d'infection, on ne saurait trouver quelque lésion, trace durable et indéniable du passage d'un irritant, quelle qu'en pût être d'ailleurs la nature. Or, dans ce sens, nous avons abouti à des résultats bien positifs.

4° *Anatomie pathologique.* — Avant ces dernières vingt années, il n'y a vraiment pas à parler de recherches anatomo-pathologiques. Verheyen (1857) déplore l'absence de lésions qui ne permet pas d'établir une physiologie pathogénique ferme. Legros (1870) dit avoir examiné les moelles de ses chiens choréiques et ne signale aucun résultat positif, et pourtant on sait la compétence de cet auteur en matière d'histologie.

Par contre, plus près de nous, Wood, dans le travail dont nous avons déjà parlé plus haut, est plus explicite; il dit nettement : « La lésion, si tant est qu'elle existe, occupe probablement les cellules motrices des cornes antérieures de la moelle, car la galvanisation d'un nerf sciatique mis à nu arrête immédiatement les mouvements de la patte postérieure correspondante, bien que l'animal ne donne aucun signe de douleur. » Cette supposition devient une réalité « après des examens qui montrent des lésions très nettes des cellules des cornes antérieures : perte de l'affinité pour les matières colorantes, puis disparition des noyaux, perte des prolonge-

1. V. Pianese, de Naples. *Sem. méd.*, 28 oct. 1891, p. 440.

ments protoplasmiques, et transformation de la cellule en un petit corps opaque et irrégulier ». Des lésions analogues, ajoute-t-il, auraient été constatées dans la chorée du chat, et même dans la chorée humaine.

Pour notre part, nous avons fait l'examen histologique de la moelle de quatre de nos chiens choréiques (I, II, III, V).

Le premier et le cinquième nous intéressaient plus spécialement. Le premier chien était le plus nettement frappé; les accidents avaient déjà une longue durée, car l'animal était adulte, les lésions, s'il y en avait, devaient se présenter au maximum. Le cinquième était atteint de chorée expérimentale, semblait-il. Le mode d'expérimentation rappelait celui de M. Roger pour l'atrophie musculaire progressive; celle-ci s'était produite. Allions-nous retrouver les lésions décrites par l'auteur?

Voici, exposé succinctement, le résultat de nos recherches.

A l'œil nu, rien de spécial. Dans les cas I et III, on constate une sorte d'œdème gélatineux entourant l'axe médullaire dans la région cervicale, et dans la région lombaire, histologiquement, c'était du tissu adipeux infiltré de sang. Les méninges n'étaient ni adhérentes, ni épaissies, ni congestionnées.

La moelle, enlevée de l'occipital à la queue de cheval, fut divisée en cinq ou six fragments. Dans deux cas, I, II, on enleva l'encéphale. Au niveau de celui-ci, aucune anomalie apparente. Le tout fut placé dans le liquide de Muller, et porté à l'étuve à 34° pendant vingt à vingt-cinq jours. On renouvela le liquide à plusieurs reprises. Au bout de ce temps, le durcissement étant jugé convenable, on pratiqua des coupes successives. Celles-ci partagèrent les tronçons de moelle en segments de 2 centim. environ. Placés dans l'eau pendant deux jours, ces fragments se débarrassaient de l'excédent de bichromate; nous les recevions alors pendant vingt-quatre ou quarante-huit heures dans l'alcool à 90°. Alors, nous pratiquions leur inclusion dans le collodion simple non riciné. Le durcissement nécessaire étant obtenu, nous pratiquâmes les coupes successives :

I. Dans le premier cas, aucun point ne fut sacrifié, et l'axe nerveux fut examiné pour ainsi dire millimètre par millimètre. Les recherches furent faites de bas en haut, et firent découvrir successivement trois ordres de lésions bien distinctes à signaler (1).

D'une part, dans la région sacrée, vers la partie moyenne de la moelle sacrée, point où s'est arrêtée l'extraction de la moelle, nous avons pu constater l'existence d'un triangle de sclérose. Ce triangle siège en plein dans le cordon latéral *droit;* sa base répond à la périphérie médullaire, le sommet semble s'enfoncer dans la substance grise, à égale distance de la tête des cornes antérieure et postérieure.

Cette altération est bien visible à l'œil nu, sans autre coloration que celle donnée par l'imbibition du bichromate; elle l'est également bien après coloration au picro-carmin. Par la méthode de Pal, elle atteint son maximum d'évidence.

Dans tous les cas il s'agit d'une *sclérose* confirmée, constituée par un tissu conjonctif à fibres dirigées en divers sens; pauvre en éléments embryonnaires, sauf au niveau de certains vaisseaux restés perméables, dont les parois sont infiltrées de cellules jeunes (2).

Dans tout ce triangle il n'existe plus trace de tubes nerveux ni de cylindraxes. Ces éléments réapparaissent peu à peu, en bordure du triangle lésé, en avant et en arrière.

1. Les colorations furent faites : soit au picro-carmin de Ranvier, soit à l'orcéine, suivant le procédé du même auteur, soit avec la double coloration, carmin et hématoxyline, soit enfin avec la méthode dite de Pal.

2. Nos résultats concordent bien avec ceux de M. Pierret et de M. Belous, son élève. *Th. Lyon*, 1888.

« Au point de vue anatomo-pathologique, les lésions vasculaires et périvasculaires (gaines lymphatiques) ; la dissémination irrégulière de ces lésions à différentes périodes d'évolution caractérisent le mode d'action des maladies infectieuses sur le système nerveux.

« L'évolution clinique de ces maladies est dépourvue de toute régularité (les microbes pouvant se répandre dans toutes les régions, grâce à la disposition des voies lymphatiques). »

Au lieu de microbes — non retrouvés dans les centres — peut-être faut-il dire : poisons microbiens.

Ce triangle de sclérose s'étendait sur une hauteur de 7 à 8 millim. environ ; il devait se prolonger au-dessous, mais la moelle n'a pas été enlevée à ce niveau. Du côté de la substance grise, il n'existait dans cette région rien d'anormal, nous a-t-il semblé. S'agissait-il là d'une sclérose descendante sous la dépendance de lésions sus-jacentes? N'était-ce pas plutôt une sclérose ascendante? En tout cas, les coupes faites au-dessus ne donnent plus rien de semblable : substance blanche et substance grise paraissent normales. Seule, la première laisse voir, au niveau des racines postérieures, en dehors d'elle, une infiltration plus marquée de cellules embryonnaires au niveau des capillaires. Nulle trace de sclérose. La moelle lombaire tout entière paraît saine; il n'y apparaît aucune altération cellulaire. Il en est de même des deux tiers inférieurs de la moelle dorsale, mais dans le tiers supérieur, par contre, on relève l'existence de lésions du plus haut intérêt, en raison même de leur évidente netteté : c'est une atrophie manifeste de la corne antérieure droite. L'altération se retrouve avec la même intensité sur une hauteur de plusieurs millimètres (6 environ). Nous trouvons comme détail histologique : tout d'abord, à l'œil nu, une diminution de volume de la corne qui est réduite à près du tiers de sa largeur primitive, puis, sur certaines coupes, la disparition de toutes les cellules, quelques-unes peuvent encore être soupçonnées, mais elles ne se présentent que comme de petits amas fibreux, racornis, sans granulation, sans noyau, encore moins sans nucléole, elles ont perdu leurs prolongements protoplasmiques. Au voisinage de cette corne atrophiée, bon nombre des tubes nerveux sont altérés; ils ont perdu leur gaine de myéline, et le tube est représenté par un espace clair entourant une masse rose quadrilatère volumineuse, bien différente du cylindraxe si nettement représenté par un cylindre régulier coloré en rouge vif par le carmin. Dans la corne opposée, quelques cellules également sont atteintes, mais à un degré bien moindre.

Examinée plus haut, la moelle ne présente plus rien d'anormal. Toute la région cervicale paraît saine.

Si nous voulons formuler une conception pathogénique de ces lésions, nous conclurons en disant qu'il s'agit bien manifestement de lésions irritatives, et non pas simplement de dégénérescence.

Nos recherches ont porté aussi sur le bulbe, et même sur une portion d'encéphale. Dans ce que nous avons examiné, les résultats ont été négatifs.

La moelle du deuxième chien, ainsi que son bulbe, furent examinés dans les mêmes conditions; mais les résultats furent bien moins nets.

A l'œil nu, les coupes des diverses régions, même colorées, ne laissaient rien soupçonner d'anormal. La méthode de Pal ne mit en évidence aucune altération de la substance blanche. La coloration double au carmin et à l'hématoxyline ne dénota en aucun point une prolifération quelque peu marquée des cellules embryonnaires.

Ce ne fut que sur des coupes minces colorées au carmin, et examinées attentivement, qu'on put relever quelques particularités. Elles consistèrent toutes en modifications des cellules de la corne antérieure, modifications déjà évidentes en comparant les éléments d'une corne avec ceux de la corne opposée de même nom; modifications qui devenaient flagrantes si l'on comparait les coupes de cette deuxième moelle supposée malade avec une moelle réellement saine. *Ici encore, comme dans le premier cas, comme aussi dans les deux suivants, c'est à la région dorsale que se présentèrent au maximum les altérations cellulaires.* Elles étaient disséminées, touchant parfois la plupart des cellules, parfois en épargnant le plus grand nombre. Elles se présentèrent très variées : ce qui dominait, c'était la perte des prolongements protoplasmiques, soit d'un seul, soit de tous; puis la faiblesse de l'affinité pour le carmin, qui ne les teintait qu'en rose pâle, quelques-unes même restaient incolores; le noyau pouvait être intact parfois, on ne le distinguait plus, alors que le nucléole pouvaient aussi manquer. Enfin, dans certains cas, la cellule, anucléée, sans prolongements, présentait une ou plusieurs vacuoles : parfois même toute la cellule apparaissait comme une masse incolore.

Ce sont là les altérations qu'on voit dans l'atrophie musculaire expérimentale; et ceci semble prouver que des lésions en apparence identiques, portant sur les mêmes éléments, peuvent entraîner, momentanément du moins, des troubles fonctionnels différents. Il n'est pas inutile de rappeler, d'ailleurs, que ce second chien mourut avec un amaigrissement rapide, et avec des troubles trophiques marqués.

La moelle du troisième chien présenta aussi dans la *région dorsale* des modifications importantes. Là, comme dans le premier cas, bien que moins prononcée, une atrophie d'une corne antérieure, visible à l'œil nu, et réduisant le volume de cette corne de près d'un tiers. Cette constatation grossière fut malheureusement à peu près la seule permise, la moelle, extrêmement friable, ne put donner de coupes suffisamment minces pour un bon examen histologique. Ce que nous pouvons rappeler, c'est que les cellules se coloraient fortement; que les noyaux étaient bien visibles le plus souvent, et que le fait le plus frappant était la présence en bordure de la corne de cellules un peu ratatinées.

V. Nous comptions beaucoup sur les résultats de l'examen de la moelle du cinquième chien, celui qui, après inoculation, avait présenté, associés à une atrophie musculaire rapide, des mouvements choréiformes; notre espoir fut déçu.

Rien de visible à l'œil nu; histologiquement des lésions peu marquées, rappelant, mais faiblement, ce que nous avons décrit dans notre second cas. Comme altérations dominantes, la perte fréquente des prolongements protoplasmiques, la disparition du noyau, la faible coloration générale des cellules.

Donc, dans la *chorée du chien*, il existe des lésions sur l'axe médullaire. Celles-ci frappent les cellules des cornes antérieures (obs. de Wood; obs. personnelles). Nous ajoutons, d'après nos constatations, que les lésions siègent de préférence dans la région dorsale. Quand l'affection évolue *spontanément*, avec lenteur, la lésion peut s'accentuer jusqu'à l'atrophie visible à l'œil nu (1er cas).

L'expérimentation change les conditions; elle agit trop rapidement, brutalement même; la mort survient avant que la lésion nerveuse accessoire ait le temps de s'accentuer. Il a fallu deux ans pour faire les altérations si manifestes chez le premier chien; que pouvions-nous avoir de comparable en quatre mois de survie chez notre animal en expérience?

Maintenant, comment peut agir l'infection? Comment le poison microbien vient-il influencer l'élément nerveux? pourquoi choisit-il la cellule, et spécialement la cellule motrice? Autant de questions à résoudre encore à l'heure actuelle.

En attendant, il ne se dégage pas moins de toutes les constatations précédentes un caractère d'uniformité qui leur donne dans l'ensemble une valeur incontestable.

*Le mouvement choréique du chien est dû à une altération des centres médullaires, altération due elle-même à une affection microbienne.*

# LI

## ÉTUDES CHIMIQUES

SUR LE

# BACILLE DE LA TUBERCULOSE AVIAIRE

**Par M. L. Bouveault.**

---

## I

### Préparation du bouillon de culture [1].

Le milieu dans lequel a été cultivé le bacille de la tuberculose aviaire consiste essentiellement en bouillon de viande de veau, additionné de diverses substances nutritives. Ce bouillon a été préparé de la manière suivante : pour en faire un litre, on met un kilogramme de viande de veau, soigneusement dégraissée et coupée en menus morceaux, dans une

1. MM. Ch. Richet et Héricourt ont opéré pendant les mois d'août et de septembre 1892 une culture en grand du bacille de la tuberculose aviaire et ont bien voulu me prier d'examiner, au point de vue chimique, les bouillons ainsi obtenus. Cette culture ayant été faite sur du bouillon de veau, j'ai été obligé de me livrer, au préalable, à l'analyse de ce liquide. Je publie la méthode que j'ai employée et les résultats que j'ai obtenus, dans l'espoir d'être utile aux chimistes qui auraient à étudier des cultures développées sur un milieu analogue.

marmite contenant un litre et demi d'eau. On porte à l'ébullition pendant 4 à 5 heures, jusqu'à ce que le liquide soit réduit à un litre environ ; on filtre alors le liquide chaud sur un filtre mouillé, qui retient la petite quantité de graisse restée adhérente à la fibre musculaire. Le liquide encore chaud est alors additionné de :

| | Grammes. |
|---|---|
| Peptone. . . . . . . | 12 |
| Sucre. . . . . . . . | 20 |
| Glycérine. . . . . . | 60 |

On ajoute ensuite une solution concentrée de carbonate de sodium dans le liquide chauffé au bain-marie, jusqu'à ce que l'on obtienne une réaction légèrement alcaline au tournesol. On abandonne ensuite le tout au bain-marie pendant 2 à 3 heures. On complète exactement le volume à un litre, puis on filtre à chaud. On se débarrasse ainsi des phosphates de chaux et de magnésie qui existent en petite quantité dans la viande. Le bouillon ainsi obtenu, puis stérilisé dans l'autoclave à 120°, reste parfaitement limpide : il est coloré en brun ; refroidi de 10° à 15°, il forme une gelée assez peu résistante.

Afin de pouvoir déterminer quelles sont les transformations produites par le bacille dans son milieu de culture, il était nécessaire d'en connaître parfaitement la composition chimique ; j'ai donc été conduit à faire l'analyse immédiate du bouillon de veau.

## II

### Analyse du bouillon de veau.

*Historique.* — Il n'existe pas de méthode permettant d'opérer l'analyse d'un mélange aussi compliqué que le bouillon d'une viande quelconque. Dans un travail célèbre (*Annalen der Chemie und Pharmacie*, t. LXII, p. 278, et *Annales de Chimie et de Physique*, 3e série, t. XXIII, p. 129), Liebig a fait faire à la question un pas immense. Il a étudié les jus de viande obtenus à froid par pression, et les bouillons obtenus par ébullition. Les matières extractives ont, dans les deux cas, le plus grand rapport, mais elles diffèrent cependant par ce fait que les premières contiennent des albumines coagulables par la chaleur qui font défaut dans les secondes; d'un autre côté, l'extrait fait à froid contient une très faible quantité de gélatine, tandis que les bouillons, et surtout celui de veau, en contiennent abondamment.

Quant aux matières communes aux extraits faits à froid et aux bouillons, Liebig reconnut qu'elles consistaient en sels minéraux dont il fit une analyse très complète (principalement chlorure et phosphate de potassium et phosphate de magnésie) et en matières organiques qu'il détermina incomplètement. Il put extraire du mélange, de la créatine, de la créatinine et un acide nouveau qu'il appela l'acide inosique. Enfin, il isola aussi l'acide sarcolactique qui avait déjà été obtenu par Berzélius en 1807; mais il eut le mérite de voir que cet acide était différent de l'acide lactique ordinaire, ce dont Berzélius ne s'était pas aperçu.

Cette question de l'acide sarcolactique fut reprise par Strecker (*Annalen der Chemie und Pharmacie*, t. CV, p. 363, et t. CXIII, p. 354), mais elle ne fut définitivement élucidée que par le grand travail de Wislicenus (*Annalen*, t. CLXIV, p. 181 et t. CLXI, p. 302). Ce savant fit voir que l'acide sarcolactique était un mélange d'acide éthylénolactique $CH^2OH^2—CH^2—CO^2H$ et d'un acide, isomère physique de l'acide lactique ordinaire $CH^3—CHOH—CO^2H$, mais possédant le pouvoir rotatoire dont ce dernier est dépourvu; il appela cet acide l'acide paralactique. Il eût mieux valu donner à l'acide lactique de fermentation ce nom de paralactique et appeler le nouvel acide acide lactique gauche, ce qui eût respecté l'analogie entre les deux acides d'une part, et d'autre part entre l'acide racémique ou paratartrique et l'acide tartrique gauche.

M. WISLICENUS remarqua, de plus, que l'extrait de viande commercial contenait une faible quantité d'acide éthyléno-lactique (β oxypropionique), tandis que le bouillon fait avec les viandes de boucherie en contenait une portion bien moins notable.

Le travail de LIEBIG fut continué par STRECKER et SCHERER. Le premier découvrit la sarcine dans le sérum musculaire (*Annalen*, t. CII, p. 294 et t. CVIII, p. 129 ; *Ann. de Phys. et de Chim.*, 3e série, t. LV, p. 338 et 345) ; le second y trouva la xanthine (*Annalen*, t. CII, p. 204 et t. CXII, p. 257 ; *Répert. Chim. pure*, 1859, p. 120 et 1860, p. 146). Leurs procédés d'extraction et de séparation de ces deux bases furent perfectionnés par STAEDELER (*Annalen*, t. CXVI, p. 102, et *Rép. Chim. pure*, 1861, p. 160), et surtout par NEUBAUER. Ce savant a fourni une méthode qui permet de séparer des substances qui les accompagnent dans le bouillon, la sarcine et la xanthine, à l'état de combinaisons argentines. Le mélange est ensuite traité à l'ébullition par de l'acide nitrique de densité 1,1 qui les dissout; mais, par refroidissement, la combinaison avec la sarcine cristallise, tandis que le composé xanthique reste en solution; on peut l'obtenir en précipitant par l'ammoniaque. On peut ainsi doser assez facilement dans le bouillon la xanthine et la sarcine.

Dès 1850, SCHERER avait trouvé dans le bouillon une matière sucrée, l'inosite (*Annalen*, t. LXXIII, p. 322); il l'extrayait des eaux-mères qui avaient laissé déposer la créatine.

De plus, certains auteurs avaient signalé dans le bouillon la présence de petites quantités de glucose, d'acide urique et d'urée.

En 1883, MM. GUARESCHI et MOSSO (*Archives italiennes de biologie*) annoncèrent avoir extrait de la méthylhydantoïne de la chair de veau ; mais on sait que cette uréide prend aisément naissance par l'action des hydratants sur la créatinine ; il ne serait pas étonnant que la méthylhydanthoïne obtenue par les savants italiens provînt de l'action sur la créatinine des réactifs qu'ils ont employés.

$$\begin{array}{l} CO-AzH \\ | \\ CH^2-(Az(CH^2) \end{array} \Big> C=AzH + H^2O = AzH^3 + \begin{array}{l} CO-AzH \\ | \\ CH^2-Az(CH^3) \end{array} \Big> CO$$

Enfin, est venu l'important travail de M. ARMAND GAUTIER sur les ptomaïnes (*Ptomaïnes et leucomaïnes,* Masson, Paris, 1886). M. GAUTIER a fait voir que l'extrait fait à froid de viande de bœuf fraîche, de même que l'extrait de viande américain, contient, outre les bases déjà indiquées, un certain nombre d'alcaloïdes nouveaux se rattachant aux familles de la créatine, de la créatinine et de la xanthine, à savoir :

La xanthocréatinine. . . . . $C^5H^{10}Az^4O$
La chrusocréatinine. . . . . $C^5H^8Az^4O$

qui sont voisines de la créatinine,

L'amphicréatine. . . . . . . $C^9H^{19}Az^7O^4$
La base . . . . . . . . . . $C^{11}H^{24}Az^{10}O^5$
La base . . . . . . . . . . $C^{12}H^{25}Az^{10}O^5$

qui se rapprochent de la xanthine,

Et la pseudoxanthine . . . . $C^4H^5Az^5O$

qui possède des propriétés analogues à celles de la xanthine et de la sarcine.

Enfin, M. WEIDEL a retiré de l'extrait de viande américain (*Annalen*, t. CLXVIII, p. 353 et *Bull. Soc. chim.*, t. XVI, p. 173), une base qu'il a nommée la carnine et qui a pour formule $C^3H^8Az^4O^3$ ; mais cette base n'a pas été trouvée dans l'extrait de viande fraîche.

La question en était là quand j'ai été conduit à rechercher les substances qui existaient dans le bouillon de veau. Je savais donc qu'il pouvait exister dans ce bouillon un très grand nombre de substances organiques et je connaissais les méthodes employées par les auteurs pour les obtenir. Il fallait trouver une méthode de traitement permettant d'appliquer les nombreuses méthodes particulières employées pour la séparation de ces nombreux composés et n'empêchant pas de reconnaître les composés nouveaux qui pourraient également y exister sans avoir jamais été décrits. Je ne me flatte pas d'avoir résolu complètement un problème d'analyse immédiate aussi difficile, je crois cependant que la méthode que je vais décrire peut être un instrument précieux. Elle m'a permis de séparer la matière première en un assez grand nombre de fractions, dont quelques-unes ont été complètement élucidées, et dont quelques autres n'ont encore pu l'être faute de temps. J'espère aboutir un jour au résultat, d'autant plus que les réactifs employés pour la séparation des diverses fractions me sont garants qu'elles n'ont pas été profondément altérées.

*Mode opératoire.* — Nous avons préparé le bouillon comme nous l'avons indiqué plus haut, de manière qu'un litre corresponde à un kilogramme de viande dégraissée. Froid, ce bouillon est solide à cause de la grande quantité de gélatine qu'il contient ; il est en même temps assez fortement acide. On le sature à la température du bain-marie par de l'hydrate de baryum cristallisé, jusqu'à ce que sa réduction soit devenue faiblement alcaline. Il se forme aussitôt un assez abondant précipité blanc qui se dépose assez rapidement; on y ajoute ensuite quelques gouttes de chlorure de baryum tant qu'il se fait un précipité, puis on filtre chaud sur un filtre mouillé au préalable. Le bouillon filtré est parfaitement limpide et complètement débarrassé de graisse. Le filtre a retenu les sulfates et phosphates précipités à l'état de sels barytiques, les phosphates de magnésie et de chaux à l'état de sels tribasiques. Ces divers sels ayant été parfaitement dosés par Liebig, je les ai rejetés sans m'en préoccuper davantage.

Le bouillon est ensuite distillé dans le vide à une température de 40 à 50°; je crois utile à ce propos d'entrer dans le détail de l'appareil avec lequel j'ai réalisé cette distillation.

Cet appareil se composait d'un ballon de quatre litres en

communication avec un réfrigérant Liebig dont le tube intérieur était en plomb et possédait environ 10 millimètres de diamètre. Ce réfrigérant était lui-même en communication avec un serpentin formé d'un tube de plomb identique à celui du réfrigérant et ayant de longueur $1^m,80$ ou 2 mètres. Ce serpentin était contenu dans un bocal de verre portant une tubulure à la partie inférieure et d'une contenance qui ne dépassait pas deux litres. Le serpentin était en relation avec un ballon de deux litres à deux tubulures, en relation lui-même avec une trompe à eau. Cet appareil convenablement monté tient aisément dans un demi-mètre carré; néanmoins, à cause de la grande longueur des réfrigérants et de la bonne conductibilité du plomb, il permet de distiller de un litre et demi à deux litres d'eau en une heure. On sait combien sont longues en général les évaporations dans le vide des liqueurs aqueuses, à cause de la très grande chaleur spécifique de volatilisation de l'eau; cet inconvénient est totalement supprimé par l'emploi du réfrigérant en plomb.

J'ai fait chaque opération sur dix litres de bouillon que je concentrais à deux litres; on ne peut pas aller plus loin aisément à cause de l'énorme quantité de gélatine contenue dans ce bouillon. De plus, afin d'éviter le brunissement de la masse, j'ai renoncé à alimenter mon ballon d'une manière continue. Ce procédé a, en effet, l'inconvénient de chauffer pendant plus longtemps qu'il n'est nécessaire les portions déjà concentrées. J'ai préféré introduire à chaque opération deux litres et demi de bouillon dans le ballon et distiller jusqu'à ce que j'arrive à trois quarts de litre environ. Je vidais alors complètement le ballon et je le remplissais à nouveau avec deux litres et demi de bouillon. Après quatre opérations de ce genre, qui duraient environ une heure chacune, je versais dans le ballon les trois litres de bouillon concentré et j'évaporais tant que l'ébullition n'était pas trop tumultueuse, c'est-à-dire à deux litres ou un peu moins.

Ces diverses distillations ne se sont d'ailleurs pas faites

sans quelques difficultés, à cause de la mousse. En effet, mon bouillon est alcalin et très chargé en matières albuminoïdes, aussi moussait-il au point de rendre la distillation dans le vide impossible. Or, je ne voulais pas distiller dans un ballon presque vide, avec alimentation continue, pour les raisons que j'ai déjà exposées. Je suis arrivé à supprimer complètement la mousse en ajoutant environ un gramme d'huile de lin par litre de bouillon. L'ébullition se fait alors très régulièrement; mais l'emploi de l'huile n'est pas sans quelques inconvénients dont je parlerai plus loin. Depuis l'époque où ce travail a été fait, j'ai eu occasion de me servir d'un autre brise-mousse que j'ai trouvé bien préférable; il consiste simplement en larges lames de liège que l'on introduit dans le ballon distillatoire; l'ébullition en leur présence cesse d'être tumultueuse.

Pour résumer, la distillation dans le vide a séparé les dix litres de bouillon d'où j'étais parti en deux litres d'extrait concentré A et huit litres d'un liquide B.

Ce liquide possède une odeur assez agréable, mais ne rappelant nullement celle du bouillon, il est louche, comme s'il contenait en suspension une faible matière huileuse et possède une réaction nettement alcaline. Ce liquide précipite le réactif de Nessler en brun verdâtre, j'ai recueilli le précipité correspondant à huit litres de ce liquide; je l'ai lavé soigneusement à l'eau et décomposé par l'hydrogène sulfuré en présence d'acide chlorhydrique.

Après filtration du sulfure de mercure, la liqueur a été évaporée au bain-marie; il est resté un résidu très faible presque uniquement constitué par de l'iodoforme. Je me suis proposé d'étudier les matières alcalines contenues dans le liquide distillé et j'indiquerai plus loin quel traitement je lui ai fait subir.

*Traitement de l'extrait* A. — L'extrait A, qui est absolument solide à froid, est fondu au bain-marie; quand il est environ à 80°, on y ajoute, par petites portions et en agitant à chaque fois, le double de son volume d'alcool à 80°, puis on abandonne le tout pendant quelques heures. Au bout de ce laps de temps, il s'est formé au fond du ballon une masse spongieuse C très abondante qui constitue la presque totalité de la gélatine contenue dans le bouillon; le liquide qui surnage D est parfaitement limpide, on les sépare l'un de l'autre par simple décantation.

La masse spongieuse C se redissout dans l'eau chaude très aisément, mais elle se dissout très lentement dans l'eau froide; elle consiste presque exclusivement en gélatine. Je m'étais proposé de rechercher si elle ne contenait pas d'autres principes immédiats, mais elle ne m'a donné que les réactions de la gélatine. L'emploi de l'huile a rendu très difficile la recherche de ses diverses réactions; en effet, pendant la distillation une partie de cette huile a été saponifiée par la petite quantité de baryte libre qui existait dans le bouillon; il a pris naissance un savon de baryte insoluble, sous forme d'une poudre blanche extrêmement ténue, qui, avec la gélatine et l'huile non saponifiée, a formé une émulsion blanche extrêmement solide, traversant tous les filtres, et que je n'ai jamais pu détruire. La masse spongieuse de gélatine a entraîné complètement et l'huile et le savon barytique en laissant une solution alcoolique parfaitement limpide; mais quand on redissout dans l'eau la masse précipitée, l'émulsion primitive se reforme aussitôt.

Je n'ai pas poussé plus loin l'étude de cette portion gélatineuse.

*Étude du liquide* D. — La solution alcoolique D est distillée au bain-marie dans le même appareil qui a servi à évaporer le bouillon primitif; en diminuant de moitié la pression atmosphérique au moyen de la trompe on abaisse la température d'ébullition du liquide et on distille l'alcool avec une très grande rapidité. On peut distiller 4 ou 5 litres dans une heure, parce que sa chaleur spécifique de volatilisation est de beaucoup inférieure à celle de l'eau. Le premier alcoo-

distillé est à 80° environ et peut servir pour une nouvelle précipitation ; il passe ensuite de l'alcool de plus en plus faible et enfin de l'eau. Cette solution peut aisément être réduite au dixième de son volume ; dix litres de bouillon fournissent environ un demi-litre d'extrait E qu'on précipite à chaud par deux fois son volume d'alcool à 90°. Après refroidissement, le ballon contient un liquide clair F et une masse visqueuse plus lourde que lui G, dont nous indiquerons plus tard le traitement.

Le liquide clair F est distillé également à pression réduite; on recueille séparément l'alcool qui distille au début et celui qui distille à la fin de l'opération et on amène le résidu à occuper un volume de 250 centimètres cubes; on additionne ensuite l'extrait obtenu et encore chaud de la moitié de son volume d'alcool fort et l'on abandonne le tout dans un endroit frais pendant 24 heures. Au bout de ce temps il se fait dans la masse une cristallisation assez abondante de créatine. Les cristaux sont essorés à la trompe et lavés avec quelques gouttes d'alcool étendu de son volume d'eau. 10 litres de bouillon m'ont donné environ 10 grammes de créatine sèche.

Les eaux-mères alcooliques de la créatine sont ensuite traitées par un grand excès d'alcool fort ; il se forme des cristaux noyés dans une couche huileuse. Les cristaux sont séparés de cette couche huileuse; ils sont constitués par de la créatine ; quant au liquide qui les baignait, il a été joint à la solution de la masse viqueuse G dont nous reparlerons plus loin.

Quant à la solution alcoolique forte H, elle est ramenée à un litre par la distillation, puis additionnée d'une solution alcoolique de chlorure de zinc contenant 10 grammes de chlorure de zinc. La solution louchit immédiatement; mais le lendemain on y trouve un abondant précipité blanc I.

Le précipité I est séparé des eaux-mères alcooliques par filtration et repris par l'eau. Il se dissout partiellement, il reste une poudre cristalline constituée par du chlorozincate de créatinine. On le purifie aisément par cristallisation dans l'eau bouillante.

Les eaux-mères qui ont abandonné ce chlorozincate sont assez fortement acides; or les acides dissolvent le chlorozincate de créatinine. On fait bouillir au réfrigérant ascendant ces eaux-mères avec un léger excès d'oxyde de zinc et l'on abandonne le mélange au froid pendant 24 heures. Le lendemain on filtre et l'on a un mélange de l'excès d'oxyde de zinc et de chlorozincate de créatinine; on l'épuise à l'eau bouillante et on en retire aisément tout le chlorozincate que l'on joint à celui qui s'était déposé le premier.

10 litres de bouillon de veau donnent entre 7 et 8 grammes de chlorozincate de créatinine.

La partie soluble dans l'eau du précipité I est constituée par des sarco-lactates de zinc. Nous aurons occasion d'en reparler plus loin.

Les eaux-mères alcooliques qui ont été traitées par l'oxyde de zinc sont distillées au bain-marie sous pression diminuée. On recueille à part l'alcool fort qui passe au début de la distillation. Ensuite on fait le vide le plus parfait que l'on peut dans l'appareil et l'on distille à sec au bain-marie. Il reste un sirop épais que l'on reprend à chaud par dix fois son volume environ d'alcool à 95°.

On attend 24 heures, et après ce laps de temps il s'est fait dans le liquide un abondant précipité blanc formé de grumeaux blancs. Ce précipité J est constitué par du sarco-lactate de zinc; on le sépare des eaux-mères par filtration à la trompe. La solution aqueuse du précipité J est jointe aux eaux de lavage du précipité et concentrée au bain-marie. Quand la solution commence à devenir sirupeuse, on la traite à chaud par un volume d'alcool à 90°; le liquide abandonne du jour au lendemain des cristaux blancs agglomérés sous forme de petites sphères.

J'ai réussi, par de nombreuses cristallisations fractionnées dans l'eau, à séparer ce sel en deux autres, comme l'avait déjà fait Wislicenus. J'ai pu obtenir assez pur le lactate de zinc le moins soluble dans l'eau. La purification du lactate le plus soluble est très laborieuse, elle n'est pas encore terminée.

Le temps m'a manqué pour finir l'étude des eaux-mères du précipité J. J'ai constaté que ces eaux-mères alcooliques évaporées à sec dans le vide et reprises par l'alcool absolu abandonnaient une couche huileuse dans laquelle nagent quelques cristaux de chlorures alcalins.

Le liquide alcoolique additionné d'éther se trouble et laisse également déposer une couche huileuse, sans doute constituée par des chlorures alcalins, du lactate de potassium et peut-être des inosates autrefois décrits par Liebig. Je me propose de tenter la séparation de ces diverses substances; peut-être pourrai-je extraire de ce mélange des composés analogues aux bases des séries de la xanthine et de la créatinine que M. Gautier a retirées de l'extrait de viande de bœuf. Cette terminaison de mon travail fera l'objet d'une autre publication.

*Étude du liquide* B. — Revenons de quelques pas en arrière et occupons-nous du liquide B obtenu dans la distillation dans le vide du bouillon. Je rappelle que ce liquide possédait une réaction nettement alcaline et était rendu louche par une faible quantité d'une substance huileuse en suspension dans le liquide aqueux. La quantité de substance huileuse n'a pas semblé plus forte au début de la distillation qu'à la fin: aussi ai-je été obligé de traiter la masse entière du liquide distillé.

J'ai ajouté dans ce liquide de l'acide sulfurique étendu jusqu'à réaction faiblement acide, puis je l'ai abandonné pendant plusieurs jours avec un excès de carbonate de baryum. Le liquide devenu parfaitement neutre est alors filtré et évaporé au bain-marie dans de grandes capsules. L'addition d'acide sulfurique avait bien diminué l'opalescence du liquide, mais ne l'avait cependant pas complètement éclairci. De plus, pendant tout le temps de l'évaporation on percevait une odeur assez forte indiquant que l'un des produits odorants contenus dans ce liquide se perdait dans l'atmosphère. Tout ce que je peux savoir de ce produit, c'est qu'il n'est ni alcalin ni acide.

Après complète évaporation du liquide il restait dans les capsules une petite quantité d'un sel huileux qui, au bout de quelque temps, laisse déposer des cristaux. La masse a ensuite été reprise par l'alcool étendu et bouillant, mais par refroidissement le composé s'est déposé à l'état huileux. J'ai alors redissous le tout dans l'alcool aqueux en ajoutant une quantité suffisante d'eau et j'ai abandonné le liquide dans une cloche contenant de la chaux vive et dans laquelle j'ai fait le vide. Au bout d'un temps assez long (deux ou trois mois) l'eau a été en partie absorbée par la chaux, tandis que l'alcool restait et il s'est déposé des cristaux sous forme de longues aiguilles incolores.

Ces cristaux, traités par la potasse, dégagent abondamment de l'ammoniaque, mais, chauffés sur une lame de platine, ils noircissent abondamment et se charbonnent. Je les ai fait cristalliser à plusieurs reprises dans l'alcool aqueux et j'ai obtenu à chaque fois du sulfate d'ammoniaque de plus en plus pur. Ce sulfate d'ammoniaque est souillé par le sulfate d'une amine qui possède des solubilités très voisines des siennes et dont il est très difficile de le séparer.

J'ai été plus heureux en transformant ce sulfate en chlorure; pour ce faire, je l'ai dissous dans l'eau et additionné de la quantité de chlorure de baryum correspondante; il s'est fait un précipité de sulfate de baryum dont je me suis débarrassé par la filtration, et les bases sont passées à l'état de chlorhydrates. J'ai évaporé à sec au bain-marie la solution aqueuse et j'ai repris par l'alcool le mélange de chlorhydrates. J'ai pu, avec une dizaine de cristallisations dans ce dissolvant, obtenir du chlorhydrate d'ammoniaque parfaitement pur et volatil sans résidu charbonneux, et une quantité de chlorhydrate d'une amine, trop faible pour être déterminée.

La solution alcoolique d'où se déposait le sulfate d'ammoniaque ne donnant plus de nouveaux cristaux, je l'ai évaporée au bain-marie et reprise par l'alcool fort. Il s'est déposé une matière huileuse extrêmement peu soluble dans l'alcool.

J'ai pensé qu'elle constituait le sulfate d'une amine et je l'ai traitée également par le chlorure de baryum en excès. La solution filtrée et évaporée à sec a été reprise par l'alcool fort qui a précipité l'excès de chlorure de baryum qui y est complètement insoluble. La solution alcoolique évaporée et reprise par l'alcool fort a fourni une nouvelle quantité de chlorure de baryum, mélangé de chlorhydrate d'ammoniaque. Enfin, la solution alcoolique à froid au-dessus de l'acide sulfurique a abandonné en petite quantité une masse confusément cristalline constituée par le mélange de plusieurs chlorhydrates. Une faible quantité de l'extrait alcoolique, additionné d'une solution de potasse, acquiert aussitôt l'odeur de la triméthylamine.

La quantité de sels d'amines volatiles ainsi obtenus est extrêmement faible. 80 litres de bouillon m'ont donné environ 20 grammes de sulfates dont plus des trois quarts sont constitués par du sulfate d'ammoniaque.

*Étude de la masse visqueuse* G. — Je rappelle que dans le traitement du bouillon j'ai obtenu un précipité visqueux insoluble dans l'alcool à 90°, mais soluble dans l'alcool faible. J'ai réuni ensemble toutes les portions semblables obtenues dans chacune des opérations que j'ai faites afin de les traiter ensemble.

*A priori*, cette solution devait contenir la sarcine, la xanthine, la carnine, s'il y en avait, et sans doute aussi une certaine quantité de gélatine; elle contenait également des composés ayant les propriétés des peptones. Je me suis proposé d'extraire de ce mélange les divers alcaloïdes dont on connaissait le mode d'extraction, en introduisant le moins possible de substances étrangères.

J'ai pris le dixième de la quantité totale de matière dont je disposais et j'ai étudié un procédé d'extraction. Voici celui auquel je me suis arrêté.

La solution étant acide, j'ai alcalinisé avec une solution de baryte, puis j'ai précipité par le sous-acétate de plomb. Il s'est formé un précipité très abondant, mais très difficilement filtrable. Ce précipité est soluble dans l'acétate neutre de plomb et se dissout au moins partiellement dans l'eau bouillante. C'est à cause de sa solubilité dans l'acétate neutre de plomb que j'ai eu la précaution d'alcaliniser au préalable la solution avec de la baryte, sans cela la liqueur acide aurait transformé une partie du sous-acétate en acétate qui eût dissous partiellement le précipité. Le précipité a été filtré et lavé le mieux possible, puis mis en suspension dans l'eau et décomposé par l'hydrogène sulfuré. Mais le précipité de sulfure de plomb qui prend alors naissance se redissout dans le liquide et l'on a une sorte de solution de sulfure de plomb colloïdal qui passe à travers tous les filtres. Tous les moyens physiques employés pour changer cet état du sulfure de plomb sont restés sans résultat; l'addition d'acides minéraux forts n'a pas réussi davantage. Au lieu de décomposer le précipité plombique par l'hydrogène sulfuré, je l'ai traité par l'acide sulfurique; il s'est fait un précipité blanc de sulfate de plomb que j'ai pu filtrer; quant à l'excès d'acide sulfurique, j'ai pu m'en débarrasser en saturant la liqueur par le carbonate de baryum.

La solution ainsi obtenue a alors été traitée par l'acétate mercurique; elle fournit un précipité abondant. En fractionnant la précipitation, j'ai pu obtenir un précipité blanc que j'ai filtré, lavé et décomposé par l'hydrogène sulfuré. J'ai pu filtrer le sulfure de mercure, j'ai concentré la solution au bain-marie et je l'ai abandonnée au-dessus de l'acide sulfurique pendant 3 mois. Je n'ai trouvé au bout de ce temps qu'une masse noirâtre analogue aux produits humiques et dont il m'a été impossible de tirer rien de pur.

Quant à la solution qui n'a pas précipité par l'acétate mercurique, je l'ai également évaporée dans le vide; après avoir précipité le mercure, il m'est resté une masse gélatineuse rougeâtre dans laquelle j'ai constaté la présence d'une grande quantité de baryte. J'ai redissous ce composé dans une grande quantité d'eau, je l'ai additionnée d'acide nitrique étendu et chauffée quelque temps au bain-marie. La liqueur rouge s'est parfaitement décolorée et il s'est produit assez rapidement de beaux cristaux de nitrate de baryte.

Parmi les composés connus retirés de l'extrait de viande, il n'y en a que deux qui précipitent le sous-acétate de plomb, sans précipiter l'acétate mercurique, ce sont l'inosite et la carnine. Je me suis dès le début assuré de l'absence de carnine, car la liqueur ne précipite pas l'azotate d'argent ammoniacal. Le composé que j'ai entre les mains contient donc probablement de l'inosite. Je me suis, en effet, assuré de la présence de ce composé par la réaction de Scherer. J'ai traité une faible quantité de la masse par l'acide nitrique concentré et j'ai évaporé à feu nu, j'ai ensuite repris la masse par l'ammoniaque en excès et j'ai à nouveau évaporé, enfin j'ai ajouté une goutte de chlorure de calcium et j'ai chauffé, j'ai vu se développer une belle coloration rouge.

Les eaux-mères du nitrate de baryum contiennent donc de l'inosite, je les ai additionnées d'alcool qui a produit un premier précipité d'azotate de baryum, puis, en ajoutant de l'alcool plus concentré, il s'est déposé des cristaux d'inosite.

J'ai pu obtenir à l'état de pureté cet intéressant composé; chauffé sur une lame de platine, il ne laissait pas de cendres et fondait à 217°.

Étudions maintenant les eaux-mères de la précipitation par le sous-acétate de plomb. J'ai ajouté dans les eaux-mères une solution d'acétate de cuivre et j'ai porté le liquide à l'ébullition; il s'est formé un précipité d'un jaune chamois assez abondant qui contient à l'état de combinaison cuprique la xanthine et la sarcine. J'ai filtré ce principe, je l'ai lavé, puis je l'ai décomposé en solution aqueuse par l'hydrogène sulfuré. J'ai filtré ce sulfure de cuivre et évaporé la solution au bain-marie jusqu'à un commencement de cristallisation. A ce moment, je précipite par le nitrate d'argent en léger excès et ajoute de l'ammoniaque ; il se fait un abondant précipité gélatineux légèrement coloré en jaune, je l'ai filtré, lavé et enfin traité par de l'acide nitrique de densité 1,1 à l'ébullition, comme le recommande Neubauer ; la combinaison de sarcine et de nitrate d'argent cristallise par refroidissement; on la sépare du liquide, on la lave et on peut la peser après dessiccation.

Si l'on ajoute de l'ammoniaque en excès aux eaux-mères nitriques il se fait un précipité gélatineux brun qui constitue la combinaison argentine de la xanthine. Il est très important dans ces manipulations d'employer de l'acétate de cuivre exempt de fer; car l'oxyde de fer se précipite avec les bases cherchées et il est ensuite très difficile de s'en débarrasser complètement.

La quantité de sarcine trouvée dans la portion du liquide destinée aux tâtonnements nécessaires pour trouver la méthode du traitement correspondait environ à $0^{gr},25$ de sarcine par kilogramme de viande de veau. Mais, quand j'ai voulu faire le traitement de tout le liquide, j'en ai trouvé une quantité bien inférieure. En effet, les essais ont été assez longs, et pendant ce temps le reste du liquide a subi une fermentation dans laquelle presque toute la sarcine a disparu, malgré la précaution que j'avais eue de saturer le liquide de chloroforme.

La quantité de xanthine qui se trouve dans la viande de veau est extrêmement faible; elle n'excède pas quelques centigrammes par kilogramme.

Les eaux-mères contenant les acétates de plomb et de mercure ont été alors précipitées par l'acétate de mercure. Il s'est fait un précipité très abondant, mais je me suis rendu compte que c'était le même précipité que donne le sublimé corrosif dans les solutions de peptone ou de gélatine. Ce précipité, mis en suspension dans l'eau et traité par l'hydrogène sulfuré, donne du sulfure de mercure qui se redissout dans la peptone ou la gélatine en donnant une belle encre noire qui traverse tous les filtres.

Enfin les eaux-mères contenant les acétates de plomb, de

cuivre et de mercure ont été débarrassées des métaux lourds par l'hydrogène sulfuré, filtrées et évaporées au bain-marie. Il reste une masse poisseuse contenant abondamment de l'acétate de baryte provenant de l'acide acétique des acétates et de la baryte que j'ai ajoutée au début des opérations. En outre de ce sel il semble également y avoir dans la solution des matières analogues à la dextrine et à la peptone. Elles réduisent à froid le nitrate d'argent ammoniacal, mais elles ne réduisent la liqueur de Fehling que si on les a fait bouillir au préalable avec de l'acide sulfurique étendu. Ces matières n'ont pu être amenées à l'état de cristaux, c'est ce qui m'a décidé à abandonner leur étude.

Nous avons passé en revue successivement toutes les portions déterminées dans les bouillons par les divers réactifs. Nous avons pu isoler un assez grand nombre de substances à l'état de pureté et dans quelques cas en faire des dosages approximatifs. Nous avons soumis à la même étude et aux mêmes dosages le bouillon après que le bacille de la tuberculose aviaire y a été cultivé ; les différences trouvées correspondront aux modifications apportées par cet organisme dans le milieu où il a vécu.

## III

### Étude du bouillon cultivé.

Le bouillon dont nous avons plus haut indiqué la préparation a été ensemencé par MM. Ch. Richet et Héricourt avec du bacille de la tuberculose aviaire. Le bacille s'est parfaitement développé dans le milieu, puis, au bout d'une quarantaine de jours, il a cessé de s'accroître. Les ballons ont été alors stérilisés dans l'autoclave à 120°, ce qui n'a fait subir à leur contenu aucune modification sensible à l'œil.

Le contenu des ballons a ensuite été filtré au papier pour

se débarrasser de la plus grande partie des microbes. Il est resté un bouillon bien limpide, à peine alcalin au tournesol et possédant une odeur aromatique agréable, caractéristique.

Dans le but de rechercher la nature des composés volatils qui donnent son odeur au bouillon, j'en ai soumis une certaine quantité à la distillation. Il a passé un liquide fortement odorant, *parfaitement neutre*, que j'ai rectifié avec un appareil à boules Lebel et Henninger. Les premières gouttes qui ont passé ont été versées en même temps qu'une faible quantité d'iode dans un ballon contenant une solution bouillante de carbonate de sodium.

J'ai perçu immédiatement et d'une manière très nette l'odeur de l'iodoforme ; il est donc permis de penser qu'il existait dans le liquide, soit de l'alcool éthylique, soit une acétone de formule générale $R—CO—CH^3$.

On aurait, en effet, dans ce cas, la réaction suivante :

$$R\text{-}CO\text{-}CH^3 + 3I^2 + 2CO^3Na^2 = R\text{-}CO^2Na + 3NaI + H^2O + 2CO^2 + CHI^3.$$

Un fait m'a frappé immédiatement, je veux parler de la disparition complète des alcalis volatils existant dans le bouillon. J'ai constaté d'une manière extrêmement nette la présence dans le bouillon primitif d'une quantité très appréciable de bases volatiles; ces composés font absolument défaut dans le bouillon cultivé. Afin d'en avoir une preuve plus évidente encore, j'ai distillé ce même bouillon après l'avoir additionné largement de potasse; là encore le liquide distillé était parfaitement neutre. Cette remarque nous fournit des indications précieuses pour l'histoire du bacille; il est certain que ces matières basiques, il les a employées comme matériaux pour former soit sa substance propre, soit des produits de sécrétion. Il est même naturel de penser qu'il a cessé de végéter dès que ces substances lui ont fait défaut.

Il semble alors indiqué d'étudier le rôle des sels ammoniacaux et des sels d'amines dans les cultures de tuberculose.

Après m'être rendu compte de la modification si profonde des composés volatils contenus dans le bouillon, j'ai voulu étudier celles qu'avaient subies les produits non volatils.

La première expérience que j'ai faite a été la prise de la densité du bouillon; cette densité a varié dans des proportions énormes. La densité du bouillon qui a été ensemencé était 1,09, celle du bouillon cultivé n'est plus que 1,05. Cette perte de densité correspond à une destruction d'environ 40 grammes par litre de matières en dissolution dans l'eau.

J'ai dosé dans une expérience le poids de microbes par rapport au poids du bouillon cultivé.

Seize cent quatre-vingt-cinq centimètres cubes de bouillon cultivé ont été filtrés au papier, les microbes soigneusement lavés à l'eau et exposés à l'air sur des feuilles de papier buvard. J'ai obtenu ainsi 9 grammes de microbes séchés à l'air, contenant encore environ 85 p. 100 d'eau, ce qui correspond à environ 1 gramme de microbe privé d'eau pour un litre de bouillon. Ce gramme de matière vivante contient à peu près $0^{gr},20$ d'azote, et nous avons vu que la quantité d'ammoniaque contenue dans le bouillon et susceptible d'être mise en liberté par la baryte est également d'à peu près $0^{gr},20$ par litre de bouillon.

Le déficit en matériaux fixes semble avoir surtout porté sur la glycérine dont on avait mis dans le bouillon une quantité considérable. J'ai d'ailleurs renoncé complètement à faire de cette substance un dosage même approché. Elle est en effet accompagnée dans le bouillon de divers corps ayant les mêmes solubilités qu'elle et qui s'y dissolvent indéfiniment.

J'ai été plus heureux pour le sucre de canne, j'ai constaté avec étonnement qu'il n'avait pas le moins du monde été employé. Le bouillon cultivé ne réduit pas la liqueur de Fehling, il donne simplement la belle coloration rose que donnent les peptones; mais, si on l'intervertit, il réduit alors abondamment.

Ainsi donc, non seulement le bacille n'a pas brûlé le sucre, mais il ne l'a même pas interverti.

J'ai interverti une petite quantité de bouillon cultivé et j'y ai dosé le sucre, j'en ai trouvé 20 grammes par litre, j'ai répété la même opération sur le bouillon normal pour me rendre compte si les nombreuses matières existant dans le bouillon ne troubleraient pas le dosage et j'ai trouvé cette même quantité, celle qu'on y avait mise. Je me suis trouvé, dans ces dosages, aux prises avec une petite difficulté. D'abord les solutions étaient trop fortes, je les ai diluées de cinq fois leur volume d'eau; dans ces conditions, le dosage se faisait dans d'assez bonnes conditions, sauf qu'à la fin de l'opération il se produisait dans le liquide une sorte de précipité blanc jaunâtre qui ne se rassemble pas et qui rend un peu indistinct le moment précis de la réduction complète.

J'ai pu éviter complètement cet inconvénient en employant un procédé indiqué par M. Causse et qui consiste à ajouter à la liqueur de Fehling un large excès de ferrocyanure de potassium. La liqueur ne cesse pas d'être bleue, mais la réduction, au lieu d'y faire naître un précipité, la décolore; j'ai pu apprécier très nettement la fin de l'opération.

M. Hammerschlag, qui a fait des expériences analogues sur la tuberculose humaine, a constaté également que le sucre était à peine attaqué (*Centralblatt fur klinische Medicin*, 1891, n° 1, p. 9). Il a trouvé que la quantité de sucre, qui était détruite par le bacille, était toujours comprise entre 0 et 1/10 de la quantité totale, et que d'autre part cette quantité de sucre ne dépassait pas le quart du poids du bacille qui a pris naissance dans le bouillon. Malgré cela, M. Hammerschlag considère le sucre, de même que la dextrine et d'autres hydrates de carbone, comme des substances nutritives pour le bacille.

Une des substances les plus abondantes, existant dans le bouillon normal, était la gélatine, à telles enseignes qu'il se prenait en gelée par le refroidissement. La gélatine n'existe plus dans le bouillon cultivé qu'à l'état de traces. En effet, nous verrons plus loin que le bouillon concentré au dixième ne précipite que difficilement et fort peu l'alcool à 60°, dans lequel la gélatine est insoluble. Cette gélatine a sans doute été peptonisée, la quantité de peptone existant dans le bouillon cultivé est en effet considérable.

Enfin, je n'ai pu retrouver de créatinine dans le bouillon cultivé, l'extrait alcoolique par l'alcool absolu abandonne une petite quantité de matières solubles dans l'éther. Cette solution ne précipite pas par addition de chlorure de zinc en solution alcoolique, ce qui permet de conclure à l'absence de la créatinine.

Il en est autrement de la sarcine, le bouillon concentré précipite encore abondamment par l'acétate de cuivre. J'ai fait dans ce précipité le dosage de la sarcine et de la xanthine.

J'ai traité ce précipité bien lavé et en suspension dans l'eau par un courant d'hydrogène sulfuré, j'ai filtré pour enlever le sulfure de cuivre et j'ai concentré la solution au bain-marie pour chasser l'excès d'hydrogène sulfuré. La sarcine cristallise par refroidissement. J'ai précipité la solution par l'azotate d'argent et l'ammoniaque, j'ai eu un précipité blanc que j'ai filtré et lavé.

Ce précipité est dissous dans l'acide nitrique de densité 1,1, puis porté à l'ébullition ; le nitrate de sarcine argentique cristallise par refroidissement. J'ai filtré, séché, lavé et pesé ce précipité.

J'ai pris 250 centimètres cubes de bouillon cultivé, j'ai obtenu un précipité argentique pesant $0^{gr},1140$, correspondant à $0^{gr},064$ de sarcine. Le bouillon cultivé contient donc encore $0^{gr},2560$ de sarcine par litre.

Quant à la liqueur argentique, elle ne donnait, avec l'ammoniaque, qu'un précipité presque impondérable ; la xanthine a donc été à peu près complètement détruite.

J'ai fait d'ailleurs les mêmes dosages dans le bouillon non cultivé. J'ai obtenu, pour 250 centimètres cubes de bouillon,

0gr,3 de sarcine argentique correspondant à 0gr,5332 par litre de bouillon; j'ai eu en même temps 0gr,0414 de xanthine argentique, correspondant à 0gr,0065 de xanthine par litre.

Après m'être rendu compte de ce qu'étaient devenues les matières dont je connaissais l'existence dans le bouillon, j'ai voulu rechercher celles qui pouvaient y avoir été élaborées par le bacille; c'est pourquoi j'ai soumis ce bouillon cultivé à des précipitations fractionnées et méthodiques par l'alcool et l'éther aux différentes concentrations, me réservant d'étudier spécialement chacune des fractions ainsi obtenues. Afin de ne pas être troublé dans ces opérations par les sulfates et phosphates de potasse qui sont très peu solubles dans l'alcool faible, je me suis proposé de les transformer en chlorures par l'addition de chlorure de baryum. Afin de ne pas ajouter un excès de ce sel qui m'aurait gêné autant que ceux que je voulais enlever, j'ai fait au préalable un dosage approximatif pour me rendre compte de la quantité qu'il en fallait mettre. J'ai eu un abondant précipité blanc que j'ai laissé quelques heures au contact de la liqueur chauffée au bain-marie, puis j'ai filtré au papier. J'ai obtenu une solution parfaitement limpide que j'ai évaporée au bain-marie dans une capsule tant qu'elle veut perdre de l'eau. Dans ces conditions, la solution se concentre au dixième de son volume.

M. Koch a publié récemment ses études sur le bouillon de culture de la tuberculose humaine (*Deutsche med. Wochenschrift*, 1890, n° 46, et 1891, n° 17). Il employait des bouillons de culture en tout semblables à celui dont nous nous sommes servi. Le bouillon, une fois cultivé, était stérilisé, filtré et évaporé au bain-marie. C'est cet extrait qui constituait la tuberculine ou lymphe de Koch. Dans le but d'obtenir un composé plus actif et plus pur que cette tuberculine qui est un mélange d'une complexité effroyable, il l'a soumise à l'action de l'alcool, de manière à ce que le liquide total fût à 60° centésimaux. Cet alcool dissout la plus grande partie du produit, il s'y forme un précipité qui, lavé à refus par l'alcool à 60°, puis par l'alcool absolu, a été séché dans le vide au-dessus de l'acide sulfurique. Le produit final constitue une poudre blanche dont la quantité est environ le centième de celui de la tuberculine; ce composé, que M. Koch désigne sous le nom de tuberculine purifiée, possède des propriétés physiologiques extrêmement intéressantes, pour la description desquelles je renvoie le lecteur au mémoire original. Quant aux propriétés chimiques, qui m'intéressent plus particulièrement, elles montrèrent que le composé en question était loin d'être pur.

Cette tuberculine se comporte comme une sorte de matière albuminoïde jouissant de propriétés extrêmement singulières. L'eau, et surtout l'eau chaude la dissolvent, puis la dissolution se coagule en partie; la glycérine la dissout aisément, et sa solution peut se conserver indéfiniment, même portée à une haute température. Enfin, la matière à l'état sec contient environ 20 p. 100 de cendres, constituées principalement par du phosphate de potassium.

C'est la présence de ce phosphate de potassium qui m'a poussé à employer le chlorure de baryum; j'espère obtenir ainsi une matière moins riche en cendres.

J'ai répété la première expérience de M. Koch, avec cette seule différence de l'emploi du chlorure de baryum, afin de savoir si le bacille de la tuberculose aviaire sécrétait un produit identique ou analogue à la si active tuberculine.

J'ai donc précipité par l'alcool le bouillon concentré au dixième de son volume; je calculais le volume de l'alcool à ajouter et son titre, de manière à ce que l'alcool final fût à 60 p. 100 de concentration et que le volume final de la solution alcoolique fût de 800 centimètres cubes pour 200 cc. de tuberculine correspondant à deux litres de bouillon de culture.

En faisant cette opération dans une éprouvette à fond plat, le précipité se dépose parfaitement, et l'on décante aisément la liqueur claire alcoolique qui le surnage. On lave une dizaine de fois ce précipité, et chaque fois avec une centaine de centimètres cubes d'alcool à 60°; enfin, quand l'alcool de lavage est devenu tout à fait incolore, on le remplace par de l'alcool de plus en plus fort, et enfin par de l'alcool à 95°. On lave deux ou trois fois, à l'alcool à 95°, toujours par décantation, et l'on fait tomber la bouillie obtenue dans une capsule que l'on met dans le vide au-dessus de l'acide sulfurique. Au bout de quelques jours l'alcool est complètement absorbé, et il reste dans la capsule une masse légère extrêmement dure et se cassant seulement au pilon.

Ce composé se redissout très lentement dans l'eau ; il est constitué surtout par de la gélatine qui n'a pas été transformée par le bacille. La solution contient une matière albuminoïde qui se coagule par la chaleur ou l'action des acides minéraux forts.

Avant de préparer cette tuberculine purifiée par le chlorure de baryum, j'ai préparé un échantillon en suivant textuellement les indications de Koch.

J'ai fait dans la matière sèche un dosage de cendres.

J'ai pris 0gr,082 de matière que j'ai calcinée dans un creuset ouvert jusqu'à disparition complète du charbon; il restait 0gr,02 de cendres, ce qui revient à une teneur de 24,38 p. 100 de cendres. J'ai constaté d'ailleurs que ces cendres étaient constituées principalement par des phosphates. En effet la solution aqueuse traitée par le nitrate d'argent donne un précipité jaune entièrement soluble dans l'acide nitrique, ce qui démontre l'absence de chlorures. Ce précipité jaune, abandonné à lui-même, se réduit partiellement, réaction due à certains composés oxydables qui n'ont pu encore être déterminés.

La solution aqueuse de cette tuberculine n'est pas stable; elle abandonne un coagulum quand on la chauffe, mais la solution dans la glycérine à 50 p. 100 est beaucoup plus stable, et peut être chauffée longtemps à 100° sans être modifiée; cette propriété lui est commune avec la tuberculine purifiée de Koch.

Cette tuberculine a été étudiée au point de vue physiologique par M. Ch. Richet. Il a constaté qu'elle était à peu près sans action sur les lapins non tuberculeux, mais qu'elle tuait assez rapidement les lapins tuberculeux.

Il est difficile de comparer son énergie avec celle de la fameuse tuberculine du savant allemand ; car M. Koch opérait sur des cobayes avec de la tuberculine humaine, tandis qu'il s'agit ici de la tuberculine aviaire sur des lapins.

Les eaux-mères alcooliques ont été réunies aux alcools de lavage du précipité obtenu par l'alcool à 60°, le tout est distillé pour retrouver l'alcool, puis évaporé au bain-marie à refus. Il reste une masse visqueuse, brune, à laquelle j'ajoute assez d'alcool; fort pour que la masse contienne 75 p. 100 d'alcool; il se fait un nouveau précipité très abondant cette fois, mais qui, au lieu d'être solide et blanc, est brun et visqueux. Ce précipité lavé à l'alcool à 95° se colore à peine, je l'ai redissous dans l'eau et j'ai constaté qu'il contenait une très forte quantité de peptones.

Les eaux-mères alcooliques de ce précipité ont été traitées comme les précédentes, mais l'extrait correspondant a été traité par l'alcool à 90°. Il se dépose encore un précipité huileux insoluble dans l'alcool à cette concentration, qui a été lavé, séparé et redissous dans une petite quantité d'eau. J'ai constaté que cette portion insoluble dans l'alcool à 90° possédait des propriétés voisines de celles de la portion insoluble dans l'alcool à 75°, elle contient également une forte teneur en peptones. Ces deux solutions aqueuses précipitent l'une et l'autre le chlorure mercurique et réduisent à froid le nitrate d'argent ammoniacal. Le précipité mercurique décomposé par l'hydrogène sulfuré donne une solution d'un brun noir d'où il est absolument impossible de séparer le sulfure de mercure.

Enfin la solution dans l'alcool fort est évaporée à moitié et décomposée par la moitié de son volume d'éther; il se produit immédiatement deux couches; la supérieure, éthéro-alcoolique; l'inférieure contenant de l'eau, de la glycérine et des sels. En effet la glycérine est fort peu soluble dans l'éther, surtout si celui-ci est quelque peu humide.

La couche de glycérine est séparée, concentrée au bain-marie et redissoute dans l'eau, la solution éthéro-alcoolique est distillée et traitée à nouveau par un peu d'alcool et beaucoup d'éther; il se dépose une seconde fois de la glycérine que l'on sépare, et la solution éthérée est traitée de même. Il reste à la fin une solution éthérée contenant une petite quantité de matières en solution et entre autres une petite quantité d'un composé très odorant, insoluble dans l'eau et qui semble être un acide gras.

Nous avons donc en définitive séparé notre bouillon en 5 portions :

1° Précipité insoluble dans alcool à 60°
2° — — — 75°
3° — — — 90°
4° Précipité insoluble dans l'alcool éthéré.
5° Partie soluble dans l'alcool éthéré.

Chacune de ces portions sera soumise à l'analyse physiologique, mais cette partie de ce travail n'est pas encore achevée.

La portion (5) semble être très faiblement toxique pour les animaux tuberculeux, elle est d'ailleurs inoffensive pour les animaux sains. C'est dans cette partie que j'ai recherché la créatinine, car c'est là qu'elle se trouverait s'il y en avait, vu sa très grande solubilité dans l'alcool et dans l'éther; je n'en ai pas trouvé trace.

## IV

### Étude des corps des bacilles.

M. Hammerschlag, dont j'ai déjà cité le nom à propos du dosage dans le bouillon de culture de la tuberculose humaine, a fait des bacilles une étude chimique très intéressante.

Il a soigneusement séparé les bacilles du bouillon, les a lavés, d'abord à l'eau, puis à l'acide acétique ; il a fait ensuite un dosage d'eau. Il a trouvé que dans ces cas le bacille humide perdait 88,7 p. 100 de son poids par la dessiccation, dans un autre cas 83,1 p. 100.

Le bacille desséché a été ensuite repris par un mélange d'alcool et d'éther, ce dissolvant a enlevé dans un cas 28,2 p. 100, dans l'autre 26,2 p. 100 de la quantité totale. L'auteur a constaté que ce produit soluble était constitué par des graisses, un peu de lécithine, mais sans cholestérine. Il a fait enfin l'analyse élémentaire de la partie insoluble dans l'alcool. Il a trouvé :

$$\begin{aligned} C &= 51{,}62 \\ H &= 8{,}07 \\ Az &= 9{,}09 \\ \text{Cendres} &= 8 \end{aligned}$$

Cette analyse montre, par sa faiblesse en azote, que ce produit est un mélange d'une matière albuminoïde, et d'une matière non azotée, qui est la cellulose.

En effet en reprenant la masse insoluble dans l'alcool éthéré par la potasse à 1 p. 100, on a pu dissoudre une matière albuminoïde donnant toutes les réactions habituelles, (acide xanthoprotéique, réactif de Millon, réactif de Tanret). Il reste un résidu qui constitue la cellulose; en effet, il se disssout dans l'acide sulfurique concentré en donnant une solution qui réduit la liqueur de Fehling.

M. Hammerschlag attachait un grand intérêt à l'extraction de la lécithine qui n'existe pas dans les autres bacilles. A côté de la lécithine et de la graisse, se trouve dans l'extrait alcoolo-éthéré une matière toxique que l'on peut en extraire au moyen de l'eau. Ce poison agit à faible dose sur les animaux et les tue assez rapidement.

J'ai effectué sur le bacille de la tuberculose aviaire des recherches analogues, quoique moins complètes. J'ai constaté que le bacille, chauffé pendant deux à trois jours à 50°

avec une solution de soude à 10 p. 100 se dissout presque entièrement. La liqueur a été ensuite filtrée au filtre Chamberland, elle avait pris une forte odeur de méthylamine qui est probablement due à la décomposition de la névrine de la lécithine.

La liqueur filtrée, additionnée de quelques gouttes d'un sel cuivrique, prend une magnifique coloration d'un rose violacé.

Enfin la solution alcaline acidifiée par l'acide sulfurique donne un précipité floconneux qui se dissout partiellement dans l'éther, mais qui se dissout entièrement dans la potasse. Ce précipité est un mélange d'un acide gras et d'une matière albuminoïde.

En somme, on voit que le bacille de la tuberculose aviaire semble, par sa composition chimique, tout à fait analogue à celui de la tuberculose humaine ; les dédoublements qu'il accomplit dans le bouillon sont également de même ordre, mais les composés qu'il produit sont infiniment moins toxiques.

Afin d'extraire du corps même du bacille la toxine que j'y supposai contenue, je m'y suis pris d'une manière différente de celle indiquée par M. Hammerschlag. J'ai traité par la soude à 10 p. 100, je l'ai presque neutralisée par l'acide sulfurique et j'ai terminé la neutralisation par l'acide carbonique, puis j'ai abandonné le tout dans le vide au-dessus de l'acide sulfurique. Il s'est fait, au bout d'un certain temps une abondante cristallisation de sulfate de soude, les eaux-mères quand on les juge assez concentrées, peuvent être avantageusement employées pour l'étude physiologique de la toxine. Le sulfate et le bicarbonate de soude qui se forment avec cette dernière étant sans action sur l'organisme à faible dose. L'étude physiologique n'a pas encore été faite.

## V

### Conclusions.

La comparaison des analyses du bouillon, avant et après la culture, m'a montré que, quand cette dernière se faisait dans de bonnes conditions, la destruction des matériaux fixes atteignait presque la moitié du résidu fixe total.

Comme aliment non azoté le bacille consomme presque exclusivement de la glycérine, et est presque sans action sur le sucre de canne. Pour ce qui est des aliments azotés, on peut conclure des dosages que j'ai faits que les divers produits sont d'autant plus facilement assimilés par lui qu'ils sont plus simples, et que l'ammoniaque ou une amine peut en être plus facilement dégagée.

J'ai démontré qu'il existait dans le bouillon normal de l'ammoniaque en quantité assez faible, $0^{gr},3$ par litre environ. Cette ammoniaque est, ou simplement à l'état de sel, ou à l'état de combinaison avec la matière organique, mais combinaison assez instable pour qu'une solution étendue de baryte et la température de 50° puissent la mettre en liberté. Or cette ammoniaque a disparu après la culture. La créatine et la créatinine sont susceptibles de fournir de l'ammoniaque sous des actions hydratantes assez faibles; je n'ai pu en retrouver dans le bouillon cultivé.

Au contraire les substances azotées dans lesquelles l'azote est lié assez solidement au reste de la molécule pour ne former de l'ammoniaque qu'en présence d'actions hydratantes énergiques, ne sont attaquées que lentement et incomplètement par le bacille. C'est le cas de la sarcine, et des diverses matières albuminoïdes qui se trouvaient dans le bouillon primitif (gélatine et peptone).'

# LII

# DE L'HÉMATOTHÉRAPIE EN GÉNÉRAL

HISTORIQUE — BIBLIOGRAPHIE — THÉORIE ET FAITS

**Par M. Charles Richet.**

On me permettra de résumer brièvement l'origine de cette hématothérapie qui a eu une si rapide fortune. Les faits nombreux dont je donne plus loin la bibliographie assez complète indiquent qu'un grand effort a été fait de tous côtés par nos contemporains pour trouver dans le sang des animaux vaccinés ou réfractaires un remède ou un vaccin aux maladies virulentes. Certes il y a maintenant encore dans l'hématothérapie appliquée à la médecine plus d'espérances que de réalités. Mais les espérances sont grandes, et elles s'appuient sur des faits positifs qui ne sont ni contestables ni contestés.

En 1881, comme je faisais, en qualité d'agrégé de la Faculté de médecine, mon cours de physiologie à la Faculté, en parlant du sang et des substances chimiques contenues dans le sang, désignées sous le nom très vague de *matières extractives*, j'indiquai la grande importance de ces substances si peu connues, et je rappelai à cette occasion une belle observation, toute récente, de M. Chauveau, sur la résistance des moutons algériens au charbon. Alors que les moutons français succombent toujours à l'inoculation charbonneuse, les moutons algériens résistent[1]. A quoi peut tenir cette différence, sinon au sang et aux matières extractives contenues dans le sang? Qui sait, disais-je alors, si l'injection du sang d'un mouton algérien à un mouton français ne le rendrait pas rebelle à l'inoculation charbonneuse? Ce serait une bien intéressante expérience à tenter.

Cette expérience a été faite quelques années plus tard par mon ami M. Rondeau, qui avait été mon préparateur pour le cours de physiologie. Il l'a faite, il est vrai, un peu autrement que je l'avais indiquée, et dans des conditions qui ne me semblent pas très favorables. Il a injecté à un mouton du sang de chien, animal, comme on sait, à peu près réfractaire au charbon, et il a inoculé ce mouton avec du charbon ; mais l'expérience échoua, et le mouton transfusé avec du sang de chien mourut.

Il est évident que M. Rondeau a eu le grand mérite de faire le premier une expérimentation directe; mais, comme son essai ne réussit pas, il semble que tout ce qu'il pouvait conclure de son unique expérience, comme il a sans doute conclu alors, c'est que le sang des animaux réfractaires, transfusé à des animaux non réfractaires, ne leur confère aucune immunité.

Aussi bien cette expérience ne fut-elle publiée que beaucoup plus tard, après que la démonstration de l'efficacité de l'hématothérapie eut été faite. (20 novembre 1890. *Bull. de la Soc. de Biol.*)

A vrai dire, une idée émise dans un cours, un projet d'expérience, ou une expérience qui n'a pas réussi, voire même une expérience qui a réussi et qui n'est pas publiée, rien de tout cela ne constitue une priorité quelconque. Par conséquent je puis dire que la première démonstration de l'hématothérapie a été donnée par M. Héricourt et moi dans

1. *Comptes rendus de l'Acad. des sciences*, 1880, t. CXI, p. 33.

une note que M. Verneuil a présentée à l'Académie des sciences le 5 novembre 1888, note qui a pour titre : *De la transfusion péritonéale et de l'immunité qu'elle confère.*

Voici par quelle série d'expériences nous avons été conduit à cette expérimentation.

Nous avions quelques mois auparavant trouvé sur un chien une tumeur cancéreuse, qui contenait un microrganisme un peu différent du *Staphylococcus pyogenes albus*. Ce staphylocoque, que nous appelâmes *S. pyosepticus*, se montra très toxique pour le lapin, et au contraire assez inoffensif pour le chien. Puisque le chien est réfractaire, on peut sans doute rendre le lapin réfractaire en lui transfusant du sang de chien. C'est ce que nous tentâmes, d'abord par la tranfusion intra-veineuse qui échoua, puis par la transfusion péritonéale ; et nous eûmes la joie de voir guérir les lapins transfusés, alors que les lapins témoins étaient tués par le staphylocoque.

Voici, à titre de document, une expérience que je donne textuellement, telle qu'elle a été publiée en 1888.

« Le 4 octobre, 7 lapins sont inoculés avec 4 gouttes de culture de *S. pyosepticus* : 6 ont reçu, quarante-huit heures auparavant, du sang de chien dans le péritoine. Le témoin meurt moins de vingt heures après l'inoculation. Des 6 autres, 3 meurent, l'un, cinquante heures, l'autre soixante-dix heures, le troisième, quatre-vingt-dix heures après l'inoculation. Les trois autres survivent; ils sont encore vivants aujourd'hui.

« Pour expliquer l'inconstance apparente de ce résultat, il faut remarquer que le sang transfusé a été pris à deux sources différentes : 1° sang d'un chien intact; les lapins qui avaient reçu ce sang n'ont pas résisté à l'inoculation; 2° sang d'un chien ayant subi quelques mois auparavant des inoculations de *S. pyosepticus*. Les trois lapins qui avaient reçu ce sang ont tous trois résisté à l'inoculation du *S. pyosepticus*... Il nous semble donc assez probable que le sang des chiens inoculés précédemment avec le *S. pyosepticus*, puis absolument guéris, confère une immunité plus complète que le sang des chiens intacts... »

Et nous terminions par la proposition suivante qui résumait notre pensée, et que les expériences ultérieures, tant des autres observateurs que de nous-mêmes, ont démontrée être exacte :

« Cette influence du sang de chien, donnant aux lapins une sorte d'immunité pour les maladies auxquelles résiste le chien, s'étend peut-être à d'autres microrganismes (le charbon, la tuberculose). Nous poursuivons nos recherches dans ce sens. »

Il ne paraît pas qu'il y ait lieu, après cette citation, de douter que nous n'ayons alors non seulement démontré par un premier exemple que le sang des animaux réfractaires ou immunisés contient des principes qui donnent l'immunité, mais encore, par une généralisation assez légitime, établi sur une première base expérimentale le principe même de l'hématothérapie.

Avant de rapporter quelques-unes des découvertes qui ont suivi, faisons un retour en arrière; car certaines observations et expériences peuvent être considérées comme analogues; et nous devons les mentionner.

D'abord on peut invoquer la simple transfusion du sang faite dans un but thérapeutique; et cette première tentative remonte au XVII^e siècle, à DENIS qui essaya de guérir un fou en lui transfusant du sang d'agneau. Mais évidemment cela n'a qu'un lointain rapport avec l'*hémathotérapie d'immunisation*, qui a pour but d'apporter un élément chimique qui s'oppose au développement d'une maladie infectieuse.

Il en est de même pour les transfusions qui ont pour objet de remédier à l'hémorragie, à l'anémie, aux empoisonnements divers, l'apport d'un nouveau sang étant destiné à suppléer au sang qui fait défaut chez l'animal transfusé.

Je ne peux rapporter ici les cas, assez nombreux, dans

lesquels la transfusion a été pratiquée au cours de la phtisie pulmonaire; car il s'agissait de donner des forces à l'organisme épuisé, de restituer du sang perdu dans des hémoptisies; et d'ailleurs, à l'époque où ces opérations ont été pratiquées, la nature bacillaire de la tuberculose n'avait pas été encore démontrée. Ces observations, empruntées à l'article « Blood » de l'*Index Catalogue,* et à l'article de M. DE BELINA qui a paru dans les *Archives de physiologie*, 1870, p. 43 et 355, t. III, ont été reproduites dans la thèse de M. DELANGLE[1].

On remarquera qu'elles ne sont accompagnées d'aucune étude expérimentale; en effet ce sont des faits empiriques où la théorie de l'immunisation par le sang des réfractaires ou des vaccinés, n'avait pas même été soupçonnée. Le sang était considéré comme un aliment réparateur, ou bien comme un reconstituant des hématies faisant défaut à un organisme anémié.

Nous devons attacher plus d'importance aux expériences sur la transmission de la vaccine par le moyen du sang.

M. RAYNAUD, étudiant les effets pathogéniques de la transfusion, arriva à un résultat intéressant[2]. Une génisse en éruption vaccinale fournit par la veine jugulaire 150 grammes de sang qui furent transfusés dans la veine jugulaire d'une autre génisse, vierge de cowpox; 28 jours après, on tenta de vacciner cette génisse sans succès. Ainsi la transfusion avait produit l'immunité chez l'animal récepteur de sang vaccinal. M. RAYNAUD fit alors quelques essais pour transférer, si possible, l'immunité vaccinale par le sang chez des enfants. Mais il n'obtint que des résultats négatifs, et il semble attribuer son insuccès à la trop petite quantité de sang transfusé.

Reste donc son unique expérience sur la génisse. Eh bien! elle est très différente des expériences d'hématothérapie

1. *Thèse de doctorat de Paris*, 1891, p. 119, « Contribution à l'étude physiologique et thérapeutique du sérum. »

2. *Comptes rendus de l'Académie des sciences*, 5 mars 1877 et *Revue mensuelle de médecine et de chirurgie*, 1877, t. I, p. 247.

telles que nous les comprenons aujourd'hui ; car il avait pris comme animal transfuseur un animal en pleine maladie aigüe, et par conséquent introduit, en même temps que le sang, des microrganismes vivants et actifs. Il faut admettre, en effet, avec M. CHAUVEAU, que, quoiqu'il n'y ait pas beaucoup de germes microbiques dans le sang, cependant il en existe, et sans doute assez pour donner non une maladie intense, mais une maladie atténuée, suffisant à amener l'état réfractaire.

Ce qui confirme cette opinion, ce sont les plus récentes expériences de MM. STRAUS, CHAMBON et MÉNARD[1] qui, en transfusant la presque totalité du sang d'un veau ayant l'immunité vaccinale, mais n'étant plus en puissance de maladie, dans la veine d'un autre veau, ne purent à ce dernier conférer aucune immunité.

Ainsi la très intéressante tentative de M. RAYNAUD ne peut rien prouver ; car, en transfusant le sang d'un animal en éruption vaccinale, il a sans doute donné la maladie vaccinale elle-même, et alors rien de surprenant qu'il ait en même temps conféré l'immunité.

D'autres expériences, faites dans une toute différente direction, allaient exercer une grande influence sur la marche des idées en hématothérapie.

En 1884, un élève de M. SCHMIDT, à Dorpat, M. GROHMANN[2] montrait que le plasma sanguin, sans intervention de globules blancs ou rouges, exerçait une action nocive sur les microrganismes. Il put constater que le *B. anthracis* diminuait de virulence (sur les lapins), après avoir été au contact du plasma du sang.

En 1887, un médecin hongrois, M. FODOR, dans une communication faite à l'Académie hongroise des sciences de

1. *Bull. de la Soc. de Biol.*, 20 déc. 1890.

2. Cité par M. LUBARSCH, « Uber die bakterienvernichtenden Eigenschaften des Blutes. » *Centralbl. f. Bakt.*, 26 oct. 1889, t. VI, p. 481. Je n'ai pas pu me procurer la thèse de M. GROHMANN.

Budapest[1], le 21 juin, montrait que le sang a la propriété de détruire les bactéries, et il opposait cette puissance chimique du sang à l'ingénieuse hypothèse de M. METCHNIKOFF sur la phagocytose, et à une autre théorie de M. WYSSOKOVITCH qui attribuait au foie et à la rate la propriété de détruire les microbes injectés dans le système circulatoire (WYSSOKOVITCH, *Zeitsch. für Hygiene*, 1886, t. I, fasc. 1, p. 45).

L'année suivante M. NUTTALL, élève de M. FLUGGE, dans un travail important, démontra, mieux que ne l'avaient fait ses prédécesseurs, M. GROHMANN et M. FODOR, cette puissance bactéricide du sang. (Bakterienfeindliche Einflüsse des thierischen Körpers. *Zeitsch. für Hygiene*, 1888, t. IV, p. 353.) Mais c'était toujours pour combattre l'opinion de M. METSCHNIKOFF sur la phagocytose, et il ne semble pas qu'il ait fait quelque expérience *in vivo*, ni même proposé d'en faire; car son but était uniquement l'étude de cette importante question de bactériologie générale : *Comment les microbes meurent-ils dans le sang où on les a injectés?*

C'est, comme on le voit, tout autre chose que de dire : *Le sang d'un animal réfractaire ou immunisé confère l'état d'immunité.*

Après ce travail de NUTTALL, parurent de très nombreux mémoires sur l'action bactéricide du sang. Mais il me paraît inutile de les mentionner ici; car c'est une question qui est assez différente du principe de l'hématothérapie. Il suffira de consulter le *Centralblatt für Bakteriologie* et le *Jahresberichte für Lehre der pathogenen Microrganismen* de M. BAUMGARTEN pour se rendre compte combien aujourd'hui cette question a été souvent étudiée dans d'excellents mémoires, notamment par M. BUCHNER, M. LUBARSCH et M. HANKIN. D'ailleurs ces divers travaux sont tous postérieurs à l'année 1888.

Ainsi donc, — en laissant de côté les expériences *in vitro*

1. *Centralbl. f. Bakt.*, 1887, t. II, p. 170.

démontrant que le sang et les humeurs sont doués d'un pouvoir bactéricide qui paraît être une de leurs propriétés générales, — au commencement de l'année 1889, l'état de la question était le suivant. Une expérience de M. Raynaud : transfusion du sang d'un animal en éruption vaccinale ayant conféré la vaccination, sans évolution morbide; une expérience, non publiée, de M. Rondeau : transfusion du sang de chien à un mouton pour lui donner l'immunité contre le charbon, expérience ayant échoué; et, d'autre part, nos expériences faites avec le *Staph. pyosepticus*, ayant démontré que le sang d'un animal réfractaire confère, étant transfusé à un animal sensible, une demi-immunité, mais qu'il peut conférer une immunité complète, si le chien réfractaire a été antérieurement vacciné[1].

Il est nécessaire de constater que nos expériences, communiquées en 1888 à l'*Académie des sciences* et à la *Société de Biologie* précèdent de deux ans les expériences de MM. Behring et Kitasato, à qui on attribue généralement la découverte de l'hématothérapie[2].

Cette opinion, que MM. Behring et Kitasato ont découvert l'hématothérapie, est d'autant plus extraordinaire que, de novembre 1888 à décembre 1890, date du travail de ces expérimentateurs, d'autres expériences ont été faites par nous et par d'autres auteurs encore, développant et complétant le principe établi dans notre note du 5 novembre 1888.

En effet, dès que nous eûmes acquis la preuve que le sang des animaux réfractaires confère l'immunité, nous résolûmes d'appliquer ce principe à la tuberculose, et nous nous mîmes à l'œuvre immédiatement.

Aussi pûmes-nous, à la séance de la Société de Biologie du

1. C'est ce que, parfois, nous appelions pour simplifier la *double réfraction*. Le chien, réfractaire normalement au *Staph. pyosept.*, devient plus réfractaire encore quand il a été inoculé.

2. Behring et Kitasato, « Uber das Zustandekommen der Diphtherieimmunität und der Tetanusimmunität bei Thieren. » *Deutsche med. Woch.*, n° 49, p. 1113, 1890.

23 février 1889 (un an et demi avant MM. BEHRING et KITASATO) montrer que la transfusion péritonéale de sang de chien normal, faite à des lapins, confère à ces lapins une demi immunité. Je répète ici les termes dont nous nous sommes servi alors[1].

« La transfusion péritonéale du sang de chien ralentit dans une certaine mesure, chez le lapin, l'évolution tuberculeuse... Ç'a été surtout dans les premiers temps consécutifs à l'inoculation qu'il y a eu des effets éclatants de l'influence de la transfusion. Les lapins témoins étaient tous les quatre d'une maigreur extrême, avec le poil hérissé, et ils semblaient extrêmement malades; or les lapins à transfusion péritonéale étaient tous les six d'apparence florissante. On les distinguait sans peine en deux groupes, et plusieurs de nos amis, à qui nous les avons montrés, n'hésitaient pas à dire, en voyant les quatre témoins, qu'ils étaient tous les quatre très malades, et, en voyant les six transfusés, qu'ils étaient tous les six très bien portants... La mortalité a été pour les neuf témoins de 5 morts; soit 55 p. 100; pour les six transfusés de 1 mort; soit 17 p. 100[2] ».

Dans le cours d'une discussion qui s'éleva alors sur ce sujet à la Société de Biologie, mon collègue et ami, M. DASTRE, me demanda s'il s'agissait dans mon idée d'une suralimentation par le sang tranfusé, et je lui répondis que cette opinion me paraissait inadmissible, par cette raison bien simple que le sang contient 200 grammes par kilo de parties solides, et qu'en injectant le 1er octobre, je suppose, 50 grammes de sang à un lapin, on ne lui donne en réalité que 1 gramme de matières solides, ce qui, au point de vue alimentation, est absolument négligeable quand on lui fait le 31 octobre l'inoculation tuberculeuse.

Le 31 mai et le 7 juin 1890, à la Société de Biologie nous

1. *Bull. de la Soc. de Biol.*, 1889, p. 157-163.
2. Voir plus loin (page 294) le détail de nos expériences sur les lapins immunisés par la transfusion péritonéale.

présentâmes de nouveau cette même expérience répétée et améliorée : Sur 24 lapins inoculés le 18 avril avec la tuberculose, il y avait, le 7 juin, sur 12 transfusés, une mort ; sur 12 témoins, trois morts. Sur les 9 témoins restant, 3 seulement avaient augmenté de poids ; tandis que les 11 transfusés avaient tous augmenté de poids. Soit le poids primitif du lot de témoins égal au moment de l'inoculation à 100, celui des témoins était de 81, et celui des transfusés de 122.

Cependant, entre notre première communication sur la tuberculose (23 février 1889) et notre seconde communication (31 mai 1890)[1], une application directe à la thérapeutique avait été tentée en France même par MM. Bertin et Picq, de Nantes ; ils avaient déposé à l'Académie de médecine un pli cacheté (19 janvier 1890) dont il ne fut donné connaissance que le 9 septembre 1890[2]... « La chèvre, disaient-ils, animal réfractaire, doit nous servir de sujet pour rendre réfractaires à la tuberculose, développée expérimentalement, certains animaux susceptibles de contracter facilement cette tuberculose par voie d'injection. »

C'était exactement ce que nous avions indiqué en février 1889. Au lieu de prendre le chien comme transfuseur, MM. Bertin et Picq prenaient la chèvre ; au lieu de prendre le lapin comme transfusé, ils prenaient le cobaye. A vrai dire, leur première expérience, digne d'être rapportée, paraît avoir été commencée seulement le 13 janvier 1890, c'est-à-dire quelques jours avant que leur pli cacheté ait été déposé à l'Académie[3].

Mais déjà le principe de l'hématothérapie comportait d'autres applications que le traitement de la tuberculose. En effet, MM. Bouchard et Charrin poursuivaient des recherches dans

1. *Bull. de la Soc. de Biol.*, 1890, p. 316 et p. 325-528.

2. Voy. Hématothérapie. Résultats expérimentaux et cliniques, etc., par MM. G. Bertin et J. Picq, une broch. in-12. Nantes, 1891. Communication faite au Congrès de la tuberculose (28 juillet 1891, Paris).

3. *Loc. cit.*, p. 23.

ce sens au laboratoire de pathologie générale de la Faculté de médecine, en agissant avec le bacille pyocyanique, et ils concluaient ainsi : « La transfusion du sang de chien n'a donc pas réalisé une vaccination complète, mais il semble néanmoins qu'elle a modifié (c'est-à-dire accru. CH. R.) la résistance. »

Dans cette note, M. CHARRIN faisait remarquer aussi que le sérum avait les mêmes effets que le sang, et c'est assurément un fait important, dont le principe ne remonte certainement pas à M. BEHRING[1]. M. HÉRICOURT et moi, dans nos expériences, nous avions employé jusqu'alors le sang complet; mais les premiers résultats de MM. BOUCHARD et CHARRIN ont semblé prouver que le sérum était à peu près aussi actif que le sang[2].

Si je mentionne formellement le fait, c'est parce que M. BEHRING semble s'attribuer le mérite d'avoir imaginé le sérum comme procédé d'hématothérapie, tandis que c'est évidemment à MM. BOUCHARD et CHARRIN que cela est dû.

Avant d'arriver au travail de MM. BEHRING et KITASATO, il importe de mentionner un important mémoire de MM. OGATA et JASUHARA, deux savants japonais, mémoire que nous connaissons seulement par le compte rendu que M. LÖFFLER en a donné au commencement de 1891[3].

Dans ce travail les deux Japonais indiquent un fait nouveau, ajoutant un grand progrès aux faits déjà indiqués, c'est que le sang, ou plutôt le sérum d'un animal réfractaire, peut guérir après infection. Des souris inoculées avec du charbon guérissent si on leur injecte, après infection charbonneuse, quelques gouttes de sérum de grenouille ou de chien. Ce sérum, chauffé à 45°, perd sa propriété thérapeutique. Sur des

1. CHARRIN, « Réflexions à propos de la communication de M. CH. RICHET. *Bull. de la Soc. de Biol.*, 7 juin 1890, p. 331.

2. Voir sur ces expériences, dont le détail n'a été publié que plus tard, BOUCHARD, « Les prétendues vaccinations par le sang », in « Les microbes pathogènes », 1 vol. in-12. Paris, 1892, p. 206-243.

3. *Centralbl. f. Bacter. und Paras.*, 1891, n° 1, p. 25, « Mittheilungen der med. Facultät der Kaiserl. Japan. Universität; Tokio, en juin 1890. »

lapins et des cobayes la même puissance thérapeutique du sérum réfractaire se retrouve.

Nous devons reconnaître que ce travail de juin 1890 de MM. Ogata et Jasuhara contient une donnée nouvelle et d'une importance primordiale. Nous avions montré que le sang (ou le sérum) d'un réfractaire vaccine; MM. Ogata et Jasuhara prouvent que non seulement il vaccine, mais encore qu'il guérit. Aussi nous semble-t-il juste d'accorder, plus qu'on ne l'a fait jusqu'ici, une valeur prépondérante à ce beau travail.

En novembre 1890 nous publiâmes une nouvelle série d'expériences sur la tuberculose, expériences, qui, à vrai dire, ne sont que l'application du principe contenu dans notre première notice (principe que nous pouvons appeler de la double immunité). Quoique les résultats n'en soient pas absolument satisfaisants, ils sont cependant assez nets ; et nous les avons formulés ainsi : le sang d'un chien tuberculisé agit pour prémunir les lapins contre la tuberculose, plus efficacement que le sang d'un chien normal[1].

L'expérience ne portait que sur 8 lapins; mais elle était assez concluante ; car, sur trois témoins, il y avait trois morts avec une survie moyenne de 28 jours. Sur 2 lapins transfusés au sang simple, un mourait au 44$^{e}$ jour, l'autre était vivant le 62$^{e}$ jour ; les trois autres lapins transfusés au sang tuberculeux étaient vivants tous les trois le 62$^{e}$ jour.

Nous formulions ainsi le principe de la double immunité :

« Renforcer l'immunité naturelle des animaux réfractaires par une inoculation virulente, et transfuser aux animaux accessibles à l'infection ce sang doublement réfractaire. »

Nous avions dit déjà (le 15 juin 1890) en parlant de la transfusion : « Il s'agit là d'une méthode générale pour conférer l'immunité, et peut-être devrait-on la formuler ainsi : en transfusant à un animal susceptible d'infection le

1. *Bull. de la Soc. de Biol.*, 15 nov. 1890. *Sem. médic.* 1890, p. 426. Voyez plus loin le récit plus détaillé de cette expérience.

sang d'un animal réfractaire, on rend le transfusé réfractaire, comme l'était le transfuseur lui-même. »

Cependant, nous l'avouerons, nous ne nous étions livrés à aucune théorie, et, après avoir établi les faits, nous n'avions voulu rien en conclure au point de vue de la cause même de ces faits. C'est pour cette raison, sans doute, ainsi que nous le disait un de nos plus éminents confrères, qu'on a semblé en tenir peu de compte, et qu'on a accordé une si grande importance au travail de MM. Behring et Kitasato, comme si l'édification d'une théorie avait plus de valeur que la démonstration d'un fait!

Ce travail date du 4 décembre 1890[1], c'est-à-dire qu'il est venu deux ans et un mois après notre première note (5 nov. 1888); un an et demi après nos premiers travaux sur la tuberculose; six mois après les expériences de MM. Bouchard et Charrin, sur le sérum, six mois après le mémoire de MM. Ogata et Jasuhara. Est-ce assez pour établir quelque droit à la priorité?

En décembre 1890, en effet, il était établi, et scientifiquement établi :

1° Que le sang d'un animal réfractaire confère l'immunité. (J. Héricourt et Ch. Richet. Ex. : *Staph. pyosepticus*, 5 nov. 1888. — Bacille de la tuberculose, 23 févr. 1889);

2° Que l'immunité est plus complète si l'animal réfractaire a été vacciné au préalable. (J. Héricourt et Ch. Richet. Ex. : *Staph. pyosepticus*, 5 nov. 1888. — Bacille de la tuberculose, 15 nov. 1890);

3° Que le sérum a les mêmes effets que le sang. (Bouchard et Charrin. Ex. : *Bac. pyocyaneus*, 7 juin 1890);

4° Que le sérum des réfractaires non seulement protège contre la maladie avant infection, mais encore guérit quand l'infection a déjà été commencée. (Ogata et Jasuhara. Ex. : *Bac. anthracis*, juin 1890).

1. *D. med. Wochensch.*. n° 49, 4 déc. 1890.

Comme ces diverses communications avaient paru dans la plupart des journaux de médecine, on peut être assez surpris que MM. Behring et Kitasato les aient ignorées.

Si surprenante que soit cette ignorance, il faut l'admettre; car ce serait leur faire injure que de supposer qu'ils connaissaient toutes ces recherches, et qu'ils n'ont pas voulu en parler[1].

Quand enfin M. Behring a parlé de nous, ç'a été pour adopter le jugement porté par M. Bouchard sur les transfusions de sang contre la tuberculose; ce qui n'est, en somme, qu'une application du principe de l'hématothérapie, établi par nous, en novembre 1888, et même, comme nous l'avons dit à plusieurs reprises, c'est une application dont les bons effets sont bien plus contestables que pour d'autres infections microbiennes.

Il est certain que l'influence du sang de chien sur la tuberculose du lapin n'a que des effets incomplets, et nous n'avions pas attendu le jugement de M. Behring pour le dire. Mais M. Behring affecte d'ignorer les expériences, si décisives, faites avec le *Staphylococcus pyosepticus*, et, quant à la transfusion contre la tuberculose, il la caractérise en disant que c'est un procédé de suralimentation : *Ernährungsheilmethode ;* tandis qu'au contraire nous avions dit ceci, dès 1888 : « Cette influence du sang de chien donnant aux lapins une sorte d'immunité pour les maladies auxquelles résiste le chien, s'étend peut-être à d'autres maladies (le charbon, la tuberculose, etc.). » Est-ce là de la suralimentation[2]?

M. Behring aura beau se débattre, il ne lui sera pas pos-

1. M. Behring n'a parlé de nous qu'en 1892, dans une brochure intitulée : « Das Tetanus Heilserum ». Thieme, Leipzig, 1892, et, après avoir gardé longtemps le silence, il s'est enfin décidé à mentionner nos recherches.

Son jugement est un modèle de mauvaise foi. D'abord, il n'a pas daigné recourir à nos travaux originaux, pas plus à nos communications à la Société de Biologie qu'à nos notices publiées dans les *Comptes rendus de l'Académie des sciences*, et il ne semble connaître nos travaux que par le mémoire de M. Bouchard, « Sur les prétendues vaccinations par le sang ». *R. Virchow's Festchrift*, t. III, p. 1-27.

2. M. Fraenkel, *Hygienische Rundschau*, 15 janv. 1893, p. 86, juge avec équité le différend.

sible d'effacer ce qui est dans les *Comptes rendus de l'Académie des sciences* de novembre 1888, et dans les *Bulletins de la Société de Biologie* de 1888, 1889 et 1890. Il est regrettable qu'à l'Institut d'Hygiène de Berlin on ne puisse se procurer ces deux assez importantes publications.

Que dire maintenant de son opinion finale ? « Je n'aurais pas, dit-il, parlé de pareilles recherches, s'il ne se trouvait, même parmi nous, des personnes incapables de distinguer des travaux de science expérimentale — (il veut dire les siens), — et des assertions qui dérivent de considérations surannées de philosophie naturelle — (il veut dire les nôtres) —. (Wenn es nicht auch bei uns noch immer Leute gäbe die experimentell begründete Arbeiten von solchen aus naturphilosophischen Erwägungen hervorgegangenen Behauptungen nicht zu unterscheiden vermögen.)

Ainsi, dans le laboratoire de physiologie de la Faculté de médecine de Paris, quatre années d'études persévérantes, avec la mort de deux ou trois cents chiens, et de cinq ou six cents lapins, voilà ce que M. Behring appelle des spéculations sur la philosophie naturelle !

Cependant ce mémoire de MM. Behring et Kitasato est d'une importance considérable ; d'abord il consacre l'extension de la méthode d'immunisation par le sérum à deux maladies infectieuses : le tétanos et la diphthérie. Jusqu'alors, en effet, il n'y avait eu d'expériences faites qu'avec le *Staphylococcus pyosepticus*, le bacille de la tuberculose (Héricourt et Ch. Richet), le bacille pyocyanique (Bouchard et Charrin) et le charbon (Ogata et Jasuhara).

En outre, il faut l'avouer, leurs expériences sont simples et élégantes : elles tendent à démontrer, beaucoup mieux que cela n'avait été fait auparavant, que cette propriété du sérum des animaux vaccinés est une propriété d'ordre chimique, quelque chose comme la neutralisation d'un poison sécrété par les microbes infectieux. Ils ont pu déterminer avec précision les doses auxquelles ce sérum vaccinal est actif ou inactif.

En somme, les expériences de MM. Behring et Kitasato déterminèrent une énergique et générale impulsion. De tous côtés on chercha dans le sens de l'hématothérapie, et on arriva à des résultats extrêmement intéressants, quoiqu'ils soient, à vrai dire, moins brillants peut-être, en thérapeutique humaine, que l'expérimentation sur les animaux permettait de l'espérer.

Probablement, la première application de l'hématothérapie d'immunisation à l'homme a été faite par MM. Bertin et Picq, le 3 décembre 1890[1]. Il s'agit, dans ce premier cas, d'une transfusion totale de sang. Cette même opération fut répétée sur le même malade, le 22 décembre, le 27 février, et le 10 mars, et suivie d'une amélioration notable des symptômes.

Presque en même temps, le 6 décembre 1890, M. Héricourt faisait la première injection de sérum[2] de sang de chien, que, pour simplifier, nous appelions hémocyne.

En décembre 1890 et janvier 1891, de nombreuses injections de sérum furent faites par MM. Héricourt, Langlois, Saint-Hilaire, et je donnai à la Société de Biologie la technique qui nous permettait non seulement d'obtenir du sérum pur, mais encore de rendre son emploi maniable, en le conservant dans des tubes de verre fermés à la lampe et scellés aux deux bouts[3].

Je ne veux pas discuter ici la valeur thérapeutique de ces injections; car je suis fermement résolu à rester toujours sur

1. Voy. Bertin et Picq, *Bull. de la Soc. de Biol.*, 20 déc. 1890. Dans leur mémoire sur l'hématothérapie, MM. Bertin et Picq disent 3 novembre (p. 59); mais, comme on peut s'en rendre compte en parcourant l'observation, c'est évidemment une faute d'impression, et il faut lire 3 décembre.

2. Voyez notre première communication à ce sujet, *Bull. de la Soc. de Biol.*, 24 janvier 1891.

3. Ces diverses observations ont été publiées dans la thèse de M. Laborie. (Thèse de doctorat de la Faculté de médecine) intitulée : « Le sérum de sang de chien ». (1892)— Voyez aussi sur le même sujet : Lépine, « Sur l'application à l'homme de la méthode de traitement de MM. Ch. Richet et Héricourt. » *Sem. médic.*, 21 janv. 1891. — Delangle (Thèse de doctorat de Paris, 1891), « Étude sur les propriétés thérapeutiques du sérum. » — Héricourt, « Traitement de

le terrain de la physiologie et de l'expérimentation, mais il me sera permis de remarquer que le dernier mot de cette méthode n'est pas dit, et que, si elle n'a pas donné les résultats qu'on pouvait en attendre, on peut espérer qu'en procédant avec des moyens différents, on arrivera peut-être à quelques effets plus concluants.

D'ailleurs ce n'est pas seulement contre la tuberculose que ces injections d'hémocyne ont été efficaces. M. Feulard, dans le service de M. Fournier, a eu de très beaux succès chez les syphilitiques et les lupiques[1]; et M. Pinard a fait des injections de sérum aux enfants nés avant terme, et plongés dans un état de débilité congénitale qui ne leur laisse que peu de chances de survie[2].

Revenons à l'hématothérapie expérimentale. A partir de 1891, de toutes parts on fit des expériences, avec des succès

la tuberculose par les injections sous-cutanées de sérum de sang de chien. » (*Congrès pour l'étude de la tuberculose*, 2e session, 1891, p. 360-385.) — Héricourt, « Le sérum de chien dans le traitement de la tuberculose. » (*Arch. gén. de médecine*, avril 1892.) — Coupard et Saint-Hilaire, « Injection de sérum de sang de chien dans la trachée. » (*Bull. de la Soc. de Biol.*, 31 janv. 1891.) — Le Ray, « Contribution à l'étude de l'hématothérapie » (Thèse de doctorat de Paris, 1891), et, dans le 2e congrès pour l'étude de la tuberculose, les diverses communications de MM. Bernheim, « Transfusion du sang de chèvre dans le traitement de la tuberculose. » — Semmola, « Valeur thérapeutique du sérum de sang de chien dans le traitement de la tuberculose. » — Vidal, « Injections de sérum de chien dans la tuberculose » et Kirmisson, « Le sérum de chien dans la péritonite tuberculeuse », toutes communications faites dans les séances du 28 et du 29 juillet 1891. — Nussini, « Cura della tuberculosi pulmonare colle injezioni di sero di sangue di cane, ricerche cliniche. » (*Riforma medica*, 21 janv. 1892.) — M. Semmola, « Traitement de la tuberculose pulmonaire par l'action combinée de l'iodoforme et des injections hypodermiques de sérum sanguin du chien. » (*Il Progresso medico*, 20 févr. 1892.) — J. Héricourt et Ch. Richet, « Valeur curative du sang des chiens vaccinés contre la tuberculose, humaine. » (*Comptes rendus de l'Acad. des sciences*, 14 nov. 1892 et *Revue scientifique*, 19 nov. 1892, p. 163.) — P. Foa. « Una esperienza negativa sull' immunita per la tuberculosa. » (*Giorn. d. R. Acc. di Medicina di Torino*, mars 1891, p. 134. Il s'agit d'un cobaye ayant reçu du sang de poulet et qui ne devint pas réfractaire à l'inoculation tuberculeuse.) — Beretta. « Action du sérum de chien dans le traitement de la tuberculose. » (*Brit. med. Journ.*, nov. 1891. — Bissange, « Trois cas de tuberculose chez le chien. » (*Rec. de médec. vétérin.*, n° 21, 15 nov. 1893.)

1. *Bull. de la Soc. franç. de dermatologie et de syphiligraphie*, juillet 1891.

2. « Premiers documents pour servir à l'histoire des injections de sérum de

divers. Mais on peut dire, d'une manière générale, que le sang des animaux vaccinés ou réfractaires se montre assez efficace.

Je donnerai ici, à titre de documents, la bibliographie des divers travaux publiés; et, bien entendu, je ne mentionnerai pas les études, très nombreuses, qu'on a entreprises sur l'état bactéricide du sang; car je veux me limiter, et donner seulement les faits où il est question d'expériences sur les animaux ou d'applications thérapeutiques à l'homme[1].

### Tétanos.

Tizzoni et Cattani. — Uber die Art einem Thiere die Immunität gegen Tetanus zu ubertragen. (*Centralbl. f. Bakt.* 16 février 1891[2].)

*Idem.* — Ulteriori ricerche sull'antitossina del tetano. (*Riforma medica*, 5 juin 1891, t. II, p. 604.)

Vaillard. — Sur la propriété du sérum des animaux rendus réfractaires au tétanos. (*Bull. de la Soc. de Biol.*, 1891, p. 462.)

*Id.* — Sur quelques points concernant l'immunité contre le tétanos. (*Ann. de l'Institut Pasteur*, 25 avril 1892.)

Behring et Frank. — Eigenschaften des Tetanusheilserums. (*Deutsch. med. Woch.*, 1892, n° 16, p. 348, in *Gaz. hebd.*, 6 août 1892, p. 381.)

chien pratiquées chez les enfants nouveau-nés issus de tuberculeuses ou nés en état de faiblesse congénitale. » (*Ann. de gynécol.*, nov. 1891.) Actuellement, M. Pinard continue ce mode de traitement, et il en obtient les meilleurs résultats (Communication orale).

1. Cependant, pour mémoire, je citerai quelques travaux tout récents portant sur la puissance bactéricide du sang.

Bonaduce, « Rapports entre le sérum sanguin et l'immunité naturelle. » (*An. in Revue des sciences médicales*, 1893, t. XLII, pp. 67.)

Székely et Szana, « Veränderungen der mikrobiciden Kraft des Bl tes während und nach der Infection des Organismus. » (*Centralbl. für Bakt.*, 1892, t. XII, pp. 61-79 et 139-144.)

Kionka, « Bakterientödtende Wirkung des Blutes. » (*Centralbl. für Bakt.* 1892, t. XII, pp. 321-329.)

Denys et Raisin, « Objections récemment élevées contre le pouvoir bactéricide du sang. » (*La Cellule*, 1893, t. IX, pp. 337-393.)

Christmas, « Substances microbicides du sérum et des organes d'animaux à sang chaud. » (*Ann. de l'Institut Pasteur*, 1891, t. V.)

2. Les beaux travaux de M. Tizzoni et de ses élèves peuvent être considérés comme relevant de l'hématothérapie. Mais, au lieu de transfuser le sang simple, M. Tizzoni transfuse certaines substances contenues dans le sang; le précipité albuminoïdique complexe obtenu par l'action de l'alcool sur le sang constitue ce qu'il appelle l'*antitoxine* du tétanos. C'est, si l'on veut, encore de l'hématothérapie, mais avec une détermination plus précise des substances actives.

TIZZONI et CATTANI. — Alcune questione relative all'immunita pel tetano. (*Riforma medica*, 23 août 1892, p. 495 et 505.)

BEHRING, « Die Blutserumtherapie bei Difterie und Tetanos. » (*Zeitsch. für Hygiene*, 1892, p. 1-10.)

BEHRING, « Immunisirung und Heilung von Versuchsthieren beim Tetanus. » (*Ibid.*, p. 45-58.)

SCHUTZ, « Immunisirung von Pferden und Schafen gegen Tetanus. » (*Ibid.*, p. 58-82.)

KITASATO, « Heilversuche an Tetanuskranken. » (*Ibid.*, p. 256-261.)

FRENKEL et SOBERNHEIM. — Uber das Zustandekommen der künstlichen Immunität. (*Hyg. Rundsch.* 1894. Nos 3 et 4.)

TIZZONI et CATTANI. — Uber die erbliche Ueberlieferung der Immunität gegen Tetanos. (*Deutsche med. Woch.* 1892, nº 18, p. 394.)

SCHWARTZ. — Un cas de guérison du tétanos par le sérum antitoxique. (*Centralbl. f. Bakt.*, 22 déc. 1891.)

GATTAI. — Undecimo caso di tetano, etc. (*Rif. med.*, 1893, t. IX, pp. 2-5.)

ARONSON. — Die Grundlagen und Aussichten der Blutserumtherapie. (*Berl. Klin.*, 1893, fasc. 43, pp. 1-42.)

MORITZ. — Ueber einem mit Heilserum behandelten Fall beim Menschen. (*Munch. med. Woch.*, 1893, t. XL, pp. 561-564.)

PACINI. — Troisième cas de guérison du tétanos par l'antitoxine. (*Riforma medica*, 7 janvier 1892.)

WLADIMIROFF. — Antitoxinerzeugende Wirkung des Tetanusgiftes. (*Zeitsch. f. Hyg.*, 1893, t. XV, pp. 405-422.)

ALBERTONI. — Rapport sur le traitement sérothérapique du tétanos et de la syphilis, par le procédé Cattani et Tizzoni. (*Gaz. degli Ospedali*, 28 mai 1892.) Rapport lu à la Soc. méd. chir. de Bologne, et discussion à ce sujet. Voir aussi la *Médecine moderne*, 3 nov. 1892, p. 691.

TIZZONI et CATTANI. — Ottavo caso di tetano traumatic curato coll' antitossine. (*Gaz. degli Ospedali*, 14 juillet 1892.) La même observation a été donnée par FINOTTI. (*Riforma medica*, 1er juillet 1892, p. 866.)

CATTANI. — L'ematoterapia nella cura del tetano. (*Gaz. degli Osped.*, 25 juin 1892.)

TARUFFI. — Sixième cas de tétanos guéri par l'antitoxine. (*Riforma medica*, 2 avril 1892.)

KITASATO. — Experimentelle Untersuchungen uber das Tetanusgift. (*Arch. f. Hyg.*, t. x. p. 267-305.)

KALLMEYER. — Toxines du sang dans le tétanos. (*D. med. Woch.*, 1892, nº 4, p. 71.)

BARTH. — Tétanos grave traité avec succès par les injections d'antitoxine. (*Soc. médic. des hôpitaux* du 3 mars 1893, in *Sem. méd.*, mars 1893, p. 105.)

MORITZ, RAUKE et ZIEMSSEN. — Trois cas de tétanos chez l'homme traités avec succès par le sérum spécifique. (*Société de méd. de Munich*,

7 juin 1893. Analyse in *Mercredi médical*, 30 août 1893, p. 428.)

Buschke. — Immunisirung eines Menschen gegen Tetanus. (*D. med. Woch.*, 1893, n° 50, p. 1320.)

Casali. — Settimo caso di tetano traumatico trattato coll'antitossine, (*Riforma medica*, 1er juin 1892, p. 579).

Tizzoni. — Quinto caso di tetano trattato et curato colle antitossine, (*Riforma medica*, 15 juillet 1892, et *Gaz. d. Osped.*, 23 juillet 1892.)

Tizzoni et Cattani. — Weitere Untersuchungen uber die Immunität gegen Tetanus. (*Berl. klin. Woch.*, 4 déc. 1893, p. 1185.)

Rénon. — Deux cas de tétanos traités par des injections de sang antitoxique. (*Ann. de l'Institut Pasteur*, 25 avril 1892, p. 233.)

Baginski et Behring. — Traitement du tétanos par le sérum d'animaux réfractaires. (Cités in *Union médicale*, n° 24, 25 février 1893, p. 29.)

Roux et Vaillard. — Prévention et traitement du tétanos par le sérum antitoxique. (*Ann. de l'Institut Pasteur*, n° 2, p. 65, févr. 1893.)

Finotti. — Ottavo caso di tetano curato con l'antitossina. (*Centr. f. Bakt.*, 1892, t. XII, p. 801.)

Gagliardi. — Primo caso di tetano curato con l'antitossina. (*Centr. f. Bakt.*, 1892, t. XII, p. 115.)

Lesi. — Zwölfter Fall von Tetanus geheilt durch das Blutserum. (*Centralbl. f. Bakt.* 1893, t. XIV, p. 393.)

Behring et Knorr. — Immunisirungswerth und Heilwerth des Tetanusheilserums bei weissen Mäusen. (*Hyg. Rundschau*, 15 juillet 1893, p. 639.)

Rotter. — Ein mit Tetanus-Heilserum behandelter Fall von Wundstarrkrampf nebst kritischen Bemerkungen uber die Blutserumtherapie (*Deut. med. Woch.*, 16 février 1893, p. 152.)

## Pneumonie.

Foa et Scabia. — Sulla immunita e sulla terapia delle pneumonie, (*Gaz. med. di Torino*, n° 12, 13, 14 et 15, 1892).

Jansson (Ch.). — Quelques cas de pneumonie aiguë traités avec le sérum d'animaux immunisés. (*Hygiæa*, Stockholm, LIV, 1892, p. 368-377. An. in *Rev. internat. de Bibliographie médicale*, 10 juillet 1892, p. 233.)

Klemperer (F. et G.). — Traitement de la pneumonie par le sérum curatif. (*Berl. Klin. Woch.*, 24 et 31 août 1891.)

Foa et Carbone. — Études sur l'infection pneumonique. (*Gaz. med. di Torino*, 1891, fasc. 1, p. 1.)

Mosny. — Vaccination contre l'infection pneumonique à l'aide d'une substance extraite du sang, des viscères et des tissus des lapins injectés, et propriétés du sérum des lapins vaccinés. (*Arch. de méd. expér.* 1er mars 1892, t. IV, p. 195; 1893, t. V, p. 259.)

Arkharow. — Guérison de l'infection pneumonique chez les lapins au moyen du sérum des lapins vaccinés. (*Arch. de méd. exp.*, 1er juillet 1892, p. 498.)

Emmerich. — Infection Immunisirung und Heilung bei croupöser Pneumonie. (*Zeitsch. für Hyg.*, 1894, t. XVI, p. 167-184.)

Emmerich et Fawitsky. — Die künstliche Erzeugung von Immunität gegen croupöse Pneumonie. (*Münch. med. Woch.* 1891, n° 32.)

Klemperer (G.). — Douze pneumonies traitées par des injections de sérum. (*Berl. Klin. Woch.*, 9 mai 1892, p. 470.)

Klemperer (F.). — Beziehungen zwischen Immunität und Heilung. (*Berl. klin. Woch.*, n° 13, p. 293, 28 mars, 1892. Traitement du bacille pneum. de Friedlander et de la septicémie des souris par le sérum des animaux immunisés.)

Pansini. — Action du sérum sur les micro-organismes, et spécialement sur le pneumocoque. (An. in *Rev. des sc. médic.*, 1893, t. XLII, p. 77.)

Foa. — Sur l'infection par le Diplococcus lanceolatus. (*Arch. Ital. de Biol.*, t. XX., fasc. I, p. 14.)

Rovighi. — Sull'azione microbicida del sangue in diverse condizione dell'organismo (*Annali dell' Istituto d'Igiene sperim. d. Universita di Roma*, II, 1890, cité in *Revue des sc. médicales*, 1892, t. XXXIX, p. 485.

Audeoud. — La sérothérapie dans la pneumonie. (*Revue médicale de la Suisse romande*, 1893, n° 2, p. 130.)

Lara, Bozzolo et Foa. — Discussion sur la sérothérapie dans la pneumonie, d'après les comptes rendus de l'Acad. de médecine de Turin (2 déc. 1892), cités in *Médecine moderne*, 25 févr. 1893, p. 184.

Bonome. — Diplococco pneumonico e batterio della setticemia emorragico dei conigli. Nota sull'immunisatione e sull'importansa terapeutica delle transfusioni di sangue et di siero degli animali immunizzati. (*Centralbl. f. Bakt.*, 13 mars 1893, p. 345.)

Issaeff. — Contribution à l'étude de l'immunité acquise contre le pneumocoque. (*Ann. de l'Institut Pasteur*, n° 3, mars 1893, p. 260-279.)

Mosny. — La vaccination et la guérison de l'infection pneumonique expérimentale et de la pneumonie franche de l'homme. (*Archives de médecine expérimentale*, mars 1893, p. 259.)

## Charbon.

Scékely et Szana. — Experimentelle Untersuchungen uber die Veränderungen der sogenannter microbiciden Kraft des Blutes während und nach der Infection des Organismes. (*Centralbl. f. Bakt., u. Paras.* 1892, t. XII, p. 61-74.)

Bergonini. — Sur l'action préventive contre le charbon du sérum des animaux réfractaires. (*Rassegna di sc. med. modena*, 1891, p. 437.)

Ogata et Jasuhara. — Uber die Einflusse einiger Thierblutarten auf Milzbrandbacillen. (*Centralbl. f. Bakt.*, 8 janv. 1891.)

Serafini et Enriquez. — Sur l'action du sang des animaux réfractaires injecté aux animaux sensibles au charbon. (*Ann. de l'Institut d'hy-*

*giène expérimentale de l'Université de Rome*, t. I, nouv. série, fasc. 2, 1891. tir. à part.)

Metchnikoff et Roux. — Propriété bactéricide du sang de rat. (*Ann. de l'Institut Pasteur*, 1891, t. V, p. 299.)

Roudenko. — Influence du sang de grenouille sur la résistance des souris contre le charbon. (*Ann. de l'Institut Pasteur*, 1891, t. V.)

Enderlen. — Action du sérum de chien stérilisé sur le bacille du charbon. (*Munch. med. Woch.*, 5 mai 1892.)

Gabritschewski. — Ein Beitrag zur Frage der Immunität und der Heilung von Infectionskrankheiten. (*Centralbl. f. Bakt.* 1891, t. X, p. 151.)

Pane. — Action du sérum sanguin du lapin, du chien et du pigeon sur le bacille du charbon. (*Rivista clinica e terapeutica*, 1891, n° 9, p. 481.)

Metchnikoff et Roux. — Sur la propriété bactéricide du sang de rat. (*Ann. de l'Institut Pasteur*, v. n° 8.)

Jemma. — Azione battericida del sangue di coniglio. (*Rivista clinica et terapeutica*, 1891, n° 9, p. 483.)

Lazarus et Weyl. — Theorie der Immunität gegen Milzbrand. (*Berl. Klin. Woch.* 1892, n° 45.)

## Fièvre typhoïde.

Sanarelli. — Études sur la fièvre typhoïde expérimentale. Sérothérapie. (*Ann. de l'Institut Pasteur*, nov. 1892, p. 721.)

Chantemesse et Widal. — Étude expérimentale sur l'exaltation, l'immunisation et la thérapeutique de l'infection typhique. (*Ann. de l'Institut Pasteur*, nov. 1892, p. 755.)

Bertin. — Injections de sérum de mouton dans la fièvre typhoïde. (*Revue génér. de clinique et de thérapeutique*, 1892, n° 15.)

Lebay et Picot. — Traitement de la fièvre typhoïde et de la gastro-entérite par les injections de sérum de mouton. (*Écho médical de Toulouse*, déc. 1892.)

Bruschettini. — Immunita contro il tifo. (*Riforma medica*, 9 août 1892, p. 363.)

Hammerschlag. — Ein Beitrag zur Serumtherapie. (*Deut. med. Woch.*, 27 juillet 1893, p. 710.)

Stern. — Uber Immunität gegen Abdominaltyphus. (*Deutsche med. Woch.* 1892, 37, p. 287; cité in *Revue des sciences médicales*, 1893, t. XLI, p. 499.)

## Choléra.

Gamaleia et Ketscher. — Immunité contre le choléra conférée par le lait des chèvres vaccinées. (*Bull. de la Soc. de Biol.*, 29 oct. 1892, p. 832.)

Klemperer (G.). — Vaccination du cobaye contre le choléra par le sérum des lapins immunisés (dans le péritoine). (*Berl. klin. Woch.*, 1892, n° 32, p. 789; anal. in *Gaz. hebd.* 20 août 1892, p. 399.)

Klemperer (G.). — Recherches sur l'inoculation préventive contre le choléra asiatique chez l'homme. (*Berl. klin. Woch.* 1892, n° 39, p. 969, in

*Gaz. méd. de Paris*, 1er oct. 1892, p. 478, et *Rev. des sc. médic.*, 1893, t. XLII, p. 84.)

LAZARUS. — Action vaccinale du sérum des convalescents de choléra. (Comm. faite à la *Soc. de médecine interne de Berlin*, 12 déc. 1892. *Berl. klin. Woch.* 1892, pp. 1071 et 1110.)

PAWLOWSKI et BUCHSTAB. — Blutserumtherapie gegen Cholerainfection. (*D. med. Woch.*, n° 22, 1893, p. 516.)

ISSAEFF et IVANOFF. — Immunisirung der Meerschweinchen gegen den Vibrio Ivanoff. (*Zeitsch. für Hyg.* 1894, t. XVI, p. 117-129.)

FEDOROFF. — Blutserumtherapie der Cholera Asiatica. (*Zeitsch. für Hyg.*, 1894, t. XV, p. 423-433.)

SCHWEINITZ. — The production of immunity in Guinea pigs by the use of blood serum from immunified animals. (*Med. news*, sept. 1892, n° 24, p. 348.)

### Rouget des porcs.

METCHNIKOFF. — Rôle des phagocytes dans la résistance contre le hog choléra des lapins traités avec du sérum préservatif. (*Ann. de l'Institut Pasteur*, 25 mai 1892, p. 289 et Congrès de médecine interne de Berlin, in *Semaine médicale*, 27 avril 1892.)

EMMERICH et MASTBAUM. — Die Ursache der Immunitat, die Heilung von Infectionskrankheiten, speciell des Rothlaufs der Schweine, und ein neues Schützimpfungsverfahren gegen diese Krankheit. (*Arch. für Hygiene*, avril 1891, t. XII, p. 275.)

LORENZ. — Schutzimpfungsversuche gegen Schweinerothlauf. (*D. thierartzl. Woch.*, 1894, t. II, pp. 9-12.)

PETERMANN. — Sur la substance bactéricide du sang décrite par le professeur Ogata. (*Ann. de l'Institut Pasteur*, v. n° 8, 1892.)

### Diphtérie.

HENOCH. — Traitement de la diphtérie par des injections de sérum sanguin de moutons rendus réfractaires. (Comm. à la *Soc. de médecine de Berlin*, 21 déc. 1892.)

KOUDREVETZKY. — Rech. exp. sur l'immunisation contre la diphtérie. (*Arch. de méd. exp.*, 1893, t. V, p. 620.)

ARONSON (H.). — Méthode pour rendre les cobayes réfractaires à la diphtérie (sérum vaccinal emprunté au chien). (*Soc. de méd. de Berlin*, 21 déc. 1892, in *Berl. klin. Woch.*, 23 janvier 1893, p. 100-101.)

KLEMENSIEWICZ et ESCHERICH. — Uber einen Schützkörper in Blute der von Diphterie geheilten Menschen. (*Centralbl. f. Bakt. und Par.*, 17 févr. 1893, p. 158.)

BAGINSKY. — Tetanussymptome bei Diphterie. (*Berl. klin. Woch.*, 27 février 1893, p. 206.)

BEHRING und WERNICKE. — Immunisirung von Versuchsthieren bei Diphtherie. (*Zeitsch. für Hygiene*, 1892, t. XII, p. 10-45.)

ZIMMER. — Zustandekommen der Diphterieimmunität bei Thieren. (*D. med. Woch.*, 1882, n° 16.)

BEHRING et BOER. — Behandlung diphteriekranker Menschen mit Diphterieheilserum. (*D. med. Woch.*, 1893, n^os 17, 18 et 23, p. 389.)

KOSSEL. — Behandlung diphteriekranker Kinder mit Diphterieheilserum. (*D. med. Woch.*, n° 17, p. 392, 1893.)

ARONSON (H.). — Recherches expérimentales sur la diphtérie et sur la substance immunisante du sérum. (*Soc. de méd. de Berlin*, 31 mai 1893; Analyse in *Semaine médicale*, 7 juin 1893, p. 284.)

**Syphilis.**

PELLIZZARI. — Tentatives d'atténuation de la syphilis par injections de sérum provenant du sang des syphilitiques. (*Giornale ital. di malattie della pelle e vener.*, nov. 1892.)

TOMMASOLI. — Traitement de la syphilis par injections de sérum de sang de mouton et de bœuf. (*Gazzetta dei Ospedali*, 5 mars et 2 août 1892, in *Médecine moderne*, 8 sept. 1892, p. 560.)

ALBERTONI. — Rapport sur le traitement sérothérapique du tétanos et de la syphilis par le procédé Cattani et Tizzoni. (*Gaz. degli Osped.*, 28 mai 1892.)

MOZZA. — Sérothérapie dans la Syphilis. (*Giorn. ital. delle mal. veneree et della pelle*, juin 1893.)

KOLLMANN. — Lamm bluttransfusion bei Syphilis. (*Centralbl. f. Bakt.* 1894, t. XIV, p. 208.)

PELLIZZARI (Celso). — Tentatives d'atténuation de la syphilis par les injections de sérum provenant d'individus atteints de syphilides tardives. (*Gazette hebdomadaire de médecine et de chirurgie*, 12 mai 1894, p. 223.)

**Rage.**

TIZZONI et SCHWARTZ. — Vaccination contre la rage par le sérum. (*Riforma medica*, 23 août 1891. *Ann. de micrographie*, 20 janv. 1892.)

BABÈS et CERCHET. — Sur l'atténuation du virus fixe rabique. (*Ann. de l'Institut Pasteur*, oct. 1891.)

TIZZONI et CENTANNI. — Guérison de la rage déclarée par les injections de sérum d'animaux vaccinés. (*Deutsche med. Woch.*, 1892, n° 31, p. 702. *Riforma medica*, 10 août 1892, p. 374 et *Berl. klin. Woch.*, 1894, p. 189.)

BORDONNI UFREZZI. — A propos d'un cas de guérison de la rage chez l'homme. (*Riforma medica*, 17 mai 1892.)

POPPI. — Traitement de la rage par le sérum des animaux immunisés. (*Rif. medica*, 6 juin 1892, p. 626.)

ZAGARI. — Sur la guérison de la rage développée. (*Rif. medica*, 22 sept. 1892.)

EVANGELISTA. — Sur la manière dont le sérum du sang se comporte vis-à-vis du virus rabique. Contribution à l'étude du pouvoir microbicide dans l'organisme sain. (*Riforma medica*, 23 sept. 1892.)

### Morve.

Chenot et Picq. — Action bactéricide du sang des bovidés sur le virus morveux, et action curative de son sérum sur la morve expérimentale du cobaye. (*Mém. de la Soc. de Biol.*, 19 mars 1892, p. 91.)

### Maladies diverses.

Bruhl. — Contribution à l'étude du vibrion avicide. (*Bull. de la Soc. de Biol.*, 16 juillet 1892, p. 673 et *Archives de médec. expérim.*, janvier 1893, pp. 38-62.)

Roger. — Modification du sérum chez les animaux prédisposés à l'infection streptococcique. (*Bull. de la Soc. de Biol.*, 30 juillet 1892, et *Revue de médecine*, déc. 1892.)

Charrin et Roger. — Action bactéricide du sérum chez l'animal vivant, après vaccination (infection pyocyanique). (*Bull. de la Soc. de Biol.*, 2 juill. 1892, p. 620.)

Bastin. — Contribution à l'étude du pouvoir bactéricide du sang. (*La Cellule*, 1892, t. VIII, fasc. 2, nº 6, p. 383-417.)

Chambrelent. — Propriétés toxiques du sérum des éclamptiques. (*Bull. médic.*, 21 sept. 1892.)

Tarnier et Chambrelent. — Toxicité du sérum sanguin chez les éclamptiques. (*Ann. de gynécologie*, 1892.)

Magnant. — Des propriétés microbicides du sérum humain et de son emploi en thérapeutique. (*Bull. de thérap.*, 30 déc. 1892.)

D'Abundo. — Action toxique et bactéricide du sérum de sang des aliénés. (*Riv. sperim. di freniatria*, t. XVII, fasc. 4, 1892.)

Tœpper. — Blutseruminjection als Schutz und Heilmittel gegen Brustseuche. (*Berl. thier. Woch.*, 1893, nº 2, p. 13.)

Phisalix et Bertrand. — Immunisation par le sérum contre le venin des serpents. (*Comptes rendus Ac. des sc.*, 23 avril et 7 mai 1894, t. CXVIII, pp. 935 et 1071.)

Calmette. — Propriétés antitoxiques du sérum contre le venin des serpents. (*Bull. de la Soc. de Biol.*, 3 mars 1894.)

Mironoff. — L'immunisation des lapins contre le streptocoque, et traitement de la septicémie streptococcique par le sérum du sang des animaux immunisés. (*Bull. de la Soc. de Biol.*, 15 avril 1893, pp. 400-403 et *Arch. de méd. exp.*, 1893, t. V, pp. 442-468.)

Bruschettini. — Immunita sperimentale nell'influenza. (*R. des sc. médic.*, 1894, t. XLIII, p. 462.)

### Généralités. — Revues critiques, etc[1].

Barbier. — Rôle du sang dans la défense de l'organisme. (*Gaz. médic. de Paris*, 1891, nᵒˢ 3, 4, 5, 6.)

1. Il est évident que cette partie de notre bibliographie est absolument incomplète. Quel intérêt y aurait-il à rapporter toutes les revues critiques et

GAMALEIA. — Revue générale sur l'immunisation. (*Gaz. hebd.*, 21 nov. 1891.)

HANKIN. — L'immunité. (Comm. faite au 7e congrès d'hygiène de Londres, 12 août 1891. *Bull. médic.* 26 août 1891.) — Cures par infections diverses, (*Brit. med. Journal*, 28 févr. 1891, et *Centralbl. für Bakt.*) 1891, t. IX, p. 336.)

BOUCHARD. — Les prétendues vaccinations par le sang. (*Revue de médecine*, 1892.)

CHARRIN. — Les défenses naturelles de l'organisme. (*Semaine médicale*, p. 493, 10 déc. 1892.)

METCHNIKOFF. — L'immunité contre les maladies infectieuses. (*Semaine médicale*, 26 nov. 1892, p. 469.)

BRIEGER, KITASATO et WASSERMANN. — Uber Immunität in Giftfestigung. (*Zeitsch. für Hygiene*, t. XII, p. 137, 1892.)

BEHRING et NISSEN. — Bacterienfeindliche Eigenschaften verschiedener Blutserumarten. (*Zeitsch. f. Hygiene*, 1890, t. VIII, p. 412-433.)

EMMERICH et TSUBOÏ. — Die Natur der Schutz-und Heilsubstanz des Blutes. — Wiesbaden, chez Bergmann, 1892.

BEHRING. — Uber die Prioritäsansprüche des Herrn Prof. Emmerich in Fragen der Blutserumtherapie. (*Centralbl. f. Bakt. u. Par.*, 1892, t. XII, p. 74-80.)

BUCHNER, VORT, SITTMANN et ORTHENBERGER. — Untersuchungen uber die bacterienfeindlichen Wirkungen des Blutes und Blutserums. (*Arch. für Hygiene*, 1890.)

BRIEGER et EHRLICH. — Transmission de l'immunité par l'intermédiaire du lait. (*D. med. Woch.*, 1892, n° 18, p. 392.)

WASSERMANN. — Immunité et suspension de la toxicité. (Congrès de méd. int. de Leipsig de 1892. *Sem. médic.*, 27 avril 1892.)

BUCHNER. — Recherches sur les substances protectrices du sérum. (Congr. de médec. int. de Leipzig de 1892. *Sem. médic.*, 27 avril 1892.)

BOUCHARD. — Les microbes pathogènes. 1 vol. in-12, 1892.

STERN. — Recherches sur le sérum sanguin et les bactéries pathogènes. (Comm. au 12e Congrès de médecine interne, à Wiesbaden, 12 au 15 avril 1892, analyse in *Semaine médicale*, 26 avril 1892, p. 206.)

SANARELLI. — Moyens de défense de l'organisme contre les microbes. (*Annales de l'Institut Pasteur*, mars 1893, p. 225-259.)

DENYS et HAVET. — Sur la part des leucocytes dans le pouvoir bactéricide du sang de chien (*La Cellule*, t. X, 1er fasc., 1894, p. 7.)

HAVET. — Du rapport entre le pouvoir bactéricide du sang de chien et sa richesse en leucocytes. (*La Cellule*, t. X, 1er fasc., 1894, p. 221.)

analyses qui ont été données sur la question? Quant à l'action bactéricide du sang, les travaux sont très nombreux, et nous ne rapportons que ceux qui touchent directement à l'hématothérapie.

### CONCLUSIONS GÉNÉRALES

Il s'agit maintenant de conclure et de chercher quel est le véritable sens de l'hématothérapie, quelles sont ses applications possibles, ce qu'on peut en espérer légitimement, et quelle est la conséquence qui résulte des faits observés au point de vue de la biologie générale.

D'abord le pouvoir bactéricide du sang, *in vitro*, n'est pas douteux. Tous ceux qui ont étudié la question, après Grohmann, Fodor et Nuttall, ont reconnu cette propriété fondamentale du sérum vivant[1]. Ils ont pu établir que la puissance bactéricide disparaît quand le sang a été chauffé, et qu'elle n'est pas due à des phagocytes ou leucocytes vivants. C'est donc une force chimique, une sorte de ferment antiseptique, qui existerait, à dose probablement minuscule, quoique efficace, non seulement dans le sérum du sang, mais encore dans presque tous les liquides des animaux.

C'est là un fait de biologie générale dont la portée est considérable. Les êtres vivants doivent se défendre contre les parasites innombrables qui les entourent de toutes parts, et qui ne cherchent qu'une occasion pour les envahir. Pour se défendre ils ont des humeurs antiseptiques, qui ne sont pas très fortement antiseptiques, mais qui cependant le sont suffisamment pour qu'à chaque instant des milliers de microbes accidentellement introduits périssent définitivement.

Le degré de cette puissance antiseptique est évidemment très variable : mais, comme cela résulte de constatations nombreuses, cette variabilité dans la puissance antiseptique est loin d'être aussi grande que la variabilité dans la réceptivité aux infections diverses. Ainsi, quoique le chien soit réfractaire au charbon, le charbon peut être cultivé dans du sang de chien ; quoiqu'un animal bien vacciné soit tout à fait réfractaire, son sérum peut encore être un passable terrain de cultures.

Il est par conséquent impossible de pouvoir affirmer que

1. C'est surtout M. Büchner qui l'a admirablement étudiée.

l'état bactéricide du sang soit absolument parallèle à l'état réfractaire. Qu'il y ait un certain rapport entre la puissance bactéricide du sang et la résistance de l'animal à l'infection, ce n'est pas douteux ; mais ce n'est sans doute pas un rapport direct, et il y a tant d'exceptions, si diverses et si considérables, que toute relation générale, directe, fait presque certainement défaut.

A vrai dire il faut mettre une grande réserve quand on veut conclure des expériences *in vitro* à des expériences *in vivo*. En effet le sang de l'animal vivant se régénère perpétuellement au contact des humeurs diverses, des tissus, des épithéliums, sous l'influence du système nerveux, si bien que c'est un liquide éminemment instable, toujours renouvelé, alors que le sang extrait du corps ne se modifie que pour s'altérer. Donc que le sang contienne par litre 0,001 d'une protéine défensive, si l'on extrait 10 cc. de sang pour étudier l'action bactéricide, on n'aura affaire en réalité qu'à une quantité minuscule, $0^{gr},00001$ d'une substance instable, oxydable, dont la destruction sera probablement très prompte. Au contraire, dans le sang vivant, circulant, cette même substance soit persiste dans le sang, soit, si elle se détruit, se reproduit sans cesse, et l'état bactéricide persiste.

En somme, pour expliquer l'état réfractaire, il n'y a qu'un petit nombre d'hypothèses possibles.

*A*. Une action chimique *antiseptique* ou antitoxique, du sérum du sang.

*B*. Une action biologique destructive due à l'activité des leucocytes (phagocytose de M. Metchnikoff).

*C*. Une action biologique destructive due à l'activité des cellules de l'organisme (glandes, foie, rate, etc.).

*D*. L'absence d'une substance favorable ou nécessaire au développement des microbes.

Ces quatre hypothèses semblent être toutes les quatre défectueuses, au moins incomplètes. Ainsi il semble prouvé que l'hypothèse d'une substance déficiente est inadmissible. De même, l'action des leucocytes ou des cellules se ramène en dernière analyse à une action chimique, puisqu'on ne comprend guère que leucocytes ou cellules agissent sur les microbes autrement que par des procédés chimiques.

La première hypothèse est donc la plus compréhensible et la plus simple; mais elle ne peut rendre compte de tous les phénomènes et elle est vraiment bien vague. Est-ce par une action antiseptique proprement dite, comme celle du mercure qui entrave l'évolution d'un ferment vivant, ou plutôt par la neutralisation de la substance toxique sécrétée par le microbe? Cela est impossible à dire, et nous croyons qu'il faut être prudent dans l'affirmation; car on est en pleine incertitude.

Aussi bien, dans cette question comme dans tous les problèmes de la biologie, me paraît-il sage d'être très réservé dans les théories et les hypothèses. L'histoire est là pour prouver qu'elles n'ont jamais abouti qu'à des erreurs grossières qui font sourire ceux qui arrivent quelque vingt ans après. Il faut serrer de près les faits, expérimenter, expérimenter toujours, en variant les conditions du problème, et ne faire d'hypothèses que lorsqu'on ne peut plus s'en dispenser. Trop souvent une belle hypothèse est là pour dissimuler la défectuosité d'une mauvaise expérience.

Si alors nous nous en tenons aux résultats expérimentaux, nous pouvons établir les fait suivants, incontestés.

1° Il y a des animaux normalement réfractaires.

2° Les vaccinations rendent réfractaires les animaux sensibles.

3° Le sang possède un pouvoir bactéricide, dû à des substances chimiques.

4° Ce pouvoir bactéricide est faible *in vitro*, mais il est bien plus puissant *in vivo*.

5° Ce pouvoir bactéricide, constant à des degrés très divers pour tous les sangs et pour tous les microbes, est un peu plus marqué chez les animaux normalement réfractaires, et un peu plus marqué chez les animaux rendus réfractaires par vaccination.

6° La transfusion à un animal non réfractaire du sang d'un animal réfractaire modifie l'évolution du microbe. Quelquefois elle la ralentit, quelquefois elle l'arrête complètement.

7° Cet effet est d'autant plus marqué que le sang transfusé (ou le sérum) appartient à un animal plus complètement réfractaire. Aussi l'effet est-il maximum avec le sang des animaux qui, possédant déjà une immunité naturelle, ont eu cette immunité renforcée par des vaccinations successives.

8° Dans certains cas la transfusion de sang ou de sérum agit non seulement comme une vaccination, mais encore comme un procédé de traitement.

9° Cette vaccination et ce traitement par le sang n'ont jamais qu'une efficacité faible, et ne peuvent agir que si l'infection est modérée; car, dans les infections graves, le sang des réfractaires est à peu près inefficace, et ne ralentit qu'à peine l'évolution.

Tel est le résumé des faits acquis.

On peut en faire la synthèse de la manière suivante :

Le sang reçoit constamment des cellules de l'organisme (leucocytes, foie, cerveau, rate, muscles, testicules, thyroïde, surrénales, pancréas, intestin, etc.), des substances chimiques multiples, qui sont, au fur et à mesure de leur production, détruites ou éliminées après avoir duré quelque temps. Ces substances sont plus ou moins antiseptiques ou antitoxiques. Tantôt elles empêchent le développement des microbes; tantôt elles neutralisent les poisons sécrétés par les microbes. C'est un procédé de défense de l'organisme vivant qui a besoin de résister au parasitisme et qui résiste par ce procédé chimique.

Tous les sangs de tous les animaux ont cette propriété, qui est une fonction générale du sang; mais c'est à un degré très inégal; et on observe toutes les transitions entre l'extrême susceptibilité de certains animaux, et l'état presque absolument réfractaire de certains autres. L'état réfractaire se trouve énormément accru par la vaccination, comme si l'action d'un microbe sur les cellules vivantes allait stimuler la production de l'antiseptique ou de l'antitoxique qui le peut détruire ; de sorte que les animaux les plus réfractaires sont ceux qui, étant déjà normalement réfractaires, de par leur constitution propre, ont reçu un accroissement d'immunité par des vaccinations successives.

Mais l'état réfractaire n'est jamais que relatif ; c'est-à-dire que l'immunité peut toujours ou presque toujours être vaincue par des infections plus fortes ; tout se passe comme si la quantité de matière antitoxique était limitée, ne pouvant suffire à un grand excès des microbes injectés.

Dans le sang ou le sérum extrait du corps, la matière antitoxique existe, et probablement elle agit dans le sang transfusé comme dans le sang de l'animal intact. Mais c'est une réserve vite épuisée, de sorte que son effet n'est pas toujours irrésistible ; il varie avec la quantité et la nature du sang injecté, comme aussi avec la quantité des microbes qu'il a pour effet de combattre.

Si une petite quantité peut agir par transfusion, c'est moins sans doute par sa puissance propre que parce qu'elle est capable de susciter l'activité bactéricide des éléments vivants, et de mettre l'organisme infecté en état de réagir.

Dans l'ignorance profonde où nous sommes de tous ces phénomènes, c'est déjà beaucoup que d'avoir démontré l'efficacité du sang des réfractaires. Il est probable que nous opérons très mal, que nous ne connaissons que quelques-unes des lois simples et fondamentales qui président à cette fonction de l'immunisation, et il ne faut pas se décourager, parce que les résultats pratiques obtenus et les applications immédiates à la thérapeutique sont médiocres.

*La nature a doté les animaux d'un énorme pouvoir de résistance aux parasites. Ce pouvoir de résistance gît probablement dans le sang ; il faut donc apprendre à nous servir du sang pour développer cette force naturelle de résistance.*

# LIII

## ÉTUDE PHYSIOLOGIQUE

SUR UN

# MICROBE PYOGÈNE ET SEPTIQUE

**Par MM. J. Héricourt et Ch. Richet.**

---

## I

### Caractères biologiques et morphologiques du *Staphylococcus pyosepticus.*

Les expériences que nous allons décrire ont été faites avec une bactérie trouvée dans une tumeur carcinomateuse chez un chien.

Cette tumeur, située dans le tissu cellulaire de la marge de l'anus, a été enlevée au moment de la mort de l'animal. Elle n'était pas ulcérée. L'examen microscopique y a montré des groupes de grosses cellules rondes à noyau, épithélioïdes, limités par des bandes de tissu fibreux.

Aussitôt après son énucléation, elle fut sectionnée en divers sens avec un couteau rougi. Avec le suc qui parut à la surface des coupes, nous ensemençâmes trois tubes de gélose nourricière et trois ballons de culture.

Le surlendemain, des cultures identiques s'étaient faites dans les trois tubes et dans les trois ballons : l'examen microscopique montra qu'il s'agissait d'un seul et même microorganisme dans chacune des cultures.

Au lieu de le décrire minutieusement, il nous paraît préférable de dire tout de suite qu'au point de vue de l'examen microscopique il ne présente avec le *Staphylococcus pyogenes albus* que des différences à peine saisissables. Peut-être est-il plus arrondi et un peu plus gros que le *Staphylococcus albus*, peut-être se colore-t-il plus rapidement avec le liquide de Lubimoff; mais ce sont là caractères trop insuffisants pour permettre une différenciation, et nous devons la fonder sur d'autres éléments.

Comme ce microbe possède d'autres propriétés pathogéniques que le *Staphylococcus albus*, nous l'avons appelé *Staphylococcus pyosepticus*, pour rappeler sa double fonction pathogénique de produire du pus et une infection générale mortelle.

La température optima de ces cultures est autour de 38°. Au-dessous de 18° il ne se cultive pas; au-dessous de 25°, il ne commence à liquéfier la gélatine que vers le septième jour. Au-dessus de 42° les cultures sont peu chargées, et à 45° le bouillon se trouble à peine.

A 38°, après vingt-quatre heures, la surface de la gélose ensemencée est recouverte d'une épaisse couche blanche vernissée, et les bouillons sont troublés, parsemés de grumeaux blanchâtres visqueux; au bout de quarante-huit heures l'aspect du bouillon ne change plus.

Le *Staphylococcus pyosepticus* ne vit pas très longtemps dans les divers milieux de culture et, après trois mois, les ensemencements sont presque toujours stériles.

Nous établirons sur les caractères suivants la différenciation du *Staphylococcus pyosepticus* et du *Staphylococcus albus*.

(Nous avons dû faire une série d'expériences avec le *Staphylococcus albus*, pour établir nettement ces caractères différentiels.)

1° Le *Staphylococcus albus*, à 20° environ, liquéfie la gélatine vers le troisième jour, tandis que le *Staphylococcus pyosepticus* ne commence à la liquéfier que quelques jours plus tard ; de même, dans les bouillons, à 20°, la culture du *Staphylococcus albus* est complète en quelques jours, alors que celle du *Staphylococcus pyosepticus* a à peine commencé.

2° A 38°, après vingt-quatre heures, les deux cultures du *Staphylococcus pyosepticus* et du *Staphylococcus albus* ont un aspect tout différent, si caractéristique et si constant qu'on peut en faire de loin le diagnostic différentiel sans jamais se tromper. Le bouillon ensemencé avec le *Staphylococcus pyosepticus* est parsemé de grumeaux visqueux, blanchâtres, entre lesquels il a conservé un certain degré de transparence ; sa surface est recouverte de plaques blanches, plus ou moins cohérentes, formant un anneau à l'union des parois du vase et de la surface liquide. Au contraire, le bouillon où a végété le *Staphylococcus albus* est uniformément troublé, sans grumeaux cohérents, sans viscosité, sans anneau à la surface. Il y a seulement un dépôt pulvérulent blanchâtre amassé au fond du ballon.

Quant aux caractères pathogéniques, ils sont plus différents encore.

3° En injectant sous la peau une minime quantité de *Staphylococcus pyosepticus* très virulent, il se produit chez le lapin, au bout de vingt-quatre heures à peine, un énorme œdème qui peut envahir toute la région abdominale et acquérir le volume des deux poings réunis. Cependant, dans les conditions absolument identiques de culture et d'injection, le *Staphylococcus albus*, à dose identique ou à dose dix fois plus forte, ne produit qu'une infiltration à peine sensible et un léger empâtement. Si l'on incise un de ces énormes phlegmons provoqués par l'inoculation du *Staphylococcus pyosep-*

*ticus*, on trouve qu'il est formé par une masse gélatineuse grisâtre, plus ou moins rosée, tremblotante, et dont la coupe reste ferme. Rien de semblable avec le *Staphylococcus albus*. La formation de cet œdème est le caractère fondamental qui sépare le *Staphylococcus albus* du *Staphylococcus pyosepticus*.

4° Le *Staphylococcus pyosepticus* vaccine contre lui-même, tandis que le *Staphylococcus albus* ne vaccine pas contre le *Staphylococcus pyosepticus*. Ce fait de la vaccination sera établi tout à l'heure. Aussi ne donnons-nous ici ce caractère que parce qu'il contribue à établir la différenciation entre ces deux formes très voisines de staphylocoques.

5° D'une manière générale le *Staphylococcus pyosepticus* est plus septique que le *Staphylococcus albus*. Toutefois, dans nos expériences, nous n'avons pas encore pu nous rendre absolument maîtres des conditions précises qui déterminent la virulence de l'un et l'autre micro-organismes. En cultivant le *Staphylococcus albus* dans des bouillons contenant 20 grammes par litre de peptone, nous l'avons rendu très virulent; de même pour le *Staphylococcus pyosepticus*. Mais, quelle que soit la virulence du *Staphylococcus albus*, elle n'atteint jamais celle du *Staphylococcus pyosepticus* : surtout le *Staphylococcus albus* ne produit jamais l'œdème local énorme que, dans de bonnes conditions de virulence, amène au bout de vingt-quatre heures l'inoculation d'une demi-goutte de *Staphylococcus pyosepticus*.

Ainsi, de cet ensemble de caractères, il résulte que le *Staphylococcus albus* et le *Staphylococcus pyosepticus* ne sont pas identiques; puisque la meilleure différenciation des microbes est encore dans leurs caractères pathogéniques différentiels.

Le *Staphylococcus pyosepticus* ne se cultive pas dans le sang. Dans une dizaine de recherches que nous avons faites à cet effet, sur des lapins venant de succomber aux suites d'une inoculation sous-cutanée, nous ne l'avons rencontré que deux fois, et encore y était-il très rare. Nous avons également constaté son absence dans le sang d'un lapin qui avait reçu 1 centimètre cube de culture dans la veine de l'oreille et qui était mort douze heures après l'injection. Le *Staphylococcus pyosepticus* se détruit donc rapidement dans le sang.

Il tend à se localiser dans le foie. Quand la mort est rapide, on ne peut rien trouver dans le foie; mais, dans le cas de mort par une intoxication chronique, on trouve dans le foie des foyers blanchâtres constitués par des amas microbiens et des débris de cellules hépatiques.

Dans quelques cas rares, nous avons constaté une pleurésie intense et un épanchement considérable de liquide dans les plèvres.

Nous avons cherché par inoculation à reproduire des tumeurs analogues à la tumeur où nous avons trouvé ce microbe sur le chien; mais nous avons totalement échoué, malgré de nombreux essais. Sur le chien l'injection sous-cutanée de *Staphylococcus pyosepticus* provoque une réaction inflammatoire violente; un abcès se forme au bout de vingt-quatre heures, abcès à forme hémorragique avec sphacèle de la peau. Cet abcès, qui s'est formé très rapidement, guérit très vite aussi; mais, une fois qu'il a guéri, il ne reste aucune tumeur. Nous avons conservé pendant deux ans au laboratoire une chienne qui avait subi cinq ou six injections de *Staphylococcus pyosepticus* et qui n'a eu aucune tumeur.

Malgré l'insuccès de ces tentatives, il semble bien qu'il y ait un rapport de cause à effet entre la tumeur cancériforme et le micro-organisme observé par nous. En effet, ce micro-organisme y était très abondant, d'une part, et, d'autre part, quand on l'injecte à un chien, on provoque du pus. Donc, il devait se trouver dans un état spécial que nous n'avons pas pu reproduire, pour provoquer une tumeur et non un abcès.

## II

### Effets pathogéniques du *Staphylococcus pyosepticus.*

Nos expériences ont été faites surtout sur des lapins. Quand nous ne donnerons pas de mention spéciale, cela signifiera que l'inoculation a été faite avec une culture de deux jours, cultivée à 38°, dans un bouillon de bœuf très légèrement alcalin, additionné de 2 p. 100 de peptone.

### A. *Expériences sur les lapins.*

Si l'on injecte sous la peau d'un lapin 1, 2 ou 3 gouttes d'une culture de *Staphylococcus pyosepticus*, on détermine un effet local et des effets généraux.

L'effet local est un œdème, plus ou moins volumineux; les effets généraux sont : la fièvre, un rapide amaigrissement et la mort.

A. *Œdème.* — L'œdème, quand la culture est très virulente, survient parfois avec une rapidité extrême. Au bout de trois ou quatre heures, il s'est déjà formé une collection liquide de quelques centimètres cubes; c'est un liquide presque transparent, coagulable par la chaleur, de couleur citrine, légèrement teinté de sang; quelquefois coagulé spontanément, et alors infiltré dans les mailles du tissu cellulaire sous la forme d'une gelée.

Au bout de vingt-quatre heures l'œdème est devenu énorme, atteignant le volume du poing, et contenant parfois 100 centimètres cubes de liquide.

Cette poche peut s'ouvrir spontanément, par amincissement de la peau, ou rester longtemps sous-cutanée sans s'ouvrir. Si l'œdème ne s'ouvre pas, on trouve au bout de quelques jours tous les tissus infiltrés d'une sorte d'exsudat blanchâtre, fibrineux, très consistant, qui tapisse les interstices musculaires et qui s'étend quelquefois dans toute l'étendue de l'abdomen. Dans le cas de guérison, cet exsudat se résorbe, et finit par ne plus former qu'une petite tumeur contenant du pus; tumeur bien limitée qui persiste ainsi en s'indurant de plus en plus, même pendant plusieurs mois, sans s'ouvrir.

Quelquefois l'œdème s'ouvre et produit alors une large plaie qui suppure.

Injecté dans la chambre antérieure de l'œil, le *Staphylococcus pyosepticus* produit une violente inflammation, et l'œil est perdu au bout de vingt-quatre heures.

B. *Fièvre*. — La fièvre, mesurée par la température des lapins inoculés, est très variable. Elle indique l'état de virulence du *Staphylococcus pyosepticus*. Quoiqu'il soit nécessaire, en pareille matière, de n'user des moyennes qu'avec réserve, nous donnerons cependant d'abord la moyenne de nos observations, portant sur 238 mensurations thermométriques.

Nous avons divisé nos chiffres en trois groupes, selon que les lapins sont morts en moins de quarante-huit heures (1er groupe), au bout de douze jours (2e groupe), ou selon qu'ils auront survécu (3e groupe).

**Lapins morts avant 48 heures.**

| | NOMBRE D'OBSERVATIONS. | TEMPÉRATURE MOYENNE. | TEMPÉRATURE MAXIMUM. | TEMPÉRATURE MINIMUM. | ÉCARTS DES MAXIMA et des minima. |
|---|---|---|---|---|---|
| | | degrés. | degrés. | degrés. | degrés. |
| 1er jour, de 4 h. à 7 h. après l'inoculation . . | XLII | 39,85 | 41,2 | 37,3 | 3,9 |
| 2e jour, de 20 h. à 30 h. après l'inoculation. . | XVII | 38,80 | 41,8 | 33,5 | 8,3 |

**Lapins ayant vécu moins de 12 jours et plus de 2 jours.**

| | NOMBRE D'OBSERVATIONS. | TEMPÉRATURE MOYENNE. | TEMPÉRATURE MAXIMUM. | TEMPÉRATURE MINIMUM. | ÉCARTS DES MAXIMA et des minima. |
|---|---|---|---|---|---|
| | | degrés. | degrés. | degrés. | degrés. |
| 1er jour. . . . . | XV | 40,35 | 41,5 | 39,3 | 2,2 |
| 2e — . . . . | XXVI | 40,40 | 41,8 | 39,2 | 2,6 |
| 3e — . . . . | XXI | 39,8 | 41,2 | 39,3 | 1,9 |
| 4e — . . . . | XII | 39,60 | 40,5 | 38,4 | 2,1 |
| 5e — . . . . | VII | 40,00 | 40,4 | 38,5 | 1,9 |
| 6e — . . . . | III | 40,10 | 40,5 | 39,7 | 0,8 |

**Lapins ayant survécu.**

| | NOMBRE D'OBSERVATIONS. | TEMPÉRATURE MOYENNE. | TEMPÉRATURE MAXIMUM. | TEMPÉRATURE MINIMUM. | ÉCARTS DES MAXIMA et des minima. |
|---|---|---|---|---|---|
| | | degrés. | degrés. | degrés. | degrés. |
| 1er jour. . . . . | XXXII | 40,50 | 41,8 | 39,4 | 2,4 |
| 2e — . . . . | XXXVII | 40,40 | 41,9 | 38,4 | 3,5 |
| 3e — . . . . | XXI | 39,70 | 40,7 | 38,5 | 2,2 |
| 4e — . . . . | VIII | 39,80 | 40,2 | 39,3 | 0,9 |

Ces chiffres permettent d'abord d'établir un point bien important. C'est que, dans l'infection par le *Staphylococcus pyosepticus*, l'intensité de la fièvre ne peut servir au pronostic. Les lapins qui sont gravement atteints peuvent dès le début présenter une hyperthermie nulle ; le plus souvent la fièvre est chez eux très modérée. Le maximum observé : 41°,9, a été chez un lapin qui a survécu.

Voici un exemple qui montrera que l'hyperthermie n'est pas liée à la virulence.

Le 16 juillet 1888 on inocule 4 gouttes de culture à un lapin A et une goutte à un lapin B. A 4 heures le lapin A a 40°, 1 ; le lapin B a 41°,6. Le lapin A meurt le lendemain matin vers 10 heures, avec une température de 33°,5 ; le lapin B a 40°,05 ; et il a survécu.

Une autre expérience, dont nous donnons ici le graphique, est tout à fait instructive. Le 31 août 1888 on injecte à un lapin A 10 gouttes de culture; à un lapin B, une goutte, à un troisième lapin non vacciné C, 10 gouttes ; le lapin C meurt au bout de 10 heures en présentant une température maximum de 39°, 6 ; le lapin B, qui a reçu une goutte, meurt au bout de 24 heures ; et sa température s'est élevée successivement, de 10 heures du matin à 8 heures du soir, à 40°, 8.

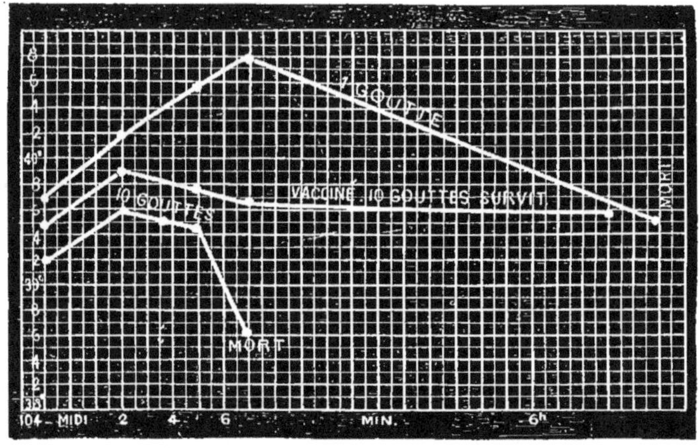


Fig. 139. — Influence de la vaccination sur la survie.

Un lapin témoin reçoit 10 gouttes de S. P. et meurt en 8 heures ; un lapin vacciné reçoit la même dose et survit ; un deuxième lapin témoin, qui n'a reçu qu'une goutte, meurt en 24 heures (Exp. du 31 août).

Ainsi une inoculation très virulente amène l'hypothermie plutôt que l'hyperthermie. Quand la température d'un lapin inoculé est au-dessous de 39°, nous pouvons prédire à coup sûr sa mort.

En faisant le graphique général et la courbe moyenne de nos expériences, on voit que le *fastigium* de la fièvre a lieu, en général, de 12 à 30 heures après l'inoculation, et qu'à partir de ce moment il y a une détente plus ou moins rapide, plus ou moins complète, suivant la virulence du micro-organisme.

Comment expliquer que la fièvre soit si forte trois heures après l'inoculation? On ne peut admettre que le microbe végète dans le sang, puisqu'il se cultive très mal dans le sang. Il faut donc supposer qu'il se produit, au lieu de l'inoculation, des éléments chimiques thermogènes, produits, soit par le micro-organisme lui-même, soit par l'organisme du lapin.

Si ces produits sont trop abondants, le système nerveux

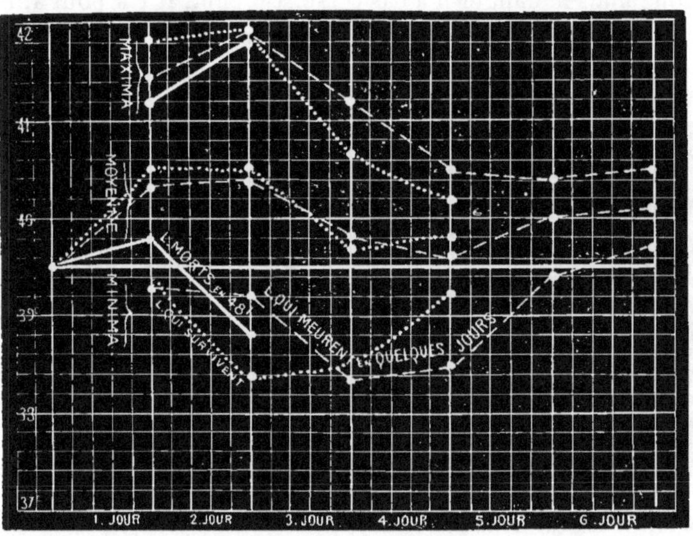


Fig. 140. — Marche de la température chez des lapins inoculés avec des doses variables de P. S.

En haut de la figure, courbe des maxima ; en bas, courbe des minima. Les courbes moyennes partent de 39°,5, température des lapins normaux.

Ces courbes sont le résultat de 238 mensurations.

▬ Lapins morts en moins de 48 heures. ---- Lapins morts au bout de 3 à 10 jours. ..... Lapins ayant survécu.

de l'animal est épuisé, paralysé, au lieu d'être stimulé, et c'est de l'hypothermie qu'on observe. Quel qu'il soit, sécrété par le microbe lui-même ou par l'organisme de l'animal inoculé, il y a un poison chimique qui détermine la mort ; et on peut comparer ses effets thermogènes à ceux des autres poisons chimiques qui agissent, suivant la dose, d'une manière tout à fait différente.

La strychnine, qui, à dose modérée, amène des convulsions et une hyperthermie énorme, à dose forte amène la résolution musculaire et l'hypothermie. Le chloroforme, en injection sous-cutanée à faible dose, stimule la calorification; tandis qu'à dose anesthésique il produit un énorme ralentissement de tous les phénomènes chimiques de l'organisme [1].

La fièvre cesse au troisième jour, 48 heures après l'inoculation; mais le danger n'a pas cessé. En effet, il y a pour ainsi dire deux manières de mourir. Il y a une mort aiguë et une mort chronique dans l'infection par le *Staphylococcus pyosep-*

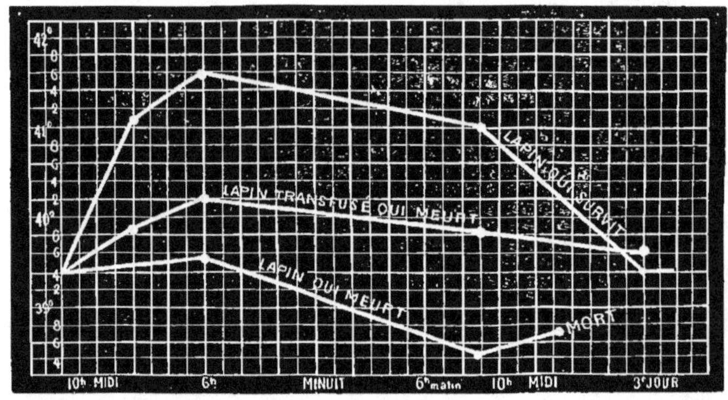


FIG. 141. — Marche de la température, dans la maladie pyoseptique, dans ses rapports avec la survie.

Le lapin qui survit a eu, seul, une température très élevée (41°,65). (Exp. des 17 et 27 septembre.)

*ticus*. Certains lapins meurent en 10, 24, 48 heures, sans qu'on puisse trouver d'autre cause de la mort qu'un affaiblissement de toutes les fonctions du système nerveux, abaissement de la température, diminution de la respiration, impuissance des mouvements volontaires, et, finalement, atonie générale et mort dans un état de demi-asphyxie.

Quant aux lapins qui ont dépassé cette première période, quelques-uns survivent, d'autres meurent; mais ils meurent sans fièvre, et même sans hypothermie préalable. On peut dire qu'ils meurent subitement ou presque subitement. Tout à l'heure ils semblaient bien portants, et voilà que, tout d'un

1. CH. RICHET, *Revue Scientifique*, 2 janvier 1886, p. 10, n° 1.

coup, ils s'affaiblissent, se paralysent, ne peuvent plus manger ni se mouvoir ; leur température s'abaisse rapidement, et en 2 ou 3 heures ils sont morts.

*C. Diminution de poids.* — Les variations quotidiennes, accidentelles, du poids des lapins normaux, si fortes qu'elles soient, — et on peut les rendre médiocres en pesant toujours les lapins aux mêmes heures et dans des conditions identiques d'alimentation, — ne dépassent guère 2 p. 100.

En prenant les moyennes, on atténue encore l'influence des variations quotidiennes.

Voici d'adord la moyenne générale de nos observations de lapins inoculés par des doses diverses de *Staphylococcus pyosepticus.* Nous supposons le poids initial égal à 100.

| | LAPINS QUI SONT MORTS. | | LAPINS QUI ONT SURVÉCU. | |
|---|---|---|---|---|
| | NOMBRE d'observations. | POIDS. | NOMBRE d'observations. | POIDS. |
| 1er jour. . . . | » | 100 | » | 100 |
| 2e — . . . . | XVI | 93 | XVI | 99 |
| 3e — . . . . | XIV | 91 | XXI | 95 |
| 4e — . . . . | XIV | 93 | XVIII | 99 |
| 5e et 6e jours . | VI | 87 | X | 97 |
| 7e et 8e — . . | » | » | XV | 95 |

Ces variations de poids traduisent fidèlement, pensons-nous, l'état physiologique des animaux en expérience. Le meilleur moyen d'apprécier l'état de santé d'un lapin est de suivre la courbe de son poids. Si l'on tient compte de ce fait que nous avions affaire presque toujours à des lapins jeunes et en voie de croissance, de 1800 à 2 200 grammes environ, et que des lapins de cet âge doivent augmenter de poids, en moyenne de 1 p. 100 par jour, il convient, pour avoir le chiffre réel de leur dénutrition, de majorer tous les chiffres de 1 p. 100

par jour; et alors nous aurons pour les lapins morts au bout de 8 jours :

| Pertes p. 100. | Poids rapporté à 100. |
|---|---|
| Du 1$^{er}$ au 2$^{e}$ jour. . | 92 |
| Du 2$^{e}$ au 3$^{e}$ — . . | 88 |
| Du 3$^{e}$ au 4$^{e}$ — . . | 87 |
| Du 4$^{e}$ au 8$^{e}$ — . . | 76 soit 2 par jour. |

Comme terme de comparaison, deux lapins soumis à l'inanition ont diminué, du premier au dixième jour, de 25 p. 100; c'est-à-dire ni plus ni moins que les lapins inoculés au *Staphylococcus pyosepticus*.

Quant aux lapins qui se sont finalement rétablis, le maxi-

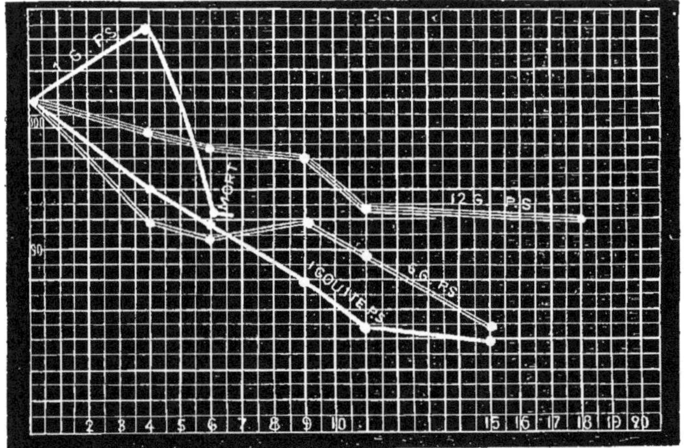


Fig. 142. — Influence de la quantité de bouillon virulent inoculé sur la virulence (appréciée par le poids des animaux).

Deux lapins ont reçu une goutte; l'un est mort; le second, qui a survécu, a été plus malade que les deux autres, qui ont reçu 6 à 12 gouttes. Le moins malade est celui qui a reçu 12 gouttes. (Exp. du 3 décembre).

mum de la perte de poids s'observe vers le quinzième jour et atteint 20 p. 100 du poids primitif. A partir de ce moment, leur poids revient à la normale, mais très lentement.

Cet exposé serait insuffisant, si nous n'y joignions quelque chiffre comparatif pour établir combien les pertes de poids sont différentes par l'effet de la vaccination et de la transfusion du sang de chien. (Nous donnerons plus loin les résultats obtenus par la vaccination, et les effets de la transfusion du sang de chien.)

Le 3 décembre 1888, 15 lapins sont inoculés avec une culture de *Staphylococcus pyosepticus;* 4 avec XII gouttes; 5 avec VI gouttes, 6 avec I goutte (2 des lapins inoculés avec I goutte sont morts le 5e jour et ne figureront pas dans le tableau suivant).

**Inoculation de XII gouttes.**

| | TÉMOIN. | VACCINO-TRANSFUSÉS. | | | MOYENNE DES VACCINO-transfusés. |
|---|---|---|---|---|---|
| | | 1 | 2 | 3 | |
| 4e jour. . . . . | 98 | 100 | 99 | 95 | 98 |
| 6e — . . . . . | 97 | 100 | 101 | 98 | 100 |
| 9e — . . . . . | 96 | 102 | 102 | 103 | 102 |
| 11e — . . . . . | 93 | 102 | 102 | 105 | 103 |
| 15e — . . . . . | 92 | 102 | 98 | 107 | 103 |

**Inoculation de VI gouttes.**

| | TÉMOIN. | VACCINO-TRANSFUSÉS. | | MOYENNE DES VACCINO-transfusés. |
|---|---|---|---|---|
| | | 1 | 2 | |
| 4e jour. . . . | 93 | 98 | 92 | 95 |
| 6e — . . . . | 91 | 102 | 90 | 96 |
| 9e — . . . . | 92 | 103 | 89 | 96 |
| 11e — . . . . | 90 | 106 | 85 | 95 |
| 15e — . . . . | 85 | 112 | 84 | 98 |

**Inoculation de I goutte.**

| | TÉMOIN. | TRANSFUSION PÉRITONÉALE. Moyenne de 2 lapins. | TRANSFUSION RECTALE. | VACCINO-TRANSFUSÉS. | MOYENNE DES VACCINÉS et des transfusés. |
|---|---|---|---|---|---|
| 4e jour. . . . . | 95 | 102 | 95 | 101 | 100 |
| 6e — . . . . . | 92 | 101 | 100 | 104 | 102 |
| 9e — . . . . . | 88 | 98 | 98 | 104 | 100 |
| 11e — . . . . . | 85 | 96 | 96 | 103 | 99 |
| 15e — . . . . . | 84 | 100 | 100 | 99 | 101 |

Le 2 octobre 1888, sept lapins sont inoculés chacun avec III gouttes de culture de *Staphylococcus pyosepticus*. Un lapin témoin meurt le second jour. 3 lapins ayant reçu dans le péritoine du sang d'un chien A, meurent du 3ᵉ au 4ᵉ jour. Les 3 lapins ayant reçu du sang d'un chien B survivent, et leurs poids successifs sont :

| | LAPIN 1. | LAPIN 2. | LAPIN 3. | LAPIN 4. |
|---|---|---|---|---|
| 12ᵉ jour. . . . | 76 | 103 | 94 | 90 |
| 18ᵉ — . . . . | 89 | 106 | 100 | 98 |
| 1 mois . . . . | » | » | 109 | 109 |
| 2 — . . . . | 121 | 142 | » | 131 |

Ainsi, malgré l'immunité acquise par la transfusion péritonéale du sang du chien, il a fallu trois semaines à ces lapins pour retrouver leur poids initial.

De ces chiffres, et de beaucoup d'autres qu'il serait trop long de rapporter en détail, il résulte que, sauf exception, quand la perte de poids dépasse 20 p. 100 [1], la mort de l'animal est vraisemblable ; mais, dans le cas d'infection aiguë, la mort survient avec une perte de poids beaucoup plus faible.

### B. — *Expériences sur les chiens.*

Sur les chiens, l'inoculation sous-cutanée de *Staphylococcus pyosepticus* produit un abcès phlegmoneux avec tendance au sphacèle et à l'hémorragie. Ce phlegmon grossit rapidement en quelques heures, mais il ne provoque qu'un état fébrile modéré. Une fois que le phlegmon est ouvert, la guérison survient très vite.

Ce qui est intéressant, c'est de constater l'innocuité presque absolue des injections intra-veineuses de culture, même à des doses considérables.

1. Chez les lapins inanitiés, la mort survient quand la perte de poids est voisine de 30 p. 100.

EXPÉRIENCE I.

Un jeune chien de 7 kilogrammes reçoit le 17 décembre 1888, à 10 heures du matin, 60 cc. de culture de *Staphylococcus pyosepticus* dans la veine saphène. L'injection le fait vomir, comme cela arrive constamment dans les injections veineuses de quantités notables de liquide. Le soir sa température est de 40°,05; le lendemain de 40°,40. Le chien est alors tout à fait bien portant, ainsi que les jours suivants.

EXPÉRIENCE II.

Le 29 juin 1888, on injecte dans la veine d'un chien une culture virulente; on observe de la diarrhée, des contractions abdominales avec ténesme : la température le soir est de 39°,80. L'animal est guéri le lendemain.

EXPÉRIENCE III.

Le 17 juillet 1888 on injecte dans la veine saphène d'un chien de 10 kilos 65 cc. d'une culture de *Staphylococcus pyosepticus*. Cette injection ne modifie pas la teneur de ses échanges respiratoires mesurés par le procédé de HANRIOT et CH. RICHET. L'injection a été faite de 4 heures à 4 h. 30; et nous avons, par kilogramme et par heure, en volumes, les chiffres suivants :

| | $O^2$. | $CO^2$. | VENTILATION. | QUOTIENT RESPIRATOIRE. |
|---|---|---|---|---|
| De 3 h. 15 à 4 h. | 0,77 | 0,51 | 25,10 | 0,66 |
| De 4 h. à 5 h. . | 0,67 | 0,47 | 16,6 | 0,70 |
| De 5 h. à 6 h. . | 0,805 | 0,530 | 32,30 | 0,66 |

Ainsi le *Staphylococcus pyosepticus*, si toxique pour les lapins, n'agit pas, même à dose très forte, sur l'organisme du chien; il produit des effets locaux intenses de suppuration et de sphacèle; mais, dans le sang, il est à peu près sans action, et les produits solubles accumulés dans les liquides de culture ne modifient ni les réactions générales ni les oxydations interstitielles. C'est cette résistance du chien aux effets du micro-organisme qui nous a fait tenter de conférer une sorte d'immunité aux lapins contre le *Staphylococcus pyosepticus* par des injections de sang de chien.

### C. — *Expériences sur les cobayes et les pigeons.*

Les cobayes et les pigeons sont tués par le *Staphylococcus pyosepticus*. Peut-être sont-ils un peu moins sensibles que les lapins; mais sur les pigeons, ce qui est remarquable, c'est la rapidité avec laquelle se déclarent les accidents.

Le 20 juin 1888, on injecte à 10 heures du matin une culture virulente à 3 pigeons pesant : 260, 250 et 230 grammes : XX gouttes au premier; V au second et I au troisième. Le premier meurt à 4 h. 30 minutes; le deuxième meurt à 5 heures; le troisième survit, mais il présente des lésions ulcératives très étendues.

## III

### Des conditions de la virulence du Staphylococcus pyosepticus.

La virulence du *Staphylococcus pyosepticus*, si l'on opère sur un lapin neuf, ni transfusé ni vacciné, dépend de différentes causes :

1° De la composition du bouillon de culture ;
2° De la durée de cette culture ;
3° De la température à laquelle il a été cultivé.

1° Elle est maximum avec un bouillon de bœuf, préparé à froid et contenant 2 p. 100 de peptone pure.

2° Elle est maximum quand la durée de la culture est de 40 à 48 heures.

3° Elle est maximum quand la température de la culture est entre 37°,5 et 38°.

La dose injectée ne semble pas exercer d'influence prépondérante. Avec des liquides très virulents la mort survient parfois après injection d'une seule goutte. Même, dans quelques cas, la mort survient plus vite par l'injection de faibles doses que par l'injection de fortes doses. Les expériences suivantes vont le prouver.

Expériences I et II.

Le 6 août 1888, on injecte à un lapin II gouttes, à un autre IV gouttes d'une même culture; ils meurent tous deux dans la nuit du 7 août.

Expériences III, IV et V.

Le 20 août on injecte à 2 heures à un lapin I goutte, à un autre II gouttes, à un troisième III gouttes.

Le lapin qui a reçu une goutte meurt dans la nuit du 20 au 21; les deux autres meurent plus tardivement dans la nuit du 21 au 22 août.

Expériences VI et VII.

Le 1er août, on injecte à 2 heures à un lapin IV gouttes, à un autre lapin VIII gouttes de la même culture. Celui qui a reçu IV gouttes meurt le 2 août à 2 h. 30 minutes; celui qui a reçu VIII gouttes meurt le même jour à 4 h. 30 minutes.

Expériences VIII, IX et X.

Le 22 juin, on injecte à 3 lapins : XIII, XI et IX gouttes de la même culture. Celui qui a reçu XI gouttes meurt, les 2 autres survivent.

Expériences XI, XII et XIII.

On injecte à un lapin I goutte, à un autre VI gouttes, à un autre XII gouttes. Celui qui a reçu I goutte meurt, les 2 autres survivent.

Expériences XIV, XV et XVI.

Le 17 décembre, on injecte à un lapin A XL gouttes, à un lapin B XX gouttes; à un lapin C IV gouttes; à un lapin D, I goutte. Le lapin D survit, les 3 autres meurent; mais c'est le lapin C qui meurt le premier le second jour, tandis que le lapin A et le lapin B meurent plus tardivement : le lapin A le 4e jour, le lapin B le 7e jour.

On peut dire que, lorsque la culture du *Staphylococcus pyosepticus* est faite dans de bonnes conditions, la mort doit survenir en moins de 48 heures, après inoculation d'une goutte. S'il n'en est pas ainsi, c'est que la culture n'a pas atteint son maximum de virulence.

Reste à expliquer comment une dose petite amène plus sûrement la mort qu'une dose forte. Nous ne prétendons pas en donner une explication adéquate ; toutefois le fait suivant, souvent observé, nous permet de faire une hypothèse à cet égard.

Quand, au bout de 2 heures environ après l'inoculation, on ensemence un bouillon de culture avec quelques gouttes du liquide de l'énorme œdème qui s'est développé au lieu même de l'inoculation le *Staphylococcus pyosepticus* se cultive sans qu'on observe aucun changement morphologique. Mais le microbe paraît s'être régulièrement atténué ; il est devenu très peu virulent, et, inoculé de nouveau à des lapins, il n'amène plus qu'un faible œdème et n'est plus mortel.

Ainsi, après deux heures de séjour dans l'organisme du lapin, le *Staphylococcus pyosepticus* s'est atténué ; les liquides de l'organisme du lapin ont exercé sur sa vitalité une influence destructive et l'ont, par un procédé chimique quelconque, atténué d'abord, puis anéanti.

On peut donc supposer que, si la quantité de liquide injecté est considérable, elle provoque une sécrétion plus active d'un liquide atténuateur et, par conséquent, une destruction plus rapide.

Mais il ne faut pas que la quantité du liquide virulent soit trop forte, car alors la mort survient très rapidement.

C'est là assurément une hypothèse, mais ce qui n'est pas une hypothèse, c'est ce fait paradoxal, qu'on tue plus rapidement et plus sûrement avec une dose de III gouttes qu'avec une dose de VIII gouttes.

Enfin nous devons reconnaître que, malgré tous nos efforts pour reconstituer la virulence de notre *staphylocoque*, nous l'avons vu successivement croître, puis décroître. Elle a été maximum vers la fin d'août 1888 ; une dose d'une goutte tuant en 18 heures, puis, successivement, cette virulence a diminué, si bien qu'à présent nous obtenons encore d'énormes œdèmes, mais rarement la mort rapide de l'animal.

## IV

### De la vaccination contre les effets du Staphylococcus pyosepticus.

Nous ne donnerons pas ici toutes les expériences de début par lesquelles nous avons pu établir qu'on peut vacciner par le *Staphylococcus pyosepticus* contre le *Staphylococcus pyosepticus*, mais seulement les faits les plus démonstratifs.

EXPÉRIENCE I.

Le 27 août 1888, à 10 heures du matin, on inocule avec IV gouttes un lapin vacciné, et, avec I goutte de la même culture, un lapin non vacciné. Le lendemain la tumeur du lapin non vacciné est énorme; il meurt à 3 heures.

Le lapin vacciné a un œdème gros comme une petite noisette; sa température est, le 28 août, de 39°,75; le 29 août de 39°5; et le 30 août de 39°,05; il a, au lieu de l'injection, une petite tumeur de la grosseur d'un pois et survit.

EXPÉRIENCE II.

Le 31 août, à 10 heures du matin, on inocule 4 lapins avec la même culture :

1° Un lapin vacciné, avec X gouttes.

2° Un lapin témoin, avec I goutte. (L'injection a été faite dans la chambre antérieure de l'œil.)

3° Un lapin témoin, avec I goutte.

4° Un lapin témoin, avec X gouttes.

Les températures sont les suivantes :

| | LAPIN VACCINÉ. | LAPIN TÉMOIN I GOUTTE. | LAPIN TÉMOIN X GOUTTES. |
|---|---|---|---|
| | degrés. | degrés. | degrés. |
| 10 heures au moment de l'inoculation . . . | 39,5 | 39,7 | 39,6 |
| 1 heure . . . . | 39,9 | 40,2 | 39,6 |
| 4 — . . . . | 39,8 | 40,6 | 39,5 |
| 6 — . . . . | 39,7 | 40,8 | 38,6 |

Le lapin à X gouttes meurt vers 7 heures du soir. L'infection a été telle qu'il n'a jamais eu d'hyperthermie. Son œdème est énorme et on en peut extraire une grande quantité de liquide.

Les deux autres lapins témoins meurent; celui qui a reçu une goutte dans l'œil, le 2 septembre à midi, l'autre le 1er septembre à 3 heures avec un énorme œdème. Le lapin vacciné survit, sans œdème, sans tumeur, sans fièvre.

EXPÉRIENCE III.

Le 23 juillet, nous inoculons 19 lapins entre 10 et 11 heures du matin avec 5 gouttes de culture de *Staphylococcus pyosepticus*.

Sur ces 19 lapins, 3 étaient des témoins, 16 étaient des lapins vaccinés.

Les 3 témoins sont morts; le 1er en 20 heures, le 2e en 3 jours, le 3e après 4 jours.

Sur les 16 vaccinés, 12 ont survécu, 4 sont morts; 2 en 20 heures, 1 en 26 heures, 1 en 40 heures.

Par conséquent, la mortalité, qui est de 100 p. 100 pour les témoins, a été de 25 p. 100 pour les vaccinés. Mais ce chiffre brut, relatif à la mortalité des vaccinés, ne signifie pas qu'on ne puisse, avec la vaccination, atteindre une immunité beaucoup plus grande. En effet, désireux de rechercher les effets de la vaccination, nous avons varié les procédés mis en usage, de même que les dates auxquelles les vaccinations ont été pratiquées.

Il faut donc admettre qu'une partie de nos vaccinations étaient insuffisantes, et, de fait, sur les 4 lapins qui sont morts, 3 avaient été vaccinés une fois, tandis que, parmi les lapins qui ont survécu, 4 avaient été vaccinés plusieurs fois.

La quantité de dose vaccinale est aussi très importante. D'abord la dose peut être insuffisante. Ainsi, un lapin qui avait reçu antérieurement une goutte de culture peu active n'a pas été protégé; tandis qu'un autre lapin qui avait reçu, le même jour, IV gouttes de la même culture, a été protégé.

Un autre lapin, qui avait reçu le 11 juillet une goutte de culture, n'a pas résisté à l'inoculation du 23 juillet, alors qu'un autre lapin, qui avait reçu III gouttes le 11 juillet, a résisté à l'inoculation du 23.

Quant à la mort des deux autres lapins vaccinés, elle peut s'expliquer par la proximité trop grande entre la vaccination et l'inoculation. Un des lapins vaccinés est mort avec une large plaie abdominale due aux précédentes vaccinations. Un autre lapin, qui avait été vacciné le 16 juillet, est mort de l'inoculation du 23.

Cela prouve en somme — et c'est presque une naïveté que de le dire — que les vaccinations ne doivent être ni trop faibles ni trop fortes. Trop faibles, elles sont insuffisantes; trop fortes, elles laissent l'animal malade, incapable de résister à l'effet d'une inoculation nouvelle.

Les effets de la vaccination portent aussi sur la fièvre, et si alors nous divisons nos expériences en plusieurs groupes suivant le nombre et l'époque des vaccinations, on verra cette influence bien accentuée pour les températures des animaux en expérience dans les soirées du 23 et du 24 juillet.

| | degrés. |
|---|---|
| Lapins témoins . . . . . . . . . . . . . . | 40,85 |
| Lapins vaccinés du 22 juin au 12 juillet. . | 40,80 |
| — — du 16 juillet. . . . . . . | 41,20 |
| — — du 20 juillet. . . . . . . | 41,80 |
| — — 2 fois. . . . . . . . . . . | 40,20 |

Ces chiffres sont bien importants : ils nous prouvent :

1° Que les lapins témoins qui doivent mourir ont déjà un commencement d'hypothermie qui diminue leur fièvre;

2° Que les lapins bien vaccinés n'ont pas de fièvre;

3° Que les lapins vaccinés il y a peu de temps ont d'autant plus de fièvre que l'inoculation est plus rapprochée de la vaccination.

Il y a donc deux degrés dans la vaccination : un degré qui n'empêche pas la fièvre (et même dans lequel la fièvre est plus forte que pour les lapins témoins présentant déjà de l'hypothermie); et un degré de vaccination où la fièvre est nulle.

### Expérience IV.

Le 6 août 1888, on inocule 5 lapins ; 2 témoins, 3 vaccinés. Les 2 témoins avec 2 et 4 gouttes, les 3 vaccinés avec 8 gouttes. Les 2 témoins meurent les 3 vaccinés survivent.

### Expérience V.

Le 20 août 1888, on inocule 7 lapins ; 3 témoins avec : 1, 2 et 3 gouttes, ils meurent tous les 3 le second jour, 4 vaccinés avec 10 gouttes, 1 seul meurt le second jour.

### Expérience VI.

Le 13 mars 1889, nous inoculons 12 lapins vaccinés et 2 lapins témoins avec 3 gouttes de culture. Les 2 témoins meurent; les 12 autres survivent.

Nous pourrions multiplier les détails relatifs, soit aux dimensions des tumeurs au lieu d'inoculation, soit à la fièvre, soit au poids ; mais il nous suffira ici de dire que les effets de la vaccination portent sur tous les éléments pathogéniques et, peut-être, sur les dimensions de la tumeur œdémateuse plus que sur tout le reste.

Quant aux procédés de vaccination employés, ce sont les procédés classiques, c'est-à-dire l'inoculation d'une culture atténuée par divers moyens, qui nous ont paru tous efficaces. La longue durée d'une culture atténue la virulence; mais même, au bout de 4 ou 5 jours, il y a déjà une atténuation manifeste. On peut employer encore la culture à une température élevée, à 42° par exemple, ou l'échauffement pendant quelques heures à 45°.

Il nous a semblé aussi que l'inoculation d'une culture stérilisée par la chaleur, à dose assez forte, conférait l'immunité vaccinale. Mais nos recherches n'ont pas porté sur ce point.

Évidemment, cette étude sur la vaccination serait insuffisante s'il s'agissait, comme pour le charbon et la rage, de rendre nos vaccinations pratiques; mais tel n'était pas notre but : pour le *Staphylococcus pyosepticus*, qui n'est probablement pas répandu, il n'y a aucun intérêt à rendre les vaccinations toujours efficaces et inoffensives. Il suffit d'avoir établi qu'elle existe, ce qui nous paraît maintenant tout à fait démontré.

Quant aux effets de la transfusion du sang de chien sur les lapins inoculés avec le *Staphylococcus pyosepticus*, nous montrerons que cette transfusion atténue d'une manière tout à fait imprévue les phénomènes pathologiques locaux ou généraux.

## Conclusions.

De ces faits se dégagent quelques conclusions générales :

A. — La production d'un œdème énorme chez le lapin est le caractère différentiel fondamental qui sépare le *Staphylococcus pyosepticus* du *Staphylococcus pyogenes albus ;*

B. — La virulence du *Staphylococcus pyosepticus* est maximum au second jour de culture; elle dépend de la température (38°) et de la composition chimique du liquide dans lequel il est cultivé;

C. — Le *Staphylococcus pyosepticus* peut, même à dose très faible, provoquer rapidement des phénomènes septiques;

D. — Sa virulence est très variable et elle comporte une rapide atténuation;

E. — Si le *Staphylococcus pyosepticus* est très virulent, l'hypothermie (chez le lapin) survient presque dès le début, et la mort arrive en moins de 24 heures;

F. — S'il est modérément virulent, il y a une hypothermie très forte (de 41 à 42°), et la mort survient en 2, 3 ou 4 jours;

G. — Dans le cas d'infection plus lente, la mort survient presque fatalement quand le lapin a perdu 20 p. 100 de son poids;

H. — Au lieu d'inoculation, le *Staphylococcus pyosepticus* s'atténue rapidement, si bien qu'au bout de quelques heures il ne s'y trouve plus de microbes virulents;

I. — Les faibles doses semblent être, non seulement aussi toxiques que les fortes doses, mais même plus toxiques ;

J. — Le *Staphylococcus pyosepticus* tue les cobayes et les pigeons, mais il ne tue pas les chiens;

K. — Inoculé sous la peau des chiens, il produit un abcès phlegmoneux, mais il n'a d'autres effets généraux qu'un peu de fièvre ;

L. — L'inoculation préalable d'une culture de *Staphylococcus pyosepticus* atténuée par la durée ou la chaleur confère la vaccination ;

M. — Il y a une période de quelques jours qui suit l'inoculation du virus atténué ; période pendant laquelle on observe des effets cumulatifs, non des effets d'atténuation ;

N. — A un premier degré de vaccination, il y a fièvre forte et œdème modéré avec survie de l'animal ; cette fièvre est même plus forte que la fièvre qui s'observe chez les lapins non vaccinés, où il y a, presque dès le début, de l'hypothermie qui masque la fièvre ;

O. — A un degré de vaccination plus complète, il n'y a ni fièvre ni œdème.

# LIV

# IMMUNITÉ CONFÉRÉE A DES LAPINS

## PAR LA TRANSFUSION PÉRITONÉALE DE SANG DE CHIEN

**Par MM. J. Héricourt et Charles Richet.**

---

Notre but, dans ce mémoire, est d'établir comment la transfusion de sang de chien modifie chez le lapin les effets pathogéniques de diverses infections expérimentales ; d'abord les effets du *Staphylococcus pyosepticus*[1], puis ceux du virus tuberculeux.

Nous commencerons par établir les effets physiologiques de la transfusion péritonéale de sang de chien à des lapins. Puis, dans un second chapitre, nous établirons comment la transfusion modifie d'une manière imprévue la réaction du lapin à l'infection par le *Staphylococcus pyosepticus*. Dans un troisième chapitre, nous montrerons comment la transfusion modifie l'infection tuberculeuse.

1. Nous n'avons donc pas à étudier ici sur les phénomènes que produit chez le lapin le *Staphylococcus pyosepticus;* non plus que sur la parenté qui unit le *Staphylococcus pyosepticus* et le *Staphylococcus albus*, micro-organismes très voisins, différents seulement par leur degré de virulence. (Voir plus haut, page 264.)

## § I. — *De la transfusion péritonéale de sang de chien à des lapins.*

Si l'on essaye de faire la transfusion vasculaire, on échoue presque toujours; car un lapin ne peut supporter l'injection, dans son système vasculaire, que d'une petite quantité de sang de chien. Un lapin de 1 700 grammes est mort en quelques minutes, après avoir reçu 12 centimètres cubes de sang de chien dans la veine jugulaire.

Au contraire, les lapins supportent très bien la transfusion péritonéale. Nous avons pu à de gros lapins injecter, dans le péritoine, 120 centimètres cubes de sang de chien, sans déterminer d'accident. C'est donc là un procédé de transfusion bien préférable à la transfusion directe.

A. *Manuel opératoire.* — Le manuel opératoire est très simple. On injecte dans le péritoine d'un chien une dose convenable de chloral et de morphine, suivant le procédé anesthésique que nous employons dans notre laboratoire. La dose anesthésique est de $0^{gr},5$ de chloral, avec $0^{gr},0025$ de chlorhydrate de morphine par kilogramme de chien. Avec une solution contenant par litre 200 grammes de chloral et 1 gramme de chlorhydrate de morphine, on voit qu'il suffit de l'injection de 25 centimètres cubes pour chloraliser complètement un chien de 10 kilogrammes [1].

On met à nu l'artère carotide du chien (beaucoup plus commode que l'artère fémorale). On lie le bout supérieur; et, après avoir mis une forte pince sur le bout inférieur (cardiaque), à 4 centimètres au-dessous de la ligature supérieure, on introduit une canule en verre, aussi grosse que possible, dans le tronçon d'artère intermédiaire. On lie solidement la canule sur l'artère, et on adapte à la canule un tube de caoutchouc muni d'un trocart-canule, caoutchouc et trocart ayant été plongés dans de l'eau bouillante phéniquée.

1. En général, on n'a pas besoin de pousser l'anesthésie aussi loin.

Le trocart, construit sur nos indications, a un diamètre intérieur de 2 millimètres; pointu à une extrémité, il porte à l'autre extrémité un renflement qui peut s'adapter au tube de caoutchouc.

On prend alors un lapin pesé exactement au moment même, et on introduit le trocart dans l'abdomen. Puis on ouvre la pince, et au bout de 15, 20, 30, 50 secondes environ, on remet la pince sur l'artère : alors on pèse le lapin. L'augmentation de son poids donne la quantité de sang qu'il a reçue.

Le temps pendant lequel on laisse l'artère donner du sang dans le péritoine est gradué naturellement d'après la taille du chien, et les dimensions du tube placé dans l'artère. Avec quelque habitude, on arrive à doser exactement la quantité de sang qu'on veut injecter.

La pénétration du trocart dans le péritoine est facile : *on ne blesse pas l'intestin.* L'intestin en effet fuit devant la pointe du trocart, et le danger de blesser l'intestin est illusoire. Nous n'avons observé cet accident qu'une seule fois.

Si l'on fait plusieurs transfusions, il importe d'aller vite, afin d'éviter la formation d'un caillot.

Les accidents opératoires sont rares. Sur 139 transfusions il y a eu 8 morts de cause opératoire, soit 6 p. 100.

| | |
|---|---|
| Perforation de l'intestin. . . . . . . . . . . . . . . . . . | 1 |
| Perforation de la vessie. . . . . . . . . . . . . . . . . . | 1 |
| Péritonite et septicémie. . . . . . . . . . . . . . . . . . | 2 |
| Lésion intestinale ulcérative du huitième au vingtième jour[1]. | 4 |
| | 8 |

B. *Effets physiologiques immédiats.* — Dès que le lapin a reçu une quantité de sang équivalant à 20, 30, 40 grammes

1. C'est là un accident que nous n'aurions pu prévoir, mais qui s'est montré comme on voit, assez fréquemment : un noyau de fibrine non résorbée avait comprimé l'intestin, provoquant en ce point un abcès, avec amincissement et ulcération de la tunique intestinale.

par kilogramme, il présente quelques symptômes indiquant une action toxique évidente. Presque toujours, et cela d'autant plus que la dose transfusée a été plus considérable, il se *couche sur le ventre*, étendant en avant les deux pattes antérieures et en arrière les pattes postérieures, de manière à ce que le ventre touche le sol. Est-ce l'indice d'une douleur qu'il ressent dans le péritoine ?

Au bout de quelque temps, il y a émission d'urine abondante et *limpide*, différente par conséquent de l'urine alcaline et trouble des lapins normaux. Mais ce symptôme n'est pas constant, quoique fréquent.

Toujours le type respiratoire est modifié ; tantôt la respiration est légèrement ralentie, laborieuse et presque dyspnéique. Tantôt au contraire elle est accélérée, il y a de l'anhélation et de la polypnée.

La température est toujours abaissée à la suite de l'injection, et cette hypothermie dure plusieurs heures.

Voici quelques exemples de cet abaissement de température :

Le 2 octobre, 6 lapins reçoivent à 3 heures une transfusion de sang de chien ; à 6 heures leur température moyenne est de 38°,1, c'est-à-dire inférieure de 1°,5 à la température moyenne des lapins. La dose de sang injectée n'a pas eu d'influence[1].

| Moyenne. | | 30 gr. | 25 gr. | 25 gr. | 20 gr. | 20 gr. | 15 gr. |
|---|---|---|---|---|---|---|---|
| 38°,1 | Temp. à 6 h. | 38°,2 | 38°,5 | 37°,8 | 38° | 37°,9 | 38°,3 |
| 39°,85 | Le lendemain. | 40°,3 | 39°,8 | 40°,0 | 39°,6 | 39°,8 | 38°,6 |

Dans une autre expérience nous avons eu exactement les mêmes phénomènes, avec des températures de 36°,4, 35°,8 et 37°4, trois heures après l'injection.

Nous avons constaté une fois, quatre heures après l'injection, 35°,3, chez un lapin qui s'est rétabli.

1. Nous n'avons pas besoin de répéter que, toutes les fois qu'il sera question de dose de sang injectée, cette dose est RAPPORTÉE À 1 KILOGRAMME DU POIDS du lapin.

Chez les lapins qui meurent par l'action toxique du sang, la température descend beaucoup plus bas, et, au moment de la mort, ils sont refroidis, mourant en somme d'asphyxie lente.

Il est vraisemblable que ces phénomènes de dyspnée, de polypnée, d'hypothermie, peuvent s'expliquer par une action dissolvante du sérum de chien sur les globules rouges du lapin, fait qui semble à présent bien établi et assez général d'un sang à un autre.

C. *Effets physiologiques consécutifs.* — Le sang introduit dans le péritoine est assez rapidement résorbé, si bien qu'au bout de 5 ou 6 jours, après transfusion de 40 grammes, on ne retrouve plus dans le péritoine du lapin qu'une coloration un peu plus foncée qu'à l'état normal. Cependant, dans quelques cas, un ou plusieurs noyaux de fibrine restent, non résorbés, pendant assez longtemps ; mais ils sont très petits ; et cela n'empêche pas de conclure à la rapide et complète absorption du sang introduit dans le péritoine.

Le poids du lapin subit presque toujours une notable diminution. A cet égard nos chiffres sont nombreux ; ils établissent quel trouble profond l'introduction d'un sang étranger apporte à la nutrition générale.

Il importe de distinguer les lapins en deux groupes : ceux qui ont succombé, par suite de la trop grande quantité de sang injecté, et ceux qui ont survécu. Les poids sont rapportés à 100 ; 100 étant le poids du lapin le jour de la transfusion.

| | LAPINS AYANT SUCCOMBÉ. | | LAPINS AYANT SURVÉCU. | |
|---|---|---|---|---|
| | NOMBRE d'observations. | POIDS. | NOMBRE d'observations. | POIDS. |
| 2e jour . . . . | XVI | 93 | XVI | 99 |
| 3e — . . . . | XIV | 91 | XXI | 95 |
| 4e — . . . . | XIV | 93 | XVIII | 99 |
| 5e et 6e jours. . | VI | 87 | X | 97 |
| 7e et 8e — . . | » | » | XV | 95 |

Ces chiffres donnent une idée encore imparfaite sur la diminution de poids ; car des lapins non adultes (de 1 800 à 2 400 grammes) croissent par jour de 1 p. 100 environ, de sorte qu'au bout de 8 jours leur poids, relativement au poids initial, devrait être de 108 au lieu de 95. C'est donc une diminution de 13 p. 100, au bout de 8 jours.

Même au bout de 15 jours, et parfois plus, la dénutrition est encore manifeste. Un lapin ayant reçu le 20 décembre 30 grammes de sang, avait, le 19 janvier, c'est-à-dire un mois après, seulement 96,5, par rapport à 100, son poids initial, après une chute de poids qui avait atteint, le 31 décembre, 77 p. 100.

Sans plus insister sur le détail de la perte de poids, nous pouvons admettre que, pour les lapins qui survivent, la perte de poids est de 5 à 10 p. 100, au bout de huit jours, et qu'il faut de deux à trois semaines pour qu'ils reviennent à leur poids initial.

D. *Dose toxique du sang transfusé.* — Si la quantité de sang injectée est trop considérable, le lapin meurt, en moins de 24 heures, avec de l'hypothermie et des phénomènes asphyxiques. Ce sont là des accidents aigus, mais le plus souvent la mort est plus lente, et, la dénutrition faisant des progrès, l'animal meurt cachectique et très amaigri. A l'autopsie, on constate qu'une partie du sang n'a pas été résorbée. Voici le tableau statistique qui résume nos 131 transfusions péritonéales.

| NOMBRE D'EXPÉRIENCES. | DOSE DE SANG INJECTÉE par kilogramme. | SURVIE DÉFINITIVE pour 100. | MORTALITÉ POUR 100. | |
|---|---|---|---|---|
| | | | IMMÉDIATE, en moins de 24 heures. | SECONDAIRE entre 48 heures et deux semaines. |
| | grammes. | | | |
| IX . . . . . . . | De 50 à 78 | 0 | 70 | 30 |
| XIX. . . . . . . | De 40 à 49 | 56 | 22 | 22 |
| XX. . . . . . . | De 30 à 39 | 80 | 0 | 20 |
| XLI. . . . . . . | De 20 à 29 | 90 | 3 (?) | 7 |
| XLII . . . . . | De 5 à 19 | 100 | 0 | 0 |

On voit par là que, pour ne pas déterminer la mort du lapin, il ne faut pas injecter plus de 40 grammes par kilogramme. C'est là encore une assez forte dose, et il faut se contenter d'une dose moyenne de 30 à 35 grammes.

Il faut savoir aussi que la mortalité varie dans une assez large étendue suivant la nature du chien transfuseur. Un lapin a survécu 11 jours à une transfusion de 59 grammes; un autre, après transfusion de 70 grammes, a vécu 3 jours, alors que presque toujours ces fortes doses déterminent la mort en quelques heures. Dix lapins ont survécu à des doses de 50, 49, 45, 44, 43, 42, 41, 40, 40 et 40 grammes de sang, tandis que quatre sont morts en moins de 24 heures après transfusion de 44, 44, 40 et 40 grammes de sang.

L'expérience suivante montre bien qu'il y a, pour le sang de chaque chien transfuseur, une toxicité spéciale que, faute de mieux, et jusqu'à plus ample informé, nous pouvons attribuer à la qualité chimique du sang injecté. Le 4 janvier, douze lapins sont transfusés, quatre avec du sang d'un chien à jeun depuis 6 jours, quatre avec du sang d'un chien nourri exclusivement avec de la viande, quatre avec du sang d'un chien nourri avec du pain. Les quantités de sang injecté étaient rigoureusement les mêmes. Or, le 16 janvier, deux des lapins du premier lot étaient morts ; nulle mort pour les autres lots.

Soit 100 le poids initial de chaque lot le 4 janvier ; ce poids était, le 16 janvier, de 42 pour le premier lot (chien à jeun), 105 pour le second lot (chien à la viande), 92 pour le troisième lot (chien au pain).

D'ailleurs il nous a suffi de retracer dans chaque expérience la courbe des poids quotidiens chez les lapins transfusés pour voir que les sangs des divers chiens sont de qualité bien différente. En effet, certains sangs font baisser énormément le poids des lapins, tandis que d'autres, même à dose plus forte, ont une action bien moindre.

Puisque le sang a disparu du péritoine au bout de quelques

jours, il s'ensuit qu'on peut recommencer la transfusion sur le même lapin à plusieurs reprises. Mais il faut avoir soin de ne pas trop rapprocher la seconde injection de la première, car alors les effets toxiques s'accumulent. Si l'on laisse quelques semaines d'intervalle, la nouvelle transfusion se comporte exactement comme la première.

Nous citerons, entre autres expériences, un lapin qui a reçu, le 19 novembre 1888, 25 grammes de sang (par kilogramme) ;

Le 12 décembre, 27 grammes de sang ;

Le 2 janvier 1889, 32 grammes de sang ;

Le 21 janvier, 12 grammes de sang ;

Le 19 février, 28 grammes de sang.

Ce qui fait, en trois mois, le chiffre assez considérable de 124 grammes de sang étranger. Il a très bien guéri de ces diverses transfusions.

E. *De diverses autres expériences de transfusion.*

α. On peut injecter du sang de chien à des cobayes, et on constate que les cobayes sont bien plus faciles à empoisonner que les lapins par le sang de chien.

Sur vingt-cinq transfusions péritonéales de sang de chien à des cobayes, la mort est survenue, sauf une exception, chaque fois que la dose a dépassé 25 grammes (par kilogramme), soit avec des doses de 63, 51, 42, 38, 36, 33 grammes. Il y a eu des morts avec des doses de 20 et de 17 grammes.

Même lorsque le cobaye ne meurt pas, il maigrit pendant trois ou quatre semaines, et il faut un très long temps pour qu'il reprenne son poids initial.

β. Le sang de canard est bien plus toxique pour le lapin que le sang de chien. La dose toxique semble être voisine de 7 grammes. Un lapin est mort en 6 heures après transfusion de 21 grammes, un autre est mort en 20 heures après transfusion de 9 grammes. Un autre a survécu après transfusion de 5$^{gr}$,5. Par conséquent le sang de canard est sept à huit fois plus toxique que le sang de chien.

γ. Quant au sang d'anguille, ainsi que l'a montré M. A. Mosso dans un travail remarquable, il est tout à fait toxique. Il suffit d'un gramme de ce sang pour tuer en quelques minutes un lapin vigoureux. Cette expérience paradoxale (et positive) nous montre à quel point sont peu avancées nos connaissances sur la chimie physiologique du sang, et les ferments solubles (venins ou ptomaïnes) qui y sont contenus.

En injectant du sang de carpe, nous avons constaté qu'il n'a pas les propriétés toxiques du sang de l'anguille : avec 5 grammes de sang de carpe, un lapin a survécu.

δ. En introduisant par la sonde œsophagienne du sang de chien dans le système digestif du lapin, nous avons constaté que les effets toxiques étaient notablement diminués. Nous avons fait 18 transfusions stomacales ; nous avons eu deux morts avec les doses de 213 et de 85 grammes. Mais des lapins ont survécu aux doses de 70, 65, 58 et 52 grammes. Comme ces quantités seraient mortelles s'il s'agissait d'une transfusion péritonéale, on peut en conclure, soit que l'absorption stomacale est plus lente que l'absorption péritonéale, soit que les sucs digestifs altèrent quelque peu les substances chimiques qui constituent le pouvoir toxique du sang.

ε. Nous avons tenté de pratiquer la transfusion rectale, et nos expériences à cet égard sont nombreuses. La transfusion rectale est plus facile que la transfusion stomacale ; mais elle a un grave inconvénient. Quelques minutes après qu'il a subi une injection de sang dans le rectum, le lapin parvient à se débarrasser par quelques contractions intestinales du sang qui s'était amassé dans le rectum, de sorte qu'il est presque impossible de savoir ce qu'il a gardé, et, par conséquent, d'apprécier la quantité de sang qu'il a absorbée.

Toutefois, on verra que, dans certains cas, la transfusion rectale n'est pas sans avoir exercé quelque influence, et il y a eu absorption d'une quantité de sang suffisante pour amoindrir les effets pathogéniques du *Staphylococcus pyosepticus*.

## § II. — *Effets de la transfusion sur l'infection par le Staphylococcus pyosepticus*

Les effets pathologiques du *Staphylococcus pyosepticus* peuvent être groupés ainsi :

A. Mortalité.

B. Fièvre.

C. Diminution de poids.

D. Œdème.

Nous avons à étudier successivement ces divers phénomènes et à voir comment la transfusion les modifie.

A. *Mortalité.* — La transfusion, quoique diminuant l'effet infectieux du *Staphylococcus pyosepticus*, n'exerce pas une influence absolument décisive sur la mortalité. Le tableau suivant permettra cependant de voir à quel point les conditions de vie sont modifiées pour les lapins inoculés, selon qu'ils ont reçu ou non du sang de chien dans le péritoine.

Voici comment nous avons construit ce tableau. Nous comparons dans chaque série d'expérience les lapins témoins et les lapins transfusés. Bien entendu, les uns et les autres recevaient exactement la même quantité de liquide infectieux. Si nous faisons la survie des lapins égale à 100, nous pouvons faire la mortalité égale à 1, 2, 3, 4, etc., selon qu'ils auront vécu 1, 2, 3 ou 4 jours. Il s'ensuit que, plus ce chiffre de jours vécus sera petit, plus le virus aura été actif. (C'est là un procédé de notation tout à fait arbitraire, mais qui fournit des indications très utiles.)

| NUMÉROS des EXPÉRIENCES. | DATE. | NOMBRE DES JOURS DE VIE pour les témoins. | QUANTITÉ DE SANG INJECTÉE par kilogramme de lapin. | NOMBRE DES JOURS DE VIE pour les transfusés. |
|---|---|---|---|---|
| I | 10 septembre . . | 5 | 45 | 100 |
| | | | 8 | 100 |
| II | 17 — . . | 2 | 12 | 4 |
| | | | 20 | 3 |
| | | | 30 | 1 |
| III | 20 — . . | 7 | 16 | 8 |
| | | | 16 | 100 |
| | | | 35 | 5 |
| IV | 1er octobre . . . | 100 | 40 | 12 |
| V | 4 — . . | 1 | A[1] { 16 | 100 |
| | | | 28 | 100 |
| | | | 29 | 100 |
| | | | B { 18 | 3 |
| | | | 24 | 2 |
| | | | 26 | 3 |
| VI | 26 — . . | 12 | 10 | 6 |
| | | 12 | 17 | 15 |
| | | | 23 | 12 |
| | | | 23 | 15 |
| | | | 33 | 100 |
| | | | 42 | 3 |
| VII | 5 novembre . . | 3 | 18 | 5 |
| | | | 21 | 4 |
| VIII | 12 — . . | 7 | 35 | 100 |
| | | | 40 | 100 |
| IX | 3 décembre . . | 100 | 12 | 100 |
| | | 3 | | |
| X | 21 janvier[2]. . . | 30 | 18 | 100 |
| | (*Sang d'anguille*). | 7 | 14 | 100 |
| | (*Sang d'anguille*). | 3 | | |
| | (*Sang de carpe*). | 1 | | |
| XI | 13 mars. . . . . | 5 | 40 puis 27 | 100 |
| | | 2 | 25 puis 21 | |
| | | | puis 20 | 100 |
| | | | 37 puis 35 | 100 |

1. Ces transfusions ont été faites avec du sang d'un chien A, d'une part, et d'un chien B, d'autre part.

2. Nous comptons comme des témoins les lapins ayant reçu du sang d'anguille ou du sang de carpe.

En prenant la moyenne de ces chiffres, nous voyons que, sur XI séries d'expériences portant sur 48 lapins, il y a eu une seule fois mort plus rapide chez le témoin que chez le transfusé.

Sur les 17 lapins témoins, 2 ont survécu, tandis que sur les 31 lapins transfusés, 15 ont survécu, soit une mortalité de 89 pour les témoins, et de 52 pour les transfusés.

Il semble donc établi d'une manière évidente que la transfusion péritonéale diminue la virulence du *Staphylococcus pyosepticus*, ou, ce qui revient absolument au même, augmente la résistance de l'organisme aux effets de l'infection.

Il faut reconnaître que nous ne savons pas par quel mécanisme le sang de chien peut agir. Nous pouvons seulement constater que le sang de certains chiens est plus actif que le sang d'autres chiens (comme cela semble résulter de l'expérience V)[1]. D'autre part la dose ne paraît pas avoir une très grande influence, puisque l'immunité a été acquise aussi bien par une dose de 8 grammes (Exp. I) que par une dose de 72 grammes (en 2 fois. Exp. XI).

B. *Température*. — Nous serons plus brefs pour ce qui est de la température, et nous nous contenterons de quelques exemples.

| | | | |
|---|---|---|---|
| 4 octobre. | 6 transfusés moy. | 40°,3 | (max. 41°, min. 39°,6). |
| | 1 témoin | 41°,2 | |
| | (Quatre heures après l'inoculation.) | | |
| 12 novembre | 1 transfusé | 41°,6 | moyenne 40°,7. |
| | 1 — | 39°,8 | |
| | 1 témoin | 41° | |
| 21 janvier | Transfusé | 40°,4 | |
| | Témoin | 41°,4 | moyenne 40°,8. |
| Transfusé au sang d'anguille | | 39°,6 | |
| — | | 41°,1 | |
| Transfusé au sang de carpe | | 40°,8 | |

Mais, comme nous l'avons indiqué dans notre premier mé-

1. Le chien A avait reçu au préalable une injection de *Staphylococcus pyosepticus*, et par conséquent il avait été vacciné contre ce microbe. Au contraire le chien B était un chien normal. — Le sang des animaux normalement réfractaires est donc moins protecteur que le sang des animaux ayant à la fois l'immunité naturelle et l'immunité par vaccination.

moire, la pyrexie n'indique pas rigoureusement la santé de l'animal; car, dans les inoculations très virulentes, la température, au lieu d'être plus élevée, est plus basse qu'à l'état normal.

Aussi les lapins transfusés ont-ils souvent, après inoculation de *Staphylococcus pyosepticus*, une température assez élevée, cette élévation n'indiquant pas que la mort sera fatale.

C. *Diminution de poids.* — Pour les variations de poids, nous pouvons donner quelques chiffres précis. Afin de faciliter le calcul, nous supposerons le poids initial des lapins égal à 100, au moment de l'inoculation.

| | | TÉMOINS. | TRANSFUSÉS. | DIFFÉRENCE p. 100 EN FAVEUR des transfusés. |
|---|---|---|---|---|
| 20 septembre (1 témoin, 3 transfusés)...... | 2e jour. | 93 | 97 | 4 |
| | 3e — | 89 | 95 | 6 |
| | 5e — | 83 | 93 | 10 |
| 26 octobre (2 témoins, 4 transfusés)...... | 8e — | 91 | 96 | 5 |
| 21 janvier (4 témoins, 1 transfusé)...... | 2e — | 94 | 87 | — 7 |
| | 3e — | 95 | 86 | — 9 |
| | 5e — | 90 | 90 | |
| 3 décembre, 1re série (1 témoin, 1 transfusé). | 3e — | 93 | 98 | 5 |
| | 5e — | 90 | 101 | 11 |
| | 8e — | 90 | 103 | 13 |
| 2e série (2 témoins, 2 transfusés)...... | 3e — | 98 | 100 | 2 |
| | 5e — | 92 | 101 | 9 |
| | 8e — | 85 | 97 | 12 |
| 13 mars (2 témoins, 3 transfusés)...... | 2e — | 90 | 96 | 6 |
| | 3e — | 92 | 96 | 4 |

On voit que, dans ces expériences portant sur 26 lapins, il y a eu constamment, sauf dans un cas, une différence marquée entre la diminution de poids des transfusés et celle des témoins.

A vrai dire, il faut faire une forte réserve sur l'interprétation du fait lui-même. Les lapins transfusés ont, par le fait même de la transfusion qui précède de quelques jours l'inoculation, perdu une certaine partie de leur poids : ce qu'on pourrait appeler la quantité *variable* de leur poids, celle qui peut rapidement et facilement se modifier sous les influences physiologiques diverses, de sorte qu'au moment de l'inoculation ils sont déjà amaigris, et, par suite, susceptibles seulement d'une perte moindre que celle des lapins tout à fait bien portants, et qui n'ont pas été soumis à un amaigrissement préalable.

D. *Œdème.* — Mais, de toutes les modifications que la transfusion produit chez les lapins inoculés, c'est assurément l'atténuation de l'œdème qui présente la plus grande netteté.

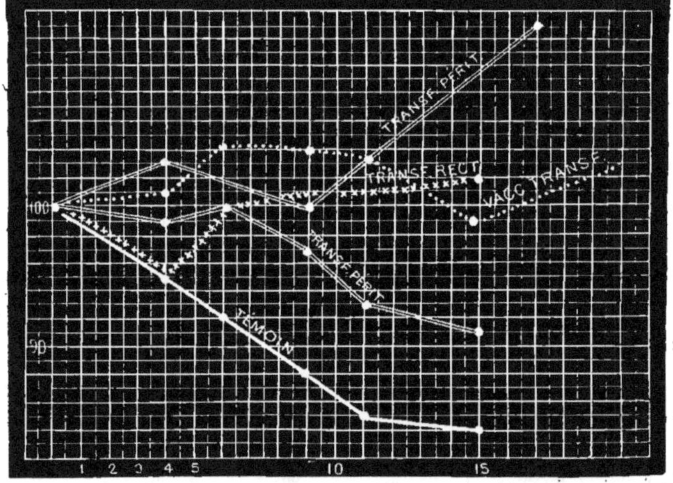


Fig. 143. — Influence de la transfusion péritonéale du sang de chien sur le poids des lapins inoculés avec le *Staphylococcus pyosepticus*.

Au 6e jour, un lapin témoin et un lapin qui n'a reçu qu'une transfusion rectale, n'ont plus que 92 p. 100 de leur poids initial, tandis que deux lapins ayant reçu du sang de chien dans le péritoine ont, l'un 98 p. 100 et l'autre 103 p. 100 de leur poids primitif. Un 5e lapin, vacciné antérieurement, et de plus transfusé, a également augmenté de poids. Au 17e jour, le témoin n'a plus que 82 p. 100 de son poids, tandis les transfusés ont 91, 99, 102 et 110 p. 100 de leur poids initial.

Cet œdème, quand la virulence est forte, atteint en vingt-quatre heures des dimensions énormes ; il est gros comme les deux poings, s'étendant du pubis au sternum (quand l'inoculation est faite à la peau de la région abdominale), si bien que le ventre du lapin touche la terre.

Pour apprécier les dimensions de ces œdèmes, dans les

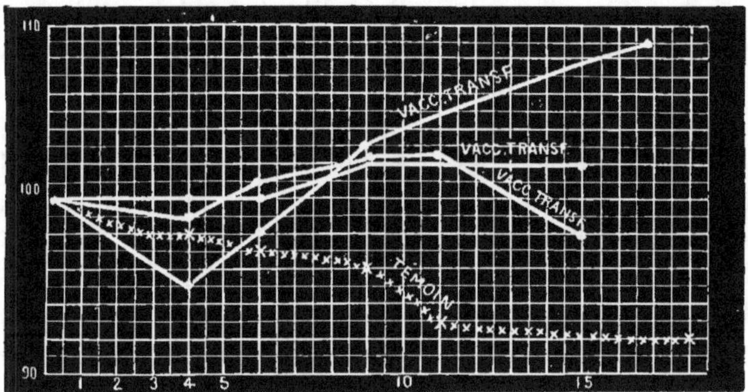


FIG. 144. — Courbes du poids chez des lapins inoculés avec le *Staphylococcus pyosepticus* après une inoculation vaccinale antérieure et une transfusion péritonéale de sang de chien.

Au quinzième jour, un lapin témoin, non vacciné et non transfusé, n'a plus que 92 p. 100 de son poids, tandis que trois lapins vaccino-transfusés ont 98, 102 et 108 p. 100 de leur poids primitif.

différents cas, nous avons cru nécessaire d'adopter une sorte

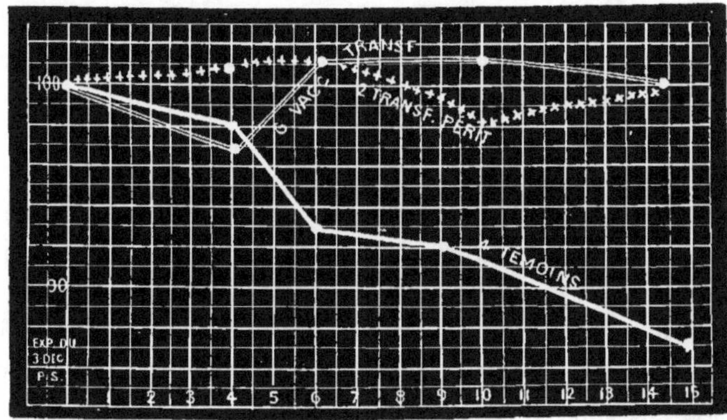


FIG. 145. — Courbes du poids chez des lapins inoculés avec le *Staphylococcus pyosepticus*.

Au dix-septième jour, 4 lapins témoins n'ont plus que 87 p. 100 de leur poids initial, tandis que 2 lapins transfusés et 6 lapins vaccinés antérieurement et transfusés sont revenus à leur poids primitif.

de notation, empruntée aux notations qu'on emploie dans les examens. Le maximum de l'œdème étant 20, s'il atteint les dimensions que nous venons de dire, il sera ensuite 19, 18, etc., selon sa grosseur, jusqu'à 0, s'il est tout à fait nul. Afin d'être plus impartiaux, nous nous contrôlons nous-mêmes, en ceci que chacun de nous donne indépendamment son chiffre; ce qui permet de déduire une moyenne de nos deux mensurations faites isolément. Avec quelque habitude, on arrive à apprécier très exactement les dimensions de cet œdème, et à donner des chiffres qui concordent très bien.

Dans la majorité des cas, l'œdème des transfusés est très faible, de sorte que c'est surtout pour atténuer la formation de cet œdème qu'agit chez le lapin la transfusion péritonéale.

Nous ne donnerons ici, *brevitatis causa*, que quelques chiffres.

| | | NUMÉRO DE LA TUMEUR | |
|---|---|---|---|
| | | Chez les tém. | Chez les trans. |
| 2 témoins. 2 transfusés. | 3 déc. (inoculation). | | |
| | 4 — | 10 | 9 |
| | 5 — | 13 | 5 |
| | 6 — | 14 | 5 |

L'inspection des tumeurs est toujours caractéristique, et il n'y a pas de confusion possible entre les lapins transfusés et les lapins témoins.

Voici d'ailleurs deux nouvelles expériences, faites pour contrôler nos précédentes observations. Elles sont satisfaisantes à tous les points de vue.

Le 8 novembre 1891, inoculation (avec 2 gouttes) d'un lapin témoin et d'un lapin qui avait reçu, le 4 novembre, 25 grammes (par kil.) de sang.

| | | Poids. | Température | N° de la tumeur. |
|---|---|---|---|---|
| 9 novembre | Témoin. . . | 92 | 41°,6 | 8 |
| | Transfusé. . | 96 | 40°,3 | 2 |

Le 4 février 1892, deux lapins reçoivent du sang de chien

dans le péritoine : l'un, 15 grammes seulement, l'autre 40 grammes. Le 7, ces deux lapins, plus un lapin neuf de même provenance, sont inoculés avec 5 gouttes d'une culture de *Staphylococcus pyosepticus* bien virulente. Le lapin témoin meurt dans la nuit du 10 au 11, après avoir présenté une tumeur énorme; les lapins transfusés ont survécu, et n'ont eu que des tumeurs de volume bien inférieur :

| | | N° de la tumeur. |
|---|---|---|
| 8 février | Témoin. . . . . . . . . . | 19 |
| | Transfusé à 15 grammes. . | 7 |
| | Transfusé à 40 — . . | 3 |

On voit en outre que la tumeur a été moindre chez le lapin qui avait reçu la plus grande quantité de sang.

## § III. — *Effets de la transfusion sur la marche de l'infection tuberculeuse.*

Si nous avons été amenés à étudier l'influence du sang de chien sur la résistance de lapins à l'infection par le *Staphylococcus pyosepticus*, c'est en vertu d'une hypothèse, peut-être vraie, peut-être fausse — cela importe assez peu. — Le *Staphylococcus pyosepticus*, inoculé à un chien, et même directement introduit dans le sang à des doses extrêmement fortes, ne produit pas d'infection générale, et le chien survit. Cet animal est donc réfractaire à cette infection, comme à tant d'autres, d'ailleurs. On peut alors supposer que le sang du chien contient des substances qui entravent l'action pathogène du staphylocoque, et, par conséquent, que, si l'on introduit ces substances dans l'organisme du lapin, on le rendra, lui aussi, réfractaire au staphylocoque.

L'expérience nous a prouvé qu'il en est ainsi. Alors nous avons été amenés à supposer que, pour d'autres infections, auxquelles le chien est rebelle, on observerait peut-être le même phénomène. Pourquoi ne pas essayer l'influence des transfusions péritonéales sur le développement de la tuberculose?

C'est ce que nous avons fait, et tout d'abord nous avons pu constater un éclatant succès. Au début les résultats étaient si remarquables que nous avons cru, un peu naïvement, à la découverte de la guérison de la tuberculose. Mais il a fallu en rabattre, et, peu à peu, à la longue, les effets de la transfusion ont à peu près disparu, si bien que l'expérience, longue et laborieuse, que nous avons tentée, a eu des effets admirables au début, mais plus tard les résultats en sont devenus tout à fait médiocres.

Nous allons l'exposer ici avec quelques détails, et de manière à ce que chacun puisse l'apprécier. Elle a été précédée et suivie de quelques autres expériences accessoires, que nous mentionnerons plus tard brièvement, après l'exposé de l'expérience principale.

Le 26 novembre 1888, nous injectons dans le péritoine, à 18 lapins, 1 centimètre cube d'une culture tuberculeuse, en bouillon glycériné, datant du 2 novembre.

Ces 18 lapins étaient ainsi répartis :

5 témoins;

8 ayant reçu une transfusion péritonéale ;

5 ayant reçu une transfusion rectale (lavements de sang).

Nous devons d'abord éliminer de l'expérience trois de ces lapins qui sont morts très rapidement : à savoir, un témoin mort de septicémie (?) le lendemain de l'inoculation (dans la nuit du 27 au 28 novembre) et deux autres lapins morts des suites de la transfusion. L'un est mort le 29 novembre dans la journée, et, d'après l'autopsie, nous pouvons affirmer qu'il est mort des suites de la transfusion faite le 23 novembre à une forte dose (42 grammes de sang par kilo). L'autre est mort le 3 décembre dans la matinée. Le sang transfusé était complètement résorbé, mais il nous paraît impossible d'admettre que l'animal est mort tuberculeux ; car jamais on n'observe une évolution aussi rapide, et d'ailleurs il n'avait pas de tubercules; seulement, le bacille s'était cultivé dans le péritoine du lapin comme dans une étuve, sous forme d'amas, ayant l'apparence de grains de mil, et dont étaient semés les caillots de fibrine restant dans le péritoine et non résorbés.

Restent alors :

4 lapins témoins;

6 lapins à transfusion péritonéale;

5 lapins à transfusion rectale.

Les 6 lapins à transfusion péritonéale avaient reçu :

| | grammes. | | grammes. | |
|---|---|---|---|---|
| Le 1er | 30 | soit par kil. | 14,5 | (le 21 novembre). |
| — 2e | 30 | — | 14,5 | — |
| — 3e | 100 | — | 42,0 | — |
| — 4e | 50 | — | 25,0 | (le 19 novembre). |
| — 5e | 50 | — | 25,5 | — |
| — 6e | 50 | — | 23,5 | — |

Quant aux lapins à transfusion rectale, ils avaient reçu à diverses reprises, le 19 novembre, le 21 novembre et le 23 novembre, des transfusions de sang de chien ; mais il est tout à fait inutile d'indiquer la quantité de sang transfusé, car les lapins ne consentent pas à garder ce lavement de sang, et les chiffres qu'on donnerait sur la quantité du sang injecté dans le rectum seraient illusoires[1].

Or le fait remarquable dont nous parlions tout à l'heure,

1. Nous croyons devoir adopter ici un procédé de notation qui rendra, ce semble, quelques services dans la statistique comparée des expériences de ce genre. En effet, par cette méthode, nous indiquons à la fois la mortalité et le poids. Pour cela il suffit de prendre la somme totale des poids des lapins au moment de l'inoculation. Ce poids total sera pris comme unité, et représentera 100, je suppose. Si les six lapins transfusés pèsent, le 26 novembre, 12240 grammes, et s'ils pèsent, le 10 décembre, 13470 grammes, leur poids, le 10 décembre, rapporté à 100, sera de 110 et ainsi de suite. (C'est ainsi que nous avons pu faire le graphique ci-joint : fig. 146, p. 310.)

Que l'un des lapins vienne à mourir, le poids total marquera une chute brusque, puisque le lapin mort ne comptera plus dans ce poids total, et sur le graphique on verra la mort d'un des lapins, facilement reconnaissable par la brusque descente de la courbe.

Rien n'empêche d'ailleurs, à partir du moment où il y a eu mort d'un des lapins, de dédoubler la courbe; l'une marquera le rapport du poids total primitif; l'autre marquera le rapport du poids actuel de tous les lapins vivants au poids primitif total de ces mêmes lapins.

**Poids des lapins (chaque unité = 10 grammes).**

| JOURS. | TÉMOINS. | | | | TOTAL. | TRANSFUSÉS RECTAUX. | | | | | TOTAL des tr. rectaux et des témoins. | TRANSFUSÉS PÉRITONÉAUX. | | | | | | TOTAL. |
|---|---|---|---|---|---|---|---|---|---|---|---|---|---|---|---|---|---|---|
| | 1 | 2 | 3 | 4 | | 1 | 2 | 3 | 4 | 5 | | 1 | 2 | 3 | 4 | 5 | 6 | |
| 26 novembre. . . | 182 | 201 | 188 | 180 | 751 | 179 | 196 | 199 | 204 | 197 | 1 726 | 204 | 200 | 237 | 201 | 178 | 204 | 1 224 |
| 30 — . . . | 171 | 183 | 163 | 178 | 695 | 186 | 192 | 217 | 208 | 188 | 1 686 | 206 | 187 | 238 | 205 | 180 | 207 | 1 223 |
| 3 décembre. . . | 180 | 185 | 162 | 170 | 697 | 185 | 205 | 201 | 200 | 186 | 1 674 | 212 | 207 | 245 | 210 | 180 | 212 | 1 266 |
| 6 — . . . | 187 | 192 | 175 | 175 | 729 | 181 | 219 | 220 | 216 | 205 | 1 770 | 212 | 217 | 255 | 210 | 190 | 218 | 1 302 |
| 7 — . . . | 185 | 188 | 180 | 180 | 725 | 186 | 206 | 220 | 211 | 199 | 1 747 | 211 | 215 | 256 | 213 | 175 | 222 | 1 292 |
| 8 — . . . | 196 | 191 | 177 | 180 | 744 | 186 | 212 | 226 | 214 | 192 | 1 774 | 219 | 220 | 265 | 218 | 187 | 233 | 1 342 |
| 10 — . . . | 196 | 192 | 183 | 185 | 756 | 184 | 215 | 220 | 211 | 194 | 1 780 | 224 | 230 | 270 | 212 | 194 | 217 | 1 347 |
| 11 — . . . | 192 | 182 | 174 | 184 | 732 | 184 | 206 | 222 | 210 | 195 | 1 749 | 212 | 220 | 255 | 214 | 190 | 220 | 1 311 |
| 12 — . . . | 206 | 184 | 180 | 195 | 765 | 191 | 210 | 220 | 219 | 204 | 1 809 | 212 | 230 | 262 | 209 | 193 | 229 | 1 339 |
| 14 — . . . | 205 | 178 | 180 | 199 | 762 | 197 | 220 | 238 | 212 | 188 | 1 817 | 216 | 228 | 266 | 212 | 199 | 228 | 1 346 |
| 15 — . . . | 200 | 175 | 180 | 201 | 756 | 200 | 215 | 242 | 212 | 174 | 1 799 | 220 | 231 | 272 | 210 | 204 | 234 | 1 373 |
| 17 — . . . | 201 | 174 | 190 | 202 | 767 | 210 | 212 | 237 | 209 | mort. | 1 635 | 225 | 250 | 274 | 203 | 194 | 237 | 1 390 |
| 18 — . . . | 199 | 170 | 190 | 207 | 766 | 223 | 212 | 240 | 215 | | 1 656 | 223 | 240 | 278 | 187 | 202 | 240 | 1 386 |
| 20 — . . . | 205 | 175 | 186 | 218 | 784 | 216 | 216 | 246 | 221 | | 1 683 | 230 | 250 | 281 | 191 | 211 | 247 | 1 406 |
| 21 — . . . | 205 | 174 | 182 | 224 | 785 | 216 | 220 | 250 | 218 | | 1 689 | 224 | 250 | 276 | 178 | 210 | 242 | 1 393 |
| 22 — . . . | 208 | 170 | 180 | 228 | 786 | 224 | 218 | 254 | 222 | | 1 704 | 229 | 258 | 282 | mort. | 221 | 256 | 1 424 |
| 24 — . . . | 211 | mort. | 182 | 235 | 638 | 230 | 212 | 258 | 215 | | 1 553 | 227 | 255 | 280 | | 218 | 255 | 1 235 |
| 26 — . . . | 218 | | 185 | 239 | 642 | 238 | 210 | 259 | 226 | | 1 575 | 230 | 262 | 282 | | 227 | 267 | 1 278 |
| 28 — . . . | 218 | | 188 | 250 | 656 | 237 | 208 | 260 | 230 | | 1 591 | 229 | 272 | 280 | | 236 | 272 | 1 289 |
| 31 — . . . | 235 | | mort. | 245 | 480 | 248 | 203 | 265 | 235 | | 1 431 | 229 | 272 | 280 | | 239 | 273 | 1 293 |
| 2 janvier. . . | 242 | | | 257 | 499 | 255 | 194 | 267 | 230 | | 1 445 | 240 | 289 | 286 | | 253 | 280 | 1 348 |
| 4 — . . . | 252 | | | 270 | 522 | 265 | 205 | 268 | 227 | | 1 487 | 232 | 285 | 281 | | 265 | 288 | 1 351 |

| | | | | | | | | | | | | | | | | | |
|---|---|---|---|---|---|---|---|---|---|---|---|---|---|---|---|---|---|
| 7 janvier. . . . | 276 | | | 271 | 547 | 274 | 203 | 261 | 230 | | 1 515 | 240 | 295 | 287 | | 268 | 290 | 1 380 |
| 22 — . . . . | 287 | | | 298 | 585 | 296 | 182 | 278 | 204 | | 1 545 | 237 | 304 | 289 | | 273 | 312 | 1 415 |
| 28 — . . . . | 260 | | | 300 | 560 | 305 | mort. | 280 | 198 | | 1 343 | 235 | 310 | 289 | | 273 | 302 | 1 409 |
| 30 — . . . . | 255 | | | 312 | 567 | 302 | | 284 | 194 | | 1 347 | 240 | 315 | 290 | | 273 | 301 | 1 419 |
| 31 — . . . . | 260 | | | 312 | 572 | 302 | | 284 | 192 | | 1 350 | 250 | 328 | 300 | | 273 | 300 | 1 451 |
| 2 février. . . . | 253 | | | 312 | 565 | 302 | | 289 | 193 | | 1 349 | 240 | 315 | 286 | | 287 | 312 | 1 439 |
| 5 — . . . | 258 | | | 312 | 570 | 300 | | 297 | 194 | | 1 361 | 242 | 310 | 280 | | 282 | 315 | 1 429 |
| 11 — . . . | 260 | | | 302 | 562 | 320 | | 293 | 180 | | 1 355 | 244 | 310 | 289 | | 282 | 306 | 1 431 |
| 16 — . . . | 265 | | | 316 | 581 | 320 | | 293 | 171 | | 1 365 | 244 | 320 | 280 | | 293 | 312 | 1 449 |
| 22 — . . . | 272 | | | 312 | 584 | 310 | | 285 | mort. | | 1 179 | 244 | 326 | 280 | | 312 | 312 | 1 474 |
| 27 — . . . | 277 | | | 326 | 608 | 331 | | 287 | | | 1 221 | 246 | 328 | 281 | | 336 | 312 | 1 513 |
| 8 mars . . . . | 275 | | | 305 | 580 | 334 | | 284 | | | 1 198 | 236 | 328 | 272 | | 357 | 257 | 1 450 |
| 15 — . . . | 286 | | | 320 | 606 | 345 | | 284 | | | 1 235 | 227 | 330 | 267 | | 365 | 257 | 1 446 |
| 22 — . . . | 283 | | | 337 | 620 | 354 | | 289 | | | 1 263 | 224 | 315 | 252 | | 345 * | 257 | 1 363 |
| 25 — . . . | 274 | | | 312 | 586 | 340 | | 290 | | | 1 216 | 227 | 320 | 254 | | 319 | 260 | 1 380 |
| 5 avril . . . . | 279 | | | 295 | 574 | 291 | | 287 | | | 1 156 | 229 | 312 | 240 | | 310 | 248 | 1 339 |
| 15 — . . . | 268 | | | 302 | 570 | 295 | | 284 | | | 1 149 | 229 | 318 | 190 | | 312 | 250 | 1 299 |
| 23 — . . . | 260 | | | 300 | 560 | 300 | | 284 | | | 1 144 | 230 | 315 | mort. | | 300 | 228 | 1 073 |
| 1er mai . . . . | 247 | | | 290 | 537 | 300 | | 278 | | | 1 115 | 205 | 298 | | | 265 | 191 | 959 |
| 22 — . . . | 268 | | | 315 | 583 | 295 | | 280 | | | 1 158 | 228 | 281 | | | 248 | mort. | 757 |
| Juin . . . . | | | | | | | | | | | | | | | | mort. | | |
| 10 juillet . . . . | 235 | | | | | | | | | | | | | | | | | |
| 11 — . . . | mort. | | | vit. | | | | | | | | | | | | | | |
| 25 — . . . | | | | | | mort. | | | | | | | | | | | | |
| Octobre. . . . | | | | | | | | mort. | | | | vit. | mort. | | | | | |

* A fait onze petits.

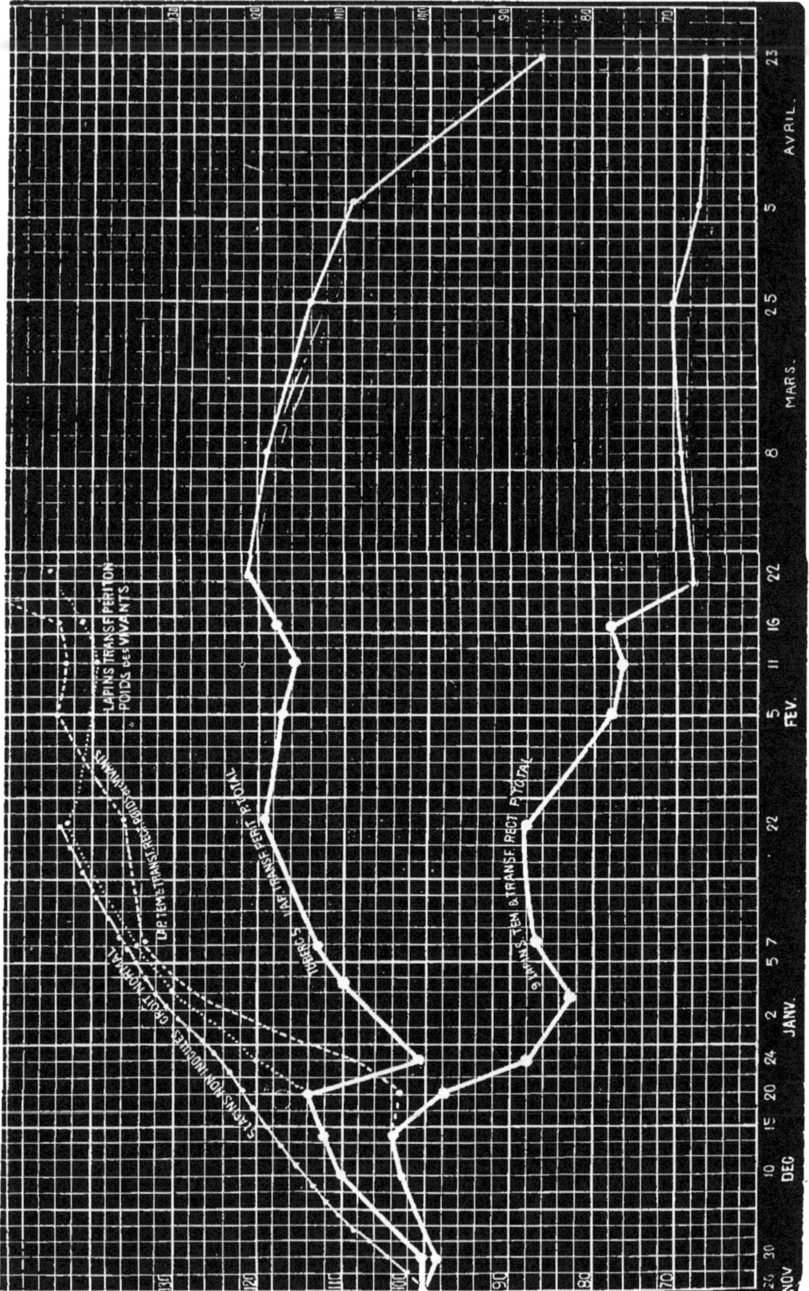


Fig. 146. — Poids des lapins tuberculeux transfusés et témoins (5 transfusés, 9 témoins).

Ces poids sont rapportés les uns et les autres à 100. On voit que les 5 transfusés n'ont pas diminué de poids jusqu'au 22 février, tandis que, à ce moment, les 9 témoins avaient perdu 33 p. 100 de leur poids.

est le suivant. Quinze jours environ après l'inoculation tuberculeuse, les quatre témoins étaient très amaigris, paraissant très malades, d'une mine piteuse, avec le poil hérissé et sale. On sentait la saillie de leur échine, par suite de la fonte des muscles du dos. Au contraire, les six lapins transfusés étaient d'apparence florissante. On les distinguait facilement en deux groupes, et plusieurs de nos amis, à qui nous les montrâmes, les discernaient sans peine, au premier coup d'œil. Aucune hésitation n'était possible. On avait d'un côté quatre lapins très malades; de l'autre côté, six lapins bien portants.

A partir de ce moment (du 10 au 20 décembre) les lapins malades se sont tant soit peu rétablis : puis les lapins transfusés sont devenus malades. Aussi, vers le milieu de février, la différence n'était-elle guère accentuée. Elle ne l'était plus du tout en mai.

D'ailleurs, nous ne croyons pas devoir parler de ces faits plus longuement. Nous allons les remplacer par les chiffres qui indiquent les poids de ces divers lapins. Les chiffres, en pareille matière, ont une précision irréprochable.

Si nous faisons la somme des jours vécus par ces divers lapins, nous trouvons les chiffres suivants :

| | | jours. | |
|---|---|---|---|
| Témoins . . | 1 | 224 | moyenne 171 |
| — . . | 2 | 28 | |
| — . . | 3 | 31 | |
| — . . | 4 | 400 | |
| | | 683 | |

| | | jours. | |
|---|---|---|---|
| Transfusés rectaux. . . . | 1 | 236 | moyenne 121 |
| — . . . | 2 | 63 | |
| — . . . | 3 | 309 | |
| — . . . | 4 | 82 | |
| — . . . | 5 | 19 | |
| | | 609 | |

| | | jours. | |
|---|---|---|---|
| Transfusés péritonéaux. . | 1 | 400 | moyenne 189 |
| — . . | 2 | 236 | |
| — . . | 3 | 129 | |
| — . . | 4 | 26 | |
| — . . | 5 | 188 | |
| — . . | 6 | 154 | |
| | | 1133 | |

Ce qui fait à vrai dire peu de chose : pour les 9 témoins et transfusés rectaux, une moyenne de 143 jours, et pour les 6 transfusés péritonéaux une moyenne de 189 jours.

Mais il est mieux de voir quelle a été à différentes époques l'augmentation pour 100 du poids total des deux lots; bien entendu, les lapins à la transfusion rectale comme témoins.

Alors nous avons :

| | TÉMOINS ET TRANSFUSÉS RECTAUX. | | TRANSFUSÉS PÉRITONÉAUX. | | EXCÈS DU POIDS des transfusés sur le poids des témoins. |
|---|---|---|---|---|---|
| | Poids absolu. | Poids p. 100. | Poids absolu. | Poids p. 100. | p. 100. |
| 26 novembre . . | 1 726 | 100 | 1 224 | 100 | » |
| 6 décembre. . . | 1 770 | 102 | 1 266 | 102 | » |
| 12 — . . | 1 749 | 101 | 1 339 | 109 | 8 |
| 15 — . . | 1 799 | 104 | 1 373 | 112 | 8 |
| 22 — . . | 1 704 | 99 | 1 424 | 117 | 18 |
| 31 — . . | 1 431 | 82 | 1 293 | 106 | 24 |
| 22 janvier. . . . | 1 543 | 89 | 1 415 | 116 | 27 |
| 2 février. . . . | 1 349 | 77 | 1 439 | 118 | 41 |
| 22 — . . . . | 1 179 | 68 | 1 474 | 120 | 52 |
| 8 mars. . . . . | 1 198 | 69 | 1 450 | 119 | 50 |
| 25 — . . . . | 1 216 | 70 | 1 380 | 114 | 44 |
| 5 avril. . . . . | 1 156 | 67 | 1 339 | 109 | 42 |
| 23 — . . . . | 1 144 | 66 | 1 073 | 87 | 21 |
| 22 mai . . . . . | 1 158 | 67 | 757 | 62 | — 5 |

Jusqu'au 15 avril la mortalité des lapins transfusés était seulement de 1 lapin sur 6, tandis que la mortalité des lapins témoins était de 5 sur 9; soit, pour les lapins transfusés, de

17 p. 100 et, pour les lapins témoins, de 56 p. 100. Si donc il ne s'agit pas là d'un hasard, — et en fait d'expérimentation il ne faut guère croire au hasard, — les résultats sont favorables à cette hypothèse que la transfusion péritonéale retarde l'évolution de la tuberculose chez le lapin.

Il faut aussi tenir compte de l'examen nécropsique des animaux. Or tous ceux qui sont morts étaient tuberculeux, sauf un, le lapin transfusé n° 3, qui est mort paraplégique, après avoir eu une conjonctivite, de nature inconnue. Il n'avait de tubercules ni dans le foie, ni dans les poumons, ni dans le péritoine, ni dans la moelle, le cerveau et les méninges. Nous devons donc supposer qu'il est mort accidentellement.

En étudiant les chiffres donnés plus haut, on voit bien que, jusqu'au mois de mai, c'est-à-dire pendant 6 mois, le lot des lapins transfusés est resté constamment d'un poids supérieur au poids du lot des lapins témoins, et que l'excès a été en croissant continuellement jusqu'à la fin de février, c'est-à-dire pendant 3 mois.

Il nous paraît donc absolument certain que l'injection de sang a retardé la tuberculose. Reste à savoir jusqu'à quel point peut être porté ce retard.

Telle a été notre principale expérience. Nous en avons fait une autre portant sur un moins grand nombre de lapins, mais qui n'a pas moins été en faveur des lapins transfusés.

Le 28 décembre 1888, nous injectons à cinq lapins (dans la plèvre) un centimètre cube d'une culture de bacille de Koch sur gélose glycérinée, diluée dans du bouillon.

De ces cinq lapins, deux étaient transfusés : l'un avait reçu 40 grammes de sang dans le péritoine le 20 novembre, et l'autre en avait reçu également 40 grammes le jour même de l'inoculation.

Voici ce que sont devenus ces lapins :

| JOURS. | TÉMOINS. 1 | TÉMOINS. 2 | TÉMOINS. 3 | TOTAL. | TRANSFUSÉS PÉRITONÉAUX. 1 | TRANSFUSÉS PÉRITONÉAUX. 2 | TOTAL. |
|---|---|---|---|---|---|---|---|
| 28 décembre | 183 | 271 | 231 | 685 | 244 | 260 | 504 |
| 29 — | 198 | 247 | 224 | 669 | 238 | 247 | 485 |
| 31 — | 192 | 257 | 226 | 674 | 242 | 247 | 489 |
| 2 janvier | 200 | 258 | 230 | 688 | 250 | 248 | 498 |
| 4 — | 206 | 258 | 230 | 694 | 260 | 241 | 501 |
| 7 — | 214 | 254 | 228 | 696 | 269 | 255 | 524 |
| 16 — | 223 | 261 | 210 | 694 | 280 | 265 | 545 |
| 22 — | 237 | 280 | 180 | 697 | 294 | 282 | 576 |
| 28 — | 245 | 298 | 159 | 702 | 300 | 289 | 589 |
| 31 — | 200 | 297 | 170 | 727 | 320 | 305 | 625 |
| 2 février | 256 | 200 | 153 | 699 | 318 | 305 | 623 |
| 5 — | 252 | 284 | mort. | 536 | 317 | 302 | 619 |
| 11 — | 258 | 290 | | 548 | 312 | 292 | 604 |
| 16 — | 262 | 281 | | 543 | 330 | 292 | 622 |
| 22 — | 275 | 278 | | 553 | 338 | 270 | 608 |
| 27 — | 290 | 279 | | 569 | 345 | 261 | 606 |
| 8 mars | 267 | 262 | | 529 | 347 | 257 | 604 |
| 15 — | 273 | 275 | | 547 | 296 * | 244 | 540 |
| 22 — | 281 | 255 | | 536 | 282 | 232 | 514 |
| 25 — | 277 | 257 | | 534 | 279 | 227 | 506 |
| 5 avril | 279 | 235 | | 514 | 271 | 216 | 487 |
| 15 — | 285 | 217 | | 502 | 268 | 212 | 480 |
| 23 — | 267 | 161 | | 428 | 263 | 196 | 459 |
| 1er mai | 262 | mort. | | 262 | 247 | 158 | 405 |
| 22 — | 292 vit. | | | 292 | 250 ** | *** | 250 |

* A fait des petits.
** Mort le 28 juillet non tuberculeux.
*** Mort le 8 mai.

En faisant la proportion centésimale des poids, nous pouvons construire le tableau suivant (voir page 315).

On voit que cette expérience est tout à fait de même ordre que la précédente. Deux mois et demi après l'inoculation (8 mars), le poids des deux transfusés était de 120 p. 100, tandis que le poids des 3 témoins était de 77 p. 100.

Quoique ces faits, pour être concluants, dussent porter sur

| JOURS. | TÉMOINS. | | TRANSFUSÉS. | |
|---|---|---|---|---|
| | 1 | 2 | 1 | 2 |
| 28 décembre | 685 | 100 | 504 | 100 |
| 4 janvier | 694 | 101 | 501 | 99 |
| 22 — | 697 | 102 | 576 | 113 |
| 31 — | 727 | 106 | 625 | 123 |
| 5 février | 536 | 78 | 619 | 122 |
| 22 — | 553 | 81 | 608 | 120 |
| 8 mars | 529 | 77 | 604 | 120 |
| 22 — | 536 | 78 | 514 | 102 |
| 5 avril | 514 | 75 | 487 | 96 |
| 23 — | 428 | 62 | 459 | 91 |
| 1er mai | 262 | 38 | 405 | 80 |
| 22 — | 292 | 43 | 250 | 49 |

un chiffre plus considérable, on ne peut cependant négliger deux expériences faites sur un nombre total de 20 lapins.

Il ressort en effet de ces expériences que deux mois et demi après l'inoculation tuberculeuse, *sur 20 lapins* (12 témoins et 8 transfusés), *par rapport au poids initial égal à 100, le poids total des 12 témoins était de 70, tandis que le poids des 8 transfusés était de 120.*

## Conclusions.

Nous nous abstiendrons de mêler à ces faits des considérations théoriques quelconques, toujours assez vaines.

Nous devons cependant énoncer les deux principales hypothèses qu'on peut faire pour expliquer cette immunité relative que donne la transfusion.

Ou bien le sang de chien contient des substances qui passent dans les tissus du lapin et qui, par leur action chimique propre, s'opposent au développement du micro-organisme. — C'est l'hypothèse première qui a été le point de départ de nos recherches.

Ou bien la réaction provoquée par le sang, dans le péritoine, modifie les tissus du lapin, les phagocytes et les autres éléments actifs, de telle sorte que la résistance de l'animal aux microbes infectieux est renforcée par cette première lutte qui s'est exercée contre le sang étranger.

Quoi qu'il en soit, il s'agit là d'une méthode générale pour conférer l'immunité, et peut-être pourrait-on la formuler ainsi :

*En transfusant à un animal susceptible d'infection le sang d'un animal réfractaire à cette infection, on rend le transfusé réfractaire, comme l'était le transfuseur lui-même.*

# LV

# EFFETS DES INJECTIONS DU SANG

## D'ANIMAUX TUBERCULISÉS

**Par MM. Héricourt et Ch. Richet.**

---

Après avoir démontré, dans le précédent mémoire, que le sang des chiens retarde l'évolution du virus tuberculeux, nous avons essayé, non plus d'injecter de sang de chien normal, mais du sang de chien tuberculisé, l'immunité naturelle du chien ayant été renforcée par une inoculation tuberculeuse préalable.

Dans la première de ces expériences, une petite chienne adulte pesant 2 600 gr. reçoit dans la veine saphène 20 cc. d'une culture tuberculeuse le 8 septembre 1890. Le 14 octobre, c'est-à-dire plus d'un mois après l'inoculation, elle pèse 2 400 gr. et paraît assez malade. Alors on injecte à 3 lapins : α 20 gr. ; β 30 gr. ; γ 20 gr. de ce sang de chien tuberculisé ; ce qui fait par kilo. la quantité minime : à α de 10 gr., à β de 15 gr., à γ de 10 gr. de sang de chien, répondant par conséquent à seulement 5 cc., 7cc.,5 et 5 cc. de sérum de sang de chien par kilo de lapin.

Voici les chiffres des poids se rapportant à cette expérience. — Les poids sont rapportés à 100 le jour de l'inoculation tuberculeuse.

| 1890 | Témoins. | | | | Sang normal. | | | Sang tuberculeux. | | | |
|---|---|---|---|---|---|---|---|---|---|---|---|
| — | 1 | 2 | 3 | Moy. | α' | β' | Moy. | α | β | γ | Moy. |
| 21 oct. | 100 | 100 | 100 | 100 | 100 | 100 | 100 | 100 | 100 | 100 | 110 |
| 25 — | 103 | 109 | 101 | 104 | 100 | 98 | 99 | 99 | 102 | 99 | 99 |
| 3 nov. | 92 | 100 | 103 | 98 | 104 | 99 | 103 | 108 | 104 | 102 | 105 |
| 10 — | 88 | 85 | Mort | 62 | 100 | 101 | 101 | 101 | 99 | 101 | 100 |
| 18 — | 73 | Mort | — | 28 | 97 | 103 | 100 | 89 | 99 | 100 | 96 |
| 25 — | Mort | — | — | 0 | 102 | 110 | 106 | 79 | 109 | 114 | 100 |
| 28 — | — | — | — | 0 | 107 | 95 | 101 | 82 | 106 | 110 | 99 |
| 2 déc. | — | — | — | 0 | 105 | Mort | 58 | 79 | 106 | 111 | 98 |
| 8 — | — | — | — | 0 | 106 | — | 58 | 84 | 107 | 112 | 101 |
| 22 — | — | — | — | 0 | 102 | — | 56 | 90 | 113 | 116 | 106 |

Le résultat de cette expérience est très remarquable, d'au-

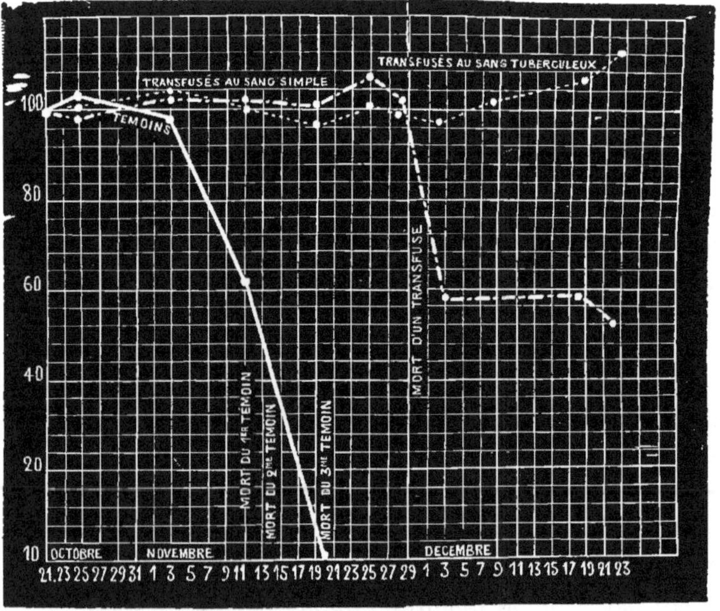


Fig. 147. — Comparaison après deux mois et demi : lapins témoins (III), tous morts; lapins transfusés au sang simple (II), dont un est mort, et dont l'autre va en diminuant de poids; lapins transfusés au sang tuberculeux (III), qui augmentent le poids.

tant plus que l'injection faite au lapin α a été malheureusement assez mal pratiquée, l'animal s'étant beaucoup débattu pendant l'expérience, qui a dû être recommencée à différentes reprises, sans que nous puissions être assurés de la quantité de sang qu'il a reçue.

La comparaison entre les 3 témoins et les 3 transfusés au sang tuberculeux est éclatante. Les 3 transfusés vivent au bout de plus de deux mois. Les 3 témoins sont morts en moins d'un mois.

On voit ainsi que le sang simple est beaucoup moins efficace que le sang des chiens tuberculisés.

Assurément cette expérience unique ne peut suffire; et il est, en outre, nécessaire qu'elle soit, non seulement répétée, mais encore appliquée à la tuberculose d'origine humaine.

Il s'agit cependant d'une méthode générale qui peut être formulée ainsi — et nous appelons l'attention sur ce principe qu'on pourrait appeler, *brevitatis causâ*, le principe de la double immunité :

*Renforcer l'immunité naturelle des animaux réfractaires par une inoculation virulente et transfuser aux animaux accessibles à l'infection ce sang doublement réfractaire*[1].

Une autre expérience, portant sur 43 lapins, a été faite le 24 décembre 1890.

Sur ces 43 lapins, il convient d'abord d'en éliminer un qui est mort accidentellement le lendemain même de l'inocu-

1. Voici quel a été le sort ultérieur des animaux qui survivaient au moment de la publication de ce mémoire :

Le lapin α', transfusé avec du sang de chien normal, est mort le 8 février 1891.

Des lapins transfusés avec le sang de chien tuberculisé, α est mort le 18 février; β, le 21 février et γ le 7 février 1891.

lation tuberculeuse. Restent 42 lapins, qui se répartissent ainsi :

| | |
|---|---|
| A. Lapins témoins | 7 |
| B. Lapins ayant reçu des injections de sérum d'un chien normal | 10 |
| C. Lapins ayant reçu des injections de sérum d'un chien rendu tuberculeux | 11 |
| D. Lapins ayant subi divers autres traitements | 14 |

Rapportons en premier lieu les observations des 28 lapins A, B et C.

Disons d'abord que l'inoculation tuberculeuse a été faite avec six gouttes d'une culture en milieu liquide (Roux-Nocard) de tuberculose aviaire datant de seize jours; ces six gouttes étant diluées dans un même volume d'eau stérilisée. L'inoculation a été faite le même jour, à la même heure, dans la veine de l'oreille, chez tous les lapins.

Le sérum servant à l'injection était du sérum de chien recueilli par les procédés qui seront indiqués plus loin.

Le chien tuberculisé était un petit chien terrier qui, huit jours auparavant, avait reçu sous la peau 25 centimètres cubes d'une culture virulente tuberculeuse. Au lieu de l'injection, il s'est développé une poche pleine de sérosité, qui s'est ouverte spontanément.

Cela posé, voyons les conditions de l'expérience.

Pour les témoins d'abord, nous avons les chiffres suivants (indiquant les poids rapportés à 100), poids pris tous les jours, mais dont nous ne donnons que quelques chiffres (voir le tableau p. 297).

Ainsi, sur 7 témoins, il y a eu une mort, et 6 tuberculeux, soit : mortalité, 14 p. 100; tuberculeux, 86 p. 100.

Nous allons comparer à ces chiffres ceux que nous donnent en bloc tous les lapins ayant reçu de l'hémocyne, tuberculeuse ou normale, quelle qu'ait été la dose, et quel que soit le moment où l'injection a été faite.

| | LAPINS | | | | | | | |
|---|---|---|---|---|---|---|---|---|
| | N° 1. | N° 2. | N° 3. | N° 4. | N° 5. | N° 6. | N° 7. | |
| | TUBERCULEUX, tué le 77e jour. | TUBERCULEUX, tué le 102e jour. | NON TUBERCULEUX, tué le 102e jour. | | TUBERCULEUX, tué le 73e jour. | TUBERCULEUX, tué le 71e jour. | TUBERCULEUX, tué le 71e jour. | MOYENNE. |
| Poids primitif. | 1 840 | 2 150 | 2 150 | 2 160 | 2 140 | 2 380 | 2 230 | |
| 1er jour . . . . | 100 | 100 | 100 | 100 | 100 | 100 | 100 | 100 |
| 7e — . . . . | 92 | 97 | 98 | 97 | 95 | 93 | 95 | 97 |
| 16e — . . . . | 99 | 102 | 106 | 99 | 100 | 80 | 96 | 95 |
| 23e — . . . . | 86 | 106 | 110 | 86 | 105 | 87 | 95 | 96 |
| 30e — . . . . | 88 | 111 | 111 | mort | 106 | 87 | 103 | 86 |
| 37e — . . . . | 103 | 112 | 110 | tuberc. | 106 | 90 | 101 | 88 |
| 45e — . . . . | 106 | 113 | 112 | | 109 | 92 | 99 | 90 |

*Moyenne totale.*

| Témoins. | Injectés au sang. |
|---|---|
| 100 . . . . . . | 100 |
| 97 . . . . . . | 101 |
| 95 . . . . . . | 104 |
| 96 . . . . . . | 100 |
| 86 . . . . . . | 103 |
| 88 . . . . . . | 103 |
| 90 . . . . . . | 104 |

MORTALITÉ : Témoins. . . . . . . . . . . . . . 14 p. 100
— Injectés au sang[1]. . . . . . . . . 9 —
TUBERCULOSE CONSTATÉE : Témoins. . . . . . 86 —
— — Injectés au sang[1]. . 50 —

Tel est le résultat d'une statistique brute, que nous serions tenté d'appeler grossière ; car il y a eu tant de différences dans le mode de traitement ou de prophylaxie par le traitement avec le sang, que l'on ne peut guère faire d'assimilation entre les uns et les autres lapins. Toutefois, pour se défendre de toute illusion, il est toujours bon de faire ces statistiques intégrales.

1. Même en comptant les lapins 8, 12 et 21, qui étaient à peine tuberculeux.

### Hémocyne tuberculeuse.

| | LAPINS | | | | | | | | | | | |
|---|---|---|---|---|---|---|---|---|---|---|---|---|
| | N° 8 | N° 9 | N° 10 | N° 11 | N° 12 | N° 13 | N° 14 | N° 15 | N° 16 | N° 17 | N° 18 | |
| | A PEINE TUBERCULEUX, tué le 71e jour. | NON TUBERCULEUX, tué le 78e jour. | NON TUBERCULEUX, tué le 74e jour. | NON TUBERCULEUX, tué le 70e jour. | NON TUBERCULEUX, tué le 71e jour. | NON TUBERCULEUX, tué le 71e jour. | NON TUBERCULEUX, tué le 81e jour. | | NON TUBERCULEUX, tué le 83e jour. | TUBERCULEUX, tué le 86e jour. | | MOYENNE. |
| Poids absolu. | 1 890 | 2 210 | 2 060 | 2 110 | 2 510 | 1 680 | 2 400 | 2 130 | 2 080 | 2 310 | 2220 | |
| 1er jour . . | 100 | 100 | 100 | 100 | 100 | 100 | 100 | 100 | 100 | 100 | 100 | 100 |
| 7e — . . | 96 | 91 | 94 | 104 | 100 | 91 | 105 | 103 | 108 | 105 | 102 | 100 |
| 16e — . . | 108 | 100 | 104 | 108 | 108 | 100 | 112 | 105 | 115 | 107 | 76 | 104 |
| 23e — . . | 108 | 94 | 104 | 108 | 105 | 94 | 112 | 101 | 112 | 112 | mort | 95 |
| 30e — . . | 115 | 95 | 109 | 111 | 108 | 95 | 115 | 100 | 115 | 112 | tub. | 97 |
| 37e — . . | 123 | 99 | 109 | 111 | 108 | 99 | 114 | mort | 113 | 114 | | 90 |
| 45e — . . | 121 | 104 | 107 | 110 | 109 | 104 | 115 | tub. | 118 | 109 | | 91 |

### Hémocyne normale.

| | LAPINS | | | | | | | | | | |
|---|---|---|---|---|---|---|---|---|---|---|---|
| | N° 19 | N° 20 | N° 21 | N° 22 | N° 23 | N° 24 | N° 25 | N° 26 | N° 27 | N° 28 | |
| | A PEINE TUBERCULEUX, tué le 110e jour. | NON TUBERCULEUX, tué le 103e jour. | NON TUBERCULEUX, tué le 76e jour. | NON TUBERCULEUX, tué le 68e jour. | TUBERCULEUX, tué le 53e jour. | NON TUBERCULEUX, tué le 99e jour. | TUBERCULEUX, tué le 51e jour. | TUBERCULEUX, tué le 85e jour. | TUBERCULEUX, tué le 111e jour. | TUBERCULEUX, tué le 111e jour. | MOYENNE. |
| Poids absolu. | 2150 | 1 760 | 2 180 | 1 890 | 1 980 | 2 080 | 2 000 | 2 200 | 2 470 | 2 260 | |
| 1er jour . . | 100 | 100 | 100 | 100 | 100 | 100 | 100 | 100 | 100 | 100 | 100 |
| 7e — . . | 95 | 100 | 104 | 100 | 101 | 107 | 106 | 104 | 104 | 95 | 102 |
| 16e — . . | 89 | 98 | 96 | 99 | 111 | 112 | 115 | 107 | 106 | 96 | 103 |
| 23e — . . | 80 | 100 | 100 | 102 | 116 | 117 | 117 | 111 | 107 | 93 | 105 |
| 30e — . . | 91 | 100 | 106 | 104 | 119 | 121 | 119 | 117 | 109 | 92 | 108 |
| 37e — . . | 100 | 100 | 111 | 104 | 113 | 111 | 121 | 113 | 108 | 87 | 107 |
| 45e — . . | 104 | 100 | 108 | 103 | 115 | 106 | 116 | 118 | 114 | 86 | 107 |

La démonstration est nulle pour la mortalité; car il se trouve que l'inoculation tuberculeuse a été peu virulente, et que, sur les 7 témoins, un seul est mort. Il est possible que des cultures répétées de tuberculose en milieux liquides amènent une atténuation graduelle : cette même culture, qui n'a tué qu'un lapin sur 7 témoins, avant de passer par une série de bouillons liquides, en avait tué 16 sur 17 en vingt jours, dans une expérience antérieure.

Mais, au point de vue de l'influence sur la nutrition, l'effet a été manifeste.

Éliminons les trois lapins morts tuberculeux spontanément, et nous aurons les chiffres suivants; d'où il résulte une augmentation, peu considérable, mais manifeste et constante, des lapins injectés, contrairement à ce qui existe pour les lapins normaux.

| 6 témoins. | 8 injectés au sang. |
|---|---|
| 100. . . . . . | 100 |
| 97. . . . . . | 101 |
| 95. . . . . . | 104 |
| 96. . . . . . | 105 |
| 102. . . . . . | 109 |
| 104. . . . . . | 109 |
| 105. . . . . . | 109 |

Ce qui est éclatant, c'est la diminution de la proportion des tuberculeux.

Ainsi, sur 7 témoins : 6 tuberculeux, 86 p. 100.

Sur 11 témoins injectés à l'hémocyne tuberculeuse : 3 tuberculeux, et 2 à peine tuberculeux, soit 27 p. 100.

Sur 10 à l'hémocyne simple : 4 tuberculeux et un à peine tuberculeux, soit : 40 p. 100.

Les chiffres deviennent bien autres, et plus démonstratifs encore, si l'on sépare les injections faites avant l'inoculation et celles qui ont été faites après.

En effet, pour l'hémocyne tuberculeuse, les lapins 8, 9,

10 et 11, les seuls qui ont été injectés avant l'inoculation, donnent la statistique suivante :

| | |
|---|---|
| Mort. . . . . . | 0 p. 100 |
| Tuberculeux. . | 0 p. 100 |
| Poids final. . . | = 110 |

Que l'on compare cette série à la série des six témoins, et il sera impossible de ne pas reconnaître que l'inoculation tuberculeuse a été rendue impuissante par le fait d'une injection de sang. Les lapins injectés à l'hémocyne simple (avant l'inoculation tuberculeuse) sont les n$^{os}$ 21 et 22, tous deux non tuberculeux, avec un poids moyen final de 106.

Ce qui fait finalement le tableau suivant :

| | 7 témoins. | 6 inoculés au sérum. |
|---|---|---|
| Mortalité. . . . | 14 p. 100 | 0 p. 100 |
| Tuberculeux . . | 86 — | 0 — |
| Poids final. . . | 90 | 109 |

Ce qui est remarquable, c'est que la dose injectée a été faible, soit, en centimètres cubes, de 10, 3, 5, 4, 10 et 10, ce qui permet (en prenant la dose minimum) de conclure que 3 centimètres cubes, soit à peu près 1 cc. par kilogramme, suffisent pour donner l'immunité (sinon contre une tuberculose très virulente, au moins pour une tuberculose modérément virulente). Notons aussi que ces injections de sang ont été faites tantôt dans la veine, tantôt dans le péritoine, et tantôt sous la peau, que, par conséquent, le mode de pénétration dans la circulation semble ne pas importer.

Prenons maintenant les cas dans lesquels l'injection de sérum a été faite après l'inoculation (peu de jours après, soit le troisième jour).

| | | | |
|---|---|---|---|
| | Hémocyne tuberculeuse . . | L. n$^{os}$ 12, 14 | |
| | — normale. . . . | L. n° 25 | |
| Nous avons : | Hémocyne tuberculeuse. . | Mort. | 0 p. 100 |
| | — — . | Tuberc. : | 0 p. 100 |
| | Hémocyne normale. . . . | Mort. | 0 p. 100 |
| | — — . . . . | Tuberc. : | 100 p. 100 |

Il est intéressant de constater que les doses ont été alors très faibles. Un gramme d'hémocyne normale n'a pas empêché la tuberculose, tandis que la même dose d'hémocyne tuberculeuse a été efficace. Il s'agissait d'un lapin pesant 2 400 grammes; cela fait, par kilogramme, 0,40 de sérum; or, si l'on songe que le sérum ne contient en matières extractives que 15 p. 100 de matières solides, cela fait une dose extrêmement faible de $0^{gr},06$ par kilogramme, c'est-à-dire une dose maximum qui est probablement encore mille fois ou un million de fois plus forte que la substance réellement vaccinante.

Il est possible, d'ailleurs, que, pour l'hémocyne tuberculeuse, la dose de $0^{cc},4$ par kilogramme soit encore trop forte. En tout cas, nous venons de voir qu'elle est suffisante.

Si l'injection de sang est faite plus tard que le troisième jour, elle semble inefficace, comme l'indiquent les expériences suivantes :

Hém. tuberc., inject. faite le 7e jour après inoc. tub. . . . L. n° 16
Hém. norm., — — . . . . L. nos 26, 2

| | | |
|---|---|---|
| L. n° 16 non tuberculeux. . . . . . | 0 p. 100 | |
| L. nos 26 et 27 tuberculeux. . . . . . . . | 100 | — |

Finalement, il résulte de ces faits :

1° Que l'injection d'hémocyne tuberculeuse, même à dose de 1 centimètre cube, a empêché sept lapins sur sept de devenir tuberculeux, l'injection étant faite soit dans la veine, soit dans le péritoine, soit sous la peau, à des doses variant entre 10 centimètres cubes et 1 centimètre cube, — soit cinq jours avant l'inoculation tuberculeuse, soit deux jours après, soit sept jours après.

2° Que l'injection d'hémocyne simple, efficace avant l'inoculation, a été inefficace après : totalement inefficace sept jours après, peu efficace trois jours après.

Il nous reste à étudier d'autres expériences dans lesquelles l'hémocyne a été injectée à plusieurs reprises. Éliminons d'abord le lapin n° 28, qui n'a reçu d'hémocyne simple que sept jours après l'inoculation, date à laquelle décidément l'injection de sang semble inefficace, et qui a été tué le centième jours après l'inoculation, et trouvé très tuberculeux, quoiqu'il eût reçu *une seconde* injection de sang vingt-huit jours après l'inoculation.

En l'ajoutant aux lapins 26 et 27, cela nous fait trois lapins ayant reçu de l'hémocyne sept jours après l'inoculation, et qui sont devenus tous les trois tuberculeux.

Restent quatre lapins ayant reçu des doses variées d'hémocyne tuberculeuse, et quatre lapins ayant reçu des doses variées d'hémocyne simple.

Les quatre lapins à l'hémocyne simple sont les n$^{os}$ 19, 20, 23 et 24.

Le lapin n° 19 reçoit 5 centimètres cubes de sérum le troisième jour, et 3 centimètres cubes le trente-deuxième jour : il est à peine tuberculeux.

Le lapin n° 20 reçoit 2 centimètres cubes d'hémocyne avant l'inoculation, 1 centimètre cube le troisième jour après, 3 centimètres cubes le septième jour et 2 centimètres cubes le vingtième jour : il n'est pas tuberculeux.

Le lapin n° 23 reçoit 10 centimètres cubes le troisième jour, et 3 centimètres cubes le trente-deuxième jour : il est très tuberculeux.

Le lapin n° 24 reçoit 5 centimètres cubes le troisième jour et 5 centimètres cubes le septième jour; il est à peine tuberculeux (tuberculose articulaire, nulle tuberculose viscérale).

En joignant ces quatre lapins aux autres, dont nous avons rapporté l'histoire, et en supposant (comme cela semble prouvé) que l'injection de sérum, faite sept jours après l'inoculation, est inefficace, nous pouvons grouper les lapins 19, 23 et 24 avec le lapin 25; cela nous fait, en somme, quatre lapins ayant reçu de l'hémocyne trois jours après l'inoculation tuberculeuse.

Sur ces quatre lapins, il y en a eu deux tuberculeux et

deux à peine tuberculeux. En somme, cela prouve que l'injection faite après l'inoculation n'a aucun effet.

Reportons alors le lapin n° 20 avec les lapins 21 et 22.

Nous avons la statistique finale suivante :

| | | |
|---|---|---|
| L. injectés avant l'inoculation. . | III | non tuberc., nos 20, 21, 22 |
| L. — après — . . | VII | 5 tubercul., nos 10, 23, 24, 25, 26 |
| | | 2 à peine tuberculeux, 27, 28 |

ce qui démontre absolument que l'injection faite avant l'inoculation est efficace ; mais qu'elle est inefficace après.

Ainsi, avec l'hémocyne simple, les résultats sont nets et faciles à interpréter. Il n'en est pas de même avec l'hémocyne tuberculeuse.

Si nous prenons les lapins ayant subi une injection de sang le septième jour après l'inoculation, nous aurons les lapins n° 17, n° 15, n° 18, qui donnent la statistique suivante :

Le lapin n° 15 reçoit 2 centimètres cubes d'hémocyne le septième jour, et 4 centimètres cubes le vingt-neuvième jour. Cette dose, injectée dans la veine, produit un véritable empoisonnement : il meurt le lendemain, moins de vingt-quatre heures après l'injection, à peu près comme les lapins tuberculeux à qui nous injections des produits solubles des cultures tuberculeuses : le foie était farci de tubercules très jeunes.

Le lapin n° 18, qui avait reçu avant l'inoculation 7 centimètres cubes d'hémocyne tuberculeuse, reçoit 5 centimètres cubes le troisième jour, et 5 centimètres cubes le septième jour : il meurt (très tuberculeux) le dix-septième jour.

Le lapin n° 17, qui avait reçu avant l'inoculation 3 centimètres cubes d'hémocyne, en reçoit de nouveau 1 centimètre cube le troisième jour, 2 centimètres cubes le septième jour, et 2 centimètres cubes le vingt et unième jour. Il est très tuberculeux. (Tué le quatre-vingt-sixième jour.)

Ainsi il n'est pas douteux que *l'hémocyne tuberculeuse, injectée quelque temps après l'inoculation, accélère la mort.*

Sur ces quatre lapins, la mortalité a été de 76 p. 100 ; bien plus grande que pour les témoins. La proportion des tuberculeux a été de 80 p. 100.

Nous avons cependant constaté antérieurement qu'une dose de 4 centimètres cubes donnée le septième jour (sous la peau) avait empêché la tuberculose (lapin n° 16); ce qui fait une contradiction difficile à expliquer entre les deux lapins n° 15 et n° 16. On peut supposer cependant que le lapin n° 15 a été tué, non par sa tuberculose, mais par les substances solubles contenues dans l'hémocyne tuberculeuse.

L'histoire des lapins 17 et 18 est aussi bien intéressante, surtout si on les compare aux lapins 8, 9, 10, 11 ; les uns et les autres avaient reçu de l'hémocyne tuberculeuse avant l'inoculation, mais les lapins 17 et 18, outre cette inoculation préalable, en avaient reçu après, si bien que l'on doit en conclure ceci :

L'hémocyne tuberculeuse, injectée après l'inoculation, accélère la mort, et empêche les effets salutaires de l'injection préalable. Reprenons tous ces chiffres et ces documents (à lecture difficile), nous aurons les groupes suivants, rapportés à 100.

| | | Mortalité. | Tuberculose. |
|---|---|---|---|
| VII | Lapins témoins.. . . . . . . . . . . . . | 14 | 86 α |
| VI | Lapins injectés d'hémocyne avant l'inoculation et non injectés depuis. . . . . . | 0 | 0 β |
| V | Lapins injectés le septième jour au plus tôt après l'inoculation.. . . . . . . . . | 0 | 80 γ |
| IV | Lapins ayant reçu de l'hémoc. tuberc. le septième jour.. . . . . . . . . . . . . | 50 | 75 δ |
| II | Lapins ayant reçu de l'hém. tuberc. le huitième jour après l'inoculation, et non injectés depuis ni auparavant. . . . . . | 0 | 0 ε |

En réunissant les groupes α et γ et les groupes β et δ, on a :

| | | | |
|---|---|---|---|
| XII | Lapins témoins ou injectés trop tard.. . | 8 | 84 |
| VIII | Lapins injectés avant l'inoculation ou le troisième jour après l'inoculation avec l'hémocyne tuberculeuse. . . . . . . | 0 | 0 |
| IV | Lapins à hémocyne tuberculeuse le septième jour . . . . . . . . . . . . . | 50 | 75 |

A ces expériences s'ajoutent les seize autres, faites avec des vaccinations diverses, plus ou moins efficaces, comme l'indiquent les chiffres suivants :

1° Cinq lapins vaccinés avec des produits solubles des cultures tuberculeuses : Morts : 40 p. 100; tuberculeux : 100 p. 100.

Un de ces lapins a reçu après inoculation, le cinquième jour, 0,03 d'extrait, et, le vingtième jour, 0,05, dose minime, qui cependant a hâté la mort, puisqu'il est mort le vingt-quatrième jour.

Les trois autres avaient été vaccinés avant l'inoculation.

Le dernier a reçu à deux reprises de l'extrait alcoolique de cultures tuberculeuses.

Si on ajoute ces 5 lapins aux 12 autres des groupes $\alpha$ et $\gamma$, on a un total de 17 lapins dont un seul n'était pas tuberculeux; ce qui donne une bien plus grande valeur à l'absence totale de tuberculose chez les 7 lapins ayant reçu l'hémocyne avant inoculation, et l'hémocyne tuberculeuse le troisième jour.

2° Restent onze lapins ayant reçu un produit spécial, que nous appellerons, pour simplifier, *phymosérum*.

Voici l'origine même de ce liquide, et la manière dont il a été obtenu.

Il s'agit du liquide séreux amassé sous la peau d'un chien après injection de bacilles tuberculeux. Ce *phymosérum*, recueilli aseptiquement, contenait de nombreux leucocytes qui, par le repos, se sont accumulés au fond des petits tubes où il avait été recueilli.

Il n'y a plus de bacilles tuberculeux vivants; et plusieurs gouttes de ce liquide ensemencées n'ont pas produit de cultures.

Sur trois lapins ayant reçu du phymosérum avant l'inoculation, nous avons les chiffres suivants :

| | LAPINS | | | |
|---|---|---|---|---|
| | N° 1 dans la veine 0cc, 25 de phymosérum 9 jours avant l'inoculation tuberculeuse. — A peine tubercul., tué le 77e jour. | N° 2 dans le péritoine 0cc, 25 de phymosérum 5 jours avant l'inoculation tuberculeuse. — Non tuberculeux, tué le 77e jour. | N° 3 sous la peau 0cc, 25 de phymosérum 5 jours avant l'inoculation tuberculeuse. — Tuberculeux, tué le 50e jour. | MOYENNE. |
| Poids absolu. . . . | 1 580 | 1 930 | 2 260 | |
| 1er jour . . . . . | 100 | 100 | 100 | 100 |
| 2e — . . . . . | 112 | 106 | 102 | 106 |
| 16e — . . . . . | 124 | 103 | 97 | 108 |
| 23e — . . . . . | 132 | 110 | 98 | 113 |
| 30e — . . . . . | 142 | 117 | 97 | 118 |
| 37e — . . . . . | 146 | 121 | 103 | 123 |
| 45e — . . . . . | 150 | 124 | 104 | 126 |

Il faut noter cet effet remarquable du phymosérum (injecté dans la veine), qui a empêché la tuberculose.

Mais, malheureusement, l'injection sous-cutanée de la même dose a été sans effet.

L'injection faite après l'inoculation a semblé moins efficace.

| | LAPINS | | | | |
|---|---|---|---|---|---|
| | N° 4 sous la peau 0cc, 50 de phymosérum le 3e jour après l'inj. tub. — Tuberculeux, tué le 59e jour. | N° 5 dans la veine 0cc, 25 de phymosérum le 3e jour après l'inj. tub. — Tuberculeux, mort spontanément le 59e jour. | N° 6 dans la veine 0cc, 25 de phymosérum le 7e jour après l'inj. tub. — Non tuberculeux, tué le 75e jour. | N° 7 sous la peau 0cc, 25 de phymosérum le 7e jour après l'inj. tub. — Tuberculeux, tué le 83e jour. | MOYENNE. |
| Poids absolu. . | 2 340 | 2 430 | 2 210 | 2 100 | |
| 1er jour . . . | 100 | 100 | 100 | 100 | 100 |
| 7e — . . . | 104 | 105 | 99 | 103 | 104 |
| 16e — . . . | 85 | 104 | 99 | 106 | 100 |
| 23e — . . . | 91 | 103 | 100 | 103 | 99 |
| 30e — . . . | 96 | 105 | 98 | 109 | 102 |
| 37e — . . . | 100 | 104 | 96 | 109 | 102 |
| 45e — . . . | 103 | 106 | 97 | 113 | 106 |

Il semble donc qu'il y ait eu un effet favorable du phymosérum, puisque, dans l'ensemble, sur ces 7 lapins, il y en a eu 2 non tuberculeux, et 5 à peine tuberculeux. D'autre part, on peut admettre que l'injection sous-cutanée n'a pas les mêmes effets que l'injection veineuse. Il reste donc sur 4 lapins ayant reçu du phymosérum dans la veine ou dans le péritoine, à la dose de $0^{cc},25$, 2 non tuberculeux, 1 à peine tuberculeux et 1 tuberculeux, mort spontanément des progrès de sa tuberculose, le cinquante-neuvième jour.

Toutefois ce ne sont pas là des résultats assez décisifs pour mériter d'entrer dans des conclusions formelles, d'autant plus que, dans un cas, le phymosérum injecté à trois reprises différentes a amené une mort plus rapide, et non l'atténuation; dans un autre cas, il y a eu mort rapide, mais le lapin n'était pas tuberculeux.

En reprenant l'ensemble de ces expériences, nous trouvons les statistiques suivantes, qui nous permettront quelques conclusions formelles.

| | | Mortalité absolue | 0/0 | Tuberculose absolue | 0/0 |
|---|---|---|---|---|---|
| VII | Témoins | 1 | 14 | 6 | 86 |
| VII | Hémocyne normale après inoculation | 0 | 0 | 6 | 86 |
| III | Vaccinés par produits solubles | 1 | 33 | 3 | 100 |
| | Ensemble : XVII | 2 | 12 | 15 | 88 |
| VI | Phymosérum après inoculation | 2 | 33 | 4 | 66 |
| IV | Hémoc. tuberc. au septième jour après inoculation | 2 | 50 | 3 | 75 |
| II | Traités par produits tubercul. solubles après inoculation | 1 | 50 | 2 | 100 |
| | Ensemble : XII | 5 | 41 | 9 | 75 |
| III | Phymosérum avant inoculation tuberculeuse | 0 | 0 | 1 | 33 |
| VII | Hémocyne tuberculeuse avant ou trois jours après inoculation | 0 | 0 | 0 | 0 |
| III | Hémocyne avant inoculation | 0 | 0 | 0 | 0 |
| | Ensemble : XIII | 0 | 0 | 1 | 7 |

Nous pouvons, en somme, déduire de ces faits (groupés

avec ceux des premières expériences consignées dans les précédents mémoires) les conclusions suivantes :

1° Quand la tuberculose est très virulente, l'injection de sang[1] en retarde l'évolution sans parvenir à l'arrêter.

2° Quand la tuberculose est modérément virulente, l'injection de sang non seulement retarde, mais arrête l'évolution.

3° C'est dans le sérum que se trouvent les substances efficaces à cette action, et une dose très minime suffit (un demi-centimètre cube de sérum par kilogramme de lapin).

4° Le sang (ou le sérum) des chiens tuberculisés est plus efficace que le sang (ou le sérum) des chiens normaux.

5° L'action de l'hémocyne tuberculeuse donnée à dose trop forte, et après l'inoculation tuberculeuse, accélère la marche de la tuberculose.

6° L'action de l'hémocyne normale n'est pas efficace quand l'injection est faite après l'inoculation tuberculeuse.

7° On devra tenter sur l'homme l'action prophylactique de l'hémocyne (et notamment de l'hémocyne tuberculeuse), action qui paraît être plus puissante que son action thérapeutique.

1. Il s'agit toujours du chien comme animal transfuseur, et du lapin comme animal transfusé.

# LVI

## TECHNIQUE DES PROCÉDÉS

### POUR OBTENIR

### DU SÉRUM

**Par MM. J. Héricourt et Ch. Richet.**

---

Voici les procédés techniques qui permettent d'avoir en quantité suffisante du sérum pur de chien.

Il est en effet indispensable de perfectionner la technique, avant d'entreprendre une médication qui ne peut donner de résultats qu'après un temps prolongé.

Si l'on recueille du sang de chien dans un vase bien stérilisé, en évitant autant que possible l'apport des germes de l'air, le caillot est, le lendemain, recouvert d'une couche de sérum, en quantité variable. Un gros chien, de 25 kilogrammes environ, peut fournir à peu près 1,200 grammes de sang; mais, si l'on partage cette masse de sang en trois parties, de telle sorte que chaque vase contienne 400 grammes de sang, on voit que le premier vase, presque tout entier pris par le caillot, contient très peu de sérum. Le second en a beaucoup, et enfin le dernier en a davantage encore. En un mot, le sang est d'autant plus riche en sérum que l'animal a déjà perdu plus de sang[1].

La proportion de fibrine et de globules est aussi très variable. Pour certains sérums, comme le savent très bien les anciens auteurs, il y a plus de globules que de fibrine, de sorte qu'après repos, il y a au-dessus du caillot une couche demi-liquide de globules qui rend difficile la récolte du sérum privé de globules, puisque la plus légère agitation du vase mélange les globules au sérum.

Parfois, quand les chiens sont en digestion, le sérum est lactescent, ce qui tient à de petites particules graisseuses en suspension. Nul inconvénient à cette faible lactescence, sinon de donner un aspect moins agréable à l'œil qu'un liquide parfaitement limpide.

Le sang ainsi recueilli dans les ballons stérilisés dont le col est fermé par un tampon d'ouate, ne s'altère pas ; mais, pour éviter la redissolution du caillot, qui se fait à la longue, il vaut mieux reprendre le sérum dès le lendemain, et l'enfermer aussitôt dans des tubes de verre.

Pour cela, voici comment nous procédons. Un tube de verre épais, de 2 centimètres de diamètre intérieur, est effilé à la lampe aux deux extrémités, de manière à ce que sa contenance totale soit d'à peu près 3 centimètres cubes. En aspirant, on le remplit presque entièrement et l'on ferme aux deux bouts. Avec quelque habitude, et en employant une flamme très courte, on peut le fermer solidement, sans coaguler la plus petite trace de sérum. Les tubes ainsi obtenus sont maniables et transportables.

On peut alors, avec le sang d'un seul chien, recueillir assez de sérum pour remplir soixante à quatre-vingts tubes de sérum pur.

Une fois en possession de ce tube solidement scellé, inaltérable, on peut en injecter le contenu sous la peau, en pre-

1. Il est évident qu'il faut, après que le chien a été sacrifié, en faire l'autopsie afin de s'assurer qu'il n'avait aucune lésion organique, et aucune maladie.

nant les précautions en usage pour toutes les injections hypodermiques.

Ainsi : 1° L'injection hypodermique de sérum de chien est un procédé d'un maniement pratique et facile.

2° Cette injection hypodermique est absolument inoffensive, non seulement au point de vue général, mais encore au point de vue local.

Elle n'a qu'un seul inconvénient dont nous ignorons tout à fait la cause; c'est qu'elle provoque parfois (une fois sur dix environ) une éruption d'urticaire. Très rarement cette urticaire est accompagnée de fièvre, et encore plus rarement de fièvre avec vomissements.

# LVII

# DE LA VACCINATION

CONTRE LA

TUBERCULOSE HUMAINE PAR LA TUBERCULOSE AVIAIRE

**Par MM. J. Héricourt et Ch. Richet.**

---

Nous avons pu démontrer que la vaccination tuberculeuse, tant espérée jusqu'ici, mais recherchée sans succès sur des lapins, des cobayes et des singes, était possible sur le chien; et nous allons donner avec quelque détail l'exposé de nos expériences. On peut les diviser en deux parties :

1° Vaccination par la tuberculose aviaire contre la tuberculose aviaire;

2° Vaccination par la tuberculose aviaire contre la tuberculose humaine.

## I

### Vaccination par la tuberculose aviaire contre la tuberculose aviaire.

L'inoculation de tuberculose aviaire, faite directement dans le système veineux, est en général inoffensive chez le chien. Mais cette règle est loin d'être absolue.

En effet, quand on cultive du tubercule aviaire en milieu liquide, au bout d'une série de passages, les caractères du bacille changent peu à peu. Il se cultive avec une facilité et une rapidité croissantes, et ses réactions sur les animaux diffèrent du type primitif. Nous pouvons, sur ce point, absolument confirmer les faits indiqués par M. Courmont[1].

Une culture de tuberculose aviaire, prise à son premier passage, ou régénérée par le passage à travers l'organisme de la poule et du lapin, a les caractères suivants :

1° Elle ne se développe en bouillon liquide qu'avec lenteur. La culture se fait surtout au fond du vase, et, s'il se forme un voile membraneux à la surface du bouillon, ce voile est mince et peu consistant;

2° Elle tue rapidement le lapin en vingt à vingt-cinq jours, sans former de granulations tuberculeuses visibles à l'œil nu (type Roux-Yersin);

3° Elle est à peu près inoffensive pour le chien

Au contraire, ce même bacille, s'il a passé par une série d'ensemencements successifs dans des bouillons liquides, a les caractères suivants :

1° Il se développe en bouillon liquide avec une grande rapidité. En dix à quinze jours, il a formé un voile épais, ridé, consistant, qui couvre toute la surface liquide;

2° Il tue encore rapidement et sûrement le lapin; mais en produisant des lésions différentes. Au lieu de l'hypertrophie de la rate et de la congestion pulmonaire, on trouve que la rate est de dimension moyenne et que les poumons sont farcis de granulations tuberculeuses visibles à l'œil nu, grises et surtout jaunâtres. Sur des lapins morts vers le vingtième jour, nous avons observé ces granulies confluentes;

3° Il est souvent infectieux pour le chien, et l'animal, trois semaines, ou un mois, ou deux mois après l'inoculation, finit par mourir avec un amaigrissement énorme, et des granula-

1. Voir Arloing, Leçons sur la tuberculose. Paris, 1892.

tions tuberculeuses dans les poumons, parfois aussi dans le foie et les reins.

Pour citer un exemple, voici une expérience très simple et précise.

Quatre chiens reçoivent, le 9 février, chacun 5 cc. d'une tuberculose aviaire qui a subi de nombreux passages. Mais, par égard à leur poids, la quantité n'est pas la même; et, par kilogramme de poids vif, la dose injectée a été, pour les quatre chiens, de $0^{cc},40$, $0^{cc},65$, $0^{cc},75$ et $0^{cc},75$. Ces deux derniers chiens meurent, l'un le 7 mars, l'autre le 24 février, et ils présentent à l'autopsie des granulations miliaires abondantes dans les poumons.

Les deux autres chiens sont morts, l'un le 17 novembre 1892 (tuberculeux), l'autre le 7 mai 1893, avec une péricardite et quelques rares granulations fibreuses dans les poumons. Leur survie a été de 280 et 455 jours, tandis que la survie des témoins a été, en moyenne de 20 jours.

Une seconde expérience prouvera encore la nocuité de cette tuberculose aviaire transformée (par les passages successifs dans les bouillons de culture).

Le 10 mars, quatre chiens reçoivent, l'un $2^{cc},5$, les trois autres 5 cc. de tuberculose aviaire modifiée; soit par kilogramme $0^{cc},65$, $0^{cc},42$, $0^{cc},32$, $0^{cc},32$ de culture. Un de ces chiens (celui qui a reçu $0^{cc},65$ par kilog.) meurt le 20 avril; les deux autres, inoculés avec de la tuberculose humaine le 14 avril, meurent le 1er mai et le 2 mai ($0^{cc},42$ et $0^{cc},32$); l'autre (qui a reçu $0^{cc},32$ par kilog.) est encore vivant aujourd'hui [1].

Toutes ces expériences établissent bien que la tuberculose aviaire peut être infectieuse pour le chien, surtout si elle est injectée dans les veines, à une dose de plus d'un demi-centimètre cube par kilogramme d'animal, et quand elle a été modifiée par des passages successifs dans les milieux liquides de culture.

Dans ces conditions, l'injection préalable d'une culture

1. Ce chien est mort tuberculeux, le 13 octobre suivant.

aviaire plus voisine de son origine, modifie les phénomènes d'une manière notable, si bien que l'influence d'une vaccination est certaine, ainsi que l'indiquent les chiffres suivants :

| | IV CHIENS VACCINÉS PRÉALABLEMENT. Poids p. 100. | | | | | IV CHIENS TÉMOINS. Poids p. 100. | | | | |
|---|---|---|---|---|---|---|---|---|---|---|
| | N° 1 | N° 2 | N° 3 | N° 4 | MOY. | N° 1 | N° 2 | N° 3 | N° 4 | MOY. |
| 9 Février. | 100 | 100 | 100 | 100 | 100 | 100 | 100 | 100 | 100 | 100 |
| 13 — | 106 | 96 | 100 | 100 | 101 | 93 | 96 | 90 | 96 | 94 |
| 19 — | 109 | 101 | 100 | 99 | 102 | 84 | 88 | 91 | 87 | 87 |
| 25 — | 109 | 99 | 105 | 102 | 104 | 80 | 97 | 84 | Mort. | 67 |
| 29 — | 107 | 100 | 100 | 96 | 101 | 78 | 98 | 79 | — | 65 |
| 7 Mars. | 102 | 101 | 98 | 99 | 100 | 75 | 96 | Mort. | — | 62 |
| 12 — | 102 | 101 | 98 | 100 | 100 | 80 | 99 | — | — | 45 |
| 21 — | 102 | 100 | 99 | 105 | 101 | 77 | 99 | — | — | 44 |
| 25 — | 100 | 101 | 100 | 101 | 100 | 76 | 96 | — | — | 43 |
| 29 — | 99 | 98 | 95 | 101 | 98 | 80 | 97 | — | — | 44 |
| 5 Avril. | 102 | 100 | 93 | 101 | 98 | 80 | 99 | — | — | 45 |
| 12 — | 107 | 102 | 93 | 100 | 100 | 82 | 99 | — | — | 46 |

Cette expérience est très nette. Elle prouve que la vaccination est possible de tuberculose aviaire à tuberculose aviaire, puisque sur quatre chiens vaccinés, aucun n'a été malade, tandis que sur les quatre chiens non vaccinés, deux sont morts, et un autre assez malade pour avoir perdu a 25 p. 100 de son poids, un mois après l'inoculation.

Ainsi l'expérience du 10 mars est confirmative de l'expérience du 9 février, puisque, sur quatre chiens témoins inoculés le 10 mars, trois sont morts; tandis que la même culture inoculée à la même dose à deux chiens vaccinés ne les a même pas fait baisser de poids.

Nous croyons donc pouvoir tirer de ces expériences les conclusions suivantes :

1° La tuberculose aviaire, par une série de cultures en bouillon liquide, se modifie peu à peu et devient dangereuse pour le chien;

2° Des chiens recevant en injection intra-veineuse plus de $0^{cc},5$ par kilogramme de cette bacillose modifiée meurent tuberculeux;

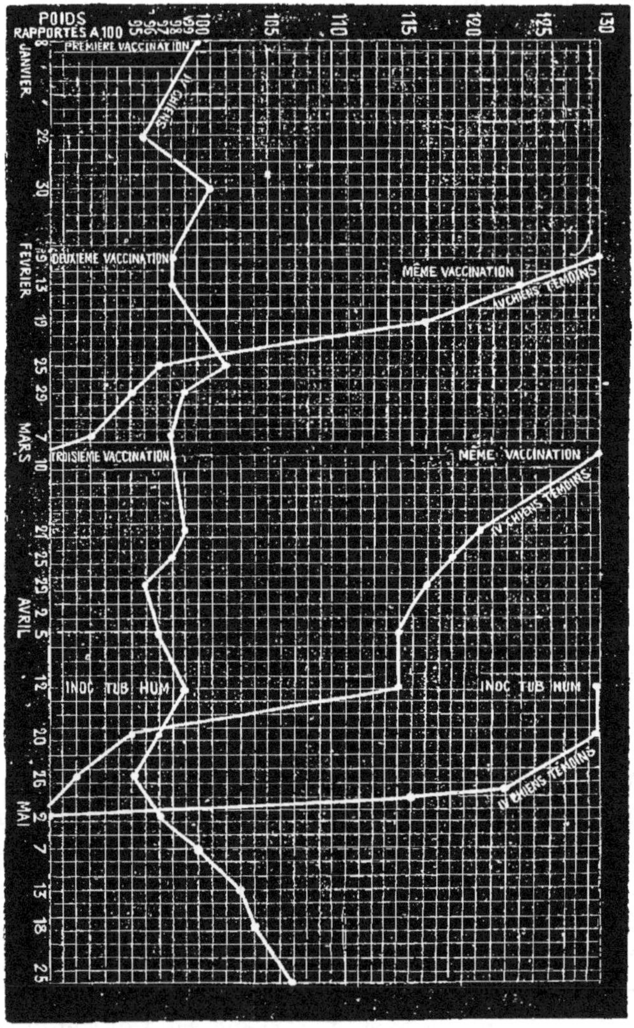


Fig. 148. — Influence des vaccinations successives.

A gauche, les jours de deux en deux; en haut, les poids totaux des lots de chiens en expérience, rapportés à 100. Le 8 janvier, quatre chiens d'un premier lot reçoivent une inoculation intra-veineuse de tuberculose aviaire; le 9 février, les mêmes animaux reçoivent une seconde inoculation de bacillose aviaire plus virulente, en même temps que quatre autres chiens d'un second lot. Le poids total de ce deuxième lot a son point de départ à l'échelon 130 = 100, pour ne pas surcharger le tracé. On voit que le 9 mars, le poids du premier lot était de 98, tandis que celui du deuxième lot était tombé à 90. Le

10 mars, troisième vaccination du premier lot avec une bacillose aviaire plus virulente que les précédentes, inoculée en même temps à quatre chiens neufs d'un troisième lot, qui subit bientôt une perte de poids qui montre encore bien la différence d'action du virus aviaire chez les chiens neufs et chez les chiens précédemment vaccinés. Enfin, le 14 avril, inoculation de tuberculose humaine à quatre chiens neufs, destinés à servir de témoins et aux chiens ayant subi précédemment trois vaccinations avec la tuberculose aviaire. Les figures suivantes donnent en détail la marche des poids chez ces deux lots de chiens.

3° Une injection préalable d'une dose faible de cette même bacillose, ou d'une tuberculose aviaire non modifiée par passages successifs, les vaccine efficacement.

## II

Ce point important étant établi, nous passons à la deuxième démonstration, but principal de ce travail, que nous formulerons ainsi :

*Chez le chien, une injection préalable de tuberculose aviaire vaccine contre la tuberculose humaine.*

Nous rappellerons d'abord l'expérience que nous avons déjà publiée en partie [1].

Elle est très nette.

Le 5 décembre 1891, nous inoculons, par injection dans la veine saphène, quatre chiens qui reçoivent chacun un centimètre cube de culture tuberculeuse humaine.

Deux de ces chiens servent de témoins. Ils n'avaient reçu aucune inoculation tuberculeuse préalable. Ils meurent tous les deux le même jour, le 27 décembre, avec des lésions tuberculeuses très prononcées.

Les deux autres chiens avaient reçu : l'un une fois (le 10 octobre), l'autre deux fois (en juin et en octobre) des injections intra-veineuses de culture aviaire. Ces deux chiens étaient encore vivants le 19 avril, et, après avoir été malades quelque temps, paraissaient complètement remis de l'inoculation.

1. *Comptes rendus Ac. des Sc.*, t. CXIV, p. 584, 4 avril 1892.

Le 5 décembre, au moment de l'inoculation, le chien A (vacciné une fois) pesait 15 kilog.; le 19 avril, c'est-à-dire 135 jours après l'inoculation, il pesait 14 kilog. A vrai dire, l'animal n'était pas complètement indemne de toute lésion

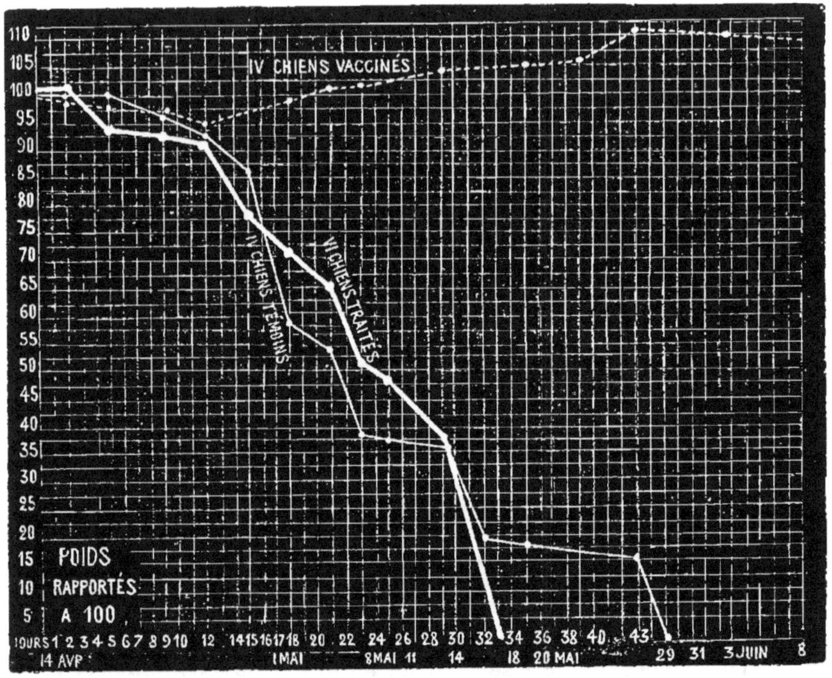


Fig. 149. — Tracé comparatif des poids des chiens vaccinés et non vaccinés.

Les chiffres en colonnes, à gauche, indiquent le poids total des lots de chiens, rapporté à 100; en bas, les jours de l'expérience. Le 14 avril, trois lots de chiens sont inoculés avec de la tuberculose humaine : un lot de chiens vaccinés, un lot de chiens destinés à servir de témoins, un lot de chiens devant être traités de différentes façons. Les deux traits pleins donnent la marche du poids de ces deux derniers lots; on voit que chez l'un et chez l'autre cette marche est assez comparable. Le trait pointillé donne la marche du poids total du lot des chiens vaccinés. Aujourd'hui 16 juin, le poids est encore à 110; la ligne conserve donc sa hauteur sans fléchir. Le 29 mai, le dernier chien témoin mourait, faisant tomber à zéro le poids des chiens témoins.

tuberculeuse. En effet il présentait, aux deux articulations du poignet, de la suppuration que nous supposions être due à une arthrite tuberculeuse, et un abcès de la hanche ouvert à la partie interne de la cuisse.

Alors nous le sacrifiâmes pour nous procurer une notable quantité de sang, et pour pouvoir examiner l'état de ses viscères.

Voici quel a été le résultat de l'autopsie.

Le foie, la rate et les reins sont tout à fait sains.

L'animal est très gras, tout le mésentère est chargé de graisse, ce qui indique évidemment un bon état général, et en effet, autant qu'on peut le prévoir, il serait encore vivant aujourd'hui si nous ne l'avions sacrifié.

Les articulations radio-carpiennes sont intactes; mais toutes les gaines des tendons sont épaissies. Il s'agit en un mot d'une périarthrite, ou synovite fongueuse, de nature probablement tuberculeuse.

L'articulation de la hanche est malade, et le pus qui s'était fait une voie par une plaie de la surface interne de la cuisse, provenait de cette région.

Les poumons sont criblés de petites granulations grises scléreuses, dures comme des grains de sable, fortement pigmentées; mais ils ne sont ni splénisés, ni même congestionnés. Il semble que le processus scléreux, dont nous constatons les traces, soit un processus de guérison, car on ne voit nulle part de tendance au ramollissement.

On peut conclure de cette observation avec autopsie que, malgré ces lésions pulmonaires et ces lésions articulaires, l'animal était, sinon guéri de la tuberculose, du moins guéri de la tuberculose aiguë, et qu'il avait de grandes chances pour résister à la forme chronique de cette maladie.

Le second chien B, vacciné deux fois, pesait le 5 décembre $12^{kil},500$. Il pesait le 26 juin $14^{kil},500$; et on avait tout lieu de le considérer comme guéri, et absolument guéri. Il est mort le 27 novembre, succombant à une paraplégie consécutive à un abcès froid de la colonne vertébrale. Les poumons, pigmentés, n'étaient nullement tuberculeux, et les autres viscères étaient également sains. Ce chien avait survécu un an moins 8 jours.

En résumé, voilà une expérience bien nette et qui pourrait être considérée comme absolument décisive, si elle portait sur un plus grand nombre d'animaux. Mais il est clair que,

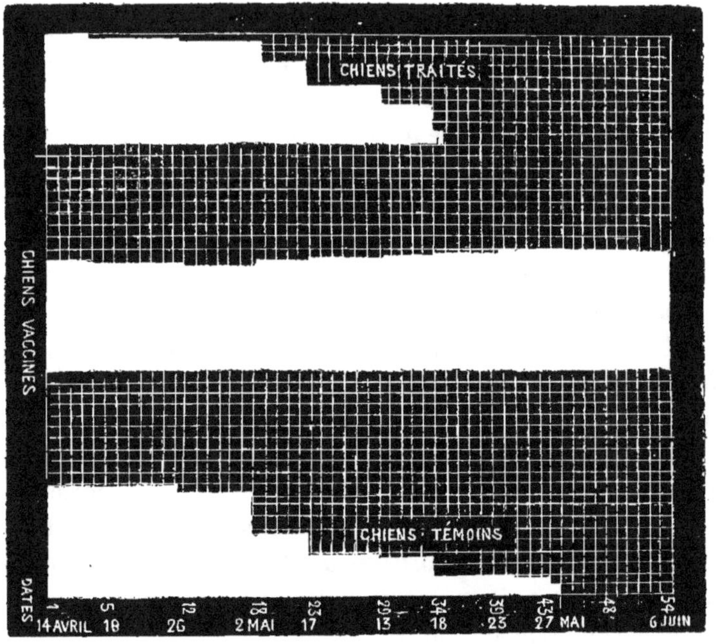


Fig. 150. — Colonnes des poids des chiens vaccinés, traités et témoins.

Ce graphique représente, en *épaisseur*, le poids total des trois lots de chiens en expérience. Un léger amincissement de la colonne du milieu montre le trouble apporté, par l'inoculation de tuberculose humaine, à la santé des chiens vaccinés ; mais, tandis que bientôt l'on voit cette colonne reprendre son diamètre et même le dépasser, les colonnes voisines présentent des échelons successifs indiquant l'amaigrissement des chiens non vaccinés, et leur diminution de nombre, par la série des morts qui se produisent coup sur coup. Au 35e jour, la colonne des chiens traités, puis au 45e jour celle des chiens témoins, sont réduites à rien. Au contraire, la colonne des chiens vaccinés va s'épanouissant, et aujourd'hui elle dépasserait de beaucoup les dimensions de la figure, conservant son épaisseur significative (27 juin).

pour démontrer un fait aussi important que la vaccination contre la tuberculose, le chiffre total de quatre chiens est tout à fait insuffisant. Nous l'avons donc répétée sur un nombre de chiens plus grand, et le 14 avril nous avons fait une expérience que nous allons rapporter en détail.

Vingt chiens reçoivent le même jour, dans la veine

saphène, la même quantité de culture tuberculeuse humaine ; une culture de 45 jours, en bouillon liquide, à la dose de 1 cc., quel que soit le poids de l'animal.

Afin de donner plus de rigueur à la démonstration, nous éliminerons 12 de ces chiens, soit vaccinés par différents procédés et à différentes époques, soit subissant divers traitements consécutifs à l'inoculation du 14 avril, et nous ne prendrons que 8 chiens : 4 vaccinés et 4 témoins. Nous reviendrons tout à l'heure sur les 12 autres. Leur étude est intéressante à divers points de vue ; mais nous ne voulons prendre que ces 8 chiens parfaitement comparables à tous égards.

Les quatre chiens avaient été vaccinés de la manière suivante :

A. Chien de chasse jaune vacciné 2 fois.
B. Chien griffon berger id.
C. Chien terrier vacciné 3 fois.
D. Chien barbet loulou id.

Voici leurs poids successifs :

| | | A | B | C | D |
|---|---|---|---|---|---|
| 8 Janvier. | Première vaccination 5 cc. de tub. aviaire. | 16.6 | 10.5 | 13 | 11.7 |
| 30 Janvier. | Deuxième vaccination | 13.8 | 10.4 | 12.9 | 14.2 |
| 9 Février. | 5 cc. de tub. aviaire. | 13.0 | 10.5 | 12.3 | 13.3 |
| 29 Février. | Troisième vaccination | 12.3 | 10.5 | 12.3 | 14.2 |
| 10 Mars. | (aux chiens C et D). | 13.0 | 10.6 | 12.0 | 13.8 |
| 1er Avril. | Inoculation | 12.9 | 10.1 | 11.7 | 13.3 |
| 14 Avril. | de tuberculose humaine. | 13.0 | 10.5 | 11.4 | 14.0 |

Ainsi, le 14 avril, le poids total de ces chiens était de 48kil,9. Or il était, le 16 juin, de 54kil,1, soit une augmentation de 8 p. 100, augmentation qui porte à peu près également sur les quatre chiens.

Voici d'ailleurs les chiffres des pesées faites sur ces quatre chiens vaccinés. Nous supposerons, pour faciliter les comparaisons, qu'au jour de l'inoculation leur poids était égal à 100.

| | A | B | C | D | MOYENNE. |
|---|---|---|---|---|---|
| 14 Avril. . . . . . . | 100 | 100 | 100 | 100 | 100 |
| 19 — . . . . . . . . | 96 | 96 | 96 | 102 | 97 |
| 26 — . . . . . . . . | 95 | 96 | 94 | 96 | 95 |
| 2 Mai. . . . . . . . | 97 | 101 | 96 | 101 | 99 |
| 7 — . . . . . . . . | 103 | 101 | 99 | 102 | 101 |
| 13 — . . . . . . . . | 107 | 105 | 100 | 103 | 104 |
| 19 — . . . . . . . . | 109 | 105 | 100 | 107 | 105 |
| 23 — . . . . . . . . | 110 | 106 | 100 | 110 | 106 |
| 27 — . . . . . . . . | 115 | 105 | 113 | 112 | 111 |
| 3 Juin. . . . . . . . | 116 | 100 | 108 | 116 | 110 |
| 7 — . . . . . . . . | 114 | 101 | 108 | 116 | 110 |
| 13 — . . . . . . . . | 117 | 101 | 109 | 113 | 110 |
| 16 — . . . . . . . . | 116 | 101 | 108 | 112 | 109 |

Ainsi, pour chacun de ces 4 chiens, à partir du premier jour de la troisième semaine, les poids ont été constamment en augmentant, ce qui montre bien à quel point leur état de santé est resté satisfaisant.

Il est vrai que dans le cours de la deuxième semaine ils ont commencé à maigrir. Le 26 avril ils avaient perdu 5 p. 100 de leur poids ; mais cette période de faiblesse a été courte, et ils étaient tous les quatre en augmentation sur leur poids primitif au moment de la mort des témoins [1].

Au contraire, les chiens témoins ont été très vite atteints par la maladie tuberculeuse.

Ces 4 chiens sont :

A. Petit chien noir, à poil ras, très jeune, pesant 5 kilos.
B. Grosse chienne boule, pleine, très vigoureuse, pesant 20$^{kil}$,400.
C. Chien mâtiné, boule, pesant 9$^{kil}$,300.
D. Chien boule, mâtiné, très gras, pesant 14$^{kil}$,500.

1. Voici le sort ultérieur de ces quatre chiens : A est mort le 7 mai 1893, d'une péricardite, avec quelques rares granulations fibreuses dans les poumons : Survie : 388 jours. — B, est mort le 9 septembre 1892, non tuberculeux, mais paraplégique; survie, 146 jours. — C, est mort le 1$^{er}$ octobre également paraplégique, avec quelques granulations grises dans les poumons et les reins; survie: 168 jours. — D, a été sacrifié le 3 novembre pour donner du sang, et tous ses organes étaient sains, sauf le lobe inférieur du poumon droit, qui était infiltré de quelques rares granulations fibreuses.

Ces 4 chiens, qui doivent servir de témoins, ont été tirés au sort parmi 10 chiens que nous venions de nous procurer. Les 6 autres, devant servir à des expériences de traitement de la tuberculose ont été aussi désignés par le sort.

Le poids total des 4 chiens vaccinés étant de $48^{kil},9$; le le poids total des 4 chiens était de $49^{kil},2$, soit sensiblement le même chiffre total.

Les poids ont été les suivants :

| | A | B | C | D | MOYENNE. |
|---|---|---|---|---|---|
| 14 Avril. | 100 | 100 | 100 | 100 | 100 |
| 19 — | 108 | 106 [1] | 97 | 92 | 100 |
| 26 — | 106 | 103 | 83 | 84 | 94 |
| 2 Mai. | Mort le 2 mai. | 85 | 78 | 72 | 59 |
| 7 — | — | 81 | 72 | 67 | 55 |
| 13 — | — | 79 | 67 | Mort le 7 mai. | 37 |
| 19 — | — | Mort le 16 mai. | 71 | — | 18 |
| 23 — | — | — | 65 | — | 16 |
| 27 — | — | — | 60 | — | 15 |
| 29 — | — | — | Mort | — | 0 |

Ainsi sur ces quatre chiens l'un a vécu 18 jours; l'autre 23 jours; le troisième 33 jours; le quatrième 45 jours, en moyenne 30 jours; ce qui est tout à fait conforme à ce que nous savons de l'évolution de la tuberculose humaine chez le chien.

Les chiens ainsi inoculés avec la tuberculose humaine restent pendant à peu près huit à dix jours sans changer et sans maigrir. Pendant la seconde semaine, ils continuent à manger et même ils mangent avec une extrême voracité; mais cependant ils s'amaigrissent et leur température ne change pas. A partir de la troisième semaine, l'amaigrissement fait des progrès et des progrès rapides; il semble même que les muscles subissent une sorte d'atrophie; les yeux deviennent chassieux; il y a du jetage par le museau. La température s'abaisse d'un demi-degré; les muscles affaiblis sont animés d'une sorte de tremblement fibrillaire paralytique · les muqueuses se déco-

1. Met bas le 26 avril.

lorent et prennent une teinte ictérique; l'aboiement devient rauque : quelquefois il y a des hémorrhagies intestinales. L'appétit disparaît presque complètement; enfin, quoique l'animal amaigri énormément, ayant perdu 20 à 30 p. 100 de son poids primitif, paraisse encore assez vigoureux, presque subitement un matin, il ne se relève pas, et meurt dans un état tantôt convulsif, tantôt comateux, après une agonie de quelques heures.

Jusqu'ici sur 23 chiens, non vaccinés, inoculés par nous, *aucun n'a résisté à l'inoculation de la tuberculose humaine.*

Si nous faisons le total des chiens non vaccinés inoculés de tuberculose humaine, nous arrivons à un total de 23 expériences, dans lesquelles la durée de la vie après l'inoculation de la tuberculose humaine a été en moyenne de 29 jours — soit, si l'on veut, de quatre semaines (avec un maximum de 64 jours.)

Même si tous nos chiens vaccinés venaient à succomber, il n'en serait pas moins établi que, à la dixième semaine après l'inoculation, ils n'étaient, en apparence au moins, nullement malades, sans aucun amaigrissement, sans aucun signe extérieur de tuberculose.

En totalisant nos expériences, nous avons donc le chiffre relativement considérable de 28 expériences portant sur 6 chiens vaccinés, 6 chiens témoins et 16 chiens traités. Les 6 chiens témoins sont tous morts, avec une durée moyenne de 29 jours de survie et une durée maximum de 50 jours.

Les 16 chiens traités sont tous morts, avec une survie moyenne de 27 jours, et une survie maximum de 69 jours.

Quant aux six chiens vaccinés, ils ont, il est vrai, fini par succomber (sauf un qui a été sacrifié pour donner du sang), mais ils ont succombé aux progrès d'une paraplégie dont nous ne connaissons guère l'origine, et que l'on peut sans doute mettre sur le compte d'une tuberculose chronique très atténuée; ils n'ont pas fait de tuberculose aiguë. Le point important, d'ailleurs, c'est la moyenne de leur survie, qui a été de 285 jours.

Il nous paraît que cette expérience est absolument concluante, et, quoique de nombreuses et importantes questions de détail soient encore à résoudre, nous ne croyons pas qu'une démonstration ultérieure puisse apporter plus de certitude au fait même de la vaccination tuberculeuse chez le chien.

Il nous reste à étudier quelques points relatifs à la durée, au nombre et à l'intensité des vaccinations. Mais, avant de faire cette étude — très écourtée, car de nombreuses expériences seront encore nécessaires, et nos documents à cet égard sont peu nombreux — nous devons relater quelques autres expériences faites encore le 14 avril et portant sur 6 chiens diversement vaccinés.

Au lieu d'introduire le bacille tuberculeux aviaire directement dans le sang, nous avons cherché à l'introduire par la voie stomacale, et nous avons mélangé des cultures tuberculeuses aviaires à l'alimentation de deux chiens vigoureux pendant un mois et demi.

Ils ne sont, ni l'un ni l'autre, devenus malades, et leur poids a été en croissant, malgré cette alimentation très anormale, qui a commencé le 23 février et qui a cessé le 14 avril, qui a donc duré 50 jours.

Le chien A, griffon noir, pesait, le 11 février 14$^{kil}$,500; et le 14 avril 15$^{kil}$,400.

Le chien B, griffon blanc, pesait, le 22 février 16 kilos et le 14 avril 18$^{kil}$,600.

Voici leurs poids successifs, rapportés à 100.

| | A | B | MOYENNE. |
|---|---|---|---|
| 22 Février . . . . . . . . | 100 | 100 | 100 |
| 2 Mars . . . . . . . . . | 88 | 104 | 96 |
| 13 — . . . . . . . . . | 93 | 110 | 101 |

| | A | B | MOYENNE |
|---|---|---|---|
| 21 Mars . . . . . . . . . . | 97 | 106 | 102 |
| 7 Avril . . . . . . . . . . | 105 | 110 | 107 |
| 14 — . . . . . . . . . . | 105 | 116 | 110 |

Après le 14 avril, date de l'inoculation tuberculeuse dans la veine saphène, nous avons, en prenant leur poids le 14 avril égal à 100 :

| | A | B | MOYENNE |
|---|---|---|---|
| 14 Avril . . . . . . . . . . | 100 | 100 | 100 |
| 19 — . . . . . . . . . . | 95 | 95 | 95 |
| 26 — . . . . . . . . . . | 95 | 93 | 94 |
| 2 Mai . . . . . . . . . . | 96 | 88 | 92 |
| 7 — . . . . . . . . . . | 95 | 77 | 82 |
| 19 — . . . . . . . . . . | 98 | Mort le 12 mai. | |
| 19 — . . . . . . . . . . | 105 | — | |
| 23 — . . . . . . . . . . | 106 | — | |
| 27 — . . . . . . . . . . | 100 | — | |
| 7 Juin . . . . . . . . . . | Mort | — | |

Ainsi ces deux chiens se sont comportés à peu près comme les chiens non vaccinés, témoins. L'un est mort en 29 jours, précisément avec la durée moyenne de survie des chiens non vaccinés.

L'autre a paru d'abord échapper à la maladie; de fait il a vécu 54 jours, chiffre supérieur au chiffre moyen de la survie. Cela est bien intéressant au point de vue de la vaccination, puisque cela prouve que, par la voie stomacale, il peut y avoir quelque chose d'analogue à une faible vaccination, mais, en somme, ce n'est pas de la vaccination. Aussi avons-nous le droit de faire rentrer ces deux chiens dans le groupe des chiens témoins non vaccinés.

Une autre vaccination a été faite le 9 février. Elle porte sur six chiens.

A. Chien mâtiné de $12^{kil}$,500.
B. Chien terrier de $6^{kil}$,700.
C. Chien mâtiné de $7^{kil}$,600.
D. Chienne épagneule mâtinée de $9^{kil}$,700.
E. Chienne de chasse mâtinée de 16 kil.
F. Chienne barbet griffon de $9^{kil}$,500.

Les chiens A, B, C, D, reçoivent chacun dans la veine

saphène 5 cc. de culture tuberculeuse. La chienne E reçoit 5 cc. de la même culture dans le péritoine; le chien F reçoit 1 cc. dans le péritoine.

Voici leurs poids successifs jusqu'au 14 avril :

| | A | B | C | D | E | F | MOYENNE. |
|---|---|---|---|---|---|---|---|
| 9 Février. | 100 | 100 | 100 | 100 | 100 | 100 | 100 |
| 19 — | 84 | 90 | 88 | 87 | 105 | 89 | 91 |
| 29 — | 77 | 84 | 99 | Mort le 24 févr. | 101 | 84 | 74 |
| 7 Mars | 73 | Mort le 7 mars. | 96 | — | 99 | 79 | 58 |
| 17 — | 78 | — | 100 | — | 99 | Mort le 11 mars. | 46 |
| 25 — | 76 | — | 96 | — | 97 | — | 45 |
| 5 Avril. | 81 | — | 99 | — | 96 | — | 46 |
| 14 — | 83 | — | 99 | — | 96 | — | 46 |

Probablement la dose de culture tuberculeuse injectée a été trop considérable, et cependant il faut remarquer que la question de quantité n'est pas le seul élément à considérer. Le chien F de $9^{kil},500$ a reçu 1 cc., soit $0^{cc},106$ par kilogramme; et il est mort en 30 jours. Le chien E, de $7^{kil},600$, a reçu dans la veine 5 cc. soit $0^{cc},66$ par kilogramme, et il n'a pas été malade (il vit encore aujourd'hui).

Sur les 3 chiens n'ayant pas succombé, nous en avons inoculé deux avec de la tuberculose humaine : les chiens A et E. Le chien C a été réservé pour une expérience ultérieure. Nous ne parlerons donc que des deux chiens A et E qui reçoivent, le 14 avril, chacun 1 cc. de culture tuberculeuse humaine.

Voici leurs poids successifs, qu'on comparera avec le poids des témoins.

| | A | E | MOYENNE. |
|---|---|---|---|
| 14 Avril . . . . . . . . . | 100 | 100 | 100 |
| 19 — . . . . . . . . . . | 96 | 100 | 98 |
| 26 — . . . . . . . . . . | 98 | 98 | 98 |
| 2 Mai. . . . . . . . . . | 103 | 98 | 101 |
| 7 — . . . . . . . . . . | 110 | 99 | 104 |
| 13 — . . . . . . . . . . | 126 | 96 | 111 |
| 19 — . . . . . . . . . . | 134 | 91 | 112 |
| 23 — . . . . . . . . . . | 148 | 94 | 122 |

| | A | E | MOYENNE. |
|---|---|---|---|
| 27 Mai . . . . . . . . . . . | 113 | 93 | 103 |
| 3 Juin . . . . . . . . . . . | 100 | 88 | 94 |
| 7 — . . . . . . . . . . . | 95 | 89 | 92 |
| 13 — . . . . . . . . . . . | 91 | 87 | 89 |
| 15 — . . . . . . . . . . . | 89 | 83 | 80 |

A vrai dire cet accroissement passager de poids pour le chien A n'est en somme qu'un accident pathologique. En effet, à peu près vers le 7 mai, une complication est survenue ; c'est l'accumulation de liquide dans le péritoine, si bien que nous supposons une lésion tuberculeuse (chronique) du foie ayant engendré de la cirrhose, et de l'ascite consécutive à la cirrhose. La ponction a été faite le 26 mai, et a donné $4^{kil}$,500 d'un liquide citrin transparent.

Quoi qu'il en soit, ces deux chiens vaccinés ont survécu à l'inoculation de tuberculose humaine, et nous pouvons les ajouter aux deux groupes précédents de chiens ayant survécu, ce qui porte à 8 le chiffre final des chiens survivants par le fait de la vaccination.

Une expérience de même ordre a été faite le 10 mars. Elle porte sur quatre chiens, qui reçoivent tous 5 cc. de tuberculose aviaire (le chien A ne reçoit que $2^{cc}$,5).

A. Chien griffon barbet de $8^{kil}$,200.
B. Chien terrier de 12 kil.
C. Chien terrier mâtiné de 8 kil.
D. Chien de chasse mâtiné de 13 kil.

Du 10 mars au 14 avril, voici leurs poids :

| | A | B | C | D | MOYENNE. |
|---|---|---|---|---|---|
| 10 Mars. . . . . . | 100 | 100 | 100 | 100 | 100 |
| 17 — . . . . . . | 94 | 97 | 92 | 84 | 92 |
| 25 — . . . . . . | 91 | 89 | 93 | 84 | 89 |
| 5 Avril. . . . . . | 91 | 86 | 83 | 83 | 86 |
| 14 — . . . . . . | 86 | 83 | 81 | 83 | 84 |
| | | | Mort le 20 avril. | | |

Le 14 avril, quoique la santé de ces 4 chiens continuât à décroître, ainsi que l'indique nettement la courbe des poids, nous fîmes, à d'eux d'entre eux (les chiens A et B), une inoculation de tuberculose humaine. Quant au chien E, il mourut le 20 avril sans avoir reçu l'inoculation du 14 avril. Le chien D, non inoculé le 14 avril, est encore vivant aujourd'hui; mais il a été assez malade pour que, même aujourd'hui, il perde encore sur son poids initial.

Les deux chiens A et B, ayant reçu la tuberculose humaine, continuèrent à baisser de poids, et ils moururent; l'un le 1er mai, l'autre le 2 mai.

Il est impossible de supposer que c'est la tuberculose humaine qui les a tués. En effet :

1° La courbe des poids ne révèle aucune aggravation par le fait de cette inoculation du 14 avril;

| | A | B | MOYENNE |
|---|---|---|---|
| 14 avril. . . . . . . . . . . . | 86 | 83 | 84 |
| 19 — . . . . . . . . . . . . | 85 | 84 | 84 |
| 23 — . . . . . . . . . . . . | 85 | 80 | 82 |
| 26 — . . . . . . . . . . . . | 84 | 75 | 80 |
| 29 — . . . . . . . . . . . . | 83 | 75 | 79 |

2° Les expériences rapportées plus haut établissent qu'aucun chien vacciné n'a succombé;

3° Le chien C, n'ayant pas reçu de tuberculose humaine, est mort par le fait seul de l'inoculation de tuberculose aviaire;

4° Le chien A et le chien B sont morts le 1er et le 2 mai, soit le 16e et le 17e jour après l'inoculation de tuberculose humaine, c'est-à-dire bien plus vite que les témoins.

Par conséquent, si ces deux chiens sont morts, c'est par le fait de la tuberculose aviaire, et non par l'inoculation de tuberculose humaine.

La dernière expérience de vaccination ne porte que sur un seul chien, et elle a été faite très peu de temps avant l'inoculation de tuberculose humaine.

Le 24 mars, un chien terrier, de 14 kil., très vieux, reçoit dans la veine 2 centimètres cubes d'une culture aviaire n'ayant subi que quelques passages en bouillon liquide, depuis l'origine. Voici les poids de ce chien avant le 14 avril, jour où fut faite l'inoculation de tuberculose humaine.

| | |
|---|---|
| 24 mars | 100 |
| 29 — | 101 |
| 5 avril | 100 |
| 14 — | 93 |

En faisant son poids égal à 100, le 14 avril, nous avons :

| | |
|---|---|
| 14 avril | 100 |
| 20 — | 101 |
| 29 — | 95 |
| 7 mai | 88 |
| 13 — | 90 |
| 19 — | 88 |
| 27 — | 87 |
| 3 juin | 81 |
| 7 — | 82 |
| 13 — | 72 |
| 16 — | 74 |

Cet animal est mort le 18 juin, tuberculeux ; mais, tout compte fait, il a été vacciné ; car les 4 témoins et les 6 chiens traités sont tous morts bien avant lui, et en somme, sa survie a été de 84 jours.

Nous pouvons résumer dans le tableau suivant nos expériences diverses sur les inoculations de tuberculose humaine :

| CHIENS TÉMOINS. | POIDS INITIAL. | POIDS FINAL. | PERTE de poids p. 100 | DURÉE de la survie. |
|---|---|---|---|---|
| I Bull | 11k | ? | ? | 22 |
| II Terrier | 14k | ? | ? | 22 |
| III Caniche | 10.9 | 8.600 | 22 | 15 |
| IV Bull | 8.4 | 7.3 | 13 | 30 |
| V Mâtin | 10.2 | 6.9 | 33 | 50 |
| VI Chienne terrier | 10.6 | 7.3 | 31 | 19 |
| VII Terrier | 5.0 | 5.0 | 0 | 18 |
| VIII Chienne bull | 20.4 | 12.4 | 39 | 46 |
| IX Terrier | 9.3 | 6.2 | 32 | 30 |
| X Bull | 14.5 | 9.6 | 36 | 21 |
| MOYENNE | | | 26 | 27 |

| | CHIENS TRAITÉS PAR DES PROCÉDÉS DIVERS. | | | |
|---|---|---|---|---|
| XI Terrier. . . . . . . . . | 8.1 | 7.0 | 14 | 69 |
| XII Caniche. . . . . . . . . | 10.2 | 7.8 | 21 | 28 |
| XIII Mâtin. . . . . . . . . . | 10.0 | 6.8 | 32 | 54 |
| XIV Griffon. . . . . . . . . | 8.0 | 7.0 | 12 | 15 |
| XV Roquet. . . . . . . . . | 7.0 | 5.1 | 27 | 17 |
| XVI Terrier. . . . . . . . . | 10.0 | 6.8 | 32 | 27 |
| XVII Terrier. . . . . . . . . | 8.1 | 5.4 | 33 | 33 |
| XVIII Terrier. . . . . . . . . | 8.3 | 7.0 | 16 | 14 |
| XIX Griffon. . . . . . . . . | 9.4 | 7.8 | 17 | 30 |
| XX Chienne caniche. . . . | 4.0 | 3.5 | 13 | 23 |
| XXI Caniche. . . . . . . . . | 15.7 | 10.4 | 34 | 26 |
| XXII Griffon[1]. . . . . . . . | 15.4 | 15.6 | 0[2] | 54 |
| XXIII Griffon[1]. . . . . . . . | 18.6 | 13.5 | 27 | 28 |
| MOYENNE. . . | | | 22 | 32 |

Il ressort de là, avec une assez grande netteté, que les traitements que nous avons employés n'ont exercé aucune influence appréciable sur la marche de la maladie tuberculeuse.

Dans certains cas, par exemple pour les chiens XI et XIII, nous avons probablement quelque peu retardé la marche de la tuberculose; mais, d'un autre côté, nous en avons peut-être hâté l'évolution, par exemple pour les chiens XIV et XVIII.

En tout état de cause, cela nous permet de comparer les chiens témoins et les chiens traités, et nous avons finalement sur 23 expériences :

| PERTE MOY. de poids p. 100. | SURVIE maximum | SURVIE minimum | MOYENNE. de survie. |
|---|---|---|---|
| 25 | 69 | 14 | 29 |

Pour les chiens vaccinés, éliminons d'abord les deux chiens à l'alimentation tuberculeuse; puis les deux chiens qui, après inoculation de tuberculose humaine, sont morts des suites de la tuberculisation aviaire (expér. du 10 mars).

1. Ce sont les deux chiens ayant subi au préalable l'alimentation tuberculeuse.

2. Cette augmentation de poids n'est qu'apparente, car il présentait de l'ascite.

Il nous restera neuf chiens vaccinés qui ont tous survécu. L'un d'eux seulement a été sacrifié au 135e jour, et il était en bonne santé. Un autre a vécu six mois et est bien portant. Les sept autres sont encore vivants[1].

Il nous semble donc que le fait de la vaccination contre la tuberculose humaine par la tuberculose aviaire est définitivement établi.

## Conclusions.

On nous permettra de dégager, si possible, quelques-unes des conclusions de ces expériences.

Les faits exposés plus haut prouvent avant tout que la vaccination contre la tuberculose est possible.

Il est vrai qu'il s'agit du chien, c'est-à-dire d'un animal relativement rebelle à l'infection tuberculeuse, et devenant rarement tuberculeux spontanément, par contagion accidentelle. Mais, d'un autre côté, il est très sensible à l'infection expérimentale, et cette infection expérimentale est vraiment terrible par rapport aux infections accidentelles; on fait entrer brusquement dans le sang des milliards de microbes vivants, et il faut une vaccination bien vigoureuse et efficace pour que ces milliards de microbes ne puissent poursuivre leur évolution comme sur un animal non vacciné.

Cela nous autorise donc à concevoir quelques espérances, puisque jamais, dans les conditions même les plus défavorables de l'infection tuberculeuse accidentelle, il n'y a d'infection aussi brusque, aussi totale, aussi irrémédiable, aussi virulente, que dans l'infection aiguë expérimentale.

Que notre vaccin ait été souvent infectieux, cela est certain; mais, en employant des doses plus faibles, ou des microbes non modifiés par des passages successifs en bouillon liquide, nous arriverons sans doute à trouver des

1. Voir, pour le sort ultérieur de ces chiens, la note de la page 346.

microbes aviaires complètement inoffensifs pour le chien. Peut-être alors deux vaccinations, la première faible, la seconde plus forte, seront-elles nécessaires. Mais il nous a semblé qu'une seule vaccination était suffisante, et qu'elle était déjà efficace, même si l'inoculation virulente consécutive était faite après le court délai de vingt jours.

Nous ne voyons pas encore nettement comment ce fait de la vaccination antituberculeuse, si évident pour le chien, pourra être appliqué à l'homme. Mais, en pareille matière, le physiologiste ne doit pas se préoccuper des applications. C'est au médecin qu'il appartient de les chercher en profitant des données expérimentales.

Il nous paraît que le défaut d'une conclusion thérapeutique n'enlève rien à notre expérience, et que cette vaccination contre la tuberculose, même si on ne peut aujourd'hui l'appliquer qu'à une seule espèce animale, est un fait assez important en lui-même pour qu'on ne le juge pas d'après l'absence de toute application médicale immédiate.

# LVIII

## LE
## SÉRUM DU CHIEN
### DANS LE TRAITEMENT DE LA TUBERCULOSE

**Par M. J. Héricourt.**

---

A la suite de nos premières expériences, nous avons été amenés, M. Richet et moi, à proposer les injections sous-cutanées de sérum de sang de chien (*hémocyne*) pour le traitement de la tuberculose chez l'homme.

Comme on le verra par les observations qui vont être rapportées, la valeur thérapeutique de ces injections a été, dans certains cas, fort nette et très bienfaisante; mais leur action a paru se limiter à l'état général des malades, et ne pas atteindre la cause de la maladie qui, finalement, reprenait son cours, après un temps d'arrêt plus ou moins long.

Dans le temps même que ces premiers essais thérapeutiques se poursuivaient, nous apprenions, des expériences que nous poursuivions d'autre part, la raison de ces résultats imparfaits. Ces expériences, en effet, nous montraient :

1° Que le chien n'est pas complètement réfractaire à la tuberculose aviaire;

2° Qu'il est très sensible à la tuberculose humaine;

3° Qu'il est indiqué, en conséquence, d'employer du sérum d'animaux réfractaires à la tuberculose humaine.

On a vu plus haut comment nous étions arrivés, à l'aide de la tuberculose aviaire, à vacciner des chiens contre la tuberculose humaine.

C'était donc le sérum du sang de ces chiens vaccinés qu'il fallait employer.

Malheureusement le nombre de ces chiens a été jusqu'à présent bien restreint, et la nécessité de les faire servir à nos expériences, qui ne sont pas encore terminées, nous a jusqu'à ce jour empêchés d'entreprendre de nouveaux essais thérapeutiques chez l'homme.

Nous ferons remarquer toutefois qu'un malade, dont on trouvera l'observation plus loin sous le numéro XVIII, a, dès le mois de mars 1891, reçu en injections du sérum d'un chien qui avait été préalablement inoculé avec de la tuberculose aviaire. Nous savons maintenant que ce chien était précisément immunisé, par ce procédé, contre la tuberculose humaine. Or ce malade peut être considéré aujourd'hui comme guéri (octobre 1894). Depuis sa sortie de l'hôpital, en 1891, il a reçu, à deux reprises, en 1892 et en 1893, quelques nouvelles injections (une douzaine environ) de sérum d'animaux vaccinés, et malgré l'influence d'atteintes très sévères de grippes intercurrentes, il est aujourd'hui dans un état satisfaisant, exerçant son métier, fort pénible, dans une atmosphère de poussières métalliques. Sa poitrine ne présente plus que des signes d'induration au niveau des anciennes lésions, et la maladie peut être considérée, sinon comme complètement guérie, au moins comme parfaitement enrayée.

Quoi qu'il en soit, ce malade est le premier tuberculeux qui ait été traité par le sérum d'animaux vaccinés contre la tuberculose, et le résultat de ce traitement a été très satisfaisant.

Nous croyons devoir attirer l'attention sur cette observation, puisque l'idée de traiter les phtisiques par le sérum des chiens vaccinés a été, postérieurement à nos expériences, et aussi à ce premier essai de thérapeutique, inventé à nouveau par divers auteurs[1].

C'est lors du *Deuxième Congrès pour l'étude de la Tuberculose*, que nous avons fait connaître les résultats thérapeutiques que nous avions obtenus, avec plusieurs de nos confrères, par les injections sous-cutanées de sérum normal de sang de chien dans le traitement de la tuberculose pulmonaire et de quelques autres maladies[2].

Quelques mois plus tard, les observations, dont nous avions alors donné un résumé, ont été complétées, et elles n'ont malheureusement pas modifié la conclusion générale que nous en avions tirée dès cette époque. Cette conclusion était, en effet, celle-ci : que, contrairement à notre attente, le sérum de sang de chien ne paraissait pas avoir d'action microbicide et proprement curative dans la tuberculose pulmonaire, mais qu'il se comportait cependant, toutes les fois que l'organisme malade n'avait pas absolument épuisé ses ressources, comme un tonique et un reconstituant précieux.

Les observations communiquées par quelques autres médecins devant la même assemblée, notamment par M. le professeur Semmola (de Naples), par M. le docteur Vidal (d'Hyères), étaient d'ailleurs venues confirmer celles que MM. les docteurs Beretta, Clado, Feulard, de Laborie, Langlois, Saint-Hilaire, Tachard, Wehlin et nous-même avions faites, et il était manifestement acquis que, chez les tuberculeux des 1er et 2e degrés, dont la nutrition était profondément atteinte, dont l'appétit était nul, les digestions plus que précaires, l'état de faiblesse alarmant, les injections de sérum,

1. On a même eu l'impudence de mettre dans le commerce du prétendu sérum de chiens vaccinés contre la tuberculose, lequel n'est autre chose, ainsi que nous avons pu nous en assurer, qu'une solution de chlorure de sodium.

2. Communication faite dans la séance du 28 juillet 1891.

très rapidement, faisaient apparaître un appétit parfois surprenant, une capacité digestive en rapport avec cet appétit, et que bientôt on voyait, comme conséquence naturelle de ce coup de fouet donné à la nutrition, le poids augmenter, les forces se relever, et, dans quelques cas, un véritable retour à la vie se produire[1].

Toutefois, malgré cette remarquable amélioration de l'état général, les signes des lésions locales ne paraissaient pas se modifier sensiblement. Parfois l'expectoration diminuait d'abondance, et montrait une tendance, de purulente qu'elle était, à devenir muqueuse; mais bientôt cette heureuse modification faisait place au retour de l'état antérieur, puis, après un, deux ou trois mois au plus, l'action bienfaisante du sérum sur la nutrition et la capacité digestive paraissait épuisée; les lésions locales continuaient leur fatale évolution; et finalement la plupart des malades n'ont paru tirer, de notre médication, que le bénéfice d'une prolongation de l'existence de quelques mois.

Cela, assurément, est peu, et cela cependant n'est pas sans importance.

Si, en effet, au lieu d'envisager la question de la cure de la phtisie, nous nous bornons à étudier les effets des injec-

1. Nous répéterons ici que ces injections n'ont jamais été suivies du moindre accident local, et que le seul inconvénient qui en est quelquefois résulté a été la production d'une urticaire plus ou moins généralisée, parfois apyrétique, parfois fébrile.

Cette urticaire n'apparaissait le plus souvent qu'après un grand nombre d'injections, — quinze, vingt ou plus — et semblait alors résulter d'une sorte de saturation de l'organisme; dans d'autres cas, elle se montrait dès les premières injections, pour ne plus reparaître par la suite.

Rarement nous avons injecté à la fois plus de 1 à 2 cc. de sérum, recueilli aseptiquement suivant le procédé que M. Richet et moi avons décrit dans une communication faite à la Société de biologie le 18 janvier 1891.

Ces injections étaient faites tous les deux ou trois jours, dans le tissu cellulaire sous-cutané de la région dorso-rachidienne ou trochantérienne, ou simplement à l'avant-bras.

La région injectée devenait parfois un peu douloureuse dans les quelques heures qui suivaient l'opération, mais cette douleur ne persistait que très rarement au delà de vingt-quatre heures.

tions de sérum sur la nutrition, nous nous trouvons en présence d'une action manifeste, et dont les effets se sont produits dans des conditions où tous les autres médicaments avaient échoué, alors que vraiment la thérapeutique classique était réduite à l'impuissance. Quelques observations sont, à ce point de vue, absolument probantes, et nous devons les faire connaître[1].

OBSERVATION I (personnelle).

Le 16 avril 1891, nous voyons pour la première fois Mme P... — C'est une jeune femme de 19 ans chez qui la tuberculose a commencé à évoluer à la suite d'une grippe contractée pendant l'épidémie de 1890.

Lors de notre premier examen, nous constatons l'existence d'une infiltration massive du sommet gauche, avec commencement de ramollissement; fièvre, état de faiblesse extrême. Depuis plus d'un mois, l'estomac ne peut tolérer ni médicaments, ni aliments, et les vomissements sont presque incessants, se produisant jusqu'à vingt fois par jour.

Sueurs nocturnes copieuses, toux quinteuse et fréquente, expectoration abondante, avec de très nombreux bacilles. Poids : 66 kilos.

Dès les premières injections de sérum, qui sont régulièrement données tous les deux jours à la dose de 1 cc., une amélioration considérable se produit. Les vomissements cessent presque immédiatement et bientôt s'établit un appétit énorme, vorace, qui étonne la malade, qui n'avait jamais tant mangé, même lorsqu'elle était en parfaite santé; puis les sueurs disparaissent, la toux se calme, la fièvre ne reparaît plus. La malade, qui pouvait à peine se tenir debout au commencement du traitement, fait, quinze jours après, une promenade de douze kilomètres sans fatigue (le 2 mai).

Le 26 mai, le poids est de 67kil,750.

A ce moment, je constate au sommet gauche l'existence d'une cavernule, mais celle-ci est presque sèche et ce n'est que par intermittences qu'on perçoit quelques râles humides et quelques sibilances.

Cette amélioration inespérée et considérable n'a pas duré plus de trois mois. Dans le cours du mois d'août, la malade, qui était à la campagne, fut reprise d'une poussée aiguë de sa maladie à la suite d'un refroidissement prolongé, ayant été surprise par une averse diluvienne au milieu d'un bois; et un envahissement rapide du reste du poumon malade et du sommet du poumon droit se produisit, que rien ne put dès lors modérer. Mme P... mourut le 25 décembre.

1. Nous ne donnerons ici que quelques notes très succinctes, les observations plus détaillées ayant été déjà publiées dans les comptes rendus du deuxième *Congrès pour l'étude de la tuberculose.*

Observation II (Dr Langlois).

M. V..., âgé de 37 ans, malade depuis le mois de février 1890, est vu pour la première fois en décembre par M. Langlois. A ce moment, il présente des signes cavitaires sous la clavicule gauche, et des signes de ramollissement au début sous la clavicule droite. Il est très amaigri, très oppressé, transpire la nuit; tous les soirs, mouvement de fièvre. Il expectore abondamment. Comme alimentation, M. V... ne peut tolérer qu'un peu de poudre de viande. Le poids est de 72 kilos.

Du 16 décembre 1890 au 24 janvier 1891, on fait régulièrement des injections de sérum. A cette dernière date, le poids est de 73 kilos; l'appétit est vigoureux, les forces sont revenues, l'oppression a grandement diminué; la caverne du sommet gauche est sèche et, au sommet droit, on ne constate plus que quelques craquements. L'expectoration, de purulente, est devenue rare, muqueuse et aérée.

En avril se produit un pneumothorax à gauche, et le malade succombe deux mois après. Cependant, jusqu'à cette époque, l'état général s'était maintenu satisfaisant, et l'appétit avait persisté.

Observation III (Dr Saint-Hilaire).

Un journalier, âgé de 52 ans, pris pour la première fois d'hémoptysie en 1890, et de plus en plus malade depuis cette époque, est vu par M. Saint-Hilaire en juillet 1890 et reconnu atteint d'une tuberculose pulmonaire et laryngée contre laquelle on épuise inutilement toutes les médications habituelles.

Le 7 janvier, au moment où l'on se décide à lui faire des injections de sérum, les deux sommets des poumons paraissent pris et, du côté gauche, il y a un commencement de ramollissement. Du côté du larynx, on constate que l'épiglotte est immobile, très épaissie, recouverte de points saillants et de petites ulcérations superficielles. Elle cache le larynx dont on ne peut voir que la région aryténoïdienne, qui est le siège d'un gonflement gélatineux, surtout prononcé à gauche. Nombreux bacilles dans les crachats, qui sont abondants. L'oppression est considérable, et le malade ne peut dormir sans prendre de choral. L'appétit est nul et les vomissements sont fréquents. Le malade ne peut déglutir sans toucher préalablement son larynx avec une solution de cocaïne, ce qu'il fait couramment depuis quatre mois. Poids : 54 kilos.

Du 7 au 28 janvier, six injections de 2 cc. de sérum sont faites à ce malade, après lesquelles la déglutition normale peut s'effectuer, l'appétit revient, l'oppression disparaît, et le poids monte à 56 kilos. Localement, on constate que l'épiglotte a beaucoup diminué de volume, qu'elle s'est mobilisée et qu'elle permet, en se relevant, de voir le larynx en entier, dont les ulcérations sont cicatrisées.

### Observation IV

(Prise par M. Beretta dans le service de M. le professeur Verneuil).

Dans cette observation, il s'agit d'un malade que beaucoup de médecins ont vu à l'Hôtel-Dieu, dans le service de M. Verneuil.

Agé de 24 ans, mais en paraissant bien plutôt 15, et ayant subi l'empyème pour une pleurésie tuberculeuse, porteur d'une fistule pleurale qui continuait à suppurer abondamment, ce jeune homme était arrivé au dernier terme de la cachexie. D'apparence squelettiforme, couché en chien de fusil dans son lit qu'il ne pouvait plus quitter, vomissant tout ce qu'il prenait, il paraissait n'avoir plus que quelques jours à vivre.

Le 24 janvier 1891, après une leçon faite par M. Verneuil sur la légitimité de la médication nouvelle à laquelle on allait soumettre le malade, celui-ci reçut, dans l'amphithéâtre, une première injection sous-cutanée de sérum, et dès lors tous les deux jours, jusqu'à la fin de mai, on recommença régulièrement l'opération.

L'effet produit par les premières injections fut véritablement merveilleux. Rapidement, les vomissements cessèrent, l'appétit revint, et avec lui les forces. Le malade put enfin sortir de son lit, et bientôt on le vit courir dans le service, dout il s'amusait à étonner, par son agilité, les malades qui l'avaient vu mourant. C'était, en effet, une véritable résurrection.

Cette amélioration, malheureusement, ne fut pas définitive. Vers la fin du mois de mai, l'effet du sérum, qui avait assurément été aussi incontestable que remarquable, parut s'épuiser; l'état antérieur revint progressivement, et le malade mourut à la fin du mois de juin.

### Observation V (Dr Wehlin, de Clamart).

Une jeune fille, D. N..., âgée de 17 ans, était depuis cinq mois à l'hôpital de Clamart, pour un abcès froid de la région inguinale. Au mois de février 1891, cet abcès était à peu près cicatrisé, mais la malade était dans un état de cachexie très accentué.

A la partie supérieure des cuisses et sur le sacrum, de vastes eschares s'étaient produites, et la malade, couchée en chien de fusil, les genoux touchant l'abdomen, les talons contre les fesses, ne pouvait faire aucun mouvement; les genoux paraissaient complètement ankylosés. L'appétit était nul, et l'alimentation ne se faisait que grâce à de petites quantités de lait que l'estomac pouvait tolérer.

Cet état allant s'aggravant chaque jour, et la fin de la malade paraissant prochaine, on décida, au commencement d'avril, de lui faire des injections de sérum. L'effet en fut des plus remarquables.

Dès les premières injections, les plaies se cicatrisèrent comme à vue d'œil et, après quinze jours, elles étaient totalement guéries; bientôt la malade, qui depuis six mois n'avait pas quitté son lit, demandait à se lever et passait bientôt quelques heures dans un fauteuil.

Au commencement du mois de mai, la malade mangeait la portion entière de grand appétit, et restait levée toute la journée. La jambe droite s'était complètement allongée, et la jambe gauche, encore fléchie, pouvait cependant supporter la malade qui, pour marcher, ne demandait qu'à être légèrement soutenue du côté gauche.

Cette amélioration inespérée et considérable se maintint, car, dans le courant de juillet, on constatait que la malade mangeait avec un appétit vorace, qu'elle se portait à merveille, et la considérant comme capable de travailler et de gagner sa vie, on se proposait de la faire sortir de l'hôpital.

### Observation VI

(M. Beretta, service de M. le professeur Verneuil).

Une malade, en traitement dans le service de M. Verneuil (salle Notre-Dame, n° 28) pour une coxalgie fistuleuse de la région trochantérienne, était depuis quelque temps dans un état cachectique stationnaire, suppurant beaucoup, mangeant peu, les règles supprimées, incapable de sortir de son lit. Poids : 44 kilos le 7 février 1891.

A ce moment on commence les injections de sérum. Sous l'influence de cette médication, l'appétit se montre rapidement, le poids augmente et gagne 3 kilos en treize jours (47 k. le 20 février).

La malade se lève alors, voit ses règles, et bientôt ses forces lui permettent de sortir de l'hôpital, avec une fistule persistante, il est vrai, mais dont la suppuration a beaucoup diminué.

A noter que cette malade a plusieurs fois présenté de l'urticaire après les injections.

### Observation VII (personnelle).

Il s'agit d'une femme de 60 ans, Mlle M..., dont la face, des deux côtés, dans toute la moitié inférieure, a été envahie par un lupus tuberculo-ulcéreux pour lequel elle a subi de nombreux traitements depuis de longues années. En dernier lieu, on a détruit, avec le thermocautère, toute l'épaisseur des tissus infiltrés, qui ont été ainsi transformés en un tissu de cicatrice anfractueux, bridé, qui est le siège de vives congestions intermittentes, et de poussées comme eczémateuses. En outre, la moitié inférieure de l'oreille gauche est encore le siège d'une infiltration lupique active.

Au moment où nous voyons la malade pour la première fois, le

12 février 1891, son état général est mauvais; très peu d'appétit, grande faiblesse, vertiges fréquents.

Du 12 février au 24 mars, la malade reçoit régulièrement, tous les trois ou quatre jours, 1-2 cc. de sérum. Sous l'influence de ces injections, l'appétit augmente au point que la malade nous dit *n'être plus occupée qu'à manger*, les forces s'accentuent d'une façon surprenante, et le poids gagne 2 kilos et demi.

En même temps, les vertiges et les poussées congestives de la face ont disparu, l'oreille s'est décongestionnée, les nodules tuberculeux sont devenus plus apparents, et l'envahissement des parties encore saines de l'oreille s'est arrêté.

Enfin, fait tout à fait surprenant, les règles, qui avaient disparu depuis quinze ans, ont fait leur réapparition, plusieurs mois de suite.

Cette amélioration de l'état général s'est maintenue, sans aucune aggravation de l'état local; aujourd'hui encore (mars 1894), M^lle^ M..., qui n'a pas reçu de sérum depuis plus de deux ans, est en parfaite santé, et travaille avec vigueur.

### Observation VIII

(Prise par M. Feulard dans le service de M. le professeur Fournier).

Louise P..., 34 ans, atteinte d'un lupus tuberculo-ulcéreux du centre de la face, ayant détruit une partie du nez, avec ulcération de la lèvre supérieure et des joues, traitée à plusieurs reprises déjà par les scarifications et la galvanocaustique, est soumise aux injections de sérum le 4 mars, tout autre traitement étant alors suspendu.

Une amélioration très manifeste se produit alors : les tissus se décongestionnent rapidement, les ulcérations se cicatrisent, et les nodules tuberculeux se limitent et deviennent apparents.

Du 4 mars au 17 avril, la malade avait reçu une vingtaine d'injections de 2 cc. de sérum, et son poids avait augmenté d'environ 3 kilos. Dans le mois qui suivit, elle gagna encore 1 kilo.

### Observation IX

(Dr Feulard, service de M. Fournier).

M. Th..., âgée de 24 ans, entre le 13 décembre 1890 dans le service de M. Fournier pour un vaste lupus tuberculo-gommeux occupant presque toute la face. Du 24 mars au 21 mai, elle reçoit 45 cc. de sérum.

De 42kil,500 grammes, son poids remonte à 44kil,500 grammes.

Il y a aussi une amélioration sensible du lupus, sur lequel aucun traitement n'a été fait. Les tissus malades se sont affaissés, et la cicatrisation s'est produite en plusieurs points.

### Observation X

(Dr Feulard, service de M. Fournier).

Un autre malade atteint d'un lupus mutilant du nez, avec lupus végétant de la face muqueuse de la lèvre supérieure et de la face interne des commissures labiales, reçoit 28 injections de sérum, représentant 34 cc.

Son poids, du 6 avril au 24 juin, monte de $58^{kil}$,300 à $62^{kil}$,900, et son lupus se cicatrise en partie dans le même temps.

### Observation XI

(Dr Feulard, service de M. Fournier).

M. G..., âgé de 35 ans, entre à l'hôpital Saint-Louis, le 2 mars 1891, avec une syphilis datant de trois ans, et ayant produit dès le début des syphilides ulcéreuses qui n'ont guère laissé de repos au malade et ont criblé son corps de cicatrices. Au moment de son entrée, il est encore couvert de nouvelles ulcérations, dont quelques-unes ont pris un aspect gangreneux. Poids : 60 kilos.

Du 4 mars au 24 juin, il reçoit 37 injections, représentant 52 cc. de sérum. Dès le 26 mars, sans autre traitement que le pansement des plaies à l'emplâtre de Vigo, presque toutes les ulcérations étaient comblées, l'état général excellent, l'appétit très vif. Une poussée gommeuse ayant alors apparu, on soumet le malade à l'iodure, et alors on voit ces syphilides, qui avaient toutes les peines du monde à guérir autrefois avec des doses élevées d'iodure et de mercure, guérir avec rapidité.

Au commencement de juillet, la guérison du malade est complète et son poids est de $66^{kil}$,600 : soit un gain de 13 livres.

### Observation XII

(Dr Clado, service de M. le professeur Verneuil).

Une jeune fille de 17 ans, hérédo-syphilitique, présentant en outre de la tuberculose osseuse avec abcès et séquestres, ayant parfois craché un peu de sang, ne pouvait s'alimenter depuis un an qu'avec du lait, lequel était d'ailleurs souvent mal digéré.

Le 15 mai 1891, on fait à cette malade une première injection de sérum de 2 cc. qu'on renouvelle pendant quelque temps tous les deux jours.

Dès la première injection, la malade se trouve mieux et, dès la seconde, elle demande qu'on supprime le régime lacté et qu'on la mette au régime commun.

Cette amélioration a persisté et, malgré son séjour forcé au lit, la malade a conservé un gros appétit, de bonnes digestions, et a été débarrassée des selles fétides auxquelles elle était habituée.

Observation XIII (Dr Clado).

Une dame H..., âgée de 38 ans, est atteinte d'une dilatation considérable de l'estomac et du gros intestin et en outre de fièvre paludéenne à type quotidien dont le début remonte à dix ans. L'intolérance vis-à-vis de l'alimentation ordinaire est complète et le régime lacté est seul toléré; la constipation est opiniâtre. L'amaigrissement est considérable et la faiblesse extrême.

Toutes les médications usitées en pareil cas ont été essayées sans résultat.

Cet état durait depuis deux ans, quand, dans les premiers jours d'avril, Mme H... fut soumise aux injections de sérum (2 cc. tous les deux jours).

Dès la troisième injection, la malade put reprendre le régime ordinaire et bientôt elle digérait suffisamment bien les aliments solides; la dilatation stomacale diminua sans autre traitement, les selles devinrent régulières, les forces revinrent sans tarder; en un mois, le poids augmenta de 4 kilos, et enfin Mme H... put reprendre la vie mondaine à laquelle elle avait totalement renoncé.

Observation XIV (M. Beretta, service de M. Verneuil).

Mlle E..., âgée de 56 ans, entre à l'Hôtel-Dieu pour une tumeur blanche du cou-de-pied droit, avec abcès fistuleux, et une arthrite tuberculeuse commençante de l'épaule.

Du 27 mai 1891 au 25 juin, elle est traitée par le chauffage des articulations et l'iodoforme à l'intérieur. Son appétit reste médiocre et son poids, qui était de 38 kilos à son arrivée, tombe à 37 kilos. A ce moment, on lui fait des injections régulières de sérum; sous leur influence une amélioration manifeste se produit, l'appétit se relève, et le poids subit une ascension régulière, d'environ 1kil,500 par mois :

| | | | |
|---|---|---|---|
| au | 8 juillet, | il est de | 38 k. |
| au | 1er août | — | 39,500 |
| au | 5 sept. | — | 41 |
| au | 10 oct. | — | 42,500 |
| au | 2 déc. | — | 44 |
| au | 3 janv. | — | 45 |

La malade, sortie à cette époque de l'hôpital, très améliorée comme on le voit, l'épaule apparemment guérie, et les fistules du cou-de-pied cicatrisées, a été perdue de vue.

### Observation XV (Dr Tachard, de Colombes).

Une dame L..., âgée de 36 ans, à la suite d'un rhumatisme cérébro-spinal, est transportée de Paris à Colombes dans un état de dépérissement complet, incapable de se tenir sur ses jambes, ne mangeant presque plus, et restant parfois vingt-quatre heures sans pouvoir prendre un bouillon.

Cet état persistant depuis trois semaines sans être amélioré par aucune médication, M. Tachard a fait, dans les premiers jours du mois d'août, des injections quotidiennes de 2 cc. de sérum.

Après une semaine de ce nouveau traitement, l'état de la malade s'était complètement transformé ; l'appétit était absolument rétabli, les digestions se faisaient normalement, et les forces étaient telles que la malade pouvait rester levée une partie de la journée.

### Observation XVI (personnelle).

Un de nos confrères, le Dr X..., âgé de 32 ans, est atteint d'une syphilis laryngée, compliquée d'un état cachectique des plus accentués.

Le premier jour où nous voyons ce malade, nous le trouvons étendu dans son lit, réduit à l'état de véritable squelette, ne pouvant ni manger, ni dormir depuis près d'un mois. Il est en effet pris, en notre présence, de plusieurs crises de spasme laryngé, avec un tirage véritablement effrayant qui nous fait craindre une terminaison fatale prochaine.

Le traitement spécifique, repris depuis plusieurs semaines, semble d'ailleurs avoir été impuissant à modifier l'état du larynx, qui apparaît, à l'examen spécial, avec une muqueuse très épaissie et une cavité considérablement rétrécie.

Après la première injection de sérum, un grand soulagement a été éprouvé par le malade, qui a pu garder quelques aliments liquides, et qui a reposé la nuit grâce à la moindre fréquence des accès d'étouffement, ce qui ne lui était pas arrivé depuis longtemps.

Après une vingtaine de jours de ce traitement (soit après 10 injections d'un cc.), l'état du malade était profondément modifié ; l'expectoration, muco-purulente et très abondante, s'était presque tarie, les accès de suffocation avaient cessé, après s'être faits chaque jour plus rares, l'appétit s'était éveillé et les aliments n'étant plus rejetés à la suite de quintes provoquées par leur passage, le malade commençait à engraisser.

A ce moment, nous perdîmes de vue ce malade, qui dut quitter Paris, mais la meilleure preuve de sa grande amélioration est précisément ce déplacement, qui lui eût été absolument impossible trois semaines auparavant, au moment où son état était même assez alarmant pour faire regarder comme possible une terminaison fatale à brève échéance.

### Observation XVII (Dr Tachard, de Colombes).

Mlle C..., âgée de 17 ans, est vue pour la première fois par M. Tachard dans le courant du mois d'août 1891. A ce moment, elle présente une infiltration tuberculeuse généralisée du poumon gauche, avec foyer de ramollissement au sommet. Le sommet du poumon droit paraît légèrement atteint. Toux fréquente, expectoration abondante, purulente ; fièvre quotidienne, appétit absolument nul.

Le mal est, depuis un mois, soumis à divers traitements sans le moindre résultat.

Après quelques injections de sérum, on observe que la fièvre a cessé, que la toux et l'expectoration ont diminué dans une proportion surprenante (M. Tachard écrit qu'il n'y a plus de toux), et que l'inflammation péri-tuberculeuse a disparu. L'appétit est complètement revenu, et « le résultat, dit M. Tachard, est parfait ».

### Observation XVIII

(Prise par M. de Laborie dans le service de M. Dieulafoy).

Il s'agit dans cette observation du malade dont il a été question plus haut (p. 359) à cause de la nature spéciale du sérum qui lui a été injecté.

Quand le traitement fut commencé, il présentait, sous la clavicule droite et dans la fosse sous-épineuse, de la submatité, avec respiration soufflante et râles sous-crépitants. Tous les soirs, 39°, sueurs nocturnes, vomissements fréquents, expectoration abondante, nummulaire; poids : 57 kilos.

Du 27 mars au 29 mai 1891, on lui fait régulièrement chaque jour une injection d'environ 1/2 cc. de sérum provenant de chiens qui avaient été préalablement inoculés avec de la bacillose aviaire.

Dès les premières injections, la fièvre disparaît, l'appétit revient, les sueurs nocturnes cessent, et le malade accuse une sensation de vigueur dont il était depuis longtemps déshabitué. Le 29 mai, son poids est de 60 kilos, il n'a plus d'expectoration, et la toux est rare. Au sommet droit, on constate seulement une respiration un peu soufflante et de la submatité.

Cet homme sort alors de l'hôpital, et reprend son travail d'ouvrier chez un fabricant d'instruments de chirurgie. Il ne l'a plus dès lors interrompu, et nous le voyons encore de temps en temps dans notre laboratoire, où il vient nous réclamer du sérum, quand il sent que ses forces baissent un peu.

Il a toutes les apparences de la santé, et fait régulièrement ses onze heures de travail par jour dans un milieu détestable, respirant constamment une atmosphère chargée de poussières métaliques. Le 15 mars 1892, son poids est de 60$^{kil}$,500, et on ne constate au sommet droit que les signes d'une ancienne caverne, complètement séchée.

Le 1er octobre 1894, l'état général et l'état local sont entièrement satisfaisants, et le poids est de 51 kilos.

### Observation XIX (Dr Coriveaud, de Blaye)

*Anémie grave et rebelle suite de couches. — Guérison rapide et persistante.*

Une dame X..., grande, brune et un peu maigre, quoique assez bien portante à l'ordinaire, fut prise, pendant l'année 1892, à la suite d'une fausse couche, d'une anémie intense et rebelle pendant plusieurs mois à tous les traitements dirigés contre cette affection. Je lui fis prendre en vain les préparations arsenicales, martiales ou phosphorées les plus variées, rien n'y fit, et, bien que se trouvant dans les meilleures conditions d'hygiène, la pâleur, l'inappétence et la faiblesse générale allaient en s'accentuant. Je dois ajouter que ma cliente était en outre atteinte, comme conséquence de sa fausse couche, d'une métrite du col avec leucorrhée abondante et qu'un traitement approprié était, bien entendu, dirigé contre cette inflammation éminemment débilitante.

Enfin, à bout de ressources, je songeai aux injections hypodermiques d'hémocyne, que j'avais déjà employées et qui m'avaient rendu de signalés services.

Je fis donc à Mme X..., pendant les mois de novembre et de décembre, douze injections de ce sérum. Les premières furent pratiquées quotidiennement et, à partir de la quatrième ou de la cinquième, je les espaçai d'un, puis de deux et trois jours. J'achevai la cure par quelques injections d'une solution d'arséniate de strychnine ; celles-ci, comme les autres, poussées dans la région post-trochantérienne.

L'effet de ce traitement fut positivement merveilleux : dans l'espace d'un mois et demi, ma cliente reprit son appétit, ses couleurs et un léger embonpoint, tandis que ses forces, cela va sans dire, suivirent le même mouvement ascendant. Lorsque, après un voyage qu'elle fit, je la revis à la fin de janvier, Mme X... était réellement méconnaissable et m'affirma que jamais de sa vie elle ne s'était aussi bien portée.

Malheureusement pour elle, une grossesse malencontreuse, interrompue à son quatrième mois par un nouvel avortement, vint porter une sérieuse atteinte à sa santé. Mais la déchéance fut loin d'être aussi grave que pendant l'année 1892, et actuellement, grâce à quelques amers aidés d'un peu d'arsenic, la santé se maintient dans une tonalité moyenne.

### Observation XX (Dr Coriveaud, de Blaye).

*Bronchite chronique avec poussées congestives à la base du poumon droit. — État chronique, déchéance de toutes les fonctions, amaigrissement, perte des forces. — Injections d'hémocyne et de gaïacol, pointes de feu. — Guérison rapide et persistante.*

Il s'agit ici d'une dame, âgée de 35 à 36 ans, de tempérament lymphatique, sujette à des bronchites tenaces et qui cependant a pu avoir trois enfants sans en éprouver trop de fatigue. Elle me fit appeler, au mois de novembre 1892, pour l'une des bronchites dont j'avais déjà soigné plusieurs récidives, mais certainement plus grave que les précédentes : outre un état fébrile permanent, la malade toussait beaucoup et souffrait dans le côté droit d'une gêne persistante; elle avait là, disait-elle, comme un poids qui l'oppressait. La percussion et l'auscultation expliquaient suffisamment ces souffrances, en permettant de constater à la base du poumon droit un bloc d'hépatisation chronique mat sous le doigt et soufflant à l'oreille.

Cet état de maladie remontait au moins à trois semaines lorsque je fus appelé, car cette dame n'habite pas Blaye. Mon pronostic fut sévère : aussi instituai-je immédiatement un traitement énergique au moyen de vésicatoires et de potions fortement kermétisées et opiacées; je prescrivis, en outre, un repos absolu au lit ou à la chambre. Au bout de quelques jours, la période aiguë était conjurée; je me trouvai en face d'un état moins fatigant pour la malade, qui ne toussait presque plus et souffrait beaucoup moins, mais très alarmant pour le médecin. La pâleur du visage, la faiblesse et l'inappétence disaient assez que, bien qu'enrayé, le mal subsistait encore; et de fait, la percussion donnait un son encore très mat, et l'auscultation un souffle rude depuis l'angle de l'omoplate jusqu'à la base du poumon droit. Tout autour de ce foyer s'entendaient des râles sibilants et muqueux. C'est alors que je songeai, ayant de l'hémocyne à ma disposition, à l'injecter à cette seconde malade.

Je fis, soit à la région post-trochantérienne, soit à l'abdomen, quatorze injections, d'abord quotidiennes, puis espacées d'un jour, le jour intercalaire étant consacré à une injection d'huile au gaïacol dont je pratiquai une demi-douzaine. Là encore, le résultat heureux fut rapide, éclatant, et j'ajoute définitif.

En effet, cette dame, qui jusqu'à cette époque avait toujours été un peu chétive, a pris, depuis la fin de l'année dernière, un embonpoint de bon aloi. Bien que menant une vie très active et même fatigante (elle donne des leçons de français et de piano), elle a pu passer toute la fin de l'hiver et l'année présente à peu près entière sans un jour de maladie. J'ai revu dernièrement cette dame, qui se porte à merveille.

### Observation XXI (Dr Coriveaud, de Blaye).

*Chlorosis mitralis. — État grave, vertiges, lipothymies, etc. — Injections d'hémocyne. Guérison depuis dix-huit mois.*

Ce cas est très intéressant et surtout très démonstratif. La malade dont il s'agit, âgée de 38 ans, est atteinte d'un rétrécissement mitral très probablement congénital, reconnu par notre confrère et ami le Dr R.-Saint-Philippe, et qui, à la suite de fatigues extrêmes (grossesses répétées, fausses couches, allaitement prolongé), en était arrivée à un état de faiblesse très alarmant. La marche presque impossible et la station verticale provoquaient chez cette dame un état de vertige souvent suivi de lipothymies des plus inquiétantes; en outre, l'alimentation, déjà insuffisante à l'ordinaire, avait été peu à peu réduite à des proportions invraisemblables : un œuf et quelques bouchées de pain pour toute une journée!... Mais ne croyant ni à la médecine ni à ses drogues (suivant son expression) et ne voulant pas s'avouer vaincue par un mal qu'elle considérait comme son tempérament simplement affaibli, Mme X... tenait bon et menait, malgré ses malaises, la vie occupée d'une femme du monde.

Elle éludait spécialement ou suivait à peine les quelques conseils que je tâchais de lui glisser adroitement, beaucoup plus comme ami de la famille que comme médecin. Cependant, au mois de mai 1892, elle eut une lipothymie si prolongée et si grave que force lui fut bien de s'arrêter et d'accepter mes soins. A ce moment, j'ose le dire, Mme X... était absolument exsangue, il n'y a pas d'autre mot pour peindre son aspect. La situation était si grave et nous parut même si désespérée, que le Dr Abadie (de Bourg) et moi, renseignés sur l'insuccès absolu des quelques préparations ferrugineuses ou arsenicales déjà prescrites, pensâmes très sérieusement à proposer à la famille de pratiquer une transfusion de sang.

C'est à ce moment et dans ces conditions déplorables que je songeai à l'hémocyne.

Sans me faire aucune illusion sur la gravité de la grosse partie que j'allais jouer et fort de ma conscience, à la lumière de laquelle j'avais examiné les chances bonnes et mauvaises de cette hardiesse thérapeutique (c'en était une à ce moment), je commençai mes injections dans la première quinzaine de mai 1892.

Beaucoup plus courageuse que je ne l'aurais cru, la pauvre malade accepta très bravement et supporta même gaiement le petit supplice que je lui infligeai d'abord quotidiennement. Il est vrai que dès les premières injections, j'obtins un effet sur lequel je ne comptais guère. De prostrée et comme engourdie qu'elle était, Mme X... se sentit à la suite de la troisième piqûre comme ragaillardie; elle était, disait-elle, énervée, voulant dire par là surexcitée, ayant envie de changer de place, de parler, etc. Le médecin supporta philosophiquement les premières rebuffades de cet état nouveau, et qu'*in petto* il considérait comme très heureux. Songez donc! c'était la vie quasi éteinte qui se ranimait, que ranimait mon précieux sérum. Que m'importaient alors les plaintes ou les moqueries... oh! très amicales, dont on me lardait de temps en temps? Mais... à vouloir trop bien faire, parfois on trébuche, et le mieux, comme on sait, est souvent l'ennemi du bien. Déjà à cette excitation première avait succédé une sensation de réelle vigueur : Mme X... allait, venait dans sa maison et, symptôme des plus rassurants, l'appétit, l'appétit disparu tout à fait depuis des mois, se réveillait, et l'estomac, qui ne pouvait naguère digérer une tasse de lait, peptonisait maintenant quelques grammes de viande. Enhardi par mon commencement de succès, je commis l'imprudence de continuer journellement mes injections d'hémocyne. L'effet outrepassa ce que j'avais prévu. D'anciennes hémorroïdes, suites des précédentes grossesses, se congestionnèrent, et voilà notre malade avec un bourrelet d'abord très douloureux, puis qui s'enflamme, puis qui, ayant déterminé quelque éraillure de la muqueuse anale, ouvre la porte à une colonie de streptocoques, laquelle, tranquillement installée dans un terrain des mieux préparés, fomente dans la fosse ischio-rectale un abcès qui vient pointer à la marge de l'anus. L'abcès, ouvert et drainé avec l'aide de mon habile confrère le Dr Abadie, guérit en très peu de jours; mais je n'ai pas besoin de m'appesantir sur les difficultés de tout genre que nous suscita cet épisode inattendu. Je note cependant, et ceci est très important, que malgré d'atroces souffrances, malgré plusieurs nuits d'insomnie et le découragement de la malade, cette phase cruelle fut traversée sans que s'interrompît sérieusement le mouvement ascensionnel déterminé par mon intervention.

Dès le lendemain de l'ouverture de l'abcès, toutes douleurs calmées, Mme X... reprit sa gaieté et son appétit, et peu à peu, de jour en jour, les injections d'hémocyne, reprises à intervalles plus éloignés, les forces s'accrurent, les couleurs revinrent un peu aux joues, le sang régénéré teinta de nouveau le réseau capillaire des lèvres, des gencives et des conjonctives, autrefois d'un blanc à peine rosé, et lorsque au mois de juillet Mme X... alla, sur mon conseil, revoir M. le Dr R.-Saint-Philippe, celui-ci ne put que la féliciter sur ce changement aussi heureux qu'inattendu.

Une cure d'altitude à Cauterets, désirée par la malade et agréée par nous, affermit la guérison, et depuis cette époque, c'est-à-dire depuis dix-huit mois, Mme X..., absolument transformée, engraissée, colorée, n'a pas cessé un seul instant de jouir d'une santé parfaite..., aussi parfaite bien entendu que le comporte sa lésion mitrale; mais, renseignée par nous, notre malade se garde maintenant des imprudences auxquelles naguère elle s'exposait[1].

1. Je n'ai pas besoin d'ajouter que, pendant cette cure, aucun médicament autre que l'hémocyne ne fut administré.

Comme on vient de le voir par ces quelques observations, que nous avons choisies parmi les plus frappantes, l'action du sérum, si elle a été insuffisante pour arrêter la marche de la tuberculose chez la plupart des phtisiques du 2e et du 3e degré, a été cependant suffisante pour produire l'apparente guérison de tuberculoses moins avancées ou moins graves, chez des malades qui ne tiraient aucun profit des médications habituelles, au moment où ils ont été entrepris.

Elle s'est aussi montrée suffisante, cette action thérapeutique, pour amener, dans des états d'anémie simple ou symptomatique d'autres états infectieux ou organiques graves, un rétablissement rapide et définitif que nulle médication reconstituante n'avait pu procurer. De cette nature sont les résultats surprenants que M. le professeur Fournier, M. Feulard, M. Leroux ont observés chez des lupiques et chez des syphilitiques de l'hôpital Saint-Louis, en état de cachexie telle que la médication antisyphilitique restait sans effet; mais après quelques injections de sérum, celle-ci, naguère impuissante, produisait alors son effet curatif habituel. Plusieurs de nos confrères et nous-même, dans des cas de cachexie suite de tuberculose osseuse chronique, dans des cas d'anémie rebelle aux traitements classiques, dans des cas de neurasthénie faisant l'égal désespoir des malades et des médecins, avons constaté une amélioration, voire même une guérison complète, rapide, sur laquelle personne n'aurait osé compter. A ce point de vue, les observations si bien narrées par notre excellent confrère et ami le docteur Coriveaud, sont tout à fait remarquables.

Rappelons enfin les observations tout à fait inattendues de M. le professeur Pinard[1], qui a réussi à diminuer dans une proportion considérable la mortalité des nouveau-nés de femmes tuberculeuses en ajoutant les injections de sérum aux

1. Ces observations sont rapportées en détail dans la thèse de M. Delangle. Paris, 1891.

diverses ressources habituellement mises en usage pour sauver les enfants d'une viabilité précaire.

Il est donc incontestable que le sérum de sang de chien contient des éléments qui agissent à la façon des substances reconstituantes et dynamogènes. Et nous nous croyons en droit de penser que nous avons doté la thérapeutique de ressources qui se montrent efficaces là où les médications banales ne peuvent ou rien ou presque rien, ce qui assurément n'est pas chose insignifiante et négligeable. Administré seulement à titre de tonique général dans les affections que nous venons de dire, le sérum de sang de chien a donc fait ses preuves de médicament actif, et les médecins à bout de moyens seraient souvent bien avisés, pensons-nous, de s'en souvenir.

# LIX

## TUBERCULOSE EXPÉRIMENTALE DU CHIEN

### INFLUENCE DE LA DOSE ET DES SUBSTANCES SOLUBLES

**Par MM. J. Héricourt et Ch. Richet.**

---

Nous avons fait sur la tuberculose du chien une grande quantité d'expériences, probablement en nombre plus grand qu'aucuns autres expérimentateurs, puisque la totalité de nos expériences porte aujourd'hui à peu près sur deux cents chiens, inoculés tant avec la tuberculose humaine qu'avec la tuberculose aviaire. Cela nous permet évidemment d'en déduire bien des conclusions, et certes, nous le ferons prochainement dans un travail d'ensemble; ici cependant, nous ne présenterons que quelques considérations relatives à la *quantité* de matière tuberculeuse qui détermine la mort.

Nous nous sommes toujours servis de cultures tuberculeuses en bouillon liquide sucré et glycériné, selon la formule de M. Nocard. Après acclimatement à ce milieu, les cultures, pourvu qu'on prît le soin de déposer la semence à la surface du liquide et de la faire surnager, étaient foisonnantes vers la troisième semaine, à la température de 38° à 39°.

La culture injectée était introduite directement dans la veine saphène tibiale.

Par suite des progrès successifs que nous avons été amenés à faire, cette culture n'était pas toujours identique à elle-même.

En effet, dans la première série de nos expériences (série bien plus nombreuse que les autres), la culture était le mélange, plus ou moins intime, des corps bacillaires avec le bouillon de culture.

Or on sait que les microbes de la tuberculose se mêlent difficilement au liquide dans lequel ils vivent. Ils prennent l'aspect d'un voile membraneux plus ou moins ridé, et forment avec lui une masse cohérente, de consistance muqueuse, fragile, mais non miscible ou à peine miscible au liquide.

Cette couche de microbes, dans les cultures jeunes, surnage, et, dans les vieilles cultures, tombe au fond du vase. En décantant avec soin, on a un liquide tout à fait limpide, ne contenant que quelques rares microbes.

Au contraire, en agitant les microbes et le liquide, on a une sorte d'émulsion imparfaite, constituée par un liquide louche, dans lequel nagent des grumeaux, plus ou moins épais, de bacilles tuberculeux cohérents.

Or, dans nos premières expériences, nous nous servions de ce magma très liquide, passant facilement à travers la seringue de Pravaz, et nous l'injections tel quel dans le système circulatoire du chien.

On voit tout de suite combien ce procédé est imparfait; car, par suite de leur densité, les corps des microbes, pendant l'injection même, tendent à tomber au fond de la seringue; les paquets microbiens qu'on injecte sont très variables, et toute appréciation exacte de la quantité injectée devient alors impossible.

Si imparfait cependant que soit ce mode d'opérer, il nous

a fourni quelques données que nous résumerons dans le tableau suivant, où sont indiquées, par kilogr. d'animal, les quantités injectées et en même temps la durée de la vie des chiens[1].

| Nos d'ordre. | Race du chien. | Poids | Quantité de culture par kil. | Durée de la vie en jours. | Moyenne. |
|---|---|---|---|---|---|
| | | Kilogr. | c.c. | | |
| I. . . . . | Chienne griffon . . | 4 | 0.25 | 22 | 22 |
| II.. . . . | Terrier . . . . . . | 5 | 0.20 | 18 | 18 |
| III. . . . | Griffon.. . . . . . | 6.1 | 0.16 | 18 | 18 |
| IV . . . . | Mâtin. . . . . . . | 5.3 | 0.14 | 12 | 15 |
| V.. . . . | Mâtin. . . . . . . | 7 | 0.14 | 18 | |
| VI . . . . | Chien loulou . . . | 8.3 | 0.12 | 14 | 27[2] |
| VII. . . . | Chien loulou. . . . | 8.1 | 0.12 | 67 | |
| VIII.. . . | Chienne bull. . . . | 8.1 | 0.12 | 33 | |
| IX . . . . | Terrier . . . . . . | 8.4 | 0.12 | 30 | |
| X . . . . | Terrier mâtin . . . | 13.2 | 0.11 | 30 | 30 |
| XI. . . . | Griffon . . . . . . | 9.4 | 0.11 | 30 | |
| XII. . . . | Terrier anglais . . | 10.0 | 0.10 | 25 | 40 |
| XIII . . . | Mâtin. . . . . . . | 10.0 | 0.10 | 53 | |
| XIV . . . | Mâtin. . . . . . . | 9.7 | 0.10 | 48 | |
| XV. . . . | Caniche mâtin. . . | 10.2 | 0.10 | 50 | |
| XVI.. . . | Terrier mâtin.. . . | 9.8 | 0.10 | 35 | |
| XVII. . . | Mâtin. . . . . . . | 10.0 | 0.10 | 28 | |
| XVIII. . . | Bull. . . . . . . . | 11.0 | 0.09 | 22 | 22 |
| XIX . . . | Mâtin. . . . . . . | 11.0 | 0.09 | 22 | |
| XX. . . . | Chienne bull . . . | 10.6 | 0.090 | 19 | 20 |
| XXI . . . | Caniche. . . . . . | 11.0 | 0.090 | 15 | |
| XXII . . . | Terrier mâtin.. . . | 9.3 | 0.090 | 32 | |
| XXIII. . . | Bull. . . . . . . . | 14.5 | 0.070 | 22 | 34 |
| XXIV. . . | Griffon . . . . . . | 15.5 | 0.070 | 54 | |
| XXV . . . | Caniche. . . . . . | 15.7 | 0.070 | 26 | |
| XXVI. . . | Loulou . . . . . . | 13.0 | 0.060 | 13 | 13 |
| XXVII . . | Barbet. . . . . . . | 9.2 | 0.055 | 12 | 28 |
| XXVIII . . | Griffon . . . . . . | 16.6 | 0.055 | 28 | |
| XXIX. . . | Chienne terrier . . | 9.3 | 0.055 | 45 | |

1. Quelques-uns des chiens signalés dans ce tableau ont subi divers traitements préparatoires, qui nous ont été démontrés être inefficaces. A l'extrême rigueur, on pourrait ne pas les compter parmi les témoins; mais nous croyons, vu l'absolue inefficacité (et probablement aussi l'innocuité) des traitements mis en usage, devoir les compter comme des témoins,

2. En ne tenant pas compte du chiffre aberrant de 67 jours.

| Nos d'ordre. | Race du chien. | Poids | Quantité de culture par kil. | Durée de la vie en jours. | Moyenne |
|---|---|---|---|---|---|
| | | Kilogr. | c.c. | | |
| XXX . . . | Chienne bull . . . | 20.0 | 0.050 | 45 | 75 |
| XXXI. . . | Terrier . . . . . . | 10.3 | 0.050 | 102 | |
| XXXII . . | Braque . . . . . . | 17.5 | 0.040 | 52 | 52 |
| XXXIII . . | Caniche. . . . . . | 16.2 | 0.035 | 104 | 104 |
| XXXIV . . | Épagneul . . . . . | 21.0 | 0.035 | survit sept mois | |
| XXXV. . . | Terrier . . . . . . | 9.5 | 0.030 | 48 | 48 |

Nous croyons devoir donner dans un tableau spécial l'ensemble de chiens témoins n'ayant subi ni traitement préalable, ni traitement consécutif.

| Nos d'ordre. | Dose par kil. | Durée de la survie en jours. | Moyenne. |
|---|---|---|---|
| | cc. | | |
| II . . . . . . . . | 0.20 | 18 | 16 |
| III. . . . . . . . | 0.16 | 17 | |
| IV. . . . . . . . | 0.14 | 12 | |
| IX. . . . . . . . | 0.12 | 30 | 28 |
| XIV . . . . . . . | 0.10 | 48 | |
| XVIII. . . . . . . | 0.09 | 22 | |
| XXI . . . . . . . | 0.09 | 15 | |
| XXII . . . . . . . | 0.09 | 32 | |
| XXIII. . . . . . . | 0.07 | 22 | |
| XXVI. . . . . . . | 0.06 | 13 | |
| XXVII . . . . . . | 0.055 | 12 | |
| XXX . . . . . . . | 0.050 | 45 | 45 |
| XXXIII . . . . . . | 0.035 | 104 | |
| XXXIV . . . . . . | 0.035 | sept mois. | |

On voit que les chiffres obtenus avec ces témoins vrais sont tout à fait identiques aux chiffres obtenus avec l'ensemble des chiens traités et des témoins réunis, ce qui prouve à quel point les nombreuses méthodes que nous avions imaginées ont été inefficaces.

De fait, il n'y a qu'une seule méthode pour empêcher ou ralentir le développement de la tuberculose expérimentale du chien : c'est la vaccination. Nous avons suffisamment insisté sur ce point dans des notes antérieures pour ne pas en parler ici de nouveau.

Nous n'insistons pas sur les questions de race et de sexe, puisque aussi bien, comme cela apparaît tout de suite, ni la race ni le sexe ne semblent exercer d'influence.

Mais la dose paraît vraiment agir sur la rapidité de l'évolution. En effet, séparons les chiffres en groupes, d'après la quantité injectée.

| Nombre des expériences. | Doses par kil. | Durée moyenne de la survie. |
|---|---|---|
| V | de $0^{cc},14$ à $0^{cc},25$ | 17 jours |
| VI | de $0^{cc},11$ à $0^{cc},12$ | 25 » |
| XVIII | de $0^{cc}.055$ à $0^{cc},10$ | 30 » |
| III | de $0^{cc},040$ à $0^{cc},05$ | 66 » |
| III | à $0^{cc},035$ et au-dessous | 120 » |

Certes, en examinant les chiffres de plus près, indépendamment de la moyenne, on trouverait de très notables écarts; par exemple, le chien XXVII, n'ayant reçu que $0^{cc},055$ par kilogr. est mort en douze jours, alors que le chien XIV, ayant reçu $0^{cc},10$, est mort en 48 jours, vivant quatre fois plus longtemps qu'un chien ayant reçu une dose moitié moindre; mais trop de causes d'indétermination et d'erreur agissent sur les résultats de manière à les fausser, pour que nous ne regardions pas comme très vraisemblable, et même à peu près démontré, ce fait important :

*L'évolution de la tuberculose est d'autant plus rapide que la quantité de culture injectée est plus grande.*

On peut dire, en schématisant les résultats donnés plus haut :

1° Que de $0^{cc},15$ à $0^{cc},25$ (de culture par kilogr. d'animal), la durée de la survie est de 15 à 20 jours.

2° Que de $0^{cc},05$ à $0^{cc},15$ (de culture par kilogr. d'animal) la durée de la survie est de 20 à 40 jours.

3° Qu'à partir de $0^{cc},05$, la durée de l'évolution se prolonge beaucoup, et qu'à une dose de $0^{cc},03$, la mort n'est pas fatale.

De là cette hypothèse, très vraisemblable :

*A des doses faibles, l'infection tuberculeuse ne produit pas la mort.*

*Par conséquent*, — et c'est une conclusion que légitiment tous les faits connus de la pathologie expérimentale, — *des injections non mortelles peuvent être obtenues, qui mènent tout droit à la vaccination.*

Revenons maintenant sur quelques points de détail.

La marche de la maladie tuberculeuse chez les chiens est

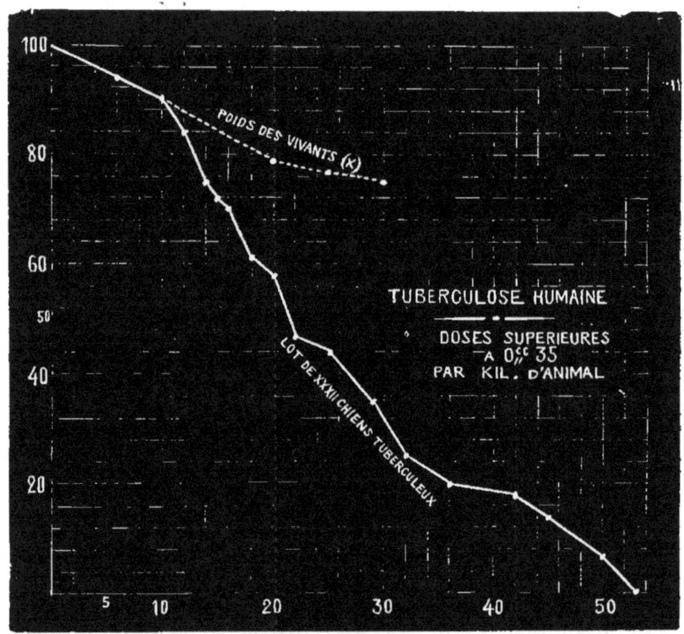


Fig. 151. — Graphique donnant la marche de la tuberculose sur un lot de 32 chiens tuberculeux ayant reçu du liquide de culture non filtré à une dose supérieure à 0,35 par kil. — On suppose que le poids primitif est égal à 100. — On voit qu'au 55e jour est survenue la mort du 32e chien. La ligne pointillée du haut indique le poids de 10 chiens inoculés vivant plus de 30 jours, et on peut aussi apprécier la diminution graduelle de leur poids rapporté à 100.

simple. Si nous prenons le type de 30 jours comme la durée moyenne de l'évolution, nous pouvons la diviser en trois périodes de 10 jours.

Pendant les dix premiers jours, l'animal perd un peu de

poids ; mais en apparence sa gaieté, son appétit et sa santé n'ont pas souffert. Il semble même plus vorace que les autres chiens.

Pendant la seconde période, il maigrit beaucoup quoiqu'il mange encore plus que les autres chiens. Nul symptôme n'apparaît, sinon de l'amaigrissement, malgré la conservation de l'appétit.

A la troisième période, la scène change : l'animal devient triste ; il tousse, il a des hémorrhagies intestinales ; son poil tombe, l'appétit diminue ; le plus souvent il s'accroupit en rond dans sa niche, en un état de demi-somnolence comateuse ; s'il marche, c'est en tibutant, avec une sorte de lenteur ; les muscles semblent s'atrophier ; la voix s'éteint ; quelquefois, il y a de l'ascite, avec un ventre ballonné ; et brusquement l'animal meurt, tantôt avec des convulsions, tantôt par suite d'un affaiblissement progressif.

Si nous faisions le poids de l'animal égal à 100, au moment de l'inoculation, voici quels ont été les poids au moment de la mort :

75 — 67 — 87 — 92 — 68 — 70 — 68 — 88 — 79
75 — 86 — 66 — 84 — 68 — 66 — 77 — 80
83 — 77 — 78 — 68 — 75 — 66 — 102 — 82
73 — 100 — 79 — 87 — 88 — 85 — 90 — 98

La moyenne nous donne le chiffre de 80 : soit une perte de 20 p. 100 du poids primitif.

Si nous calculons la perte par jour, nous avons une perte quotidienne de 0,70 p. 100.

Mais ces deux chiffres nous paraissent un peu faibles ; car certains poids sont manifestement erronés, à cause de l'ascite qui se produit assez souvent, et qui fausse le résultat. Il est clair que ces chiens ascitiques, très maigres, ont un poids réel beaucoup moindre que le poids indiqué par la balance : le poids du liquide ascitique doit être déduit de leur poids organique véritable.

Il faut donc, en thèse générale, admettre qu'un chien tuberculeux perd en moyenne, pendant le cours de sa maladie, 25 p. 100 de son poids, et que chaque jour il perd 1 p. 100 de son poids environ.

Nous aurons l'occasion plus tard de revenir sur cette perte de poids des chiens tuberculeux.

Un autre point sur lequel il nous paraît utile d'appeler l'attention, c'est sur les différences individuelles.

Du moment que la vaccination est possible, il est évident que des différences individuelles doivent se manifester; car les vieux chiens ont sans doute subi des infections minuscules répétées, auxquelles ils ont résisté, alors que les jeunes chiens n'ont pas été exposés aux mêmes causes d'infection et par conséquent de vaccination.

Cependant, nous n'avons pas pu remarquer de différence appréciable entre la susceptibilité des vieux chiens et des jeunes chiens.

Nous avons cru constater que des chiens ayant séjourné quelque temps au laboratoire, ayant été par conséquent exposés à la contagion, étaient devenus plus rebelles à l'infection.

Quelques expériences vont donner la preuve de cette tendance à la production d'une tuberculose moins rapide, comme si les chiens en question avaient subi une imparfaite vaccination.

1° Deux chiens sont soumis pendant 1 mois et demi à une alimentation à laquelle on mélange tantôt des bacilles tuberculeux, provenant d'une vieille culture, tantôt des lapins tuberculeux. Ils ne sont pas malades, et leur poids a même légèrement augmenté.

Après inoculation tuberculeuse intra-veineuse, ils meurent :

A. — ($0^{cc}$, 055) — le 28$^{e}$ jour.
B. — ($0^{cc}$, 070) — le 54$^{e}$ jour.

Quoique ce chien B ait vécu un peu plus longtemps que les autres chiens inoculés avec la même dose, l'expérience n'est pas définitivement probante.

2° Dans le nombre des chiens expérimentés, trois sont indiqués comme ayant séjourné au laboratoire avant l'inoculation : ils ont reçu des doses de 0cc, 03 (mort le 48e jour).
de 0cc, 05 (mort le 104e jour).
de 0cc, 10 (mort le 58e jour).

A vrai dire, pour les deux premiers, les doses sont trop faibles pour qu'on puisse conclure. En somme, il ne s'agit pas d'un fait démontré, mais seulement d'une supposition que nous essayerons de confirmer dans des expériences ultérieures.

Cependant le fait de l'idiosyncrasie du chien, qui permet à certains individus de résister plus que d'autres, n'est aucunement contestable.

Le meilleur exemple que nous puissions donner est le suivant :

Deux chiens, *Crampon* et *Fixe*, non mentionnés dans le tableau ci-dessus, reçoivent le 16 décembre chacun 2 cc. d'une culture tuberculeuse filtrée. Ils pèsent presque exactement le même poids : Crampon (11kil,500), Fixe (11 kil.). Crampon est encore vivant aujourd'hui, (20 nov.) et très bien portant, tandis que Fixe est mort le 24 mai.

En réalité, Crampon a été malade en même temps que Fixe; mais il s'est rétabli :

Voici les chiffres relatifs au poids :

| | Crampon. | Fixe. |
|---|---|---|
| 1er j. | 100 | 100 |
| 14e j. | 96 | 97 |
| 28e j. | 96 | 82 |
| 42e j. | 95 | 85 |
| 56e j. | 87 | 83 |
| 70e j. | 90 | 86 |
| 84e j. | 84 | 81 |
| 98e j. | 78 | 78 |
| 102e j. | 82 | 82 |
| 126e j. | 84 | 77 |
| 140e j. | 96 | 65 |

| | Crampon. | Fixe. |
|---|---|---|
| 154e j.......... | 100. ........ | Mort le |
| 168e j.......... | 102. | 158e |
| 182e j .......... | 188. | jour. |
| 190e j .......... | 110. | |
| 210e j .......... | 113, etc. | |

Ces deux chiens ont donc fait la même maladie. Seulement, comme la dose injectée était très faible, une dose limite probablement, le plus résistant a résisté, et actuellement il semble guéri. Nous avons tout lieu de croire qu'il est vacciné [1].

Voici encore deux chiens ayant reçu une même dose, et qui se sont comportés différemment :

Arlequine, chienne terrier, à poils ras, de 12 kilogr., et l'Ourse, chienne mâtinée, à longs poils, de 12kil,500, reçoivent le même jour chacune 12 cc. de la même culture, diluée à un dixième, le 12 mai 1893.

Arlequine meurt le 17 juillet (survie de 67 jours).

L'Ourse est aujourd'hui (1er août), bien portante avec un poids de 13kil,8, soit une augmentation de 10 p. 100 du poids primitif[2].

On pourrait facilement multiplier les cas analogues et prouver que, malgré nos efforts, les cultures injectées se comportent différemment, suivant la constitution individuelle spéciale des animaux infectés.

Ainsi l'idiosyncrasie individuelle des chiens peut expliquer dans une certaine mesure l'inconstance des résultats ; mais, comme une part de cette inconstance était due, sans doute, au mode d'injection (culture avec grumeaux), nous avons voulu procéder autrement et faire des injections tout à fait homogènes.

En agitant fortement les corps bacillaires avec le liquide de culture, on obtient, avons-nous dit, une sorte d'émulsion très imparfaite ; mais si l'on filtre, à travers le filtre en papier

1. Ce chien est bien portant aujourd'hui, 20 novembre, et paraît devoir résister à une inoculation d'épreuve avec le bacille humain à la dose de 0,40 cc. par kilogramme.

2. Elle est morte le 23 octobre, étant à peine tuberculeuse. La survie a donc été de 165 jours. (Note consécutive à la communication faite au Congrès.)

passent quelques rares microbes, qui se sont détachés des grumeaux visqueux et qui troublent à peine la limpidité du liquide. En tout cas, le liquide ainsi obtenu est tout à fait homogène, car les corps bacillaires invisibles, qui sont en suspension dans le liquide, ne tombent plus, par le repos, au fond du vase.

Nous avons à cet égard deux séries d'expériences : une première, faite avec une filtration à travers une grossière toile métallique : une seconde, faite avec une filtration plus parfaite, à travers du papier Chardin ordinaire.

Les résultats concordent parfaitement avec les expériences précédentes, et établissent, avec plus de netteté encore, que la durée de l'évolution tuberculeuse est en raison inverse de la quantité injectée[1].

| Nom du chien et poids | Dose njectée par kilogr. | Survie en jours. |
|---|---|---|
| Minos (7) . . . . . | 1.5 | 11 |
| Toc (12.5). . . . . | 0.15 | 13 |
| Chut (31)**. . . . . | 0.015 | 254 |
| Mastoc (16). . . . . | 0.004 | 214 |
| Ripp (20) . . . . . | 0.0015 | 222 |
| Pyrame (28). . . . | 0.00005 | 208 |

Il résulte de cette expérience :

1° Que la filtration à travers la toile métallique n'a pas changé beaucoup la virulence de l'injection, puisque, avec une dose de $0^{cc}$,15 par kilogr. le chien Toc est mort en 13 jours, comme les chiens de la première série ;

2° Qu'aux doses très faibles, les chiens survivent longtemps, mais finissent par mourir ; ils ont donc subi l'infection tuberculeuse.

Voici une autre expérience, faite avec une culture tuberculeuse filtrée sur papier Chardin (expérience du 21 avril)[2].

1. Nous ne tenons pas compte d'un chien de 20 kilogr. qui mourut accidentellement, non tuberculeux.

2. Pour obtenir les dilutions, nous mélangions le liquide filtré avec du bouillon préparé pour la culture, mais n'ayant pas cultivé, et stérilisé.

Elle montre que les cultures, même bien filtrées sur papier, sont encore virulentes, et que, suivant la dose, il y a mort rapide ou survie :

| Nom du chien et poids | Dose injectée par kilogr. | Survie en jours. | Poids final[1] (le poids initial étant égal à 100). |
|---|---|---|---|
| | c.c. | | |
| Marguerite (11). | 1.00 | 42 | 61 (3) |
| Chocolat (12). . | 0.05 | survit plus de 200 j. | 100 (4) |

L'expérience suivante, faite le 20 mai, porte sur quatre chiens[2].

| Nom du chien et poids. | Dose injectée par kilogr. | Survie en jours. |
|---|---|---|
| Mars (6.9). . . . | 1.2 | 55 |
| Minerve (5.5) . . | 0.8 | 107 |
| Vulcain (7.3) . . | 0.35 | 162 |
| Brutus (9.2). . . | 0.05 | vit plus de 180 jours[3] |

Une autre expérience a encore été faite avec des cultures tuberculeuses filtrées sur papier, et elle a donné le résultat suivant. Bien entendu, comme l'expérience date du 12 mai, les résultats ne sont pas décisifs encore. Il faut attendre l'issue de l'inoculation.

| Nom du chien et poids. | Dose injectée par kilogr. | Survie en jours. |
|---|---|---|
| | c.c. | |
| Job (6.6) . . . . | 0.2 | 116 |
| Arlequine (12). . | 0.1 | 66 |
| Ourse (12.5). . . | 0.1 | 176 |
| Plomb (6.2). . . | 0.05 | 138 |
| Mercure (9.5) . . | 0.025 | vit plus de 190 jours |
| Mops (24.6). . . | 0.010 | Id. |

1. C'est un des plus notables abaissements de poids que nous ayons constatés.

2. Un autre chien, nommé Jupiter, basset de $7^{kil}$,500, reçut par kil. $0^{cc}$,3 de cette même culture. Il fut sacrifié, quoique très bien portant en apparence, le $35^{e}$ jour, et on constata qu'il était tuberculeux. Son poids relatif était alors de 106.

3. Au moment où nous revoyons les épreuves de cette note, ce chien va très bien, et son poids est celui du début de l'expérience. Il a seulement présenté une baisse de poids en mai et en juin, en même temps qu'une toux qui a aujourd'hui disparu.

Ces trois groupes d'expériences peuvent se résumer ainsi :

| Nom | Dose. c.c. | Survie. |
|---|---|---|
| Mars . . . . . . | 1.2 | 55 |
| Marguerite . . . | 1.0 | 42 |
| Minerve. . . . . | 0.8 | 107 |
| Vulcain. . . . . | 0.35 | 162 |
| Job. . . . . . . | 0.20 | 116 |
| Crampon . . . . | 0.18 | plus de 224 jours |
| Fixe.. . . . . . | 0.18 | 158 |
| Arlequine. . . . | 0.10 | 66 |
| Ourse. . . . . . | 0.10 | 176 |
| Chocolat . . . . | 0.05 | plus de 200 jours |
| Brutus . . . . | 0.05 | plus de 166 jours |
| Plomb . . . . . | 0.05 | 138 |
| Armand. . . . . | 0.05 | plus de 94 jours |
| Mercure. . . . | 0.025 | plus de 190 jours |
| Mops . . . . . . | 0.010 | Id. |

Ainsi, avec une filtration faite sur papier comme avec une filtration faite sur toile métallique, comme avec une culture non filtrée, nous retrouvons toujours la même loi, à savoir que, dans des limites assez étendues, la durée de l'évolution tuberculeuse est d'autant plus courte que la quantité injectée est plus considérable.

On voit néanmoins que le fait de la filtration diminue la virulence dans une proportion considérable. Pour la culture non filtrée, la dose de 0,10 tue en trente jours, et avec une filtration sur toile métallique, les résultats sont à peu près analogues, une dose de 0,15 ayant tué en treize jours. Au contraire, avec une filtration sur papier Chardin, cette même dose semble être à peu près inoffensive, et il faut, pour tuer le chien aussi rapidement, une dose au moins 10 fois plus forte. Bien entendu, nous ne pouvons nous prononcer sur la survie définitive des animaux inoculés, car présentement l'expérience suit son cours et nous en attendons les résultats.

Les faits communiqués permettent cependant d'établir en toute certitude que : *les doses faibles de culture produisent la maladie tuberculeuse sans amener la mort.*

Nous arrivons maintenant à une autre étude qui nous a donné des résultats imprévus, à savoir : l'influence des substances solubles contenues dans les cultures sur l'évolution de la maladie. Pour simplifier le langage, nous appellerons « Tuberculines » ces substances solubles (c'est le mot qu'a employé M. Koch), sans rien présumer de leur nature chimique.

On remarquera, en effet, que dans la première expérience, faite avec cultures non filtrées, la dose des tuberculines est forcément très faible, puisque la quantité injectée est de 0,05 ou 0,10 par kilogramme.

On peut donc admettre, au moins provisoirement, que la quantité de tuberculine est négligeable. Il n'en va pas de même dans les expériences faites avec des cultures filtrées, en particulier pour les chiens : Mars, Marguerite, Minerve, etc., cette dose étant de $1^{cc},2$, $1^{cc},0$, et $0^{cc},8$ par kilogr. Dans ces cas, il y a 10 fois plus de tuberculine, alors que la quantité de microbes injectés est 10 fois plus faible ; la filtration ayant pour résultat d'éliminer les neuf dixièmes des microbes en laissant intacte la quantité de tuberculine dissoute.

Or, si nous prenons l'expérience du 12 mai et celle du 20 mai, nous voyons sur les chiens Mars, Arlequine et Jupiter que, malgré leur tuberculose, le poids ne diminue pas comme l'indiquent les chiffres suivants :

| Jours. | Mars. | Arlequine. | Jupiter. | Minerve. | Job. |
|---|---|---|---|---|---|
| 1 | 100 | 100 | 100 | 100 | 100 |
| 7 | 106 | 104 | 104 | 98 | 101 |
| 14 | 106 | 108 | 106 | 98 | 103 |
| 21 | 107 | 107 | 106 | 98 | 100 |
| 28 | 103 | 107 | 106 | 98 | 101 |
| 35 | 108 | 108 | (3) | 98 | 102 |
| 42 | 111 | 110 | » | 98 | 106 |
| 49 | 115 | 110 | » | 98 | 106 |
| 56 | (1) | 108 | » | 91 | 99 |
| 63 | » | 103 | » | 91 | 99 |
| 70 | » | (2) | » | (4) | (5) |

1. Mort le 55e jour, avec un poids de 102. — 2. Mort le 67e jour, avec un poids de 102. — 3. Tué le 35e jour, avec un poids de 108. Très tuberculeux. —

Ainsi nous trouvons ce paradoxe que les chiens ayant reçu de la tuberculine en même temps que les bacilles, finissent par mourir tuberculeux, mais avec toutes les apparences de la santé, puisque leur poids ne diminue pas, ou du moins ne diminue que pendant les jours qui précèdent la mort. Tout se passe comme si, par l'effet de la tuberculine injectée, la virulence des bacilles tuberculeux était atténuée et la forme de la tuberculose modifiée.

L'expérience suivante donne une démonstration encore plus formelle de l'influence de la tuberculine sur l'évolution tuberculeuse.

Le 13 juin, on prend deux chiens de même poids : Stanislas[1], terrier mâtin de 14$^{kil}$,2 et Ravaut, terrier mâtin de 14$^{kil}$,4. On injecte à Ravaut 25 cc., soit 1$^{cc}$,75 d'une culture filtrée, avec tuberculine par conséquent. A Stanislas, on injecte 25 cc. de bouillon pur, dans lequel on a agité les microbes restés sur le filtre; et on filtre le mélange de ce bouillon avec les microbes. Donc Stanislas et Ravaut ont reçu sensiblement la même quantité de microbes; mais Stanislas n'a pas reçu en même temps de tuberculine.

Or, ces deux chiens se comportent tout à fait différemment :

| | Stanislas. | Ravaut. |
|---|---|---|
| 1er jour | 100 | 100 |
| 2e » | 102 | 106 |
| 14e » | 90 | 109 |
| | Mort le 21e jour. | |

| | Ravaut. |
|---|---|
| 21e jour | 110 |
| 28e » | 109 |
| 35e » | 109 (1) |

Ainsi l'injection simultanée de tuberculine avec les microbes semble avoir cet effet extraordinaire de rendre la tuberculose moins virulente, et d'empêcher l'amaigrissement des animaux inoculés, sans empêcher, mais seulement en ralentissant la mort.

4. Mort le 114e jour, avec un poids de 65. — 5. Mort le 114e jour également avec un poids de 84.

1. Ce dernier meurt le 111e jour, très peu tuberculeux, avec un poids de 27.

Pour terminer, disons quelques mots de certains autres effets des cultures tuberculeuses, à savoir de l'effet toxique prodigieux qu'elles possèdent sur les animaux tuberculeux.

Ce sont les expériences de M. Koch qui ont établi d'abord ce fait important. En effet, sa célèbre tuberculine, au lieu de guérir les tuberculeux, avait certainement pour effet d'accélérer leur mort, sauf peut-être dans certains cas exceptionnels ; et, de toutes parts, on a établi qu'un animal tuberculeux (ou un homme tuberculeux) était rapidement victime de la tuberculose, si on venait lui injecter de la tuberculine.

A vrai dire, dans la plupart des expériences qui ont été faites, la tuberculine a été injectée après avoir subi des modifications chimiques graves. Les cultures étaient chauffées, traitées par l'alcool, précipitées, redissoutes, précipitées de nouveau, etc. On comprend que toutes ces réactions chimiques doivent certainement altérer un principe très délicat, très fragile, comme le sont toutes ces toxines produites par les microbes.

Nous devrions toujours avoir présent à l'esprit ce fait simple et remarquable de la coagulation du sang. En quelques minutes la fibrine, quand elle n'est plus en contact avec l'endothélium vasculaire, change totalement d'aspect, se solidifie, et passe à une forme telle qu'il lui est impossible, ou à peu près, de reprendre sa forme primitive. Sans doute les substances chimiques créées par les êtres vivants sont dans ce même état instable, et sous l'influence des moindres réactifs, elles deviennent probablement tout autres que ce qu'elles étaient auparavant.

Quand donc on injecte de la tuberculine préparée d'après la méthode de M. Koch ou des méthodes analogues, on a affaire à une substance sans doute altérée et modifiée par les préparations qu'on a dû lui faire subir pour l'isoler. Il n'est donc pas surprenant qu'en opérant avec des cultures tuberculeuses, non chauffées ni précipitées par l'alcool, on ait des effets plus intenses qu'en agissant avec les tuberculines proprement dites.

En effet, injectant à des chiens tuberculeux 15 cc. à 20 cc. de culture, nous avons vu, malgré la bonne santé apparente de ces chiens, la mort survenir très rapidement.

Mentionnons quelques expériences :

Le 9 juin, quatre chiens reçoivent la même dose (1 cc. par kil.) d'une culture tuberculeuse filtrée sur papier, vieille de 49 jours.

Le premier de ces chiens, Kibi, est un animal vacciné une fois le 2 décembre 1892, avec de la tuberculose aviaire. Le 12 mai il a reçu une injection de tuberculose humaine, et il a résisté. Il a même augmenté de poids et gagné un kilogr., soit une augmentation de 9 p. 100.

Le second de ces chiens, Traité, a été inoculé avec du virus tuberculeux humain le 5 août 1892. Il a été traité par transfusion avec du sang de chien vacciné et guéri. (Nous avons publié ce fait remarquable.) Le 9 juin, il est très bien portant, ayant gagné 5 kilogr. sur son poids primitif, soit une augmentation de 40 p. 100.

Les deux autres chiens inoculés, Zut et Panache, sont deux chiens venant de la fourrière, non inoculés encore.

Disons tout de suite que ces deux chiens vivent encore. Ils n'ont montré aucun trouble immédiat après l'inoculation tuberculeuse. Aujourd'hui (1er avril) ils maigrissent, et semblent faire une tuberculose simple, sans complication (5e jour).

Au contraire, les deux chiens présumés tuberculeux ont été immédiatement atteints.

Kibi a été pris de diarrhée presque immédiatement après l'injection et il est mort dans la nuit qui a suivi. Cependant, à l'autopsie, ni au poumon, ni au foie, ni à la rate, nous n'avons pu déceler de tubercules.

Quant à Traité, il a présenté des symptômes extrêmement graves et son histoire, que nous allons résumer ici, est des plus intéressantes.

Le 5 août 1893, il pèse 7kil,502 (pour simplifier nous supposerons un poids égal à 100; c'est un chien terrier bull, noir et blanc, assez jeune). Il reçoit le 5 août, par kilogr., 0cc,10 de culture tuberculeuse non filtrée.

| | | |
|---|---|---|
| 11 août. | P = 99. | Il reçoit 60 gr. du sang complet d'un chien vacciné. |
| 16 — | P = 96 | |
| 22 — | P = 96 | |
| 30 — | P = 103 | |
| 30 sept. | P = 112 | |
| 30 nov. | P = 120 | |
| 15 janv. | P = 124 | |
| 30 mars | P = 150 | |
| 5 juin | P = 160 | |

Le 9 juin, il reçoit 1cc,2 par kilogr. de culture tuberculeuse filtrée.

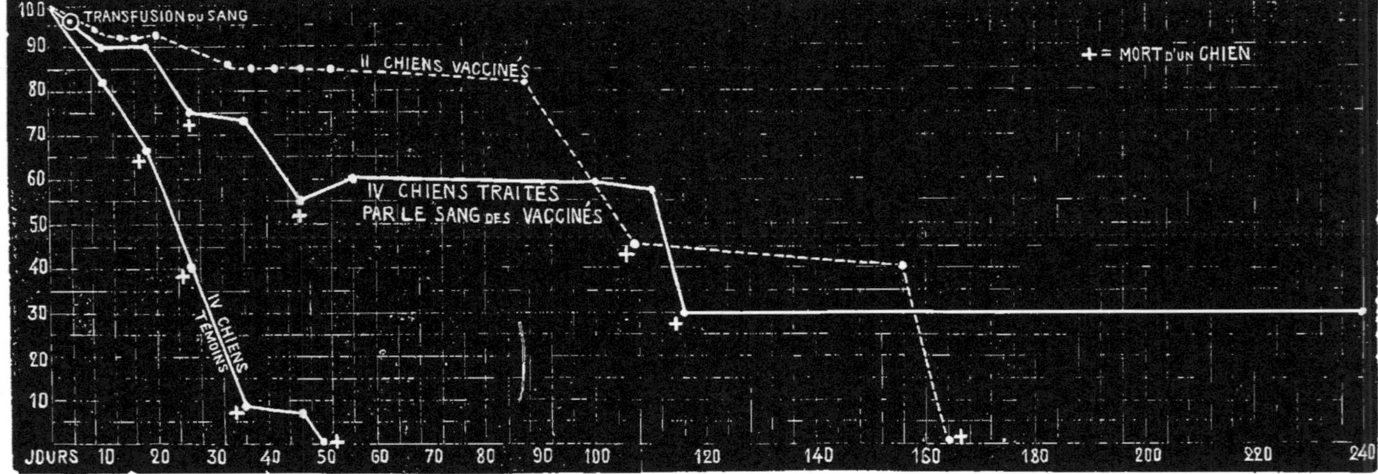


Fig. 152. — Graphique indiquant le poids de 10 chiens ayant reçu le même jour la même quantité de culture de tuberculose humaine non filtrée. Le premier lot porte sur quatre témoins morts rapidement; le second lot, sur quatre chiens ayant reçu après infection, en transfusion veineuse, le sang de chiens vaccinés; le troisième lot porte sur deux chiens vaccinés par la tuberculose aviaire.

On voit, entre autres faits, que, au 100e jour, les quatre témoins étaient morts depuis 50 jours, et qu'il restait encore deux chiens vaccinés et deux chiens traités.

Le lendemain, 10 juin, il se traîne à peine; le pouls est à 140. La température = 39°,4. Respiration (abdominale) à 40. Il pèse 146.

Le 13. P. = 134. Il semble encore très malade. Toute la région parotidienne des deux côtés est énormément gonflée.

Le 14. P. = 134. Le gonflement a encore augmenté. La tête est une boule informe, œdémateuse. Les deux paupières, qu'on peut à peine entr'ouvrir, laissent voir la cornée de chaque côté, opaque, et tendant à s'ulcérer.

Le 16. Amélioration notable. Le gonflement est moindre. Les deux cornées sont opaques; il y a ulcération à gauche, et hypopyon à droite. L'opacité est presque totale. La santé générale semble revenir. P. = 134.

Le 26. Reprise du gonflement, formation d'un abcès qui s'ouvre spontanément. P. = 123. A partir de ce moment, l'amélioration est régulière, si bien qu'aujourd'hui il paraît presque guéri[1].

| | |
|---|---|
| 6 juillet | P. = 131 |
| 20 juillet | P. = 139 |
| 28 juillet | P. = 144 |

Cette expérience du 9 juin est donc instructive à bien des points de vue; elle nous prouve :

1° Que les cultures tuberculeuses (avec la tuberculine non chauffée) ne produisent aucun accident grave immédiat chez les animaux sains ;

2° Que ces mêmes cultures amènent des accidents très graves chez des chiens qui paraissent *guéris* de la tuberculose.

Comme confirmation de cette expérience, nous citerons les observations suivantes faites le 12 juin.

Le 12 juin on prend deux chiens ; Ravaut, chien mâtin de 14$^{kil}$,4, qui vient de la fourrière, et Jupiter, chien basset de 7$^{kil}$,500.

Jupiter avait reçu une inoculation tuberculeuse le 20 mai ; mais il paraissait en excellente santé, son poids ayant augmenté de 7$^{kil}$,5 à 8 kilogr., soit de 100 à 107.

Ils reçoivent l'un et l'autre la même culture filtrée : Ravaut, 1$^{cc}$,7 par kilogr., et Jupiter 5$^{cc}$,25 par kilogr.

Ravaut ne semble pas malade ; mais Jupiter est pris, immédiatement après l'injection, de diarrhée, de vomissements, d'anxiété respiratoire. Il meurt dans la nuit, et on constate de nombreux tubercules, encore très petits, dans tout le parenchyme pulmonaire.

1. Cet animal vit encore aujourd'hui, 6 novembre 1893, et parait en bonne santé.

Le même jour, 12 juin, nous injectons à un troisième chien, Azor, la même tuberculine, à une dose un peu plus faible, soit 0$^{cc}$,88 par kilogr.

Azor ne semble pas malade immédiatement, quoique les jours suivants son poids ait sensiblement baissé, pour se relever ensuite. Il est vrai qu'Azor avait été antérieurement (le 9 février) inoculé avec de la tuberculose aviaire.

Il faudra voir, ce que nous n'avons pu encore établir, si la tuberculine (ou du moins les cultures tuberculeuses non chauffées) agit différemment sur des chiens ayant reçu des bacilles aviaires ou des bacilles humains.

Voici une troisième série expérimentale, insuffisante certainement pour la démonstration du fait nouveau que nous avons cherché à étudier, mais qui est instructive à plusieurs points de vue.

Le 20 juin, nous prenons le sang d'un chien épagneul ayant reçu, le 22 décembre, une dose inefficace de tuberculose virulente. On lui fait une hémorrhagie de 470 gr. (il pèse 18 kilogr,) à 10 heures du matin. A 1 heure il paraît à peu près remis de cette hémorrhagie, et nous lui injectons 1 cc. (par kilogr.) d'une culture tuberculeuse.

Alors l'épuisement augmente rapidement ; il y a de la dyspnée, de l'angoisse. Le cœur bat avec une force et une fréquence extrêmes (360 fois par minutes, d'après le graphique pris). La température monte à 40°,2.

Le lendemain, quoique très faible encore, il va mieux, et il se remet graduellement, si bien qu'aujourd'hui il paraît en assez bon état.

Voici les poids successifs de ce chien depuis le premier jour (22 déc.), alors que son poids était de 21 kilogr. (que nous supposerons égal à 100) :

| | | |
|---|---|---|
| 22 déc. | 100 | inoculation de 0$^{cc}$,035 de tuberc. non filtrée. |
| 6 janvier | 90 | |
| 19 — | 85 | |
| 26 — | 81 | |
| 20 février | 79 | |
| 27 mars | 75 | |
| 1er mai | 81 | |
| 1er juin | 75 | |
| 20 juin | 85 | inoculation de 1 cc. de culture filtrée. |
| 23 juin | 75 | |
| 30 — | 76 | |
| 13 juillet | 73 | |
| 27 — | 74 | |

Ainsi, sous l'influence de la tuberculine, ce chien est devenu très malade, sans toutefois mourir.

Le même jour, 20 juin, nous injectons cette même tuberculine, à dose plus forte, à un chien mâtin, Martin, de 8kil,400. Il reçoit 2 cc. par kilogr. Il semble actuellement (1er août) très bien portant et son poids n'a pas changé.

Le sang d'épagneul, conservé pendant deux heures et coagulé, a laissé un sérum que nous avons séparé en deux parties. Une partie a été simplement injectée à Roquet, petit chien de 7kil,500, à la dose de 7 cc. par kilogr., tandis que l'autre partie a été mélangée avec la culture tuberculeuse, dans les proportions suivantes :

| | |
|---|---|
| Sérum . . . . . . . . . . . . . . . . . . . . . . | 70 |
| Culture tuberculeuse. . . . . . . . . . . . . . . | 30 |

Ce mélange est resté pendant deux heures dans un vase stérilisé, puis nous avons injecté le tout à un quatrième chien, Muscat (petit terrier de 8kil,500). Muscat a reçu ainsi 2 cc. de tuberculine et 5 cc. de sérum par kilogr.

Or, ce mélange du sérum d'un chien tuberculeux et de tuberculine semble avoir été assez toxique. Pendant l'injection, le chien a vomi ; quand l'injection a été terminée, le cœur était tumultueux, irrégulier, battant avec force et fréquence. La faiblesse de l'animal et sa prostration étaient grandes, dépassant de beaucoup la gravité des symptômes observés chez Martin qui n'avait reçu que de la tuberculine, et chez Roquet qui n'avait reçu que du sérum.

Le but de cette expérience était de savoir si la substance toxique contenue dans les cultures tuberculeuses agit par elle-même, ou par une sorte de fermentation catalytique sur les substances contenues dans l'organisme et le sang des animaux tuberculeux.

Ce point intéressant et difficile devra évidemment être étudié de nouveau.

## Conclusions.

A. — L'évolution de la tuberculose est d'autant plus rapide que la quantité des bacilles injectés est plus grande, toutes conditions égales d'ailleurs.

B. — A dose faible, l'injection tuberculeuse ne produit pas la mort.

C. — Les cultures tuberculeuses filtrées sur papier et limpides, contiennent assez de microbes pour amener la mort, quand on en injecte de grandes quantités ; mais alors, les phénomènes se trouvent modifiés par la présence des produits solubles (tuberculine).

D. — Les produits solubles des cultures semblent ralentir l'évolution de la tuberculose, et empêcher au moins la rapide dénutrition de l'organisme.

E. — Ces produits solubles, injectés à des animaux tuberculeux ou même guéris de leur tuberculose, entraînent rapidement des accidents graves, et même la mort, ainsi que peut faire un poison chimique.

F. — Il y a des différences individuelles notables dans la résistance des différents chiens à l'infection tuberculeuse.

G. — Dans de certaines conditions, la tuberculose aviaire vaccine contre la tuberculose humaine, et le sang des animaux vaccinés peut guérir les animaux tuberculeux.

H. — *Ces faits, démontrés* pour le chien, seront sans doute susceptibles, chez les autres animaux, de démonstrations analogues.

# LX

## TUBERCULOSE AVIAIRE

ET

## TUBERCULOSE HUMAINE CHEZ LE SINGE[1]

**Par MM. J. Héricourt et Ch. Richet.**

---

Le premier fait que nous voulons mettre en lumière, c'est d'abord *l'innocuité de la tuberculose aviaire* chez le singe.

Voici les expériences qui le prouvent :

A un singe (Jocko) pesant 2,180 gr., on inocule sous la peau 1 cc. d'une culture tuberculeuse aviaire, le 9 avril 1891. Le 10 octobre suivant, il pèse 2,750 gr. et est en parfaite santé (184 jours).

Même expérience le même jour à une femelle (Léa) pesant 2,230 gr. Le 10 octobre, soit au bout de 184 jours, elle est en parfaite santé et pèse 3,000 gr.

Un singe (Antoine) de 4,000 gr. environ, reçoit sous la peau, le 10 mars 1892, 1 cc. d'une culture tuberculeuse aviaire. La réaction locale est presque nulle (comme dans les observations précédentes). Une petite tumeur se forme, à peine molle, sans tendance à l'ulcération, et finit par se résorber sans déterminer d'abcès. Le 12 avril, de nouveau

1. Les expériences ont toutes été faites sur des singes de même espèce (*Maccacus innus*) qu'on nous a envoyés d'Algérie ; sauf un cas où il s'agissait d'un singe d'autre espèce (*Cercopithecus mona*).

Antoine reçoit 1 cc. de culture tuberculeuse. Le 16 août, on lui injecte dans la veine $0^{cc},5$ de tuberculose aviaire. (Son poids est de 4,250 gr.) Les premiers jours il est un peu malade, puis il se rétablit; et enfin le 10 novembre il est tout à fait bien portant. Son poids est alors de 4,450 gr. On lui injecte de nouveau dans la veine du bras 1 cc. de tuberculose aviaire. Jusqu'aux premiers jours de décembre, il semble un peu malade; enfin il se remet, et, le 18 mars 1893, il est tout à fait bien portant. Ainsi il a résisté, pendant un an et huit jours, à la tuberculose aviaire, deux fois en inoculations sous-cutanées, deux fois en inoculations dans la veine.

Un singe femelle, Antoinette (de 4 kilogr. environ), est traité de la même manière qu'Antoine et résiste de même un an et huit jours.

Deux singes femelles, Jacqueline et Jacquette, reçoivent, le 20 mars 1893, $0^{cc},5$ de tuberculose aviaire, filtrée, sous la peau du ventre.

Elles n'ont pas d'abcès. A aucun moment elles ne semblent malades, et elles sont aujourd'hui tout à fait bien portantes (1er août; 134 jours)[1].

Ainsi, il résulte de ces faits (six expériences), qui parlent tous dans le même sens, que l'inoculation sous-cutanée de tuberculose aviaire est impuissante à déterminer la tuberculose du singe.

Le fait est d'autant plus remarquable que, sur d'autres animaux, cobaye, chien, poule et lapin, l'inoculation sous-cutanée du bacille aviaire amène la mort.

Notre première conclusion sera donc:

A. — *L'inoculation sous-cutanée de tuberculose aviaire ne détermine pas chez le singe une infection tuberculeuse mortelle.*

Il ne faudrait pas en conclure que la tuberculose aviaire est tout à fait inoffensive chez le singe.

En effet, le même jour que l'inoculation intraveineuse était faite à Antoine (10 nov. 1892), nous injectons à un singe femelle (Marianne), dans la veine 1 cc. de la même culture. Marianne avait reçu un mois auparavant 1 cc. de culture sous la peau du bras; mais cette injection avait déterminé un abcès.

1. Elles n'ont jamais été malades, jusqu'à l'inoculation, faite plus tard, de tuberculose humaine.

L'injection intraveineuse amena rapidement la mort, et Marianne mourut le 15 décembre, avec une tuberculose généralisée (foie et poumons très tuberculeux).

Ce n'est pas tout. Le même jour (10 nov.) nous injectons à deux singes (Béhanzin, qui pèse 5,870 gr., et Ravacholette, qui pèse 3,040 gr.,) 1 cc. et 0cc,5 de cette même culture tuberculeuse aviaire dans les veines du bras.

Béhanzin, qui a reçu 0cc,17 par kilogr., meurt le 50e jour.

Ravacholette, qui a reçu aussi 0cc, 17, meurt le 34e jour.

Ainsi, sur cinq singes ayant reçu le même jour l'inoculation aviaire dans les veines, deux seuls ont survécu ; c'est Antoine et Antoinette, qui avaient été au préalable vaccinés par une tuberculisation sous-cutanée datant de plusieurs mois [1].

Nos expériences faites sur les chiens nous avaient conduits déjà aux mêmes résultats ; donc nous pouvons, ce semble, admettre, au moins provisoirement, qu'Antoine et Antoinette étaient vaccinés, et que Marianne était insuffisamment vaccinée.

De là cette seconde conclusion :

B. — *La tuberculose aviaire en injection intra-veineuse peut déterminer la mort chez le singe ; mais une inoculation sous-cutanée préalable les préserve contre l'infection.*

*Il y a donc lieu d'admettre une sorte de vaccination par le fait de l'inoculation sous-cutanée.*

Arrivons maintenant aux inoculations faites avec la tuberculose humaine.

Un singe (*Cercopithecus mona*) reçoit sous la peau 0cc,5 de culture tuberculeuse; il meurt le trente-et-unième jour avec une tuberculose confluente.

Maria, grosse guenon de 6kil,500, reçoit, le 18 mars, sous la peau, 0cc,05 de culture tuberculeuse humaine. Elle meurt le 28 mai, soit le 72e jour, avec une tuberculose confluente.

1. Un autre singe reçut dans les veines 1 cc., mais il mourut deux jours après, soit d'une infection aiguë, soit des accidents tardifs du chloroforme.

Nous avons aussi perdu, par la chloroformisation, un autre singe.

Mariette, pesant 5 kilogr. à peu près, reçoit, le 18 mars, 1 cc. de culture tuberculeuse ; elle meurt, très tuberculeuse, le 29 avril 1893, soit le 42e jour.

Jonas reçoit, le 23 mai 1893, $0^{cc},01$ d'une culture tuberculeuse filtrée. Il meurt le 25 juillet, soit le 73e jour.

Midas reçoit, le 23 mai 1893, $0^{cc},01$ de la même culture filtrée. Il meurt très tuberculeux comme Jocko, le 26 juillet, soit le 74e jour.

Il résulte de ces faits que les inoculations de culture tuberculeuse humaine, filtrée ou non filtrée, même à dose très faible ($0^{cc},01$ pour un singe de 4 kilogr., soit $0^{cc},0025$ par kilogr.), déterminent très rapidement la mort.

Nous devons rattacher à ces expériences les observations que MM. Dieulafoy et Krishaber ont consignées dans un excellent mémoire. (De l'inoculation du tubercule chez le singe. *Arch. de Physiol.*, 1883, p. 424-435.) A cette époque, si rapprochée de nous cependant, on ne savait pas encore cultiver la tuberculose, et on était réduit à prendre, pour l'inoculer, des produits tuberculeux trouvés à l'autopsie. Si imparfaite que fût cette méthode, elle a cependant donné des résultats intéressants à rapprocher des nôtres, au point de vue de la durée de l'évolution de la maladie tuberculeuse chez le singe, après infection.

| N° | Durée de la survie en jours. | N° | Durée de la survie en jours. |
|---|---|---|---|
| 1 | 66 | 9 | 34 |
| 2 | 64 | 10 | 34 |
| 3 | 64 | 11 | 34 |
| 4 | 99 | 12 | 28 |
| 5 | 208 | 13 | 18 |
| 6 | 95 | 14 | 18 |
| 7 | 126 | 15 | 46 |
| 8 | 129 | 16 | 65 |

Moyenne : 70 jours.

La moyenne, 70 jours, est donc très voisine de la moyenne fournie par nos expériences ; mais il est à remarquer que la quantité de bacilles tuberculeux de ces produits pris à l'autopsie est très variable, tandis que par l'injection de culture on détermine bien mieux la dose inoculée.

Nous voyons alors que, pour les singes comme pour les chiens, la durée de la tuberculose est en raison inverse de la quantité injectée.

| Nom du singe. | Dose par kil. | Survie en jours. |
|---|---|---|
| Midas | 0 cc. 0025 | 74 |
| Jonas | 0 cc. 0025 | 73 |
| Maria | 0 cc. 0060 | 72 |
| Mariette | 0 cc. 2000 | 42 |
| Cercopithèque | 0 cc. 3300 | 31 |

Nous tenons à faire remarquer la précision avec laquelle meurent les animaux inoculés, quand les conditions sont identiques. Jonas et Midas, inoculés de la même manière, le même jour, meurent à 24 heures de distance. Dans une de leurs séries expérimentales, MM. Dieulafoy et Krishaber inoculent le même jour 4 singes, avec le même produit tuberculeux. Trois meurent le même jour, à peu d'heures de distance, et le quatrième meurt 6 jours après.

C'est pour ainsi dire avec une précision mathématique que la tuberculose humaine, injectée sous la peau, évolue chez le singe.

Nous pouvons donc admettre les conclusions suivantes :

C. — *L'inoculation sous-cutanée de tuberculose humaine tue rapidement le singe, et la durée de la maladie est inversement proportionnelle à la dose injectée.*

Le dernier point est relatif à l'influence que les inoculations de tuberculose aviaire exercent sur la marche de la tuberculose humaine.

Les résultats sont encourageants, quoiqu'ils ne soient pas décisifs. De fait, les quatre singes que nous avions espéré vacciner par la tuberculose aviaire contre la tuberculose humaine sont morts; mais la mort a été tardive, et, selon toute apparence, ralentie par cette incomplète vaccination.

Jocko (vacciné) reçoit sous la peau 1 cc. de tuberculose humaine et meurt le 56e jour.

Léa (vaccinée) reçoit sous la peau 1 cc. de tuberculose humaine et meurt le 57e jour.

Cercopithèque, témoin de cette expérience, mourait le 31e jour.

Antoine (vacciné) reçoit sous la peau 1 cc. de tuberculose humaine et meurt le 77e jour.

Antoinette (vaccinée) reçoit sous la peau 1 cc. de tuberculose humaine et meurt le 70e jour.

Mariette, qui était le *témoin* de cette expérience, mourait le 42e jour.

En synthétisant ces résultats, nous pouvons faire le tableau suivant.

Singes vaccinés par le bacille aviaire :

| | Dose par kil. | Survie en jours. |
|---|---|---|
| Antoine | 0 cc. 25 | 77 |
| Antoinette | 0 cc. 25 | 70 |
| Jocko | 0 cc. 33 | 56 |
| Léa | 0 cc. 33 | 57 |

De là cette dernière conclusion :

D. — *L'inoculation préalable de tuberculose aviaire tend à augmenter la résistance à l'inoculation de tuberculose humaine, et ralentit de 50 p. 100 environ l'évolution de la maladie. Tout permet d'espérer qu'on arrivera à la vaccination complète*[1].

1. Il est clair que nous avons employé des doses trop fortes. A l'avenir, pour savoir si nos singes sont ou non vaccinés, nous ferons l'inoculation d'épreuve avec de très petites doses (qui sont efficaces, comme nous venons de le voir), soit $0^{cc},002$ par kilogr.

Grâce à l'obligeance du professeur Alph. Milne-Edwards, nous avons pu faire l'autopsie d'une douzaine de singes environ, morts au Muséum. Sans que nous puissions malheureusement donner la statistique exacte des autopsies, nous pouvons dire que la tuberculose n'était pas aussi fréquente qu'on le suppose en général. Deux ou trois seulement ont été trouvés tuberculeux, avec des tubercules abondants dans le péritoine et l'intestin.

Un seul cas de tuberculose spontanée (par contagion) a été observé par nous. C'est celui d'une grosse guenon, non inoculée, qui avait pris sous sa protection le petit cercopithèque inoculé en octobre 1891. Elle vivait conjugalement avec lui et elle est morte tuberculeuse quatre à cinq mois après.

# LXI

DE

# L'EXCITABILITÉ RÉFLEXE DES MUSCLES

## DANS LA PREMIÈRE PÉRIODE DU SOMNAMBULISME

**Par M. Charles Richet.**

---

La plupart des auteurs qui se sont occupés du somnambulisme n'ont guère étudié que la période pendant laquelle le sommeil est complet; mais, s'ils avaient fixé leur attention sur la première période, celle qui est caractérisée par de l'engourdissement, et qui n'a que des symptômes peu marqués, ils eussent sans doute reconnu une augmentation énorme de l'excitabilité réflexe des muscles.

Si, d'après les procédés empiriques des magnétiseurs de profession, on fait des *passes* devant le front et devant les yeux d'une personne qu'on veut endormir, on ne verra guère, pendant un quart d'heure, de phénomènes bien apparents, à moins que la personne n'ait déjà été endormie, ce qui la rend beaucoup plus sensible à l'action des *passes*.

Quoique les manifestations extérieures soient presque nulles, il n'y en a pas moins une modification notable de son état physiologique. Si l'on cesse les passes, et si on explore attentivement l'état des muscles, on les trouvera très excitables.

Voici comment on peut faire cette constatation : on tend fortement l'avant-bras sur le bras, en pressant à plusieurs reprises sur le triceps brachial, de manière à déterminer une sorte de malaxation de ce muscle. C'est par un procédé analogue que j'ai pu, avec Brissaud[1], montrer l'excitabilité extrême des muscles chez les hystériques : une contraction forte ou une excitation mécanique du muscle suffirent à déterminer aussitôt la contracture de ce muscle.

Chez les sujets soumis pendant quelque temps aux passes dites *magnétiques*, on peut facilement provoquer la contracture du bras, comme si l'état physiologique de l'individu soumis aux passes était le même que celui d'une hystérique. Le sujet garde son bras tendu sans éprouver de fatigue; mais il faut pour cela avoir, au préalable, par des malaxations du muscle, provoqué son excitabilité réflexe. L'autre bras étant simplement tendu, il y a une très notable différence, perçue par le sujet, entre ses deux bras. A celui qui est contracturé, il ne ressent aucune fatigue, tandis que le muscle tendu se fatigue très vite, et devient bientôt lourd comme du plomb. Chacun pourra faire sur soi-même cette expérience, et constater, qu'au bout de deux ou trois minutes, on sent dans le bras tendu horizontalement une extrême fatigue. Au contraire, les personnes qui viennent d'être soumises quelques minutes au magnétisme peuvent garder longtemps le bras tendu sans se fatiguer.

Non seulement la fatigue est moindre dans le bras ainsi contracturé; mais encore il faut une certaine force pour le détendre. Le patient peut le ployer, mais il reconnaît que cette flexion exige un certain effort. L'observateur, en appuyant légèrement sur le bras, constate qu'il est raide comme un morceau de bois, alors que le bras de l'autre côté fléchit à la moindre pression.

1. *Progrès médical*, mai-juin 1880. — Faits pour servir à l'histoire des contractures.

Je rapporterai très brièvement trois faits de cet ordre :

1° R..., jeune homme de 18 ans, soumis aux passes pendant dix minutes, éprouve un peu de somnolence, mais il a les yeux ouverts, l'intelligence et la conscience sont intactes. Si je lui tends le bras, ce bras se raidit et reste tendu horizontalement pendant un quart d'heure sans qu'il y ait sensation de fatigue ;

2° F..., âgé de 25 ans, après quelques passes, faites pendant cinq minutes, a tous ses muscles très excitables. On peut, en malaxant tel ou tel muscle, provoquer sa contracture (c'est ce qu'il appelle une *crampe*). Cette contracture dure presque indéfiniment, elle est d'ailleurs peu douloureuse. Si on lui fait porter un poids lourd par le bras tendu, le bras reste contracturé dans la situation horizontale. On peut s'assurer de l'existence de cette contracture en tâtant le triceps, qui est dur et tendu comme une corde. Il faut un certain effort à F... pour ployer son bras;

3° Mme H..., âgée de 42 ans, est soumise aux passes pendant dix minutes : elle n'a, en apparence, ressenti aucune action; cependant les muscles sont devenus tellement excitables que les excitations directes faibles, telles que la pression ou la malaxation, les font se contracturer aussitôt. La plupart des muscles peuvent avoir cette contracture. Si on leur fait exécuter des mouvements un peu énergiques, ils restent, comme figés, dans cette position. Les muscles du cou, des bras, des jambes peuvent ainsi se raidir sous l'influence d'un effort et rester raides après cet effort; ce qui caractérise la contracture. Cependant l'intelligence ni la conscience ne sont aucunement troublées. Mme H... se comparait alors à une poupée articulée. Cet état bizarre s'est prolongé pendant près d'une demi-heure; puis, graduellement, est revenu l'état normal.

On peut, ce semble, attribuer ces troubles dans la fonction des muscles à une augmentation de tonicité musculaire, c'est-à-dire à une excitabilité médullaire exagérée.

Mais mon but n'est pas, actuellement, de traiter complètement la question; j'ai seulement voulu signaler une expérience facile à faire. Bien souvent, on croit que les *passes* n'ont eu aucun effet, mais c'est qu'on n'a pas examiné l'état des muscles. Si on fait cette exploration, on trouvera, même dans les cas qui paraissent négatifs, une notable modification dans l'état du système nerveux; modification se traduisant uniquement par l'excitabilité réflexe extrême de la fibre musculaire.

# LXII

## NOTE

### SUR QUELQUES FAITS RELATIFS

### A

## L'EXCITABILITÉ MUSCULAIRE

**Par M. Charles Richet.**

---

En poursuivant l'étude de l'excitabilité musculaire chez l'homme, dans diverses conditions physiologiques, j'ai pu observer quelques faits dont l'interprétation est encore malheureusement très obscure.

Je rappellerai que j'ai montré d'une part: que, en dehors de l'état d'attaque hystérique ou de somnambulisme, il y a chez les hystériques une excitabilité telle que la moindre excitation de la masse musculaire provoque la contracture [1].

Depuis, j'ai pu prouver que, dans la première période du somnambulisme, alors qu'il n'y a nul autre symptôme apparent, on peut constater comme premier phénomène l'augmen-

1. En collaboration avec M. Brissaud, *Comptes rendus de l'Académie des sciences*, août 1879, t. LXXXIX, p. 489.

tation de la tonicité musculaire, qui se traduit par la facilité de la contracture [1].

Mais, en réalité, ce n'est pas seulement avant la période somnambulique que l'excitabilité des muscles est exagérée; c'est encore après que l'attaque de somnambulisme a pris fin. Il est probable, sans que je puisse malheureusement assigner une durée précise à la persistance de ce phénomène, qu'il se prolonge deux ou trois heures, et peut-être plus, après l'état de somnambulisme.

En effet, j'ai pu examiner des jeunes hommes qui avaient présenté, durant cette période, les symptômes habituels de l'état hypnotique : contracture, etc. Or, une demi-heure environ après qu'ils étaient revenus à eux, alors que dans leur allure rien, sinon peut-être un peu de lassitude, ne trahissait une modification physiologique quelconque, ils avaient des muscles tellement excitables qu'on pouvait facilement, en provoquant leur contraction forte, déterminer la contracture de ce muscle. L'expérience était facile à faire sur le triceps brachial et sur les muscles jumeaux de la jambe. A la vérité, cette contracture n'était pas extrêmement violente, et pouvait se relâcher par un certain effort de volonté. Les trois individus que j'ai examinés ainsi présentaient tous les trois ce phénomène.

Il est donc vraisemblable que l'état d'excitabilité musculaire exagérée est un des phénomènes principaux de l'état somnambulique, puisque, d'une part, il précède les autres symptômes et que, d'autre part, il persiste, alors que tous les autres symptômes ont disparu.

L'autre fait, que je viens rapporter ici, est certainement un fait exceptionnel; mais je suis convaincu qu'en dirigeant l'attention de ce côté, on parviendrait à recueillir un certain nombre de cas analogues.

Il s'agit d'une femme de 44 ans, mère de famille, trois fils

1. *Archives de physiologie*, 1881, p. 155.

dont l'aîné a 25 ans, qui n'a jamais présenté les symptômes de l'hystérie confirmée. Tout au plus a-t-elle ressenti autrefois quelques-uns de ces vagues phénomènes communs à presque toutes les jeunes femmes, et qui ne suffisent pas à caractériser une affection morbide. En tout cas, elle n'a jamais eu de crise ou d'attaque. En outre on n'a jamais fait sur elle d'expériences de magnétisme ou d'hypnotisme. Cette personne peut donc être considérée comme étant dans un état tout à fait physiologique.

Or si, sans faire de passes, sans provoquer la fixation du regard, on presse un peu fortement les masses musculaires de l'avant-bras ou du bras, on détermine alors la contracture de ces muscles, contracture qui se présente avec tous les caractères classiques et qui peut être indifféremment provoquée sur les extenseurs, les fléchisseurs des doigts, les fléchisseurs du pouce, le biceps ou le triceps brachial, etc. En un mot, elle est normalement dans le même état que les hystériques atteintes d'*hysteria major*.

Tout d'abord ces contractures sont un peu difficiles à provoquer; mais peu à peu elles surviennent de plus en plus facilement, si bien qu'au bout de quelques minutes de relâchements et de contractions successives on peut observer des contractures aussi intenses que n'importe quelle contracture pathologique ancienne.

Ces contractures provoquées disparaissent avec une facilité extrême, et il suffit d'une excitation très légère, comme par exemple l'insufflation, ou un bruit soudain, pour la faire cesser[1].

On peut aussi, chez cette personne, faire une expérience assez intéressante, car elle jette quelque lumière sur la nature physiologique de ces phénomènes. Si on lui prend la main et qu'on imprime à cette main un léger mouvement oscillatoire, pendant une demi-minute à une minute environ, ce mouve-

1. Ce fait est la confirmation formelle des expériences de MM. Bubnoff et Heidenhein, *Archives de Pflüeger*, t. XXV, fasc. 3 et 4.

ment ne pourra plus être arrêté par sa volonté. La première fois que j'ai fait l'expérience, à notre grande surprise à tous deux, le mouvement d'oscillation de la main a continué pendant près de dix minutes sans que la volonté ait pu l'entraver. Les oscillations vont même en s'exagérant tant soit peu, de sorte que leur amplitude devient de plus en plus grande.

Il est permis de supposer que la cause de ce phénomène est la même que celle de la contracture. Par suite d'une disposition individuelle bizarre, les centres psychiques ne peuvent pas exercer leur autorité sur la moelle, de sorte que l'excitabilité médullaire réflexe est exagérée : les contractions persistent à l'état de contractures, de même que les mouvements automatiques dus à la moelle se prolongent sans que la volonté puisse les faire cesser.

En tout cas, il est remarquable de voir ces phénomènes se manifester à l'état physiologique sans qu'on puisse invoquer l'hystérie, l'hystéro-épilepsie, le magnétisme ou l'hypnotisme.

Quoique, pour beaucoup de raisons diverses, il soit difficile d'étudier ce cas d'une manière approfondie, j'espère cependant pouvoir bientôt donner à la Société plus de détails à ce sujet.

# LXIII

## CONTRIBUTION AUX PARALYSIES
## ET
## AUX ANESTHÉSIES RÉFLEXES

**Par M. Charles Richet.**

---

J'ai observé sur moi-même un fait qui pourra servir à l'étude de la paralysie du radial, paralysie dont la cause, malgré d'importants travaux, est encore assez obscure.

Chez moi, sous l'influence du froid, il se produit certains troubles de la sensibilité et de la motilité dans la sphère soit du radial soit du cubital.

Ce n'est pas sous l'influence de l'abaissement même de température que se produit ce phénomène. Même pendant les plus grands froids, je n'observe rien de semblable. Il faut un certain froid, à savoir l'exposition des mains non gantées à l'air vif, alors qu'il y a un vent assez fort et une température modérément basse. Si la température est très basse, les mains deviennent glacées, bleuâtres; il y a l'*onglée*, la cyanose de la main; mais les troubles de la sensibilité ne sont pas ceux que je vais décrire.

Un quart d'heure ou une demi-heure environ après que

les mains ont été exposées au vent et au froid moderé, il se fait dans la sphère du radial, quelquefois aussi, mais plus rarement, dans la sphère du cubital, un léger degré d'anesthésie. Cette anesthésie se manifeste par les symptômes habituels : engourdissement, insensibilité au contact léger, fourmillement, exagération de la sensibilité douloureuse, retentissement d'une excitation superficielle dans toute la sphère nerveuse voisine, sentiment de chaleur ou de froid, et non de toucher provoqué par une excitation tactile.

En un mot, sous l'influence du froid extérieur, il y a anesthésie superficielle, exactement limitée à la sphère d'innervation, soit du radial, soit du cubital. La limite est parfois si exacte qu'elle s'arrête à la moitié du médius ; un côté étant normal, et l'autre étant engourdi.

Rarement il y a des troubles de la motilité; cependant, une ou deux fois, j'ai constaté quelque diminution de l'agilité des mouvements et de leur force.

Un fait est surtout à noter, qui a une très grande importance pour l'explication des phénomènes; c'est que presque toujours cette paralysie est symétrique, portant sur les deux mains, alors même qu'une seule main est restée exposée à l'air.

Ces phénomènes d'anesthésie sont assez passagers ; mais, lorsque la cause qui les a provoqués a cessé, ils persistent environ une demi-heure et parfois une heure. La sensibilité repasse alors par les mêmes phases, mais en sens inverse, qu'elle avait parcourues tout à l'heure.

Quant aux troubles vaso-moteurs, je ne les ai constatés qu'une fois; cette fois-là, il y eut le phénomène connu sous le nom de *doigt mort*, l'index de la main droite étant, jusqu'à la deuxième articulation, absolument livide et cadavérique; mais l'insensibilité était encore dans le pouce droit, où la circulation paraissait à peu près normale, à l'index et au pouce gauches, où la circulation paraissait aussi intacte.

L'explication de ces phénomènes est loin d'être simple, et

je n'en saurais guère donner qu'une théorie peu satisfaisante.

1° Il faut exclure l'hypothèse d'une action locale du froid. En effet, d'abord l'anesthésie est bilatérale : ensuite elle est limitée exactement à la sphère d'un des nerfs de la main. Donc il faut absolument admettre que c'est une paralysie de cause centrale.

2° On ne comprend pas non plus que la température des troncs nerveux périphériques soit modifiée ; à la rigueur, on pourrait l'admettre pour le radial, mais pour le cubital, l'explication est inadmissible. D'ailleurs, l'anesthésie porte sur les deux mains de droite et de gauche, même quand une seule main est découverte. Quant à la moelle, il est clair que sa température reste invariable, quelle que soit la température du dehors.

3° Par élimination, nous arrivons à cette conclusion que c'est une action périphérique se transmettant aux centres. Il s'agit donc d'un phénomène réflexe. Le froid extérieur, agissant sur les terminaisons nerveuses de la main, détermine une excitation de nature spéciale ; cette excitation fait que les vaisseaux capillaires de la région excitée se contractent, et l'anémie locale de la main amène l'anesthésie.

Ce spasme vaso-moteur réflexe n'est pas suffisant pour être manifeste (sauf le jour où il y a eu le phénomène du *doigt mort*) ; mais il suffit sans doute à amener une certaine insensibilité, quoiqu'il n'y ait aucune anémie apparente à ce moment.

Telle est, je crois, la seule explication plausible de ce fait qui intéresse l'étiologie de la paralysie radiale. C'est, à mon sens, un spasme vaso-moteur, incomplet, réflexe *a frigore*, qui détermine ce léger degré d'anesthésie.

D'autres personnes, sans doute, en s'observant avec quelque soin, pourront, sous l'influence des mêmes causes, retrouver le même phénomène.

# LXIV

## RADIATION CALORIQUE APRÈS TRAUMATISME

### DE LA MOELLE ÉPINIÈRE

**Par M. P. Langlois.**

La section totale de la moelle épinière détermine chez les animaux opérés un abaissement progressif de la température interne. La chute thermique dans les vingt-quatre heures peut dépasser 18 à 20° (CLAUDE BERNARD, TSCHERSCHICHIN, POCHOY, etc.)[1]. D'autre part, l'élévation de la température, après section de la moelle, qui d'après SCHIFF avait été signalée dès 1839 par H. NASSE, a été mise en lumière par les expériences multipliées de BROWN-SÉQUARD. Depuis cette date (1853), les observations d'élévations thermiques avec hémisection et même section totale ont été nombreuses. Mais il s'agit dans ce cas d'une élévation le plus souvent passagère.

L'abaissement thermique s'explique par un rayonnement

1. CLAUDE BERNARD, « Leçons sur la chaleur animale », p. 161. — TSCHERSCHICHIN, *Zur Lehre von der Thierischen Wärme* (*Reichert's und Du Bois-Reymond's Archiv* 1866). — NAUNYN et QUINCKE, *Reichert's und Du Bois-Reymond's*, 1869? — ROSENTHAL, *Zur Kenntniss der Warmeregulirung*, etc. (*Centralblatt f. med. Wiss.*, 1872, p. 840).

plus considérable, mais que devient dans ce cas la thermogénèse?

L'expérience de Naunyn et Quincke est à cet égard fort intéressante. Si l'animal est maintenu, après la section médullaire, dans une température à 26 ou 30° ou bien entouré de ouate, on voit sa température, loin de baisser, augmenter et cette élévation peut atteindre 3°,2 (de 39°,6 à 42°,3). Il faut ajouter que Riegel, Rosenthal, Pochoy, en se plaçant dans des conditions analogues, n'ont pas vu se produire cette élévation thermique.

Il nous a paru utile, en face de ces résultats contradictoires, d'appliquer les méthodes calorimétriques à cette étude, et de rechercher quelles étaient les variations de la radiation calorique après les sections ou hémisections de la moelle. Déjà, en 1881, M. d'Arsonval [1] avait indiqué incidemment, à propos du rayonnement spécifique de la peau, l'augmentation de la radiation chez les animaux à moelle sectionnée, mais il s'était contenté de signaler le fait sans donner de chiffres et en appelant l'attention sur l'intérêt de cette question.

Dans toutes les expériences que j'ai faites, j'ai toujours cherché à produire la section complète; mais la nécessité de ne pas endormir les animaux (la narcose modifiant par trop les phénomènes thermogéniques), d'opérer rapidement entre deux mesures calorimétriques rendait cette opération très délicate, et très souvent je n'ai fait qu'une section incomplète, ainsi qu'il était facile de le constater soit chez l'animal vivant, soit à la nécropsie.

Mes premières recherches, faites en 1888, ont été signalées par mon maître M. Ch. Richet, dans son ouvrage : *la Chaleur animale* (1889, p. 243). Trois ans plus tard, j'ai communiqué quelques-uns de mes résultats [2].

Enfin j'ai continué ces observations depuis cette époque,

1. D'Arsonval, *Bull. Soc. de Biol.*, 18 juin 1881.

2. P. Langlois, « Des variations de la radiation calorique consécutves aux traumatismes de la moelle épinière. » (*Bull. Soc. de Biol.*, 28 novembre 1891.)

les reprenant chaque fois qu'un perfectionnement pouvait être apporté aux appareils calorimétriques.

J'ai utilisé les calorimètres à air soit de M. Ch. Richet, soit de M. d'Arsonval; ces appareils sont du reste construits sur un principe identique et la plupart des recherches faites depuis 1887, sur la calorimétrie directe, ont été poursuivies, dans tous les laboratoires, avec des appareils de ce genre, plus ou moins modifiés [1].

J'ai du reste employé indifféremment les procédés de mesures proposés par ces deux physiologistes pour ces appareils : siphon avec écoulement d'eau, manomètre, cloche enregistrante. L'appareil de Ch. Richet, constitué par un tube de cuivre roulé sur lui-même, avait cet avantage de permettre l'équilibre thermique à peu près immédiat entre la surface rayonnante et la surface intérieure réceptrice de la chaleur; le même résultat vient d'être obtenu par M. d'Arsonval par l'établissement d'entretoises métalliques reliant les deux cylindres.

Le système à siphon présente le grand inconvénient de ne pas permettre d'adapter un appareil compensateur, comme il est facile de le faire avec le manomètre, la cloche enregistrante de M. d'Arsonval, ou mieux encore avec le nouvel appareil du même auteur [2].

Quels que soient les systèmes de compensation adoptés, on ne peut faire de bonnes observations que dans une chambre à température fixe. La question de la constante de l'ambiante est des plus importantes, et nous avons autant que possible fait nos mesures en disposant l'appareil dans une cave de la Faculté, très grande, bien close et où la température dans les vingt-quatre heures oscillait de deux dixièmes de degré au plus.

1. P. Langlois. « Note sur les récents travaux de calorimétrie » (*Travaux du laboratoire de M.* Ch. Richet, 1892, t. I, p. 342).

2. D'Arsonval. « Perfectionnements nouveaux apportés à la calorimétrie animale. Thermomètre différentiel enregistreur. » *Bull. Soc. Biol.*, 7 fév. 1894.

### Expérience I.

Cobaye de 495 grammes. Hémisection de la moelle à la hauteur de la 6e vertèbre dorsale. La section est incomplète. Immédiatement après l'opération, le train postérieur était complètement paralysé; mais, une heure après, on constate de légers mouvements dans la patte postérieure gauche.

| | Calories[1]. | Température. |
|---|---|---|
| 14 février. Avant l'opération. . . . . | 7,600 | 39°,75<br>38,75 |
| Immédiatement après l'opération . . | 11,600 | 38,50<br>37 |
| La deuxième heure. . . . . . . . . | 8,300 | 37<br>36,75 |
| 15 février . . . . . . . . . . . . . | 9,130 | 36,50 |
| 16 février . . . . . . . . . . . . . | 8,300 | 37,85 |
| 17 février . . . . . . . . . . . . . | 9,400 | 36,80 |

### Expérience II.

Cobaye de 525 grammes. Section incomplète à la hauteur de la 1re lombaire.

| | Calories. | Température. |
|---|---|---|
| Avant l'opération. . . . . . . . . . | 6,400 | 38°,90 |
| L'heure suivante.. . . . . . . . . . | 8,500 | 33,80<br>34,75 |
| La deuxième heure. . . . . . . . . | 5,440 | 34,75<br>29,75 |
| Le lendemain . . . . . . . . . . . | 7,470 | 37 |

### Expérience III.

Cobaye de 530 grammes. Section complète à la hauteur de la 5e dorsale.

| | Calories. | Température. |
|---|---|---|
| Avant l'opération. . . . . . . . . . | 7,400 | 39° |
| L'heure suivante.. . . . . . . . . . | 10,200 | 37,35<br>26 |
| La deuxième heure. . . . . . . . . | 5,600 | 26<br>20 |

L'animal meurt dans la nuit.

1. Les chiffres indiqués répondent aux quantités de calories dégagées par kilogramme d'animal et par heure.

EXPÉRIENCE IV.

Cobaye de 525 grammes. Hémisection à la hauteur de la 4e dorsale.

| | Calories. | Température. |
|---|---|---|
| Avant l'opération. . . . . . . . . . . | 7,600 | 38°75 |
| L'heure suivante . . . . . . . . . . . | 10,790 | 37<br>33,65 |
| La deuxième heure. . . . . . . . . | 8,550 | 33,85<br>30 |

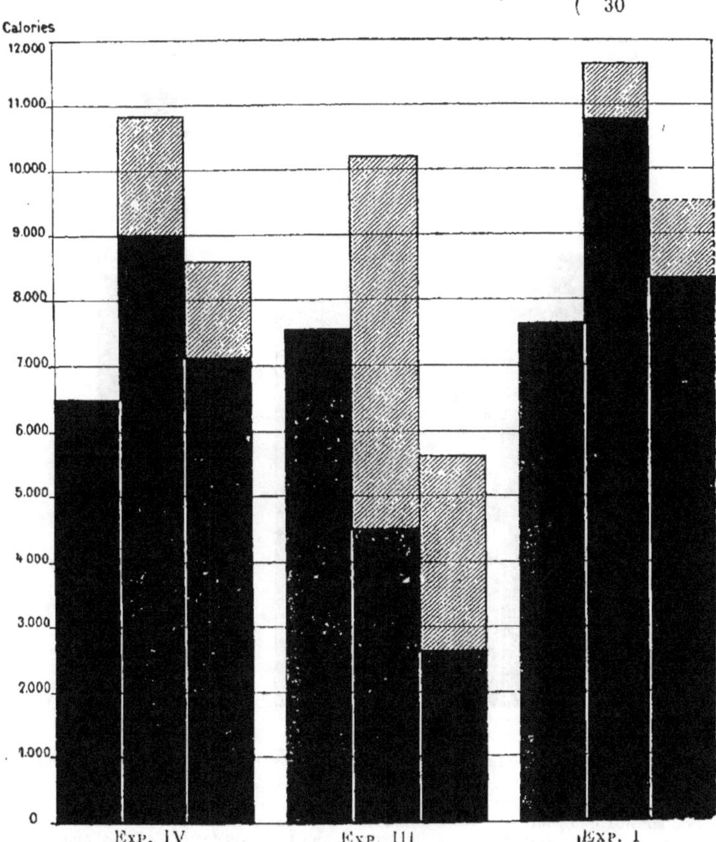


Fig. 153. — Graphique de la radiation calorique chez les cobayes après traumatisme de la moelle.

La colonne entière indique la quantité totale des calories cédées au calorimètre. La partie hachée représente le nombre de calories cédées par le refroidissement du corps de l'animal. Lire de gauche à droite. La première colonne indique les calories avant la section médullaire pour chaque expérience.

## Expérience V.

Lapin de 3kg, 100. Section complète à la hauteur de la 7e dorsale.

| | Calories. | Température |
|---|---|---|
| Avant l'opération. . . . . . . . . . | 3,100 | 39° |
| Après l'opération. . . . . . . . . . | 3,450 | 38,90<br>38,20 |
| La deuxième heure. . . . . . . . . | 3,000 | 38,20<br>36,80 |

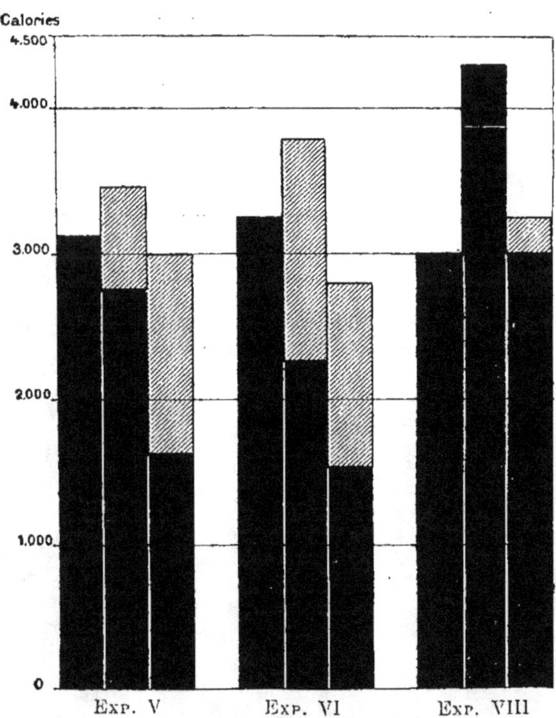


Fig. 154. — Graphique de la radiation calorique chez les lapins après traumatisme de la moelle.

Même dispositif que pour la figure I. Dans la deuxième colonne de l'expérience VIII, la partie en noir séparée par le trait blanc donne la quantité de calories employées par l'animal pour s'échauffer et non enregistrées par le calorimètre.

## Expérience VI.

Lapin de 3kg,200. Section incomplète à la hauteur de la 6e dorsale. Cordons antérieurs et cornes antérieures (?) non sectionnés.

| | Calories. | Température. |
|---|---|---|
| Avant l'opération. . . . . . . . . . | 3,250 | 38°,85 |
| Après l'opération. . . . . . . . . . | 3,800 | 38 ,75<br>37 ,25 |
| La deuxième heure. . . . . . . . . | 2,800 | 37 ,25<br>36 |

EXPÉRIENCE VII.

Lapin de $3^{kg}$,150. Section incomplète vers la 4e dorsale. Hémorragie abondante pendant l'opération. Cordons antéro-latéraux droits non sectionnés. Compression de la moelle?

| | Calories. | Température. |
|---|---|---|
| Avant l'opération. . . . . . . . . . | 3,500 | 39° |
| Après l'opération. . . . . . . . . . | 3,600 | 37<br>35,20 |

**Mort** pendant la deuxième heure.

EXPÉRIENCE VIII.

Lapin de 3 kilogrammes Section incomplète à la hauteur de la 4e dorsale. Cordons postérieurs seuls coupés. Substance grise presque intacte.

| | Calories. | Température |
|---|---|---|
| Avant l'opération. . . . . . . . . . | 3,000 | 39°10 |
| Après l'opération. . . . . . . . . . | 3,900 | 38,10<br>38,50 |
| La deuxième heure. . . . . . . . . | 3,250 | 38,50<br>38,25 |
| Le lendemain ($2^{kg}$,800) . . . . . . . | 3,150 | 37,90<br>37,75 |
| Le troisième jour ($2^{kg}$,500) . . . . . | 2,500 | 37,80<br>37,80 |

EXPÉRIENCE IX.

Lapin de $2^{kg}$,850. Section complète à la hauteur de la 6e dorsale.

| | Calories. | Température. |
|---|---|---|
| Avant l'opération. . . . . . . . . . | 3,500 | 38°80 |
| Après l'opération . . . . . . . . . | 3,000 | 38,75<br>36,25 |
| La deuxième heure. . . . . . . . . | 2,200 | 36,25<br>35 |

Expérience X.

Lapin de $2^{kg},800$. Section incomplète à la hauteur de la 6e dorsale. Nécropsie non faite.

| | Calories. | Température. |
|---|---|---|
| Avant l'opération. . . . . . . . . . | 3,400 | 38°,70 |
| Après l'opération. . . . . . . . . . | 3,850 | 38<br>37,10 |
| La deuxième heure. . . . . . . . . | 3,650 | 37,10<br>36,25 |
| Le lendemain . . . . . . . . . . . | 3,250 | 36,45<br>36,35 |

Si l'on ne tient compte que des résultats bruts obtenus par les mesures calorimétriques, on voit que dans presque toutes les expériences, la radiation calorique a été augmentée par le traumatisme de la moelle. Chez les cobayes surtout cette augmentation peut être considérable, plus de 30 p. 100. En même temps, il se produit un abaissement thermique considérable. Que cet abaissement thermique central soit dû à une vaso-dilatation périphérique entraînant une hyperradiation considérable, le fait nous paraît hors de doute. Mais il était important de chercher quelles étaient les perturbations apportées dans les rapports entre la production de chaleur et la radiation thermique. Les données thermométriques ne peuvent fournir qu'un résultat brut : le maintien ou la rupture de l'équilibre entre ces deux facteurs.

Quand la température de l'animal en observation reste constante pendant la durée de l'expérience, il suffit de constater si, chez un animal à température anormale, la radiation calorique est augmentée ou diminuée pour conclure à une exagération de la thermogénèse ou à une rétention de calorique. Dans les cas de traumatisme de la moelle les données sont plus complexes.

Les mesures calorimétriques avec les appareils actuels exigent un laps de temps assez considérable, une heure au moins, pour permettre d'atténuer les causes d'erreur dues aux manipulations mêmes de l'appareil et à l'établissement de l'équilibre dans l'échauffement des parois de l'appareil. Pendant ce temps la température de l'animal subit des variations considérables et que l'on ne saurait négliger.

Supposons un animal de 500 grammes (exp. I) placé dans le calorimètre à la température de 38°,50. Au bout d'une heure, l'appareil indique une radiation de 5 800 calories (soit 11 600 par kilog.). Mais le thermomètre nous montre que la température rectale s'est abaissée pendant cette heure de 1°,50. Or si l'on admet que la chaleur spécifique du corps est sensiblement égale à 0,83, que l'abaissement thermique mesuré dans le rectum donne le chiffre moyen de la température générale du corps, on peut calculer qu'un animal de 500 grammes a cédé à l'appareil, pour se refroidir de 1°,50, 620 micro-calories; il faut donc déduire, pour avoir la production de calories, cette quantité cédée par le corps. C'est ce que nous avons voulu bien mettre en évidence dans les graphiques annexés à ce mémoire, en décomposant en deux parties les colonnes indiquant la quantité de calories rayonnées. Les parties hachées correspondent à la perte de chaleur due au refroidissement de l'appareil. De même, dans l'expérience VIII, la température de l'animal ayant augmenté de 0,40, nous avons ajouté, au-dessus de la colonne pleine indiquant la quantité de calories rayonnées, les 350 calories utilisées par l'animal pour porter sa température de 38°,10 à 38°,50 et qui nécessairement doivent entrer en ligne de compte dans le calcul de la production de chaleur. En un mot, sur un animal à température variable, la quantité de calories réellement produites par lui est donnée par la formule

$$C - \frac{Q - (t\text{-}t')P\delta}{P}$$

Q étant la quantité de calories mesurée, t-t' la variation de température, positive ou négative, P le poids de l'animal, $\delta$ la chaleur spécifique du corps. Il est évident que ces chiffres ne peuvent être qu'approximatifs. Nous admettons, dans nos calculs, que la chaleur spécifique du corps est égale à 0,83, alors qu'elle est légèrement variable et, objection plus grave, que les variations de la température rectale indiquent les variations moyennes de la température totale.

De nombreuses observations, faites avec des thermomètres à réservoir munis de pointes métalliques et permettant de les introduire dans les masses musculaires, nous ont montré qu'approximativement au moins, le chiffre pris dans le rectum pouvait être considéré comme indiquant avec une exactitude suffisante le refroidissement total du corps, au moins, quand il s'agit d'observations prises pendant un temps assez long [1].

En tenant compte de ces considérations, on voit que si, dans presque toutes les observations, le rayonnement calorique a été exagéré après le traumatisme de la moelle, l'activité de la thermogénèse a présenté des différences importantes. Dans quelques cas d'hémisection, non seulement il y a eu, par suite de la vaso-dilatation, exagération de la radiation, mais encore suractivité thermogénique. Sous l'influence du traumatisme, les combustions interstitielles ont augmenté. Dans les autres cas, au contraire, la vaso-dilatation seule doit être incriminée dans l'augmentation de la quantité de chaleur émise, et l'activité des combustions avait diminué; il en a toujours été ainsi quand la section avait été complète : ces observations calorimétriques sont en concordance avec les recherches sur l'activité des échanges respiratoires chez les chiens à moelle sectionnée. MM. Hanriot et Ch. Richet ont vu, dans ce cas, la production d'acide carbonique tomber au sixième de la quantité normale [2].

En résumé : les recherches calorimétriques montrent qu'a-

1. P. Langlois. « Calorimétrie directe chez l'homme. » *Thèse de Paris*, 1887 (*Journal d'anatomie et de physiologie*, 1887, p. 321). J'étais arrivé après de nombreuses mesures sur les enfants à des conclusions analogues.

2. Ch. Richet. « *La chaleur animale* », p. 167.

près traumatisme de la moelle (section ou hémisection), sauf de rares exceptions, la radiation calorique est augmentée dans les premières heures qui suivent l'opération. La production de chaleur dans certains cas d'hémisection est elle-même accrue, quelquefois même dans des proportions suffisantes pour annihiler les pertes par radiation dues à la vaso-dilatation périphérique, et amener de l'hyperthermie; toutefois, dans le cas de section complète de la moelle, la diminution de la thermogénèse a été la règle.

# LXV

# POUVOIR DIGESTIF DU PANCRÉAS

## DANS L'ÉTAT DE JEUNE

## CHEZ LES ANIMAUX NORMAUX ET DÉRATÉS [1]

**Par MM. J. Carvallo et V. Pachon.**

---

Le travail d'élaboration des principes digestifs du pancréas a-t-il lieu exclusivement aux divers moments de la digestion? Ou, au contraire, la glande pancréatique renferme-t-elle et continue-t-elle elle à accumuler, en dehors des phases périodiques de la digestion, ses ferments spéciaux (la trypsine, en particulier) ou, au moins, les principes générateurs de ces ferments? Tel est le sujet de ce travail.

C'est là une étude qui n'intéresse pas seulement la physiologie spéciale de la digestion; elle se rattache directement à un problème de physiologie glandulaire générale bien important. Les glandes — quelles qu'elles soient — procèdent-elles, dans l'élaboration de leurs principes actifs, par intermit-

1. Les premiers résultats de ces recherches ont fait le sujet d'une communication à la Société de Biologie, le 17 juin 1893 (*Comptes rendus de la Société de Biologie*, 1893, p. 641).

tences, par périodes, quand viennent les solliciter au travail des excitants spéciaux, comme les aliments, par exemple, pour les glandes digestives? Ou bien, au contraire, en dehors des phases intermittentes de plus grande activité, existe-t-il pour les cellules glandulaires des états constants, continus, de moindre activité ? De même que le muscle, tout en n'entrant en travail effectif, en contraction apparente que sous l'influence de certains excitants, de la volonté, par exemple, n'en possède pas moins d'une façon constante un tonus permanent ; de même, ne doit-on pas admettre pour les glandes un certain *tonus glandulaire* permanent, représentant, en définitive, un état moindre — mais continu — de travail, d'activité, tout comme le *tonus musculaire?* Le problème ainsi posé, il est évident que l'étude des glandes digestives, que l'on peut à loisir surprendre au moment de leur période d'activité maxima, correspondant à la digestion, et, en dehors de cette période, est faite mieux que toute autre pour y porter quelque éclaircissement.

Nous nous sommes donc proposé de rechercher si le ferment protéolytique du pancréas ou, tout au moins, si la substance (zymogène, protrypsine) dont il dérive — la théorie de Heidenhain supposée exacte — est le produit d'une activité continue des cellules glandulaires, possible indépendamment de toute excitation spéciale de nature alimentaire. L'étude du pouvoir digestif (vis-à-vis des albuminoïdes) de la glande pancréatique dans l'état de jeûne, c'est-à-dire l'état de prétendu repos, se trouvait ainsi tout indiquée.

Nos expériences ont porté sur deux séries d'animaux (chiens) à jeun : les uns normaux, les autres dératés. Les diverses méthodes, suivant lesquelles ont été préparés les *extraits glandulaires* qui ont servi à nos essais de digestion artificielle, sont relatées au cours de nos expériences.

# I

## Les extraits du pancréas des animaux (chiens) normaux, à jeun, digèrent la fibrine.

EXPÉRIENCE I.

Un chien de 11$^{k}$,200 est mis à jeun, le 18 mai ; jeûne absolu : l'animal n'a ni à boire, ni à manger. On le sacrifie par piqûre du bulbe, le 23 mai. Le pancréas est enlevé pendant que le cœur de l'animal bat encore; il s'agit donc là d'un pancréas absolument *frais* et *chez un animal à jeun* depuis 5 jours.

La glande, qui pèse 29 grammes, est divisée en 5 parties égales.

La première partie, broyée en petits morceaux, est placée avec 2 grammes de fibrine dans 100 grammes d'une solution phéniquée à 2 p. 100, qu'on alcalinise faiblement avec une quantité suffisante de $CO^3Na^2$ ; le tout est mis dans un petit ballon PASTEUR et exposé à l'étuve à 40°. Le liquide de digestion, à forte odeur phéniquée, examiné après 24 heures, précipite abondamment par $AzO^3H$, et, après filtration, donne à froid une réaction franche de biuret [1]. Il y a donc eu dissolution et peptonisation de fibrine ; il reste des grumeaux de glande et de fibrine dans le liquide.

La deuxième partie, exposée d'abord à l'oxygène pendant 24 heures [2], est ensuite traitée de la même façon et donne des résultats identiques, aussi nets, sans être plus accentués.

La troisième partie sert à préparer un extrait pancréatique suivant la méthode de HEIDENHAIN (broiement de la glande avec son poids d'une solution de $C^2H^4O^2$ à 1 p. 100 et infusion pendant trois jours avec dix fois son poids de glycérine). L'extrait filtré, alcalinisé faiblement par une quantité suffisante de $CO^3Na^2$ et étendu de 100 grammes d'eau distillée, est placé dans un ballon PASTEUR avec 2 grammes de fibrine et mis à l'étuve à 48°. Au bout de trois heures, la fibrine est fortement

1. Pour la recherche des peptones nous avons également traité nos liquides de digestion, dans le but de précipiter les propeptones, par le ferrocyanure de potassium acidulé par l'acide acétique ; puis, après avoir laissé reposer vingt-quatre heures et filtré ensuite, recherché le biuret dans les liquides filtrés. Dans ces conditions, nous avons toujours obtenu le biuret à froid toutes les fois que nous l'avions obtenu, également à froid, dans les liquides filtrés après précipitation par $AzO^3H$.

2. A part cette seule fois, les pancréas qui ont servi à faire nos extraits et nos infusions ont toujours été broyés immédiatement après leur extirpation de l'animal vivant, *sans exposition préalable à l'air* d'une durée dépassant cinq minutes.

attaquée, déjà ramollie; après six heures, la fibrine est totalement dissoute; le liquide clair, sans mauvaise odeur, précipite très légèrement par $AzO^3H$ et, après filtration, donne à froid une très belle réaction de biuret. Avec cet extrait, la peptonisation de la fibrine a donc été presque complète en six heures.

La quatrième partie, broyée, est mise à macérer pendant quarante-huit heures à 28° avec 24 grammes de la solution suivante :

| | | |
|---|---|---|
| Eau........................ | 70 | grammes. |
| Glycérine.................... | 25 | — |
| Acide phénique cristallisé..... | 5 | — |

Cet extrait glycéro-phéniqué filtré, alcalinisé faiblement par une quantité suffisante de $CO^3Na^2$ et étendu de 100 grammes d'eau distillée, est placé dans un ballon Pasteur avec 2 grammes de fibrine et mis à l'étuve à 40°. Après vingt et une heures la fibrine est presque entièrement dissoute; restent seulement quelques grumeaux. Ce liquide, légèrement trouble, à forte odeur phéniquée, précipite abondamment par $AzO^3H$ et, après filtration, donne à froid une réaction franche de biuret. Donc dissolution totale et peptonisation partielle de la fibrine.

La cinquième partie est broyée avec un poids égal de rate prise sur un chien que l'on vient de sacrifier six heures après lui avoir donné un copieux repas. La masse pancréatico-splénique est mise ensuite avec 2 grammes de fibrine dans 100 grammes d'une solution phéniquée à 2 p. 100, qu'on alcalinise faiblement avec une quantité suffisante de $CO^3Na^2$; le tout est placé à l'étuve à 40°. Après vingt-quatre heures, une faible partie de la fibrine seulement a été dissoute; ce liquide est trouble, précipite par $AzO^3H$, et, après filtration, a une tendance légère à donner le biuret. Après quarante-huit heures, précipitation par $AzO^3H$ et biuret à froid dans le liquide filtré; il reste un léger résidu de fibrine inattaquée. La rate en digestion a donc plutôt gêné que favorisé la digestion de la fibrine par le pancréas à jeun, contrairement à l'opinion de Herzen.

### Expérience II.

Un chien de 7kg,100 est à jeun depuis le 27 mai. Le 31 mai, à 10 heures du matin, on pratique la gastrectomie à cet animal, qui meurt à 7 heures du soir, avec une température de 34°, sans phénomènes inflammatoires du côté du péritoine. Le pancréas est alors enlevé, il pèse 23 grammes. On le divise en trois parties égales.

La première partie, broyée, est placée avec 2 grammes de fibrine dans 100 grammes d'une solution phéniquée à 2 p. 100, qu'on alcalinise faiblement avec une quantité suffisante de $CO^3Na^2$; le tout est mis à l'étuve à 40°. Après vingt-deux heures, une grande partie de la fibrine est dissoute, ce qui reste est ramolli ; le liquide, trouble, à odeur phéniquée forte, précipite par $AzO^3H$ et, après filtration, donne à froid la réaction du biuret. La fibrine est entièrement dissoute au bout de quarante-huit heures ; à ce moment le liquide précipite toujours par $AzO^3H$ et, après filtration, donne le biuret. Donc globulines et peptones.

La deuxième partie est traitée par la méthode Heidenhain. L'extrait filtré, alcalinisé faiblement par une quantité suffisante d'une solution de $CO^3Na^2$ et étendu de 100 grammes d'eau distillée est placé avec 2 grammes de fibrine, dans un verre à expérience et mis à l'étuve à 40°. Après trois heures, la fibrine commence à être attaquée, c'est-à-dire à se ramollir. Après sept heures, la fibrine est presque totalement dissoute ; il reste seulement un petit résidu ; la liqueur claire, sans mauvaise odeur, précipite par $AzO^3H$ et, après filtration, donne à froid le biuret.

La troisième partie est traitée par 28 grammes du mélange glycéro-phéniqué :

| | | |
|---|---|---|
| Eau.................... | 70 | grammes. |
| Glycérine.............. | 25 | — |
| Acide phénique......... | 5 | — |

et mise à macérer pendant quarante-huit heures à la température de 28°. L'extrait est alors filtré, étendu de 100 grammes d'eau distillée et alcalinisé faiblement par une quantité suffisante de $CO^3Na^2$ ; on le place ensuite avec 2 grammes de fibrine dans un verre à expérience à l'étuve à 40°.

Après dix-huit heures, la fibrine est en grande partie dissoute, ce qui reste est ramolli ; le liquide clair, à forte odeur phéniquée, précipite par $AzO^3H$ et, après filtration, donne à froid la réaction du biuret.

Après vingt-huit heures, mêmes réactions : il reste un léger résidu de fibrine. Donc dissolution, peptonisation de fibrine ; en un mot, digestion.

### Expérience III.

Chien de 8 kilogrammes, soumis à un jeûne absolu de 12 jours, du 5 au 17 juin. A cette dernière date, il est sacrifié par piqûre du bulbe. Le pancréas, enlevé pendant que le cœur de l'animal bat encore (pancréas frais), pèse 18 grammes. Il est de coloration très pâle ; on le broie immédiatement avec du verre et on en fait trois parts :

La première partie sert à préparer un extrait glycéro-acétique (méthode Heidenhain).

La deuxième partie sert à préparer un extrait glycéro-salicylique, pour lequel 6 grammes de glande sont traités par 30 grammes de glycérine et 30 grammes d'une solution d'acide salicylique à 1/000°.

La troisième partie est infusée dans 60 grammes d'une solution de $CO^3Na^2$ à 2 p. 100, qu'on a laissée préalablement se saturer à froid de thymol, après y avoir fait dissoudre à chaud 1 gramme de cet antiseptique.

Les deux extraits et l'infusion alcaline sont laissés à macérer pendant trois jours à la température du laboratoire. Au bout de ce temps, après filtration, on les additionne de 100 grammes d'eau distillée et de 2 grammes de fibrine, et on les met à l'étuve à 40°. Ces deux extraits acides sont alcalinisés avant d'être mis à l'étuve.

L'extrait glycéro-acétique a digéré (dissolution totale et peptonisation partielle) la fibrine en huit heures.

L'extrait glycéro-salicylique et l'infusion alcaline ont digéré en sept heures.

## II

## Les extraits du pancréas des animaux (chiens) dératés et à jeun digèrent la fibrine.

### Expérience IV.

Chien de 8 kilogrammes. Splénectomie le 11 avril. L'animal pèse 8kg,750 le 27 mai suivant. A ce moment, 27 mai, il est mis à jeun (ni aliments, ni boissons). Sacrifié par piqûre du bulbe le 1er juin. A l'autopsie, pas de rate supplémentaire. Le pancréas, enlevé pendant que le cœur de l'animal bat encore (il s'agit ainsi d'un pancréas absolument frais), pèse 21 grammes.

Comme dans l'expérience II, la glande est divisée en trois parties et sert à trois essais de digestion artificielle : la première partie, broyée, est placée avec 2 grammes de fibrine dans 100 grammes d'une solution phéniquée à 2 p. 100, faiblement alcalinisée ; le tout est déposé à l'étuve à 40°. — La deuxième partie est traitée par la méthode Heidenhain ; la troisième partie est mise à macérer dans notre mélange glycéro-phéniqué pendant quarante-huit heures, à la température de 28°. Ces trois extraits, filtrés, étendus de 100 grammes d'eau distillée, et faiblement alcalinisés, sont mis à l'étuve à 40° avec 2 grammes de fibrine. — Dans les trois essais la fibrine a été totalement dissoute et en partie peptonisée, en vingt-deux heures dans le premier, en dix heures dans le second, en vingt-quatre heures dans le troisième.

### Expérience V.

Chien de 6kg,600. Splénectomie le 4 mai. L'animal pèse le 3 juin 6kg,400. A cette date l'animal est mis à jeun ; on le sacrifie le 8 juin, par piqûre du bulbe. Le pancréas est enlevé, pendant que le cœur de l'animal bat encore (pancréas frais) ; il pèse 13 grammes.

La glande sert à deux essais de digestion de la fibrine : premier essai de digestion de fibrine, après avoir traité la glande par la méthode HEIDENHAIN ; deuxième essai de digestion de 2 grammes de fibrine, après avoir fait macérer la glande deux jours à 28° dans notre mélange glycéro-phéniqué. — Dans les deux essais il y a eu dissolution totale et peptonisation partielle de la fibrine, après huit heures dans le premier après vingt-quatre heures dans le deuxième essai.

EXPÉRIENCE VI.

Chien de 6kg,400. Splénectomie le 16 mai. Poids le 17 juillet: 6kg,100. A cette date mis à jeun; le 19 juillet, sacrifié, par piqûre du bulbe. Le pancréas, enlevé pendant que le cœur de l'animal bat encore (pancréas frais), pèse 14 grammes. On ne trouve à l'examen de la cavité abdominale ni rate supplémentaire, ni trace de régénération de la rate.

La glande pancréatique, immédiatement broyée avec du verre, sert à préparer un extrait glycéro-salicylique (macération de la glande dans 5 fois son poids de glycérine et 5 fois son poids d'une solution d'acide salicylique à 1/1000e).

L'extrait, après macération de trois jours, à la température du laboratoire (15° à 17°), est filtré, alcalinisé, additionné de 100 grammes d'eau distillée et mis à l'étuve à 40° avec 2 grammes de fibrine. En six heures la fibrine est entièrement dissoute, et peptonisée en partie (la liqueur de digestion précipite par $AzO^3H$, et, après un repos de quelques minutes, le liquide filtré donne à froid une belle réaction de biuret).

## III

## Conclusions.

La lecture de ces expériences montre, on le voit, que l'extrait du pancréas à jeun des animaux, soit normaux, soit dératés, s'est toujours montré d'un pouvoir digestif actif vis-à-vis de la fibrine.

On remarquera que, dans le but de rendre nos expériences de digestion artificielle plus démonstratives, nous avons tenu à opérer le plus souvent en milieu antiseptique. Nous nous sommes servi à cet effet, pour mettre nos liqueurs de digestion à l'abri des influences microbiennes, soit d'acide phénique, soit d'acide salicylique, déjà indiqué par KUHNE pour l'étude de la digestion artificielle pancréatique. — L'extrait qui, à notre avis, doit constituer l'extrait de choix, est l'extrait glycéro-salicylique, tel que nous l'avons formulé (macération de la glande pendant trois jours, à la température ordinaire, dans 5 fois son poids de glycérine et 5 fois son poids d'une solution d'acide salicylique à 1/1000e). L'acide phénique a, en effet, le grave inconvénient de gêner beaucoup la digestion pancréatique, dont il retarde l'évolution dans une mesure vraiment considérable. L'acide salicylique entrave beaucoup moins, au contraire, l'action du ferment protéolytique du pancréas, tout en s'opposant aussi efficacement aux actions microbiennes. — Aussi bien, dans de telles conditions, les liquides digestifs n'ont-ils jamais, dans nos expériences, exhalé aucune mauvaise odeur, ce qui pourrait déjà suffire à éloigner toute hypothèse d'action des microbes de la putréfaction. Pour éloigner cette hypothèse d'une manière définitive, nous avons fait les expériences comparatives suivantes :

### Expérience VII.

100 grammes d'urine alcalinisée faiblement par $CO^3Na^2$ sont mis à l'étuve à 40° avec 2 grammes de fibrine. Au bout de vingt-quatre heures, le liquide dégage une odeur forte, nauséabonde, la fibrine gonflée reste en suspension au milieu du liquide ; après quarante-huit heures, après trois jours, la fibrine est toujours en suspension dans le liquide. Précipitation par Az $O^3$ H ; mais pas de biuret dans le liquide filtré. Il y a donc eu une faible dissolution de fibrine, mais pas de peptonisation, c'est-à-dire pas de digestion.

### Expérience VIII.

100 grammes d'eau de Seine sont mis à l'étuve à 40° avec 2 grammes de fibrine. Après vingt-quatre heures la fibrine a son aspect normal. Après quarante-huit heures, la fibrine est gonflée, mais entièrement en suspension dans le liquide. Après trois jours, les 9/10es de la fibrine restent toujours en suspension ; le liquide légèrement louche, sentant mauvais, précipite par Az $O^3$ H, mais ne donne pas de biuret dans le liquide filtré après précipitation par Az $O^3$ H. Donc faible dissolution de fibrine, mais pas de digestion proprement dite.

### Expérience IX.

Deux morceaux de foie qu'on a laissés quelques minutes sur une table et deux morceaux de pancréas pris sur le même animal à jeun servent à préparer : 1° un extrait du foie et un extrait du pancréas par la méthode Heidenhain (acide acétique et glycérine) ; 2° un extrait du foie et un extrait du pancréas par notre mélange glycéro-phéniqué. Tandis que, dès la septième heure, à l'étuve à 40°, l'extrait Heidenhain du pancréas à jeun a totalement dissous et partiellement peptonisé 2 grammes de fibrine, l'extrait Heidenhain du foie contient, quarante-huit heures après, encore toute sa fibrine intacte. L'extrait glycéro-phéniqué du pancréas à jeun a presque totalement dissous et peptonisé, de son côté, en vingt-quatre heures, 2 grammes de fibrine, tandis que l'extrait glycéro-phéniqué du foie a laissé, après trois jours, la fibrine absolument intacte.

L'expérience IX est, à notre sens, particulièrement démonstrative, si quelqu'un était porté à attribuer dans nos expériences la digestion de la fibrine à toute autre cause, aux microbes, par exemple, qu'au ferment pancréatique protéolytique.

En résumé, *le pancréas des animaux à jeun, normaux ou dératés, pris sur l'animal encore vivant et mis à macérer dans divers véhicules, dont la glycérine en particulier peut être la base, donne des extraits qui, toujours, sont capables de digérer la fibrine.*

Autrement dit, il est possible d'obtenir avec le pancréas des animaux en état de jeûne, aussi bien qu'avec le pancréas des animaux sacrifiés en pleine digestion, le ferment tryptique [1].

Ce résultat est important au point de vue de la solution du problème de physiologie générale glandulaire, dont il était question au début de ce travail. Si le pancréas, dans l'état de jeûne, — surtout après des jeûnes de cinq et douze jours, —

1. Des expériences faites sur le pouvoir digestif de l'estomac des chiens à jeun nous ont montré de même qu'avec les *estomacs à jeun* on pouvait obtenir, par macération, le ferment peptique. C'est donc là un fait commun aux glandes digestives.

contient encore ses principes digestifs actifs, c'est qu'il continue à se faire dans l'intérieur des cellules glandulaires, pendant cette période de repos plus apparent que réel, une élaboration — moins active, sans doute (pour cette simple raison tout d'abord, que l'apport des matériaux extérieurs est suspendu) mais continue, — de ces principes actifs.

Et, de là à étendre cette *loi du travail glandulaire continu*, démontrée pour la glande pancréatique, à toutes les autres glandes, n'y aurait-il peut-être rien d'excessivement téméraire[1]?

## IV

### Discussion et critique.

A la suite de la publication des premiers résultats sur nos recherches relatives à l'activité digestive des infusions du pancréas d'animaux à jeun normaux ou dératés, il s'est élevé entre M. A. Herzen et nous une discussion dont il est résulté quelques faits intéressants que nous résumerons ici.

La lecture de divers passages des nombreux travaux de M. Schiff et A. Herzen sur les rapports de la rate avec la fonction digestive du pancréas[2] nous avait laissé penser que ces physiologistes considéraient les infusions de pancréas d'animaux à jeun ou dératés comme absolument dénuées de tout pouvoir digestif vis-à-vis des albuminoïdes. La relation par M. Herzen, dans deux mémoires différents (*Centralblatt für die med. Wissensch.*, 1877, t. XV, p. 435; — *Pflüger's Archiv*, 1883, t. XXX, p. 295-296), d'un fait d'inactivité complète d'une in-

1. Cette loi est évidente pour le testicule, par exemple.

2. Nous citerons en particulier : M. Schiff, *Ueber die Function der Milz* (*Schw. Zeitschr. fürwissench. Medicin.*, 1862) ; — A. Herzen « Influence de la rate sur la digestion » (*Revue scientifique*. Paris, 25 nov. 1882) ; — A. Herzen, *Ueber den Einfluss der Milz auf die Bildung des Trypsins* (*Pflüger's Archiv*, 1883, t. XXX, p. 295-307); — A. Herzen, « Rate et Pancréas » (*Semaine médicale*, 1887, p. 324).

fusion de pancréas d'un chien à jeun nous avait plus spécialement encore confirmés dans cette opinion. C'était, du reste, la manière de voir de CORVISART et MEISSNER, qui, dit M. HERZEN, avaient « démontré que le suc et l'infusion pancréatiques ne digèrent les albumines que si l'on prend la glande ou son produit pendant le *culmen* de la digestion » (A. HERZEN, *Semaine médicale*, 1887, p. 324). Et il nous semblait que M. HERZEN acceptait, de son côté, cette manière de voir en parlant, au cours du même article, quelques lignes plus loin, des « infusions pancréatiques *inactives*, que l'on obtient en prenant le pancréas sur des animaux normaux à jeun ou sur des animaux privés de rate » (*Sem. méd.*, 1887, p. 324). Mais, en réalité, l'opinion exacte de M. HERZEN était loin d'être aussi absolue. Si le savant professeur de Lausanne parlait d'infusions pancréatiques *inactives*, c'était là un terme générique, destiné à relier un groupe d'infusions pancréatiques, par opposition à un autre groupe d'infusions dites *actives*, bien plutôt qu'une expression qui dût être prise au pied de la lettre. C'est là ce qui ressort nettement de la note critique que M. A. HERZEN a consacrée à nos premières expériences, quand il conclut sur « les infusions *relativement* inactives de pancréas d'animaux normaux à jeun et d'animaux dératés en pleine digestion[1] ».

Dès lors, tout le monde était d'accord, et M. SCHIFF, dont l'opinion dans cette question paraît solidaire de celle de M. HERZEN, et M. HERZEN, pour penser ce que nous avions écrit dans le premier article qui avait soulevé la polémique, savoir : que les infusions du pancréas d'animaux à jeun étaient « capables de digérer de la fibrine » (*Bull. Soc. Biol.*, 1893, p. 644).

Et M. DASTRE, qui avait communiqué, en même temps que nous[2], des faits relatifs à la puissance digestive des macéra-

1. A. HERZEN, « Rate et Pancréas ». *Bull. Soc. de Biol.*, 1893, p. 827; Id. « Le jeûne, le pancréas et la rate » (*Archives de physiologie*, 1894, p. 176).

2. A. DASTRE, « Ferments du pancréas; leur indépendance physiologique. » (*Bull. Soc. de Biol.*, 1893, p. 651).

tions pancréatiques à jeun relativement aux albuminoïdes, se joignait à ce concert unanime d'opinion.

Un premier fait bien établi ressort donc de la discussion. savoir : le pouvoir digestif vis-à-vis des albuminoïdes des infusions du pancréas d'animaux à jeun. Un tel fait paraît, de prime abord, assez simple à élucider, et il semble difficile qu'il puisse y avoir un seul moment la plus légère discussion à son sujet. Sans doute, et c'est à sa simplicité relative, en même temps qu'à la haute bienveillance de M. le professeur Herzen, à laquelle nous tenons à rendre humblement hommage, que le débat a dû d'être court et tranché — privilège rare — à la satisfaction de tous. Mais, si la discussion a pu exister, c'est que dans les expériences de digestion artificielle par la méthode d'Eberle, surtout dans celles qui ont trait au pancréas (expériences où les auteurs varient beaucoup dans la manière d'opérer), il est un élément qui exerce la plus grande influence sur les résultats de la digestion et sur lequel les expérimentateurs ne s'expriment peut-être pas toujours assez explicitement.

Cet élément est constitué par la nature du liquide qui sert à préparer, dans chaque expérience, l'infusion pancréatique devant servir à un essai de digestion artificielle. Dans la discussion revient, à chaque instant, le terme « infusion pancréatique » ou « macération pancréatique » ; mais, le plus souvent, on ne sait de quelle nature est l'infusion ou la macération. Et c'est pourtant là un renseignement d'une importance absolue à connaître, si l'on veut s'entendre. La différence est grande, en effet, entre les résultats fournis, tant au point de vue de la *rapidité* que de la *quantité* de la digestion par une infusion *glycérique pure*, une infusion *glycéro-aqueuse*, une infusion *glycéro-acide*, une infusion *aqueuse-acide*, etc., d'un même pancréas. Il existe, par exemple, des infusions pancréatiques réellement et absolument inactives : ce sont les infusions des *pancréas frais* (c'est-à-dire pris sur l'animal vivant) dans la *glycérine concentrée* et pure. De telles infusions glycériques pures de pancréas frais sont alors aussi bien inactives, qu'il s'agisse d'animaux à jeun ou d'animaux en digestion. C'est, du reste, cette inactivité de l'infusion glycérique pure du pancréas frais, si bien étudiée dans le mémoire fondamental de HEIDENHAIN (*Pflüger's Archiv*, 1875) qui, opposée à l'activité de l'infusion glycérique pure du pancréas mort et exposé à l'air plusieurs heures, a permis à ce physiologiste d'établir l'existence du proferment pancréatique ou zymogène[1]. Mais que l'on prépare une infusion glycérique qui contienne quelques gouttes d'eau, dès lors on ne rencontrera plus d'infusions inactives proprement dites, même avec un pancréas frais, et même s'il appartient à un animal dont on eût épuisé pendant la vie tout le ferment parfait disponible par un repas préparatoire — comme recommandent de le faire SCHIFF et HERZEN. C'est que, sous l'influence de cette minime cause, et de cette cause très banale, constituée par quelques gouttes d'eau, les *principes digestifs* qui se trouvaient dans la glande à l'état de *proferments* inactifs auront été transformés en *ferments* parfaits. Et on assistera à ce fait d'apparence paradoxale, pourtant très réel, d'une glande, qui eût été impuissante, *in vivo*, et dans un moment donné, à digérer une parcelle de fibrine (parce qu'elle ne contenait que des proferments) donnant une infusion active *in vitro* (parce que l'eau de l'infusion aura transformé le proferment inactif en ferment actif). C'est dans ces conditions qu'il devient facile d'entrevoir nettement la limite exacte de ce qu'on est en droit de demander — au point de vue des données physiologiques absolument exactes — aux expériences de digestion artifi-

1. L'interprétation de HEIDENHAIN n'est pas actuellement inattaquable. On sait aujourd'hui le pouvoir digestif de microbes. Or il pourrait bien se faire que, dans l'expérience de HEIDENHAIN, la digestion, que l'on a coutume d'attribuer au fait de la transformation du zymogène en trypsine au contact de l'air, ne soit que l'œuvre de microbes déposés sur le pancréas, pendant son exposition à l'air libre. Mais des expériences que nous avons entreprises, avec les précautions antiseptiques exigées, nous ont confirmés, pour notre part, dans l'existence du proferment pancréatique, tel que l'a conçu HEIDENHAIN.

cielle par la méthode d'Eberle, c'est-à-dire des infusions d'organes digestifs. Et cette limite se restreindra encore, si l'on songe que — en dehors de toute influence spéciale tenant au ferment lui-même — la *rapidité* et la *quantité* de la digestion varieront non seulement avec la *nature* du liquide de l'infusion, mais encore avec la *durée* du temps de macération et avec le *degré d'alcalinisation* qu'on donnera à l'infusion, au moment de la mise à l'étuve à 37°-40°, quand il s'agira de digestion pancréatique[1].

En résumé, il faut bien se persuader, au début de tout essai *in vitro* d'une infusion d'organe digestif quelconque, que tout ce qui va se passer n'est pas uniquement fonction du *ferment*, mais dépend aussi du *milieu* où on le fait évoluer. On ne voit que le ferment, on attribue tout à la quantité du ferment; il faut songer aussi au milieu. Il en est des ferments solubles digestifs comme des ferments organisés pathogènes: ils ne font pas tout; le « terrain » aide ou s'oppose à leur évolution.

Donc, s'il s'agit de résoudre, par exemple, la question de physiologie générale glandulaire que nous nous sommes posée au début du précédent mémoire, la méthode des infusions pancréatiques sera parfaitement capable de nous donner une solution exacte. Car l'expérimentation nous montrera que les infusions glycéro-aqueuses, glycéro-acides du pancréas frais d'animaux à jeun, sont, après alcalinisation convenable, capables de digérer de la fibrine, à l'étuve à 37°-40°. Et ainsi sera démontré ce fait intéressant que, si la sécrétion *extra-cellulaire* du suc digestif de la glande est intermittente, le travail de production *intra-cellulaire* des principes digestifs est continu.

Que si, maintenant, désireux de pénétrer plus avant les

1. M. Dastre a, de son côté, attiré l'attention des expérimentateurs sur l'influence du degré d'alcalinisation de la liqueur dans l'évolution d'une digestion pancréatique artificielle (*Bull. Soc. de Biol.*, 1893., p. 818). C'est là une notion très importante, qui doit entrer en ligne de compte, dans la comparaison des résultats obtenus.

rapports du jeûne et de l'activité digestive du pancréas, l'on se préoccupe de déterminer sous quel état (ferment ou proferment) se trouvent les principes digestifs accumulés dans la glande à jeun, la méthode des infusions pancréatiques devient absolument impuissante à résoudre la question : impuissante, parce que le proferment pancréatique se transformant en ferment définitif sous la plus banale influence *in vitro*, on serait exposé nécessairement à rapporter à l'existence préalable d'une plus ou moins grande quantité de ferment dans la glande ce qui pourrait n'être dû, en réalité, qu'à une transformation plus ou moins rapide du proferment en ferment, pendant le temps d'infusion pancréatique et sous l'influence de cette infusion. Dans le cas d'une infusion active, on ne pourra donc jamais affirmer avec certitude que la glande contenait dans l'intérieur de ses cellules soit déjà du ferment, soit seulement du proferment[1]. Et, pour ce qui a trait à la question du jeûne, qui nous intéresse ici, il y a bien des probabilités, sans doute, pour que le pancréas à jeun ne contienne que du proferment, — comme le pense M. Herzen ; — mais les essais de digestion *in vitro*, par la méthode des infusions de la glande pancréatique, ne permettent pas de transformer ces probabilités en affirmation.

1. On voit aussi le peu de secours que vient apporter, dans la circonstance, à la solution de la question la pratique du *repas préparatoire* que recommandent Schiff et Herzen. Quelque copieux repas préparatoire que l'on ait fait prendre, dans le but d'épuiser tout le ferment préalablement existant, à un chien qui est sacrifié 24 heures après et dont le pancréas sert à préparer une infusion glycéro-aqueuse ou glycéro-acide, il n'en restera pas moins ce doute, en présence de l'activité de l'infusion (alcalinisée évidemment au moment de la mise à l'étuve) : « La glande contenait-elle du ferment parfait (trypsine) ou seulement du proferment devenu actif par sa transformation en ferment sous l'influence de l'eau ou de l'acide de l'infusion ? » — Ce n'est que dans les expériences de digestion *in vivo*, chez les animaux à fistule gastrique, par exemple, que le repas préparatoire de MM. Schiff et Herzen acquiert toute son importance. Dans ce cas, ces savants ont absolument raison de l'imposer, comme *préliminaire indispensable*, à toute expérience ayant pour but de mesurer la quantité de proferment transformée en ferment, en un temps donné, sous certaines influences (étude des peptogènes, par exemple. — On peut lire, du reste, à ce sujet, le livre si intéressant et si judicieux de M. Herzen sur la *Digestion stomacale*, Lausanne, 1886.

L'insuffisance de la méthode des infusions pancréatiques n'est pas moins grande pour résoudre la question de l'influence de l'extirpation de la rate sur le pouvoir digestif du pancréas vis-à-vis des albuminoïdes.

On sait quel est le rôle pancréatogène attribué par Schiff et A. Herzen à la rate. Tout d'abord Schiff avait pensé que la rate prenait une part directe à la formation des matériaux qui, dans le pancréas, devenaient principes digestifs. Mais, à la suite des faits établis par Heidenhain (1875) de la présence du *zymogène* dans le pancréas, en dehors des périodes de fonctionnement actif de la rate (correspondant à son état congestif, pendant la digestion), Herzen dut modifier la conception primitive de Schiff. Cette nouvelle théorie, acceptée par Schiff, croyons-nous, peut se résumer ainsi : la rate produit une *substance* (probablement de la nature des ferments) qui, transportée par la circulation dans la glande pancréatique, y *provoque la transformation du proferment pancréatique* (*zymogène*) *en ferment définitif* (*trypsine*). La production de trypsine reste ainsi fonction de l'activité splénique, comme dans la première conception de Schiff; le *mode d'influence* de la rate sur le pouvoir digestif du pancréas se trouve seul changé[1].

Pour juger de la valeur de cette doctrine, la question ne se limite plus désormais à savoir si le pancréas de l'animal privé de rate renferme des principes susceptibles de devenir ferment tryptique, sous les influences extérieures, *in vitro*. Ce pancréas pris sur un chien dératé, en pleine digestion, ne contient-il exclusivement que du zymogène et lui est-il impossible de renfermer de la trypsine? Tel est le point à décider.

Quand parurent nos expériences sur l'activité digestive des infusions du pancréas d'animaux à jeun et dératés, M. Herzen avait pensé que nous nous posions en adversaires

1. Cf. A. Herzen, *Revue Scientifique*. 25 *novembre* 1882. — Une modification analogue a été également apportée par Herzen à la doctrine primitive des peptogènes de Schiff. (A. Herzen, *la Digestion stomacale*, 1 vol. Lausanne, 1886.)

déclarés de sa doctrine et avait cru devoir rappeler les expériences qui lui faisaient maintenir sa manière de voir[1].

En réalité, telle n'était pas notre pensée. Nos expériences n'avaient eu qu'un but : démontrer l'existence de *principes digestifs* dans le pancréas des animaux à jeun, et, par conséquent, la *continuité du travail glandulaire*. Ce qu'elles établissaient, en outre, c'est que chez les animaux dératés (depuis plusieurs mois) ces principes existaient dans le pancréas, tout comme chez les animaux normaux. Mais ces principes se trouvaient-ils exclusivement en totalité à l'état de proferment, ou existaient-ils, pour une part, à l'état de ferment? Nous avons dit comment la méthode des infusions pancréatiques était incapable de résoudre, d'une manière certaine, semblable question. Or, c'est là ce qu'il nous eût fallu connaître pour émettre une opinion. Nous n'avons donc rien dit au sujet du rôle pancréatogène de la rate, et aujourd'hui encore, notre opinion reste absolument réservée.

Sans doute, il est possible de juger *approximativement* de la richesse relative en proferment ou ferment d'une infusion par la rapidité initiale de la digestion à l'étuve. Encore que cette rapidité puisse tenir, nous l'avons vu, non seulement à l'état plus ou moins parfait du *ferment*, mais aussi à la qualité du *milieu* (nature du liquide de l'infusion, durée de la macération, degré d'alcalinité de l'infusion). Mais la question du rôle pancréatogène de la rate est une question de principe, une question de doctrine. Pour en décider la valeur, ce sont des données strictement rigoureuses, qu'il est indispensable de posséder. Or, toute la question se résumant à savoir si le pancréas des animaux dératés est capable de produire et par conséquent renferme du ferment parfait (trypsine), toutes les expériences de digestion artificielle par la méthode des infusions de pancréas seront impuissantes à décider définitivement de son exactitude.

1. *Bull. Soc. de Biol.*, 1893, p. 816.

Les diverses expériences de M. Herzen, très variées et excessivement intéressantes en tant que faits parfaitement établis, peuvent, sans doute, recevoir l'*interprétation* que sait fort habilement en faire ressortir le savant professeur de Lausanne. Mais de toutes ces expériences il est fort loin d'en résulter une *certitude* absolue du rôle pancréatogène de la rate; certitude que l'on est en droit d'exiger, surtout quand il s'agit d'une doctrine qui peut devenir le point de départ d'autres découvertes. Car, si elle était établie d'une façon absolument certaine, il serait bien légitime de chercher à déterminer entre d'autres organes des rapports analogues à ceux qui unissent la rate et le pancréas. Ne serait-il pas légitime de penser que le cas de ces deux organes n'est pas isolé?

Aussi bien, si l'on a le droit de demander des signes de certitude, sans se contenter en pareille matière de signes de probabilité, c'est qu'il nous paraît matériellement possible, pensons-nous, de résoudre le problème. Et voici quel est, à notre sens, l'*experimentum crucis* :

Soit un animal, un chien par exemple, auquel aura été pratiquée l'ablation de l'estomac. Ce chien, complètement rétabli, c'est-à-dire au moment où il pourra supporter une nourriture *solide*, reçoit une ration déterminée de viande et de pain. Comme l'animal n'a plus d'estomac, la digestion des albuminoïdes de son alimentation sera donc exclusivement opérée par le pancréas. Cette digestion, on le sait, depuis Czerny (1878), se fait très bien chez un tel animal. Après quelques mois d'observation, que l'on extirpe la rate à ce chien sans estomac. La digestion des albuminoïdes dès lors, si la doctrine pancréatogène de la rate est vraie, ne pourra plus avoir lieu, puisque le pancréas sera devenu incapable, par absence de la substance splénique, de transformer son proferment protéolytique — inactif — en ferment tryptique, et le chien devra périr lentement de cachexie, comme un animal normal que l'on soumettrait à la diète des albuminoïdes. Toutefois il pourrait arriver que les faits ne fussent pas aussi absolus que le suppose la doctrine actuelle de Schiff et Herzen, et que, par exemple, sans qu'il y eût, après la splénectomie, impuissance complète de la part du pancréas à fabriquer de la trypsine, il se produisît toutefois une diminution du pouvoir digestif du pancréas vis-à-vis des albuminoïdes. Cette nuance pourra être reconnue par des méthodes d'appréciation de la quantité digérée par le chien sans estomac, avant et après la splénectomie, d'une même ration expérimentale d'albuminoïdes.

Cette expérience, nous l'avons tentée. Outre le temps relativement long qu'elle doit durer, elle ne laisse pas que de présenter l'inconvénient d'assez grandes difficultés dans sa réalisation pratique. Nous n'avons pu jusqu'ici en mener à bien que la première partie, comme on le verra dans le mémoire qui suit. Mais c'est là l'expérience à réaliser, la seule, à notre sens, qui puisse juger définitivement de l'existence et de la valeur du rôle pancréatogène de la rate.

# LXVI

## RECHERCHES SUR LA DIGESTION

### CHEZ UN CHIEN SANS ESTOMAC

**Par MM. J. Carvallo et V. Pachon.**

---

Nous avons été assez heureux pour répéter avec succès l'expérience de Czerny et réussir à conserver un chien auquel nous avons fait l'ablation aussi totale que possible de l'estomac, le 22 juin 1893. Nous rapporterons d'abord l'observation résumée de cet animal qui est particulièrement intéressante au point de vue de la nature de l'alimentation que nous avons dû successivement lui donner. A ce point de vue l'histoire de notre chien peut se diviser en trois périodes :

*Première période* (22 juin-10 juillet). *Alimentation liquide.* — Le chien fut laissé à jeun les trois premiers jours. Dès le quatrième jour, nous lui fîmes prendre du lait. Le lait fut continué pendant les vingt premiers jours, à la dose quotidienne de 1 litre et demi, que nous donnâmes d'abord, par précaution, bouilli, pendant la première semaine, puis cru. Il nous a été ainsi donné de constater que, chez l'animal privé d'estomac, la *digestion du lait*, ainsi que son absorption, était très imparfaite; les fèces étaient en grande partie diarrhéiques, et l'on y retrouvait des grumeaux de caséine, d'une façon constante.

Toute alimentation solide était alors impossible. Quelques miettes de pain avalées par l'animal étaient à peine tolérées deux ou trois minutes et suffisaient à provoquer un vomissement. Le lait lui-même, du reste, pour être toléré, devait être bu par le chien à petites gorgées, se succédant à des demi-heures, des heures d'intervalle: si la quantité prise en une fois dépassait 60 à 80 grammes, le vomissement ne tardait pas à se produire. Aussi, à ce moment-là, ne se passait-il pas de jour sans que l'animal dût maintes fois rejeter la nourriture qu'il venait de prendre.

*Deuxième période* (10 juillet-10 août). *Alimentation pâteuse.* — Il fallait dès lors obvier à ce double inconvénient d'une nonrriture solide impossible, et d'une nourriture lactée exclusive, imparfaitement digérée. Dans ce but, on donna à l'animal, du 10 juillet au 10 août, la bouillie banale des nourrissons (100 à 150 grammes de farine de blé délayée et cuite dans du lait). Cette nouvelle nourriture fut mieux tolérée; les fèces toutefois étaient encore en partie diarrhéiques et le poids du chien qui, de 10 kilogrammes, son poids initial, était descendu à $8^{kg}$,600 le 10 juillet, n'était remonté qu'à 9 kilogrammes le 10 août.

Pendant toute cette période, comme pendant la précédente, un phénomène assez remarquable était l'impression de lassitude, de fatigue, d'abattement même ressentie par l'animal, pendant le premier moment qui suivait chaque absorption d'aliments. Cet état avait une durée variable, de dix minutes à une demi-heure. Puis l'animal reprenait sa gaieté, sa vivacité normale.

*Troisième période* (10 août-25 novembre). *Alimentation solide.* — A la date du 10 août, on put enfin donner une alimentation solide à l'animal, une soupe composée de 250 grammes de viande (de cheval) hachée et cuite et de 150 grammes de pain. Le chien mange cette soupe peu à peu, en prend quelques bouchées, dès qu'on la lui donne, puis se retire, y revient un moment après et l'achève ainsi, à intervalles divers, en douze à quatorze heures; il est intéressant de voir comme il mâche pendant quelque temps les morceaux de viande, avant de les avaler, ce que ne fait pas le chien normal. Les vomissements alimentaires ont beaucoup diminué de fréquence, sans toutefois avoir complètement disparu. C'est que l'animal s'est appris, à vrai dire, à régler son bol alimentaire et à ne pas dépasser, chaque fois qu'il mange, la quantité d'aliments tolérée par l'intestin. Les aliments chauds provoquent plus particulièrement le vomissement.

Dans ces conditions, la digestion de la *viande cuite* a toujours été parfaite. Il n'en a pas été de même de la *viande crue*. Mais nous reviendrons plus loin, en détail, sur ces faits.

Le *tissu connectif* (tendons, aponévroses) est absolument inattaqué et se retrouve intact, dans les fèces, tandis que, chez un chien normal témoin, il est bien digéré.

Quant aux phénomènes de réaction générale présentés par notre chien, pendant le moment de la digestion, ils ne se distinguent actuellement en rien de ceux offerts à l'ordinaire par un chien normal. L'état de somnolence, qui succédait à chaque absorption d'aliments, pendant les deux premières périodes, a absolument disparu.

*Réaction du contenu duodénal.* — Notre chien vomissant encore quelquefois, au cours de cette troisième période, c'est-à-dire même trois et quatre mois après l'opération, il nous a été loisible d'examiner la réaction du contenu duodénal, à divers moments de la digestion. Si l'on fait prendre au chien, à jeun, une nourriture neutre, le magma des matières vomies après une demi-heure est neutre (examiné à la phénol-phtaléine, à la tropéoline et au tournesol), le magma de matières vomies après deux et trois heures est franchement acide et les réactifs différentiels (rouge du Congo et tropéoline) indiquent qu'il s'agit ici d'une acidité organique et non minérale[1].

*Réaction de l'urine.* — L'urine a toujours donné une réaction franchement acide, soit le matin, à jeun, soit au moment de la digestion.

Nous allons entrer maintenant dans le détail de la méthode et des faits qui nous ont permis de juger de la digestion parfaite de la viande cuite et de celle, moins parfaite, de la viande crue chez cet animal. D'autre part, nous rapporterons les expériences dans lesquelles il nous a été donné de constater la parfaite tolérance de ce même animal pour la viande corrompue. Nous essayerons ensuite de dégager les limites exactes de la portée de ces expériences, par rapport à la détermination du rôle de l'estomac et de son importance à l'état normal.

## I

### Digestion de la viande cuite et de la viande crue chez le chien sans estomac.

L'état physique des fèces peut donner, certes, des renseignements déjà importants sur l'état d'une digestion. C'est ainsi que nous avons pu conclure à la digestion et à l'absorption imparfaite du lait chez notre chien, grâce à la nature diarrhéique constante des fèces, sous l'influence de l'alimentation lactée, grâce aussi à la présence dans ces fèces de grumeaux de caséine. L'augmentation du poids de l'animal peut également constituer un élément capable de permettre de

1. A propos de ce fait, M. SANSON, à la Société de Biologie, nous a rappelé que le suc intestinal des animaux carnassiers était acide et que, quant à l'action digestive du pancréas en milieu acide, déjà CORVISART avait signalé la possibilité de cette action. GLEY et LAMBLING ont signalé de leur côté l'acidité du suc intestinal. (*Revue biologique du Nord de la France*, octobre 1888. — *Bull. Soc. Biol.*, 1894.)

juger si la digestion des principes immédiats nécessaires à l'organisme a été quantitativement suffisante. Mais une méthode plus exacte pour juger plus spécialement de la digestion des substances albuminoïdes, qui est particulièrement intéressante chez un chien sans estomac, consistait à doser l'azote total alimentaire ingéré par cet animal et l'azote total excrété dans ces fèces.

Cette méthode ne saurait encore donner la valeur quantitative absolue de l'azote digéré, car une certaine partie de l'azote fécal peut, d'une part, appartenir à des produits azotés, parfaitement transformés par la digestion, mais non absorbés, et, d'autre part, provenir de déchets épithéliaux de l'intestin; mais elle nous rapproche néanmoins très près du chiffre exact d'azote digéré. C'est cette méthode que nous avons suivie pour l'étude comparée de la digestion de la viande cuite et de la viande crue chez notre chien gastrectomisé.

*Technique chimique.* — Le dosage de l'azote total dans les aliments et dans les fèces a été pratiqué par la méthode de Schlœsing, après traitement préalable des substances organiques par la méthode de Kjeldahl (modifiée par Muntz). Pour rendre les fèces homogènes, nous traitons ces fèces encore fraîches par 100 grammes environ d'acide sulfurique pur et nous les délayons ainsi à froid jusqu'à ce qu'il ne reste plus de grumeau dans la masse liquide. Nous étendons alors celle-ci d'eau distillée jusqu'à ce que nous obtenions un volume de 1 000 centimètres cubes de liquide, dont nous prélevons ensuite un dixième, c'est-à-dire 100 centimètres cubes, que nous traitons par la méthode Kjeldahl-Muntz. Par ce procédé, l'homogénéité des fèces est rendue plus parfaite que par le broyage; nous ne sommes pas, en outre, exposés à perdre de l'ammoniaque par une dessiccation, à douce température, des fèces. Nous pensons donc qu'il y a tout avantage à employer ce procédé qui donne encore plus de sûreté par la mesure en volumes.

Nous donnons dans le tableau suivant les chiffres de l'azote total alimentaire et de l'azote total des fèces de notre chien gastrectomisé, correspondant aux analyses faites pendant tout le mois d'octobre (4e mois de l'opération).

| ALIMENTATION | | | FÈCES | | |
|---|---|---|---|---|---|
| DATE. | NATURE ET POIDS DES ALIMENTS. | AZOTE alimentaire. | DATE. | POIDS. | AZOTE total. |
| | | | | gr. | |
| 1er octobre. | Viande de cheval cuite. 250gr<br>Pain sec . . . . . . . 150 | 9,8 | 2 octobre. | 81 | 1,023 |
| 2 — | Id. | 9,8 | 3 — | 70 | 0,946 |
| 3 — | Id. | 9,8 | 4 — | 60 | 0,972 |
| 4 — | Id. | 9,8 | 5 — | 80 | 1,034 |
| 5 — | Id. | 9,8 | 6 — | 55 | 0,981 |
| 6 — | Id. | 9,8 | 7 — | 72 | 1,062 |
| 7 — | Id. | 9,8 | 8 — | 54 | 2,041 |
| 8 — | Id. | 9,8 | 9 — | 49 | |
| 9 — | Id. | 9,8 | 10 — | 61 | 0,982 |
| 10 — | Id. | 9,8 | 11 — | 50 | 0,956 |
| 11 — | Id. | 9,8 | 12 — | 67 | 0,938 |
| 12 — | Id. | 9,8 | 13 — | 49 | 0,946 |
| 13 — | Id. | 9,8 | 14 — | 55 | 1,031 |
| 14 — | Id. | 9,8 | 15 — | 60 | 2,083 |
| 15 — | Id. | 9,8 | 16 — | 65 | |
| 16 — | Id. | 9.8 | 17 — | 58 | 1,010 |
| 17 — | Id. | 9,8 | 18 — | 65 | 1,036 |
| 18 — | Id. | 9,8 | 19 — | 45 | 0,978 |
| 19 — | Id. | 9,8 | 20 — | 55 | 0,964 |
| 20 — | Viande crue non hachée. 250gr<br>Pain sec . . . . . . . 150 | 9,8 | 21 — | 65 | 1,827 |
| 21 — | Id. | 9,8 | 22 — | 70 | 3,502 |
| 22 — | Id. | 9,8 | 23 — | 80 | |
| 23 — | Id. | 9,8 | 24 — | 75 | 1,746 |
| 24 — | Viande crue hachée. . 250gr<br>Pain sec . . . . . . . 150 | 9,8 | 25 — | 65 | 1,710 |
| 25 — | Id. | 9,8 | 26 — | 66 | 1,612 |
| 26 — | Id. | 9,8 | 27 — | 67 | 1,542 |
| 27 — | Id. | 9,8 | 28 — | 60 | 1,497 |
| 28 — | Id. | 9,8 | 29 — | 68 | 3,201 |
| 29 — | Id. | 9,8 | 30 — | 60 | |
| 30 — | Id. | 9,8 | 31 — | 60 | 1,652 |

Pour une ration alimentaire composée de 10 grammes d'azote environ, il en a été donc excrété par les fèces une moyenne de 0gr,95 à 1 gramme par jour, quand la viande de l'alimentation était cuite; de 1gr,7 à 1gr,8 quand la viande était crue et non hachée, et de 1gr,5 à 1gr,6 quand la viande était crue et hachée. On peut en conclure que la digestion de la viande cuite doit être considérée comme parfaite chez notre chien, tandis que la viande crue, même hachée, est moins complètement digérée. C'est là un résultat que l'état physique des fèces seul laissait déjà prévoir; les fèces de viande cuite étaient toujours des fèces d'aspect absolument normal; dans les fèces de viande crue, au contraire, on rencontrait toujours des fibrilles musculaires rouges, qu'il était possible de dissocier mécaniquement.

Ces faits ne sont pas d'accord avec ceux de M. Ogata[1] sur la digestion comparée de la viande cuite et de la viande crue par l'intestin. Mais les conditions de l'expérience de ce physiologiste sont trop différentes de celles dans lesquelles nous étions placés nous-mêmes, pour que l'on puisse légitimement opposer le résultat obtenu dans une expérience au résultat différent obtenu dans l'autre. Il nous sera permis toutefois de faire remarquer que l'extirpation de l'estomac nous plaçait dans des conditions excellentes pour juger de la digestion de la viande par l'intestin.

## II

### Tolérance de la viande corrompue chez le chien sans estomac.

Bunge écrit dans son *Cours de chimie biologique* (traduction française de A. Jacquet, Paris, 1891, p. 153) : « On n'a pas essayé d'injecter de la viande corrompue à des chiens privés d'estomac et que les chiens normaux supportent parfaitement; de cette manière on aurait pu constater facilement l'importance des fonctions gastriques. » Dans la pensée de Bunge, si nous l'avons bien compris, l'animal soumis à cette

1. M. Ogata, *Archiv. für Physiologie de du Bois-Reymond*, 1883, p. 91.

expérience devait ressentir des troubles d'intoxication profonde pouvant peut-être même déterminer la mort. Eh bien, en réalité, il n'en est rien. Nous avons fait précisément l'expérience conseillée par Bunge, une première fois, le 23 novembre. Après avoir laissé 250 grammes de viande fraîche de cheval pendant vingt-quatre heures à l'étuve, à 37°, nous avons fait deux lots de cette viande, alors absolument putréfiée; le premier lot a été donné à un chien normal, le second à notre chien sans estomac. La tolérance a été parfaite chez les deux animaux et, ni chez l'un ni chez l'autre, le plus léger trouble ne s'est manifesté, soit le jour même de l'expérience, soit les jours suivants.

Le 28 novembre, nous avons, de nouveau, fait la même expérience; mais, cette fois, au lieu de 100 grammes, nous avons fait prendre à notre chien 250 grammes de viande putréfiée par un séjour à l'étuve, à 37°, de vingt-quatre heures. Le résultat fut le même; aucun trouble, même le plus léger, ne se manifesta chez l'animal, ni le jour même, ni les jours suivants.

Mais ces expériences, quoi qu'en eût pensé Bunge — qui n'en prévoyait certes pas le résultat — ne sauraient en rien permettre aucune conclusion sur la plus ou moins grande utilité de la fonction antiseptique de l'estomac à l'état normal.

Et l'importance de cette fonction n'est pas plus entamée par l'expérience de la viande corrompue, que n'est entamée l'importance de la fonction peptique de l'estomac par l'expérience de Czerny. C'est là, du moins, la conclusion dont nous allons essayer maintenant de démontrer la légitimité, en exposant quelques considérations d'ensemble sur la portée exacte de ces expériences par rapport à la détermination du rôle de l'estomac et de l'importance de sa fonction chimique à l'état normal.

Mais, pour ne plus avoir à revenir sur les conséquences particulières, auxquelles peut amener plus spécialement notre expérience, nous dirons que, à notre sens, ce serait mal l'interpréter qu'en conclure, de par son résultat, à l'inutilité du rôle antiseptique de l'estomac. Tout ce qu'elle démontre, — et cela n'est pas synonyme, on le verra, — c'est que l'intestin, quand il existe seul, peut se protéger efficacement contre les intoxications alimentaires putrides, qu'il se suffise à lui-même, dans sa défense, ou qu'il soit aidé ou suppléé par divers organes, tels que la rate et le foie, par exemple.

## III

### Considérations générales sur la valeur de l'extirpation de l'estomac pour la détermination de l'importance de la fonction chimique gastrique à l'état normal.

La méthode qui consiste à extirper un organe, pour arriver à déterminer indirectement sa fonction par les troubles consécutifs qui se développent dans l'économie animale, est, sans doute, l'une des plus fécondes en physiologie, quand il s'agit d'un organe qui n'a pas de suppléance, chez l'individu en expérience. C'est cette méthode qui, pour les capsules surrénales, par exemple, a donné de si beaux résultats entre les mains de MM. Abelous et Langlois. Mais, quand il s'agit d'un organe qui, après son extirpation, peut être suppléé par un autre, la méthode dont il s'agit offre alors un écueil, celui de tendre à diminuer l'importance du rôle de l'organe qui a été enlevé et à faire déclarer même son inutilité à l'état normal.

C'est un peu là précisément ce qui se passe actuellement pour l'estomac. On concède bien, sans doute, à cet organe son rôle mécanique; ce rôle ressort trop évidemment, pour qu'on en doute, de la situation dans laquelle est placé l'animal sans estomac, exposé sans cesse aux vomissements, s'il ne règle pas exactement son bol alimentaire, obligé de mettre douze à quatorze heures à manger une soupe qu'il avalait autrefois en quelques minutes, etc., etc. Peut-être concédera-t-on encore à l'estomac son rôle de dissociation des fibres musculaires, rôle bien démontré par Claude Bernard et que nos expériences sur la digestion comparée de la viande cuite et de la viande crue chez le chien gastrectomisé mettent de nouveau en lumière. Mais la fonction chimique proprement dite de l'estomac, cette double fonction peptique et antiseptique, si bien mise en relief par tant d'expériences diverses, tend actuellement à perdre auprès de quelques-uns son ancienne importance.

On est parti quelquefois, en effet, de l'expérience de Czerny, expérience parfaitement positive et que nous sommes heureux d'avoir pu reproduire une seconde fois, pour dédaigner, sinon considérer comme absolument inutile, l'action peptique de l'estomac. C'est là une opinion extrême qui n'est nullement légitimée par les observations de chiens sans estomac. Ce qu'elles démontrent, ces observations, c'est que l'estomac peut être suppléé quand il n'existe pas, et que, par conséquent, l'organisation animale eût pu se passer anatomiquement de ce viscère; mais, quand l'estomac existe, est-il indifférent, est-il inutile qu'il possède une action chimique (peptique et antiseptique) vis-à-vis des aliments? Ce sont là deux points de vue absolument distincts et que l'on confond, lorsqu'on déclare, sous la foi de la parfaite digestion et de la parfaite nutrition du chien sans estomac, que la fonction chimique de l'estomac peut indifféremment se trouver supprimée chez un individu.

Que l'on compare, en effet, l'animal privé anatomiquement d'estomac et l'individu possédant un organe stomacal, mais dénué de toute fonction peptique et antiseptique. L'organe que ce dernier possède est, en définitive, un organe capable d'absorption; or, pendant le temps que les aliments vont séjourner dans cet estomac réduit à son rôle mécanique de magasin alimentaire, il va se développer des fermentations putrides dont les produits (hydrogène sulfuré, alcalis putrides, etc.) seront susceptibles d'être absorbés par la muqueuse stomacale, et, par leur passage dans le sang, seront capables dès lors d'intoxiquer l'individu. Rien de semblable ne se passera, au contraire, chez l'animal privé complètement de l'organe stomacal. Chez celui-ci les aliments arriveront directement au duodénum pour y subir immédiatement l'action digestive du suc pancréatique et l'action antiputride de la bile. Il n'y aura plus là ce danger offert par la capacité d'absorption d'une muqueuse en contact avec des aliments et incapable de toute action empêchante contre des fermentations alimentaires putrides possibles.

Nous ne croyons donc pas, pour notre part, à la légitimité de l'identification du chien sans estomac et de l'individu apeptique, par exemple. Et c'est précisément parce que cette identification ne saurait être admise que, s'il est vrai, d'une part, que l'existence anatomique même de l'estomac n'est pas indispensable à l'organisation animale, il est non moins juste de penser, d'autre part, que, lorsque cet organe existe chez l'individu, il est utile, mieux encore, nécessaire qu'il soit adapté à une fonction chimique à la fois peptique et antiseptique. C'est là une fonction nécessaire pour parer au danger dont nous avons parlé, danger constitué par la capacité d'absorption de la muqueuse stomacale, car, puisque c'est là une voie possible de pénétration dans la circulation pour les produits des fermentations alimentaires putrides, il est dès lors indispensable que ces fermentations soient rendues sinon impossibles, du moins atténuées. Envisagées à ce point de vue, les fonctions peptique et antiseptique de l'estomac restent dès lors avec toute leur importance et leur caractère, non pas seulement utile, mais nécessaire, à l'état normal.

## Appendice.

*Splénectomie, mort. Autopsie. — Vibrion septique et rate.* — Le 4 décembre 1893, nous enlevions la rate au chien qui vient de faire le sujet des recherches précédentes. Le but de cette extirpation, consécutivement à celle de l'estomac, chez le même animal, a été exposé par nous dans un travail antérieur[1].

La rate de notre chien pesait, à l'état frais, 38 grammes (chien de 10 kil.). Elle présentait à sa surface quelques petits points grisâtres, reliquat d'un travail inflammatoire qui avait intéressé seulement de très petites portions de son enveloppe — sans doute après l'opération de la gastrectomie. Son aspect général était celui d'une rate normale.

Le chien mourait 24 heures après cette nouvelle intervention.

La pièce anatomique fournie par l'autopsie permet de constater que la portion du bout cardiaque de l'estomac, qui avait dû être nécessairement laissée pour faire les sutures, mesure 2 centimètres et demi de long sur un diamètre de 4 centimètres de large. Un œuf de pigeon peut être contenu dans cette portion restante d'estomac. La partie réséquée de l'estomac mesure, de son côté, 22 centimètres de long (après un séjour de six mois dans l'alcool, 22 juin-4 décembre). Or, si l'on songe que les 22 centimètres enlevés correspondent à la grande courbure de l'estomac, d'un diamètre au moins deux fois plus large que le diamètre normal du bout cardiaque, on voit qu'ils représentent, chacun pris isolément, une surface bien plus grande que chacun des 2 centimètres et demi cardiaques restants, ce qui augmente d'autant encore la différence réelle à l'avantage de la partie enlevée. Il s'agissait donc, dans ce cas, d'une résection de l'estomac aussi parfaite qu'elle puisse être réalisée chez le chien.

1. Voir plus haut, pages 426-444.

La mort rapide de notre chien, après la splénectomie, a été due à une infection septique. M. Charrin, qui, avec une parfaite obligeance, a bien voulu examiner au point de vue bactériologique les divers organes, nous a remis à ce sujet la très intéressante note suivante :

« Le foie, dont les cellules étaient granuleuses, les capillaires distendus, rompus par place, les éléments embryonnaires en prolifération, étaient remplis de vibrions septiques. Seules les cultures sous huile se sont montrées fertiles; celles qui ont été faites au contact de l'air, sur les divers milieux habituels, ont été stériles; inversement, le liquide péritonéal n'a donné aucune espèce anaérobie; il ne renfermait que le *Staphylococcus albus* à l'état de pureté.

« La déchéance du terrain, le manque de protection, d'antisepsie digestive, résultant de l'ablation de la rate et de l'estomac, mis à part, il est probable que ces deux germes se sont renforcés, car le *St. albus* seul est ordinairement impuissant à créer chez le chien une péritonite mortelle.

« Il est à croire, sans qu'on puisse l'affirmer, que ce vibrion septique a été introduit par les viandes gâtées données comme aliments à un point de vue spécial : les sucs digestifs absents n'ont pas su atténuer ce germe. »

Cette hypothèse est sans doute la plus probable, quoiqu'on ne doive pas absolument éloigner celle d'une infection possible, au cours de l'opération. L'intégrité du péritoine, au point de vue du vibrion septique, donne toutefois plus de poids à l'hypothèse de l'entrée du vibrion septique par la viande pourrie donnée à notre animal huit jours auparavant. Dans ce cas, nous insisterons sur ce fait que, pendant les huit jours où notre chien possédait encore sa rate, la lutte de l'organisme contre l'infection était absolument efficace. Serait-ce qu'avec la rate nous aurions enlevé un élément important de la lutte contre l'infection par le vibrion septique ? C'est là une question que notre expérience aura eu l'avantage de poser.

# LXVII

## LES
## FONCTIONS DE DÉFENSE DE L'ORGANISME[1]

**Par M. Charles Richet.**

---

### I

**Notions générales : les défenses spéciales et les défenses passives.**

La physiologie a été définie la science de la vie. Cette définition est irréprochable, mais elle n'est satisfaisante que si l'on a préalablement donné la définition même de la vie. Or c'est cela même qui est difficile, car la vie semble être un de ces phénomènes simples et irréductibles qui échappent à toutes définitions.

Beaucoup de savants, et des plus illustres, ont essayé de définir la vie. Mais je ne tenterai pas de donner la liste très longue de tout ce qui a été proposé. Ce serait une compilation peu intéressante. Aussi bien, de toutes les définitions données, n'en retiendrai-je qu'une seule, celle de BICHAT, qui a dit que la vie est la résistance à la mort[2].

1. Ce sont des leçons professées au début de mon cours de physiologie de 1893-1894. On les considère peut-être comme le complément utile des mémoires très techniques, contenus dans ce volume et les deux volumes qui précèdent.

2. Voir, sur les définitions de la vie, CLAUDE BERNARD, *Phénomènes de la vie*, t. I, p. 21-31.

Définition assurément bien imparfaite, car il faudrait déterminer le sens du mot *mort*, tout aussi complexe que le mot *vie*. Ce n'est donc que déplacer le problème, sans le résoudre. Mais peu nous importe, puisque le mot vie et le mot mort se comprennent d'eux-mêmes.

Et alors, si nous disons que la vie est la résistance à la mort, nous concevrons bien l'ensemble des fonctions de l'organisme. Nos organes et nos appareils sont disposés de telle sorte qu'ils résistent aux moyens de destruction, aux dangers qui les entourent de toutes parts. Dire que la vie est la résistance à la mort, c'est dire que nous, êtres vivants, nous luttons sans cesse contre tout ce qui nous entoure.

Et, en effet, dans l'immensité de la Nature, l'individu vivant se trouve isolé, perdu pour ainsi dire. Des forces matérielles, infiniment plus puissantes que lui, tendent à l'anéantir. D'autres individus vivants, en nombre colossal, de même espèce ou d'espèce différente, font effort pour vivre à ses dépens. Chacun lui dispute la nourriture. La place au banquet de la vie est le prix d'une longue, et sanglante, et perpétuelle lutte. Partout des dangers, partout des ennemis. L'être vivant, au sein du vaste monde, n'a ni un protecteur ni un ami. Il ne peut compter que sur lui-même, et c'est presque un miracle qu'il ne soit pas anéanti tout de suite. Si donc il parvient à vivre, c'est parce qu'il est admirablement armé contre ses puissants et redoutables adversaires.

Ce sont ces armes que nous allons étudier.

A vrai dire, s'il fallait entrer dans les détails de la résistance à la mort, ce serait faire l'histoire de la physiologie tout entière. Or je ne veux entreprendre ici qu'une vue d'ensemble, un aperçu général, et je serai forcé de passer sous silence bien des faits intéressants, en mentionnant, par une simple indication, des phénomènes de première importance qu'il faudrait, pour bien faire, minutieusement étudier.

D'ailleurs, si intéressante que soit pareille étude au point de vue de la physiologie même, elle est aussi essentielle à la médecine. Je n'oublie pas que je m'adresse ici à des étudiants en médecine qui, tout en devant bien connaître la partie scientifique de la physiologie, s'intéressent surtout à ce qu'elle a de médical. Or, étudier les moyens de défense de l'organisme, c'est faire de la médecine tout autant que de la physiologie ; car le traumatisme ou la maladie représentent précisément les ennemis qui viennent assaillir l'être vivant, et contre lesquels il doit être admirablement armé.

D'abord nous ferons une première classification. Nous diviserons les procédés de défense en procédés *spéciaux*, particuliers à telle ou telle espèce animale, et en procédés *généraux*, communs à tous les êtres.

Je n'ai pas besoin de dire que j'insisterai surtout sur les procédés généraux, universels, communs à l'homme et aux animaux ; car l'histoire des procédés de défense réservés spécialement à telle ou telle espèce animale, c'est de la zoologie plus que de la physiologie générale.

Néanmoins, je dois vous dire quelques mots de ces procédés de défense spécifiques.

Considérez un instant par la pensée les inépuisables variations de forme que réalisent les êtres vivants. Taille, couleur, forme de la peau, des organes de locomotion, des appareils de préhension, de digestion, de sensibilité, tout est différent. Il semble que la Nature ait fait un immense effort pour aboutir, dans la configuration des types divers, à cette prodigieuse variété, que depuis deux mille ans les savants essaient de minutieusement décrire sans pouvoir en atteindre la limite.

Tous les êtres, disséminés sur le globe terrestre, grands ou petits, mous ou durs, faibles ou forts, lents ou agiles, semblent passer leur vie, suivant la grande idée de Darwin, à lutter énergiquement les uns contre les autres.

Leur vie est une bataille incessante : les grands mangent

les petits pour être à leur tour mangés par de plus grands; les forts écrasent les faibles pour être à leur tour écrasés par de plus forts.

Voyez, par exemple, ce qui se passe dans les eaux de la mer. Des infusoires presque invisibles font la nourriture de minuscules crustacés et mollusques, lesquels sont bien vite dévorés par les petits poissons; les petits poissons eux-mêmes sont mangés par les gros, et ainsi de suite, comme si une même quantité de carbone engagée dans les combinaisons organiques qui constituent les tissus des êtres vivants, végétaux ou animaux, était répartie dans le corps des différents êtres pour revêtir, avec les formes changeantes de ces êtres, les apparences les plus diverses.

Il est même probable que la somme totale de ce carbone vivant, et par conséquent alimentaire, est à peu près la même, et que ce qui diffère à tel ou tel moment, c'est seulement la forme spéciale qu'elle a prise, appartenant à telle ou telle individualité.

On comprend alors très bien que dans cette *compétition pour le carbone*, afin de ne pas succomber tout de suite (car un jour ou l'autre il faudra bien succomber), les armes doivent être proportionnées à l'intensité de la bataille et au nombre des combattants. Dans la lutte sans merci et sans trêve qui s'engage, seuls ceux qui sont le mieux armés peuvent se défendre.

Or Darwin a admirablement montré que les mieux armés subsistent seuls, livrant par l'hérédité à leurs descendants des armes plus perfectionnées. Mais même ceux qui périssent ont encore des armes très puissantes, de sorte qu'il n'y a pas d'exception à cette loi générale que tout être vivant possède d'admirables moyens de défense. Il n'y a de différence que dans le degré même de la résistance, car, si par impossible quelque être apparaissait, dépourvu de toute défense, il serait bien vite anéanti, et son espèce n'aurait pas deux générations.

En somme la variété des formes que nous admirons chez les êtres animés n'est qu'une variété dans les moyens de lutte, et tout s'enchaîne dans la constitution d'un être. Si, pour prendre un exemple entre mille, le homard n'était pas protégé par une carapace épaisse, il serait bien vite dévoré par les autres animaux marins: si le lièvre était lent à la course, il ne pourrait pas échapper à ses innombrables ennemis. — Je ne veux pas dire par là que la Nature a donné, de propos délibéré, des pieds agiles au lièvre, une enveloppe coriace au homard; je dis seulement que les pieds agiles du lièvre et l'enveloppe coriace du homard sont les conditions mêmes de leur existence, conditions *sine qua non*.

La variété des moyens de défense est aussi grande que la variété des formes extérieures, et, je le répète, s'il fallait la passer en revue, je passerais en revue toute la zoologie[1].

Mentionnons seulement quelques faits. — D'abord la vitesse de la course permet à beaucoup d'animaux d'échapper à leurs assaillants. L'hirondelle, par exemple, a un vol tellement rapide qu'aucun oiseau de proie ne peut l'atteindre, si bien que, connaissant leur impuissance, les rapaces, grands ou petits, ne s'attaquent jamais à l'hirondelle. Les animaux herbivores sont en général doués d'une extrême agilité : le lièvre, le cerf, la gazelle, etc. Ceux qui sont plus lents à la la course se dérobent à toute poursuite en se cachant, trouvant avec une étonnante industrie des gîtes dans lesquels ils s'abritent, de manière à se dissimuler presque entièrement et à demeurer invisibles. D'autres êtres encore échappent par la forme de leur course. Le vol inégal des papillons leur permet d'échapper aux oiseaux qui ne peuvent suivre leurs capricieux détours. Les petits poissons, abrités sous une pierre, ne sortent du trou, où ils sont presque à l'abri, que pour se jeter sur leur proie, comme un éclair, et, après cette échappée,

1. Voyez sur ce point : Cuénot, *la Défense de l'organisme*, 1 vol. in-12, 1892, et Fredericq, *la Lutte pour l'existence*, 1 vol. in-12, 1889.

revenir à leur retraite. Si même on essaie de les poursuivre dans cet asile qu'ils croient inviolable, ils ne consentent pas à en sortir, sachant par l'instinct qu'ils sont ainsi dans un refuge presque sûr. Quand un crabe s'est réfugié dans l'anfractuosité d'un rocher, il s'y établit solidement, et on le met en pièces plutôt que de l'en arracher. Le bernard-l'ermite, abrité dans sa coquille d'emprunt, y rentre complètement au moindre bruit, et il y devient insaisissable, tant qu'on n'a pas brisé sa coquille. Rien n'est plus comique que de voir les efforts désespérés qu'il fait pour s'abriter dans un petit bout de columelle, cherchant à réaliser le problème insoluble d'un contenant plus petit que le contenu.

Pour se mieux cacher, la plupart des êtres prennent une livrée extérieure analogue au milieu qui les entoure : c'est ce qu'on appelle le *mimétisme*, qui donne à certaines chenilles, par exemple, l'apparence de la branche d'arbre sur laquelle elles vivent ; les soles et les limandes, enfouies dans le sable, sont à peine discernables. C'est une loi de zoologie générale, que la livrée d'un être ressemble au milieu ambiant.

Puis ce sont d'autres appareils plus compliqués : la seiche, surprise par un ennemi, verse un flot d'encre qui la fait disparaître. La vipère, la vive, le scorpion, l'abeille sécrètent des venins qui sont des poisons terribles, armes d'attaque autant qu'armes de défense, mais qui suffisent pour leur assurer dans la lutte une supériorité éclatante. Certains poissons dégagent des quantités d'électricité assez fortes pour terrasser un cheval.

Les instincts les plus variés sont aussi des moyens de défense. Le crabe qu'on a saisi par une patte a la curieuse propriété de briser, à l'aide d'une petite contraction musculaire, la patte par laquelle on le tenait captif : il parvient ainsi à se libérer. C'est le phénomène de l'*autotomie*, sur lequel M. Fredericq a fait de curieuses expériences. Beaucoup d'araignées et de coléoptères, étant surpris par un ennemi, se transforment tout d'un coup en un être absolument immobile, simulant parfaitement la mort. Tous les animaux pourvus d'une coquille s'abritent dans la coquille au moment du danger; la patelle, pour peu qu'on la touche, adhère au rocher avec tant de force qu'il faut un instrument tranchant pour l'en séparer.

Parlerai-je d'autres instincts dont le but est plus obscur encore : des changements de coloration du caméléon, sous l'influence de la moindre excitation sensible ; du cri retentissant que poussent certains animaux quand ils sont surpris ; de l'odeur nauséabonde que dégagent certains êtres au moment de l'attaque ; des instincts compliqués des fourmis et des abeilles; des animaux migrateurs, des pigeons voyageurs? Tous ces étranges phénomènes sont les moyens de défense que la Nature met au service des formes vivantes.

Mais ici nous ne pouvons nous étendre sur ces faits de physiologie spéciale. Certes, leur étude est pleine d'attrait, et c'est par l'expérimentation qu'on résoudra les problèmes qui se posent, en faisant de la *zoologie expérimentale,* suivant l'expression de mon illustre maître, M. de Lacaze-Duthiers. Cependant nous n'insisterons pas davantage, et nous arriverons tout de suite à la physiologie générale qui sera plus intéressante pour vous, parce que, étant de la physiologie générale, c'est aussi de la physiologie humaine, avec ses applications immédiates à l'art de guérir.

En passant en revue les armes naturelles dont nous sommes dotés, nous serons conduits parfois à chercher une raison d'être et pour ainsi dire une cause finale à tous nos appareils anatomiques. Oui, je suis convaincu qu'il y a une cause finale à toute la structure anatomique et à la fonction physiologique de nos organes, et je l'affirme hardiment ; car je ne crains jamais d'aller jusqu'au bout de ma pensée. Non pas que je veuille prétendre qu'il y ait eu quelque part une intelligence suprême décidant la création de telle ou telle forme anatomique pour remédier à tel ou tel danger ; mais je suis pourtant forcé de reconnaître que, quand un danger existe, la fonction protectrice apparaît. Chaque fois qu'on découvre un nouveau péril, précédemment inconnu, on découvre, peu de temps après, que la Nature avait pourvu à la défense en y adaptant certaines formes et certaines fonctions. Par exemple, M. Pasteur nous montre que le parasitisme est le plus grand danger qui menace les êtres vivants : eh bien ! l'on découvre que les humeurs des êtres vivants ont des propriétés parasiticides.

Plus on approfondit la physiologie, plus on trouve que tout a un but ; et, quand j'entends dire que tel organe, comme la rate, est inutile, je conclus qu'on se trompe. Elle n'est pas inutile ; c'est tout simplement qu'on ignore son rôle.

Si nous existons et si nous avons pu nous défendre, c'est parce que nous avions des organes adaptés à cette défense. En outre, si quelque part un organe était inutile, comme il ne fonctionnerait pas, il serait certainement atrophié en peu de temps. Par conséquent sa présence suppose l'exercice continu de sa fonction.

Ce n'est pas la théorie des causes finales qui explique cette adaptation de l'être à la vie, c'est la théorie de la sélection naturelle. Nuls organes inutiles : nulles fonctions nécessaires qui ne trouvent un organe pour l'exécuter.

D'ailleurs, en attribuant aux différentes parties du corps une fonction bien déterminée, je ne fais que suivre l'exemple du plus grand des physiologistes, le créateur de notre science. C'est Galien qui, il y a dix-sept siècles, a définitivement constitué la physiologie sur les bases inébranlables de l'observation anatomique et de l'expérimentation. Parmi les savants de l'antiquité, la part n'est pas égale entre les trois grands maîtres : Hippocrate, Aristote et Galien. Hippocrate reste le maître de la médecine, par ses incomparables observations cliniques; Aristote a observé avec une perspicacité et une patience étonnantes les formes des animaux, et classé leurs variétés. Hippocrate est médecin ; Aristote est zoologiste. Mais leur physiologie à tous deux est grossière, tandis que Galien a fait vraiment certaines grandes découvertes que le temps n'a pas modifiées, car elles ont l'expérience pour point de départ.

Eh bien ! Galien, dans son admirable livre sur l'utilité des parties, passe en revue les organes du corps humain, et il trouve à chacun d'eux une raison d'être, expliquant pourquoi ils ont telle ou telle disposition, plutôt que telle ou telle autre. Assurément il lui arrive parfois de faire fausse route, et de pousser ses explications jusqu'à des exagérations enfantines et ridicules. Mais le principe directeur qui l'inspire est incontestablement vrai, et nous sommes profondément convaincus de cette grande idée, qui nous guidera comme elle l'a guidé : « Toute disposition anatomique a un but, et à chaque nécessité de l'organisme sont attribués un organe et une fonction. »

Je reviens aux procédés de défense de l'organisme ; et tout d'abord je ferai une distinction entre les procédés *actifs* et les procédés *passifs* de défense. Les procédés passifs de défense, c'est la disposition anatomique de nos tissus et de nos organes, tandis que les procédés actifs, c'est la mise en jeu de ces organes et de ces tissus.

Pour les résistances passives, il n'y a, à vrai dire, qu'un seul organe, mais d'une efficacité admirable avec ses infinies variétés : c'est le tégument externe.

Voyons, en effet, quelles sont, pour l'organisme, les agressions possibles. C'est une classification que nous aurons souvent l'occasion de reproduire.

1° La température extérieure ;

2° Le traumatisme ;

3° Les parasites ;

4° Les poisons.

Tels sont les ennemis dont il faut se garantir. Nous allons voir que le plus souvent la peau, par sa résistance passive, par ce qu'on appelle ses propriétés de tissu, est admirablement disposée pour nous protéger contre tous nos ennemis, quels qu'ils soient.

D'abord, contre la température extérieure, le froid ou le chaud, la peau est un merveilleux appareil de protection. Surtout quand elle est garnie, comme chez la plupart des animaux à sang chaud, d'une fourrure épaisse, elle s'oppose au rayonnement avec une efficacité telle que nous n'avons pas encore pu trouver pour nous garantir contre le froid de meilleurs vêtements que les fourrures des animaux. Si l'on vient à raser cette toison, on finit par faire mourir les petits animaux ainsi rasés; ils meurent de froid, car on a remplacé leur excellente protection par une peau nue qui protège encore sans doute, mais d'une manière inefficace. J'ai constaté que des lapins rasés, quoique mangeant avec beaucoup plus de voracité que les autres, ont une température inférieure de plusieurs dixièmes de degré à leur température normale, et que, malgré une alimentation plus abondante, ils maigrissent et finissent par succomber.

Les oiseaux, dont la température propre est de 2°,5 plus élevée que celle des mammifères, ont un tégument recouvert de plumes, lesquelles sont encore un plus mauvais conducteur que les poils, et par conséquent les garantissent très puissamment contre le froid. On voit en hiver de tout petits oiseaux, ne pesant pas 15 grammes, résister à des températures de — 5° et — 15°. Certes, ils produisent alors beaucoup d'actions chimiques et par conséquent dégagent beaucoup de chaleur ; mais cela ne suffirait pas pour les protéger contre le refroidissement, si en même temps ils ne possédaient une excellente enveloppe de plumes qui empêche le rayonnement. Aussi voit-on les oiseaux apporter le plus grand soin à maintenir en bon état leur plumage. Même en hiver ils se baignent encore, et ils ne le font que dans des eaux très propres, pour que leurs plumes ne soient pas collées entre elles et souillées. L'intégrité du tégument est pour eux une question de vie ou de mort.

Les animaux appartenant à des espèces très voisines ont la peau recouverte ou non de fourrure, selon qu'ils sont dans les pays chauds ou les pays froids. Les chameaux et les dromadaires qui vivent à l'état sauvage dans les montagnes du Thibet ont, été comme hiver, des poils abondants.

Les mammifères et oiseaux qui vivent dans l'eau sont exposés à un refroidissement plus actif que dans l'air ; mais alors des appareils annexes de la peau les protègent contre le refroidissement. Pour les mammifères, c'est une épaisse couche de graisse sous-cutanée, qui forme pour ainsi dire une seconde enveloppe concentrique à la première : les phoques, les cétacés et autres mammifères marins nous fournissent de bons exemples de cette enveloppe graisseuse, qui renforce la résistance de la peau à la conduction calorique. Quant aux oiseaux, c'est par une légère imbibition de graisse à la surface des plumes qu'est empêché le contact direct de l'eau avec le tégument. Vous avez vu sans doute des canards lisser leurs plumes ; ils vont chercher sur la croupe une petite quantité de graisse dont ils tapissent, avec le bec, leur plumage, et ainsi leurs plumes ne sont jamais mouillées.

Bien évidemment cette défense contre la température par la résistance de la peau n'a de raison d'être que pour les animaux dits à sang chaud, qui doivent garder une température constante ; car, pour les animaux à sang froid, la température peut rester la même que celle du milieu ambiant.

Ainsi, grâce à cette enveloppe qui empêche la radiation, les opérations chimiques des animaux à température constante peuvent s'effectuer sans être sensiblement perturbées par les variations thermiques du milieu extérieur. Nous verrons, en étudiant les procédés actifs de la défense, qu'il se passe dans la peau, suivant la température extérieure, des modifications fonctionnelles constituant une défense plus énergique ; mais le plus souvent la peau, garnie de poils et de plumes, est, par son rôle passif, un protecteur suffisant.

La peau n'est pas un moins bon protecteur contre le traumatisme. Même chez l'homme, dont le tégument est pourtant plus imparfait que celui de tous les autres êtres, elle est à la fois élastique et résistante, assez résistante pour que, dans les traumatismes graves, les organes sous-jacents soient souvent complètement broyés et dilacérés, alors que la peau est intacte ou à peu près.

On a jadis discuté la question de savoir si le *vent du boulet* pouvait faire mourir ; en réalité le vent du boulet, c'est simplement la déchirure des organes internes, alors que la peau a conservé les apparences de l'intégrité. Elle a résisté, tandis que le foie, ou les poumons, ou les intestins, ont été détruits par le choc.

Le plus souvent, chez les animaux, la peau, par son épaisseur, offre une admirable défense : le cuir de l'éléphant, de l'hippopotame, du crocodile, ne se laisse pas traverser, même par les balles ordinaires des fusils les plus perfectionnés ; il faut des balles explosibles pour entamer cette robuste cuirasse.

Les poils et les plumes ne servent pas seulement à conserver la chaleur, ils s'opposent aussi aux traumatismes ; la crinière du lion est assez épaisse pour résister aux morsures et aux coups de sabre, et tous les chasseurs savent que, lorsqu'un assez gros oiseau a les ailes repliées, il faut, pour le tuer, employer du plomb d'assez fort calibre.

Les poissons, les crustacés, les coléoptères ont tous une enveloppe très résistante ; et, d'autre part, la plupart des animaux dont le tégument est mou ont une coquille qui les protège contre les agressions, aussi bien que pourrait le faire le tégument lui-même.

Certes, il y a des exceptions. Par exemple les batraciens,

les araignées, les vers ont un tégument très délicat, de sorte que, pour échapper aux dangers, ils doivent trouver d'autres moyens de défense. Mais la fragilité du tégument cutané doit être regardée comme une vraie anomalie ; car, dans presque toute la série des êtres, c'est une loi générale que la peau résiste merveilleusement aux blessures et aux traumatismes.

Une autre défense curieuse de la peau, c'est la résistance au traumatisme électrique. La peau conduit très mal l'électricité : ce qui permet d'abord aux phénomènes électriques de l'organisme de ne pas diffuser au dehors, et ensuite aux variations électriques de l'atmosphère de ne pas s'exercer facilement sur nos tissus. Cette résistance de la peau à l'électricité est dix mille ou trente mille fois plus grande que celle de tout autre organe. Quand on mesure la résistance du corps à un courant électrique, dans la pratique on néglige la résistance intérieure des organes, et on ne tient compte que de celle de la peau.

La protection de la peau contre les microbes est absolument efficace. Si nous supposons une peau intacte, dont l'épiderme n'aura pas été entamé, jamais un parasite microbien quelconque ne pourra y pénétrer ; tout au plus certains Acariens, munis de griffes et d'appareils puissants de pénétration et de fixation, pourront-ils l'entamer. Mais c'est là un véritable traumatisme, comparable à la morsure d'un chien ou d'un insecte. Or, contre les microbes, bien autrement nombreux et redoutables que les Acariens, la peau est une enveloppe parfaitement adaptée, qui suffit à empêcher toute invasion hostile. Nous manions sans danger, quand la peau est intacte, des liquides où fourmillent les plus terribles microbes.

Contre les poisons chimiques, la protection de la peau est également efficace. On parle toujours dans les livres classiques de l'absorption des poisons par la peau, mais c'est une expression bien défectueuse, et j'aime mieux vous parler de la non-absorption par la peau. Et, en effet, l'absorption, si elle existe, est insignifiante.

Pour les substances gazeuses, elle est assurément très faible, quoique appréciable. A vrai dire, le plus souvent les dangereux poisons ne sont pas les gaz, mais bien les substances liquides ou solides, pour lesquelles l'absorption par la peau est absolument négligeable. On peut mettre dans un bain mille fois plus de strychnine, d'arsenic ou de mercure qu'il n'en faudrait pour tuer dix personnes : eh bien ! après une heure de bain, on n'est pas sûr qu'il ait passé même une trace d'arsenic, de strychnine ou de mercure. Encore faudrait-il s'assurer que, si quelques parcelles de ces poisons ont pénétré, ce n'est ni par une muqueuse, ni par une excoriation quelconque. En fait la peau n'absorbe pas, et on peut toucher les substances les plus vénéneuses sans en jamais être incommodé.

Même aux substances caustiques, le tégument résiste énergiquement. Voyez le temps qu'il faut pour que la potasse d'un cautère détermine une eschare. On peut sans inconvénient tremper sa main dans l'acide sulfurique pur, comme je l'ai fait maintes fois pour certaines expériences, à condition bien entendu de ne pas la laisser trop longtemps. Tout autre tissu organique eût été profondément altéré; mais la peau, munie de son épiderme épais, a vaillamment résisté.

La couche tégumentaire des crustacés et de certains insectes est formée en majeure partie d'une substance que les réactifs chimiques les plus énergiques ne peuvent attaquer et dissoudre : c'est la chitine, proche parente de la cellulose, et plus résistante encore aux réactions chimiques que la cellulose.

Végétaux ou animaux sont les uns et les autres défendus contre les poisons et les caustiques par une cuirasse difficile à entamer : cellulose pour les plantes, chitine pour les animaux, toutes deux d'une stabilité chimique exceptionnelle.

Ainsi, qu'il s'agisse de la température, des traumatismes, des microbes ou des poisons, nous voyons que la peau est une enveloppe admirablement organisée, et qui permet à l'être d'accomplir son évolution sans être dérangé par les perturbations extérieures.

Quelques mots encore, afin de finir l'histoire des défenses passives de l'organisme, sur l'influence de la situation anatomique des parties. Il est de fait que les organes les plus importants sont aussi les mieux protégés. La moelle épinière, qui est vraiment le centre de l'organisme entier, est logée dans une cavité aux parois extrêmement solides, recouvertes elles-mêmes d'une épaisse couche musculaire. Le cerveau est dans le crâne, dont la solidité est incomparable. L'œil est protégé, non seulement par l'appareil osseux des orbites et de l'os malaire, mais encore par une série de protecteurs mobiles : les sourcils, les paupières, les cils. Les organes moins bien défendus échappent par leur mobilité même ; les testicules dans le scrotum, les artères dans leur gaine, échappent facilement aux plaies. Surtout l'intestin, dans l'abdomen, ne se laisse pas facilement traverser : il est presque impossible, à travers la paroi abdominale, de traverser avec une aiguille de Pravaz l'intestin d'un lapin ; car il fuit sous l'aiguille par sa mobilité et son élasticité.

Aux membres, ce sont les parties les plus importantes qui sont placées le plus profondément. Ainsi, les artères sont plus profondément situées que les veines, comme si la Nature avait reconnu que la blessure d'une artère est plus grave que la blessure d'une veine.

Tous ces faits vous permettront maintenant de comprendre comment peut persister, en dépit des variations violentes du milieu et des hostilités de toutes sortes, l'état normal d'un être. Il y a des tissus, des humeurs qui se trouvent dans un certain état chimique, thermique, électrique. Eh bien ! il ne faut pas que cet état soit bouleversé par une agression brutale. Que le bruit extérieur parvienne jusqu'à l'organismes soit, mais sans violence. En un mot il faut que l'être, tout en étant averti de ce qui se passe au dehors, ne soit pas perverti. Or, grâce aux dispositions anatomiques de ses organes, il est à la fois sensible et inaccessible, et peut, en restant dans le même état thermique, chimique et électrique, exécuter en paix sa fonction.

C'est là le rôle anatomique de nos tissus, ce qu'on peut appeler la défense *passive* de l'organisme. Mais, à côté de cette défense passive, il y a une défense *active* qui met en jeu les appareils, et qui nécessite une réaction.

Si en effet l'organisme était fermé à toutes les excitations du dehors, sa défense serait localisée et impuissante. Donc, tout en étant soustrait aux causes de trouble, il doit les connaître pour ne pas laisser le danger grandir de manière à devenir irrémédiable. Puis, une fois que le danger est connu, il faut que tout l'organisme se mette en état de lutte, et prépare énergiquement une guerre défensive efficace. Par conséquent, il faut que les différentes cellules éparses, dont l'ensemble constitue un être vivant, puissent toutes concourir à la défense commune.

Voilà le rôle du système nerveux.

Pour faire comprendre en quelques mots quelle est la fonction principale du système nerveux, il suffira d'une description schématique très simple.

Supposons d'abord une cellule isolée. Toute excitation de cette cellule va mettre en jeu son irritabilité, c'est-à-dire qu'elle va répondre à l'excitation par une réaction quelconque, chimique ou motrice. Si nous supposons plusieurs cellules juxtaposées les unes aux autres, A, B, C, D, mais non réunies, l'ébranlement de la cellule A ne se communiquera pas aux cellules voisines, et l'irritation de A restera localisée à A. Mais si, au contraire, le protoplasma de ces différentes cellules est réuni par de fins filaments de manière à ne former en réalité qu'un protoplasma unique réparti entre différentes cellules, l'ébranlement de la cellule A se communiquera de proche en proche aux cellules voisines B, C, D, et ainsi de suite.

Or, dans l'organisme, les cellules ne sont pas seulement juxtaposées; elles sont unies les unes aux autres par les fins prolongements de leur protoplasma. Ou plutôt le système nerveux tout entier, nerfs et centres nerveux, est constitué par un immense réseau protoplasmique, qui s'étend partout, du centre à la périphérie et de la périphérie au centre.

A mesure que l'on remonte la série des êtres, on voit ce système qui devient de plus en plus parfait; et la division du travail s'établit. Il se fait dans ces cellules, capables de vibrer sous l'influence de l'excitation, une différenciation telle que certaines cellules restent conductrices, tandis que d'autres peuvent renforcer et emmagasiner l'excitation. Il y a alors des cellules purement conductrices (nerfs périphériques) et des cellules dites centrales qui emmagasinent, transforment et amplifient l'excitation transmise par les cellules conductrices.

En fin de compte, nous pouvons concevoir le système nerveux comme constitué par des cellules qui vont au centre (conducteurs centripètes), des cellules centrales (centres nerveux) et des cellules qui partent des centres (conducteurs centrifuges).

Grâce à ce mécanisme, toute excitation qui frappe un nerf sensible centripète va faire vibrer l'appareil central, lequel à son tour va transmettre son excitation à toutes les cellules de la périphérie. C'est ce que j'ai proposé d'indiquer, sous une forme un peu aphoristique peut-être, mais qui cependant me paraît assez exacte:

*Une cellule retentit sur toutes les autres, et toutes les autres retentissent sur elle.*

Cette relation que le système nerveux établit entre les parties les plus éloignées de l'organisme se dissocie par la mort. Quand les cellules nerveuses périssent, — et elles périssent dès que la circulation est arrêtée, — tout le consensus qui fait l'unité de l'organisme est immédiatement aboli, et l'individualité de chaque cellule reparaît tout entière. Alors chaque cellule, plus ou moins vivace, plus ou moins fragile, subit les conséquences de la privation d'oxygène, et finit par périr, mais à son heure et suivant ses moyens. De là cet autre axiome, dû à M. Engelmann :

*Les cellules de l'organisme vivent ensemble et meurent séparément.*

C'est en cela que consiste essentiellement la fonction du système nerveux. Il est un appareil de généralisation, qui groupe dans un effort commun la fonction des organites cellulaires isolés. *Sans système nerveux il y a des cellules; il n'y a pas d'individu.* Ce qui fait l'individu, c'est cette centralisation, cette association par lesquelles les efforts sont combinés, et l'entente établie dans la mise en jeu des divers appareils.

On appelle *acte réflexe* ce phénomène fondamental, par lequel une excitation portée en un point quelconque de la périphérie se généralise et se transmet à toutes les parties de l'organisme.

La défense active de l'être ne s'explique que par ce mécanisme réflexe, qui comprend deux termes. D'abord c'est le réflexe simple dû à la vibration de la moelle épinière et du bulbe, laquelle se transmet aux nerfs moteurs partant de la moelle et du bulbe. C'est le premier étage pour ainsi dire, ou la première étape de la transmission. La seconde étape est une transmission d'ordre supérieur : l'excitation sensible remonte jusqu'au cerveau, et là fait vibrer un autre appareil, plus compliqué et plus parfait que la moelle. Alors l'excitation sensible, au lieu de provoquer seulement un mouvement, provoque aussi un phénomène de conscience. C'est le second étage de l'action réflexe.

Ainsi il y a une première réflexion qui est la réflexion

médullaire, inconsciente, déterminant un ou plusieurs mouvements; et une seconde réflexion, qui est la réflexion cérébrale, consciente, déterminant à la fois une perception et des mouvements.

En somme, ces deux appareils, système réflexe médullaire, système réflexe cérébral, sont les appareils de défense de l'organisme. Grâce à eux, toute force extérieure ébranlant une région quelconque de notre surface sensible va provoquer une réaction réflexe qui est une réaction protectrice.

## II

### Le milieu thermique.

Les physiologistes séparent les animaux en deux classes : les uns, dont la température doit rester invariable, quels que soient les changements du milieu où ils se trouvent : ce sont les animaux à sang chaud ou *homéothermes*, les autres, au contraire, qui suivent docilement les variations thermiques extérieures : ce sont les animaux à sang froid ou *poikilothermes.*

On comprend que nous ne nous occuperons ici que des animaux à sang chaud, homéothermes (ce sont les mammifères et les oiseaux), car eux seuls possèdent un appareil de défense contre les variations thermiques du milieu; pour les autres, cette défense n'est pas nécessaire.

Nous laisserons aussi de côté la défense volontaire de l'organisme contre la chaleur ou le froid. Il est clair en effet que la sensibilité de la peau est suffisante pour nous renseigner sur la température du dehors, et par conséquent nous permettre de conformer notre conduite aux indications que nous donne la sensibilité cutanée. Mais c'est là un procédé psychique, qui n'existe probablement chez beaucoup d'animaux que sous une forme rudimentaire, ou plutôt qui ne fait que renforcer les procédés de défense plus simples, dus à l'action nerveuse inconsciente.

Tout se passe comme si nos opérations physiologiques suivaient deux étapes, deux stades ; une première période, inconsciente, où la réflexion se fait seulement dans les centres nerveux médullaires, sans remonter au delà ; et une seconde période, pendant laquelle la sensation pénètre jusqu'au centre de la conscience. En même temps que le réflexe médullaire simple, primitif, il se produit une notion consciente ; la réflexion dans les centres nerveux, cérébraux, qui élaborent l'intelligence.

La part de la conscience dans la lutte contre la température est probablement assez faible ; c'est sans le savoir et sans le vouloir que nous nous mettons en équilibre avec le milieu ambiant, de sorte que nous n'aurons guère à analyser ici que la défense involontaire, toujours ou presque toujours inconsciente, par laquelle l'organisme peut réagir aux variations thermiques du milieu ambiant.

Nous avons d'abord à examiner la lutte contre le froid. C'est à vrai dire le plus souvent contre le froid qu'il faut se défendre, car, sauf de rares exceptions, le milieu ambiant est à une température inférieure à notre température propre ; il faut donc presque toujours nous adapter au froid plus qu'au chaud.

La réaction contre le froid s'expliquera bien si l'on admet que nous sommes des appareils chimiques produisant de la chaleur et perdant de la chaleur. De là un double moyen d'adaptation, selon que celle-ci portera sur la production ou sur la déperdition de chaleur. On pourrait comparer cette régulation à celle d'un commerçant qui mettrait ses affaires en équilibre, tantôt en augmentant la recette, tantôt en diminuant la dépense.

Nous avons un appareil de dépense, qui est la radiation calorique au dehors ; nous avons un appareil de recette, qui est la production de calorique au dedans.

Voyons d'abord les procédés de régulation consistant en une variation du rayonnement.

A l'état normal nous rayonnons d'une certaine quantité de chaleur ; on peut s'en assurer en plaçant un animal dans un calorimètre. Cette quantité de chaleur que nous rayonnons au dehors est de la chaleur perdue pour nous ; c'est notre dépense de calorique ; donc, plus nous rayonnerons, plus nous dépenserons de chaleur.

Or des expériences nombreuses ont démontré que le rayonnement va en augmentant à mesure que la température s'élève. Si l'on mesure la quantité de la chaleur dont rayonne un lapin, à des températures allant de 0° à 15°, on voit qu'à 0° il rayonne très peu, tandis qu'à 15° il émet beaucoup de chaleur. Par conséquent il se met en équilibre avec la température du dehors ; étant constitué de manière à perdre d'autant plus de chaleur qu'il fait plus chaud, comme s'il comprenait qu'il lui importe de garder toute sa chaleur quand la température s'abaisse, et qu'il lui est permis de la dépenser avec plus de prodigalité quand la température s'élève.

Cette régulation s'opère sans doute en majeure partie par les changements de la circulation du sang à travers la peau. Plus le sang (dont la température est élevée) circule activement à la périphérie cutanée, plus la radiation thermique doit être forte. Quand il y a congestion et rougeur de la peau, il y a en même temps perte exagérée de calorique. Quand la circulation capillaire dans la peau diminue, la perte de calorique diminue en même temps.

L'observation la plus vulgaire montre qu'il en est ainsi. Quand la température extérieure s'élève, la peau rougit, la face se congestionne, la température extérieure des membres augmente ; l'organisme peut perdre beaucoup de calorique, parce qu'il fait très chaud au dehors. Inversement, avec plus de netteté encore, si la température extérieure s'abaisse, la peau pâlit, se décolore ; les extrémités deviennent froides, anémiées ; la circulation du sang dans la peau est réduite à un minimum, précisément pour qu'il n'y ait pas de déperdition de la précieuse chaleur qu'il faut maintenir dans les organes internes.

Soit, je suppose, la quantité de chaleur rayonnée à 0° égale à 1 000 : celle qui sera rayonnée à 5° sera (chez le lapin) égale à 1 600, à 10° égale à 2 000, et à 14° égale à 2 600.

Il est important d'appeler votre attention sur ce phénomène, car il établit une différence bien tranchée entre un être vivant et un objet inerte. Un objet inerte rayonne d'autant plus que la température ambiante est plus basse. NEWTON a bien établi cette loi, que : à surface égale, le rayonnement est exactement proportionnel à la différence de température entre le corps qui rayonne et le milieu. Donc, pour se soustraire à la loi de NEWTON et se comporter juste en sens inverse, il faut que l'être vivant fournisse une régulation active, régulation qui, dans le cas dont il s'agit, consiste en une circulation cutanée modifiée.

Cette modification de la circulation cutanée se fait bien évidemment par la voie réflexe. Une expérience célèbre de BROWN-SÉQUARD et THOLOZAN le démontre.

Si, disent-ils, on plonge la main droite, par exemple, dans de l'eau froide, on verra à la main gauche les vaisseaux de la peau se rétrécir, ce qui prouve bien que l'excitation cutanée détermine une constriction réflexe dans les vaisseaux de la peau de la région homologue, non soumise au foid.

J'ai eu aussi l'occasion d'observer sur moi-même un phénomène analogue. Si la main droite, par exemple, est exposée au froid, au bout de quelque temps survient l'anémie complète de certaines régions, dans la peau de l'index, du médius et de l'annulaire; c'est l'anémie poussée à son degré le plus intense, jusqu'à une anesthésie complète (ce qu'on appelle quelquefois le *doigt mort*). Eh bien, par voie réflexe, une anémie homologue se manifeste presque en même temps dans la peau de la main du côté opposé, quoiqu'elle n'ait pas été soumise à l'action du vent et du froid.

Ainsi nous pouvons considérer la sensibilité thermique de la peau, non seulement comme un procédé de connaissance qui nous permet d'arriver à savoir l'état thermique du milieu ambiant, mais encore, et surtout, comme un moyen de diriger par voie réflexe notre circulation capillaire cutanée, et par conséquent notre radiation calorique.

L'ensemble de toutes les excitations thermiques de la peau se centralise dans le bulbe, qui commande la constriction ou la dilatation des vaisseaux cutanés; et ainsi, par voie réflexe, se fait l'adaptation de l'organisme avec le milieu ambiant.

De là cette conséquence que, si la moelle est sectionnée, la centralisation par le bulbe ne peut plus avoir lieu : alors survient un trouble profond dans la déperdition de calorique et la température centrale va se modifier profondément. Quoique d'autres causes aussi interviennent, une des principales raisons qui fait que, chez le chien dont la moelle est coupée, la température s'abaisse, c'est que la régulation de la chaleur ne peut plus se faire. Alors la circulation de la peau ne se conforme plus à la températnre du dehors; les vaisseaux sont dilatés, et, malgré le froid extérieur, il y a une congestion périphérique intense, et, par conséquent, une radiation exagérée qui explique le rapide abaissement de température de l'organisme.

Mais, à vrai dire, cette variation dans la dépense de calorique n'est pas le principal procédé de régulation; c'est surtout en augmentant la production de chaleur que nous pouvons résister au froid.

Il est difficile de séparer, dans une expérience de calorimétrie, la part qui revient, soit au rayonnement, soit à la production de calorique. En somme, quand nous mesurons la quantité de chaleur produite par un lapin, nous enregistrons seulement son rayonnement. Mais, si la mesure est prise pendant un long espace de temps, on comprend que ce rayonnement représente finalement toute la quantité de chaleur qu'il a produite, au cas bien entendu où sa température reste la même pendant le cours de l'expérience. Mieux vaut, en somme, pour bien apprécier la production de calorique, mesurer les actions chimiques interstitielles, c'est-à-dire la consommation d'oxygène. Nous savons que toute consommation d'oxygène est nécessairement accompagnée de chaleur, et par conséquent nous pouvons admettre comme parallèles ces deux fonctions, production de chaleur et combustion d'oxygène.

Voyons alors l'influence du milieu thermique extérieur sur la consommation d'oxygène.

Le résultat est très net. A mesure que la température extérieure s'abaisse, la consommation d'oxygène augmente; c'est là une régulation d'une précision admirable, qui permet à l'animal, malgré l'abaissement du milieu qui l'entoure, de résister pendant longtemps au froid extérieur.

Un exemple extraordinaire de cette résistance au refroidissement nous a été donné récemment par M. Pictet[1]. Il a placé un chien dans une enceinte à — 92°. Quoique ce chien fût attaché, par conséquent dans de très mauvaises conditions pour la résistance au froid, il a pu garder sa température normale pendant une heure et demie ; par conséquent il a dû produire une quantité énorme de chaleur pour résister à cette source intense de refroidissement.

M. Pictet remarque même qu'au début il y a eu une élévation d'un demi-degré dans la température rectale du chien ; mais il n'y a pas lieu de s'en étonner, car, dans ces phénomènes de régulation, il se peut fort bien que l'appareil régulateur dépasse le but, pour mieux l'atteindre.

Souvent j'ai essayé de refroidir des chiens en les plaçant dans de l'eau glacée. Or, si le chien n'est pas attaché, il est presque impossible de diminuer sa température ; même au bout de deux heures, sa température n'a pas changé.

1. *Revue Scientifique*, 4 nov. 1893, p. 581.

Deux hommes dont la température est identique se placent : l'un dans un bain à 37°, l'autre dans un bain à 20° ; au bout d'une demi-heure, leur température est restée la même ; c'est la meilleure preuve qu'il y a chez l'un et chez l'autre une production de chaleur différente.

M. FREDERICQ a montré que, s'il était dépouillé de ses vêtements, il consommait plus d'oxygène que s'il était habillé. J'ai constaté que si, dans un bain à 38°, chez l'homme [1], la production d'acide carbonique est, par kilo et par heure, de 0gr,061, elle passe à 0gr,084 quand la température du bain s'abaisse seulement de 3°.

D'ailleurs, il est inutile de multiplier les exemples, tellement le phénomène est simple et accepté par tous les physiologistes.

J'insisterai seulement sur un point, c'est la différence essentielle, fondamentale, que présentent à ce point de vue les animaux à sang chaud et les animaux à sang froid. Quand la température extérieure s'abaisse, chez un animal à sang froid qu'on refroidit graduellement, on voit diminuer la consommation d'oxygène au fur et à mesure qu'on le refroidit. L'organisme tout entier se comporte comme une véritable réaction chimique, d'autant plus intense que la température est plus haute ; mais l'animal à sang chaud, qui doit conserver sa température première, fait effort contre le milieu ambiant, et il augmente la production de chaleur à mesure que les causes de refroidissement augmentent.

Si donc on représentait ces phénomènes par des courbes, on verrait que ces courbes sont précisément inverses l'une de l'autre, le maximum de consommation d'oxygène étant à 0° pour les animaux à sang chaud, et à + 15° pour les animaux à sang froid.

Si nous connaissons bien le phénomène lui-même quant à ses effets, nous sommes moins bien instruits quant à sa

1. *Travaux du Laboratoire,* t. I, p. 503.

cause intime. Certes, les muscles, comme nous le verrons tout à l'heure, prennent la plus grande part à la production de chaleur. Mais d'autres tissus, le foie et les glandes, ont sans doute aussi un rôle ; car, même lorsque l'animal est à peu près immobile, on voit croître encore, quand on le refroidit, l'activité de ses combustions chimiques. Mais je ne puis entrer ici dans l'étude et la discussion de cette fonction thermogène, pour juger quelle est la part du foie et quelle est la part des muscles. Aussi bien, ce qui nous intéresse ici, c'est de savoir le rôle du système nerveux dans la production de ces phénomènes de défense.

Il est clair que ce sont des phénomènes réflexes, involontaires, et plus ou moins inconscients. Pour prouver qu'il en est ainsi, il suffit de paralyser par un procédé quelconque le système nerveux central. Alors l'adaptation au milieu ambiant ne se fait plus.

Or, pour paralyser le système nerveux, nul procédé n'est préférable à l'anesthésie par le chloral, qui anéantit les réflexes.

Chez les animaux chloralisés, privés par conséquent de l'appareil nerveux régulateur, les variations du milieu ne déterminent plus aucune variation dans la consommation de l'oxygène. Aussi les chiens chloralisés meurent-ils de froid si l'on ne prend pas la précaution de les maintenir dans une chambre bien chauffée. L'éther, le chloroforme, l'alcool, agissent de même. Les ivrognes meurent de froid très facilement, quand l'ivresse est comateuse, car la paralysie du système nerveux l'empêche de réagir, et de défendre, par des réactions thermogènes, l'organisme exposé au froid.

Jusqu'ici je n'ai envisagé que la variation du milieu extérieur, à laquelle s'adapte l'organisme, mais il y a un autre élément dont il faut tenir compte, c'est la surface. Je vais vous prouver que par le système nerveux la production de chaleur s'adapte à la surface rayonnante, aussi bien quant à l'étendue de cette surface que quant à ses propriétés radiantes.

Considérons, en effet, deux sphères homogènes et de nature identique, mais ayant un volume différent. Leur poids, autrement dit leur volume, sera fonction du cube de leur rayon, tandis que leur surface sera fonction seulement du carré de leur rayon. Si, je suppose, leurs volumes sont respectivement 2 et 20, leurs surfaces seront respectivement 1,59 et 7,37; par conséquent, pour l'unité de poids, il y aura une surface de 0,8 pour la petite sphère, et de 0,27 pour la grande sphère. Le rayonnement sera donc tout à fait différent; et, alors que la petite sphère devra, pour se maintenir en équilibre avec le milieu, produire par l'unité de poids 0,8 de chaleur, la grande sphère devra produire seulement 0,27.

Cette différence dans l'intensité du rayonnement (rapporté à l'unité de volume) entre les grandes et les petites sphères se retrouve aussi entre les grands et les petits animaux qu'on peut, jusqu'à un certain point, malgré l'inégalité de leurs formes, comparer sous ce point de vue à des sphères.

Il s'ensuit que, pour maintenir sa température propre, un gros animal a, par rapport à un kilogramme de son tissu, moins de chaleur à dépenser qu'un petit animal, et cela dans une proportion considérable. Si l'on compare le rayonnement d'un cheval au rayonnement d'une souris qui ne pèse que quelques grammes, on voit qu'un kilogramme de cheval doit produire quarante fois moins de chaleur qu'un kilogramme de souris.

Or, dans la nature, l'équilibre se fait admirablement entre l'étendue de la surface et la production de chaleur, si bien que, quand on mesure chez les animaux les plus divers la production de chaleur par l'unité de surface, on arrive avec une approximation assez satisfaisante à trouver un chiffre uniforme pour tous les animaux à sang chaud; à peu près à 1gr,75 d'acide carbonique pour 1 000 centimètres carrés de surface.

Il est clair que cette régulation ne peut s'opérer que par

l'intermédiaire du système nerveux; car en somme les divers tissus, muscles, glandes, muqueuses, sont à peu près les mêmes chez les gros et les petits êtres. Mais le système nerveux réagit d'une manière différente chez les uns et chez les autres.

Chez les petits, comme il faut beaucoup de chaleur, il leur donne des combustions actives. Chez les gros, comme la déperdition est moindre, il diminue l'activité des combustions.

Ce qui le prouve, c'est la série des expériences suivantes.

Si l'on prend deux chiens d'inégale taille, et qu'on mesure leurs combustions, on trouvera que ces combustions sont précisément en raison inverse de la taille. Les chiens se prêtent admirablement bien à cette expérience; car dans cette même espèce animale il y a des différences de poids énormes. Certains chiens pèsent 50 kilos, et d'autres petits chiens adultes ne pèsent guère plus de 1 kilo. Mais on n'a pas besoin d'aller à ces chiffres extrêmes; et, si l'on compare seulement des chiens de 25 kilos à des chiens de 5 kilos, on trouvera que pour l'unité de poids (un kilogramme) et en une heure, les chiens de 25 kilos produisent $0^{gr},92$ d'acide carbonique, et les chiens de 5 kilos, $1^{gr},55$. Bien entendu tous les intermédiaires s'observent entre ces deux chiffres, et il y a des divergences individuelles appréciables; mais, en réunissant de nombreuses expériences dont on fait la moyenne, on aura une courbe tout à fait régulière.

Or cette différence entre la combustion des grands et des petits chiens est due au système nerveux. En effet, que l'on chloralise ces animaux, et alors on verra s'effacer les variations dues à la taille; les gros comme les petits chiens dégageront pour l'unité de poids la même quantité de chaleur. Voilà la preuve évidente que c'est le système nerveux qui règle l'intensité des combustions, puisque, quand il est paralysé, les combustions sont proportionnelles à la masse même des tissus, et non plus à la surface rayonnante de l'organisme.

Une autre manière de faire cette expérience, sans aucun appareil calorimétrique, c'est de chloraliser en même temps deux chiens, un gros et un petit. Tous deux, exposés au même froid, se refroidissent; mais le petit chien se refroidit beaucoup plus vite que le gros. En effet, étant chloralisés, ils dégagent l'un et l'autre la même quantité de chaleur; mais, la radiation n'étant pas la même, le petit chien se refroidit plus vite que le gros. Donc, à l'état de vie, le système nerveux rendait plus actives les combustions du petit chien.

Tous ces faits nous conduisent à la même conclusion générale, à savoir que la vie de l'être ne peut s'exercer à une température constante que si le système nerveux proportionne les combustions chimiques, sources de la chaleur animale, à la radiation extérieure, qui est elle-même fonction de deux variables, d'une part la température ambiante, d'autre part l'étendue de la surface de radiation.

Tous les tissus de l'organisme participent aux combustions, mais le principal rôle est certainement dévolu aux muscles. Pour deux raisons : d'abord parce que les muscles représentent, par leur poids seul, environ 50 p. 100 du poids total du corps; ensuite parce que la combustion des muscles est plus active que celle des autres tissus; de sorte que l'on peut évaluer la part du système musculaire dans les combustions à environ 75 p. 100 de la combustion totale. Sur 100 calories produites par un animal, les muscles en produisent au moins 75. Par conséquent, dans la lutte contre le froid, ce sont surtout les muscles qui agissent; car leur contraction est la principale source de la chaleur. Un individu endormi, et par conséquent immobile, mourrait de froid s'il n'était pas plus chaudement vêtu que quand il marche ou travaille; le meilleur moyen de se réchauffer, quand on n'a pas d'autres sources de chaleur à sa disposition, c'est de faire un vigoureux exercice musculaire. Nous sommes à ce point de vue guidés par notre instinct, et il n'est besoin d'être un physiologiste pour savoir qu'on peut avec la marche et avec l'exercice maintenir constante sa température par des froids même rigoureux.

Mais, outre l'instinct, il y a aussi l'action réflexe, qui prend alors une forme spéciale : je veux parler du frisson, mécanisme réflexe dont la fonction est évidemment le réchauffement du corps par la contraction des divers muscles[1].

En effet, si un individu est exposé au froid, il est pris d'un tremblement général et involontaire de tous les muscles; ce sont des contractions rythmées, générales, se succédant à des intervalles réguliers; le point de départ est évidemment la sensation de froid produite par l'excitation de la peau. C'est une action réflexe, car elle nécessite l'intervention du système nerveux; et, sur un animal chloralisé, l'excitation de la peau par le froid ne produit plus le frisson.

Il est curieux de noter que, chez les petits chiens à poils ras, dont les combustions doivent par conséquent être très actives, aussi bien à cause de leur petite taille qu'à cause de la nudité du tégument protecteur, le frisson est presque perpétuel : ils sont constamment à trembler; et ils tremblent pour se réchauffer; car ce tremblement n'est autre qu'une contraction généralisée, clonique, de tout l'appareil musculaire.

Mais il peut se faire que cet appareil réflexe soit insuffisant, et la Nature a voulu y suppléer par un autre appareil. Nous verrons dans le cours de ces leçons que pareille double défense, réflexe et centrale, existe pour tous les systèmes de protection. Il est donc important de l'étudier dans le frisson.

Aussi bien le cas peut se présenter où, pour un motif quelconque, l'excitation cutanée et par conséquent l'appareil réflexe feront défaut. Alors l'organisme se trouverait désarmé si une nouvelle défense ne venait se substituer à la première. Cette nouvelle défense, ce n'est plus la défense *réflexe*, c'est la défense *centrale*.

1. Ces faits ont été développés par moi dans un mémoire qui a pour titre : *Frisson comme appareil de régulation thermique*. (*Archives de physiologie*, avril 1893, p. 312. Voy. plus haut. *Trav. du Lab.*, t. III, p. 1.)

Au lieu d'être mis en jeu par une excitation venue du dehors, l'ébranlement du système nerveux qui provoque le frisson est déterminé par le changement même de son état. Supposons que le sang qui irrigue les centres nerveux soit refroidi, ce refroidissement du sang, et par conséquent des centres nerveux, va être une cause déterminante du frisson.

Ainsi deux cas se présentent. Tantôt c'est la peau, qui, excitée par le froid, va déterminer par l'excitation réflexe des centres nerveux le frisson thermogène; tantôt c'est le froid lui-même qui, changeant les qualités thermiques du sang irrigateur, va stimuler directement par son contact les centres nerveux. Il y a donc *un frisson réflexe* et *un frisson central.*

Bien entendu, pour le frisson réflexe, il suffit d'une excitation périphérique; contact passager de la peau avec l'eau froide; ou un courant d'air froid, toutes causes insuffisantes pour abaisser la température, alors que, pour provoquer le frisson central, il faut en outre que le sang soit fortement refroidi. C'est à la longue seulement que le frisson central apparaît, et, pour qu'on l'observe chez le chien, la température de l'animal doit être descendue à 35° environ. Il a cela de caractéristique que, pour l'abolir, les doses de chloral doivent être beaucoup plus fortes que pour abolir le frisson réflexe. Un chien légèrement chloralisé ne peut plus donner de frisson réflexe, tandis qu'il donne encore, s'il est refroidi à 35°, un frisson central tout à fait net.

Vous comprenez maintenant par quel ensemble de moyens nous luttons activement contre le froid. Cette lutte, remarquez-le, est absolument efficace. A l'état de santé, notre température est toujours normale, malgré les énormes variations du milieu ambiant. En hiver, les petits oiseaux peuvent avoir une température supérieure de plus de 55° à celle de l'air extérieur: ils doivent alors, par conséquent, produire une quantité de chaleur colossale : peut-être, pour l'unité de poids, deux cents fois plus forte que celle des grands animaux en été. C'est le système nerveux qui fait ces différences, et il ne peut les faire que s'il est actionné par les nerfs sensitifs délicats qui l'avertissent des changements thermiques survenus dans le milieu ambiant.

Il est clair, en effet, que cette régulation parfaite, irréprochable, nécessite un appareil nerveux intact. Dans la fièvre, dans les intoxications, la régulation est profondément troublée. Comme le mécanisme même de la fièvre ne nous intéresse pas ici, nous admettrons, ce qui est à peu près vrai, qu'elle est essentiellement constituée par une perversion de nos appareils de régulation thermique.

La résistance à la chaleur n'est pas moins assurée que la résistance au froid, mais le mécanisme en est tout différent.

D'abord, ainsi qu'il a été dit plus haut, si la température augmente, la circulation capillaire cutanée est accélérée, et par conséquent la radiation se trouve amplifiée ; mais augmenter sa radiation calorique, ce n'est pas produire du froid, et ce procédé ne peut suffire que dans le cas où la température ambiante est notablement inférieure à la température propre du corps. — Si le corps produit une certaine quantité de chaleur, il faut évidemment un certain rayonnement pour que cette chaleur ne s'accumule pas de manière à produire des effets dangereux. Par exemple, que la température ambiante soit seulement à 30° ou 32°, c'est assez pour que notre température organique, si aucune cause de refroidissement ne survenait, s'élève au-dessus de la normale, par le seul fait de l'accumulation de nos combustions internes, sans refroidissement suffisant à la périphérie.

Pour produire du froid, les organismes ne disposent que d'un seul procédé dont la généralité est absolue : c'est l'évaporation de l'eau.

On sait que le passage de l'état liquide à l'état gazeux absorbe une grande quantité de chaleur : 575 calories pour

1 kil. d'eau. Par conséquent, en évaporant par un procédé quelconque 1 kil. d'eau, un animal se refroidira de 575 calories. C'est là un chiffre considérable, car l'homme adulte produit 100 calories par heure, de sorte que l'évaporation seule de 1 kil. d'eau suffira à compenser exactement toute la quantité de chaleur qu'il produit, pendant six heures, même en supposant nulles toutes autres pertes de chaleur (par le travail mécanique et la radiation).

Chez l'homme et chez beaucoup d'animaux, la production de froid est due à l'évaporation de la sueur. Il est même difficile de supposer que la sueur ait une autre fonction; car c'est un liquide très aqueux, ne contenant presque pas de matières solides, et par conséquent ayant des fonctions d'excrétion presque nulles. Autrement dit, la sueur a un rôle *physique* (évaporation et refroidissement); et son rôle *chimique* est probablement négligeable.

Mais son rôle physique est très important. Il s'agit de prémunir le corps contre un excès de température. Chaque fois qu'un gramme de sueur, perlant à la surface de la peau, s'évapore sous forme de vapeur d'eau, et se dissémine dans l'atmosphère, il se produit dans la peau, et par conséquent dans le sang, un refroidissement équivalent à 575 micro-calories, ce qui suffit à assurer une régulation irréprochable.

L'évaporation cutanée est soumise à l'influence réflexe. En effet, on a démontré que les glandes sudoripares sont soumises à l'influence des nerfs : de même qu'en excitant la corde du tympan, on fait couler la salive, de même on fait couler la sueur en excitant les nerfs sudoraux.

Ainsi la sécrétion de la sueur est un phénomène réflexe. Lorsque la peau est échauffée, les nerfs cutanés vont transmettre aux centres une excitation qui provoque la sueur. C'est là un phénomène d'importance fondamentale, dont on peut facilement donner la démonstration. Il suffit d'entrer dans une étuve dont la température est de 35° environ. Alors presque aussitôt on voit perler sur la peau des gouttelettes de sueur qui s'évaporent et produisent du froid[1].

C'est grâce à ce refroidissement cutané qu'on peut se maintenir pendant longtemps à des températures ambiantes bien supérieures à la température normale. Au Sénégal, à Aden, à Massaouah, la température à l'ombre atteint parfois 45° ou 50°. Dans la chambre de chauffe des grands navires, surtout dans certaines régions, par exemple dans la mer Rouge, la température monte à 65°. Il est vrai que les Européens peuvent difficilement y séjourner, mais il y a des nègres et des Arabes qui peuvent y passer près d'une heure. Pendant quelques minutes, comme l'ont montré des physiologistes anglais à la fin du siècle dernier, on peut rester dans une étuve à 100°, à la condition que l'étuve soit sèche. Il se fait, dès qu'on y pénètre, une sudation abondante, et l'évaporation de cette sueur amène un froid suffisant pour que la température du corps ne s'élève pas.

Les climats chauds sont donc dangereux en raison non pas tant de la température que de l'état hygrométrique de l'air. Quand l'air est sec, on peut supporter des températures très élevées, précisément à cause de l'évaporation d'eau qui survient alors. Les climats chauds et humides sont bien plus redoutables que les climats chauds et secs. Il est fort douteux, quoi qu'en ait dit M. Bonnal, qu'on puisse séjourner un quart d'heure dans un bain à 46°, car dans un bain, le refroidissement par l'évaporation cutanée est nulle.

En étudiant de plus près le phénomène de la transpiration cutanée, nous retrouverons le même double procédé de défense que pour le frisson ; et nous aurons à considérer une sudation réflexe et une sudation centrale.

La sudation d'origine réflexe nous est fournie par l'exem-

1. Aussi, dans les pays chauds, la température normale de l'homme ne diffère pas de ce qu'elle est dans les pays froids. D'après M. Eickman (*Archives de* Virchow, tome XXXI, p. 150), la température des Européens et des Malais à Batavia est d'environ 37°, quoique la température moyenne de l'air soit de 25°.

ple de ce qui se passe quand nous entrons dans une étuve. Avant que la température du corps se soit modifiée, l'excitation des nerfs de la peau a produit la sueur réflexe. Le système nerveux, averti par la sensibilité cutanée, a donné aux glandes sudorales l'ordre de sécréter de l'eau et par conséquent du froid, car cette eau s'évapore aussitôt.

Mais cette production de sueur survient aussi par le seul fait de l'échauffement du corps, même quand il n'y a pas de modification du milieu thermique ambiant. Un individu qui accomplit un travail musculaire exagéré transpirera abondamment pour se refroidir. Il est clair que cette sudation n'est pas d'origine réflexe, puisque la température extérieure ne s'est pas modifiée; donc il transpire parce que les centres nerveux échauffés ont été, par cet échauffement même, stimulés de telle sorte qu'ils vont provoquer la sécrétion de la sueur.

Ainsi le frisson et la sueur sont deux phénomènes qui fournissent l'exemple d'un double mécanisme, réflexe et central, qui représente les deux procédés de défense dont peut disposer l'organisme.

Nous retrouverons encore ce double système très bien caractérisé en étudiant l'autre moyen de refroidissement propre aux animaux dépourvus de sécrétion cutanée.

En effet, chez beaucoup de mammifères et chez les oiseaux, la peau ne peut pas produire de sueur en quantité appréciable. L'homme et le cheval sont peut-être les animaux qui transpirent le plus. Alors la Nature a pourvu à cette absence d'évaporation tégumentaire, en disposant un autre appareil d'évaporation. Le refroidissement est toujours produit par le même phénomène physique, c'est-à-dire la vaporisation d'une certaine quantité d'eau; mais des appareils très différents sont chargés de cette fonction.

J'ai pu, par quelques expériences très simples, établir les conditions de cette régulation, qui n'avaient pas été indiquées avant le mémoire que j'ai publié à ce sujet[1]. Cependant le fait lui-même, le phénomène essentiel était bien connu, car il relève de l'observation la plus vulgaire. Les chiens, quand ils ont chaud, soit pour être restés exposés au soleil, soit pour avoir couru, sont essoufflés, haletants, tirant la langue, respirant avec une très grande fréquence. Mais on ne s'était pas demandé quel était le mécanisme et le but de cette respiration accélérée. Je vais, en quelques mots, indiquer la nature de cette fonction importante.

Pour simplifier, nous appellerons *polypnée* cette respiration accélérée.

Elle peut être centrale ou réflexe. Elle est réflexe quand la température extérieure s'élève, et par conséquent modifie l'excitation périphérique de la peau par un changement dans les qualités de l'air ambiant. Un chien placé au soleil, en été, au bout de quelques minutes accélère son rythme respiratoire, et cette accélération dure pendant tout le temps qu'il est exposé au soleil. C'est bien une excitation réflexe, car, d'une part, sa température propre ne se modifie pas; et, d'autre part, si l'on paralyse son système nerveux central, la *polypnée* ne se produit pas. On fait l'expérience d'une manière bien démonstrative, en plaçant au soleil deux chiens, dont l'un est chloralisé. Le chien chloralisé respirera avec le même rythme que précédemment; et sa température s'élèvera énormément. Au contraire, le chien normal se mettra à respirer avec une grande fréquence; et alors, comme il se refroidira par l'évaporation pulmonaire, il pourra garder sa même température normale.

Comparez cette expérience à celle que je vous citais tout à l'heure, de deux chiens exposés au froid; l'un, chloralisé, qui bientôt meurt de froid, l'autre normal, qui résiste.

Et même, pour pousser la comparaison plus loin, rappelez-vous le chien que M. Pictet a placé à une température

1. Voir *Trav. du Laboratoire*, t. I, 1893, p. 431.

de — 92°, et qui, au bout d'une demi-heure, avait une légère ascension thermométrique; de même le chien normal exposé au soleil règle un peu plus qu'il ne faut et se refroidit quelque peu.

En somme l'anesthésie par le chloral nous fournit une bonne démonstration du rôle du système nerveux, régulateur de la chaleur, protecteur de l'organisme contre les causes de réchauffement et de refroidissement. Quand le système nerveux est paralysé, aucune régulation n'est possible.

Mais il y a aussi une polypnée de cause centrale, comme nous avons vu exister un frisson de cause centrale et une sudation de cause centrale. Si, en effet, au lieu de changer le milieu extérieur, nous échauffons le sang par un procédé quelconque, par exemple en provoquant des contractions musculaires par l'électrisation de tout le corps, nous verrons, quand la température est arrivée à un certain degré (très exactement pour le chien 41°,7), la polypnée se déclarer. Nous ne pouvons ici faire intervenir les nerfs périphériques, puisque le milieu ambiant est resté le même. C'est évidemment par le sang échauffé une excitation des centres nerveux qui commandent la polypnée.

Là encore il semble que la nature ait mis une seconde barrière pour suppléer à la première, au cas où celle-ci serait insuffisante. Le plus souvent, dans les conditions générales de la vie, la polypnée réflexe suffit; mais si, malgré cette cause de refroidissement, l'organisme s'échauffe, de manière à atteindre un niveau dangereux, alors les centres nerveux entrent en action, et ordonnent cette polypnée avec plus de force encore. Pour agir sur les centres polypnéiques, il y a deux procédés; d'une part, l'excitation des nerfs sensibles, et, d'autre part, les modifications de la température même du sang.

La polypnée produit le refroidissement parce que chaque expiration contient une certaine quantité d'eau à l'état de vapeur. Cette eau, en se vaporisant, a produit du froid, et le sang est revenu par les veines pulmonaires dans le cœur gauche notablement refroidi. Chaque expiration entraîne donc un refroidissement proportionnel à la quantité d'eau qui y est contenue. Or cette quantité d'eau, grâce à la disposition du poumon qui offre une si large surface à l'évaporation, est sensiblement égale à celle qui sature l'air à 35°. Par conséquent, ici encore, la quantité d'eau est proportionnelle à la quantité d'air expiré ; et, si l'on admet que chacune de ces expirations est égale, nous arrivons à cette conclusion absolument rigoureuse, c'est que le refroidissement du corps est proportionnel au rythme de la respiration. Je pourrais citer beaucoup d'expériences ; je n'en citerai que deux.

Si l'on place sur une balance très sensible un chien réchauffé et en état de polypnée, on voit qu'il diminue de poids très vite, et ce poids perdu ne peut être que la quantité d'eau exhalée par le poumon. On peut donc apprécier *par la balance* la quantité de chaleur qu'il perd en exhalant de l'eau.

L'autre expérience consiste à museler un chien fortement et à l'exposer au soleil. Or les chiens muselés ne peuvent pas avoir de polypnée, car pour ce phénomène les voies aériennes doivent être absolument libres. Eh bien, ce chien muselé va en une demi-heure (si la température extérieure est élevée) mourir d'hyperthermie ; car il ne pourra pas se refroidir par l'évaporation de l'eau.

Quoique je n'aie bien étudié le phénomène de la polypnée que sur le chien, j'ai pu constater qu'il était très général. Je l'ai vu chez les lapins et les cobayes, chez les pigeons et les canards. En somme, c'est le seul appareil de protection contre le chaud que puissent avoir des animaux privés d'appareil sudoral.

Le poumon nous apparaît donc comme ayant une double fonction ; une fonction *chimique*, la plus importante assurément, qui est de prendre l'oxygène de l'air et d'éliminer l'acide carbonique du sang, et une fonction *physique* qui consiste à éliminer de l'eau pour refroidir le sang. Or ces deux fonctions physiques et chimiques sont subordonnées à leur importance relative.

Si la fonction chimique n'est pas satisfaite, autrement dit si l'organisme a besoin d'oxygène, la fonction physique ne peut pas s'exercer. Dans l'air confiné, il n'y a pas de polypnée possible; et la polypnée ne peut s'établir que si le sang est saturé d'oxygène. Autrement dit, l'animal ne respire pour se refroidir, que s'il n'a pas besoin de respirer pour ses besoins chimiques, mais, sauf le cas anormal de la respiration dans un air vicié, l'harmonie est parfaite entre les deux fonctions; car, dès que la respiration devient fréquente, le sang très vite se charge d'oxygène, et, les besoins chimiques de l'organisme étant satisfaits, la polypnée peut s'établir pleinement, sans entraves.

Nous pouvons maintenant nous faire une idée d'ensemble de cette défense de l'organisme contre le froid et la chaleur, défense qui n'existe que pour les animaux à sang chaud, et qui consiste à maintenir invariable la température intérieure.

C'est d'abord par les défenses passives, c'est-à-dire par une peau qui conduit mal la chaleur, surtout quand elle est recouverte de poils épais, ou soutenue par une couche épaisse de graisse.

C'est ensuite, et surtout, par des réactions réflexes ou centrales; *réflexes*, quand les nerfs de la périphérie sont excités par les variations thermiques de l'atmosphère, milieu extérieur; *centrales*, quand ce sont les centres nerveux eux-mêmes qui sont stimulés par les variations thermiques du sang, milieu intérieur.

Et il était nécessaire qu'il en fût ainsi, et qu'un appareil central fût surajouté à l'appareil réflexe, car les causes d'échauffement ou de refroidissement ne dépendent pas seulement des variations extérieures; elles dépendent aussi des phénomènes chimiques qui se passent dans nos tissus.

Pour réagir contre le froid, il y a d'abord la circulation

capillaire de la peau, d'autant plus intense que la chaleur est plus élevée; par conséquent le rayonnement est proportionnel à l'activité de la circulation capillaire. Un animal peut donc à volonté diminuer ou augmenter son rayonnement.

Comme le rayonnement est aussi fonction de la surface, les animaux à surface grande (relativement à leur poids) ont besoin de faire beaucoup de chaleur, et ils en font beaucoup, en effet, grâce à l'activité du système nerveux qui commande les échanges.

Contre le froid, l'animal réagit par le frisson; c'est-à-dire par un travail musculaire involontaire, et ce frisson peut être réflexe ou central.

Contre le chaud, il réagit par l'évaporation d'eau, qui, selon la constitution anatomique, se fait à la surface de la peau ou à la surface du poumon; sueur centrale ou réflexe, polypnée centrale ou réflexe. Ainsi se trouve admirablement protégé l'être vivant homéotherme, et la régulation en est si parfaite que nos meilleurs appareils de physique n'arrivent que difficilement à l'égaler.

## III

## Les traumatismes.

Tout être vivant est exposé au traumatisme. Il importait donc qu'il fût énergiquement préservé contre cette cause de destruction et de mort. Et, en effet, il est pourvu d'admirables moyens de défense contre le traumatisme.

Nous les diviserons en défenses *préventives*, défenses *immédiates* et défenses *consécutives*.

Les défenses préventives ne peuvent évidemment être que de nature psychique; car, pour prévoir, il faut l'intelligence.

On conçoit un phénomène réflexe de défense se produisant aussitôt que l'excitation a eu lieu; mais, pour devancer et prévenir cette excitation, l'intelligence est nécessaire.

Bien entendu, nous ne traiterons pas ici de la défense due à un phénomène intellectuel volontaire, mais seulement de la défense instinctive, spontanée, héréditaire, commune à tous les individus d'une même espèce, et que ni la mémoire ni l'éducation n'ont produite. Quoique involontaire et général, ce n'en est pas moins un phénomène psychique qui suppose l'intelligence.

Or, en examinant les sentiments instinctifs que provoquent en nous les choses et les êtres, nous pouvons en faire deux grandes classes : les sentiments d'attraction et les sentiments de répulsion.

Les sentiments de répulsion, les seuls que nous ayons à envisager ici, puisqu'il s'agit de la défense contre les ennemis, peuvent en somme se ramener à un seul type, c'est-à-dire au sentiment de la frayeur. — La *peur*, ou la frayeur, nous avertit du danger avant que le danger soit survenu.

La peur s'exerce vis-à-vis des objets inconnus, et par conséquent dangereux puisqu'ils ne sont pas habituels. — Un cheval, un chien, même un homme, s'effrayent lorsqu'ils voient apparaître une forme qu'ils n'avaient pas vue jusqu'alors. C'est une excellente et simple manière de se prémunir contre un danger quelconque que d'être effrayé dès que quelque phénomène imprévu vient faire irruption dans la vie ordinaire. Ce qui est connu n'est pas dangereux, tandis que ce qui est inconnu est peut-être hérissé de périls.

En outre, quoique parfaitement connus de nous, il est certains objets bien déterminés qui provoquent la frayeur. Comme il s'agit, dans l'étude que nous faisons ici, d'instincts généraux naturels, non des phénomènes psychologiques prodigieusement compliqués, qui sont dus à notre mémoire et à notre éducation, nous n'avons à nous occuper que des objets capables de nous inspirer de la frayeur, qui sont dans la

Nature. Eh bien! ce sont presque uniquement des animaux dangereux. Ainsi s'explique la frayeur instinctive que les serpents (et les animaux ressemblant aux serpents) provoquent chez presque tous les mammifères et les oiseaux. Si l'on met un serpent dans la cage d'un jeune singe, quoiqu'il n'ait jamais vu de serpent encore, il donnera tous les signes d'une frayeur intense. Tous les herbivores ont la peur des fauves, dont l'odeur et la vue provoquent aussitôt des mouvements instinctifs de frayeur et de fuite.

C'est, si l'on veut, un réflexe, mais c'est un réflexe psychique, car il nécessite une élaboration intellectuelle compliquée.

Une des variétés du sentiment de la peur, c'est le sentiment du *dégoût*, qui, tout en s'exerçant aussi contre les animaux offensifs, s'exerce plutôt contre les plantes et les poisons. Mais, à vrai dire, la peur et le dégoût souvent se confondent, et l'horreur qu'inspire à certaines personnes la vue d'un crapaud ou d'une araignée se rapproche autant de la peur que du dégoût. Je ne puis entreprendre ici cette étude intéressante de psychologie générale[1].

Je rapprocherai seulement de la peur un autre sentiment instinctif qui nous protège aussi contre les dangers possibles, c'est le *vertige;* seulement la peur s'adresse généralement aux objets animés, tandis que le vertige s'adresse aux objets inanimés.

Il est facile de voir à quel point cet instinct est protecteur. Le vertige paralyse absolument la marche : on ne peut plus avancer, et par conséquent, comme il s'agit d'une situation périlleuse ou qui paraît telle, cette impossibilité de continuer nous protège contre nous-même. Pour ma part, je ne doute pas que, si la sensation du vertige n'existait pas, on constaterait bien plus souvent des chutes et de graves accidents.

1. Voyez, Mosso: *la Peur*, un vol. in-12, Alcan, 1892, et l'étude que j'ai donnée sur la Peur, dans la *Revue des Deux Mondes*, 1890.

Quant à la peur, elle est tantôt paralysante, tantôt stimulante, selon les cas. Tantôt elle empêche d'avancer et par conséquent de s'exposer au danger; tantôt, au contraire, elle stimule les forces au point de *donner des ailes*, comme on dit proverbialement.

Vertige, dégoût ou peur, toutes ces manifestations instinctives nous avertissent du danger et nous forcent malgré nous à être prudents. Il semble que la Nature ait voulu nous mettre en garde contre nous-même et nous inspirer pour notre salut des sentiments si forts que nous ne puissions pas les vaincre.

Mais ce sont des études plus psychologiques que physiologiques, et, à mon grand regret, je n'insisterai pas davantage.

La défense *immédiate* contre le traumatisme peut être divisée en deux chapitres, suivant qu'on étudiera les phénomènes *généraux* et les phénomènes *locaux*.

Étudions d'abord les phénomènes généraux, et prenons le cas le plus simple, celui d'un traumatisme quelconque, d'une plaie offensant un point quelconque de la peau. A la suite de ce traumatisme surviendront immédiatement des phénomènes réflexes et des phénomènes de conscience.

Tout se passera comme si l'excitation nerveuse transmise au centre allait provoquer, d'une part la vibration de la moelle avec ses conséquences, c'est-à-dire l'excitation de divers nerfs moteurs; d'autre part, une vibration du cerveau avec ses conséquences, c'est-à-dire la conscience de l'excitation forte, autrement dit une douleur.

Envisageons séparément ces deux phénomènes, et d'abord, pour simplifier, les phénomènes réflexes.

On peut considérer la moelle épinière et le bulbe, qui est sa région supérieure, comme constitués par une série de centres ganglionnaires, superposés, centres moteurs du cœur, de l'iris, des vaso-constricteurs, de la respiration, de l'intestin, de l'estomac, etc. — Nous laissons bien entendu de côté les centres qui président au mouvement des muscles de la vie animale. — Il s'ensuit que toute excitation de la moelle est capable de mettre en jeu ces différents centres, et par conséquent capable d'exercer une action sur les mouvements de nos viscères, rythme cardiaque, rythme respiratoire, tonicité des vaisseaux, sécrétion biliaire, mouvement de l'iris, de l'estomac, de l'intestin, etc.

La complication est même très grande, car il n'y a pas seulement des phénomènes de stimulation, il y a encore des phénomènes de paralysie ou d'inhibition. Et ce qui complique encore la réaction finale, c'est que généralement chacun de ces appareils peut être innervé par des muscles ayant une action opposée. Ainsi, il y a des centres inspirateurs et des centres expirateurs, des centres vaso-constricteurs et des centres vaso-dilatateurs; un centre qui agrandit la pupille, et un centre qui la rétrécit, des nerfs qui arrêtent le cœur et des nerfs qui l'excitent; des nerfs excito-sécréteurs et des nerfs fréno-sécréteurs. Chacun de ces centres antagonistes peut entrer en jeu dans un double sens, tantôt en étant stimulé, tantôt en étant inhibé. Par conséquent, pour le cœur par exemple, nous concevons bien qu'il y a quatre modalités possibles : excitation du centre accélérateur; inhibition du centre accélérateur; excitation du centre modérateur; inhibition du centre modérateur.

De là une diversité presque infinie dans les réponses, suivant la qualité et la quantité de l'excitation.

Or il est facile de prouver que toute excitation, non seulement est capable de provoquer des réflexes sur tous ces organes, mais encore les provoque effectivement; car il est impossible d'admettre qu'une excitation forte, agissant sur les centres médullaires, ne va pas les stimuler. Aussi, si l'on se place dans de bonnes conditions expérimentales, peut-on constater que chaque traumatisme retentit sur la respiration, sur le cœur, sur les vaisseaux, sur les intestins.

De même que toute excitation d'un nerf de sensibilité est perçue par les centres de la conscience et va provoquer une perception ; de même toute excitation de la sensibilité va provoquer une réaction réflexe de nos viscères.

C'est la confirmation de ce que je disais précédemment à propos du système nerveux. Une cellule retentit sur toutes les autres, et toutes les autres retentissent sur elle.

L'expérience peut être faite dans de bonnes conditions en opérant sur un animal curarisé. Chez lui les muscles de la vie animale sont paralysés, et il ne peut plus avoir de réaction motrice volontaire. Si alors on prend la mesure de la pression artérielle, on verra que les plus faibles excitations, un léger choc sur la table par exemple, vont déterminer un changement dans la pression, changement dû soit à la constriction des vaisseaux, soit à l'accélération du cœur, et il n'est pas douteux qu'avec des appareils perfectionnés on ne puisse saisir quelques modifications déterminées par l'excitation des nerfs sensibles, dans l'innervation des intestins, de l'iris et des glandes.

Voyez ce qui se passe sur un animal normal, non curarisé. Toute excitation, psychique ou autre, va retentir sur la respiration ; et la respiration, quoique n'étant pas déterminée, quant à son principe même, par des excitations sensitives, sera incessamment modifiée par elles, si bien que le plus léger contact de la peau va modifier aussitôt le rythme des respirations.

Si les excitations faibles actionnent ainsi tous les appareils organiques, combien doivent agir avec plus de force les excitations violentes! Or un traumatisme est toujours une excitation violente. Dès que la peau a été entamée, les nerfs excités par la blessure transmettent leur ébranlement au centre (c'est-à-dire à la moelle et au bulbe) et aussitôt tous les centres médullaires vont vibrer, et commander des réflexes appropriés à la nature de l'excitant.

Or ces réflexes, qui répondent à une excitation forte,

constituent précisément les réflexes de la douleur, et ils se caractérisent en ceci, qu'ils sont adaptés à la défense de l'être.

En effet, il s'agit d'augmenter la force de l'organisme attaqué, et nous allons voir que toutes ces réponses ont pour conséquence une viguéur plus grande donnée à l'organisme.

Analysons les phénomènes qui se produisent par le fait d'une excitation douloureuse venant atteindre un animal, comme par exemple l'excitation d'un nerf de sensibilité tel que le sciatique. La respiration s'accélère, le cœur précipite ses battements, la pression artérielle s'élève, l'iris se rétrécit, les glandes sécrètent plus abondamment du liquide, et leurs conduits excréteurs se contractent. — Tout semble converger vers un même but, qui est le renforcement de l'activité biologique de l'organisme, puisque aussi bien les échanges chimiques deviennent alors plus intenses, et la circulation plus rapide. Par conséquent toutes les forces de l'être vivant s'exaltent, dans un commun effort. Autrement dit encore, en employant l'expression que BROWN-SÉQUARD a eu le grand mérite d'introduire en physiologie, il y a *dynamogénie* de tout l'organisme.

Ainsi le traumatisme a pour premier effet d'augmenter les forces de l'être vivant, de manière à lui permettre de résister à l'ennemi qui l'attaque.

Mais, si l'excitation est trop violente et dépasse la mesure, comme s'il s'agissait d'un ennemi trop redoutable contre lequel la lutte est impossible, alors il y a paralysie de tous ces appareils. Le cœur, au lieu de s'accélérer, se ralentit, et même s'arrête ; l'iris se dilate ; la pression artérielle diminue ; la respiration se suspend ; les échanges chimiques sont réduits à leur minimum ; c'est une sorte de suspension de la vie qui soustrait l'individu aux conséquences d'une excitation traumatique trop intense. Il y a des degrés dans la douleur qui ne peuvent être dépassés, et, quand on arrive à ce haut niveau, mieux vaut la suspension momentanée de la vie que la continuation d'un état si dangereux.

C'est là l'appareil réflexe élémentaire qui préside à la défense immédiate. Mais, si important qu'il soit, l'appareil psychique, cérébral, surajouté à cette défense réflexe, médullaire, est plus important encore. — Cette fonction psychique de défense, et de défense immédiate, c'est la douleur.

La douleur consiste en ceci que toute excitation forte d'un nerf de la sensibilité va provoquer dans les centres nerveux de la conscience un effet désagréable, pénible, odieux, tel qu'on ne veut pas s'exposer à continuer à le ressentir ou qu'on ne se résout pas à le braver. — On peut supposer que toute excitation trop forte de nos nerfs est funeste à l'entretien normal de la vie. Par conséquent il fallait que l'être fût averti du danger. Il semble que la Nature ait voulu se méfier de notre intelligence et de notre bon sens, et alors elle nous a donné une telle horreur pour ces excitations douloureuses nuisibles, que nous les écartons sans raisonnement, non parce qu'elles sont funestes à notre existence, mais parce qu'elles sont trop pénibles pour être supportées.

En somme la douleur est la sentinelle de la vie. C'est elle qui nous préserve des fautes que nous commettrions sans cesse, si nous ne l'avions pas pour nous prémunir contre nous-mêmes. Si la douleur n'était pas là, nous nous exposerions impunément aux brûlures, aux plaies, aux traumatismes les plus graves; nous ne serions pas ménagers de notre santé et de nos forces, et il est probable qu'il n'y aurait pas une seconde génération d'hommes. On s'est demandé souvent quelle était la raison d'être de la douleur physique, pourquoi dans la Nature tant de souffrances imméritées, tant de larmes qui paraissent inutiles. Eh bien! si l'on avait réfléchi, on comprendrait que toute cette immense somme de douleurs est absolument nécessaire. Le grand effort de la Nature n'est pas de rendre ses enfants heureux, mais de les faire vivre, coûte que coûte. Or la vie n'est possible que si un traumatisme nous inspire une insurmontable horreur.

Nul être assurément n'est insensible à la douleur, mais il

est permis de supposer que la douleur est d'autant plus intense, pour une excitation donnée, que la conscience a pris un développement plus grand. — Dans la série des êtres, les plus intelligents sont ceux qui sont capables de ressentir le plus la douleur.

Au fond, le véritable appareil de défense contre le traumatisme, c'est la douleur : car c'est un sentiment si puissant, si irrésistible, que l'effort de notre vie tout entière consiste à éviter la douleur. Or qu'est-ce donc qu'éviter la douleur, sinon éviter les accidents nuisibles à l'organisme? Chez l'être normal, nulle douleur, tant que sa peau est intacte et que ses viscères fonctionnent régulièrement. Si donc il fait tous ses efforts pour éviter la douleur, c'est comme s'il faisait tous ses efforts pour maintenir sa peau intacte et ses viscères en bon état.

Ce qui nous confirmera résolument dans cette opinion sur le rôle défensif de la douleur, c'est que la peau, cette enveloppe protectrice dont je vous ai entretenus si souvent déjà, est de tous nos tissus le tissu le plus sensible. On peut même dire que c'est le seul appareil vraiment sensible. L'estomac, les muscles, les intestins, le foie, le cœur, le cerveau luimême, sont insensibles ou à peu près, dans l'état normal. Alors en effet ils ne sont pas exposés aux traumatismes, et il n'y a pas de raison pour qu'ils puissent être capables d'incitation douloureuse, puisqu'ils sont recouverts par la peau, qui, elle, est admirablement disposée pour transmettre les excitations douloureuses que produit un traumatisme. — Mais, si ces mêmes viscères viennent à être enflammés, comme alors il leur faut le repos pour la guérison, ils deviennent d'une sensibilité exquise à la douleur. Les tendons euxmêmes, les tissus fibreux, peu sensibles à l'état normal, deviennent, quand ils sont enflammés, plus sensibles que n'importe quel autre tissu.

Nous pouvons donc résumer tous ces faits, en adoptant la série suivante de raisonnements : 1° toute excitation forte est une cause de trouble pour l'organisme; 2° toute excitation forte produit une sensation douloureuse; 3° donc l'organisme, pour éviter la douleur, tend à se préserver contre les excitations fortes qui pourraient leur nuire.

A côté de ces procédés généraux de défense, il y a des phénomènes locaux par lesquels l'organisme réagit contre les traumatismes. Il existe en effet certains réflexes spéciaux, localisés, qui ont pour mission d'écarter des corps étrangers dont la présence serait dangereuse. Ces corps étrangers offensifs ne peuvent guère arriver dans les voies aériennes, dans les voies digestives, et, accessoirement, à la surface de l'œil. C'est là seulement qu'il y a des muqueuses accessibles aux traumatismes par des objets venus du dehors.

Voyons d'abord la défense des voies aériennes. Il importe avant tout que le poumon, organe de l'hématose, ne soit pas souillé, obstrué, par des corps étrangers, et cependant il faut en même temps qu'il soit largement ouvert à l'air extérieur; double problème, que la Nature a admirablement résolu.

Si en effet un corps étranger arrive aux fosses nasales, il provoque une sensation spéciale, un chatouillement particulier qui est suivi d'éternûment. C'est un réflexe dont le point de départ est dans la muqueuse nasale, sensible grâce aux terminaisons du nerf de la cinquième paire, dont le centre de réflexion est dans les régions respiratoires du bulbe, et dont le dernier terme est dans les muscles expirateurs. L'éternûment consiste en une grande inspiration, suivie d'une expiration brusque pendant laquelle la bouche est complètement fermée. Alors l'air, introduit dans la poitrine par une grande inspiration, est rejeté tout entier, avec force, par une brutale et involontaire expiration, et contraint de passer par les fosses nasales, de manière à débarrasser les voies aériennes supérieures des objets qui les obstruaient. C'est un réflexe expulsif irrésistible.

Supposons que l'objet ait franchi ce premier obstacle et

ait pénétré plus loin dans le larynx; il trouve là une barrière presque insurmontable. Nous ne parlerons pas des dispositions anatomiques de l'épiglotte et de la glotte, d'ailleurs très efficaces pour empêcher la pénétration des aliments et des corps étrangers, solides ou liquides, mais seulement des propriétés physiologiques de ces appareils sensibles. Or qu'un objet quelconque arrive au contact de la glotte, il se produit un phénomène très remarquable : c'est l'arrêt brusque et total de la respiration. Le courant d'air, qui entraînait l'objet dans l'intérieur du poumon, s'arrête aussitôt, car il ne faut pas faire pénétrer plus avant cet objet dangereux, offensif. Or la muqueuse de la glotte est innervée par le nerf laryngé supérieur, qui a cette propriété remarquable d'arrêter la respiration quand il est fortement excité.

Non seulement l'excitation de la muqueuse de la glotte arrête la respiration, mais encore elle provoque une expiration brusque, qui est la toux. Je puis vous montrer l'expérience sur ce chien narcotisé par une assez forte dose de chloralose. On lui fait la trachéotomie, et il respire par la canule mise dans la trachée. Mais cela n'empêche pas sa muqueuse laryngée d'être aussi sensible que s'il respirait par le larynx. Nous faisons la section complète de la trachée, et nous attirons avec des pinces le bout supérieur de la trachée et du larynx. A chaque inspiration la glotte s'entr'ouvre légèrement, quoique dans ce cas la dilatation glottique soit parfaitement inutile pour la respiration. Alors j'introduis le manche d'un scalpel entre les lèvres de la glotte, et vous voyez que, chaque fois que le scalpel touche la glotte, il survient une expiration brusque, une toux provoquée par le contact de ce corps étranger. C'est encore au laryngé supérieur qu'est due cette toux réflexe. En excitant le bout central de ce nerf, si l'on procède avec des courants électriques de force modérée, on voit chaque excitation suivie de deux ou trois mouvements de toux.

Or qu'est-ce que la toux, sinon un courant d'air, qui,

brusquement expiré, balaye tout sur son passage, et projette au loin les corps étrangers liquides ou solides qu'il a rencontrés. Que, par suite d'une déglutition défectueuse, quelques parcelles alimentaires viennent à tomber dans la glotte, elles détermineront de violents accès de toux, une véritable suffocation, et l'inspiration pourra se faire à peine, non parce qu'il y a un obstacle matériel au passage de l'air, mais parce que l'excitation de la muqueuse inhibe puissamment les centres moteurs de l'inspiration.

De là cette conséquence, que, quand les nerfs sensibles du larynx sont coupés, il n'y a plus de protection contre la pénétration des matières étrangères. Elles arrivent dans la glotte, et ne sont plus rejetées par cette toux salutaire qui protège l'entrée des voies aériennes et en interdit l'abord à toutes substances solides ou liquides.— Si les chiens meurent au bout de quelques jours après qu'on leur a coupé les deux nerfs pneumogastriques, c'est en grande partie parce que leurs aliments ont pénétré dans le larynx, la trachée et les bronches. La sensibilité du larynx est abolie, et il n'y a plus de protection contre ce péril des corps étrangers.

Ajoutons aussi que la sensibilité de la trachée et des bronches s'exerce non seulement contre les objets venus du dehors, mais aussi contre les objets venus du dedans. Les mucosités sécrétées par les glandes bronchiques sont rejetées par la toux. En un mot les voies aériennes sont dotées de nerfs sensitifs très délicats, dont l'excitation amène la toux expulsive.

C'est ainsi qu'à l'appareil fondamental de la vie, l'appareil de l'hématose, se trouve annexé un appareil de défense admirablement efficace, sans lequel probablement la vie eût été impossible.

D'ailleurs ce ne sont pas seulement les corps étrangers, liquides ou solides, qui agissent de cette manière ; les gaz caustiques provoquent les mêmes effets, par le même mécanisme sans doute, et cela non seulement dans la sphère du laryngé supérieur, mais encore dans la sphère du trijumeau qui innerve les fosses nasales.

Voici un lapin qui respire régulièrement, et vous pouvez observer sa respiration, moins bien par l'inspection du mouvement de son thorax qu'en regardant les mouvements de ses narines.

Vous voyez régulièrement ses narines s'ouvrir et se fermer à chaque effort respiratoire. Approchons de son museau cette éponge imbibée de chloroforme; aussitôt la respiration s'arrête; et elle s'arrête pendant longtemps, quelquefois une minute, pour reprendre ensuite, avec un rythme d'abord ralenti, puis semblable au rythme antérieur.

L'excitation du trijumeau a eu cet effet de suspendre toute inspiration, comme si l'organisme avait compris qu'il ne faut pas continuer à aspirer un air chargé d'une vapeur toxique.

En faisant passer un courant d'acide carbonique dans le larynx, quoique l'acide carbonique soit très caustique, Brown-Séquard a vu la respiration s'arrêter : il admet même qu'une excitation forte du larynx peut produire l'arrêt, non seulement de la respiration, mais aussi du cœur et des combustions chimiques. — C'est encore un appareil de défense, car il importe que les opérations de la vie cessent, lorsqu'un danger aussi redoutable que la pénétration d'un gaz délétère vient menacer l'organisme.

Les animaux ne sont pas moins bien armés pour se défendre contre les corps étrangers qui peuvent pénétrer dans les voies digestives. Mais là, le problème à résoudre présentait des difficultés spéciales. En effet les aliments constituent, par leur masse et leur forme irrégulière, de véritables corps étrangers : cependant ils sont nécessaires à l'existence, et alors il fallait que la distinction fût faite entre les corps alimentaires et les corps offensifs.

Il est assez difficile de comprendre par quel procédé l'organisme fait sans se tromper la différence entre un aliment et un corps étranger. Comment se fait-il en effet qu'un aliment introduit dans l'arrière-gorge provoque un mouvement de déglutition, tandis qu'un corps étranger, comme le doigt par exemple, provoque la nausée?

Toutefois, en analysant ce phénomène, nous voyons qu'une substance alimentaire introduite dans le pharynx provoque un premier mouvement de déglutition qui entraîne l'aliment dans l'œsophage et l'estomac. C'est la déglutition normale. Mais, si cet effort de déglutition n'aboutit pas à la pénétration de l'aliment dans l'œsophage, elle s'exagère, et en quelques secondes devient un véritable spasme du pharynx, qui, de plus en plus énergique, se propage à l'estomac et détermine un commencement de vomissement. Autrement dit, si un objet ne peut pas être dégluti, la continuation de l'effort de déglutition amène le vomissement. Cela revient en somme à dire qu'une excitation prolongée et forte, celle qui suit une déglutition impuissante, amène la nausée, tandis qu'une excitation modérée, et efficace, ne dépasse pas le simple effort de déglutition. Il semble que l'organisme, après avoir fait un effort pour avaler, reconnaisse son impuissance, et alors cherche à expulser l'objet qu'il ne peut pas faire pénétrer dans l'estomac.

Mais, quoi qu'il en soit, la préparation psychique joue dans ce phénomène un rôle très important. On sait que certaines personnes ne peuvent pas avaler les cachets médicamenteux, qui provoquent aussitôt chez elles un spasme du pharynx suivi de nausées.

Toute blessure, tout traumatisme du pharynx et de l'œsophage entraînent des spasmes violents et des efforts prolongés et intenses de vomissement. Il suffit de voir ce qui se passe chez les individus, hommes ou animaux, chez lesquels on pratique le cathétérisme œsophagien.

Ainsi les voies digestives se trouvent protégées contre toute introduction d'un corps étranger, et leur sensibilité provoque aussitôt un réflexe expulsif qui porte sur le pharynx, l'œsophage et l'estomac.

Quoique ce soient surtout les parties supérieures du tube digestif auxquelles est dévolue cette défense, l'estomac est, lui aussi, susceptible de répondre par l'expulsion des corps étrangers qui, ayant pu franchir les premières voies, ont pénétré enfin dans sa cavité. Les caustiques, les brûlures ou les blessures de l'estomac déterminent, comme on sait, le vomissement.

De même que le pharynx, après avoir fait un effort de déglutition, l'a reconnu inutile, et répond alors par un spasme expulsif, de même l'estomac, — si des matières alimentaires indigestes (par leur qualité ou leur quantité, ou le défaut de sucs digestifs) s'y accumulent et sont pendant longtemps brassées par des contractions péristaltiques et anti-péristaltiques sans pouvoir se ramollir et franchir le détroit pylorique, — finalement se révolte et répond par une contraction énergique qui expulse son contenu. C'est le cas du vomissement par indigestion, consécutif à une digestion laborieuse et inefficace.

Ainsi se trouve garanti le tube digestif contre les corps étrangers non alimentaires; d'autant plus que, pour franchir le détroit pylorique, il faut que les aliments aient été au préalable réduits en pulpe et chymifiés, de telle sorte que les aliments liquides ou demi-liquides peuvent seuls pénétrer dans l'intestin.

Un autre appareil exige encore une défense spéciale contre le traumatisme et l'envahissement par des corps étrangers: c'est l'appareil oculaire, dont l'intégrité est absolument nécessaire à la vie de l'individu au point de vue de ses relations avec le monde extérieur. Aussi, indépendamment de ses protections d'ordre anatomique, l'œil a-t-il été protégé par un système délicat de nerfs sensitifs.

Dès qu'un objet, si minime qu'il soit, arrive au contact de l'œil, il produit aussitôt des phénomènes de douleur, de photophobie, de larmoiement, de congestion oculaire et de clignement.

Analysons séparément, et en peu de mots, ces divers symptômes. D'abord la douleur est très intense et intolérable, alors que souvent l'excitation est minuscule. Un grain de charbon sur la conjonctive provoque une douleur très violente qui semble hors de proportion avec la quantité et la qualité de l'excitation. Quel contraste remarquable entre cette sensibilité exquise des terminaisons nerveuses périphériques et la résistance des troncs nerveux conducteurs à l'excitation ! Un grain de poussière sur le nerf sciatique serait bien plus facilement toléré que sur les terminaisons des nerfs de la conjonctive. Tout se passe comme si les expansions nerveuses de la périphérie étaient dotées d'une sensibilité infiniment délicate, ayant pour effet de rendre intolérable le séjour d'un corps étranger, si petit qu'il soit.

La photophobie, dont le mécanisme est encore des plus obscurs, est une des formes de la douleur; et, si je ne craignais d'exagérer toute cette partie téléologique de la question, je dirais qu'elle a pour effet de forcer l'individu à ne pas négliger le traumatisme oculaire. Il ne doit pas lui être permis de continuer la vie normale en plein soleil, en pleine lumière, alors qu'est menacée l'intégrité de l'œil, cet appareil fondamental de la vie de relation.

Pour déterminer l'expulsion du corps offensif, il se fait une sécrétion lacrymale très abondante ; c'est en quelque sorte le lavage de l'œil blessé par les larmes sécrétées en excès.

Le clignement est encore un procédé d'expulsion, un réflexe impérieux et irrésistible de défense, qui, d'une part, soustrait l'œil à une cause d'irritation qui pourrait se renouveler, d'autre part contribue à rejeter au dehors l'irritation qui l'a déjà offensé.

Aussi, grâce à tous ces moyens de défense, malgré la délicatesse extrême de ses membranes, l'œil reste-t-il intact, conservant sa limpidité, sa mobilité, son admirable précision ; et, cependant, il est placé superficiellement, *en vedette* pour ainsi dire, exposé plus que tout autre organe aux traumatismes les plus divers.

Telles sont, résumées aussi brièvement que possible, les défenses *immédiates* de l'organisme contre les corps étrangers et les blessures. — Voyons maintenant les défenses *consécutives*.

D'abord, comme vous le savez, les admirables travaux de Pasteur — et je ne puis trop y insister, car c'est vraiment aujourd'hui la base de toutes les sciences médicales — ont montré que les plaies, si aucun microbe n'intervient, ont une tendance à la guérison et guérissent. Sauf certains cas exceptionnels sur lesquels nous reviendrons, car ils ont un grand intérêt théorique, les plaies ne suppurent que s'il y a contamination par des microbes. Une blessure, sans microbes, abandonnée à elle-même, guérit par réparation immédiate, en supposant bien entendu qu'aucun organe essentiel à la vie n'a été atteint.

Par conséquent nous n'avons pas à étudier la suppuration et l'inflammation, tous phénomènes microbiens, mais seulement la cicatrisation d'une plaie aseptique[1].

On distingue trois périodes dans cette réparation.

D'abord entre les lèvres de la plaie, suintement de sang et production de filaments fibrineux qui constituent une première charpente provisoire. Puis, dans une seconde phase, les cellules connectives traumatisées forment une charpente plus résistante, qui s'appuie sur les filaments fibrineux, de manière à les renforcer; enfin, à la troisième phase, ces cellules connectives prolifèrent, se multiplient par karyoki-

1. Letulle, *Leçons sur l'inflammation*, 1893, page 52.

nèse, et constituent un tissu cicatriciel. Dans toute cette évolution on ne peut pas invoquer l'action des phénomènes vasculaires. C'est une propriété fondamentale de la cellule vivante, indépendante, dans une large mesure, de la circulation que de se multiplier après traumatisme, de façon à réunir d'une manière solide les deux bords d'une plaie. Je laisse, ne pouvant y insister, les importantes observations de RANVIER sur les clasmatocytes[1].

Au cas où des corps étrangers sont introduits dans la plaie, les phénomènes sont analogues[2]. La cicatrisation se fait régulièrement, si les corps étrangers sont aseptiques. Elle se produit tout autour de l'objet offensif, s'il est volumineux. S'il est de dimension minuscule, microscopique, alors les leucocytes du sang viennent s'en emparer, de même que les amibes s'emparent d'une proie qui leur est offerte et qu'ils englobent avec leurs prolongements amiboïdes.

C'est là le curieux phénomène de la *phagocytose* que nous verrons avec plus de détails en étudiant la défense de l'être contre les microbes. Or la phagocytose ne s'exerce pas seulement sur les microbes; elle porte aussi sur les substances pulvérulentes, et, pour ne citer qu'un exemple maintenant classique, après le tatouage on retrouve dans les ganglions lymphatiques des amas cellulaires où sont accumulés des leucocytes ayant fixé des particules de matières colorantes, et les ayant transportées dans les ganglions.

Ainsi, quand il n'y a ni poisons chimiques ni microbes, la cicatrisation se fait promptement et solidement, et la nature répare le désordre qu'un accident a apporté à nos organes. C'est le *vis naturæ medicatrix* des anciens auteurs.

1. *Comptes rendus de l'Ac. des Sc.*, 20 avril 1891, p. 844.

2. Dans la thèse d'agrégation de M. WEISS (*Tolérance des tissus pour les corps étrangers*, 1880), on trouvera quelques documents relatifs aux énormes corps étrangers qui ont pu séjourner dans l'organisme. Mais depuis cette époque, cependant si récente, des travaux importants ont été faits, si bien que ce travail est maintenant, après les travaux de M. METCHNIKOFF et de M. RANVIER, déjà quelque peu démodé.

Mais, chez les êtres inférieurs, cette réparation est bien plus admirable encore ; et il y a non seulement *cicatrisation*, mais encore *reproduction*. Les mémorables recherches, que Tremblay avait faites au siècle dernier sur les hydres, ont établi qu'en coupant une hydre en deux segments, chacun de ces segments continue à vivre et reproduit l'être entier. M. Balbiani a vu des infusoires qui, après section, se reproduisaient[1] pourvu que le noyau de la cellule fût intact. Des observations anciennes et vulgaires ont appris que les écrevisses, dont les antennes, les yeux ou les pinces ont été sectionnés, ont une régénération de leurs antennes, de leurs yeux et de leurs pinces. Ce n'est donc plus seulement une cicatrisation, comme chez l'homme et chez les êtres supérieurs, c'est une régénération de la partie enlevée.

Même quand il s'agit d'organes essentiels, cette reproduction peut avoir lieu, au moins sur les êtres inférieurs. On sait que Spallanzani a pu à des limaçons enlever la tête et voir la tête se reproduire. En enlevant l'œil d'une salamandre, on voit l'œil qui se reproduit intégralement[2].

Rien ne prouve mieux la puissance de cette force médicatrice de la Nature que la belle expérience de Vulpian sur les phénomènes de cicatrisation qui se passent dans la queue du têtard. Cette queue, abandonnée à elle-même dans un milieu convenable, continue à croître et à se mouvoir pendant quelques jours, en présentant certains phénomènes de cicatrisation.

Maintenant, considérons dans son ensemble cette admirable défense de l'organisme contre les blessures et les corps étrangers.

C'est d'abord une défense *préventive*, un instinct qui nous porte à éviter le danger, c'est-à-dire le danger naturel dû aux

1. Voir ses figures relatives à la *Mérotomie du Stentor* in Metchnikoff, *Leçons sur l'inflammation*, p. 19.

2. Voir, pour plus de détails, Milne-Edwards, *Leçons sur la physiologie*, etc. t. VIII, p. 301.

animaux féroces ou venimeux, aux objets inconnus, aux précipices et aux abîmes. La peur, le dégoût, le vertige sont ces sentiments de défense naturels, assez forts pour que notre intelligence raisonnée et notre volonté soient impuissantes à les combattre.

Si cette défense préventive a été impuissante, alors, au moment du traumatisme même, ce sont d'autres protections *immédiates* qui interviennent. Une protection *psychique*, la douleur, qui nous impose l'horreur de la blessure, et nous force ensuite au repos, à la prudence, à l'abstention. Puis une protection *physiologique*, des réflexes médullaires généralisés qui renforcent l'état de l'organisme, donnant une plus grande énergie à toutes les fonctions et permettant de mieux soutenir la lutte.

Comme les voies aériennes et les voies digestives sont à chaque instant exposées à être offensées par des corps étrangers, un appareil spécial de défense réflexe est préposé aux premières voies, et un réflexe expulsif impérieux, irrésistible, se produit dès qu'un objet quelconque arrive dans le larynx ou dans le pharynx, de sorte que, sauf dans des cas exceptionnels, extrêmement rares, nulle substance hétérogène ne peut entrer dans le poumon ou dans l'estomac.

Enfin, il y a une défense *consécutive* qui consiste dans les phénomènes de cicatrisation et de réparation.

Ainsi, grâce à tous ces procédés de défense, au milieu des ennemis de toutes sortes, être vivants ou objets inertes, l'être poursuit son évolution et maintient ses organes en leur intégrité primitive, indispensable à la vie.

## IV

### Les Microbes.

De tous les ennemis qui peuvent assaillir l'organisme et déterminer sa mort, les plus redoutables assurément, ce sont les parasites, et je ne vous surprendrai pas, en vous disant que cette notion du parasitisme a pris une extension si considérable, qu'aujourd'hui elle domine toute la médecine et toute la chirurgie.

Comme vous le savez sans doute, mais comme il ne faut pas se lasser de le redire, c'est à Pasteur et à lui seul, qu'est due cette rénovation de la Biologie. Certes, après Pasteur, d'innombrables travaux, dont la bibliographie seule exigerait plus d'un gros volume, ont été exécutés par d'habiles expérimentateurs, qui ont tous, à des titres divers, apporté d'importantes contributions à l'histoire du parasitisme. Mais on peut dire que tous ces travaux, quels qu'ils soient, ont eu un seul initiateur. Oui, vraiment, c'est toujours à Pasteur qu'il faut en revenir, et il n'y a peut-être pas d'exemple, dans toute l'histoire des sciences, d'une œuvre ayant exercé sur la marche des idées une aussi puissante et féconde influence que l'œuvre de notre illustre compatriote.

Dans l'esquisse rapide que je vais vous présenter, je ne pourrai pas entrer dans les détails, et je vous indiquerai seulement, à grands traits, les phénomènes principaux de la défense de l'organisme contre les parasites répandus de toutes parts qui cherchent à l'envahir. C'est une étude qui est à la limite de la pathologie et de la physiologie. Mais ces deux sciences sont voisines, si étroitement liées l'une à l'autre qu'il serait absurde de placer entre elles une ligne de démarcation quelconque : c'est d'ailleurs aux confins des sciences que précisément se font d'ordinaire les plus importantes découvertes.

Reprenons d'abord l'idée directrice qui a inspiré PASTEUR, celle qui a été presque le point de départ de toutes ses découvertes; elle peut se résumer ainsi : *à l'état normal il n'y a pas de parasites dans l'être vivant*. Par conséquent, comme la génération spontanée n'existe pas, nul développement d'organismes ne peut se produire dans les humeurs ou dans les tissus qui n'ont pas été contaminés, ou, autrement dit, ensemencés par un germe étranger. Si l'on recueille dans des ballons bien stérilisés, en évitant l'accès de l'air, un liquide organique quelconque sans germes venus du dehors, ce liquide ne s'altère et ne se putréfie pas; et, quoique parfaitement capable de nourrir des microbes, il garde toutes ses propriétés sans s'altérer, tant qu'aucun parasite n'intervient.

De là cette première notion qui est fondamentale : l'absence de germes et de microbes dans les tissus normaux et les humeurs normales.

Sans entrer dans la discussion de cette première assertion, je dirai que sous cette forme elle est probablement un peu trop absolue : les germes, spores ou adultes, pour être rares dans les organismes sains en apparence, ne sont probablement pas aussi rigoureusement absents que PASTEUR l'avait d'abord supposé, et il est fort possible que, même chez les animaux paraissant en parfaite santé, il y ait une sorte de microbisme latent, selon le terme proposé par mon maître, M. VERNEUIL. Il est donc vraisemblable, et presque certain, que l'absence de développement tient à d'autres causes qu'à l'absence absolue de germes vivants[1]. Mais c'est là une subtilité; et en principe, d'une manière générale, il n'y a ni microbes, ni parasites dans l'intimité de nos tissus normaux et de nos humeurs normales.

Cependant, comme l'a admirablement démontré PASTEUR, il y a des germes et des microbes partout. Ces parasites, qui

1. Voir, entre autres, les études que j'ai faites avec LOUIS OLIVIER sur les microbes des poissons ; (*Bull. Soc. Biol.*, 4 nov. 1882, p. 669), et GALIPPE, *Microbes des végétaux* (*Bull. Soc. Biol.*, 1887, p. 490-555).

peuvent infecter et infester les corps vivants, sont innombrables; l'air en contient des quantités énormes. D'après certains calculs[1], leur nombre s'élèverait à plus de 27 000 par mètre cube. Quant à l'eau, elle en contient des quantités vraiment colossales, puisque, dans l'eau de Seine, on arrive au chiffre de 200 000 par litre. En supposant qu'on boive 2 litres d'eau et qu'on respire 20 mètres cubes d'air, en 24 heures, on arriverait à peu près au chiffre d'un million de germes, introduits dans nos voies respiratoires et digestives, et cela dans des conditions ordinaires, en supposant qu'aucune cause de contamination spéciale n'ait eu lieu.

De là cette conclusion, que des germes innombrables, menaçants, sont partout autour de nous, et qu'il faut absolument que l'organisme se défende contre eux.

Cette défense se fait d'abord par le même procédé que la défense contre le traumatisme. Et en effet, à tout prendre, l'invasion de l'organisme par un parasite est un traumatisme véritable, une violation de domicile contre laquelle il faut se protéger.

Or la première protection, la plus efficace, c'est naturellement la peau, qui offre, grâce à son épaisse couche épithéliale, un rempart protecteur absolument efficace, quand elle n'a pas été offensée par un traumatisme quelconque[2]. Mais les muqueuses aérienne et digestive sont loin d'être aussi bien armées contre les microbes. C'est une barrière très fragile, contre laquelle doit venir se heurter le million de microbes dont j'ai parlé tout à l'heure.

D'abord, pour le tube digestif, des liquides annexés à l'appareil alimentaire ont une certaine puissance destructive; mais, tout compte fait, cette puissance est faible, et insuffisante pour tuer les parasites qui arrivent dans la bouche, l'œsophage, l'estomac et l'intestin. La meilleure preuve qu'on puisse donner de cette inefficacité, c'est que, sur toute la

1. *Annuaire de Montsouris*, 1889. p. 389.
2. Voir, un travail récent de M. HARDY (*Journal of physiology* 1893).

surface de la muqueuse digestive, depuis la bouche jusqu'au rectum, les microbes pullulent; ce sont, il est vrai, des microbes non pathogènes, n'exerçant pas d'action funeste sur l'organisme, comme si les microbes pathogènes, plus délicats, étaient tués par les actions chimiques qui respectent les microbes vulgaires, plus résistants.

A vrai dire, la véritable barrière que la muqueuse digestive oppose à l'envahissement microbien, c'est son épithélium. Mais c'est là une barrière imparfaite; car il n'y a pas à la surface intestinale, comme à la surface cutanée, de solides assises de cellules résistantes, capables d'empêcher un germe de pénétrer à travers leurs interstices.

Quant à la muqueuse respiratoire, elle est encore moins bien défendue. Il est vrai que rarement les germes pathogènes sont disséminés dans l'air. Il est vrai aussi que l'air inspiré, filtrant à travers les fosses nasales, la bouche, le larynx, la trachée, les bronches, se trouve par cela même peu à peu filtré, au point de vue des germes qui y sont suspendus quand l'air arrive dans les extrémités de l'arbre aérien. Mais, comme l'air expiré sort de la bouche et des fosses nasales à peu près complètement privé de germes, il faut admettre que les germes qui existaient dans l'air aspiré se sont arrêtés aux muqueuses nasale, buccale, laryngée ou bronchique, et que, par conséquent, tous ces microbes ont disparu.

Donc, quoique étant entouré de parasites, l'être poursuit son évolution sans être infecté par eux. Autrement dit, il peut s'en débarrasser et lutter contre son invasion.

Eh bien! c'est cette lutte victorieuse contre l'invasion des microbes qui constitue la santé et l'état normal.

La question est assez intéressante pour être étudiée de près; car il me semble qu'on n'a pas jusqu'ici attaché assez d'importance, au point de vue de la biologie générale, au sens de ces mots microbes *pathogènes* et microbes *non pathogènes*.

Nous venons de voir que près d'un million de microbes

arrivent au contact de nos muqueuses aériennes et digestives. Sur ce million de microbes, il s'en trouve bien peu qui soient pathogènes, c'est-à-dire aptes à déterminer la maladie. Cependant tous ces microbes, pathogènes, ou non pathogènes, ensemencés dans un bouillon de culture, s'y développent, et par conséquent ils devraient pouvoir se développer dans le sang, si quelque chose ne s'opposait à leur développement. Or ils ne se développent pas dans le sang. Il y a, pour mille microbes non pathogènes, peut-être un seul microbe pathogène, et sans doute moins encore. Que signifie cette proportion extraordinaire de microbes inoffensifs, sinon que l'organisme des êtres supérieurs est constitué de telle sorte qu'il anéantit mille microbes, contre un microbe qu'il ne peut pas anéantir?

Dire que les innombrables microbes qui sont autour de nous ne sont pas pathogènes, cela veut dire que nous sommes organisés pour les détruire : c'est énoncer cette grande loi biologique que les êtres vivants se débarrassent sans effort de presque tous les parasites qui peuvent venir les attaquer. Et de fait, quand l'être meurt, et que par conséquent l'intégrité de l'organisme a disparu, les tissus et les humeurs, par suite de la cessation de l'hématose, de la circulation et de l'innervation, perdent les propriétés chimiques qu'ils avaient pendant la vie, et aussitôt ces mêmes microbes, qui étaient impuissants, deviennent puissants et actifs. Les fermentations putrides prennent naissance, et tout le corps est désagrégé par les êtres mêmes qui tout à l'heure étaient inactifs, grâce à la constitution chimique de nos tissus.

Ainsi, quand nous disons qu'il y a très peu de microbes pathogènes, cela signifie que nous détruisons presque tous les microbes qui nous envahissent. La défense de l'organisme contre les microbes pourrait se caractériser par cette seule proposition : *Parmi les innombrables espèces microbiennes, il y a un très petit nombre d'espèces pathogènes.*

En général, on expose l'histoire de la défense de l'organisme en prenant pour exemples les microbes qui, se développant dans le sang, amènent l'état morbide; mais cette défense est bien plus efficace encore contre tous les microbes dont ne parlent pas les médecins, puisqu'ils sont inoffensifs, autrement dit, rapidement et vigoureusement détruits par nos tissus vivants et nos humeurs circulantes.

Certes, je comprends que l'histoire des microbes pathogènes est plus intéressante, puisque aussi bien c'est l'histoire de la pathologie tout entière. Encore fallait-il, puisque nous étudions la force de résistance de l'organisme, montrer que cette force s'exerce bien plutôt contre les microbes que nous qualifions d'inoffensifs, que contre les microbes dangereux : car ces microbes ne sont inoffensifs que parce qu'ils sont détruits par l'organisme supérieur dans lequel ils pénètrent, autrement ils cesseraient d'être aussi innocents, et leur pullulation entraînerait la maladie et la mort.

Nous savons, en effet, que la plupart des maladies, sinon toutes, sont dues à des parasites, et c'est vraiment une chose surprenante, que de voir l'histoire de la médecine et de la chirurgie se transformer peu à peu en une histoire du parasitisme. Sans qu'on ait absolument découvert le microbe de toutes les maladies, on peut presque, par une induction bien légitime, affirmer qu'il n'y a pas de maladies contagieuses, infectieuses ou épidémiques, qui ne soient dues à un parasite : choléra, rage, typhus, syphilis, charbon, morve, peste, variole, rougeole, scarlatine, tuberculose, diphtérie, grippe, toutes ces formes morbides sont des maladies microbiennes. De là, cette conception de l'état normal, que c'est l'*absence de microbes*. Un animal bien conformé, s'il ne subit ni empoisonnement ni traumatisme, se porte toujours bien, et demeure en parfait état de santé tant qu'il n'est pas envahi par des parasites. Malgré leur extraordinaire complication, nos organes, cerveau, cœur, estomac, sang, poumon, fonctionnent sans heurt, sans inconvénients d'aucune sorte si nul ennemi ne vient les assaillir.

Aussi faut-il envisager comme ayant une importance capitale la défense contre les parasites. A l'état normal la peau intacte, les muqueuses digestives et aériennes intactes, suffisent à la protection. Les microbes non pathogènes sont anéantis et disparaissent. Mais il fallait prévoir le cas où, ce rempart étant insuffisant, une défense ultérieure deviendrait nécessaire.

Prenons pour cela le cas le plus simple, et imaginons un corps étranger, qui a pénétré sous la peau, menaçant ainsi l'intégrité de l'organisme : nous supposons d'abord que ce corps étranger n'est pas un parasite, et qu'il ne possède pas de propriétés chimiques, irritantes ou caustiques.

Il va alors se produire une série de phénomènes extrêmement intéressants, entrevus par quelques auteurs anciens, mais qui n'ont été bien étudiés que par M. E. Metchnikoff, qui en a fait l'objet d'une série de recherches admirablement conduites, dont l'importance est considérable[1].

Les expériences anciennes de Dujardin (1835) avaient montré que certains organismes élémentaires, les amibes, infusoires de consistance gélatineuse, quand ils arrivent au contact d'un corps étranger, l'entourent, l'englobent, en poussant des prolongements autour de lui, et finissent par le rejeter s'il n'est pas constitué par une matière nutritive quelconque. C'est là le procédé de digestion des êtres inférieurs qui n'ont pas de voies digestives préformées, et il n'est pas douteux qu'ils sécrètent alors quelques substances, ferments liquides, aptes à dissoudre et à digérer les corps étrangers alimentaires qu'ils ont entourés en poussant autour d'eux des prolongements amiboïdes.

1. Voir en particulier Metchnikoff, *Leçons sur l'inflammation*, un vol. in-8, 1892, et *l'Immunité dans les maladies infectieuses* (*Sem. médicale*, 1892, p. 469).

M. Metchnikoff a vu qu'il fallait généraliser, et accorder aux amibes, infusoires et organismes inférieurs, une avidité digestive, non seulement pour les corps étrangers, alimentaires ou non, mais encore pour les microbes. Si, comme cela est vraisemblable, les microbes sont des végétaux inférieurs, les leucocytes sont de vrais *herbivores;* ils se précipitent sur les microbes, les dissolvent, les mangent, et c'est là un des phénomènes généraux de leur existence. M. Metchnikoff a appelé *phagocytisme* cette fonction digestive des organismes inférieurs.

Or le fait imprévu, c'est que l'organisme des animaux supérieurs contient une quantité énorme de phagocytes, capables d'englober, de digérer et de faire disparaître les microbes.

Qu'une poudre inerte soit injectée sous la peau, aussitôt les leucocytes du sang vont s'en emparer, l'englober et essayer de la dissoudre, pour la transporter plus loin, sans doute en des tissus où l'absorption sera définitive, et ainsi sera protégé l'organisme contre ce corps étranger[1].

Ce phénomène de la phagocytose se rattache à un autre fait des plus intéressants découvert par Cohnheim en 1867, et qu'on appelle la *diapédèse.*

Voici en quoi consiste la diapédèse, et vous allez comprendre que c'est un des mécanismes les plus actifs de la défense des êtres contre l'invasion microbienne. Soit une goutte d'un liquide riche en bactéries, injectée sous la peau. Au bout de quelques heures, il y aura agglomération des globules blancs du sang au point de l'injection, par suite du phénomène de la diapédèse qui consiste en l'émigration des globules blancs contenus dans le sang[2].

Voici en résumé, la série des phénomènes qui se produisent.

1. Voir Cassaet, *Arch. de méd. expér.*, 1892, t. IV, p. 270.

2. Un bon exposé de l'état actuel de la question a été donné par Letulle, *Leçons sur l'inflammation*, 893, p. 4 à 50.

Dans une première phase, dilatation des vaisseaux, accélération du courant sanguin; puis (seconde phase), au niveau de ces veines dilatées, comme la pression diminue, le courant sanguin diminue aussi, et les leucocytes ou globules blancs du sang viennent s'amasser en formant une couche qui tapisse la face interne du vaisseau. Troisième phase; ces leucocytes ne restent pas inactifs, ils poussent des prolongements amiboïdes, cherchent à passer à travers l'endothélium vasculaire, et ils y réussissent, de sorte que finalement (quatrième phase) ils s'amassent en dehors des vaisseaux et forment ainsi par leur émigration successive une collection purulente.

Le pus est donc la transsudation séreuse du sang dans laquelle ont émigré en même temps les leucocytes : ils ont quitté les vaisseaux capillaires pour arriver au secours de l'organisme atteint, pour essayer de s'emparer des parasites offensifs et de les dissoudre.

C'est certainement un des phénomènes les plus surprenants de la vie, que cet effort des cellules blanches du sang se mobilisant en masse, pour arriver au secours de l'organisme attaqué. Dès que le danger est signalé, ils affluent sur le champ de bataille, et une lutte s'engage entre le parasite hostile, et ces autres parasites protecteurs vivant normalement dans le sang.

Mais il n'a pas suffi d'étudier le mécanisme de la diapédèse : on a essayé d'en pénétrer la cause même, et c'est là encore une série de recherches très intéressantes, qui ont eu pour point de départ une belle observation de M. Leber (1888).

En effet, M. Leber a constaté que certaines substances attiraient les leucocytes, alors que d'autres substances chimiques étaient indifférentes; c'est à ce phénomène qu'on a donné le nom très barbare de *chimiotaxie*.

Le fait est maintenant assez bien étudié. En expérimentant avec différents microbes, et différentes substances, on a constaté que pour les uns et pour les autres l'affinité des leucocytes est très variable. Or, de toutes les substances qui attirent les leucocytes, les plus actives sont celles qu'on extrait de certains bouillons de culture.

De là une classification qu'on peut faire entre les microbes qui, attirant les leucocytes, provoquent la formation de pus, et, par conséquent, sont *pyogènes*, et ceux qui ne sont pas pyogènes. Par conséquent les microbes pyogènes contiennent ou fabriquent des substances chimiques qui excitent la sensibilité du leucocyte et qui le déterminent à émigrer des vaisseaux.

Mais ce ne sont pas seulement les microbes et les poisons microbiens qui sont pyogènes. En effet, on est arrivé à démontrer que, pour la production de pus, autrement dit pour l'émigration des leucocytes, la présence des microbes n'était pas indispensable. Il y a des abcès dus à l'accumulation des leucocytes sans qu'il y ait de microbes qui aient suscité leur émigration. Quoique le plus souvent dans le pus on rencontre des microbes pyogènes, on peut cependant expérimentalement réaliser la formation d'un pus *aseptique*, c'est-à-dire ne contenant pas de microbes, en injectant du mercure, de la térébenthine, etc., substances qui, quoique absolument antiseptiques, ont la propriété d'exciter la sensibilité des leucocytes.

Il se passe donc ce fait bien étonnant que, dans le sang des êtres supérieurs, vivent des êtres mono-cellulaires, indépendants du système nerveux, puisqu'ils nagent librement dans le liquide sanguin. Ces êtres, qu'on pourrait appeler les parasites normaux du sang, sont doués d'une sensibilité remarquable aux excitations chimiques ; dès qu'une substance chimique est déposée dans l'organisme, produisant une lésion ou une excitation locale, aussitôt l'armée des leucocytes arrive pour s'en emparer, et, comme ce sont les substances chimiques fabriquées par les microbes qui paraissent être les excitants les plus puissants de cette sensibilité chimique des leucocytes, il s'ensuit que c'est surtout à la destruction des microbes qu'est adaptée cette sensibilité.

Nous pouvons même généraliser et rattacher la sensibilité chimique des leucocytes à tout un ensemble de phénomènes, et tout d'abord à la digestion. En effet, il paraît probable que la digestion des matières grasses est due à l'invasion des leucocytes dans l'intestin ; ces leucocytes, pénétrant dans le tube intestinal, vont s'emparer de certaines particules de matières solides mélangées à la masse alimentaire, puis, après avoir englobé cette petite proie, ils reviennent dans le système lymphatique pour apporter au sang la graisse qu'ils ont été ainsi chercher au milieu des matières solubles alimentaires.

Nous pouvons comparer cette affinité des leucocytes pour les microbes et certaines substances chimiques aux affinités que d'autres cellules manifestent vis-à-vis de certains éléments : par exemple l'étonnante affinité des spermatozoïdes pour l'ovule ; mais le fait le plus extraordinaire, c'est l'affinité prodigieuse de certains infusoires (*Euglena*) pour des traces presque infinitésimales d'oxygène (Engelmann)[1].

Les cellules vivantes, quelles qu'elles soient, leucocytes ou autres, sont donc pourvues d'une sensibilité exquise, et capables, à distance, d'être impressionnées par les substances chimiques les plus diverses, comme les organismes supérieurs peuvent, grâce à leurs sens, éprouver pour les objets divers qui les entourent des sentiments d'attraction ou de répulsion.

Tels sont les faits essentiels résumés brièvement et d'une manière très incomplète; mais il m'est impossible, sous peine de faire autre chose que de la physiologie, d'entrer dans le détail des expériences.

Je noterai seulement, pour fixer les idées, quelques-unes des intéressantes expériences de M. Werigo, un des élèves de M. Metchnikoff[2].

1. Cette quantité serait, d'après M. Engelmann, la trillionième partie d'un milligramme d'oxygène (*Arch. néerland.*, t. XVIII, p. 32).

2. *Annales de l'Institut Pasteur*, t. VIII, 1892, p. 478.

Si l'on injecte dans le sang soit des bactéries, soit une poudre inerte, on voit immédiatement les globules blancs du sang diminuer de nombre, car avec une rapidité extraordinaire ils se sont emparés soit des bactéries, soit de la poudre injectée, et ils disparaissent du sang. Ainsi, quinze minutes après l'injection de poudre de carmin, le nombre des globules blancs avait diminué dans la proportion de 6 000 à 2 000, de 20 000 à 3 000, de 10 000 à 2 000, soit en un quart d'heure de 80 p. 100 en moyenne, ce qui indique bien l'activité de ce phénomène.

Pour nous rendre compte de l'efficacité de cette défense, calculons la quantité des leucocytes dans notre sang. On peut admettre que chez l'homme adulte il y a cinq litres de sang, et par conséquent à peu près 75 milliards de leucocytes. Si donc en un quart d'heure il y a disparition de 75 p. 100 des leucocytes, cela veut dire qu'au bout d'un quart d'heure environ 50 milliards de leucocytes seront entrés en jeu pour la *phagocytose*.

Une fois qu'ils ont englobé les bactéries, qu'en font-ils? que deviennent-ils eux-mêmes? ce sont des questions encore bien imparfaitement résolues. Il est possible — au moins quelques expériences de M. Werigo tendent à le faire croire — que ces cellules phagocytes s'accumulent dans les organes lymphatiques (rate, foie, ganglions) et que là elles sont à leur tour digérées, après avoir digéré et dissous les microbes[1].

Ainsi l'organisme a par ces moyens divers, phagocytose

1. Il faut sans doute généraliser davantage; car, dans des expériences toutes récentes que je viens d'entreprendre avec M. Héricourt (*Bull. Soc. Biol.*, 23 déc. 1893, p. 187 des *Mém.*), il a été prouvé que l'injection dans le système circulatoire de certains liquides, à l'exclusion de certains autres, déterminait aussitôt la *fuite* des leucocytes. Quand on injecte du bouillon dans le sang, par exemple, ils disparaissent en moins de cinq minutes, pour reparaître un quart d'heure après. Nous n'avons pu déterminer la cause de ce phénomène; nous savons seulement que ce n'est pas une accumulation dans la rate, et que, même dans l'anesthésie profonde, cette hypoleucémie passagère peut encore se produire. M. Lowit, dans un excellent travail, avait vu avant nous ce phénomène important (1892); mais l'explication qu'il en donne me paraît peu satisfaisante.

et diapédèse, réalisé une défense le plus souvent efficace; et cette activité était nécessaire; car il faut bien se rappeler ce que nous disions tout à l'heure en commençant, c'est que l'invasion par les microbes est une invasion perpétuelle. Constamment il faut que les germes hostiles soient détruits, et pour cela il faut que la défense ne se ralentisse pas un instant[1].

Si importante que soit cette défense, on comprend qu'elle est parfois insuffisante. C'est une première barrière opposée à l'infection, mais c'est une barrière dont la résistance ne peut se prolonger, et de fait l'expérience prouve que nombre de microbes pathogènes continuent à vivre malgré les leucocytes. Si les leucocytes étaient tout-puissants, il n'y aurait jamais d'infection. Au bout d'une heure, deux heures tout au plus, ils auraient achevé leur tâche, et l'organisme, débarrassé des microbes offensifs, pourrait continuer en paix son évolution; mais souvent il n'en est pas ainsi, et la maladie survient, mortelle ou non mortelle, caractérisée par l'évolution du microbe pathogène. Par conséquent, puisque les phagocytes peuvent suffire à toutes les éventualités du parasitisme, il y a nécessité d'une défense plus énergique que cette première défense par la phagocytose.

Cette autre défense consiste dans certaines propriétés bactéricides du sang. Ici encore je dois résumer rapidement les faits innombrables récemment acquis à la science sur ce point important.

En 1887, M. Fodor démontra par des expériences faites *in vitro* que dans le sang frais les bacilles de la bactéridie charbonneuse disparaissent rapidement, tout comme si elle était

1. Nous avons, dans tout ce qui précède, supposé que les leucocytes étaient les seuls appareils phagocytaires de l'organisme; mais en réalité il n'en est pas ainsi, et c'est une propriété qui paraît être générale à beaucoup de cellules. Je renvoie pour une étude plus approfondie de la question au beau livre de M. Metchnikoff.

ensemencée dans un milieu contenant une substance antiseptique. D'autres physiologistes, parmi lesquels il faut en première ligne citer M. Buchner (de Munich), ont confirmé le fait et l'ont solidement établi. Quoique la théorie même de cette soi-disant action antiseptique du sang ne laisse pas que d'être assez contestable, il est maintenant parfaitement établi que le sang est un milieu impropre à la culture des bactéries. Si l'on sème des bactéries dans du sang frais, on voit ces bactéries rapidement disparaître. Pour en donner une idée, citons une expérience toute récente de Denys et Kaisin [1].

NOMBRE DES BACTÉRIES TROUVÉES

| | |
|---|---|
| Au moment de l'injection | 9 936 |
| 1 h. 1/2 après — | 3 984 |
| 3 h. — — | 627 |
| 4 h. 1/2 — — | 54 |
| 6 h. — — | 24 |

Nous pourrions citer un grand nombre de faits analogues : les microbes sont détruits par l'action chimique des substances liquides, contenues dans le sérum sanguin.

M. Buchner a aussi pu démontrer ce fait fondamental, que la propriété bactéricide disparaît quand le sang a été chauffé à une température supérieure à 55°. Par conséquent ce n'est ni à l'alcalinité, ni au changement brusque de milieu, ni aux matières minérales qu'on peut attribuer la puissance bactéricide du sang; il paraît probable que la propriété antiseptique tient à la présence d'une substance albuminoïde qui se détruit à 55°.

Ensuite on a généralisé, et presque à toutes les humeurs de l'organisme, on a reconnu une puissance bactéricide : le lait, l'albumine d'œuf, la salive même, le suc gastrique, la bile, l'urine, toutes ces substances sont plus ou moins microbicides, et, quand elles sont absolument fraîches, elles constituent des milieux de culture défavorables.

1. *La Cellule*, 1893, t. IX, p. 344.

Ce sont des expériences *in vitro* qui nous autorisent certainement à admettre comme un fait bien démontré la *bactéricidité* du sang. Mais il fallait rattacher à ces expériences *in vitro* les expériences *in vivo*. On me permettra de les rapporter ici, puisque ces recherches, aujourd'hui innombrables, ont eu pour point de départ les expériences faites dans le laboratoire de physiologie de la Faculté de médecine de Paris.

En 1884, en professant le cours de physiologie à la place de M. Béclard, parlant de la chimie du sang, et spécialement des matières extractives, alors, comme aujourd'hui, à peu près inconnues des chimistes, je supposai qu'elles jouent un rôle essentiel dans la propriété remarquable de l'immunité. Même chez des animaux très voisins, il y a tantôt immunité naturelle, tantôt sensibilité à l'action de tel ou tel microbe; on peut supposer que cette différence de sensibilité tient à une différence chimique dans les matériaux du sang, et je rattachais cette hypothèse à une admirable observation de M. Chauveau relative à l'infection charbonneuse chez les moutons. En effet, M. Chauveau avait pu démontrer que les moutons algériens sont réfractaires au charbon, alors que les moutons français contractent facilement la maladie. « Qui sait, disais-je alors, si, en injectant à des moutons français le sang des moutons algériens, on ne rendrait pas rebelles au charbon les moutons français, en leur transfusant, avec le sang, des substances qui donnent l'immunité? »

Cette expérience fut faite deux ans après par mon ami M. Rondeau, qui était alors mon préparateur. M. Rondeau essaya de donner l'immunité contre le charbon à des moutons en leur transfusant du sang de chien, mais son expérience échoua.

Je la repris en 1888 avec M. Héricourt[1], et elle nous donna des résultats positifs. Mais, au lieu de prendre le mouton et la bactérie charbonneuse, nous prîmes un microbe pyo-

1. *Comptes rendus de l'Académie des sciences*, 5 novembre 1888.

gène qui détermine rapidement la mort chez le lapin, et est à peu près inoffensif pour le chien, le *Staphylococcus pyosepticus*, variété du *St. pyogenes albus*. Nous pûmes ainsi démontrer que la transfusion à des lapins du sang de chien retardait l'évolution de la maladie. Si, au lieu de prendre du sang de chien, naturellement réfractaire, on prend du sang de chien vacciné, on voit que la résistance à l'infection devient totale chez le lapin qui a reçu du sang de chien vacciné. Les lapins transfusés avec du sang de chien vacciné ont survécu tous, tandis que les lapins témoins sont morts au bout de trois ou quatre jours.

Depuis lors, c'est-à-dire depuis quatre ans, d'innombrables expériences sur les infections par divers microbes (tuberculose, vibrion avicide, choléra, charbon, morve, rage, tétanos, diphtérie) ont été faites par cette même méthode (hématothérapie ou sérothérapie) avec des résultats très variables. Le bénéfice a été, hélas! assez médiocre jusqu'ici, au point de vue de la thérapeutique humaine, sauf peut-être pour le tétanos; mais, dans l'ensemble, le phénomène biologique a été définitivement établi, et il a été prouvé : 1° que le sang contient des substances qui préservent l'organisme de l'infection; 2° que la transfusion de ce sang à un animal sensible le protège dans une certaine mesure contre l'infection.

Ainsi, la phagocytose d'une part, et d'autre part les propriétés bactéricides du sang contribuent à protéger l'organisme contre les parasites.

Nous pouvons maintenant mieux comprendre le phénomène remarquable de l'immunité en lui attribuant trois formes différentes.

D'abord il y a des microbes qui ne sont pas pathogènes, c'est-à-dire que, injectés dans le sang à un animal quelconque, ils ne provoquent ni la maladie, ni l'infection, et à vrai dire la plupart des microbes, ceux qui sont si répandus dans les airs et dans les eaux, ne sont heureusement pas pathogènes.

En second lieu, il y a des microbes pathogènes pour telle espèce animale, et qui ne sont pas pathogènes pour telle autre. Ainsi, pour prendre un exemple classique, le charbon, même à dose minuscule, provoque sûrement la mort du lapin, tandis que, même à assez forte dose, il ne détermine pas d'accident chez le chien ; il y a donc une immunité *naturelle*, propre à telle ou telle espèce animale, pour tel ou tel microbe pathogène.

En troisième lieu enfin, les animaux peuvent être vaccinés, c'est-à-dire qu'un animal, qui est naturellement sensible à l'infection, devient, quand il a subi cette infection, réfractaire à une infection nouvelle par le même microrganisme : c'est ce qu'on appelle l'immunité *acquise*.

Mais, même en admettant la phagocytose, même en admettant la force bactéricide du sang, on n'arrive pas à comprendre d'une manière adéquate comment l'immunité existe.

D'abord, entre l'immunité et l'état bactéricide du sang, il n'existe pas de relation nécessaire. Le sang du chien, animal réfractaire au charbon, est un milieu de culture favorable pour le charbon ; et inversement, comme l'ont montré MM. Metchnikoff et Roux, le sang du rat, animal sensible au charbon, est un sang bactéricide. Même lorsque le sang de chien est injecté à un animal, il ne le protège pas contre le charbon, comme MM. Serafini et Enriques l'ont vu pour les souris et les lapins, comme M. Bergonzini l'a vu pour les cobayes, de sorte que ces deux propriétés, immunité et état bactéricide, ne peuvent pas être considérées comme parallèles.

Il est vrai que Denys et Kaisin viennent de prouver que le chien et le lapin se comportent d'une manière tout à fait différente à l'égard du charbon injecté. Après infection, le chien a un sang dont le pouvoir bactéricide augmente, tandis que, dans les mêmes conditions, le pouvoir bactéricide du sang de lapin va en diminuant.

On a aussi fait remarquer que, si l'on transporte un microbe d'un milieu favorable dans un autre milieu, favorable aussi, mais différent, le fait même de ce changement de milieu détermine la mort d'une grande quantité d'individus microbiens. On a cependant pu, par d'ingénieuses expériences, réfuter cette objection, et montrer que l'addition de sang frais a constamment le résultat de détruire une certaine quantité de microbes qui pullulaient dans le sang ancien.

D'ailleurs, pour essayer de résoudre ces contradictions, on a proposé deux théories étayées sur des faits très intéressants.

La première théorie, défendue surtout par M. Bouchard et ses élèves, c'est que le sang n'a pas de propriétés bactéricides absolues, mais des propriétés d'atténuation des bactéries. Autrement dit, le sang ne fait pas mourir les germes, mais il transforme les germes actifs, pathogènes, en germes plus ou moins inoffensifs.

Comme exemple d'un phénomène de cette nature, on peut citer une expérience de M. Roger, qui cultive le microbe de l'érysipèle dans du sérum de lapin vacciné et dans du sérum de lapin normal; dans le sérum de lapin vacciné, le streptocoque de l'érysipèle pousse, végète, mais il perd sa virulence, de sorte qu'il faut admettre, non pas tout à fait une propriété bactéricide de ce sérum, mais une propriété atténuatrice. Avec le pneumocoque et avec les microbes pyogènes, on aurait des résultats analogues.

Mais je dois dire que ce fait de l'atténuation dans les humeurs de l'organisme paraît encore assez contestable, et M. Metchnikoff a donné des preuves, qui me paraissent très fortes, pour le combattre. Si l'on introduit un virus dans l'organisme d'un réfractaire, ce virus, au lieu de s'atténuer, augmente de virulence, comme si, dans la lutte entre l'organisme et le microbe, les individus microbiens les plus résistants étaient seuls aptes à survivre et transmettaient par hérédité leur résistance plus grande aux générations suivantes.

En réalité, ce qui me paraît le plus sage, c'est d'adopter, en attendant que des expériences plus précises et plus concluantes soient faites, une sorte d'éclectisme, et de dire que dans certains cas les humeurs de l'organisme atténuent la virulence des microbes, et que dans d'autres cas cette atténuation n'existe pas.

Mais il n'en est pas moins vrai que le sang d'un animal réfractaire possède la propriété d'empêcher le développement de la maladie, que par conséquent il y a dans le sang un élément chimique, qui s'oppose à l'effet destructif du microbe; et en effet la transfusion du sang d'un animal vacciné rend l'animal transfusé réfractaire au staphylocoque pyogène, au pneumocoque, au bacille du tétanos.

Comme ni la phagocytose, ni l'état bactéricide du sang ne suffisent à bien expliquer ce phénomène, il faut certainement adopter une théorie biochimique nouvelle, fondée essentiellement sur la différence — déjà établie par Pasteur — entre le microbe lui-même et les substances chimiques qu'il produit.

Il semble que l'effet toxique du microbe est dû aux substances chimiques sécrétées par lui. En vivant, le microbe produit des substances qui sont poisons de l'organisme, et c'est ainsi qu'il amène la mort. Si, par un procédé quelconque, on arrive à neutraliser l'effet de ces poisons, on aura du même coup neutralisé l'effet destructeur du microbe.

Il est vraisemblable que, pour certaines infections, les choses se passent ainsi; par exemple, le microbe du tétanos produit une substance extrêmement toxique qui détermine des convulsions et des accidents graves, une *tétanotoxine* qui a été presque isolée à l'état de pureté chimique irréprochable.

Or le sang des animaux vaccinés contre le tétanos guérit les animaux tétaniques, non pas tant en empêchant le microbe de se développer, qu'en détruisant les produits toxiques qu'il forme. De nombreux travaux, très importants, dus surtout à M. Behring et à ses élèves, ont rendu le fait incontestable, et semblent bien prouver que l'immunité est due à la propriété anti-toxique des humeurs.

Aux faits de M. Behring, M. Metchnikoff oppose une double expérience très paradoxale, c'est d'abord que les animaux naturellement réfractaires n'ont pas de pouvoir antitoxique de leur sang, et ensuite que les animaux vaccines peuvent être empoisonnés par les toxines. Ainsi les cobayes vaccinés contre le *Vibrio Metchnikovii* sont, d'après, M. Gamaléia, aussi sensibles aux toxines de ce microbe que les cobayes non vaccinés[1].

Mais l'étude détaillée de ces différentes théories nous conduirait beaucoup trop loin, hors des limites de la physiologie expérimentale classique. Il suffit, pour le moment, de vous avoir montré que le sang et les humeurs organiques ont des propriétés phagocytaires, bactéricides, atténuatrices et antitoxiques remarquables. Que ce soit par la destruction des germes ou par l'atténuation de leur virulence, ou par la neutralisation de leur poison, l'effet est le même : c'est un effet de protection qui empêche l'évolution du microbe pathogène.

Même si l'on combine la phagocytose avec la propriété antiseptique du sang, on n'arrivera pas à trouver une explication complètement satisfaisante de l'immunité. Il faut admettre encore une résistance des cellules vivantes au poison sécrété ; cette résistance est extrêmement variable, mais l'étude en appartient plutôt au chapitre suivant, dans lequel nous examinerons les procédés de défense de l'organisme contre les poisons[2].

1. Je voudrais cependant faire remarquer qu'en pareille matière les généralisations trop hâtives sont peut-être imprudentes. Les modes d'action des microbes divers sont sans doute beaucoup plus différents que nous le supposons. Il y a des microbes destructeurs à toxines actives (comme le microbe du tétanos et celui de la diphtérie) et d'autres microbes également destructeurs dont les toxines sont peu actives, comme le *Bacillus anthracis* par exemple.

2. La bibliographie, même abrégée, ne tiendrait pas en plusieurs pages. Je me contente de citer sur ce sujet, après le livre de M. E. Metchnikoff, celui de M. Letulle, une thèse considérable de M. Lemière, sur la suppuration (thèse de Paris, 1891), et surtout l'introduction de M. Charrin au *Traité de médecine*

## V

### Les poisons extérieurs.

Quoique la définition du mot *poison* soit difficile à donner, on peut admettre cependant qu'un poison est toute substance qui agit, par ses propriétés chimiques, d'une manière funeste sur l'organisme; soit parce qu'elle n'existe pas à l'état normal dans nos tissus et nos humeurs, soit parce qu'elle existe en proportion trop faible pour amener un trouble dans nos fonctions organiques. Peu importe d'ailleurs une définition plus précise, puisque nous savons bien ce qu'il faut entendre par le mot poison.

Même à un examen superficiel, nous voyons tout de suite qu'il y a des poisons *extérieurs* et des poisons *intérieurs*, c'est-à-dire des poisons qui viennent tantôt du dehors, et tantôt du dedans, puisque aussi bien la vie normale de nos tissus entraîne la production de substances chimiques qui ne pourraient sans danger s'accumuler dans notre corps.

De là une distinction fondamentale entre les substances toxiques du dehors introduites accidentellement dans la circulation, et les substances toxiques du dedans constamment fabriquées et nécessitant par conséquent une continuelle élimination.

Aujourd'hui nous examinerons la défense de l'organisme contre les poisons venus du dehors.

Nous avons déjà parlé des défenses *passives* de la peau

(t. I, 1892). On pourra avec profit consulter aussi : KIONKA, *Verhalten der Körperflüssigkeiten gegen Mikroorganismen* (*Biolog. Centrabl.*, 1892, t. XII, p. 339). — BOUCHARD, *Les microbes pathogènes*, 1 vol. in-12, 1892. — ROY, *Defensive Mechanisms* (*Brit. med. Journ.*, 5 août 1893, p. 310). — CHARRIN, *Les défenses naturelles de l'organisme* (*Sem. médic.*, 1892, p. 493).

contre le poison. Par sa résistance à l'absorption, la peau empêche les poisons solubles de pénétrer, et nous ne reviendrons plus sur ce sujet.

De même que contre le traumatisme, il y a contre le poison une défense *préventive*. C'est une fonction psychique au même titre que la frayeur et la douleur. La défense préventive de répulsion, c'est le *dégoût*.

Comme les poisons ne peuvent pénétrer par la peau intacte, il n'y a guère d'introduction possible que par les voies aériennes ou les voies digestives. Or les corps liquides et solides arrivent par les voies digestives; les corps gazeux par les voies aériennes; et, de fait, comme la plupart des poisons sont des substances solides ou liquides, non gazeuses, c'est par les voies digestives que se fait le plus souvent la pénétration du poison. Aussi la défense est-elle placée surtout à l'entrée des voies digestives, de manière à empêcher ce grave accident : le mélange d'une substance toxique avec les substances alimentaires.

Il fallait donc qu'à l'entrée des voies digestives fût placé un appareil de sensibilité destiné à nous faire trouver du plaisir aux aliments utiles, et du déplaisir aux substances nuisibles. Supposons par exemple que nul instinct ne nous prémunisse contre le danger des plantes vénéneuses ou des liquides putréfiés; alors nulle distinction ne pourrait être faite entre une plante vénéneuse et une plante alimentaire.

Le dégoût est la répulsion du goût, et il provoque un phénomène de conscience qui ressemble beaucoup à la douleur. De fait c'est une douleur, mais une douleur de nature spéciale qui provoque la salivation, la nausée, le vomissement, et en même temps tous les réflexes généraux qu'accompagne une douleur un peu forte. Quand le dégoût est intense, il y a impossibilité d'avaler et, par conséquent, de s'empoisonner. Une constriction irrésistible du pharynx et des efforts répétés, incoercibles, de vomissement empêchent absolument d'ingérer la substance vénéneuse.

Comme les médicaments sont tous des poisons plus ou moins violents, le dégoût s'exerce aussi sur les médicaments, et vous savez que l'art du pharmacien consiste à essayer de masquer la saveur âcre, amère, insupportable, des différentes substances médicinales. Mais souvent, comme vous le savez aussi, son art est imparfait, et il ne réussit pas à rendre tolérable le goût de ses poisons.

En parcourant la liste des poisons, on découvre sans peine que tous ont un goût désagréable et que même, dans une certaine mesure, leur amertume et le dégoût qu'ils inspirent se proportionnent à leur toxicité. Les plus actifs des poisons sont certainement les alcaloïdes, strychnine, atropine, morphine, aconitine, etc. Or, tous ces alcaloïdes sont extrêmement amers. Tandis que les substances moins toxiques, comme l'urée par exemple, ont une saveur presque nulle, et que les substances alimentaires, comme le sucre, ont une saveur agréable.

Ainsi un animal herbivore placé dans une prairie où croissent des plantes vénéneuses ne s'empoisonnera pas ; il se gardera de toucher aux herbes, aux fruits, ou aux plantes qui contiennent des poisons, et, pour faire cette distinction, il n'aura nul besoin d'une éducation quelconque : l'instinct lui suffira pour établir des différences entre ce qui est salutaire et ce qui est nuisible.

L'amertume n'existe pas dans les substances chimiques plus que la douleur n'existe dans le tranchant d'un couteau. C'est une adaptation de notre organisme qui nous fait trouver amère telle ou telle substance, et ce n'est pas au hasard que nous la jugeons amère : c'est parce qu'elle est un poison ou parce qu'elle appartient à une famille de poisons[1].

1. Il y a peut-être une exception à cette loi. Les champignons vénéneux n'ont pas, paraît-il, de goût désagréable. Aussi les champignons toxiques sont-ils peut-être les seules substances végétales avec lesquelles on puisse s'empoisonner sans être averti au préalable par une répulsion du goût.

Nous pouvons d'ailleurs généraliser ce sentiment du dégoût. Il ne s'adresse pas seulement aux substances vénéneuses produites par les plantes, il existe aussi pour les poisons fabriqués par les microbes eux-mêmes. Certes contre les microbes, invisibles organismes, nulle défense préventive n'était possible, sinon contre les produits chimiques fabriqués par eux. Autrement dit, si nous sommes désarmés contre les microbes qui échappent à nos sens imparfaits, nous sommes, par le dégoût, armés contre leurs poisons et par conséquent contre eux.

En effet, quelles sont les substances qui inspirent le plus de dégoût? ce sont sans contredit les matières putréfiées où fourmillent les microbes. Elles exhalent une odeur repoussante, provoquant l'aversion et l'horreur, et c'est par une étrange aberration du goût, en faisant violence à un instinct naturel, qu'on introduit dans l'alimentation des substances à demi putréfiées, comme les viandes dites *faisandées*.

Si la putréfaction dégage des produits odorants fétides, c'est parce que nous les jugeons fétides, et, pour les animaux qui vivent de matières putréfiées, comme les mouches par exemple, il n'est pas douteux que cette odeur, au lieu d'être repoussante, ne soit au contraire agréable.

Nos sensations sont en rapport avec les besoins de notre organisme, et le goût, comme l'odorat, nous inspirent des sentiments d'aversion ou d'appétition qui concordent avec le danger ou l'utilité des substances étrangères.

Ce dégoût s'exerce aussi contre les poisons intérieurs. Les produits d'excrétion de l'organisme sont considérés comme dégoûtants, précisément parce qu'ils sont aussi toxiques. Non seulement ils sont inutiles et rejetés au dehors, mais encore ils peuvent provoquer de véritables intoxications, comme des expériences précises nous l'ont appris. La bile, l'urine, les matières fécales, nous inspirent un invincible sentiment de dégoût.

Il faut poursuivre l'analogie entre la défense contre le traumatisme et la défense contre le poison. Dans l'un et l'autre cas, une première défense *préventive* qui est la peur ou le dégoût, et une seconde défense, *expulsive*, qui est la douleur dans un cas, et le vomissement dans l'autre.

En effet, si, pour une cause ou pour une autre, le poison malgré son amertume a franchi l'isthme du pharynx et pénétré dans l'estomac, il faut alors qu'il soit expulsé du tube digestif. Or il ne peut être expulsé que par le vomissement. Et là encore nous sommes forcés de faire, comme nous l'avons fait pour la chaleur, une distinction entre le vomissement de cause réflexe et le vomissement de cause centrale.

Dès qu'une substance toxique est arrivée au contact de l'estomac, elle va provoquer une réaction violente : rougeur de la muqueuse, spasme stomacal, et efforts répétés de vomissement. C'est là le mode d'action de certains vomitifs, par exemple du sulfate de cuivre, qu'on emploie quelquefois à cet usage, et qui n'est certainement pas absorbé, agissant seulement de façon à provoquer le vomissement par l'action réflexe qu'il exerce sur la muqueuse gastrique très sensible.

On croyait autrefois que c'était là le mode d'action de tous les vomitifs; mais une intéressante expérience de Magendie a montré qu'il n'en était pas ainsi. En injectant de l'émétique dans les veines, Magendie a fait vomir des chiens. Par conséquent il y a des vomissements toxiques de cause centrale, sans qu'on puisse invoquer une stimulation réflexe de la muqueuse gastro-intestinale.

C'est vraiment un phénomène tout à fait remarquable que la fréquence du vomissement toxique de cause centrale. Il n'est guère de poisons qui, étant injectés dans le sang à dose un peu forte, ne provoquent, au moins sur le chien, le vomissement. Même avec une injection d'eau pure, pratiquée un peu rapidement, on fait vomir un chien, et on ne peut invoquer pour cause de ce phénomène qu'une altération du sang qui irrigue le bulbe rachidien.

De même que le sang échauffé amène la polypnée thermique, de même le sang empoisonné amène le vomissement expulsif.

C'est là un bon exemple de cette seconde barrière de défense que la Nature a établie, pour suppléer aux premières défenses réflexes au cas où celles-ci seraient insuffisantes.

Rien n'est plus étrange que de voir à quel point toute introduction intra-veineuse d'une substance étrangère amène infailliblement des efforts d'expulsion par le vomissement. Il semble qu'il y ait, en quelque sorte, une erreur dans la cause même de l'intoxication. Comme presque toujours le poison est introduit avec les aliments, c'est par le vomissement que l'animal doit se défendre. Par conséquent, quoique le vomissement soit alors tout à fait inutile, quand le poison a pénétré dans les veines, la Nature ordonne le vomissement.

Le vomissement est le principal symptôme de presque toutes les intoxications. Cela semble bien nous indiquer que la Nature a cherché un remède contre le cas le plus fréquent de l'introduction des poisons; c'est-à-dire le mélange avec les matières alimentaires.

Le vomissement toxique est généralement accompagné d'une sueur profuse, mais je ne puis croire qu'il s'agisse là d'un effort de l'organisme pour se débarrasser, par l'excrétion sudorale, de certaines substances contenues dans le sang, attendu que, dans la sueur, il n'y a jamais qu'une minime quantité de substances éliminées. Cette sueur réflexe est assurément la conséquence d'une excitation médullaire très forte.

Si, malgré tous ces efforts, préventifs et expulsifs, le poison a franchi l'estomac et est arrivé dans l'intestin, il rencontre là un organe, très sensible aussi, qui fait de son côté un grand effort pour se débarrassser du poison. Seulement, si l'estomac agit par le vomissement, l'intestin agit surtout par une sécrétion abondante, de manière à déterminer à la fois la dilution du poison accumulé dans la cavité intestinale, et son élimination par la diarrhée profuse. Aussi la plupart des poisons inorganiques sont-ils des *purgatifs*, en même temps que des *vomitifs*.

Nous retrouverons aussi pour les purgatifs la même distinction que nous avions faite pour les vomitifs et il existe des purgations de cause réflexe et des purgations de cause centrale.

Toute excitation mécanique ou chimique de la muqueuse intestinale provoque une sécrétion abondante, diarrhéique, dont le rôle est évidemment l'élimination du poison ou du corps étranger. De même que les matières alimentaires indigestes accumulées dans l'estomac amènent le vomissement, de même les matières fécales, formant par leur consistance un véritable corps étranger, finissent par être expulsées, grâce à une sécrétion active d'une sérosité intestinale, qui fait qu'au-dessus de la masse solide il s'accumule un liquide diarrhéique.

Certaines huiles irritantes, comme l'huile de ricin, l'huile de croton, amènent la diarrhée, en provoquant une congestion de la muqueuse et une congestion intestinale abondante.

Quant aux substances salines concentrées, dont l'effet purgatif n'est pas douteux, comme le sulfate de soude, le chlorure de sodium, le sulfate de magnésie, l'opinion classique est qu'ils provoquent par exosmose une transsudation du érum sanguin. Il y aurait peut-être d'ailleurs quelques réserves à faire à ce sujet [1].

Mais, au point de vue dont il est question ici, cela nous importe peu, puisque la dilution du poison dans un fluide intestinal abondant est un moyen de défense énergique.

Parmi les poisons qui arrivent au contact de la muqueuse intestinale, il en est qui méritent un intérêt spécial : ce sont les poisons fabriqués par les microbes qui pullulent dans

1. Voyez RABUTEAU, *Traité de Thérapeutique*, 1884, p. 879.

l'intestin. En effet, depuis la bouche jusqu'à l'anus, toute la muqueuse digestive est remplie de microbes qui poursuivent leur évolution. Il est vrai que leur activité chimique est quelque peu ralentie dans l'estomac où ils sont tenus en réserve par l'acidité du suc gastrique, mais ils reprennent toute leur énergie biologique dans le tube intestinal, où ils trouvent des milieux nutritifs qui sont neutres ou alcalins. Alors, par le fait de cette fermentation, il se produit des composés chimiques dont les uns sont gazeux, et généralement inoffensifs, dont les autres, au contraire, exercent une action toxique, plus ou moins accentuée.

A l'état normal, ces fermentations intestinales ne dépassent pas une certaine limite : elles cessent bientôt ; et en somme elles ont eu plutôt l'avantage d'activer les phénomènes de digestion et d'absorption. Mais il se peut faire que quelque micro-organisme se développe en trop grande abondance, et sécrète des toxines dont l'absorption serait dangereuse. Alors, pour y remédier, la sécrétion intestinale est activée, et il se produit une diarrhée qui a pour effet de diluer le poison dans une grande quantité de liquide et de déterminer son expulsion par des selles diarrhéiques. C'est ainsi que les choses se passent dans le choléra, dans la fièvre typhoïde, dans les diarrhées dites infectieuses, dans certains empoisonnements dus à l'ingestion de viandes malsaines. Ce sont là évidemment des diarrhées d'origine réflexe dues à la stimulation de la muqueuse intestinale par les alcaloïdes toxiques qu'ont sécrétés les microbes.

Eh bien ! dans ce cas aussi, nous retrouvons toujours cette sorte de double barrière dont je vous ai si souvent entretenus. Ces mêmes ptomaïnes qui, appliquées à la surface de l'intestin, déterminent la congestion et la sécrétion réflexes, sont parfaitement capables de déterminer les mêmes phénomènes, si elles sont introduites dans la circulation ; mais c'est par un mécanisme tout différent. Alors en effet elles agissent sur les centres nerveux directement après qu'elles ont pénétré dans le sang, et non plus par voie réflexe, indirectement, par l'excitation de la muqueuse intestinale. De bons exemples de cette diarrhée de cause centrale nous sont fournis par les expériences nombreuses dans lesquelles on injecte le bouillon de culture du microbe du choléra. Le poison qui a pénétré dans la circulation va agir sur les centres nerveux qui commandent la sécrétion intestinale.

Tels sont à peu près les moyens de défense des êtres vivants contre les poisons introduits avec les aliments. Mais ces poisons ne sont peut-être pas les plus redoutables, et nous serions tentés de croire que les plus dangereux de tous les poisons, ce sont ceux qui dérivent des microbes infectieux pullulant dans le sang.

En effet l'admirable expérience de Pasteur sur le choléra des poules a appris que les symptômes d'une maladie microbienne pouvaient être amenés non pas seulement par ce microbe, mais par les produits chimiques de la vie de ce même microbe. Toutes les expériences ultérieures ont confirmé ce grand principe, et on admet aujourd'hui que le microbe amène la mort par l'intoxication que produisent les poisons qu'il a fabriqués.

Cela revient à dire que les maladies microbiennes sont de véritables intoxications. Le poison, au lieu d'être introduit avec les aliments, est fabriqué dans l'intérieur même de l'organisme par les microbes infectieux; et la toxicité de certaines de ces substances est certainement bien supérieure à tout ce que nous connaissons sur la toxicité des autres poisons. D'après MM. Brieger et Cohn[1], le poison du tétanos, alors qu'on ne l'a pas préparé à l'état de pureté, serait assez actif pour produire des effets appréciables à la dose minuscule de 4 centièmes de milligrammes pour 1 kilogramme d'animal vivant. Un exemple non moins remarquable de cette puissance

1. *Zeitschrift für Hygiene*, t. XV, p. 8.

prodigieuse des toxines fabriquées par les microbes nous est donné par l'exemple de cette fameuse tuberculine dont le sort a été si misérable, après avoir provoqué tant d'espérances. Chez les individus tuberculeux, elle a été active et redoutable à la dose de 1/10 de milligramme : or il est clair que la tuberculine est un produit très impur, ne contenant probablement pas plus de 10 ou 20 p. 100 de la vraie substance active.

Contre ces terribles poisons microbiens, l'organisme n'est pas désarmé, et tout d'abord il possède un procédé de défense spécial, commun à la plupart des infections : c'est la fièvre. — Il est remarquable de voir la fièvre manquer dans les intoxications minérales, alors qu'elle est la règle dans les infections microbiennes. Quoique je ne sois guère partisan des hypothèses, je serais tenté de dire que la fièvre est un procédé de défense, autrement dit que la fièvre est salutaire. Je ne puis pas malheureusement vous en donner la preuve, car les expériences, trop peu nombreuses encore, qu'on a faites sur les infections où l'on empêchait l'hyperthermie fébrile de se manifester, n'ont pas donné de résultats bien positifs ; mais je suis persuadé que par cette hyperthermie l'organisme peut se défendre plus activement contre les microbes ; les atténuer, activer leur évolution, et, par conséquent, faciliter la guérison.

Toutes les fois que nous voyons un phénomène général se produire, nous pouvons hardiment en conclure qu'il a son utilité. La fièvre est commune à l'homme et aux animaux ; elle se produit dans la plupart des infections, et il est difficile de croire que ce phénomène morbide n'est pas en même temps un phénomène salutaire.

Si l'on injecte à des lapins un staphylocoque pyogène doué d'un notable degré de virulence, on voit, au bout de quelques heures, certains lapins avoir de la fièvre, tandis que d'autres présentent une diminution de la température normale. Ceux qui ont une légère hypothermie meurent fatalement, et il n'y a chance de survie que pour ceux qui présentent de la fièvre. Je sais bien que, de cette expérience, il n'est absolument pas permis de conclure que la fièvre protège contre les intoxications, mais c'est tout de même une indication générale qu'il est bon de retenir. Pour ma part je suis convaincu qu'on démontrera bientôt l'effet salutaire du processus fébrile dans les infections microbiennes.

Mais contre les poisons microbiens, l'organisme a un autre procédé de défense dont nous avons sommairement parlé dans la précédente leçon et sur lequel il nous faut maintenant revenir. — Il s'agit de cette propriété extraordinaire que le sang possède de sécréter des anti-toxines qui neutralisent la toxine microbienne. En 1888, j'ai montré avec M. Héricourt que le sang des animaux vaccinés empêchait, quand il était transfusé à des animaux sensibles, l'évolution de la maladie ; c'était une expérience brute qui a été modifiée, et répétée, et remarquablement perfectionnée. C'est surtout avec le tétanos, produit comme on sait par un organisme microbien (bacille de Nicolaier), qu'on a eu des résultats décisifs. MM. Roux e Vaillard, Behring et Kitasato, Cattani et Tizzoni, ont fait de belles expériences qui établissent bien ces trois faits essentiels : 1° chez l'animal vacciné, il se produit dans le sang une substance anti-toxique : 2° cette substance antitoxique n'empêche pas le développement du microbe, mais elle détruit l'effet de son poison ; 3° par conséquent on peut sauver des animaux infectés en leur injectant cette antitoxine[1].

Il faudrait plusieurs leçons pour vous donner le détail de ce phénomène ; nous n'en retiendrons que le principe général : à savoir que l'animal vacciné a fabriqué une substance chimique qui neutralise le poison fabriqué par le microbe. Nous retrouvons là cet antagonisme signalé depuis les premières

1. Une revue générale de ces faits a été donnée récemment par M. Romme : La sérothérapie et son bilan thérapeutique. *Presse médicale*, 27 janv. 1894, n° 26. Dans le traitement de la diphthérie on a obtenu des résultats excellents. M. Roux vient de montrer qu'on abaisse la mortalité, qui était de 52 p. 100, à 24 p. 100. Il est clair que la sérothérapie est réservée à un brillant avenir.

leçons entre l'organisme et ses ennemis. L'ennemi, c'est le parasite qui fait son poison; mais, à mesure qu'il le produit, l'organisme, pour se défendre, en fabrique un autre qui le neutralise.

D'autres moyens de défense, très efficaces aussi, concourent à maintenir nos organes dans un état de stabilité. Nous allons rapidement énumérer ces différentes formes de la défense.

La principale, c'est l'accoutumance, ce qu'on a appelé quelquefois le mithridatisme, car, d'après une légende, Mithridate s'était rendu insensible au poison à force d'en faire usage. Or le meilleur exemple d'accoutumance nous est donné par la morphine; les faits qu'on peut invoquer sont devenus d'une extrême banalité. Vous savez que les malheureux qui ont contracté la funeste habitude, soit de fumer de l'opium, soit d'avaler du laudanum, soit de se faire des injections de morphine, arrivent à un état de tolérance presque invraisemblable. On cite le cas d'un malade qui prenait jusqu'à 9 grammes de morphine par jour; or il faut que vous sachiez que la dose de 9 grammes serait largement suffisante pour tuer 900 enfants. Chez les enfants l'accoutumance à la morphine n'existe pas et les petites doses produisent des effets intenses; tandis que, chez les individus accoutumés, des doses colossales n'ont pas d'effets toxiques.

Les toxiques autres que la morphine donnent aussi des effets d'accoutumance; l'alcool par exemple agit bien plus puissamment chez les individus qui ont depuis longtemps renoncé à toutes boissons alcooliques, que chez ceux qui en font un usage journalier. Le café, le thé, le tabac, l'éther, l'iodure de potassium, l'arsenic, tous ces poisons finissent par être bien tolérés par les individus qui en ont pris l'habitude.

Pour les poisons microbiens aussi, il existe probablement une sorte d'accoutumance, et, dans les maladies chroniques, il n'est pas douteux qu'une sorte de tolérance s'établisse pour les toxines sécrétées alors quotidiennement.

Mais une des formes les plus remarquables de l'accoutumance, c'est ce qu'on pourrait appeler l'accoutumance héréditaire; et cette accoutumance héréditaire constitue en réalité l'*immunité*.

Rien n'est plus curieux à cet égard que de voir la résistance de certains animaux à certains poisons. Par exemple l'atropine qui, à dose faible, produit des accidents assez graves chez l'homme, est à peu près inoffensive chez les animaux, et cela surtout chez les animaux herbivores, comme si pour ce poison végétal ils avaient, à la suite d'une longue série d'ancêtres, acquis une immunité relative.

En général les animaux, soit herbivores, soit carnivores, sont rebelles à l'empoisonnement par l'atropine, et je mentionnerai à ce propos, en passant, une expérience que j'ai faite il y a deux ans, pour juger si à ce point de vue le singe se rapprochait du genre humain. Or j'ai constaté, non sans quelque surprise, qu'à ce point de vue le singe était plus près de l'animal que de l'homme. Une dose de 15 centigrammes d'atropine donnée à un petit singe de 4 kilogrammes n'a pu amener la mort. C'est peut-être là un argument nouveau qu'on donnera pour établir une séparation plus complète entre l'homme et le singe.

Cette immunité des animaux pour certains poisons doit nous frapper d'autant plus qu'elle s'adresse presque exclusivement aux poisons végétaux, et spécialement aux alcaloïdes.

Pour les poisons minéraux les différences de sensibilité des espèces animales diverses sont très faibles. Le mercure, l'arsenic, les sels de potassium, sont toxiques également pour les vertébrés et les invertébrés, les herbivores et les carnivores, les hommes et les animaux. Alors on ne peut s'empêcher de penser que cette immunité contre les poisons végétaux est sans doute un effet d'hérédité et d'atavisme. En ingérant des plantes vénéneuses, les animaux s'y seraient peu à peu accoutumés. Ne voyez-vous pas là un véritable phénomène de défense? en somme la meilleure défense n'est-elle pas l'inaptitude à éprouver les effets d'un poison?

J'ai cru trouver, en étudiant l'action des sels métalliques sur la fermentation lactique, que les métaux usuels étaient moins toxiques que les métaux rares de même famille; par exemple, le nickel est plus toxique que le fer; le cadmium est plus toxique que le zinc, et le thallium plus que le plomb. Il semble que les microbes aient une sorte d'accoutumance contre les sels métalliques communs dans la Nature.

C'est ici qu'il y aurait lieu de mentionner les faits relatifs à la résistance de certains animaux venimeux à leur propre venin[1]. Mais sur ce point la science n'est pas fixée encore, malgré quelques intéressantes expériences. De même je n'oserais affirmer que le hérisson soit absolument rebelle à l'empoisonnement par le venin de la vipère.

L'immunité contre les poisons microbiens peut donc être regardée comme de l'*accoutumance acquise*. Mais, quelque intéressante que soit cette hypothèse, ce n'est qu'une hypothèse, et les expériences ne sont pas encore suffisamment positives pour que je vous en entretienne.

Le dernier procédé de défense dont j'ai à vous parler, c'est la défense par l'*élimination*. En effet, dès qu'une substance toxique est introduite dans le sang, il y a un effort de la nature pour l'éliminer. Tout ce qui est étranger à la constitution normale du sang est rapidement rejeté par les émonctoires naturels, même quand il s'agit de substances qui, en apparence, ressemblent le plus aux tissus normaux de l'organisme. Ainsi, comme Claude Bernard l'a montré il y a longtemps, si l'on injecte une solution albumineuse, on voit, au bout de quelques minutes, que l'albumine injectée est élimi-

1. Voyez Phisalix et Bertrand. *Bull. Soc. Biol.*, 1894, n° 8.

née par l'urine, et cependant la ressemblance est bien grande entre l'albumine de l'œuf et la sérine du sang.

L'élimination des substances est une question non pas seulement de qualité, mais encore de quantité. Les éléments normaux du sang, s'ils sont en excès, sont rapidement rejetés par le sang. Comme l'a encore montré Claude Bernard, dès que la quantité de sucre dépasse le chiffre de 3 grammes par litre, il y a glycosurie. On peut concevoir les tissus comme étant dans un certain état d'équilibre, et tendant au maintien de cet équilibre, qui est l'état normal. Que ce soit par suite des propriétés endosmotiques du rein ou des autres organes d'excrétion, au point de vue de la biologie générale, cela nous importe peu, puisque, en somme, le résultat est le même; c'est toujours la défense de l'individu contre les poisons.

La rapidité avec laquelle se fait cette élimination défensive est vraiment étonnante. Si l'on a ingéré une perle d'éther, on sent parfaitement le moment précis où se fait la rupture de l'enveloppe gélatineuse qui contenait l'éther, et, presque au même moment, l'haleine se charge d'éther. C'est que le sang chargé d'éther s'est, au niveau du poumon, débarrassé de cette substance gazeuse dès qu'elle a pénétré dans la circulation. En faisant une injection d'éther dans la veine d'un chien, on constate, *presque au même instant*, l'odeur de l'éther dans les produits de la respiration. Que prouve cette expérience, sinon que l'organisme élimine rapidement ce qui est étranger à sa constitution normale?

Une expérience analogue prouve la rapidité de l'élimination par l'urine. Sur des individus atteints d'exstrophie de la vessie, on a constaté que les poisons apparaissaient au bout d'un temps très court, deux ou trois minutes à peine, dans l'urine qui venait sourdre à la surface de la vessie. J'ai constaté souvent le même phénomène en injectant du sucre dans le sang des chiens. La polyurie due à l'excrétion du sucre injecté se produisait presque en même temps que la première injection, et, dans cette urine très aqueuse, on retrouvait, dès le début, de grandes quantités de sucre.

Quelles que soient les substances solubles qu'on injecte dans le sang, elles se retrouvent dans les excrétions, si bien qu'au bout de quelques jours, il n'en reste plus de trace dans le sang. D'après les expériences que M. Joseph Roux[1] a faites dans mon laboratoire, au bout de 48 heures environ il ne reste plus trace de l'iodure de potassium qu'on a ingéré.

Ainsi, s'il s'agit d'un poison gazeux, l'élimination se fait aussitôt par le poumon: s'il s'agit d'un poison soluble, l'élimination se fait aussitôt par l'urine.

Nous devons dire cependant qu'il y a des exceptions à l'élimination prompte et complète. Certains sels métalliques, les sels de mercure, de plomb, d'argent, d'or, de platine, entrent en des combinaisons stables avec le sang et les tissus, si bien que, par le fait de la diurèse ou de la respiration, nulle élimination ne peut se faire. Mais, il faut bien le dire, ce sont là des cas rares, et le plus souvent les poisons solubles ne déterminent pas la coagulation des matières albuminoïdes. A vrai dire, ces sels métalliques sont tous des caustiques, et presque toujours leur causticité détermine, au moment de leur ingestion, des accidents de vomissement suffisants pour leur expulsion. D'ailleurs, n'est-il pas évident que, si parfaits que soient les procédés de défense, ils ne peuvent suffire à tous les cas, et que, dans certaines circonstances, la prévoyance de la Nature doit être vaincue?

Les poisons fabriqués par les microbes sont aussi éliminés par l'urine. On retrouve, dans toutes les maladies infectieuses, des ptomaïnes microbiennes qui s'accumulent dans les liquides urinaires. Les belles observations de M. Bouchard ont montré que les urines des malades avaient des propriétés toxiques dont les urines normales étaient dépourvues. De sorte que, dans les maladies, l'élimination se fait comme dans les

1. J. Roux, *Élimination des iodures*. — *Travaux du Laboratoire*, t. II, p. 497.

intoxications accidentelles, et assure l'intégrité de l'organisme.

Tout, dans la fonction de nos tissus, tend à les maintenir dans un état de stabilité. Que l'on introduise dans l'estomac une solution alcaline, la production d'acide augmentera, et, au bout de quelque temps, l'estomac aura repris son acidité normale en supprimant sa production d'acide.

En étudiant les phénomènes thermiques, nous avons parlé souvent de la régulation, de l'équilibre, de la tendance à la stabilité. Cela est vrai aussi au point de vue de l'état chimique de l'organisme. Le sang, ce milieu intérieur, tend à la stabilité, et il se débarrasse aussitôt, soit des substances étrangères, soit des substances normales introduites en excès.

Pour nous résumer, nous dirons que l'organisme lutte contre les poisons, d'abord en ne leur offrant, comme surface d'absorption, que la muqueuse digestive et la muqueuse aérienne, surfaces protégées par le goût et par l'odorat, qui nous inspirent de l'aversion pour tout ce qui dans la nature est toxique.

Dans une seconde phase, si le poison a pénétré, il est expulsé par le vomissement ou la toux.

S'il a pénétré dans l'intestin, il provoque la diarrhée et une élimination diarrhéique rapide.

S'il a pénétré dans le sang, il est éliminé avec les produits de sécrétion.

Si enfin les microbes ont fabriqué dans l'intestin ou dans le sang des poisons dangereux, l'organisme parvient à en triompher, en fabriquant des substances anti-toxiques qui neutralisent les ptomaïnes ou leucomaïnes microbiennes, et déterminent leur élimination par des sécrétions intestinales diarrhéiques ou par des urines plus abondantes.

C'est par tous ces moyens qu'est maintenue l'intégrité de l'organisme au milieu des actions chimiques innombrables qui pourraient lui être funestes.

## VI

### Les poisons intérieurs.

Les poisons que nous avons étudiés précédemment, minéraux, végétaux ou microbiens, ne sont que des accidents dans la vie d'un organisme ; ils sont fortuits et pathologiques ; tandis que les poisons intérieurs sont un phénomène normal et perpétuel, une condition même de l'existence. — Constamment le fonctionnement chimique de nos tissus et de nos humeurs entraîne la formation de produits de déchet qui doivent, sous peine de graves accidents, être éliminés au fur et à mesure de leur production.

Un microbe qui végète dans un bouillon de culture fournit une série de générations successives ; mais bientôt cette fécondité s'épuise, et l'espèce finit par mourir, non pas certes parce qu'il y a épuisement des matières nutritives contenues dans le bouillon, mais parce qu'il s'est produit des éléments toxiques qui déterminent la mort des dernières générations.

De même, si des hommes restaient pendant longtemps enfermés dans un espace clos, ils finiraient par s'asphyxier et s'empoisonner, même en supposant qu'on leur donne une quantité suffisante d'oxygène et d'aliments.

Il y a donc une absolue nécessité à l'élimination perpétuelle des produits de nutrition et de dénutrition. C'est encore, si l'on veut, un phénomène de régulation. Mais la régulation et la défense sont connexes, puisque, comme nous l'avons souvent vu dans le cours de cette étude, la défense de l'organisme consiste précisément dans l'équilibre et le maintien de son état stable. Donc, en examinant comment l'organisme peut régler le départ des substances toxiques qu'il fabrique, nous poursuivons l'étude des moyens de défense.

Il y a deux formes à la défense contre les poisons intérieurs : *l'élimination*, la *destruction*.

Voyons d'abord l'élimination.

C'est surtout l'acide carbonique qu'il s'agit de rejeter au dehors, car l'individu en fabrique des quantités considérables. Un homme adulte produit à peu près 900 grammes d'acide carbonique par jour, et il faut se débarrasser de cette énorme quantité, car l'acide carbonique est un poison.

Notons d'abord que ce n'est pas un poison très redoutable. Si la quantité d'oxygène reste la même, on peut respirer impunément, au moins pendant quelques heures, des mélanges contenant 20 p. 100 de $CO^2$. Au delà de cette dose l'acide carbonique n'est pas inoffensif, car alors il y a rétention dans le sang et par conséquent non-élimination. — M. GRÉHANT a fait respirer pendant longtemps des lapins dans des milieux contenant 40 p. 100 de $CO^2$, et il les maintenait ainsi dans un état d'anesthésie complète[1]. Avec M. LANGLOIS j'ai fait respirer des mélanges contenant de l'oxygène et de l'acide carbonique en volume égal, et les chiens dans ces conditions continuaient à vivre deux heures, et même davantage.

Par conséquent, si l'acide carbonique est un poison, ce n'est pas un poison très redoutable, puisqu'on peut faire respirer des mélanges contenant 50 p. 100 de $CO^2$, et puisque le sang contient quelquefois 40 et 50 p. 100 de ce gaz. Et ici nous saisissons sur le fait un des moyens les plus puissants que l'organisme mette en usage pour se défendre. En effet il semble avoir pour but de rendre peu offensifs les poisons qu'il a lui-même fabriqués, les transformant en poisons presque innocents. L'acide carbonique est un de ces *poisons innocents :* certes finalement il doit être éliminé, mais il peut sans grand dommage s'amasser dans le sang en assez notable quantité.

1. Voyez GRÉHANT, « les Poisons de l'air », 1892, p. 97.

L'élimination de l'acide carbonique est, dans une certaine mesure, confiée à la volonté. Aussi bien peut-on jusqu'à un certain point diminuer ou accélérer le rythme respiratoire, et par conséquent diminuer ou accélérer l'excrétion du gaz carbonique. Mais cette influence de la volonté ne peut aller très loin. Si l'on restreint sa respiration de manière à la ralentir autant que possible, on peut rester pendant 10 à 15 minutes à un taux d'excrétion de gaz carbonique bien inférieur au taux normal ; mais, au bout de ce temps, on est forcé de revenir à une respiration plus active, et la compensation s'établit si bien que, finalement, malgré les plus énergiques efforts de volonté, on est forcé d'exhaler tout l'acide carbonique [1].

Nous pouvons donc considérer comme démontré que l'élimination de l'acide carbonique n'est pas soumise à l'influence de la volonté : la Nature n'a pas voulu que cette fonction fondamentale fût livrée à notre arbitraire, et ce sont des appareils automatiques qui sont chargés de pourvoir à l'excrétion du gaz carbonique.

Sans qu'il soit besoin d'insister sur cette donnée physiologique élémentaire, bien démontrée aujourd'hui, c'est le bulbe qui est chargé de la régulation, et les centres psychiques n'y prennent sans doute aucune part. Ce qui règle le rythme respiratoire, c'est la quantité d'acide carbonique qui circule dans le sang irriguant le bulbe, en supposant, bien entendu, que la quantité d'oxygène soit toujours suffisante.

En laissant de côté l'influence passagère de la volonté, la régulation se fait dans les conditions normales, d'une manière parfaite. M. Hanriot et moi nous avons pu constater qu'en injectant de l'acide carbonique gazeux dans le rectum, on retrouve presque aussitôt dans l'exhalation pulmonaire un excès d'acide carbonique, précisément égal à la quantité injectée en lavement. Chaque fois qu'on fait un effort mus-

1. Voyez Hanriot et Ch. Richet, « Travaux du Laboratoire », t, I, p. 506.

culaire, on produit la combustion d'une certaine quantité de carbone. L'acide carbonique, qui est alors en excès dans le sang, va déterminer une accélération du rythme respiratoire et de la ventilation pulmonaire; de sorte que le plus léger mouvement augmente quelque peu l'amplitude de nos inspirations. Il n'est peut-être pas de phénomène plus remarquable dans toute la physiologie que ce parallélisme entre la contraction de nos muscles et la respiration. Chaque mouvement musculaire amène une respiration plus active, dont l'effet est précisément d'éliminer les produits de la combustion musculaire.

Ce mécanisme est tellement parfait que, pour apprécier l'intensité des combustions organiques, il n'est presque pas besoin d'en faire la mesure chimique : il suffit de bien mesurer la ventilation pulmonaire, car la ventilation est exactement proportionnelle à l'intensité des combustions, grâce au jeu irréprochable de l'automatisme bulbaire.

Y a-t-il par le poumon exhalation de substances toxiques autres que l'acide carbonique? MM. Brown-Séquard et d'Arsonval l'ont pensé. En plaçant une série de lapins disposés de manière que le dernier de la série recevait les produits d'exhalation des sept autres, ils ont vu mourir ce dernier lapin, qui aurait été empoisonné par les exhalations pulmonaires des sept premiers. Mais presque tous les physiologistes ont contredit cette expérience, et en dernier lieu M. Rauer[1], qui pense qu'il s'agit d'une intoxication par l'acide carbonique lui-même, mal absorbé par les flacons laveurs. Cependant, comme il faut toujours se méfier des négations, je n'oserais en toute certitude déclarer qu'il n'y a pas de produits toxiques dans les exhalations pulmonaires. Je l'oserais d'autant moins que M. d'Arsonval, répétant avec son ingéniosité habituelle cette expérience importante, de manière à répondre aux critiques qui avaient été formulées, a cru constater nettement la présence de produits volatils très toxiques[2].

1. *Zeitschrift für Hygiene*, 1893, t. XV, p. 57.
2. *Arch. de physiol.*, 1894, n° 1, p. 113,

En tout cas, si cette élimination par le poumon existe, elle ne porte que sur une petite quantité de substance : donc, ne pouvant entrer dans une discussion plus approfondie, nous nous bornerons à mentionner l'opinion classique, à savoir, que la seule élimination de poison qui se fasse par le poumon, c'est celle de l'acide carbonique.

Y a-t-il par la sueur élimination de matières toxiques ? Au premier abord, ce n'est guère vraisemblable, car la quantité de matériaux solides contenus dans la sueur est très faible : trois grammes par litre de matières organiques, qui même ne semblent pas très actives. Je croirais volontiers que la sueur a uniquement un rôle physique, ce rôle de refroidissement dont je vous ai entretenu déjà, et que l'élimination d'aucun poison ne lui est dévolue.

Nous ne devons pas cependant oublier que la suppression par le vernissage, par exemple, de la transpiration cutanée, entraîne des accidents graves qu'il est difficile d'attribuer au seul refroidissement. Peut-être la peau élimine-t-elle quelques poisons subtils peu abondants[1].

Le rein élimine quantité de substances, dont la principale est l'urée. On peut établir un intéressant parallélisme entre l'urée et l'acide carbonique : l'acide carbonique, poison gazeux, dernier terme de la combustion des matières grasses et des matières sucrées ; l'urée, poison liquide, dernier terme de la destruction des matières albuminoïdes. Tous deux poisons peu énergiques, pouvant s'accumuler sans inconvénient pendant quelque temps dans le sang, mais finissant à la longue par entraîner des accidents ; tous deux résultant d'un travail de destruction que l'organisme a sans doute exercé sur des poisons de transition incomparablement plus actifs.

Il est facile de prouver que l'urée est à peu près inoffensive. L'injection d'une solution d'urée à 30 p. 100 est certai-

1. J'ai cependant récemment constaté que des macérations de peau n'avaient pas *d'effets toxiques quand on les injectait dans le sang.*

nement plus innocente que l'injection d'une même quantité d'eau distillée, car l'eau pure agit sur les globules du sang, tandis que la solution d'urée ne les altère pas. J'ai souvent essayé de tuer des chiens en leur injectant de l'urée, et je n'y suis pas parvenu, car il fallait des quantités énormes, plus de 200 grammes d'urée pour des chiens de taille moyenne. Cette innocuité est telle qu'on peut en faire une des meilleures expériences de cours, en montrant que l'injection intra-veineuse de 50 grammes d'urée est bien moins dangereuse que celle d'un gramme de carbonate d'ammoniaque.

MM. Quinquaud et Gréhant ont soutenu l'opinion que l'urée était assez toxique; mais, même d'après eux, la dose d'urée nécessaire pour amener la mort était encore très considérable.

Par conséquent, si la suppression de la fonction du rein entraîne la mort, ce n'est pas par l'accumulation d'urée dans le sang, c'est par d'autres mécanismes sur lesquels je ne puis insister en grand détail : peut-être la transformation (dans l'intestin) de l'urée en ammoniaque, peut-être l'accumulation d'autres substances que le rein sépare du sang, en même temps que l'urée, sels de potassium et substances inorganiques.

Voyons d'abord ce qui se passe pour les sels de potassium. On sait, depuis les célèbres expériences de Bouchardat, que les sels de potassium sont très dangereux, vingt fois plus toxiques peut-être que les sels de sodium. Or, dans nos aliments, nous introduisons incessamment des quantités relativement considérables de sels de potasse. Il y a de la potasse dans le pain, dans la viande, dans le vin, dans tous les légumes, farineux ou herbacés. Dans un travail, inédit encore, j'ai pu faire le compte de la quantité de potasse ($K^2O$) que nous ingérons journellement, en calculant la moyenne de la consommation alimentaire, d'après les documents statistiques de la Ville de Paris. Cette quantité s'élève pour un homme adulte à environ 4gr, 475 par jour, dont 4 grammes sont éliminés par l'urine. Ainsi nous ingérons constamment, avec les aliments nécessaires à notre vie, une dose notable de poison, et il faut que ce poison soit éliminé.

On a déterminé la puissance toxique des sels de potasse par de longues expériences. J'ai trouvé que, par injection intra-veineuse, la dose toxique était d'environ $0^{gr},035$ par kilogramme de $K^2O$, ce qui fait, pour un homme de 70 kil., environ $2^{gr},5$. Nous aurions donc l'ingestion quotidienne d'un poison à dose double de la dose toxique. Mais on ne peut comparer les injections intra-veineuses aux ingestions stomacales, car par ingestion alimentaire la dose toxique est dix fois plus forte ; de sorte que la dose vraiment toxique des sels de potasse, quand ils ne sont pas injectés dans le sang, mais introduits avec les aliments dans l'estomac, est, pour un adulte, de 25 grammes, en supposant, bien entendu, qu'il n'y ait pas d'élimination par le rein.

Par conséquent, si nous supposons qu'il n'y ait pas interruption de l'alimentation avec les sels de potasse qui en font partie et qu'il n'y ait pas d'élimination simultanée par le rein, nous voyons que la mort par l'empoisonnement avec la potasse doit se produire au bout de cinq à six jours.

L'urine, qui contient cette quantité appréciable de sels potassiques, contient aussi d'autres corps doués de propriétés toxiques.

Quoique je ne puisse entrer dans le détail, puisque aussi bien je parle de l'élimination et non de la formation des poisons intérieurs, il faut vous dire quelques mots de ces matières urinaires toxiques.

Leur histoire se rattache à celle des ptomaïnes ou leucomaïnes, étudiées d'abord par M. A. Gautier dans la putréfaction. M. A. Gautier avait montré, en 1872, que les matières albuminoïdes donnent des alcaloïdes en se putréfiant. Plus tard il fut amené, en 1881, à concevoir les phénomènes de la putréfaction, destruction anaérobie des cellules vivantes par les microbes, comme analogues aux phénomènes normaux de la vie ; et il émit cette opinion, confirmée depuis par quantité de recherches, que le jeu régulier des fonctions chimiques de la vie produit des alcaloïdes analogues aux alcaloïdes cadavériques[1].

Il a ainsi trouvé des leucomaïnes non seulement dans les urines normales, mais aussi dans la salive, dans le venin des serpents, dans le suc musculaire, et jusque dans la soie produite par le ver à soie, comme si toutes les cellules vivantes étaient imprégnées de ces poisons, substances chimiques résultant de la vie normale des cellules.

Tous les tissus en contiennent, et aussi toutes les humeurs de l'organisme; mais c'est dans l'urine que leur proportion est maximum, car l'urine est chargée de leur élimination.

Sur ces ptomaïnes, M. Bouchard a fait de remarquables expériences qu'il a bien exposées, en son livre important sur les intoxications dans les maladies. Il admet dans l'urine l'existence d'une substance hypothermisante, fixe, organique, insoluble dans l'alcool, produisant la contraction de la pupille, et d'autres substances, solubles dans l'alcool, déterminant le coma et la diurèse.

Malheureusement, ces substances n'ont pas été isolées et définies chimiquement; et même, par une sorte de paradoxe difficile à expliquer, à part quelques alcaloïdes, leucomaïnes extraites par M. G. Pouchet et par M. A. Gautier, toutes les substances chimiques connues dont on a constaté la présence dans l'urine sont à peu près inoffensives : la créatinine, la xanthine, les urates, l'acide hippurique. Les substances les plus toxiques sont précisément celles qu'on connaît le moins, et qu'on a désignées sous le nom banal de matières extractives; celles-là sont certainement dangereuses. Elles sont probablement différentes chez tel ou tel individu, de sorte que l'urine de chaque personne aurait son propre coefficient de toxicité. Il paraît même que pendant la veille et pendant le sommeil

1. Voir dans la *Revue Scientifique*, 1894, n° 17, une leçon de M. A. Gautier sur la nutrition de la cellule.

ce ne sont pas les mêmes qui sont produites : pendant la veille, il se produirait des urines narcotisantes, comme si alors un poison somnifère était fabriqué dans l'organisme, et pendant le sommeil il se produirait un poison convulsivant, lequel, en s'accumulant dans le sang, amènerait le réveil.

Ce sont là des données bien intéressantes, fécondes en déductions importantes, quoique, à vrai dire, la distinction entre les urines de la veille et les urines du sommeil soit un peu théorique et fondée sur un nombre trop restreint d'expériences. Ce qui est certain, c'est que l'urine élimine, et doit éliminer, sous peine d'empoisonnement, 1° l'urée, poison très faible qui provient de l'hydratation des matières albuminoïdes; 2° les sels minéraux ingérés par nos aliments, et parmi ces minéraux les sels de potassium qui sont très toxiques ; 3° d'autres substances, inconnues ou mal connues, très nombreuses peut-être, leucomaïnes qui n'existent qu'à très faible dose, mais qui compensent par l'énergie de leur toxicité la petitesse de leur quantité pondérable.

Il va sans dire que, dans les maladies comme dans les intoxications, l'urine, outre les constants poisons produits par l'organisme qui fonctionne normalement, élimine les poisons accidentels qui se trouvent dans le sang ; mais nous avons esquissé cette étude en parlant de la défense de l'organisme contre les poisons accidentels.

Il ne reste plus, pour faire l'histoire des poisons éliminés, qu'à parler des matières fécales, qui, elles aussi, quoique à un moindre degré, sont toxiques. Peu d'expériences ont été faites ; M. Bouchard (*loco citato*, p. 99) est à peu près le seul qui a traité la question, et encore d'une manière assez sommaire. Il résulte de ses recherches que l'extrait alcoolique des matières fécales est toxique par les alcaloïdes qu'il contient. Cependant, quand il n'y a pas de fermentation intestinale putride, en général les matières fécales sont peu toxiques. L'occlusion intestinale détermine la mort plutôt par la péritonite ou les troubles réflexes de l'innervation que par la suppression de l'élimination intestinale.

Ainsi, pour synthétiser l'histoire de ces éliminations du poison par les excrétions, nous voyons que l'organisme produit des substances extrêmement toxiques, mais que l'élimination ne porte que sur des substances médiocrement toxiques. Certes l'urée, l'acide carbonique, les sels de potasse, sont des poisons, mais ce sont des poisons peu actifs. Or l'élimination des poisons n'est qu'une partie de la défense organique ; nos tissus ont eu autre chose à faire : ils ont dû transformer des poisons extrêmement actifs qui se sont produits par le jeu normal des phénomènes vitaux. *La destruction des poisons a précédé leur élimination.*

Autrement dit encore, les poisons que produisent les cellules vivantes ne sont que transitoires ; car ils sont sans doute détruits par d'autres cellules qui ont pour fonction de rendre inoffensives les substances qui étaient très toxiques.

Nous voici donc arrivés à la seconde partie de notre étude, c'est-à-dire qu'après avoir vu l'élimination des poisons, nous allons examiner la destruction des poisons, qui marche de pair avec l'élimination, ou plutôt qui la précède.

On peut résumer cette doctrine dans les trois propositions suivantes, qui en indiquent bien le sens général :

1° Les tissus en vivant produisent des poisons très actifs;

2° Ces poisons actifs sont transformés en urée et acide carbonique (poisons inoffensifs), par le foie et les glandes vasculaires sanguines;

3° Le rein et le poumon éliminent l'urée et l'acide carbonique ainsi formés ;

4° Les poisons actifs qui ont échappé à la destruction sont éliminés, en toute petite quantité, par les reins.

Le rôle du foie est certainement encore bien mystérieux. Laissons de côté sa fonction glycogénique qui ne nous intéresse pas ici; il lui reste encore deux fonctions bien importantes : la production de la bile et la destruction des poisons.

D'abord la production de la bile n'est probablement pas en rapport avec la digestion; autrement dit le rôle digestif de la bile est accessoire. Il s'agit sans doute d'éliminer du sang certains principes délétères, et le fait est que, d'une part, les sels de la bile injectés dans le sang déterminent la mort, comme on l'a vu depuis longtemps. Il y a donc dans l'intestin affluence d'un liquide toxique qui doit non pas être résorbé, car il entraînerait l'empoisonnement, mais être détruit ou éliminé. Or l'expérience nous prouve qu'il n'est pas seulement éliminé, mais encore et surtout qu'il est détruit. En effet, dans les matières fécales, on ne retrouve pas les produits biliaires, ou du moins on n'en retrouve qu'une petite partie. D'autre part, dans l'urine les sels biliaires ne se retrouvent pas; par conséquent il s'est fait dans l'intestin un travail fermentatif qui a détruit les taurocholates et glycocholates de soude et qui les a rendus à peu près inoffensifs.

Nous ne connaissons pas bien, il est vrai, les processus chimiques qui président à cette destruction. Nous ne sommes même pas assurés qu'ils ne sont pas dus à ces nombreux microbes qui à l'état normal accomplissent leur évolution dans le tube digestif. Après tout, pourquoi n'admettrait-on pas, en même temps que les microbes offensifs, les microbes salutaires aidant les phénomènes chimiques de la vie, parallèlement aux microbes pathogènes qui les entravent? N'avons-nous pas vu déjà, dans la phagocytose, les leucocytes, ces parasites normaux du sang, détruire les microbes par leur action digestive? Pourquoi ne pas supposer que des fermentations de même ordre se passent dans l'intestin et transforment le taurocholate de soude en sulfophénate de soude, et le glycocholate de soude en carbonate de soude et en urée?

Pour un des poisons de la bile, cette action de l'intestin est bien démontrée. M. Bouchard a prouvé que la bilirubine est toxique à la dose de 5 centigrammes. Or cette bilirubine, par une réaction chimique très simple, se transforme en urobiline qui passe dans l'urine. De sorte que dans l'intestin, soit par les sucs digestifs, soit par les fermentations microbiennes, la bile devient inactive et inoffensive. La dyslysine, produit insoluble qui se forme alors, est rejetée avec les matières fécales; et les matières solubles moins toxiques que les matières biliaires, urée, glycocolle, sulfophénate de soude, carbonate de soude, urobiline, sont rejetées par l'urine, au fur et à mesure qu'elles se produisent.

Mais ces formations des produits biliaires ne sont sans doute qu'une étape dans la destruction des poisons, et tout fait penser que des poisons très graves arrivent dans le foie par la veine porte, et que dans le foie ils sont rendus inoffensifs.

M. Schiff avait supposé il y a longtemps que le foie détruisait les poisons, et en effet il faut une dose bien plus forte de poison pour déterminer la mort quand on fait l'injection par la veine porte que quand on l'injecte par une autre veine quelconque. — M. Roger, après d'autres auteurs (en particulier M. Héger), a repris cette question avec beaucoup de soin[1], et il a bien montré que le foie retient dans son tissu les poisons injectés dans le sang, par exemple jusqu'à 5 p. 100 de la nicotine injectée, et davantage encore dans certains poisons putrides.

Le fait est incontestable; mais ce qui est plus contestable, c'est le rôle que le glycogène exercerait dans cette rétention de la matière toxique. Cependant M. Roger admet que le pouvoir anti-toxique du foie n'est pas dû seulement à la rétention du poison dans le vaste réseau circulatoire de la glande hépatique, mais à une action chimique de la matière glycogène, ce qui me paraît bien peu établi.

Nous ne pouvons discuter le détail de ces phénomènes, d'autant plus que d'admirables expériences, dues à MM. Popoff

1. « Action du foie sur les poisons. » (Thèse de doctorat de Paris, 1887.)

et Nencki, ont notablement changé l'orientation de nos connaissances sur cette fonction anti-toxique du foie. Ces physiologistes russes ont pu faire une opération hardie qui consiste à réunir par une suture la veine porte avec la veine cave, et ils ont pu garder 23 chiens opérés ainsi. Par le fait de cette opération, le sang de la veine porte, au lieu de passer par le foie, arrive directement dans la veine cave, et le foie ne reçoit en fait de liquide irrigateur que le sang de l'artère hépatique.

Ils ont observé alors un phénomène très remarquable : les chiens ainsi privés de la circulation porte finissent par se rétablir, mais on voit chez eux survenir, après chaque repas fait avec de la viande, des crises convulsives et un véritable empoisonnement. En même temps la quantité d'urée a diminué énormément et l'animal présente nettement les divers symptômes de l'empoisonnement par l'ammoniaque.

En analysant le sang, on y trouve un sel ammoniacal qui est le carbamate d'ammoniaque $\left(CO<^{AzH^2}_{OAzH^4}\right)$; ce carbamate d'ammoniaque serait un des produits de la destruction et de la digestion des albuminoïdes de la viande. Dans le cas des animaux qui n'ont plus de circulation porte, comme il ne passe pas dans le foie, il empoisonne l'organisme, tandis que, s'il passe par le tissu hépatique, les cellules du foie, par un mécanisme chimique inconnu encore, le transforment en urée, ce qui se fait par une simple fixation d'eau. Alors *il devient inoffensif;* car l'urée n'est pas un poison, tandis que l'ammoniaque est un poison énergique.

Par là apparaît nettement le rôle du foie. Non seulement dans son énorme masse il arrête les poisons qui le traversent, oisons qui viennent de la digestion ou du sang, mais encore il transforme en matières inactives les poisons énergiques qu'il reçoit.

Concevez bien cet admirable mécanisme qui préside à la défense de nos tissus. Pendant la digestion il se fait des poisons dont la force toxique est de 4, je suppose; le foie en fait des poisons dont la force n'est plus que de 2, et les rejette avec la bile dans l'intestin. Là la force toxique diminue encore sous l'influence des sucs digestifs et des fermentations intestinales; et la force toxique de ces poisons biliaires devient égale à 1.

Ce ne sont là, à vrai dire, que des données encore insuffisantes; l'explication est tout à fait théorique, et sur bien des parties l'obscurité reste très grande, mais il s'agit de faits tout récemment étudiés, exigeant des manipulations chimiques extrêmement délicates, de sorte que l'imperfection de nos connaissances s'explique sans peine. Cependant c'est déjà beaucoup que de bien savoir ce rôle anti-toxique du foie au point de vue de la destruction des alcaloïdes, ptomaïnes et leucomaïnes toxiques de la digestion normale.

Pour ma part, je serais tenté d'attribuer au foie une importance plus grande encore que celle qui résulterait de ces expériences. Sa masse est énorme; il reçoit une quantité de sang plus grande peut-être que celle de tout autre tissu, et surtout, ce qui doit nous donner à réfléchir, on le trouve dès le début de la vie embryonnaire, si bien que, sur tous les êtres de l'échelle animale, même les plus infimes, il y a déjà une fonction hépatique avec excrétion d'une matière biliaire quelconque. Le foie est, suivant une expression que j'ai l'habitude de donner et qui exprimera ma pensée mieux que toute périphrase, *le grand chimiste de l'économie*, et nous ne connaissons encore qu'une partie de ses fonctions.

D'autres organes, la rate, le corps thyroïde, les capsules surrénales, peut-être même le pancréas et le rein, exercent aussi une action destructive sur les poisons normalement fabriqués.

Je ne parlerai pas de la rate; j'ai peine à croire qu'elle soit inutile, et cependant j'ai pu voir, ainsi que tous les physiologistes, survivre sans accidents des chiens dont la rate avait été enlevée. Je me souviens entre autres d'une petite chienne que j'ai gardée pendant dix mois, et qui, malgré l'ablation de la rate, était en parfaite santé : elle avait même une tendance à devenir obèse. S'il fallait conclure de ces expériences innombrables de splénotomie, je dirais que la rate est inutile, mais je ne veux pas faire cette imprudence, et je dirai simplement que nous ignorons sa fonction.

Le corps thyroïde ne peut, au contraire, être enlevé sans inconvénient, comme M. Schiff l'a montré le premier, sur les animaux ; comme M. Reverdin l'a montré sur l'homme. Quelques jours après l'ablation du corps thyroïde, on voit survenir un véritable empoisonnement ; des convulsions, des paralysies, s'il s'agit d'un chien ; et, s'il s'agit de l'homme ou du singe, des troubles graves de la nutrition et de l'intelligence. Tous ces phénomènes ne peuvent guère s'expliquer que de la manière suivante : dans la vie des tissus, il se produit une petite quantité d'un poison, inconnu encore, qui doit être détruit dans l'organisme. Or c'est le corps thyroïde qui serait chargé de le détruire ; non pas de l'éliminer, puisqu'il n'y a pas de conduits excréteurs à la glande, mais de le neutraliser, probablement par la production d'une de ces antitoxines analogues à l'antitoxine qui permet la lutte contre le tétanos. Par conséquent, quand le corps thyroïde n'existe plus, la toxine s'accumule dans le sang, et produit des accidents toxiques.

Deux expériences importantes semblent prouver que cette hypothèse est exacte. La première, c'est que, en laissant en place un fragment minuscule de la glande, l'empoisonnement ne se produit plus. Si l'on voit quelquefois survivre des animaux à l'ablation du corps thyroïde, c'est que l'on n'a pas tout enlevé. M. Gley vient de montrer que chez le lapin il existe de petites glandes thyroïdes accessoires, qu'il faut aussi enlever, pour que l'ablation de la glande principale soit mortelle. L'autre expérience, très démonstrative, est due à M. Vassale. Si l'on injecte à un chien thyroïdectomisé le suc de la glande thyroïde d'un autre chien, on fait pour un temps disparaître les accidents toxiques, comme si, en faisant cette injection, on avait introduit une antitoxine, neutralisant le poison accumulé.

Cette belle expérience, répétée et perfectionnée par M. Gley, a été le point de départ de quelques applications à la thérapeutique humaine, et on a pu enregistrer quelques succès. La physiologie expérimentale a cette fois encore été le guide de la médecine.

La fonction des capsules surrénales ressemble beaucoup à celle du corps thyroïde. Brown-Séquard avait montré qu'un animal, dont les capsules surrénales avaient été enlevées, périt rapidement. Cette importante expérience a été reprise tout récemment par MM. Abelous et Langlois qui ont fait, l'année dernière, dans mon laboratoire, une série de recherches méthodiquement exécutées qui les ont conduits à des constatations très intéressantes.

Ils ont vu, en effet, que les animaux acapsulés meurent avec les mêmes symptômes d'intoxication que les animaux curarisés. Le muscle reste irritable; mais le nerf a perdu la propriété d'exciter le muscle, comme si les plaques terminales motrices avaient été paralysées par un poison. Le sang des animaux privés de capsules contient un poison curariforme; par conséquent les glandes surrénales, malgré leurs minuscules proportions dans l'ensemble de l'organisme, ont la propriété extraordinaire de neutraliser un poison que l'organisme produit normalement. Il semble même, d'après une curieuse expérience de M. Albanese, que ce poison se produirait principalement dans la contraction des muscles; car chaque combustion musculaire détermine, en même temps que divers produits, la formation de cette substance curariforme, encore inconnue, que les capsules surrénales auraient pour mission de détruire.

Voilà donc bien des exemples, très démonstratifs, de poisons fabriqués dans l'organisme et de glandes affectées spécialement à leur destruction. Mais la défense de l'organisme est plus compliquée encore. Non seulement il y a des glandes qui détruisent des poisons, mais encore il y a des glandes qui forment des substances chimiques capables de stimuler l'activité de nos organes.

Pour le pancréas, MM. Mering et Minkovsky ont fait une bien belle découverte ; ils ont montré que l'ablation du pancréas entraîne la glycosurie. Par conséquent il y a dans le pancréas production d'une substance qui détruit le sucre. Il ne s'agit plus, comme dans le cas de la glande thyroïde ou des capsules surrénales, d'un poison détruit par une antitoxine que sécrètent les glandes, mais d'un des aliments normaux de l'organisme, le sucre, qui serait décomposé par un ferment prenant naissance dans le pancréas.

Si je ne craignais les néologismes, je dirais qu'il y a, dans les capsules surrénales et dans le corps thyroïde, un ferment *toxolytique*, tandis qu'il y a dans le pancréas un ferment *glycolytique*[1].

L'analogie est très grande, car, de même que quelques fragments de thyroïde suffisent à empêcher la cachexie et la mort, de même il suffit qu'une toute petite portion du pancréas ait échappé à la destruction, pour que la glycosurie ne se manifeste pas. On peut même transplanter sous la peau certaines portions du tissu pancréatique glandulaire ; c'est assez pour que le sucre de l'organisme soit détruit, et, par conséquent, pour qu'il n'y ait pas de glycosurie.

Cette belle expérience nous apprend que ces actions chimiques, destructives des poisons ou des aliments, peuvent s'exercer avec une petite portion du tissu glandulaire, comme si l'effet physiologique n'était pas proportionnel à la masse.

Quant au rein, il est probable qu'il a une autre fonction que l'élimination de l'urine. Brown-Séquard, qui, avec une perspicacité remarquable, avait prévu ces phénomènes,

1. C'est M. Lépine qui a, je crois, parlé le premier du ferment glycolytique.

estime que le rein sécrète un ferment en déversant dans le sang des substances utiles à l'organisme, ou déstructives de certains poisons, et il appuyait son opinion sur ce fait, que les animaux dont les reins ont été enlevés, quand déjà ils présentent des phénomènes graves d'urémie, sont améliorés par l'injection dans le sang du suc du tissu rénal[1].

Il faut sans doute rattacher à ces faits de sécrétion interne les phénomènes dynamogéniques produits par les injections de quelques liquides organiques. Si à certains malades on injecte le liquide testiculaire même à faible dose, on voit survenir une rapide amélioration, le retour des forces et la disparition de plusieurs phénomènes morbides. Tout d'abord, quand MM. Brown-Séquard et d'Arsonval ont annoncé le fait, cela a provoqué des railleries absurdes, comme en produit toujours l'annonce d'un fait nouveau. Mais l'expérimentation est maîtresse souveraine, et finalement on a dû reconnaître que, malgré certaines exagérations, ce fait imprévu était exact, et que le liquide testiculaire avait des propriétés toniques et stimulantes, dues aux substances chimiques qu'il contient.

D'autres extraits organiques possèdent sans doute des propriétés analogues. Quand nous avons commencé à faire chez des tuberculeux des injections de sérum de sang de chien, nous étions, M. Héricourt et moi, guidés par une idée que nous avons plus tard reconnue être fausse; nous supposions que le chien était réfractaire à la tuberculose. Or il n'en est pas ainsi, et cependant les injections de sérum ont un effet tonique remarquable. Quoique le sérum de chien ne soit pas du tout anti-toxique contre le bacille tuberculeux et ses produits, il améliore énormément — au moins pendant quelques semaines — les malades à qui on l'injecte. Il y a donc dans le sérum, comme dans le liquide testiculaire, des substances chimiques qui stimulent la nutrition, peut-être en

1. Voyez un Mémoire de M. Meyer, *Archives de Physiologie*, 1893, p. 660, et des remarques de Brown-Séquard, *ibid.*, p. 778.

détruisant certains poisons, peut-être en surexcitant la vie des cellules nerveuses.

Et en effet, dans certains cas, alors qu'il n'y a pas de tuberculose, les injections de sérum ont une efficacité remarquable. Mon savant ami, M. Pinard, l'emploie depuis deux ans pour ranimer les forces vitales languissantes chez les enfants nouveau-nés, nés avant terme, présentant une débilité congénitale qui entraînerait la mort si l'on n'y remédiait pas promptement. Comment expliquer l'amélioration rapide qu'on voit survenir alors, si l'on n'admet pas qu'il y a dans le sérum des substances salutaires à l'organisme?

Ainsi, pour résumer, nous voyons qu'il y a, en même temps que formation de poison, destruction de poison, et il est vraisemblable que chaque glande est préposée à la destruction spéciale de telle ou telle substance toxique. Mais il y a probablement aussi formation dans les glandes de substances utiles à l'organisme qui sont déversées dans le sang et qui maintiennent l'intégrité de nos organes. Qui sait si quelque jour on ne démontrera pas l'identité de ces deux fonctions?

Et maintenant nous pouvons jeter un coup d'œil en arrière, et, après cette trop rapide étude, juger dans son ensemble la fonction de protection des organismes.

D'abord l'individu n'a autour de lui que des ennemis; il ne peut donc compter que sur lui-même, et — au moins jusqu'au moment où il a pu reproduire son espèce — la Nature lui a imposé le devoir de vivre et l'amour de la vie.

Or, pour se défendre, l'être a l'intelligence, l'instinct, l'action réflexe défensive, sa structure anatomique, et sa constitution chimique.

D'abord il a rarement besoin de l'intelligence, dévolue d'ailleurs seulement aux êtres supérieurs de la série animale; et, le plus souvent, la défense est instinctive; car l'instinct est une ressource moins aléatoire que l'intelligence, et qui ne connaît ni l'hésitation ni l'erreur, si bien que les êtres les moins intelligents ne sont pas ceux qui sont le plus dépourvus de protection.

Mais l'instinct et l'intelligence ne jouent en somme qu'un rôle assez médiocre dans la protection de l'être. Ce qui le défend surtout, c'est un système harmonieux d'actions réflexes qui sont admirablement adaptées à la conservation de la vie.

A vrai dire, ni l'intelligence, ni l'instinct, ni l'action réflexe ne constituent des armes suffisantes pour la défense. La vraie défense de l'individu, c'est sa structure anatomique, et surtout l'ensemble de ses fonctions chimiques, grâce auxquelles il peut détruire les germes extérieurs et décomposer les poisons.

Ainsi l'individu tend constamment à rester dans un état stable, sans se laisser troubler par les changements de milieu et les attaques venues du dehors, et, malgré les rénovations chimiques incessantes dont ses tissus sont le siège, il conserve sa constitution normale.

En somme, si je pouvais essayer de formuler cette défense des organismes, qui, envisagée à ce point de vue, constitue la physiologie entière, je dirais de l'être vivant :

*Il subit toutes les impressions, et il résiste à toutes; il se renouvelle toujours et il est toujours le même.*

# TABLE DES MÉMOIRES

## CONTENUS DANS LE TOME TROISIÈME


Pages.

XXXIX. — CH. RICHET. — Le frisson comme appareil de régulation thermique [1]. . . . . . . . . . . . . . . 1

XL. — P. LANGLOIS et CH. RICHET. — De l'influence de la température interne sur les convulsions [2]. . . . 23

XLI. — P. LANGLOIS et H. DE VARIGNY. — Sur l'action de quelques poisons de la série cinchonique sur le *Carcinus mænas* [3]. . . . . . . . . . . . . . . . . 40

XLII. — P. LANGLOIS. — Étude sur la toxicité des isomères de la cinchonine dans la série animale [4]. . . . . . 53

XLIII. — CH. RICHET. — Vie des poissons dans divers milieux et action physiologique des différents sels de soude [5]. . . . . . . . . . . . . . . . . . . . 66

XLIV. — M. HANRIOT et CH. RICHET. — Action physiologique du chloralose [6]. . . . . . . . . . . . . . . 77

XLV. — M. HANRIOT et CH. RICHET. — Effets thérapeutiques et hypnotiques du chloralose [7] . . . . . . . . . . 92

XLVI. — CH. FÉRÉ. — Du chloralose chez les épileptiques, les hystériques et les choréiques [8]. . . . . . . . . 104

XLVII. — F. HEIM. — Action physiologique de la *Parisette* [9]. . 108


1. *Archives de physiologie*, 1893, p. 312.
2. *Archives de physiologie*, 1889, p. 181.
3. *Journ. de l'anat. et de la physiol.*, 1889, p. 273.
4. *Archives de physiologie*, 1893, p. 377.
5. *Bulletin de la Société de Biologie*. 6 nov. 1885, pp. 482-488.
6. *Mémoires de la Société de Biologie*, 1893, p. 1.
7. *Revue neurologique*, 1894, p. 97.
8. *Bulletin de la Société de Biologie*, 1893, p. 201.
9. Thèse de Doctorat de la Faculté de médecine. Paris 1893. (*Extrait*).

Pages.

XLVIII. — Ch. Richet. — Poids du cerveau, du foie et de la rate chez l'homme [10]. . . . . . . . . . . . . . 155

XLIX. — Ch. Richet. — Poids du cerveau, du foie et de la rate des mammifères [11]. . . . . . . . . . . . . 159

L. — H. Triboulet. — La chorée du chien et l'infection choréique chez le chien [12] . . . . . . . . . . . 175

LI. — L. Bouveault. — Études chimiques sur le bacille de la tuberculose aviaire [13]. . . . . . . . . . . 203

LII. — Ch. Richet. — De l'hématothérapie en général [14]. . 233

LIII. — J. Héricourt et Ch. Richet. — Étude physiologique sur un microbe pyogène et septique [15]. . . . . . 264

LIV. — J. Héricourt et Ch. Richet. — Immunité conférée à des lapins par la transfusion péritonéale de sang de chien [16]. . . . . . . . . . . . . . . . . 289

LV. — J. Héricourt et Ch. Richet. — Effets des injections du sang d'animaux tuberculisés [17]. . . . . . . . 317

LVI. — J. Héricourt et Ch. Richet. — Technique des procédés pour obtenir du sérum [18]. . . . . . . . . . 333

LVII. — J. Héricourt et Ch. Richet. — De la vaccination contre la tuberculose humaine par la tuberculose aviaire [19]. . . . . . . . . . . . . . . . . . . 336

LVIII. — J. Héricourt. — Le sérum du chien dans le traitement de la tuberculose [20]. . . . . . . . . . . . 358

LIX. — J. Héricourt et Ch. Richet. — Tuberculose expérimentale du chien ; influence de la dose et des substances solubles [21]. . . . . . . . . . . . . . . 377

LX. — J. Héricourt et Ch. Richet. — Tuberculose aviaire et tuberculose humaine chez le singe [22]. . . . . . . 399

LXI. — Ch. Richet. — Excitabilité réflexe des muscles dans la première période du somnambulisme [23] . . . 405

LXII. — Ch. Richet. — Quelques faits relatifs à l'excitabilité musculaire [24] . . . . . . . . . . . . . . . . . 408

10. *Bulletin de la Société de Biologie*, 1894, p. 15.
11. *Archives de physiologie*, 1894, p. 232.
12. Thèse de Doctorat de la Faculté de médecine de Paris, 1893. (*Extrait.*)
13. Thèse de Doctorat de la Faculté de médecine de Paris, 1893.
14. Inédit.
15. *Archives de médecine expérimentale et d'anatomie pathologique*, 1er septembre 1889, n° 5, p. 674.
16. *Études expérimentales et cliniques sur la Tuberculose*, tome II, 2e fascicule, 1890, p. 381.
17. *Comptes rendus de l'Académie des Sciences*, séance du 14 novembre 1892.
18. *Bulletin de la Société de Biologie*, 1891, p. 33.
19. *Études expér. et clin. sur la tuberculose*, t. III, 2e fascicule, 1892, p. 365.
20. *Archives générales de Médecine*, avril 1892.
21. *Congrès pour l'étude de la Tuberculose;* 3e session, 1893. *Comptes rendus et Mémoires*, p. 263.
22. *Ibid.*, p. 281.
23. *Arch. de physiologie*, 1881, p. 155.
24. *Bulletin de la Société de Biologie*, 1882, p. 21.

Pages.

LXIII. — Ch. Richet. — Contribution aux paralysies et aux anesthésies réflexes[25] . . . . . . . . . . . . . . 412

LXIV. — P. Langlois. — Radiation calorique après traumatisme de la moelle épinière[26]. . . . . . . . . . . 415

LXV. — J. Carvallo et V. Pachon. — Digestion pancréatique dans le jeûne[27]. . . . . . . . . . . . . . . . . . 426

LXVI. — J. Carvallo et V. Pachon. — Recherches sur la digestion chez un chien sans estomac[28]. . . . . . . . . 445

LXVII. — Ch. Richet. — Fonctions de défense de l'organisme[29] 458

25. *Arch. de physiologie*, 1883, p. 368.
26. *Arch. de physiologie*, avril 1894, p. 343.
27. *Arch. de physiologie*, 1891, p. 632.
28. *Arch. de physiologie*, 1894, p. 106.
29. Cours de la Faculté de médecine, 1893-1894, et *Revue scientifique*, 1893 (2), 1894 (1), *passim*.

---

Paris. — Typ. Chamerot et Renouard, 19, rue des Saints-Pères — 29966.

Paris. — Typ. Chamerot et Renouard, 19, rue des Saints-Pères. — 29966.

www.ingramcontent.com/pod-product-compliance
Lightning Source LLC
LaVergne TN
LVHW010119230826
846091LV00001BA/87

*9782014103052*